T0185369

Werner A. Stahel

Statistische Datenanalyse

Werner A. Stahel

Statistische Datenanalyse

Eine Einführung für Naturwissenschaftler

5., überarbeitete Auflage

STUDIUM

VIEWEG+
TEUBNER

Bibliografische Information der Deutschen Nationalbibliothek
Die Deutsche Nationalbibliothek verzeichnet diese Publikation in der
Deutschen Nationalbibliografie; detaillierte bibliografische Daten sind im Internet über
<http://dnb.d-nb.de> abrufbar.

Prof. Dr. Werner A. Stahel
ETH Zürich
Seminar für Statistik

stahel@stat.math.ethz.ch

1. Auflage 1995
2. Auflage 1999
3. Auflage 2000
4. Auflage 2002
5., überarbeitete Auflage 2008
   unveränderter Nachdruck 2009

Alle Rechte vorbehalten
© Vieweg+Teubner | GWV Fachverlage GmbH, Wiesbaden 2008

Lektorat: Ulrike Schmickler-Hirzebruch | Susanne Jahnel

Vieweg+Teubner ist Teil der Fachverlagsgruppe Springer Science+Business Media.
www.viewegteubner.de

Umschlaggestaltung: KünkelLopka Medienentwicklung, Heidelberg
Gedruckt auf säurefreiem und chlorfrei gebleichtem Papier.

ISBN 978-3-8348-0410-5

Vorwort

Statistik ist in vielen Gebieten der Wissenschaften, der Technik und des täglichen Lebens ein wichtiges Hilfsmittel. In den meisten höheren Ausbildungen werden deshalb einige Grundbegriffe der Statistik behandelt – mit unterschiedlichen Ansprüchen an ein tieferes Verständnis.

Entsprechend vielfältig ist das Angebot an Büchern, die in die Statistik einführen. Wieso also noch ein weiteres? Es war meine Absicht, auf ein intuitives Verständnis hinzuarbeiten, das je nach Begabungen und Ansprüchen auch durch theoretisches Wissen unterstützt wird. Ich habe mich deshalb bemüht, Begriffe immer anhand von Beispielen einzuführen und für übliche Stolpersteine Umgehungsmöglichkeiten zu zeigen, die wichtigen Zusammenhänge aber zusätzlich auch mathematisch darzustellen.

Was dieses Buch soll, steht für Leserinnen und Leser, die in dieses Gebiet einsteigen wollen oder sollen, in der Einleitung. Solche, die Statistik bereits kennen und sich fragen, was sie hier Besonderes finden können, verweise ich auf das Nachwort.

Dem geneigten Leser und der aufmerksamen Leserin wird nicht verborgen bleiben, dass der Autor aus der Schweiz stammt. Dies zeigt sich nur schon daran, dass das scharfe ß durch ein Doppel-s ersetzt ist. Da das Manuskript druckreif in der Schweiz erstellt wurde, hoffe ich auf Toleranz bezüglich dieses „kulturellen" Unterschiedes. Ebenso erlaubte ich mir, das Dezimal-Komma durch den in der übrigen Welt üblichen Punkt zu ersetzen.

Der vorliegende Text wurde aus einem Skript zu einer Einführungs-Vorlesung und einer daran anschliessenden Überblicks-Vorlesung über „Statistische Methoden" entwickelt. Die ursprüngliche Vorlage für Teile des Skripts stammt von Prof. Frank Hampel, der dadurch Grundlegendes zu diesem Buch beigetragen hat. An einigen Stellen tauchen noch echte „Findlinge" aus jenem Skript auf.

Die auffälligsten „Zutaten", die Karikaturen, stammen von dipl. math. Hanspeter Endres.

Die *zweite Auflage* unterschied sich von der ersten recht klar durch einige Umstrukturierungen, Ergänzungen und Verbesserungen. In der *dritten und vierten Auflage* wurden dagegen nur kleinere Korrekturen vorgenommen.

Für die fünfte Auflage wurde das ganze Buch durchgesehen und neben zahlreichen stilistischen Veränderungen Beispiele modernisiert und an etlichen Stellen die Gedankengänge klarer präsentiert und Ergänzungen zugefügt, besonders in den Kapiteln 3, 6, 8 und 13. Grafisch werden wichtige Teile nun anders hervorgehoben und Beispiele als solche markiert.

Viele Studierende, Assistentinnen, Assistenten und Dozenten haben mich immer wieder auf Fehler und auf Verbesserungsmöglichkeiten aufmerksam gemacht. Einige möchte ich namentlich erwähnen: Prof. Frank Hampel, Prof. Hans-Rudolf Künsch, Dr. Robert Aebi, Prof. Paul Embrechts, Dr. Helmut Glemser, Dr. Beat Hulliger, Dr. Markus Hürzeler, Otto Kaufmann, Dr. Martin Mächler, Dr. Marianne Müller, Prisca Risold-Durrer, Dr. Arthur Reichmuth, Dr. Hans-Rudolf Roth, Dr. Andreas Ruckstuhl, Caterina Savi. An der Schreibarbeit waren Frau Margrit Karrer und Frau Christina Künzli beteiligt. Ihnen allen möchte ich für ihre wertvollen Beiträge bestens danken.

Zürich, 15. August 2007 Werner Stahel

*Meiner Familie und
meinen Kolleginnen und Kollegen
vom Seminar für Statistik
gewidmet*

Inhaltsverzeichnis

1 Einleitung

1.1 Was ist Statistische Datenanalyse?

a   Eine „*Statistik*" ist im täglichen Sprachgebrauch eine Zusammenstellung von Zahlen über Bevölkerungsgruppen, ökonomische Tätigkeiten, Krankheiten, Wetterlagen oder Umwelteinflüsse. Viele Statistiken beschreiben in einem weiten Sinn den Zustand des Staates; die Statistik als Disziplin hat von da ihren Namen.

In den heutigen empirischen Wissenschaften werden zu allen denkbaren Fragestellungen nach Möglichkeit Daten gesammelt. Teilweise geschieht dies durch *Beobachtung* von Phänomenen und Prozessen, die ohne Einfluss von Forschenden ablaufen, teilweise werden die Phänomene und Prozesse in eigens geplanten *Experimenten* erzeugt und gesteuert.
Die Statistik befasst sich neben dem Problem

* *Wie sollen welche Daten gewonnen werden?*

vor allem mit den Fragen

* *Wie soll man Daten beschreiben?* und

* *Welche Schlüsse kann man aus Daten ziehen?*

b   Betrachten wir ein paar *Beispiele* von Datensätzen aus empirischen Wissenschaften!
  ▷ Das folgende historische Beispiel einer Studie der Wirksamkeit zweier Medikamente ist in der Statistik berühmt geworden. Bei 10 Versuchspersonen wurde die durchschnittliche *Schlafverlängerung* durch Medikament B gegenüber A gemessen (in Stunden; Quelle: Cushny and Peebles, 1905, J. Physiol. 32, 501; „Student", l908, Biometrika 6,1). Die Ergebnisse waren

$$1.2 \quad 2.4 \quad 1.3 \quad 1.3 \quad 0.0 \quad 1.0 \quad 1.8 \quad 0.8 \quad 4.6 \quad 1.4 \, .$$

Ist Medikament B wirksamer als A? In 9 von 10 Fällen hat es sich als wirksamer erwiesen. Wenn wir aber für weitere 10 Personen die Schlafverlängerung bestimmen würden, würde es anders herauskommen. Wie stark anders? Ist es noch vertretbar, zu glauben, dass Medikament B im Mittel über viele Personen sogar mindestens gleich wirksam sein könnte wie A, dass also nur zufällig bei den getesteten zehn Personen neun eine Schlafverlängerung zeigten? ◁

c   ▷ Einen historischen Durchbruch in der Erklärung der biologischen Evolution erreichte *Mendel* mit Experimenten, deren Ergebnisse er 1865 veröffentlichte. (Quelle: Křížnecký, 1965) Hier soll der erste von vielen Versuchen erwähnt werden: Mendel züchtete Nachkommen von zwei Erbsensorten, die sich unter anderem in der Gestalt der Samen unterschieden: Jeder Samen (jede Erbse) kann eindeutig als rund oder kantig erkannt werden. Da sich runde Samen dominant vererben, werden nach den von Mendel beschriebenen Vererbungsgesetzen bei einer Bestäubung von Pflanzen der einen Sorte mit Pollen der anderen alle Nachkommen runde Samen zeigen, die genetisch heterozygot sind, also beide Allele aufweisen. Kreuzt man diese hybriden Pflanzen, so sollten sie runde und kantige Samen im Verhältnis 3:1 zeigen.

Dieses Gesetz hat Mendel empirisch überprüft. Er erhielt 5474 runde und 1850 kantige Samen, also ein Verhältnis von 2.96:1. Wenn man die einzelnen Pflanzen betrachtet, dann wird dieses Verhältnis „in zufälliger Weise" vom idealen Verhältnis abweichen. Tabelle 1.1.c zeigt die Ergebnisse von Mendel für die ersten 10 Pflanzen. Sind die Verhältnisse wirklich rein zufällige Abweichungen vom Idealwert 3:1? ◁

Tabelle 1.1.c   Ergebnisse für die 10 Pflanzen des ersten Versuchs von Mendel

Pflanze	1	2	3	4	5	6	7	8	9	10
rund	45	27	24	19	32	26	88	22	28	25
kantig	12	8	7	10	11	6	24	10	6	7
Verhältnis ...:1	3.8	3.4	3.4	1.9	2.9	4.3	3.7	2.2	4.7	3.6

d   ▷ Die Abhängigkeit der *Korrosion* einer Kupfer-Nickel-Legierung von Eisengehalt sollte untersucht werden. Dazu wurden 13 verschiedene Räder hergestellt und im Meerwasser während 60 Tagen gedreht. Schliesslich wurde der Gewichtsverlust in mg pro dm^2 und Tag bestimmt. (Quelle: Draper and Smith, 1998, Exercise 1C). Die Daten sind in Bild 1.1.d dargestellt.

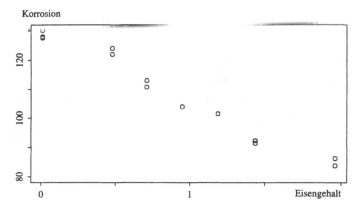

Bild 1.1.d
Korrosions-Verluste
und Eisengehalt

Offenbar nimmt die Korrosion bei höherem Eisengehalt ab (!). Bei weniger genauen Messungen könnte dieser Zusammenhang noch bezweifelt werden. Hier stellt sich die Frage, wie gross die Abnahme ist, wenn der Eisengehalt um eine Einheit erhöht wird, und wie genau dieser Koeffizient durch die gemessenen Daten bestimmt ist. ◁

e   ▷ Für die Erforschung von Umwelt-Einflüssen wurden in den 1970er Jahren vielerorts automatisierte Messstationen eingerichtet, die Daten zur *Luftverschmutzung* und meteorologische Messgrössen aufnehmen. Eine übliche informative Darstellung zeigt den zeitlichen Verlauf der gemessenen Grössen (Bild 1.1.e; Quelle: Messnetz NABEL – Bundesamt für Umwelt, Bern, und Empa, Dübendorf, Daten für die Messstation Zürich vom Juni 2006. Dargestellt sind die täglichen Werte von zwei Schadstoffen und drei Meteo-Variablen jeweils um 15 Uhr, für die Temperatur zusätzlich der Wert um 3 Uhr nachts.).
Eine schwierige Frage lautet, in welcher Weise die meteorologischen Bedingungen die Luftverschmutzung beeinflussen. Das Bild zeigt den bekannten Zusammenhang zwischen Ozon und Temperatur am Nachmittag. ◁

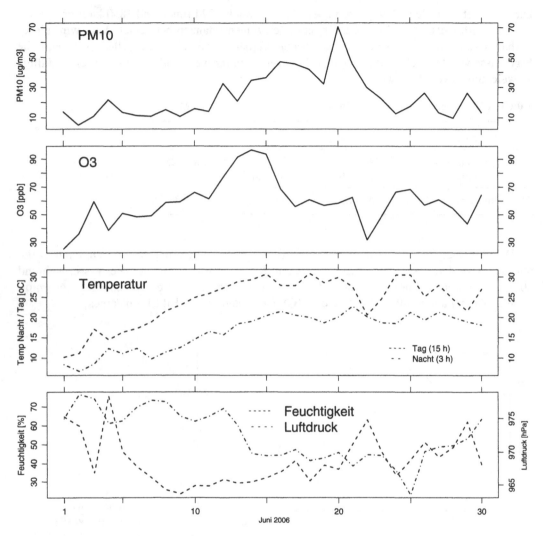

Bild 1.1.e Messreihen aus einer automatischen Mess-Station

f ▷ In einer Untersuchung von *Teichmuscheln* im Zürichsee wurde ein gitterartiges Raster über
eine relative homogene Fläche des Seebodens gelegt und für jedes Quadrätchen gezählt, wie viele
Muscheln darin zu finden waren. Es ergab sich Bild 1.1.f (Quelle: H. Burla, H. Schenker und W.
Stahel, 1974. „Das Dispersionsmuster von Teichmuscheln (Anodonta) im Zürichsee." Oecologia
17, 131-140).
Es zeigen sich gewisse Anhäufungen. Sind sie „rein zufällig"? Oder macht es Sinn, nach den
Ursachen dieser Ansammlungen zu fragen? ◁

g Die Betrachtung der Beispiele zeigt, dass Daten „zufälligen Schwankungen" unterliegen. Die Daten charakterisieren jeweils Einheiten (Personen, Versuche, Probeflächen, Objekte, Messabläufe,
...), die als „zufällige Stichprobe" aus einer grossen *Grundgesamtheit* von Einheiten aufgefasst
werden können. Jede Einheit hat eine „Individualität", die zu einem spezifischen Ergebnis führt.
Betrachtet man allerdings die Ergebnisse von mehreren oder vielen Einheiten gesamthaft, dann

Bild 1.1.f
Verteilungsmuster
von Teichmuscheln

zeigen sich Gesetzmässigkeiten. Oft lässt sich über die Häufigkeiten der beobachteten Messwerte oder Anzahlen etwas Sinnvolles aussagen. Im Beispiel 1.1.f sind Quadrätchen mit keiner oder einer Teichmuschel häufig; solche mit 2, 3, 4, usw. Muscheln tendenzmässig immer seltener. Die Verhältnisse von runden zu kantigen Erbsen für die einzelnen Pflanzen (1.1.c) streuen um 3:1 herum; unter 2:1 und über 4:1 gibt es nur je einen von 10 Werten. Im Beispiel 1.1.d zeigt sich als Gesetzmässigkeit die Tendenz, dass die Korrosion mit zunehmendem Eisengehalt abnimmt.

Der „*zufälligen Unregelmässigkeit*" der Einzelerscheinung steht die „*statistische Gesetzmässigkeit*" der Massenerscheinung gegenüber (Kreyszig, 1975, 1.1). Zur Beschreibung dieser „Gesetzmässigkeiten" dienen die Modelle der Wahrscheinlichkeitsrechnung.

h Die *Fragen*, die mit Hilfe solcher Daten beantwortet werden sollen, lassen sich oft einem der folgenden Typen zuordnen.

• Es wird eine Grösse gemessen (oder etwas gezählt), aber dies ist nur mit zufälligen Messfehlern oder anderen als zufällig aufgefassten Abweichungen möglich. Gefragt ist eine *Schätzung* des „wahren Wertes" *mit Genauigkeitsangabe*.

• Hat eine Behandlung einen Effekt? Man will feststellen, ob *Unterschiede „rein zufällig"* sein könnten, oder ob sie „signifikant" und damit eine Interpretation wert sind. Regeln zur Beantwortung solcher Fragen heissen *statistische Tests*. Gegebenenfalls soll die Grösse der Unterschiede geschätzt werden.

• Besteht ein *Zusammenhang* zwischen zwei Grössen X und Y? Lässt sich eine Unbekannte Y „*vorhersagen*", wenn man das dazugehörige X kennt? Wenn ja, wie und wie genau?

• Lassen sich in einem Datensatz unerwartete *Strukturen* finden?

Mit den ersten drei Fragen befasst sich die *schliessende oder analytische Statistik*, die manchmal auch konfirmatorische Datenanalyse genannt wird, mit der vierten die erforschende oder *explorative Statistik* oder *explorative Datenanalyse*, die auf der beschreibenden Statistik aufbaut.

i Die wichtigsten *Anwendungsgebiete* zeichnen sich durch typische statistische Probleme aus:

• *Naturwissenschaften*: Modellierung von Zusammenhängen zwischen verschiedenen Grössen, wenn möglich mit kausaler Interpretation: Wie hängt eine chemische Reaktion von den Ausgangsbedingungen ab? Auf welche Umweltbedingungen reagiert eine Populationsdichte, und wie? Welche Gene sind an der Bildung von welchen Proteinen beteiligt? In welchem Ausmass sind Klimaveränderungen durch menschliche Aktivitäten verursacht? Kann man Erdbeben oder andere Naturkatastrophen vorhersagen? Modellierung von Prozessen wie chemischen Reaktionen, Wachstum, Diffusion. Weitere Stichworte sind: Vereinfachende Beschreibung und Vergleich von Ökosystemen; Schätzung von Reserven an Bodenschätzen, Auswertung von Satellitenbildern, Wettervorhersage.

- *Medizin und Pharmazie*: Hat eine Behandlung die erwünschte Wirkung? Hat sie Nebenwirkungen? Wie wirksam oder wie giftig ist eine Substanz? Lassen sich Krankheiten aufgrund von geeigneten Messgrössen automatisch diagnostizieren? Werden gewisse Krankheiten durch die Umwelt oder den Beruf mitverursacht? Modellierung der Wirkungsdynamik von Medikamenten oder der Ausbreitung von Epidemien.

- *Land- und Forstwirtschaft*: Welche Anbaubedingungen sind optimal? Welche Tiere haben einen grossen Zuchtwert? Wieviel Holz ist vorhanden?

- *Produktion, Technik*: Welche Produktionsbedingungen sind optimal? Ist die Sicherheit gewährleistet? Läuft eine Produktion normal oder zeigen sich Störungen? Stichworte sind Produkte-Entwicklung, Qualitäts-Kontrolle, Qualitäts-Sicherung, Zuverlässigkeit, Risiko-Analyse, Modellierung von technischen Abläufen und Regelungstechnik.

- *Ökonomie, Finanzmathematik*: Modellierung der Makro- und Mikro-Ökonomie zwecks Theoriebildung oder Vorhersage; Beurteilung und Optimierung eines Portfolios von Wertschriften oder Optionen; Bewertung von Liegenschaften; Quantifizierung des Risikos; Identifikation von wichtigen Einflussgrössen für Schäden in Versicherungen; Identifikation von Gruppen von Kunden.

- *Sozialwissenschaften*: Untersuchung soziologischer Zusammenhänge mittels Umfragen; Markt- und Meinungsforschung.

- *Psychologie, Verhaltensforschung*: Messung von psychologischen Eigenschaften; Vergleich und Modellierung von Lern-Prozessen; Untersuchung von Wahrnehmungen, allenfalls mit Rückschlüssen auf die Funktionsweise des Gehirns; Entscheidungsverhalten und Zufriedenheit in der Arbeitswelt; Verhalten von Tieren in Abhängigkeit von ihrer Umwelt.

j Mit Modellen, die das Phänomen „Zufall" beschreiben wollen, befasst sich die Wahrscheinlichkeitstheorie oder Wahrscheinlichkeitsrechnung. Dieses Fachgebiet wird mit der Methodik der schliessenden Statistik, die darauf aufbaut, unter dem Titel *Stochastik* zusammengefasst.
Bild 1.1.j zeigt, dass das vorliegende Buch nur in einen Ausschnitt aus diesen Gebieten einführen kann. Es behandelt die Grundlagen einer *statistischen Datenanalyse*, der Kunst, die Verfahren der Statistik in konkreten Studien geeignet anzuwenden und die Ergebnisse vernünftig und durchschaubar zu interpretieren – vermeiden wir die Idee von *einer* „richtigen" Interpretation! Datenanalyse als wissenschaftliches Forschungsgebiet ist nicht weit entwickelt. Gelehrt und gelernt werden kann sie nur in enger Verbindung mit der Praxis.

1.2 Ziele

a Wieso wollen – oder sollen – Sie Statistik lernen? Dafür kann es einige Gründe geben:

- Forschungsarbeiten (einschliesslich Semester-, Bachelor-, Master- und Doktorarbeiten) in den vielen wissenschaftlichen Disziplinen enthalten oft bis meistens statistische Auswertungen. Für kompliziertere Probleme gibt es statistische Beratungsdienste. Aber dort kann eine sinnvolle Zusammenarbeit nur entstehen, wenn Sie gewisse Grundüberlegungen und Begriffe der Statistik kennen (und umgekehrt die beratende Statistik-Person in Ihrem Fachgebiet grundlegende Konzepte kennt).

- Mit Zahlen umgehen können schadet nie! Auch im späteren Beruf müssen fast alle wissenschaftlich Ausgebildeten statistische Auswertungen mindestens verstehen können.

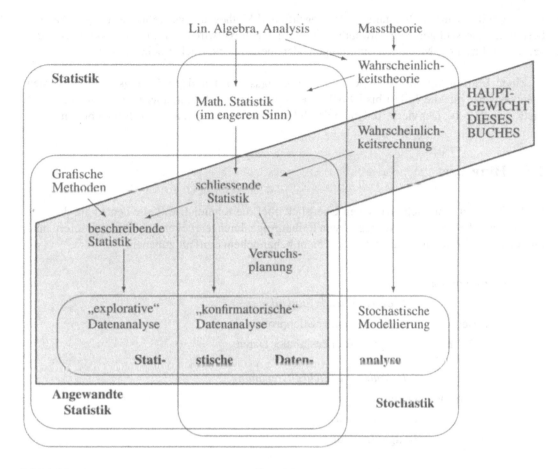

Bild 1.1.j Teilgebiete der Statistik und Stochastik und ihre wichtigsten Verbindungen

• Hoffentlich kann dieser Text auch die Denkweise von Modellen für „zufällige" Phänomene und die damit verbundene Mathematik so vermitteln, dass Sie solche Ideen verstehen und weiter entwickeln können.

b Dieser Text will Sie in seinen vier Hauptteilen zu folgenden Lehrzielen führen:

I   Beschreibende Statistik: Die wichtigsten Arten, Daten darzustellen, anwenden können.

II   Wahrscheinlichkeitsrechnung: Die Grundidee von Wahrscheinlichkeitsmodellen verstehen und die Art der mathematischen Schlüsse in diesem Gebiet erfassen; sie dient als Grundlage der schliessenden Statistik und der Stochastischen Modellierung.

III   Schliessende Statistik: Grundbegriffe und Grundaufgaben der analytischen Statistik (Schätzungen, Tests, Vertrauensintervalle) verstehen und einzelne nützliche Methoden kennen. Korrektheit von einfacheren Anwendungen der Statistik in der Fachliteratur beurteilen können.

IV   Methoden der Datenanalyse: Weitere nützliche Verfahren kennen. Eignung von Modellen für vorliegende Daten überprüfen können. Die Grundideen der weitverbreiteten statistischen Modelle verstehen. Problemstellungen einem Spezialgebiet der Statistik zuordnen können.

c In allen Teilen wird ein Verständnis der Begriffe und Methoden angestrebt, das auf Anschauung beruht und auf sachgerechte Anwendung zielt. In der Praxis wird es oft nützlich oder notwendig sein, ausführlichere Methodensammlungen oder spezialisierte Bücher beizuziehen.

d In einer Einführungsvorlesung (ca. 45 Vorlesungsstunden und 15 Übungsstunden) werden üblicherweise nur die Teile I bis III behandelt – wenn möglich, mit einem kurzen Ausblick auf die Kapitel 12-14. Der vierte Teil kann den Inhalt einer weiterführenden Vorlesung bilden.

1.3 Hinweise

a Bild 1.3.a zeigt einen schematischen Überblick über die Kapitel. Die Pfeile deuten an, dass der Text nicht unbedingt in der vorgegebenen Reihenfolge durchgearbeitet werden muss, sofern man an einzelnen Stellen in Kauf nimmt, auf nicht behandeltem Stoff aufzubauen.

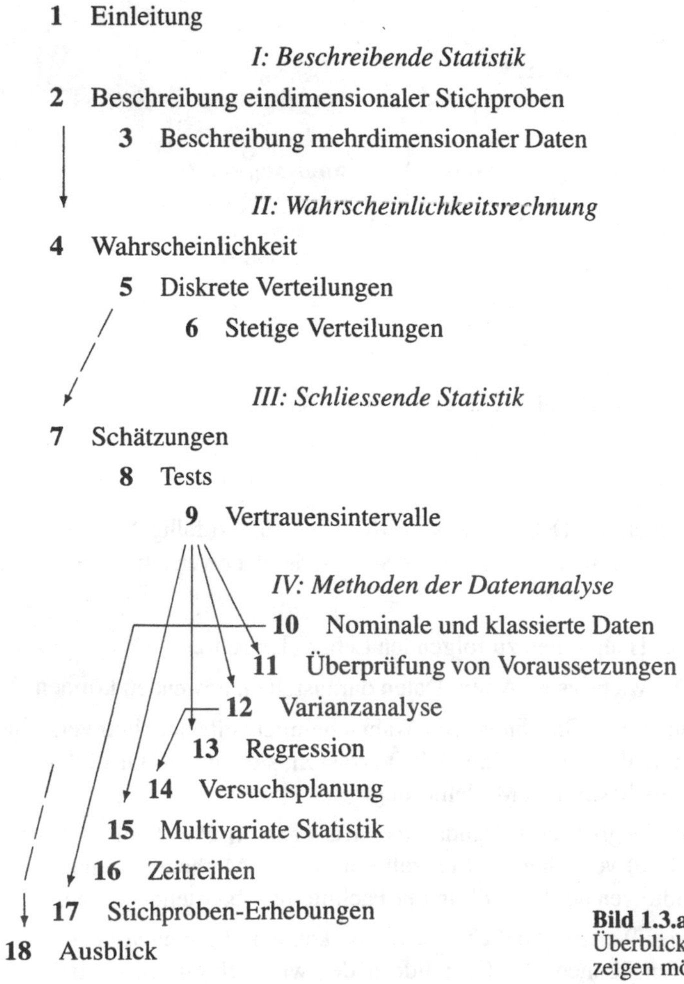

1 Einleitung

I: Beschreibende Statistik

2 Beschreibung eindimensionaler Stichproben

3 Beschreibung mehrdimensionaler Daten

II: Wahrscheinlichkeitsrechnung

4 Wahrscheinlichkeit

5 Diskrete Verteilungen

6 Stetige Verteilungen

III: Schliessende Statistik

7 Schätzungen

8 Tests

9 Vertrauensintervalle

IV: Methoden der Datenanalyse

10 Nominale und klassierte Daten

11 Überprüfung von Voraussetzungen

12 Varianzanalyse

13 Regression

14 Versuchsplanung

15 Multivariate Statistik

16 Zeitreihen

17 Stichproben-Erhebungen

18 Ausblick

Bild 1.3.a
Überblick über die Kapitel. Die Pfeile zeigen mögliche Abkürzungen

b   Die ersten vier Kapitel bieten für viele keine grossen Schwierigkeiten, vor allem nicht für
    jene, die im Gymnasium eine gute Einführung in die Wahrscheinlichkeit erhalten haben. In den
    Kapiteln 5 und 6 ändert sich dies, und es empfiehlt sich, in einer Vorlesung den Anschluss an
    diese Grundlagen für die schliessende Statistik nicht zu verpassen.

c   Da die Kapitel 5 und 6 recht viel Mathematisches enthalten, können sie für Leserinnen
    und Leser mit schmalen Vorkenntnissen zur „Durststrecke" werden. Damit die Anwendungen
    der schliessenden Statistik möglichst rasch klar werden, ist deshalb ein alternativer Aufbau
    einer Vorlesung oder des Selbststudiums möglich: In einem ersten Durchgang werden ein
    oder mehrere Beispiele von Zähldaten mit den Modellen der Binomial- und der Poisson-
    Verteilung behandelt und die entsprechenden Methoden der schliessenden Statistik erläutert.
    In einem zweiten Durchgang kommen Modelle für stetige Zufallsgrössen, insbesondere die
    Normalverteilung, und anschliessend die grundlegenden Methoden der schliessenden Statistik
    vertieft zur Sprache. Eine dritte Runde geht dann auf die gleichzeitige Betrachtung von zwei
    oder mehreren Grössen ein und stellt das wichtige Kapitel der statistischen Regression vor.

    Es wurde darauf geachtet, dass ein solcher Aufbau ohne grössere Schwierigkeiten möglich ist,
    indem man die folgende Reihenfolge einhält:
    Teil A: Kapitel 4.1-6, 5.1-2, 7.1, 8.1-2, 9.1, ergänzt durch 4.7-9.
    Teil B: Kapitel 2, 6.1-5, 6.7-9, 7.2-3, 8.3-11, 9.3-4, ergänzt durch 6.10-11, 7.4.
    Teil C: Kapitel 3.1-3.5, 13.1-6, ergänzt durch Ausblicke in andere Kapitel.

d   Wichtige Absätze sind grau unterlegt.

    *   Mit einem * beginnen Ergänzungen.
    Die verschiedenen Arten von *Klammern*, ( ) [ ] { }, werden in der Mathematik nicht einheitlich
    gebraucht. Hier gelten die folgenden Regeln:
    {..} Die geschweiften Klammern werden ausschliesslich für Mengen verwendet.
    $\langle..\rangle$ Diese eckigen Klammern umschliessen Argumente von Funktionen.
    (..) Die gewöhnlichen Klammern zeigen die Priorität der Rechenoperationen (wie in $(a+b)c$).
    [..] Die üblichen eckigen Klammern werden für Vektoren und Matrizen gebraucht.
    (An wenigen Orten müssen die Klammern auch für weitere Zwecke verwendet werden.)
    So können einige Missverständnisse vermieden werden: $f(a+b)$ ist ein Produkt, aber $f\langle a+b\rangle$
    ist ein Funktionswert. Der Autor hofft, dass dies für Sie nach kurzer Angewöhnung hilfreich
    wird. Er will niemanden verpflichten, diese Regeln selbst anzuwenden.

1.4 Literatur zur angewandten Statistik

a Es gibt bekanntlich viele Einführungsbücher über Wahrscheinlichkeit und angewandte Statistik. Die meisten sind kürzer als der vor Ihnen liegende Text. Etliche begnügen sich mit einem weniger tiefen Verständnis, als es hier angestrebt wird, oder beschränken sich auf die Methoden, die in enger umrissenen Fachgebieten häufig angewandt werden. Besonders der vierte Teil wird normalerweise nur selektiv und kurz behandelt.

Ein paar solche Bücher in deutscher Sprache seien hier mit stichwortartigen Kommentaren angeführt. Die genauen Angaben sind im Literatur-Verzeichnis am Ende des Buches zu finden.

● Das Buch von Fahrmeir, Künstler, Pigeot und Tutz (1997) ist von der Art der Tiefe der Behandlung des Stoffes her ähnlich ausgerichtet. Der Überblick über die statistische Methodik, der hier im Teil IV geboten wird, ist dort auf kürzere Einführungen in die Regression, Varianzanalyse und Zeitreihen begrenzt.

Ein ähnlich ausgerichtetes Buch mit einem alternativen Aufbau schrieb Schlittgen (2003). Es deckt den Stoff einer Einführungsvorlesung, einschliesslich kurze Einblicke in die Varianzanalyse und Regression, etwas ausführlicher ab und verzichtet ebenfalls auf weitere Ausblickskapitel.

● Mathematisch ausgerichtete Einführungen: Weber (1992) und Rüegg (1994).

● Einfachere Einführungen mit niedriger angesetzten Zielen: Lorenz (1996).
Biostatistik: Timischl (2000), Bärlocher (1999)

● Eher rezeptartig aufgebaute Bücher, die aber teilweise mehr Methoden besprechen: Spiegel (2003) und Elpelt und Hartung (2004).

b In der Praxis erweisen sich Nachschlagebücher als sehr nützlich. Man findet dort für die einzelnen Verfahren rezeptartige Beschreibungen, die leicht nachzuvollziehen sind und sich deshalb auch als Literatur-Verweis in Berichten über Daten-Auswertungen eignen. Sie enthalten auch viele Hinweise auf Originalarbeiten und Spezialliteratur, während sich das Verzeichnis dieses Buches auf Lehrbücher beschränkt. Obwohl auch grundlegende Abschnitte nicht fehlen, sind sie als Lehrtexte schlecht geeignet. Im deutschen Sprachraum gibt es zwei allgemein bekannte Werke:

● Hartung, Elpelt und Klösener (2002) ist umfassender und moderner als

● Sachs (2004).

Teil I

Beschreibende Statistik

2 Beschreibung eindimensionaler Stichproben

2.1 Histogramme

a Das *Histogramm* (Säulen- oder Balken-Darstellung) ist die bekannteste Art der Darstellung verschiedener Zahlen mit gleicher Bedeutung.

▷ Bild 2.1.a zeigt die Variablität der Abfallmenge pro Einwohner und Jahr über die 26 Schweizer Kantone und das Fürstentum Liechtenstein, die in Kehrichtverbrennungsanlagen landet. Es gibt 3 Kantone, in denen die Abfallmenge zwischen 200 und 250 kg pro Einwohner liegt, 4 Kantone mit Zahlen zwischen 250 und 300, usw. ◁

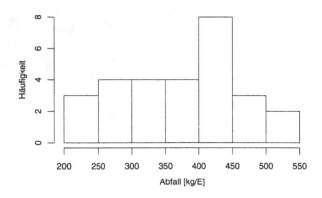

Bild 2.1.a
Histogramm der Abfallmenge
pro Einwohner in den Schweizer
Kantonen

b Einige Bemerkungen zum Histogramm:

• Die *Klassen-Einteilung* kann das Bild beeinflussen – bei kleinen Stichproben recht stark, wie Bild 2.1.b (i) zeigt.

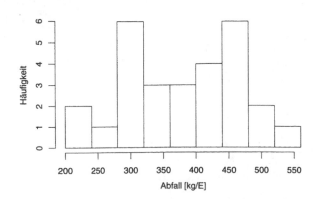

Bild 2.1.b (i)
Histogramm der Abfallmenge
pro Einwohner mit veränderter
Klassenbreite

• Vorsicht bei ungleichen Klassenbreiten! Die *Fläche* muss proportional zur Häufigkeit sein, nicht die Höhe; man trägt also die Anzahl Beobachtungen, dividiert durch die Klassenbreite, in vertikaler Richtung ab (Bild 2.1.b (ii)).

• Falls eine *Restklasse* gebildet wird für extreme Werte (damit das Histogramm nicht wegen solcher Ausreisser zu lang wird) soll kein Balken für die Restklasse gezeichnet werden. Stattdessen kann man eine Zahl oder Prozentzahl an die entsprechende Stelle in die Darstellung schreiben (Bild 2.1.b (ii)).

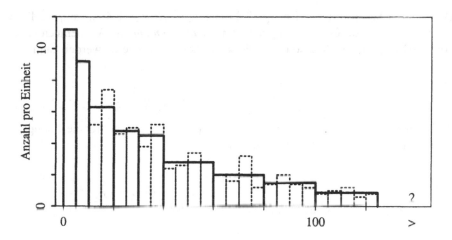

Bild 2.1.b (ii)   Histogramm von Interresponse Zeiten von Katzennerven, mit gleichen (· · ·) und ungleichen (—) Klassenbreiten

c   *Stabdiagramm.* Falls die Daten nur ganze Zahlen sein können, weil beispielsweise Insektenstiche auf Äpfeln oder etwas anderes gezählt wird, sieht die richtige Darstellung etwas anders aus: In Bild 2.1.c wurden die Balken durch Stäbe ersetzt (Quelle der Daten: L. Schaub et al., 1988. „Elements for assessing mirid [Heteroptera: Miridae] damage threshold on apple fruits." Crop Protection 7, 118-124). Oft wird allerdings trotzdem ein Histogramm gezeichnet, mit den Klassengrenzen −0.5, 0.5, 1.5, 2.5, ...

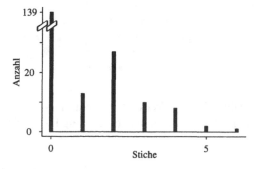

Bild 2.1.c
Stabdiagramm für die Anzahl
Insektenstiche auf Äpfeln

Beachten Sie, wie die extreme Häufigkeit des Wertes 0 durch einen unterbrochenen Stab und eine daran angepasste vertikale Achse dargestellt wurde. So erhält man zwar keinen richtigen Eindruck dieser Häufigkeit, dafür sieht man die anderen Häufigkeiten besser.

2.2 Einige Bezeichnungen und Begriffe

a   Das Wort *Stichprobe* steht im Folgenden für einen „Zahlenhaufen", für die erhaltenen Zahlen oder Daten. Später, in der Wahrscheinlichkeitsrechnung, werden wir von Zufalls-Stichproben sprechen (siehe 5.7).
Die Daten oder *Beobachtungen* bezeichnen wir mit

$$x_1, x_2, \ldots, x_i, \ldots, x_n .$$

▷ Im Beispiel der Schlafmittel (1.1.b, vgl. 2.2.c) ist $x_1 = 1.2$, $x_2 = 2.4, \ldots$, $x_{10} = 1.4$. ◁
Die Anzahl n ($= 10$) von Beobachtungen heisst *Stichprobenumfang*. Wir nehmen an, dass die Reihenfolge beliebig ist, aus ihr also nichts Wesentliches herausgelesen werden kann.

b   *Geordnete Stichprobe.* Es bezeichne $x_{[1]}$ die kleinste der n Zahlen, $x_{[2]}$ die zweitkleinste, usw.; $x_{[n]}$ ist die grösste Zahl. $x_{[k]}$ heisst auch $k$te *Ordnungsgrösse*.

▷ Im Beispiel ist $x_{[1]} = 0.0$, $x_{[2]} = 0.8, \ldots$, $x_{[10]} = 4.6$. Die geordnete Stichprobe wird
0.0, 0.8, 1.0, 1.2, 1.3, 1.3, 1.4, 1.8, 2.4, 4.6. ◁

c   Der *Rang* einer Zahl x_i innerhalb der Stichprobe gibt an, die wie-vielt-kleinste Zahl sie ist. Im Beispiel ist Rang$\langle x_1 \rangle = 4$, da $x_1 = 1.2$ die viertkleinste der Zahlen x_i ist, $x_1 = x_{[4]}$. Bei gleichen Zahlen werden die entsprechenden Rangzahlen gemittelt: Rang$\langle x_3 \rangle$ = Rang$\langle x_4 \rangle$ = $(5 + 6)/2 = 5.5$.

Als Formel kann man schreiben

$$\text{Rang}\langle x_i \rangle = 1 + \text{Anzahl}\{\, j \mid x_j < x_i \} + \frac{1}{2}\,\text{Anzahl}\{\, j \mid j \neq i \text{ und } x_j = x_i \}$$

▷ Tabelle 2.2.c zeigt die Daten des Beispiels mit den Rängen und die geordnete Stichprobe. ◁

d   Die („empirische") *kumulative Verteilungsfunktion* ist definiert als

$$F\langle x \rangle = \frac{1}{n}\,\text{Anzahl}\{\, i \mid x_i \leq x \}.$$

Jedem Wert x wird der Anteil der Beobachtungen zugeordnet, die kleiner sind als x.
Die grafische Darstellung von F (Bild 2.2.d) ergibt eine ansteigende „Treppe" mit Eckpunkten $[x_{[k]}, (k-1)/n]$ und $[x_{[k]}, k/n]$. (* Die vertikalen Linien gehören streng genommen nicht zum Grafen von F.) Diese Funktion ist als Darstellung der „Verteilung" von Daten nicht sehr aussagekräftig. Sie macht aber einige der folgenden Begriffe anschaulich und damit leichter verständlich.

Eine glattere Darstellung ist die Polygon-Version (Bild 2.2.d) der Verteilungsfunktion: Von den vertikalen Linien der Höhe $1/n$ des vorhergehenden Bildes verbindet man die Mittelpunkte. Die Eckpunkte sind hier bei $[x_{[k]}, (k-1/2)/n]$.

Tabelle 2.2.c Daten, Ränge und geordnete Stichprobe für die Schlafdaten

i	1	2	3	4	5	6	7	8	9	10
x_i	1.2	2.4	1.3	1.3	0.0	1.0	1.8	0.8	4.6	1.4
Rang$\langle x_i \rangle$	4	9	5.5	5.5	1	3	8	2	10	7

k	1	2	3	4	5	6	7	8	9	10
$x_{[k]}$	0.0	0.8	1.0	1.2	1.3	1.3	1.4	1.8	2.4	4.6

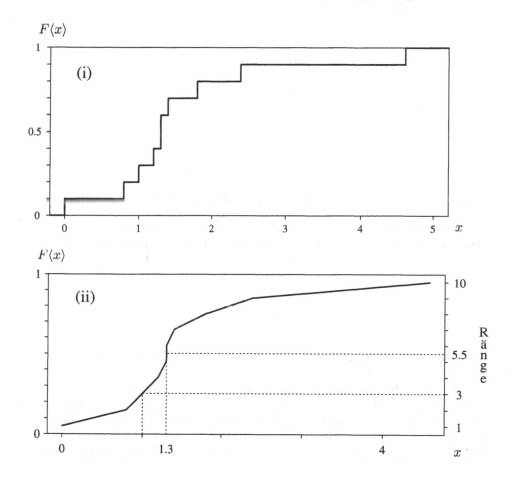

Bild 2.2.d Kumulative Verteilungsfunktion für die Schlafdaten: (i) Übliche Form und (ii) Polygon-Version mit Bestimmung der Ränge

e   In beiden Bildern können die Ränge abgelesen werden, wenn man die vertikale Achse zweck-
    mässig beschriftet. Die 1 der Rangskala liegt bei $F = 1/(2n)$, Rang n bei $1 - 1/(2n)$.
    Senkrechte Linien werden halbiert.

f   Die Begriffe kumulative Verteilungsfunktion und Rang mögen Ihnen eher kompliziert erschei-
    nen. Sie dienen einerseits zur Festlegung geeigneter beschreibender Methoden für Stichproben in
    diesem Kapitel, andererseits auch als Grundlage für einige Methoden der schliessenden Statistik.

2.3 Kennzahlen für eine quantitative Stichprobe

a
Wir wollen die „*Verteilung*" der Stichprobe, die durch das Histogramm dargestellt wird, mit einigen wenigen „Kennzahlen" charakterisieren. Die beiden wichtigsten Aspekte sind die *Lage* und die *Streuung* einer Verteilung. Die beiden Histogramme in Bild 2.3.a (i) unterscheiden sich nur in der Lage, diejenigen in 2.3.a (ii) nur in der Streuung.

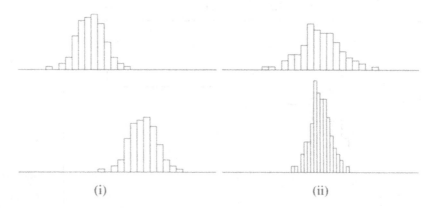

(i)   (ii)

Bild 2.3.a Histogramme mit unterschiedlicher Lage (i) und mit unterschiedlicher Streuung (ii)

Was Lage und Streuung bedeuten, ist damit recht klar. Wenn man Formeln einführen will, die diese beiden „vagen Begriffe" genau quantifizieren, gibt es dafür verschiedene Möglichkeiten.

b
Die bekannteste Kennzahl für die Lage ist der Durchschnitt oder (arithmetische) *Mittelwert*

$$\bar{x} = \frac{1}{n} \left(x_1 + x_2 + \ldots + x_n \right).$$

Schreibweise: Mit der üblichen Schreibweise für Summen ist $\bar{x} = \frac{1}{n} \sum_{i=1}^{n} x_i$. Da $\sum_{i=1}^{n}$ häufig vorkommen wird, kürzen wir es zu $\sum_i$ ab.

Der Mittelwert entspricht dem *Schwerpunkt* in der Physik: Denkt man sich einen leichten horizontalen Stab, der in den Abständen x_i von einem Ende mit gleichen Gewichten belastet wird, so muss man ihn bei $\bar{x}$ unterstützen, um ihn im Gleichgewicht zu halten; $\bar{x}$ gibt also den Schwerpunkt an.

Im Beispiel wird $\bar{x} = \frac{1}{10} \left(0 + 0.8 + 1.0 + 1.2 + 1.3 + 1.3 + 1.4 + 1.8 + 2.4 + 4.6 \right) = 1.58$.

c
Der *Median* oder Zentralwert ist gegeben durch den mittleren Wert der geordneten Stichprobe,

$$\text{med} = \begin{cases} x_{[(n+1)/2]} & \text{falls } n \text{ ungerade} \\ \frac{1}{2} \left(x_{[n/2]} + x_{[n/2+1]} \right) & \text{falls } n \text{ gerade} . \end{cases}$$

Zur Verdeutlichung schreibt man oft $\text{med}\langle x_1, x_2, \ldots, x_n \rangle$ oder kurz $\text{med}_i \langle x_i \rangle$. Der Median teilt die Stichprobe in zwei gleich „schwere" Teile: unterhalb und oberhalb von med liegen gleich viele Beobachtungen.

Im Beispiel wird $\text{med} = \frac{1}{2}(1.3 + 1.3) = 1.3$.

d   Welches Mass charakterisiert die Stichprobe besser? Die Antwort hängt von der Problemstellung
    ab. Ein Gesichtspunkt ergibt sich aus der Frage: Was passiert mit $\bar{x}$ und mit med, falls statt
    4.6 die Zahl 46 in den Rechner eingetippt wird? Diese Frage wird als Problem der *Robustheit*
    bezeichnet. Ein Lagemass ist robust, wenn das Verändern, Hinzufügen oder Weglassen einer
    einzelnen (extremen) Beobachtung seinen Wert nicht stark beeinflusst. (Genaueres siehe 7.5.) Im
    Beispiel führt der erwähnte Irrtum zum arithmetischen Mittel $\bar{x} = 5.72$ statt 1.58, während der
    Median unverändert bleibt.

e * Weitere nützliche Lagemasse sind die *gestutzten Mittel* (englisch *trimmed means*). Zunächst legt
    man eine Zahl $m \le n/2$ fest. Dann verfährt man so:

   • Die Stichprobe wird geordnet.

   • Man streicht die untersten und die obersten m Beobachtungen.

   • Man bildet das arithmetische Mittel der verbleibenden $n - 2m$ Beobachtungen.

   Das Ergebnis,

   $$\bar{x}_\alpha = \frac{1}{n - 2m} \left(x_{[m+1]} + x_{[m+2]} + \ldots + x_{[n-m]} \right) .$$

   ist das sogenannte $100\alpha\%$ gestutzte Mittel, wobei $\alpha = m/n$ ist.
   Im Beispiel wird $\bar{x}_{0.2} = \frac{1}{6}(1.0 + 1.2 + 1.3 + 1.3 + 1.4 + 1.8) = 1.33$.

f   In Analogie zum Median kann man die *Quantile* bilden. Der Median teilt die Stichprobe so,
    dass 50% der Beobachtungen darunter und 50% darüber liegen. Als *unteres [oberes] Quartil*
    bezeichnet man die *Grenze*, die die Stichprobe im Verhältnis 1:3 [3:1] teilt. Das α *Quantil*
    oder $\alpha \cdot 100$te *Perzentil* q_α teilt die Stichprobe im Verhältnis $\alpha : (1 - \alpha)$.

    Genauer: Es sei k gleich $\alpha n + \frac{1}{2}$, gerundet. Dann ist das α-Quantil die $k$te Ordnungsgrösse –
    es sei denn, αn sei eine ganze Zahl; dann ist das α-Quantil als das Mittel aus der αnten und der
    folgenden Ordnungsgrösse definiert. (Es gibt auch leicht andere Festlegungen.)
    ▷ Beispiel: Das 20. Perzentil oder 0.2-Quantil der $n = 10$ Schlafdaten ist gleich $q_{0.2} =$
    $(x_{[2]} + x_{[3]})/2 = 0.9$; das Quantil $q_{0.72} = x_{[8]} = 1.8$, da $\alpha n + \frac{1}{2} = 7.7$ auf 8 gerundet
    wird. ◁

g * Eine leicht *andere*, etwas raffiniertere und gleichzeitig recht anschauliche Definition lautet: Das α-
    Quantil ist der Wert der Umkehrfunktion der Polygon-Version der kumulativen Verteilungsfunktion
    zum Funktionswert α (Bild 2.3.g). Damit sie auch für $\alpha < 1/(2n)$ und $\alpha > 1 - 1/(2n)$ so
    bestimmt werden können (und aus etwas tieferen Gründen) wird die „α-Skala" geschrumpft, wie
    es die y-Achse im Bild zeigt. Man erhält für den Median wie vorher 1.3; die Quartile werden 1.05
    und 1.7.

h   Mit Hilfe der Quantile kann man *Streuungsmasse* definieren, beispielsweise die *Quartils-*
    Differenz $q_{3/4} - q_{1/4}$. ▷ Im Beispiel der Schlafdaten wird diese $1.8 - 1.0 = 0.8$. ◁

i   Die Streuung in einer Stichprobe ist gross, wenn die Beobachtungen im Mittel weit vom
    arithmetischen Mittelwert weg liegen. Der Abstand ist für eine einzelne Beobachtung gleich dem
    Absolutbetrag $|x_i - \bar{x}|$ der Differenz zum Mittelwert. Bildet man über diese Abstände wieder
    das arithmetische Mittel, so erhält man die *Mittlere Absolute Abweichung* $\frac{1}{n} \sum_i |x_i - \bar{x}|$. ▷ Im
    Beispiel gibt das $\frac{1}{10} (|0 - 1.58| + |0.8 - 1.58| + \ldots + |4.6 - 1.58|) =$
    $= \frac{1}{10} (1.58 + 0.78 + \ldots + 3.02) = 0.812$. ◁

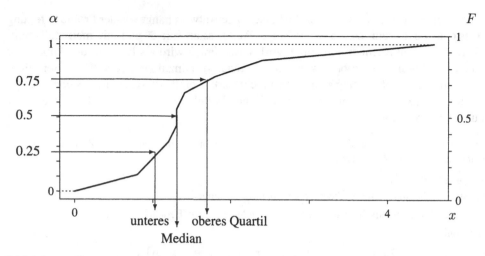

Bild 2.3.g Wie man Quantile – speziell den Median und die Quartile – bestimmt

j   Es wird sich zeigen, dass man einfachere mathematische Zusammenhänge erhält, wenn man nicht die Absolutbeträge, sondern die Quadrate der Differenzen $x_i - \bar{x}$ als Grundlage eines Streuungsmasses benützt. Die *Varianz* der Stichprobe ist definiert als

$$\text{var} = \frac{1}{n-1} \sum_i (x_i - \bar{x})^2 \ .$$

Weshalb durch $n-1$ statt durch n dividiert wird, können wir erst später begründen (7.3.l). Es liegt eine Überlegung der Wahrscheinlichkeitsrechnung zugrunde.
Wie für das arithmetische Mittel gibt es auch zur Varianz eine physikalische Analogie: Für den oben beschriebenen Stab (2.3.b) misst die Varianz – sofern durch n statt $n-1$ dividiert wird – das *Trägheitsmoment* bezüglich des Schwerpunktes.

k   Die Mass-Einheit der vorhergehenden Streuungsmasse war die Mass-Einheit der Beobachtungen; die Varianz hingegen hat deren Quadrat zur Mass-Einheit. Eine anschaulichere Bedeutung hat deshalb ihre Quadratwurzel

$$\text{sd} = \sqrt{\text{var}} \ ,$$

die *Standardabweichung* (englisch *standard deviation*).
Varianz und Standardabweichung sind bei weitem die gebräuchlichsten Masse für Streuung. Sie werden aber von Ausreissern stark beeinflusst, sind also *nicht robust*.

▷   Im Beispiel erhält man:

$$\text{var} = \frac{1}{9}\left((0 - 1.58)^2 + (0.8 - 1.58)^2 + \ldots + (4.6 - 1.58)^2\right) = 1.51 \ ,$$

$$\text{sd} = \sqrt{1.51} = 1.23 \ . \ ◁$$

l   *   Ein sehr robustes Mass für die Streuung entsteht, wenn wir in der mittleren absoluten Abweichung arithmetische Mittelwerte durch Mediane ersetzen. Es ergibt sich die *Median-Abweichung* (englisch *median (absolute) deviation*)

$$\text{MAD} = \text{med}_i \left\langle |x_i - \text{med}_j \langle x_j \rangle| \right\rangle \ .$$

(Der Index i oder j von med dient, wie beim Summenzeichen, als „Laufindex".) Im Beispiel ergibt sich MAD = med$\{|-1.3|, |-0.5|, |-0.3|, |-0.1|, |0|, |0|, |0.1|, |0.5|, |1.1|, |3.3|\} = 0.4$.

m   *   Die *Spannweite* $\max_i \langle x_i \rangle - \min_i \langle x_i \rangle$ wird auch manchmal angegeben. Sie ist aber als Streuungsmass nicht zu empfehlen, da sie extrem unrobust ist und mit grösserem Stichprobenumfang normalerweise systematisch zunimmt.

n   Diese Streuungsmasse ergeben nicht die gleichen Zahlenwerte; sie messen die Streuung auf verschiedene Weise.

Die *Quartils-Differenz* hat eine anschauliche Interpretation: Sie misst die Länge eines Intervalls, das die „mittlere" Hälfte der Beobachtungen enthält (eventuell liegen zusätzliche Beobachtungen auf den Grenzen des Intervalls). Das Intervall umfasst die Werte zwischen $q_{1/4}$ und $q_{3/4}$ und wird kurz als $[q_{1/4}, q_{3/4}]$ geschrieben. (* Für die Median-Abweichung gilt ebenso, dass das Intervall [med–MAD, med+MAD] die Hälfte der Beobachtungen enthält.)

Die Standardabweichung zeigt keine solche Eigenschaft. Als Faustregel soll man sich merken, dass für „normale" Stichproben das Intervall $[\bar{x} - \text{sd}, \bar{x} + \text{sd}]$ ungefähr 2/3 der Beobachtungen enthält; ungefähr die Hälfte liegt in $[\bar{x} - 0.67\text{sd}, \bar{x} + 0.67\text{sd}]$. Was „normal" genau heisst, wird in der Wahrscheinlichkeitsrechnung erklärt (siehe 6.5).

o   Die Formel für die Varianz lässt sich noch so verändern, dass man Mittelwert und Varianz im gleichen Durchgang durch die Daten berechnen kann und keine Differenzen $x_i - \bar{x}$ bilden muss:

$$\text{var} = \frac{1}{n-1}\left(\sum_i x_i^2 - \frac{1}{n}\left(\sum_i x_i\right)^2\right).$$

(* Versuchen Sie, diese Identität zu beweisen!) Aber Achtung: Diese Formel eignet sich wegen numerischer Probleme nicht zum Programmieren; sie versagt, wenn var klein ist im Vergleich zu $\bar{x}^2$.

▷   Im Beispiel erhält man var $= \frac{1}{9}\left((0^2 + 0.8^2 + \ldots + 4.6^2) - \frac{1}{10}15.8^2\right) = 1.51$. ◁

p   Für Daten, die positiv sein müssen, z. B. Konzentrationen, Anzahlen etc., ist es oft sinnvoll, die Streuung mit dem Mittelwert zu vergleichen. Der *Variationskoeffizient* (*coefficient of variation*) ist definiert als

$$\text{cv} = \frac{\text{sd}}{\bar{x}}.$$

Für solche Daten ist oft festzustellen, dass unter verschiedenen Bedingungen, die zu verschiedenen Mittelwerten führen, die entsprechenden Standardabweichungen ungefähr proportional zum Mittelwert sind, der Variationskoeffizient also etwa gleich bleibt.

q   Selbst wenn Stichproben in Lage und Streuung übereinstimmen sollten, bleiben im allgemeinen Unterschiede, die wir als Unterschiede in der *Form* bezeichnen wollen.

Ein erster anschaulicher Aspekt der Form ist die *Schiefe*. Bild 2.3.q (i) zeigt verschieden schiefe Histogramme; in (ii) sieht man zwei symmetrische. Jedes Mass für die Schiefe sollte für symmetrische Stichproben null sein.

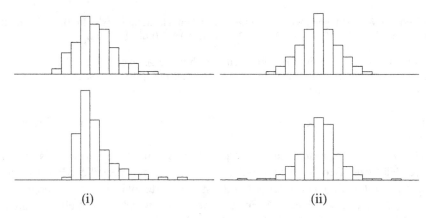

(i)   (ii)

Bild 2.3.q   Verschieden schiefe (i) und verschieden langschwänzige (ii) Histogramme

r   Ein zweiter Aspekt der Form ist die *Langschwänzigkeit*. Bild 2.3.r (ii) zeigt zwei symmetrische
Histogramme mit gleicher Standardabweichung aber verschiedener Langschwänzigkeit. Sie
unterscheiden sich vor allem in der Häufigkeit, mit der relativ extreme Werte auftreten.
Die Festlegung, für welche Stichproben ein Mass für die Langschwänzigkeit den Wert Null
haben soll, wo also der Übergang von „kurzschwänzig" zu „langschwänzig" erfolgen soll, ist
willkürlich. Man orientiert sich dafür an der Normalverteilung, siehe 6.5.
Auf Masse für Schiefe und Langschwänzigkeit kommen wir weiter unten (2.6.f) zurück.

2.4   Klassierte Daten

a   ▷ Beispiel Küken. Die Gewichte von 100 zweiwöchigen Küken sind in Tabelle 2.4.a als
Einzelwerte wiedergegeben (Quelle: Linder und Berchtold (1979)).   ◁

Tabelle 2.4.a   Gewichte von 100 zweiwöchigen Küken in Gramm

107	117	105	106	114	105	113	88	119	116
108	98	104	126	102	100	120	121	87	110
111	114	121	114	104	94	101	94	95	114
101	82	111	108	100	109	92	96	108	108
97	92	112	105	112	100	108	105	97	119
113	102	103	100	94	102	104	110	127	102
109	100	76	101	95	96	118	91	118	107
105	112	92	99	118	100	130	112	110	103
116	115	96	125	97	114	111	101	101	90
122	106	109	116	103	134	86	124	107	107

b   Ein Histogramm zeigt anschaulich die Häufigkeiten h_ℓ der Beobachtungen für vorgegebene
Klassen. Diese Häufigkeiten geben die 100 Beobachtungen bis auf ihren genauen Ort innerhalb
einer Klasse von 5 g Breite wieder – also genau genug für die meisten Zwecke, insbesondere für
die statistische Beschreibung. Bei grösseren Datenmengen begnügt man sich deshalb oft damit,
die Häufigkeiten für vorgegebene Klassen anzugeben, und spricht von *klassierten Daten*.

Klasse	„Stamm"	Histogramm / „Blatt"	Häufigkeiten abs. rel.		
			ℓ	h_ℓ	f_ℓ
75-79	7+	6	1	1	0.01
80-84	8	2	2	1	0.01
85-89	8+	8 7 6	3	3	0.03
90-94	9	4 4 2 2 4 1 2 0	4	8	0.08
95-99	9+	8 5 6 7 7 5 6 9 6 7	5	10	0.10
100-104	10	4 2 0 4 1 1 0 0 2 3 0 2 4 2 0 1 0 3 1 1 3	6	21	0.21
105-109	10+	7 5 6 5 8 8 9 8 8 5 8 5 9 7 5 6 9 7 7	7	19	0.19
110-114	11	4 3 0 1 4 4 4 1 2 2 3 0 2 2 0 4 1	8	17	0.17
115-119	11+	7 9 6 9 8 8 8 6 5 6	9	10	0.10
120-124	12	0 1 1 2 4	10	5	0.05
125-129	12+	6 7 5	11	3	0.03
130-134	13	0 4	12	2	0.02

Bild 2.4.b Liegendes Histogramm (mit Stamm-und-Blatt-Darstellung) und absolute und relative Häufigkeiten für die Kükengewichte

Das Histogramm in Bild 2.4.b ist mit Ziffern angefüllt. Sie zeigen eine Art der Darstellung, die John Tukey erfunden hat, um mit Bleistift und Papier ein Histogramm zu erhalten und gleichzeitig den Median und die Quartile bestimmen zu können. Sie heisst *Stamm-und-Blatt-Darstellung (stem and leaf display)*. Man schreibt sich in eine Spalte die Ziffern der höchsten Zehnerpotenz, die in den Daten vorkommt; allenfalls, wie in unserem Beispiel, reserviert man zwei Zeilen pro Ziffer und nimmt die ersten zwei Zehnerpotenzen zusammen. Diese Ziffern bilden den „Stamm" eines Baumes, die noch leeren Zeilen bilden die Äste. Nun fügt man die Blätter Blätter an, indem man jede Zahl gemäss ihrer ersten Ziffer in die richtige Zeile einteilt und die nächste Ziffer am ersten freien Platz hinschreibt. Das erste Kükengewicht, 107, kommt auf den „Ast" 10+ zu sitzen; die 7 wird notiert. Für 117 kommt eine 7 auf die übernächste Zeile (11+), und 105 bildet das zweite Blatt, die 5, auf dem Ast 10+.

Der Median lässt sich nun in zwei Schritten bestimmen: Man zählt die Blätter von oben her und erhält bis und mit Zeile 10 44 Beobachtungen. Der Median ist also der Mittelwert der sechst- und der siebt-kleinsten Zahl in der Zeile 10+. Um diese zu bestimmen, muss man im Kopf die Ziffern dieses Astes sortieren und erhält med $= 100 + (6 + 6)/2 = 106$.

d Bild 2.4.d veranschaulicht die folgenden *Bezeichnungen*: Die Klassengrenzen $c_0, c_1, \ldots, c_k$ führen zu Klassen $\mathcal{C}_\ell = \{ x \mid c_{\ell-1} < x \leq c_\ell \}$, die aus den Werten zwischen $c_{\ell-1}$ und c_ℓ bestehen. Bei gerundeten Werten liegt die eigentliche Klassengrenze zwischen zwei möglichen Werten; im Beispiel $c_0 = 74.5$, $c_1 = 79.5, \ldots$, $c_{12} = 134.5$. Als Klassenmitten erhält man $z_\ell = \frac{1}{2}(c_{\ell-1} + c_\ell)$, also $z_1 = 77$, $z_2 = 82, \ldots$, $z_{12} = 132$.

Die absoluten Häufigkeiten sind die Anzahlen $h_\ell = \text{Anzahl}\{ i \mid x_i \in \mathcal{C}_\ell \}$. Es gilt $\sum_\ell h_\ell = n$ – allerdings nur, wenn keine Beobachtungen kleiner als c_0 oder grösser als c_k sind; c_0 und c_k sind entsprechend zu wählen! Die relativen Häufigkeiten schliesslich sind gegeben durch $r_\ell = h_\ell/n$.

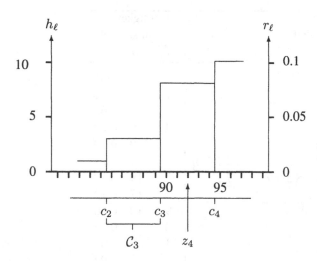

Bild 2.4.d
Bezeichnungen bei klassierten Daten

e Der Wert der *kumulativen Verteilungsfunktion* F ist aus den klassierten Daten nur an den Klassengrenzen c_ℓ bestimmbar: Dort ist $F\langle c_\ell \rangle = \sum_{j \le \ell} r_j$. Die entsprechende grafische Darstellung (Bild 2.4.e) gleicht der Polygon-Version von F. Man nennt diese Darstellung auch *Ogive*.

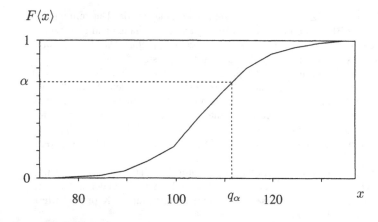

Bild 2.4.e
Kumulative
Verteilungsfunktion für die
klassierten Küken-Daten

f Wenn die beobachteten Werte selbst *Anzahlen* sind (z. B. Anzahl x_i der Insekten-Stiche auf Apfel i), dann entstehen natürliche Klassen $\mathcal{C}_\ell = \{\ell\}$, $\ell = 0, 1, \ldots$. Die Klassengrenzen können formal als $c_\ell = \ell+0.5$ gewählt werden (mit $c_{-1} = -0.5$). In diesem Fall ergibt natürlich $F\langle x \rangle = \sum_{j \le x} r_j$ die kumulative Verteilungsfunktion für alle x, auch für nicht ganzzahlige. Die grafische Darstellung dieser Funktion ergibt wieder eine Treppe (Bild 2.4.f), die im Gegensatz zu Bild 2.2.d ungleich hohe, aber gleich breite Stufen hat.

g Die *Quantile* lassen sich für klassierte Daten direkt aus der Polygon-Version der kumulativen Verteilungsfunktion erhalten wie früher. Wenn die Daten selber Anzahlen sind, ist es gebräuchlicher, die Treppen-Version zu verwenden; man erhält dann ganze Zahlen auch für die Quantile – die erste Version erlaubt in diesem Fall aber feinere Unterscheidungen und ist deshalb oft vorzuziehen.

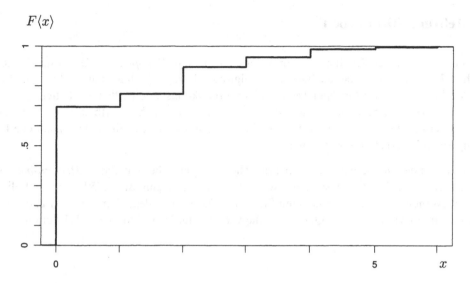

Bild 2.4.f Kumulative Verteilungsfunktion für die Anzahl Stiche auf Äpfeln

h Zur vereinfachten Berechnung von arithmetischem *Mittelwert und Varianz* ersetzt man jede Beobachtung x_i durch die zugehörige Klassenmitte z_ℓ.

▷ Im Beispiel wird dann

$$\bar{x} \approx \frac{1}{100}\,(107 + 117 + 107 + 107 + 112 + 107 + \ldots + 107)$$

$$= \frac{1}{100}\,(z_7 + z_9 + z_7 + z_7 + z_8 + z_7 + \ldots + z_7)\,.$$

Durch Umsortieren erhält man

$$\bar{x} \approx \frac{1}{100}\,(z_1 + z_2 + z_3 + z_3 + z_3 + z_4 + \ldots) = \frac{1}{100}\,(h_1 z_1 + h_2 z_2 + h_3 z_3 + h_4 z_4 + \ldots)$$

$$= \frac{1}{100}\,(1 \cdot 77 + 1 \cdot 82 + 3 \cdot 87 + 8 \cdot 92 + \ldots + 3 \cdot 127 + 2 \cdot 132) = 106.3\,. \quad ◁$$

i Allgemein wird das *arithmetische Mittel*

$$\bar{x} \approx \tilde{x} = \frac{1}{n} \sum\nolimits_\ell h_\ell z_\ell\,.$$

Ebenso kann man für die *Varianz* schreiben

$$\text{var} \approx \frac{1}{n-1} \sum\nolimits_\ell h_\ell \,(z_\ell - \tilde{x})^2 = \frac{1}{n-1} \left(\sum\nolimits_\ell h_\ell z_\ell^2 - n\tilde{x}^2 \right)$$

Je gröber die Klassen-Einteilung ist, desto ungenauer werden diese Näherungen. Dass die genäherte Varianz kleiner ist als die genau gerechnete kommt dabei häufiger vor als das Umgekehrte, besonders bei grober Klassen-Einteilung.

▷ Im Beispiel ist die exakte Varianz gleich 113.15, die genäherte wird 111.12. ◁

Für den Fall von Zähldaten ergeben sich bei der feinsten Klassen-Einteilung ($\mathcal{C}_\ell = \{\ell\}$) jeweils die exakten Werte.

2.5 Mehrere Stichproben

a Oft werden in wissenschaftlichen Studien zwei oder mehrere *Gruppen* von Daten miteinander verglichen. Man misst oder beobachtet eine Zielgrösse (Ertrag, Qualitätsmass, Aktivität, Blutdruck, Antikörper, ...) für Gruppen (von Feldern, Produktionsläufen, Pflanzen, Patienten, ...), die verschiedenen Behandlungen (Düngung, Prozess-Regelung, Schadstoffbelastung, Medikation, ...) unterworfen waren. Die Grundfrage lautet dann jeweils: Hat die unterschiedliche Behandlung einen Effekt auf die Zielgrösse?

b Eine naheliegende Möglichkeit für den grafischen Vergleich besteht darin, *Histogramme* so nebeneinander zu zeichnen, dass man sie gut vergleichen kann. Bild 2.5.b zeigt auf diese Weise die „Wanderung" von sogenannten Stern- und Korbzellen des Kleinhirns zwischen zwei Explantaten im in-vitro-Versuch (Quelle: S. Magyar, Inst. für Neurobiologie, ETH Zürich).

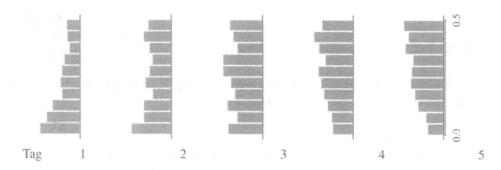

Bild 2.5.b Histogramme zum Vergleich von Gruppen: Entwicklung der Verteilung der Distanz vom näheren Explantat für Axone von Granularzellen

Für grafische Darstellungen von mehreren Gruppen ist es wichtig, dass die *Vergleiche dem Auge leicht gemacht* werden. Würde man die Histogramme horizontal und nebeneinander zeichnen, so wäre der Vergleich bedeutend mühsamer.

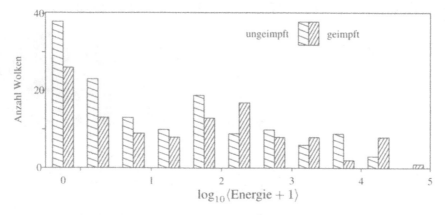

Bild 2.5.c (i) Zwei ineinander gezeichnete Histogramme zum Vergleich der Energien von geimpften und ungeimpften Hagelwolken

c   *   Wenn nur zwei Gruppen verglichen werden sollen, eignen sich auch andere Varianten,

   • ein doppeltes Histogramm wie in Bild 2.5.c (i) (Quelle der Daten siehe 2.6.h);

   • eine Darstellung der beiden kumulative Verteilungsfunktionen – diese unübliche Darstellung
   zeigt klar, dass die Werte der „geimpften" Gruppe generell grösser sind als die der „ungeimpften",
   da die Kurve für diese Gruppe weiter rechts liegt als die andere (Bild 2.5.c (ii));

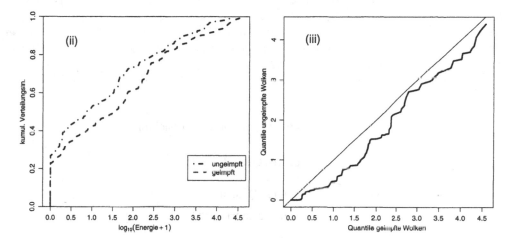

Bild 2.5.c (ii, iii)   Zwei kumulative Verteilungsfunktionen (ii) und ein Quantil-Quantil-Diagramm (iii)

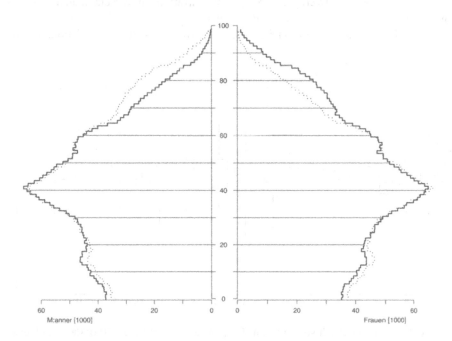

Bild 2.5.c (iv)   Rücken-an-Rücken-Histogramm für die Altersverteilung der Schweizer Bevölkerung am
31.12.2005 Die punktierte Linie ist jeweils das Spiegelbild der anderen Seite; sie erleichtert den Vergleich.
(Quelle: „Statistisches Lexikon der Schweiz, Bundesamt für Statistik, Bern, www.bfs.admin.ch)

• ein *Quantil-Quantil-Diagramm*; hier werden für beide Gruppen die Quantile q_{α_k} zu genügend vielen α_k-Werten bestimmt und gegen einander aufgetragen (Bild 2.5.c (iii));

• das Rücken-an-Rücken-Histogramm, das vor allem für „Bevölkerungs-Pyramiden" gebräuchlich ist (Bild 2.5.c (iv)).

d   Wenn viele Gruppen verglichen werden sollen, ist es nützlich, die einzelnen Gruppen (Stichproben) noch einfacher darzustellen. Der *Box-Plot* (oder das *Kisten-Diagramm*) verwendet Quantile zur Darstellung der Lage und der Streuung, und stellt „Ausreisser" speziell dar (Bild 2.5.d (i)). Diese Darstellung erleichtert den raschen Vergleich zwischen Stichproben, enthält aber weniger detaillierte Information als das Histogramm.

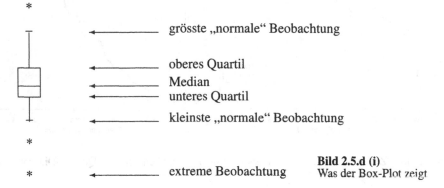

Bild 2.5.d (i)
Was der Box-Plot zeigt

Bild 2.5.d (ii) zeigt Wochenmittelwerte der NO_2-Konzentration an verschiedenen Orten in Basel, aufgegliedert nach Stadtkreisen, für die Wintermonate. (Quelle: „Auswirkungen von Luftschadstoffen auf die Atemwege von Kleinkindern." Projekt des Schweiz. Nationalfonds.)

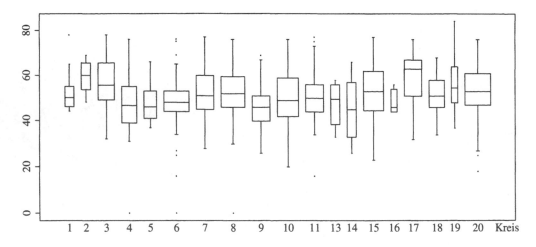

Bild 2.5.d (ii)   Box-Plots zum Vergleich von Gruppen: NO_2-Wochenmittel für die 20 Basler Stadtkreise

e * Für jene, die es genau wissen wollen, sei hier das Rezept für das Zeichnen eines Box-Plots
      angegeben: Die Kiste wird vom unteren zum oberen Quartil gezeichnet (wobei die Quartile leicht
      anders definiert sind als oben angegeben) und beim Median unterteilt. Die Regel für die Länge der
      unten und oben aufgesetzten Stäbe ist eher kompliziert und willkürlich. Man bestimmt die grösste
      Beobachtung, die kleiner ist als $q_{3/4}+1.5\,(q_{3/4}-q_{1/4})$; sie bildet den Endpunkt des oberen Stabes.
      Die „extrem grossen" Beobachtungen sind nach Definition jene, die oberhalb der angegebenen
      Grenze liegen. Sie werden durch ein Sternchen dargestellt. Analog verfährt man unten.
      Die Breite der Kiste ist meistens konstant und nach rein grafischen Gesichtspunkten festgelegt.
      Wenn die Anzahl Beobachtungen in verschiedenen Gruppen unterschiedlich ist, kann man die
      Kistenbreite auch proportional zur Anzahl wählen.

f * Wie muss man solche Daten in Statistik-Programme eingeben? Die üblichste Art besteht darin, dass
      pro Beobachtung i jeweils die Gruppen-Nummer g_i und der beobachtete Wert x_i nebeneinander
      auf eine Zeile geschrieben werden; die Beobachtungen kommen auf verschiedene Zeilen (in belie-
      biger Reihenfolge) zu stehen (vergleiche 3.6.b). Eine weniger übliche und auch zu Verwirrungen
      führende Art besteht darin, dass die x_i-Werte in verschiedene Spalten einer Tabelle eingetragen
      werden, für jede Gruppe eine Spalte. Die Spalten können deshalb verschiedene Länge haben (Bild
      2.5.f). (Im Beispiel lagen mehr Beobachtungen vor.)

Zeile	Kreis	NO2
1	1	46
2	1	65
3	2	51
4	2	58
5	2	63
6	2	66
7	3	62
8	3	57
9	1	50

geeignet

Zeile	NO2		
	Kreis 1	Kreis 2	Kreis 3
1	46	51	62
2	65	50	57
3	50	63	*
4	*	66	*

Diese Form ist zu vermeiden

Bild 2.5.f Organisation von Daten für mehrere Stichproben

2.6 Transformationen von beobachteten Werten

a Temperaturen können in verschiedenen Skalen gemessen werden. Bei Konzentrationen (Wasser-
   stoff-Ionen) oder Energien (Schall) ist es üblich, logarithmierte Werte anzugeben (pH $=$
   $-\log_{10}\langle[H_3O^+]\rangle$; dB $= 10\log_{10}\langle E\rangle$).
   Solche und andere Transformationen erweisen sich in der Statistik als nützlich, um informativere
   Beschreibungen und später einfachere Modelle zu erreichen. Wie wirken sich Transformationen
   auf die bisher behandelten beschreibenden Methoden aus?

b   Die Änderung der Masseinheit führt zur Transformation $x \mapsto b \cdot x$ mit einem festen Faktor
    b. Die Umrechnung von der Fahrenheit- in die Celsius-Skala verschiebt ausserdem den Mess-
    Nullpunkt. Sie hat die Form

$$x \mapsto y = a + b \cdot x \qquad \text{oder} \qquad x \mapsto y = b \cdot (x + c) .$$

Eine solche Transformation heisst *lineare Transformation*.

c   Eine grafische Veranschaulichung der Wirkung einer linearen Transformation auf eine Stichpro-
    be $x_1, x_2, \ldots, x_n$ zeigt Bild 2.6.c. Wenn die Klassengrenzen beim Histogramm mittransformiert
    werden, erhält man zwei Histogramme, die bis auf die Beschriftung der horizontalen Achse über-
    einstimmen.

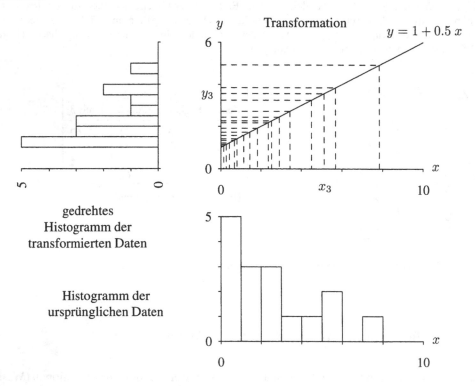

Bild 2.6.c Wirkung einer linearen Transformation

d   *Lage- und Streuungsmasse* sind dadurch charakterisiert, dass sie sich bei linearen Transforma-
    tionen in einer bestimmten Weise mitverändern:

$$\text{Lage}_Y = a + b \cdot \text{Lage}_X$$
$$\text{Streuung}_Y = |b| \cdot \text{Streuung}_X .$$

(Kennzahlen brauchen jetzt einen Index X oder Y, der bezeichnet, zu welcher Stichprobe sie
gehören.)

e Die *Form* der Verteilung ist das, was sich bei linearer Transformation nicht ändert. Um die Form von Stichproben mit verschiedener Lage oder Streuung vergleichen zu können, ist es nützlich, jede Stichprobe linear so zu transformieren, dass sie „Standard-Lage", üblicherweise 0, und „Standard-Streuung", üblicherweise 1, erhält. Das Ergebnis wird *standardisierte Stichprobe* genannt. Die transformierten Beobachtungen sind

$$z_i = (x_i - \bar{x})/\mathrm{sd}_X \;,$$

wenn man, wie üblich, den Mittelwert $\bar{x}$ und die Standardabweichung sd_X als Lage- und Streuungsmass verwendet. Man rechnet leicht nach, dass $\bar{z} = 0$ und $\mathrm{sd}_Z = 1$ ist.

f * Die *Schiefe* kann man durch das „3. Moment" der standardisierten Stichprobe,

$$\mathrm{Schiefe}_X = \mathrm{Schiefe}_Z = \frac{1}{n} \sum_i z_i^3 \;,$$

messen, und die *Langschwänzigkeit* durch

$$\mathrm{Exzess}_X = \mathrm{Exzess}_Z = \frac{1}{n} \sum_i z_i^4 - 3 \;,$$

das 4. Moment, verringert um den Referenzwert 3, der sich für die Normalverteilung (siehe 6.5) ergibt.

g *Nicht-lineare*, monotone *Transformationen* $x \mapsto g\langle x \rangle$ verändern, wie Bild 2.6.g zeigt, Lage, Streuung und Schiefe, sowie im Allgemeinen auch die Langschwänzigkeit, und zwar jedes Mass wieder anders.

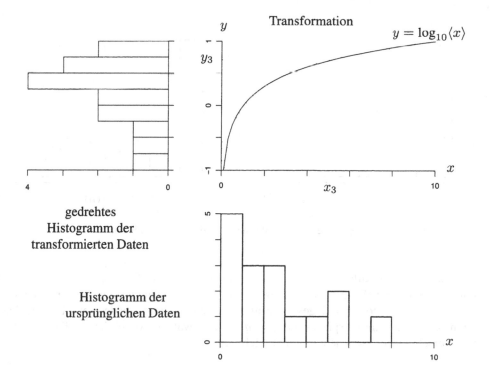

Bild 2.6.g Wirkung der Logarithmus-Transformation

Der *Median* und die anderen *Quantile* sind „äquivariant",

$$\text{med} \mapsto g\langle\text{med}\rangle$$

(bis auf Kleinigkeiten wegen allenfalls nötiger Interpolation, z. B. beim Median mit geradem n).
Für andere Kennzahlen kann man Näherungsformeln herleiten, siehe 6.4.p.

h   Bei *Logarithmus-* und *Wurzel-Transformation* (und anderen konkaven, monoton steigenden Funktionen g) nimmt eine positive Schiefe ab. Dies ist oft ein Grund für ihre Anwendung: *Man möchte nicht-schiefe Stichproben* erhalten. Das hat einerseits für grafische Darstellungen, andererseits vor allem für viele Methoden der schliessenden Statistik Vorteile, wie wir sehen werden.

▷ Als *Beispiel* zeigt Bild 2.6.h (i) ein Histogramm von gemessenen *Hagel-Energien* von Wolken, die im „Grossversuch IV" zur Hagelbekämpfung im Napfgebiet in der Schweiz beobachtet wurden (Quelle: Federer et al., 1986, „Main Results of Grossversuch IV", J. Climate Appl. Meteorol., Vol. 25, pp. 919-957.) (Genauer handelt es sich um Radar-Echos, die so umgerechnet und über Zeit und Raum integriert wurden, dass sie möglichst gut mit gemessenen kinetischen Energien der am Boden aufschlagenden Hagelkörner in Giga-Joule übereinstimmen.) Die Abbildung zeigt, dass fast alle Hagelenergien kleiner als 2500 waren, und dass es im Vergleich dazu wenige extrem grosse Gewitter gab.
Die logarithmierten Werte (Bild 2.6.h (ii)) geben ein genaueres und anschaulicheres Bild. Vergleicht man zwei Histogramme von logarithmierten Werten, dann kann man Unterschiede sehen, die anhand der unlogarithmierten Daten nicht zu entdecken wären (vergleiche Bild 2.5.c (i)). ◁

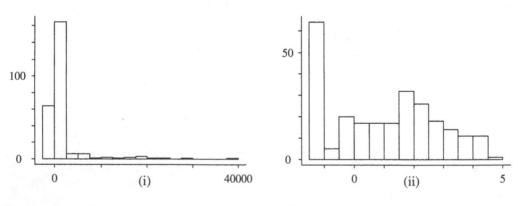

Bild 2.6.h Verteilung von Hagel-Energien und ihren modifizierten Logarithmen

i   Die Hagelenergie kann allerdings Null sein – und ist es auch oft. Da $\log_{10}\langle 0\rangle = -\infty$ ist, verwendet man die Transformation $x \mapsto \log_{10}\langle x+c\rangle$ mit einer geeignet gewählten Konstanten c. Oft wird c ohne Begründung $= 1$ gesetzt. Sinnvollerweise sollte c von der Verteilung der Daten abhängen, und man kann beispielsweise $c = q^{*\,2}_{1/4}/q^{*}_{3/4}$ wählen, wobei die q^{*} die Quartile der von Null verschiedenen Beobachtungen bezeichnen.

j   Die Logarithmus-Transformation ist sehr nützlich und verbreitet. Die Wahl der *Basis des Logarithmus* spielt dabei die Rolle der Wahl einer Mess-Einheit. Zehner-Logarithmen sind am leichtesten im Kopf in ursprüngliche Zahlen zurückzuverwandeln: Der ganzzahlige Teil ergibt die Zehnerpotenz, $k < \log_{10} x < k+1 \implies 10^k < x < 10^{k+1}$; die Stellen hinter dem Dezimalpunkt ergeben die Ziffern, wobei 0.3 etwa einer 2 entspricht. (* Daraus kann man weitere Faustregeln wiedergewinnen: $0.6 = 0.3 + 0.3 \mapsto 2 \cdot 2 = 4$; $0.7 = 1 - 0.3 \mapsto 10/2 = 5$, etc.)

k   * Damit man möglichst nicht-schiefe Stichproben erreichen kann, kann man eine ganze „Familie" von Transformationen einführen. Beispielsweise vermag die Transformation

$$x \mapsto g_\lambda(x) = \frac{x^\lambda - 1}{\lambda} \qquad \lambda \neq 0$$

$$x \mapsto g_\lambda\langle x \rangle = \log_e\langle x \rangle \qquad \lambda = 0$$

(für positive x) die Schiefe für kleiner werdende „Parameter" $\lambda < 1$ immer stärker zu reduzieren; für $\lambda > 1$ nimmt die Schiefe zu. Die Funktionen g_λ werden Box-Cox-Transformationen genannt.

2.7   Wertebereiche, Datensorten

a   In den bisherigen Beispielen haben wir Messdaten und Zähldaten angetroffen. Zähldaten können nur die Werte $0, 1, 2, \ldots$ haben, Messdaten auch dazwischenliegende Werte. Es gibt weitere Datensorten, und auch feinere Unterscheidungen von verschiedenen Arten, wie Messdaten interpretiert werden sollen, sind oft nützlich.

b   Der *Bereich der möglichen Werte* spielt z. B. bei der Überprüfung der Daten auf Übertragungs- oder Aufnahme-Fehler eine Rolle. Einige übliche Wertebereiche sind

1. „alle" reellen Zahlen;

2. die positiven Zahlen, mit oder ohne Null: Wir nennen solche Daten *Beträge*;

3. das Intervall $[0, 1]$ oder $[0\%, 100\%]$: *Anteile, Prozentzahlen*;

4. die nicht-negativen ganzen Zahlen $0, 1, 2, \ldots$: *Anzahlen, Zähldaten*;

5. $\{0, 1/n, 2/n, \ldots, (n-1)/n, 1\}$ für ein vorgegebenes n : aus Anzahlen erhaltene Anteile;

6. $\{0, 1\}$ (0 oder 1) : *binäre* Daten;

7. $\{1, 2, \ldots, m\}$ als Codes für nicht-numerische Beobachtungen (Herkunft, Typ, Farbe, biologische Art, $\ldots$) : *nominale* oder *kategoriale* Daten;

8. Alle Zahlen zwischen 0 und 2π (zwischen $0°$ und $360°$) oder zwischen 0 und π (zwischen $0°$ und $180°$): Winkel, Richtungen, *zirkuläre* Daten.

c   * *Zensierte Daten.* Wenn Grössen wie die *Überlebenszeiten* von Patienten nach einer Herzoperation, die Erholungszeiten nach einer Erkrankung, die Brenndauer von Glühbirnen oder die Verweildauer von Zugvögeln untersucht werden, hat der Forscher oder die Forscherin meistens weder die Geduld noch die Möglichkeit, abzuwarten, bis der interessierende Zeitpunkt für jede Beobachtungseinheit feststeht. Einige Beobachtungen werden dann abgeschnitten oder „zensiert", d. h., man weiss für solche Beobachtungen nur, dass die Überlebenszeit grösser als ihre Beobachtungsdauer c_i ist. Das Ergebnis kann man als Paar (x_i, δ_i) notieren, bestehend aus der Überlebenszeit x_i und $\delta_i = 0$ oder aus der Beobachtungsdauer $x_i = c_i$ und $\delta_i = 1$, falls die Überlebenszeit nicht erreicht und also zensiert wurde.

Auf ein ähnliches Problem führt z. B. ein Messinstrument, mit dem man eine Konzentration nur messen kann, wenn sie zwischen einer unteren und einer oberen *Messgrenze* liegt.
Mit der Auswertung solcher Daten befasst sich ein besonderes Kapitel der Statistik, genannt *Überlebenszeit-Analyse*, englisch *Survival Analysis*, oder, im Zusammenhang mit Zuverlässigkeit, *Ausfallzeiten (failure time data)*.

d Für die Interpretation von Daten ist wichtig, ob eine sinnvolle *Ordnungsstruktur* vorhanden ist. Wenn die Daten Codes für nicht-numerische Eigenschaften (also nominale Daten) sind, dann ist die Zuordnung von numerischen Codes 1, 2, 3 willkürlich (und eigentlich überflüssig, oft aber bequem), also auch die Ordnung $1 < 2 < 3 \ldots$ nicht sinnvoll interpretierbar. Der *Unterschied* zwischen den Beobachtungen $x_i = 1$ und $x_k = 3$ ist nicht grösser als der Unterschied zwischen den Beobachtungen $x_i = 1$ und $x_\ell = 2$. Für „gewöhnliche" Daten (Messungen, Zählungen) dagegen wäre der erste Unterschied grösser als der zweite. Werte ohne interpretierbare Ordnung bilden eine sogenannte *Nominalskala*.

e Für die Beurteilung von Waldschäden wird der Zustand von Bäumen unter anderem durch Vergleich mit Referenz-Bildern in Klassen von 0 (gesund) bis 4 (abgestorben) eingeteilt. Die Ordnung der Zahlen ist hier von Bedeutung. Der Unterschied zwischen den Zuständen 0 und 1 ist aber biologisch vielleicht weniger bedeutungsvoll als jener zwischen 3 und 4. Gleiche Differenzen bedeuten hier also nicht unbedingt gleiche Unterschiede, obwohl die Ordnung der Werte Sinn macht. Solche Daten werden oft auch in Umfragen erhoben, wenn nach einer Beurteilung oder einer Zustimmung (überhaupt nicht bis vollständig einverstanden) gefragt wird. Werte mit einer interpretierbaren Ordnung bilden eine *Ordinalskala*; wenn Differenzen zwischen verschiedenen Werten als quantitatives Mass für die Unterschiede interpretiert werden können, entsteht eine *Differenzen-* oder *Intervallskala*. Von *Quotientenskala* wird gesprochen, wenn (für einen Wertebereich $\{x > 0\}$) gleiche Quotienten gleich grosse Unterschiede ausdrücken.

f * *Zirkuläre Daten* zeichnen sich durch ihre besondere Art von „Ordnung" aus. Der Unterschied zwischen $0°$ und $50°$ ist grösser als der Unterschied zwischen $0°$ und $350°$. Unterschiede können durch die kleinere der beiden Winkeldifferenzen bestimmt werden.

2.8 * Transformationen und Unterschiede zwischen Beobachtungen

a * Der *Vergleich von Unterschieden* spielt bei der Beurteilung von Daten oft bewusst oder unbewusst eine wesentliche Rolle. Er ist auch bei vielen statistischen Methoden wichtig. Wir werden eine Zunahme der Temperatur von $5 °C$ auf $10 °C$ primär als gleich bedeutsam einstufen wie die Zunahme von $30°C$ auf $35 °C$. Wenn wir von Schadstoff-Konzentrationen sprechen, ist eine Zunahme von 5 auf 10 Einheiten alarmierender als eine Zunahme von 30 auf 35 in einem gleichen Zeitraum. Im ersten Fall, bei den Temperaturen, sind wir geneigt, gleiche (absolute) Differenzen als gleiche Unterschiede anzusehen, im zweiten Fall sind gleiche Quotienten so zu interpretieren.

b * Da Differenzen im Kopf am einfachsten gebildet werden, kann man die Werte der betrachteten Grösse X so transformieren, dass gleiche Unterschiede durch gleiche Differenzen der transformierten Werte $y = g\langle x \rangle$ ausgedrückt werden. Beispielsweise führt die Logarithmus-Transformation gleiche prozentuale Veränderungen (gleiche Quotienten) auf gleiche Differenzen zurück:

x	$\mapsto$	$\log_{10}\langle x\rangle$

$$
\left.\begin{array}{c}
\left.\begin{array}{c}
5 \quad 0.70 \\
10 \quad 1
\end{array}\right\} 0.30 \\
\left.\begin{array}{c}
30 \quad 0.48 \\
60 \quad 0.78
\end{array}\right\} 0.30
\end{array}\right\} \text{ gleiche Unterschiede}
$$

Eine 50%-ige Zunahme ergibt eine Differenz der logarithmierten Werte um $\log_{10}\langle 1.5\rangle - \log_{10}\langle 1\rangle =$ 0.176. Die Logarithmus-Transformation verwandelt also eine Quotientenskala in eine Differenzenskala.

c * Für *Anzahlen* wird oft die Wurzel-Transformation $x \mapsto \sqrt{x}$ oder eine Variante davon (z. B. $\sqrt{x+c}$ mit einem kleinen c oder $\sqrt{x} + \sqrt{x+1}$) verwendet. Misst man Unterschiede durch Differenzen der transformierten Werte, dann ergeben sich gleiche Unterschiede zwischen den folgenden Zahlenpaaren:

x	$\mapsto$	$\sqrt{x}$

$$
\left.\begin{array}{c}
\left.\begin{array}{c}
1 \quad 1 \\
4 \quad 2
\end{array}\right\} 1 \\
\left.\begin{array}{c}
16 \quad 4 \\
25 \quad 5
\end{array}\right\} 1
\end{array}\right\} \text{ gleiche Unterschiede}
$$

Entspricht das Ihrer Intuition? Vielleicht nicht genau. Aber gegenüber untransformierten oder logarithmierten Werten mag es besser erscheinen. Wenn wir später Wahrscheinlichkeitsmodelle für Anzahlen betrachten werden, wird sich ein theoretischer Grund für die Wurzel-Transformation ergeben (6.4.q).

d * Wenn man eine Stichprobe vor sich hat, kann man Unterschiede durch Rang-Differenzen (2.2.c) messen. Anders gesagt: Man wendet die *Rang-Transformation* $x_i \mapsto \text{Rang}\langle x_i\rangle$ an und misst wieder gleiche Unterschiede durch gleiche Differenzen der transformierten Werte. Im Beispiel der Schlafdaten (1.1.b) wird dann der Unterschied zwischen den Beobachtungen 0.0 und 1.0 gleich gross wie der Unterschied zwischen 0.8 und 1.2 und zwischen 1.8 und 4.6. Ränge setzen einen geordneten Wertebereich voraus. Die Rang-Transformation führt von den Werten $x_1, \ldots, x_n$ einer Stichprobe immer zu den Werten $1, 2, \ldots, n$ (ausser, wenn Bindungen vorliegen). Sie eignet sich also schlecht zur Charakterisierung der „Verteilung" einer Stichprobe.

Im Gegensatz zu den anderen Transformationen ist die Rang-Transformation einer Beobachtung x_i immer nur in Bezug auf eine Stichprobe $x_1, x_2, \ldots, x_n$ festgelegt. Man sollte daher $\text{Rang}\langle x_i \mid x_1, x_2, \ldots, x_n\rangle$ schreiben.

3 Beschreibende Statistik mehrdimensionaler Daten

3.1 Grafische Darstellungen für zwei zusammenhängende Grössen

a Häufig werden für jedes Objekt, jede Beobachtungs- oder experimentelle Einheit, also jedes Element der Stichprobe mehrere Merkmale notiert. Man erhält mehrdimensionale oder *multivariate* Beobachtungen.
Betrachten wir zunächst den Fall von zwei Merkmalen, beispielsweise Druck und Volumen bei einem physikalischen Experiment, Sauerstoffzufuhr und Ausbeute bei einem chemischen Versuch, Schadstoff-Konzentration und Verkehrsaufkommen, Geschwindigkeit und Bremsweg eines Autos für eine Vollbremsung oder Grösse des Vaters und Grösse des Sohnes bei einem Vater-Sohn-Paar. Statt der Beschreibung der beobachteten Werte eines einzelnen Merkmals oder einer einzelnen Grösse interessiert uns jetzt der Zusammenhang zwischen den zwei Variablen.

b Wir nummerieren die n Objekte oder Versuchseinheiten wieder mit $i = 1, , 2, \ldots, n$ durch und bezeichnen die Werte des einen Merkmals mit x_i, die des anderen mit y_i. Die Daten lassen sich jetzt als Zahlenpaare oder Vektoren $[x_i, y_i]$ mit zwei Komponenten schreiben; eine solche Stichprobe mit zwei Merkmalen oder *Variablen* nennt man *bivariate Stichprobe*.

c Es liegt nahe, die Wertepaare als Punkte in einem zwei-dimensionalen Koordinatensystem derart darzustellen, dass die horizontale Koordinate gleich x_i und die vertikale Koordinate gleich y_i gewählt wird. Diese wohl bekannte Darstellung heisst *Streudiagramm (scatterplot)*. Sie ist sehr nützlich, da sie auf einen Blick etwaige *Zusammenhänge zwischen den beiden Merkmalen* erkennen lässt.

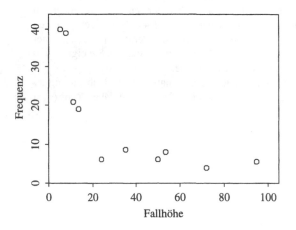

Name	x_i Höhe (m)	y_i Frequenz (Hz)
Lower Yellowstone	95	5.6
Yosemite	72	4.0
Canadian Niagara	50	6.2
American Niagara	53	8.1
Upper Yellowstone	35	8.7
Gullfoss (Lower)	27	6.2
Firehole	13.4	19
Godafoss	10.9	21
Gullfoss (Upper)	7.5	39
Fort Greeley	5.2	40

Bild 3.1.d Streudiagramm für Fallhöhe und Schwingungsfrequenz bei Wasserfällen

d ▷ Als *Beispiel* betrachten wir das Rauschen von *Wasserfällen*, genauer den Zusammenhang zwischen der Höhe eines Wasserfalls und der stärksten, dominierenden Frequenz, die in dem kontinuierlichen Spektrum von Bodenvibrationen festgestellt wird (Quelle: Science 164 (1969), p. 1513-1514). Aus dem Streudiagramm (Bild 3.1.d) sieht man sofort, dass hohe Frequenzen mit niedrigen Höhen einhergehen und umgekehrt. ◁

e Die einfachste und anschaulichste Art einer Beziehung ist ein *linearer Zusammenhang*, was heissen soll, dass die Punkte in der Nähe einer Geraden liegen.
Falls die ursprünglichen Zahlenpaare eine andersartige Beziehung zeigen, lässt sich oft durch eine einfache *Transformation* einer oder beider Variablen erreichen, dass die transformierten Daten genähert einem solchen Zusammenhang folgen.

f ▷ Im *Beispiel* ist der Zusammenhang offenbar nicht linear; er könnte eher durch eine Hyperbel beschrieben werden. Um dies zu prüfen, können wir entweder die Frequenz oder die Höhe durch ihren Kehrwert ersetzen. In den so entstehenden Streudiagrammen zeigen sich in der Tat genähert lineare Zusammenhänge (Bild 3.1.f). Die entsprechenden Geraden können sogar durch den Nullpunkt gelegt werden. Das heisst, dass Frequenz und inverse Höhe oder Wellenlänge und Höhe einander ungefähr proportional sind, ein recht vernünftiges Ergebnis. ◁

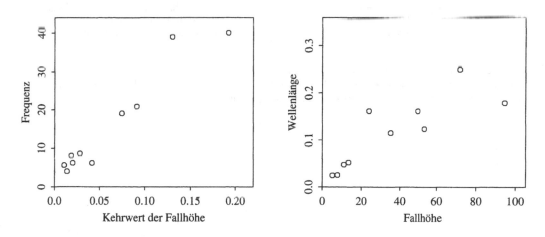

Bild 3.1.f Streudiagramme für transformierte Daten des Beispiels der Wasserfälle

g Bei *grossen Stichproben* oder bei diskreten oder stark *gerundeten Daten* kann das normale Streudiagramm „versagen". In dem in Bild 3.1.g oben links gezeigten Beispiel fallen etliche Punkte wegen Rundung aufeinander (Beschreibung der Daten in 3.6.e). Wie kann man einen falschen visuellen Eindruck vermeiden?

• Man verwendet Zeichensymbole, die zeigen, wie viele Beobachtungen am entsprechenden Punkt aufeinanderfallen, beispielsweise durch die Zahl der „Blätter" einer „*Sonnenblume"* *(sunflower)*, wie es rechts im Bild gezeigt wird. (Für einzelne Beobachtungen wird nur der fette Punkt, ohne Blatt, gezeichnet.)

• Man macht die Rundung rückgängig durch Addition von Zufallszahlen mit geeigneter Streuung („verzitterte Punkte", englisch *jittering).*

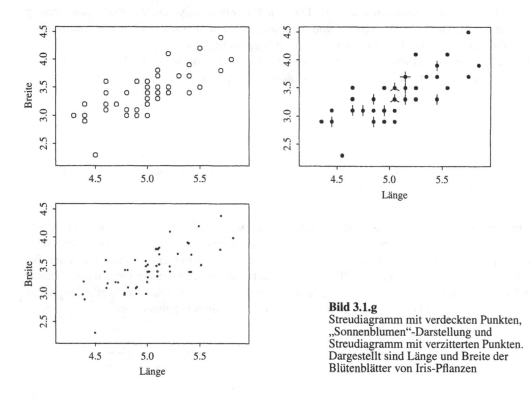

Bild 3.1.g
Streudiagramm mit verdeckten Punkten,
„Sonnenblumen"-Darstellung und
Streudiagramm mit verzitterten Punkten.
Dargestellt sind Länge und Breite der
Blütenblätter von Iris-Pflanzen

* Genauer: Wenn die kleinste mögliche Differenz zwischen den gerundeten x-Werten d beträgt, addiert man zu x_i den Wert $c\,d\,(u_i - 0.5)$ mit $0.5 \leq c \leq 1$, wobei u_i eine Pseudo-Zufallszahl mit uniformer Verteilung im Einheitsintervall ist (vergleiche 4.4.a).

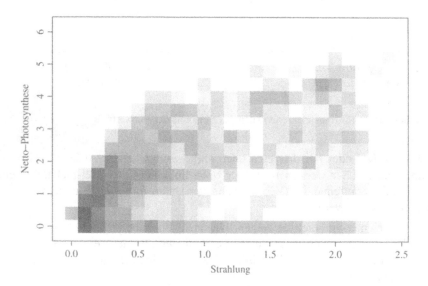

Bild 3.1.h   Abhängigkeit der Photosynthese-Aktivität von der Strahlung. Die Grauton-Stufen zeigen logarithmierte Häufigkeiten von Beobachtungen innerhalb der Rechtecke

h   Als weitere Möglichkeit kann man ein Gitter legen und die einzelnen Quadrätchen verschieden
    dunkel darstellen, entsprechend der Anzahl Punkte im Quadrätchen (Bild 3.1.h).
    (Quelle: Häsler, R., Savi, C., und Herzog, K.: Photosynthese und stomatäre Leitfähigkeit
    der Fichte unter dem Einfluss von Witterung und Luftschadstoffen; in: Stark, M. (Hsg.):
    Luftschadstoffe und Wald; Fachvereine vdf, Zürich 1991, S. 143-168.)
    Statt der Schattierungen können die Häufigkeiten als Säulen auf einer Ebene perspektivisch
    dargestellt werden. Eine solche Darstellung wird „*zweidimensionales Histogramm*" genannt.

3.2   Die Produktmomenten-Korrelation

a   Wie soll eine bivariate Stichprobe möglichst knapp durch einige wenige Kennzahlen beschrieben
    werden? Zunächst können wir für die x_i und die y_i getrennt jeweils die bereits bekannten
    Kennzahlen für „univariate" (aus gewöhnlichen Zahlen und nicht aus Vektoren bestehende)
    Stichproben berechnen, beispielsweise die Mittelwerte $\bar{x}$ und $\bar{y}$ und die Standardabweichungen
    sd_X und sd_Y. Zusätzlich suchen wir *Kennzahlen*, die die Stärke des *Zusammenhangs* zwischen
    den beiden Variablen messen. Ein solches Mass nennt man *Korrelation*, und es gibt verschiedene
    Varianten.

b   Die mathematisch einfachste und eleganteste Statistik dieser Art können wir folgendermassen
    erhalten. Ein Mass für die Stärke eines linearen Zusammenhanges soll nicht abhängen vom
    Nullpunkt der Mess-Skalen von X und Y und von den Mass-Einheiten für X und Y. Um dies
    zu erreichen, ist es naheliegend, die beiden Variablen X und Y zunächst so zu standardisieren,
    dass sie z. B. einen vorgegebenen Mittelwert, nämlich 0, und eine vorgegebene Streuung, nämlich
    eine Standardabweichung von 1, haben (siehe 2.6.e):

    $$\widetilde{x}_i = (x_i - \bar{x})/\mathrm{sd}_X, \qquad \widetilde{y}_i = (y_i - \bar{y})/\mathrm{sd}_Y .$$

    Ein Wertepaar $[\widetilde{x}_i, \widetilde{y}_i]$, das zwei gleiche Vorzeichen hat, deutet nun auf einen „positiven"
    Zusammenhang zwischen X und Y hin, und zwar umso mehr, je grösser die Werte $\widetilde{x}_i$ und $\widetilde{y}_i$
    sind. Ebenso deuten Wertepaare mit ungleichen Vorzeichen auf einen negativen Zusammenhang
    hin. Die einfachste Funktion von $\widetilde{x}_i$ und $\widetilde{y}_i$, die in diesem Sinn den Zusammenhang misst, ist
    das Produkt $\widetilde{x}_i \cdot \widetilde{y}_i$ (Bild 3.2.b).

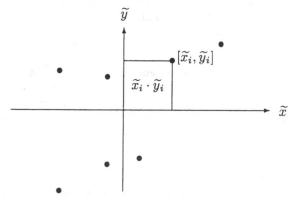

Bild 3.2.b
Zur Herleitung des
Korrelations-Koeffizienten

Ein Gesamt-Mass für den Zusammenhang zwischen X und Y in der ganzen Stichprobe erhält
man durch Ausmitteln der einzelnen Beträge,

$$r_{XY} = \frac{1}{n-1} \sum_i \widetilde{x}_i \widetilde{y}_i \,,$$

wobei wieder eine Summe durch $n-1$ statt durch n dividiert wird, in Analogie zur Varianz. Durch Einsetzen von $\widetilde{x}_i$ und $\widetilde{y}_i$ entsteht die folgende Grösse.

c Die (einfache) *Korrelation* zwischen X und Y, oder genauer Produktmomenten-Korrelation von *Pearson*, ist gleich

$$r_{XY} = \frac{s_{XY}}{\mathrm{sd}_X \mathrm{sd}_Y} \quad \text{mit} \quad s_{XY} = \frac{1}{n-1} \sum_i (x_i - \bar{x})(y_i - \bar{y}) \,.$$

Die zur Varianz analoge Grösse s_{XY} heisst *Kovarianz*.

d Berechnen wir einige *Spezialfälle*: Wenn für alle Beobachtungen $x_i = y_i$ ist, dann liegt extreme (lineare) Abhängigkeit vor. Die Korrelation wird dann 1, da $s_{XY} = \frac{1}{n-1} \sum_i (x_i - \bar{x})^2 = \mathrm{sd}_X^2 = \mathrm{sd}_Y^2$ ist. Dasselbe gilt für Punkte auf einer anderen Geraden mit positiver Steigung: Wenn $y_i = a + bx_i$ ist, dann erhält man

$$y_i - \bar{y} = b\,(x_i - \bar{x}) \,, \qquad s_{XY} = \frac{1}{n-1}\, b \sum_i (x_i - \bar{x})^2 = b\,\mathrm{sd}_X^2$$

$$\mathrm{sd}_Y^2 = b^2\,\mathrm{sd}_X^2 \,, \qquad r_{XY} = b\,\mathrm{sd}_X^2 / (\mathrm{sd}_X \cdot |b|\mathrm{sd}_X) = b/|b| \,,$$

also $r_{XY} = 1$, falls $b > 0$ ist, und $r_{XY} = -1$ für Geraden mit negativer Steigung. Für Geraden mit Steigung 0 sind $s_{XY} = 0$ und $\mathrm{sd}_Y = 0$, und für senkrechte Geraden $s_{XY} = \mathrm{sd}_X = 0$. In beiden Fällen ist deshalb r_{XY} nicht definiert.

Da r_{XY} nahe bei ± 1 liegt, falls die Punkte eng um eine Gerade streuen, wird klar, dass die Produktmomenten-Korrelation r_{XY} die Stärke und Richtung des *linearen Zusammenhanges* (oder: der linearen Komponente des Zusammenhanges) zwischen X und Y misst.

e ▷ Im *Beispiel* der *Wasserfälle* erhalten wir für die Korrelation zwischen der Fallhöhe und der Frequenz den Wert -0.74, für die Korrelation zwischen dem Kehrwert der Fallhöhe und der Frequenz hingegen $+0.96$. Bereits die hyperbolische Abhängigkeit enthält also eine starke lineare Komponente (mit negativer Steigung). Durch die Transformation wurde die Linearität aber wesentlich verbessert, und $|r|$ kommt jetzt sehr nahe an den maximalen Wert 1 heran. ◁

f * Man kann beweisen, dass $+1$ und -1 wirklich die extremsten möglichen Werte von r_{XY} sind, also dass $|r_{XY}| \leq 1$: Es seien u und v die Spalten-Vektoren mit den Komponenten $u_i = x_i - \bar{x}$ und $v_i = y_i - \bar{y}$. Die Länge (Euklidische *Norm*) eines solchen Vektors ist $\|\underline{u}\|^2 = \underline{u}^T \underline{u} = \sum_{i=1}^n u_i^2$. Es gilt $(n-1)\mathrm{sd}_X^2 = \|\underline{u}\|^2$ und $(n-1)\mathrm{sd}_Y^2 = \|\underline{v}\|^2$. Weiter ist $(n-1)s_{XY} = \underline{u}^T \underline{v} = \|\underline{u}\|\,\|\underline{v}\| \cos\langle\underline{u},\underline{v}\rangle$ das Skalarprodukt von $\underline{u}$ und $\underline{v}$. Es ist deshalb $r_{XY} = \underline{u}^T \underline{v}/(\|\underline{u}\|\,\|\underline{v}\|) = \cos\langle\underline{u},\underline{v}\rangle$ der Kosinus des Winkels zwischen den beiden zentrierten Datenvektoren, und darum $|r_{XY}| \leq 1$. (Die wesentliche Ungleichung $|\underline{u}^T \underline{v}| \leq \|\underline{u}\|\,\|\underline{v}\|$ heisst Schwarzsche oder Cauchy-Schwarzsche Ungleichung.)

g Falls $r_{XY} = 0$ ist, so besteht kein linearer Zusammenhang; es kann aber sehr wohl ein anderer Zusammenhang existieren. Es ist beispielsweise $r_{XY} = 0$, wenn die Punkte bezüglich einer senkrechten (oder waagrechten) Geraden symmetrisch sind, da sich dann immer zwei Terme in $\sum_i \widetilde{x}_i \widetilde{y}_i$ wegheben, bis nur noch Terme mit $\widetilde{x}_i = 0$ (resp. $\widetilde{y}_i = 0$) bleiben (Bild 3.2.g).

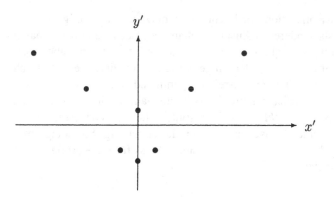

Bild 3.2.g
Eine symmetrische Stichprobe.
Es ist $r_{XY} = 0$.

h   Dass die Produktmomenten-Korrelation nur die Stärke eines allfälligen *linearen* Zusammenhangs misst, zeigt Bild 3.2.h (nach Chambers, Cleveland, Kleiner and Tukey, 1983) deutlich:
Alle Streudiagramme stellen Stichproben mit gleichem Korrelations-Koeffizienten dar!

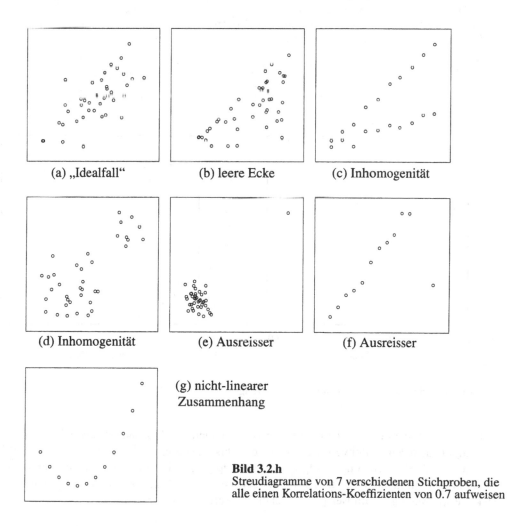

(a) „Idealfall"   (b) leere Ecke   (c) Inhomogenität

(d) Inhomogenität   (e) Ausreisser   (f) Ausreisser

(g) nicht-linearer
Zusammenhang

Bild 3.2.h
Streudiagramme von 7 verschiedenen Stichproben, die
alle einen Korrelations-Koeffizienten von 0.7 aufweisen

i Die besprochene Produktmomenten-Korrelation wird sehr oft benutzt und hat einige schöne mathematische Eigenschaften (* insbesondere im Zusammenhang mit der zweidimensionalen Normalverteilung, siehe 6.9.f, und mit der Regressionsrechnung, siehe 3.5.h). Sie hat aber auch den grossen Nachteil, dass sie sehr stark auf einen oder einige Ausreisser reagiert, die z. B. durch grobe Fehler verursacht sein können. Ein einziger Ausreisser, genügend weit von den übrigen Daten entfernt, kann die Korrelation in jeder Stichprobe beliebig nahe an jeden möglichen Wert heranbringen. Die Korrelation ist also *nicht robust* Man sollte daher bei jeder Berechnung eines Korrelations-Koeffizienten r_{XY} einen kritischen Blick auf das zugehörige Streudiagramm werfen. Ein anderer Ausweg besteht darin, ein anderes, robusteres Mass für die Korrelation zu wählen, beispielsweise eine Rangkorrelation.

3.3 Rangkorrelation

a *Spearmansche Rangkorrelation.* Ein Mass für den Zusammenhang zwischen zwei Variablen, das nicht nur den linearen Anteil misst, gründet sich auf den *Rängen* (2.2.c, 2.8.d): Die Spearmansche Rangkorrelation ist die einfache Korrelation zwischen den *Rängen* der x_i und den Rängen der y_i (Bild 3.3.a),

$$r_{XY}^{(Sp)} = \frac{s_{\text{Rang}\langle X\rangle,\text{Rang}\langle Y\rangle}}{\text{sd}_{\text{Rang}\langle X\rangle}\,\text{sd}_{\text{Rang}\langle Y\rangle}}.$$

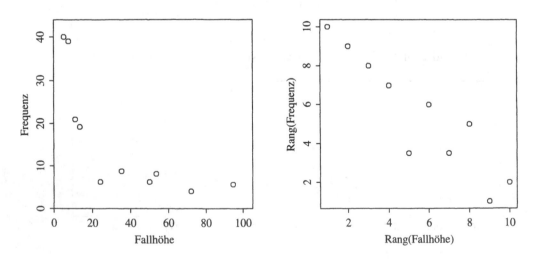

Bild 3.3.a Streudiagramme für ursprüngliche und rang-transformierte Daten

b Für die Bestimmung der drei benötigten Grössen brauchen wir zunächst den Mittelwert von allen Rängen, also den Mittelwert der Zahlen von 1 bis n. Dieser ist $\frac{1}{n}(1+2+\ldots+n) = \frac{n+1}{2}$. Auch die Standardabweichungen $\text{sd}_{\text{Rang}\langle X\rangle}$ und $\text{sd}_{\text{Rang}\langle Y\rangle}$ sind nur vom Stichprobenumfang n abhängig, wenn keine sogenannten *Bindungen* vorliegen, d. h., wenn es keine gleichen x_i-respektive y_i-Werte gibt (im Beispiel rauschen Wasserfälle mit Frequenz 6.2).

Hingegen hängt

$$s_{\text{Rang}\langle X \rangle, \text{Rang}\langle Y \rangle} = \frac{1}{(n-1)} \sum_i \left(\text{Rang}\langle x_i \rangle - \frac{n+1}{2} \right) \left(\text{Rang}\langle y_i \rangle - \frac{n+1}{2} \right)$$

von den Daten ab, nämlich von den Rängen $\text{Rang}\langle x_i \rangle$ und $\text{Rang}\langle y_i \rangle$, die „aufeinander treffen" (der gleichen Beobachtungseinheit entsprechen).
Durch algebraische Umformungen lässt sich zeigen, dass

$$r_{XY}^{(Sp)} = 1 - \frac{6}{n(n^2-1)} \sum_i \left(\text{Rang}\langle x_i \rangle - \text{Rang}\langle y_i \rangle \right)^2 .$$

c ▷ Im *Beispiel der Wasserfälle* (3.1.d) erhalten wir für die Spearmansche Rangkorrelation zwischen der Fallhöhe und der Frequenz den, absolut genommen, hohen Wert -0.92, der auf einen starken Zusammenhang hinweist. Nach der (monoton fallenden) Transformation der Fallhöhe zu ihrem Kehrwert ändert sich lediglich das Vorzeichen der Rangkorrelation; sie liegt dann mit 0.92 nahe bei der Produktmomenten-Korrelation von 0.96 (3.2.e). ◁

d Die Rang-Transformation führt von den Werten $x_1, \ldots, x_n$ einer Stichprobe immer zu den Werten $1, 2, \ldots, n$ (ausser, wenn Bindungen vorliegen). Sie ignoriert also die Verteilung der Grösse X resp. Y. Das kommt uns hier entgegen. In Anlehnung an die Einführung der einfachen Korrelation (3.2.b) kann man sagen: Wir transformieren die Daten nicht nur auf gleichen Mittelwert und gleiche Standardabweichung, sondern auf gleiche Einzelwerte. Die Korrelation der rang-transformierten Daten misst jene „Komponente" des Zusammenhangs, die von der Verteilung der beiden Grössen „unabhängig" ist, und zwar im folgenden Sinn:
Wenn die x_i zunächst mit einer *monoton wachsenden Transformation* verändert werden, ändern sich ihre Ränge nicht, und damit bleibt auch deren Korrelation unverändert (*invariant*). Bei monoton fallenden Transformationen ändert sich nur das Vorzeichen.

Als einfache Korrelation zwischen transformierten Grössen liegt auch die Rangkorrelation zwischen -1 und $+1$. Sie ist gleich ± 1, wenn die Reihenfolgen der X- und der Y-Werte genau gleich oder entgegengesetzt sind (d.h., wenn die Wertepaare nach steigenden x_i geordnet werden, so sind damit gleichzeitig die y_i steigend bzw. fallend geordnet). Im Gegensatz zur Produktmomenten-Korrelation misst die Spearmansche Rangkorrelation also nicht Stärke und Richtung des linearen, sondern diejenige des *monotonen Zusammenhangs*. Sie ist damit in vielen Fällen eine wichtige Ergänzung zur einfachen Korrelation r_{XY}.

e Man kann sich leicht überzeugen, dass ein grober Fehler die Rangkorrelation nur in beschränktem Mass verändern kann, im Gegensatz zum gewöhnlichen Korrelations-Koeffizienten; sie ist also *robust*.

f * Ein weiteres Mass für die Korrelation ist die *Kendallsche Rangkorrelation*. Sie hängt ebenfalls nur von den Rängen der Daten ab, bleibt also bei monoton wachsenden Transformationen auch unverändert und ist ein Mass für die Stärke des monotonen Zusammenhangs.
   Zu ihrer Berechnung zählt man zunächst die Inversionen, d. h. die Paare von Beobachtungen $[i, k]$, bei denen die X-Reihenfolge nicht mit der Y-Reihenfolge übereinstimmt ($x_i < x_k$ und $y_i > y_k$ oder umgekehrt). Diese Zahl I liegt zwischen 0 und der Anzahl $n(n-1)/2$ von Paaren von n Beobachtungen. Damit man wieder ein standardisiertes Mass für die Korrelation erhält, das zwischen -1 und 1 liegt, wird $r_{XY}^{(K)} = 1 - 4I/(n(n-1))$ gesetzt.

3.4 Zur Interpretation von Korrelationen

a Eines der heikelsten Probleme in der Anwendung der Statistik ist die Interpretation von gefundenen Korrelationen.
Zunächst kann eine Korrelation (mit kleinem Absolutbetrag) ohne weiteres rein zufällig von 0 verschieden sein; die Grenzen, ausserhalb derer man auf einen „statistisch gesicherten Zusammenhang" schliessen darf, werden in der schliessenden Statistik hergeleitet und können aus Tabellen entnommen oder vom Computer-Programm geliefert werden.

b Selbst ein statistisch gesicherter oder ein im Streudiagramm *offensichtlicher Zusammenhang braucht jedoch noch lange kein ursächlicher Zusammenhang zu sein!* Vereinfacht gesagt, kann X von Y oder Y von X abhängen, oder es kann eine Wechselwirkung zwischen X und Y bestehen, oder *beide Grössen können von einer dritten Grösse Z abhängen.*

Einige Beispiele folgen (vergleiche Pfanzagl, 1966b).

c Bei 6-10jährigen Schulkindern wurde eine deutliche positive Korrelation zwischen Körpergewicht und manueller Geschicklichkeit gefunden, die auf den ersten Blick verblüfft. Sie kann jedoch dadurch erklärt werden, dass die Kinder mit steigendem Alter im Mittel sowohl schwerer als auch geschickter werden. Der statistische Zusammenhang „entsteht" dadurch, dass man mehrere Jahrgänge miteinander untersucht.
Eine klare Korrelation zwischen dem Hämoglobingehalt des Blutes und der Oberfläche der roten Blutkörperchen verschwindet, wenn man Männer und Frauen getrennt betrachtet.
Man spricht von *„Inhomogenitäts-Korrelation"*.

d Wenn zwei unkorrelierte Grössen X und Y mit Hilfe einer unkorrelierten dritten Grösse Z standardisiert werden, so sind X/Z und Y/Z positiv korreliert, da grosse Z-Werte sowohl die zugehörigen standardisierten X-Werte X/Z als auch die Y/Z-Werte verkleinern und umgekehrt. Diese Erscheinung heisst *Schein-Korrelation* oder formale Korrelation.
Ein anderer Fall von (negativer) Scheinkorrelation liegt vor, wenn unkorrelierte Variable $X, Y, \dots$ als Prozentsätze ihrer Summe ausgedrückt werden; bei nur zwei Variablen beträgt die Korrelation der Prozentsätze sogar -1.

e Besonders gefährlich ist die Deutung bei Zeitreihen (z. B. jährlich gemessenen Grössen). Mit der hohen Korrelation zwischen der Zahl der Störche und der Zahl der Geburten zwischen 1900 und 1970 könnte man „statistisch beweisen", dass der Klapperstorch die Babies bringt. Dieses Beispiel zeigt, dass auch eine Korrelation der mittleren Einschaltzeit der Fernseher und der Zahl der Verbrechen über die Jahre noch nichts beweist.
Wenn zwei Zeitreihen nur irgendeinen zeitlichen Trend mit linearer Komponente (oder anderer ähnlicher Form) aufweisen, so sind sie zwangsläufig (positiv oder negativ) miteinander korreliert. Es entsteht eine *„Unsinn-Korrelation"* zwischen Zeitreihen.

3.5　Regression

a　Die Korrelations-Masse behandeln die beiden beteiligten Grössen X und Y gleich. Meistens ist in der Interpretation und Fragestellung jedoch die eine die *„Zielgrösse"* und die andere die *„Ausgangsgrösse"*, „erklärende Variable", „unabhängige Variable" oder ähnlich. Einige Beispiele:

Ausgangsgrösse X	Zielgrösse Y
Höhe des Wasserfalls	Schwingungsfrequenz (3.1.d)
Geschwindigkeit	Bremsweg
Grösse des Vaters	Grösse des Sohnes
Produktionsfaktor	Qualität des Produkts (Bild 3.5.a)
Spraydosen-Verbrauch	Ozongehalt
Noten im Vordiplom	Noten im Schlussdiplom

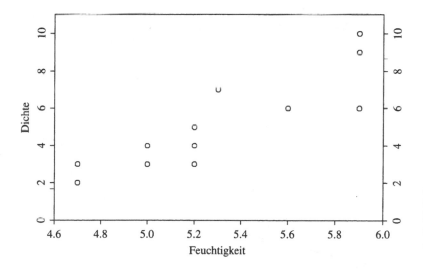

Bild 3.5.a
Dichte eines Produkts in Abhängigkeit von der Feuchtigkeit des Ausgangsgemisches

b　Die Unterscheidung zwischen Ausgangsgrösse und Zielgrösse kann auf zwei Arten begründet sein: Einerseits kann ein klar begründeter Kausalzusammenhang vorliegen. In den ersten drei Beispielen ist X (eine) Ursache für Y. Die Daten sollen den Wirkungszusammenhang genauer erfassen. In den nächsten zwei Beispielen kann eine solche Abhängigkeit vermutet werden. Die Daten dienen dann oft nur dazu, den Zusammenhang nachzuweisen.

c　Eine zweite Fragestellung besteht darin, dass aus einem bekannten Wert von X auf einen „zu erwartenden" Wert von Y geschlossen werden soll (letztes Beispiel oben). Man spricht dann von *Prognose* oder *Vorhersage*, obwohl hier keine Vorhersage eines nächsten Wertes aufgrund einer zeitlichen Entwicklung gemeint ist. Dafür braucht man zunächst eine Stichprobe, bei der die x_i und die y_i bekannt sind. Mit ihnen beschreibt man einen Zusammenhang quantitativ, von dem man annimmt, dass er auch noch gilt, wenn Y aufgrund neuer Werte von X vorhergesagt werden soll.

d Diese Fragestellungen werden mit der statistischen Methodik der *Regression* behandelt, welche wohl die meistverwendeten statistischen Verfahren umfasst. Die Grundidee besteht darin, dass Y „im Wesentlichen" eine Funktion h von X ist, also

$$y_i \approx h\langle x_i \rangle \ .$$

Die einfachste plausible Funktion h ist wohl eine *lineare*, die durch eine *Gerade* dargestellt wird. Man will also eine Gerade bestimmen, die für alle x_i möglichst genau den beobachteten Wert y_i wiedergibt.

e Wie soll man eine Gerade an eine Stichprobe von Wertepaaren anpassen? Eine Anpassung von Auge in einem Streudiagramm liefert gute Resultate. Versuchen Sie es in Bild 3.5.a!
Subjektive Verfahren sind aber verpönt, weil sie nicht genau reproduzierbar sind, und sie sind nicht programmierbar. Deshalb braucht man Methoden, um eine „best-passende" Gerade zu berechnen. Sie können bald Ihre Lösung mit einer „objektiven" Methode vergleichen.

f Eine Gerade ist das Bild einer linearen Funktion $h\langle x \rangle = a + bx$, die durch den *Achsenabschnitt* (englisch *intercept*) a und die *Steigung* (*slope*) b festgelegt wird.
Für eine hypothetische Lösung $[a, b]$ kann man die Abweichungen oder *Residuen*

$$r_i\langle a, b \rangle = y_i - (a + bx_i)$$

bilden (Bild 3.5.f). (r_i hat mit der Korrelation r_{XY} nichts zu tun!)

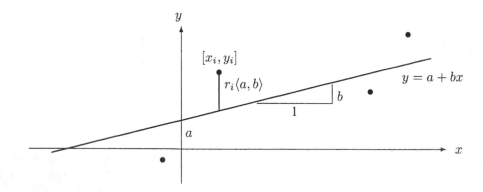

Bild 3.5.f Veranschaulichung der Methode der Kleinsten Quadrate

Diese Residuen sollen „klein" sein. Das gebräuchlichste zusammenfassende Mass für die Grösse der Abweichungen ist die Quadratsumme

$$Q\langle a, b \rangle = \sum_i \left(r_i\langle a, b \rangle \right)^2 \ .$$

Nun kann man diejenige Gerade (dasjenige Paar $[a, b]$) bestimmen, für die dieses Kriterium minimal wird. Dieses Verfahren heisst *Methode der Kleinsten Quadrate* (*least squares*) und wurde von Gauss (1809) und Legendre (1806) eingeführt.

* Originalarbeiten: C. F. Gauss: „Theoria motus corpum coelestium in sectionibus conicis solem ambientium", Perthes und Besser, Hamburg 1809 und A. M. Legendre: „Nouvelles méthodes pour la détermination des orbites des comètes; avec un supplément contenent divers perfectionnements de ces méthodes et leur application aux deux comètes de 1805", Courcier, Paris 1806.

g * Zur Berechnung der Werte a und b, die die Quadratsumme minimieren, setzt man die Ableitungen von Q nach a und b null,

$$\frac{\partial Q\langle a,b\rangle}{\partial a} = \sum_i 2r_i\langle a,b\rangle(-1) = 0 , \qquad \frac{\partial Q\langle a,b\rangle}{\partial b} = \sum_i 2r_i\langle a,b\rangle(-x_i) = 0$$

oder

$$\sum_i \big(y_i - (a + bx_i)\big) = 0 , \qquad \sum_i \big(y_i - (a + bx_i)\big)x_i = 0 .$$

Wird die erste Gleichung nach a aufgelöst und in die zweite eingesetzt, so erhält man

$$a = \frac{1}{n}\sum_i (y_i - bx_i) = \bar{y} - b\bar{x},$$

$$\sum_i \big(y_i - \bar{y} - b(x_i - \bar{x})\big)x_i = 0 , \qquad b = \frac{\sum_i(y_i - \bar{y})x_i}{\sum_i(x_i - \bar{x})x_i} .$$

Wegen $\sum_i(x_i - \bar{x}) = 0$ kann man b auch schreiben als

$$b = \frac{\sum_i(y_i - \bar{y})(x_i - \bar{x})}{\sum_i(x_i - \bar{x})^2} = \frac{(n-1)\,s_{XY}}{(n-1)\,\mathrm{sd}_X^2} = r_{XY}\cdot\frac{\mathrm{sd}_Y}{\mathrm{sd}_X} ,$$

wobei s_{XY} und r_{XY} die Kovarianz und Korrelation, und sd_X und sd_Y die Standardabweichungen von X und Y bedeuten.

h   Zusammenfassend ergibt also die Methode der Kleinsten Quadrate für die Bestimmung der Steigung und des Achsenabschnittes

$$b = \frac{s_{XY}}{\mathrm{sd}_X^2} = r_{XY}\frac{\mathrm{sd}_Y}{\mathrm{sd}_X} , \qquad a = \bar{y} - b\bar{x} .$$

i ▷ Dem oben dargestellten *Beispiel* (Bild 3.5.a) liegen die folgenden Daten (aus Draper and Smith, 1998, Exercise 1F) zugrunde:

X	4.7	5.0	5.2	5.2	5.9	4.7	5.9	5.2	5.3	5.9	5.6	5.0
Y	3	3	4	5	10	2	9	3	7	6	6	4

Daraus erhält man $\bar{x} = 5.30$, $\bar{y} = 5.17$, $\sum_i(x_i - \bar{x})^2 = 2.10$, $\sum_i(x_i - \bar{x})(y_i - \bar{y}) = 10.5$, $b = 5.0$, $a = -21.33$ (!). Jetzt können Sie überprüfen, wie nahe Sie der „optimalen" Geraden mit Ihrer Anpassung von Auge gekommen sind, indem Sie die geschätzte Gerade in das Bild 3.5.a einzeichnen. (Y-Werte für 2 X-Werte bestimmen!) ◁

j * Statt der Quadratsumme kann man auch andere Masse für die Grösse der Abweichungen minimieren, z.B. die Summe der Absolutbeträge $\sum_i |r_i\langle a,b\rangle|$ (auch L_1-Norm genannt; oder, äquivalent, das Mittel der Beträge, die Mittlere Absolute Abweichung oder mean absolute deviation, vergleiche 2.3.i). Das entsprechende Verfahren verhält sich, im Gegensatz zur Methoden der Kleinsten Quadrate, meistens robust gegenüber extremen Y-Werten.

k   *Vergleich von Korrelation und Regression.* Die Regressions- und die Korrelations-Rechnung untersuchen beide den „Zusammenhang" zwischen zwei Variablen X und Y. Es ergeben sich folgende Unterschiede:

• Die Korrelation misst einen Zusammenhang zwischen Variablen, die von der Bedeutung her „gleichberechtigt" sind, $r_{XY} = r_{YX}$. Die Regression unterscheidet die Zielgrösse Y und die Ausgangsgrösse X. Dem entsprechend liefert die Regression von X auf Y eine andere Gerade als die Regression von Y auf X (ausser, wenn alle Punkte auf einer Geraden liegen).

• Die Korrelation ist eine beschreibende Masszahl für den Zusammenhang; die Regression erlaubt die „Vorhersage" einer künftigen Beobachtung y, wenn man das zugehörige x kennt, mit mehr oder weniger grosser Genauigkeit.

l   *   Eine Variante der Regression, die die Variablen X und Y ebenfalls symmetrisch behandelt, ist die *orthogonale* Regression: Man minimiert statt der Quadratsumme der vertikalen Abweichungen $r_i\langle a, b\rangle$ diejenige der orthogonalen Abstände $d_i\langle a, b\rangle$ (Bild 3.5.l).

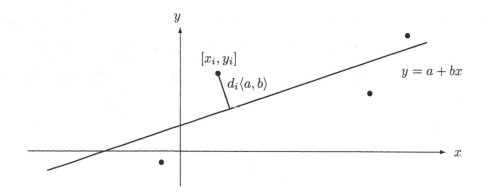

Bild 3.5.l   Zur Definition der orthogonalen Regression

Das ergibt eine steilere Gerade. Wenn aber die Masseinheit von X oder Y geändert wird, ändert sich die Gerade in einer Weise, die schwierig interpretierbar ist. (Probieren Sie Extremfälle aus!) Man soll diese Art der Regression daher nur auf geeignet standardisierte Daten anwenden. Wenn X und Y auf Standardabweichung 1 transformiert werden, ergibt sich aber immer eine Steigung von $+1$ oder -1 für die optimale Gerade, unabhängig von der „Stärke" des Zusammenhangs. (Wenn die Korrelation 0 ist, ist die Gerade für standardisierte Variable unbestimmt.)
Eine Rechtfertigung der orthogonalen Regression ergibt sich, wenn die X- und die Y-Variable mit „Messfehlern" behaftet und so standardisiert sind, dass die Ungenauigkeit (Standardabweichung der Messfehler) für beide Variablen gleich gross ist. Das Modell läuft unter dem Namen „errors-in-variables regression" oder „functional relationship" (siehe 13.11.j). Es ist *nicht* für die Prognose von Y aus X (3.5.c) geeignet. Die orthogonale Regression liefert die erste Achse der sogenannten Hauptkomponenten-Analyse, siehe 3.6.n.

m   Da die Regression, die weit über die hier besprochene einfache lineare Regression hinaus verallgemeinert werden kann, in der angewandten Statistik eine zentrale Rolle spielt, kommen wir in Kapitel 13 ausführlich auf sie zurück. Dort werden uns die Methoden der schliessenden Statistik bei der Beurteilung der Ergebnisse helfen.

*   Einige Hinweise auf Verallgemeinerungen seien als Ausblick angeführt:

- Wenn man eine quadratische, kubische, ... statt der linearen Funktion $h\langle x\rangle$ verwendet, kommt man zur *polynomialen Regression*.

- Mehrere Variable $X^{(1)}, X^{(2)}, X^{(3)}, \ldots$ können als Ausgangsgrössen verwendet werden: Das Modell der *multiplen linearen Regression* lautet

$$y_i \approx h\langle x_i^{(1)}, x_i^{(2)}, x_i^{(3)}, \ldots\rangle = a + b_1 x_i^{(1)} + b_2 x_i^{(2)} + b_3 x_i^{(3)} + \ldots \,.$$

Dabei können die $X^{(j)}$ selbst (nicht-lineare) Funktionen von beobachteten oder gemessenen Grössen sein.

- Wenn sich die Regressionsfunktion h nicht in dieser Form schreiben lässt, stellt sich das Problem der *nicht-linearen* Regression. Ein Beispiel unter vielen ist die logistische Wachstumskurve für eine Population von Tieren, $y = \kappa \cdot e^{\rho t} / (1 - e^{\rho t})$; man kann mit nicht-linearer Regression aus (mit Zähl- oder Schätzfehlern behafteten) Zählungen y_i zu Zeitpunkten t_i die Grössen κ und ρ bestimmen, die ökologisch interpretiert werden können.

3.6   Multivariate Beobachtungen

a   *Bezeichnungen*: x_{ij} ist der Wert der $j$ten Variablen für die $i$te Beobachtungseinheit. Diese Werte können als Elemente einer Matrix X, der *„Datenmatrix"* aufgefasst werden. Die Anzahl Variabeln wird oft mit m (oder p) bezeichnet und heisst *Dimension* der Daten. Man kann ja jede Beobachtungseinheit dem Punkt mit den Koordinaten $x_{i1}, x_{i2}, \ldots, x_{im}$ im m-dimensionalen Raum zuordnen (wenn alle Variablen quantitativ zu interpretieren sind).

b   Die Datenmatrix ist die grundlegende Struktur, auf der *Statistikprogramme* aufbauen. Die meisten Programme bieten eine leere Tabelle als Bildschirm-Maske an, in die in jeder Zeile die Daten für eine Beobachtung eingetragen werden. Meist werden Daten aber aus Datenbanken importiert oder von einer Text-Datei, die eine rechteckige Tabelle enthält, eingelesen.

c   Für *grafische Darstellungen* lässt sich das zweidimensionale Streudiagramm allenfalls noch um die dritte Dimension erweitern.
Allerdings geht dies für eine „Punktwolke" wesentlich schlechter als für eine exakte Funktion von zwei Argumenten: Bild 3.6.c vermittelt zwar den Eindruck, dass so die Daten recht gut dargestellt werden. Man muss aber anhand der Fusspunkte der Symbole überprüfen, ob der erste Eindruck auch stimmt. Verändert man die Position des Betrachters, so kann das Ergebnis ganz anders herauskommen.
Auf einem *Bildschirm* kann die dritte Dimension durch *Bewegung* veranschaulicht werden, indem man diese Position kontinuierlich verändert. Fusspunkte sind dann unangebracht. Auf diese Art entsteht ein viel klarerer Eindruck der Punkte im Raum. Für einen Bericht muss man sich aber wieder auf eine (oder wenige) Projektion(en) festlegen.

d   Eine Alternative, die auch für mehr als drei Variable anwendbar ist, zeigt alle Streudiagramme von je zwei Variablen in der Anordnung einer *Matrix von Streudiagrammen* (englisch *scatterplot matrix* oder *generalized draftsman display*; Bild 3.6.d). Die eine Hälfte der Matrix enthält die Spiegelbilder der anderen Hälfte und kann weggelassen werden.

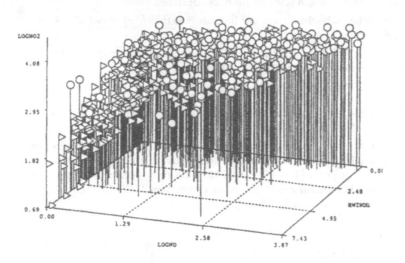

Bild 3.6.c
NO_2-Gehalt in
Abhängigkeit von
NO-Gehalt,
Windstärke und
Inversionslage (aus
C.Savi, 1987, Eine
statistische Analyse
von Luftschadstoff-
daten,
Diplomarbeit, ETH
Zürich)

e ▷ Die im Bild dargestellten Daten stammaen von *Iris-Blüten*. Wir haben sie bereits oben
verwendet und werden das im Kapitel über multivariate Statistik immer wieder tun (15.1.d). Für
drei Arten (Iris setosa, versicolor und virginica) wurden an je 50 Pflanzen Länge und Breite von
Petal- und Sepal-Blättern gemessen, die beide zur Blüte gehören. (Dieses Beipiel ist in allen (?)
Büchern über multivariate Statistik anzutreffen, seit es der berühmte Statistiker R. A. Fisher 1936
in einer grundlegenden Publikation verwendet hat: Ann. Eugenics 7, 179-188.) ◁

f Die Matrix der Streudiagramme ist die grafische Variante einer Zusammenstellung der einfachen
Korrelationen. Die *Korrelations-Matrix* ist die symmetrische Matrix, die als (j, k) tes Element
die Korrelation zwischen der j ten und k ten Variablen enthält.

g * Die Berechnung der Korrelations-Matrix kann man in Matrixform einfach schreiben. Es sei $\bar{x}_{.j} = \frac{1}{n} \sum_i x_{ij}$ der Mittelwert der j ten Variablen, und $\tilde{x}_{ij} = x_{ij} - \bar{x}_{.j}$ bezeichne die „zentrierten"
Werte. Nun ist die Kovarianz zwischen der j ten und k ten Variablen

$$s_{jk} = \frac{1}{n-1} \sum_i \tilde{x}_{ij} \tilde{x}_{ik} ;$$

für $j = k$ ergibt sich die Varianz. Fasst man die $\tilde{x}_{ij}$ und die s_{jk} je in einer Matrix $\tilde{X}$ respektive
S zusammen, so ergibt sich

$$S = \frac{1}{n-1} \tilde{X}^T \tilde{X} .$$

Die Matrix S heisst auch Varianz-Kovarianz- oder einfach *Kovarianz-Matrix*. Die Korrelations-
Matrix ergibt sich, indem man die s_{jk} durch $\sqrt{s_{jj} s_{kk}}$ dividiert. Diese Rechnung mag andeuten,
dass die lineare Algebra in der Statistik mehrdimensionaler Beobachtungen ein unverzichtbares
Hilfsmittel ist.

h Zurück zur Grafik: Durch eine clevere Anordnung von kleinen Streudiagrammen kann man die
Zusammenhänge zwischen vier Variablen studieren.
Bild 3.6.h führt die Idee für den Datensatz der *Iris-Pflanzen* vor. Die Daten werden zunächst
gemäss den Werten von zwei Variablen in Gruppen eingeteilt, die ungefähr gleich viele
Beobachtungen enthalten; in der benützten Version überlappen sich die Gruppen. Für jede

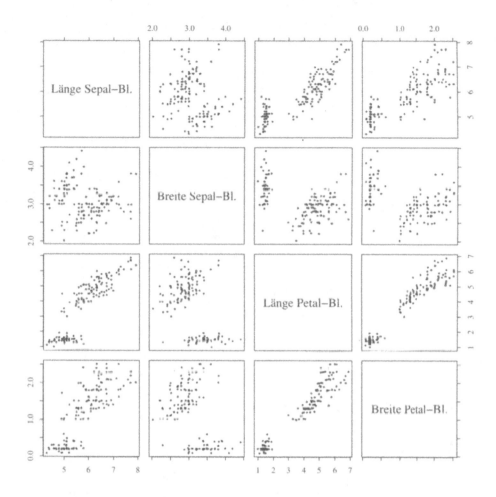

Bild 3.6.d Streudiagramm-Matrix für vier Merkmale von Blütenpflanzen der Gattung Iris

Gruppe wird dann ein Streudiagramm der beiden weiteren Variablen gezeichnet, und diese Diagramme werden in Matrixform aneinandergereiht. Die Darstellung trägt den Namen *Coplot*.
▷ Da für grössere Pflanzen alle Längenmessungen tendenziell grösser ausfallen, ist es sinnvoll, zu neuen Variablen überzugehen, die neue Zusammenhänge zeigen können: Die Fläche zeigt die Grösse der Blätter, das Verhältnis von Breite zu Länge misst einen Aspekt der Form. Beide Grössen wurden logarithmiert. Für die drei Arten wurden verschiedene Zeichensymbole verwendet.
Die Teilfigur links unten zeigt nun den Zusammenhang zwischen Längenverhältnis und Fläche der Sepalblätter für Pflanzen mit kleiner Fläche und kleinem Längenverhältnis der Petalblätter. Man kann sehen, dass für kleine Petalblätter das Längenverhältnis klein ist, die Petalblätter also schmal sind. Die Sepalblätter dagegen sind dort breit, und die Symbole zeigen, dass es sich vorwiegend um die Art setosa handelt. Verfolgt man die Zeilen, so wird ersichtlich, dass für grössere Petalblätter bei gleichem Längenverhältnis die Sepalblätter schmaler werden. Das hängt vor allem daran, dass die Art setosa mit ihren breiten Sepalblättern bei grösseren Petalblättern verschwindet. Weitere Zusammenhänge zu sehen, überlassen wir gerne der Leserschaft. ◁

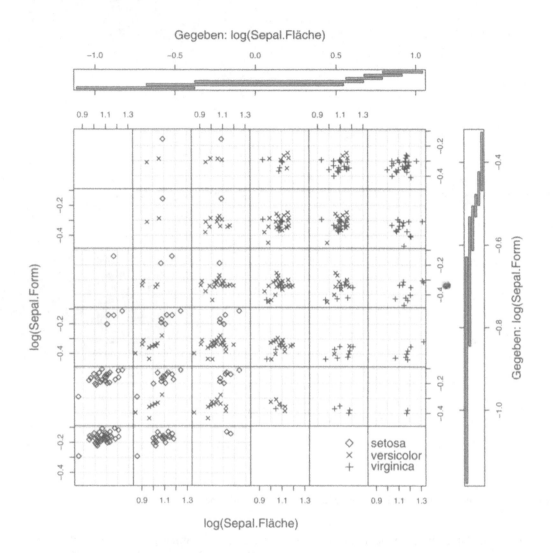

Bild 3.6.h Coplot der Flächen und Längenverhältnisse für Petal- und Sepalblätter von Iris-Blüten

i Die *Zeichensymbole*, die die Beobachtungen im Streudiagramm zeigen, können für die Darstellung zusätzlicher Variabler in phantasievoller Weise eingesetzt werden. Bereits in Bild 3.6.c
werden zwei verschiedene Symbole verwendet, um festzustellen, ob sich die Abhängigkeit des
NO_2-Gehaltes vom NO-Gehalt und der Windstärke bei Inversionslagen verändert.

▷ Bild 3.6.i zeigt die Abhängigkeit des Ozon-Gehaltes (zwischen 13 und 15 Uhr) von der
Strahlung (zwischen 8 und 12 Uhr), der maximalen täglichen Temperatur und den Wind-
Verhältnissen.

(Quelle: Gnanadesikan (1997).)

Die Temperatur wird als Grösse des Kreises, die Windrichtung durch die Richtung des Strich-
Symbols dargestellt, und die Windstärke ist aus unerklärten Gründen umgekehrt proportional zur
Strichlänge. In diesem Bild sind also die Zusammenhänge zwischen 5 Grössen dargestellt. ◁

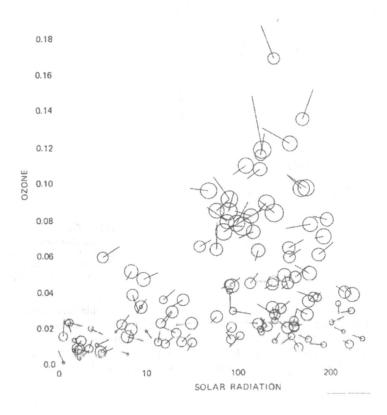

Bild 3.6.i Ozon-Gehalt in Abhängigkeit von Strahlung, Temperatur und Wind

j * Welche Aspekte von Symbolen eignen sich zur Darstellung verschiedener Sorten von Variablen?
Das wirksamste Mittel zur Hervorhebung einer Gruppe, die
- dynamische Hervorhebung (Blinken-Lassen),

setzt ein Gerät für dynamische Grafik voraus und ist in einem Bericht nicht verwendbar. Die
weiteren Aspekte sind, in abnehmender Wirksamkeit entsprechend der Beurteilung des Autors:
- Grösse,
- Farbe,
- Orientierung (einer Linie, eines Rechtecks, ...),
- Form (Stern, Kreis, ..., vergleiche nächste Absätze),
- Intensität oder Schwarz-Betrag,
- Farbton, Farbsättigung,
- Text (Identifikationsnummer, Name einer Gruppe, ...).

Einige dieser Aspekte eignen sich zur Wiedergabe quantitativer Information (Grösse, Intensität),
andere nur für die Unterscheidung von wenigen Gruppen (Blinken, Farbe, Text).

k * Die Symbole können sich auch zu ganzen Miniatur-Darstellungen auswachsen.
   ▷ Bild 3.6.k zeigt für die Parzellen des Zürcher Flughafens die jeweilige Dichte von Beobachtungen von Vogelschwärmen sowie die Grössen der beobachteten Schwärme. (Jede Stufe einer Pyra-
mide entspricht der Beobachtung eines Schwarmes. Ihre Breite zeigt die Grösse des Schwarmes.
Die Höhe wurde umgekehrt proportional zur Fläche der Parzelle gewählt. So zeigt die Höhe der Py-
ramide die „Dichte" von Beobachtungen und die Fläche des Symbols die beobachtete Vogeldichte.
Quelle: Fornat: „Vogelschlag". Bericht, Port Authority Flughafen Zürich, Mai 1990).   ◁

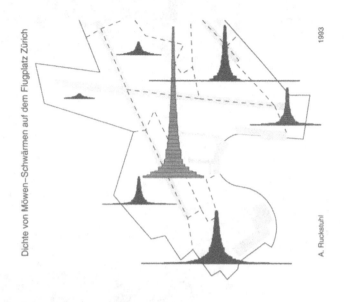

Bild 3.6.k
Dichte und Grösse von
Lachmöven-Beobachtungen auf
dem südlichen Teil des
Flughafen-Areals Zürich

1 * Mit „*Sternen*" (englisch *stars*) können im Prinzip beliebig viele Variable dargestellt werden (Bild
3.6.l). Die Variablen werden durch Längen von Strahlen dargestellt und die Endpunkte verbunden.
(Falls eine Variable negative Werte hat oder einen kleinen Variationskoeffizienten aufweist, wird
man zuerst ihren kleinsten Wert abziehen.) Zwei wichtige Merkmale werden als x- und y-
Koordinate des Zentrums des Sterns dargestellt, die übrigen durch den Stern.

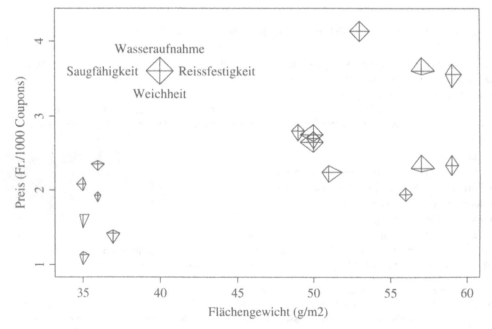

Bild 3.6.l Darstellung von mehreren Variablen durch „Sterne": Ergebnisse eines Konsumententests für
WC-Papier

m Für ein- und zweidimensionale Daten konnten wir einfache und natürliche grafische Darstellungen und beschreibende Masse einführen. Für mehrdimensionale Daten erweist sich dies als schwieriger, da unsere räumliche Vorstellungskraft für $m > 3$ nicht mehr mithält und die möglichen Strukturen gleichzeitig vielfältiger werden. Einige Grundfragen führen zu reichhaltigen Vorschlägen von *beschreibenden Methoden der Multivariaten Statistik*, die wir in Kapitel 15 teilweise wieder aufnehmen:

n Ein nützliches Ziel solcher Methoden ist die *Dimensions-Reduktion*: Man sucht eine zweidimensionale Darstellung (oder allgemein einen p-dimensionalen Raum, $p < m$), in dem die „Streuung" der m-dimensionalen Daten möglichst gut wiedergegeben wird. Stichworte: *Hauptkomponenten- und Faktor-Analyse*, siehe 15.5.

o * Zu einem Streudiagramm, das möglichst viel über allfällige Strukturen in mehrdimensionalen Daten zeigt, kommt man auch auf folgende Art: Zunächst bestimmt man für jedes Paar $[h, i]$ von Beobachtungs-Einheiten einen Wert $d\langle h, i\rangle$, der die „*Unähnlichkeit*" der beiden misst. Man kann sie aus den Merkmals-Werten x_{ij} beispielsweise als (Euklidische) *Distanz* $d\langle h, i\rangle = \left(\sum_{j=1}^{m}(x_{hj} - x_{ij})^2\right)^{\frac{1}{2}}$ erhalten, oder sie können irgendwie anders gegeben sein. Nun sucht man eine Anordnung von Punkten P_i in der Ebene, sodass die Distanzen $\tilde{d}\langle h, i\rangle$ zwischen den Punkten P_h, P_i die Unähnlichkeiten $d\langle h, i\rangle$ möglichst genau wiedergeben. Stichwort: *Multidimensionale Skalierung*.

p *Gruppenbildung.* In der Matrix der Streudiagramme (3.6.d) sind unter den Pflanzen der Gattung Iris deutlich zwei Gruppen zu erkennen, von denen man hoffen kann, dass sie Arten entsprechen. Der Gruppe mit kurzen und schmalen Petal-Blättern, die in Bild 3.6.d in der linken, unteren Ecke des letzten Teilbildes klar zu sehen ist, entspricht in der Tat die Art *Iris setosa*, während sich die andere aus den beiden Arten *Iris versicolor* und *Iris virginica* zusammensetzt. Hier ist es leicht, die beiden Gruppen zu identifizieren.

Man hätte gerne ein allgemeines Rechenschema, das gegebene höher-dimensionale Beobachtungen in Gruppen einteilt, und in „klaren" Situationen die „richtige" Einteilung ergibt. Je nach Fragestellung möchte man in jedem Fall eine Einteilung in Gruppen ähnlicher Beobachtungseinheiten erhalten, oder man möchte „Anhäufungen" (englisch clusters) finden, sofern solche vorhanden sind. Es gibt eine Unzahl von Vorschlägen für solche Verfahren; viele von ihnen gehen von Unähnlichkeiten aus, wie die Multidimensionale Skalierung. Stichwort: *Cluster-Analyse*.

q Mit der Cluster-Analyse verwandt ist das Problem der *Klassierung*. Im Beispiel mit den Iris-Pflanzen war die Arten-Zugehörigkeit für die untersuchten Pflanzen bekannt. Die Frage lautet, ob man Regeln finden kann, die die Zuordnung einer neuen Pflanze zu einer der drei Arten aufgrund der vier gemessenen Variablen erlauben – insbesondere auch die Unterscheidung zwischen den beiden ähnlichen Arten *versicolor* und *virginica*. Allgemein sucht man Regeln, die die Zuordnung von Beobachtungen zu Klassen mit möglichst wenigen Fehlern ermöglichen, wobei für die Aufstellung der Regel Beobachtungen mit bekannter Klassenzugehörigkeit zur Verfügung stehen. Solche Regeln werden auch in der *medizinischen Diagnostik* immer wichtiger. Stichwort: *Diskriminanz-Analyse*, siehe 15.6.

3.7 Zeitreihen und räumliche Daten

a   In allen bisherigen Beispielen ist die Reihenfolge der Beobachtungen beliebig. Oft spielt eine zeitliche Abfolge eine wichtige Rolle, indem auf einander folgende Beobachtungen „miteinander etwas zu tun haben". Das statistische Jahrbuch ist voll von *Zeitreihen*, d. h. von Beobachtungen der gleichen Grösse für die gleiche Beobachtungseinheit in regelmässigen zeitlichen Abständen.

Die naheliegendste Art, solche Daten darzustellen, zeigt Bild 3.7.a.
(Quelle: C.D. Keeling, T.P. Whorf, and Carbon Dioxide Research Group, Scripps Institution of Oceanography, U.C. La Jolla, CA.)

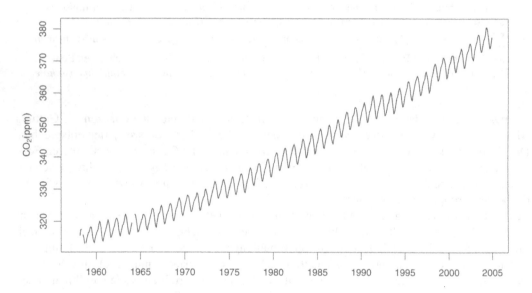

Bild 3.7.a   Darstellung einer Zeitreihe: CO_2-Konzentration in Mauna Loa, Hawaii

b   Dass „auf einander folgende Beobachtungen etwas miteinander zu tun haben", heisst meistens, dass auf einen hohen Wert eher wieder ein hoher Wert folgt als ein tiefer, d. h., dass diese Werte positiv korreliert sind. In Analogie zur Korrelation zwischen zwei Variablen definiert man als Mass für eine solche *Abhängigkeit* die *Auto-Korrelation*

$$r\langle 1 \rangle = \frac{\sum_{i=2}^{n}(x_i - \bar{x})(x_{i-1} - \bar{x})}{\sum_i (x_i - \bar{x})^2}$$

zur Verzögerung – englisch *lag* – von 1; entsprechend ist die Autokorrelation $r\langle k \rangle$ zur Verzögerung k festgelegt. Im Kapitel 16 über Zeitreihen werden Modelle besprochen, die Autokorrelationen begründen.

c   Zeitreihen, die sich auf die Umwelt beziehen und mehr als einen Wert pro Jahr enthalten, zeigen
    einen Jahreszyklus, bei mehreren Messungen pro Tag zusätzlich einen Tagesgang. Ebenso findet
    man in Daten zu menschlichen Aktivitäten einen Wochenrhythmus und sucht manchmal nach
    einem Mondzyklus.
    In all diesen Fällen liegt die Idee nahe, den „typischen Verlauf" innerhalb einer solchen
    Periode zu erfassen und dann zu untersuchen, was die Daten sonst noch an Mustern enthalten,
    insbesondere, ob sie einen „Trend" zeigen.
    Bild 3.7.c zeichnet eine solche Zerlegung $x_t = m_t + s_t + r_t$ der oben dargestellten Zeitreihe x
    in einen gleich bleibenden Jahresgang s, einen Trend m und einen Restterm r auf.

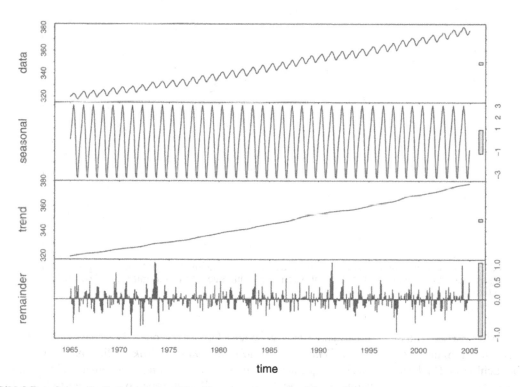

Bild 3.7.c Saisonale Zerlegung der CO_2-Konzentrationen von Mauna Lao

d   *   Viele weitere Vorgänge in Natur und Technik zeigen immer wiederkehrende Abläufe: Herzschlag
        und Atem, Schwingungen von Geräten, Schallwellen und vieles mehr. In weniger offensichtlichen
        Fällen wird man sich fragen, ob ebenfalls mehr oder weniger periodische Abläufe zugrundeliegen,
        die durch andere „zufällige" Abweichungen überlagert werden.
        Dieser Vorstellung entspricht die *Spektral-* oder *Frequenzanalyse* von Zeitreihen, die auf der
        Fourier-Transformation beruht. Sie wird in Kap. 16.7 eingeführt.

e   Wenn man die Entwicklung von zwei Grössen X und Y im gleichen Zeitraum verfolgt, kann
    man sie als zwei Kurven im gleichen Diagramm oder als Polygonzug („Pfad") im Streudiagramm
    von Y gegen X darstellen.

▷ Im Bild 3.7.e sind die Erwerbslosen und die Veränderung des BIP in der Schweiz im Zeitraum von 1991 bis 2005 auf diese Weise dargestellt. Da das BIP nur jährlich berechnet wird, wurde eine glatte Kurve angepasst (mit Namen lowess oder loess) und für die Erzeugung von Monatswerten verwendet, die in der Pfad-Darstellung benötigt werden. Da die Erwerbslosenzahlen einen saisonalen Effekt zeigen, wurde die vorher erwähnte Zerlegung angewandt und der von den saisonalen Schwankungen befreite Trend, der hier stark nicht-linear ist, für die dicke Linie benützt. Die Kurve mit den rohen Erwerbslosenzahlen ist punktiert angegeben. ◁

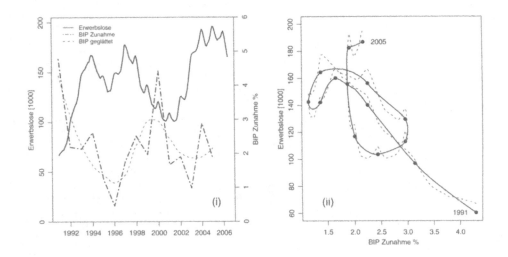

Bild 3.7.e Darstellung von zwei Zeitreihen: (i) Beide Zeitreihen im gleichen Diagramm gegen die Zeit aufgetragen; (ii) Pfad-Diagramm mit saisonal bereinigten (durchgezogen) und mit rohen Erwerbslosenzahlen (punktiert).

f Oft sind Beobachtungen mit einem (geografischen) Ort im 2- oder 3-dimensionalen Raum verbunden; man spricht von *räumlichen Daten* und *räumlicher Statistik*. Es liegt nahe, zwischen benachbarten Beobachtungen eine sogenannte *räumliche Korrelation* anzunehmen. Solche Daten entstehen beispielsweise, wenn die Umweltbelastung in Bodenproben oder landwirtschaftliche Erträge auf kleinen Probeflächen in einem Feld gemessen werden.

Zur grafischen Darstellung kann am Ort jeder Probefläche ein Kreis gezeichnet werden, dessen Radius oder Fläche proportional ist zum Ertrag (vergleiche Bild 3.7.f, oben, nach Chambers et al. (1983)).

Noch etwas klarer wird eine solche Darstellung, wenn man statt des Kreises einen teilweise ausgefüllten Stab zeichnet, dessen Füllung proportional ist zur dargestellten Grösse (Bild 3.7.f, unten).

Bild 3.7.f Karten mit Symbolen: Die „Blasen" *(bubbles)* in der oberen Karte haben Radien, die dem Pro-Kopf-Einkommen 1974 in den 48 zusammenhängenden Staaten der USA proportional sind. Die Füllung der Stäbe oder „Thermometer" in der unteren Karte geben die Morde pro 100 000 Einwohner im Jahre 1976 an (mit einem Maximum von 15.1 für Alabama); ihre Breite ist proportional zur Bevölkerung.

3.8 Allgemeines zu grafischen Darstellungen

a In speziellen Zusammenhängen werden immer wieder neue grafische Darstellungen erfunden (und wiedererfunden). Das ist sehr sinnvoll. Oft kann eine gute grafische Darstellung mehr zeigen und vor allem mehr Leute überzeugen als eine raffinierte statistische Methode mit numerischen Resultaten. Es ist aber auch nützlich, einige Prinzipien einzuhalten.

b Grundprinzip: Eine grafische Darstellung sollte *wesentliche* Strukturen wie Gruppen, Abhängigkeiten und Trends der dargestellten Daten *augenfällig* zeigen und Vergleiche erleichtern.

Eine Grafik sagt mehr als tausend Worte.

4.31 Fr.

Dollar-Kurs seit 1977

1.36 Fr.

Kreativität und Lust, mit modernster Technik zu gestalten – das sind zwei der wichtigsten Eigenschaften, die unser(e)

Illustrationsgrafiker(in)

haben muss.

c Es lauern verschiedene Gefahren: Eine Grafik soll

• nichts suggerieren, was nicht den Daten entspricht, vergleiche das negative Beispiel in Bild 3.8.c nebenan (wie lügt man mit Statistik? siehe Krämer, 1997, Dewdney, 1993);

• Wesentliches deutlicher als Unwesentliches zeigen;

• nicht überladen sein;

• einfach zu verstehen sein;

• möglichst keine überflüssigen Beschriftungen, Koordinatengitter und anderen „chart junk" enthalten, der die visuelle Wirkung der wesentlichen Information behindert.

Bild 3.8.c
Beispiel für eine verzerrte Grafik, die Dramatisches suggeriert – und deshalb offenbar gefällt. (Ein Inserat aus Computerworld Schweiz, 28. März 1989)

d Die optimale Gestaltung einer Grafik richtet sich auch nach dem Verwendungszweck:

• Für eine Präsentation soll die wichtigste Aussage klar dargestellt und alles weniger Wichtige weggelassen werden,

• In einer Zeitung muss die Aufmerksamkeit geweckt werden; dafür sind „Dekorationen" wichtig, die die Bedeutung der Grössen bildlich festhalten. Redlichkeit bleibt aber vorrangig.

• Für die explorative Datenanalyse sind Darstellungen gefragt, die erwartete und unerwartete Strukturen in den Daten zeigen können.

• Für Dokumentationszwecke soll möglichst viel (bedeutsame) Information festgehalten werden, wobei allenfalls in Kauf zu nehmen ist, dass die Grafik damit überladen wird.
Literatur: Zwei sehr empfehlenswerte Bücher über grafische Darstellungen stammen von Tufte (1983, 1990, 1997) und von Cleveland (1993, 1994). Älter und dünner ist Chambers et al. (1983).

3.9   Wie weiter?

a   Das *Ziel der beschreibenden Statistik* kann man etwa so formulieren: Man will in den Daten die *allgemeinen Strukturen* erkennen und möglichst *einfach darstellen*. Dabei *unterdrückt* man die *speziellen Eigenheiten* der einzelnen Beobachtungseinheiten oder stellt besonders auffällige spezielle Erscheinungen gesondert dar. Dies geschieht in der Hoffnung, dass sich die generellen Strukturen auch auf andere Datensätze (andere Beobachtungseinheiten und/oder -zeitpunkte) verallgemeinern lassen.

b   Dabei bleiben allerdings oft wichtige Fragen unbeantwortet.
Stellen Sie sich vor, Sie hätten eine Konzentration 10 mal gemessen. – Fragen:

- Wie soll man die *wahre* Konzentration „schätzen"? – *Welches Lagemass soll man verwenden?*

- Wie genau ist die Zahl, die man als Lagemass aus den Daten erhält? oder: Welche wahren Konzentrationen sind noch mit den Messungen vereinbar? Speziell: Ist die auf der Packung angegebene Konzentration mit den Daten vereinbar? – *Was heisst „mit den Daten vereinbar"?*

c   In einem anderen Fall sollen 40 Probanden untersucht werden; 20 werden „behandelt" und 20 bleiben „unbehandelt" („Kontrolle"). Es ergeben sich zwei Histogramme. – Fragen:

- Hat die Behandlung einen Effekt? Sind die beiden Histogramme „wesentlich" verschieden oder nur „zufällig"? (Manchmal ist man nur am Lageparameter, manchmal an der ganzen Verteilung interessiert.) – *Was heisst „wesentlich verschieden"?*

- Schliesslich kann man im Beispiel der Dichte und Feuchtigkeit (3.5.a, 3.5.i) fragen: Hängt die Dichte des Produktes von der Feuchtigkeit wirklich ab? Oder könnte es sein, dass die Steigung der Regressionsgeraden nur zufällig von 0 verschieden ist?

d   Solche Fragen finden eine mögliche Antwort in der analytischen oder schliessenden Statistik, die auf dem Begriff der Wahrscheinlichkeit und den darauf aufbauenden stochastischen Modellen beruht. Diese Modelle sind in einem gewissen Sinne anschaulich, aber im Grunde mathematisch recht abstrakt. Um Konfusion zu vermeiden, müssen wir die Begriffe sorgfältig aufbauen (mindestens in der in der Einleitung, 1.3.c erwähnten Kurzform), bevor wir zur Statistik und damit zu Daten zurückkehren.
Die stochastischen Modelle sind aber nicht nur die Grundlage für die schliessende Statistik. Wann immer wir mit rein deterministischen Modellen nicht durchkommen, bieten sie die Möglichkeit, Aspekte der realen Welt mit Modellen zu beschreiben, in denen gewisse Grössen und Erscheinungen als „zufällig" dargestellt werden, und die es dennoch erlauben, Schlüsse zu ziehen, die sich wieder überprüfen lassen.

Literatur zu Teil I

Beschreibende Darstellungen und explorative Methoden werden in den meisten Büchern im Zusammenhang mit statistischen Modellen besprochen, die im vierten Teil dieses Buches behandelt werden. Die Angaben werden deshalb dort angefügt.
Einfache Ideen der beschreibenden Statistik präsentieren Velleman and Hoaglin (1981).

Teil II

Wahrscheinlichkeitsrechnung

4 Wahrscheinlichkeit

4.1 Einleitung

a Der Wahrscheinlichkeitsbegriff, als Mittel zur quantitativen Erfassung „zufälliger" Vorgänge, ist ein grundlegender Begriff der modernen Naturwissenschaften. Er tritt in den verschiedensten *Gebieten* auf:

• In der Physik bauen die *Quantenmechanik* und die *statistische Mechanik* (die eigentlich probabilistische Mechanik heissen sollte) auf dem Begriff der Wahrscheinlichkeit auf. In der Statistischen Mechanik dienen die Modelle dazu, die Dynamik sehr vieler kleiner Partikel vereinfachend zu beschreiben; es wäre zu kompliziert, die Bewegung aller Einzelteile zu erfassen. Die Quantenmechanik lehrt, dass die Bewegung der einzelnen Teilchen prinzipiell nicht durch eindeutige Orts- und Geschwindigkeitsangaben möglich ist, und stützt sich also grundlegend auf eine Beschreibung mit Wahrscheinlichkeitsmodellen. An diese Feststellung schliessen sich philosophische Überlegungen an.

• In der *Genetik* spielt bei den Mendel'schen Gesetzen die zufällige Auswahl der Chromosomen der Nachkommen aus den elterlichen Chromosomen eine grundlegende Rolle; auch Mutationen und Rekombinationen von Genen werden als „zufällige Ereignisse" aufgefasst.

• In der *Ökologie* und der *Populationsdynamik* werden Fluktuationen, Gleichgewichts-Zustände, Selektionsmechanismen und Ähnliches mit Wahrscheinlichkeitsmodellen beschrieben; daraus kann man sogar Spekulationen über die „Selbstorganisation der Materie" zu Lebewesen ableiten.

• In der *Geophysik* sind die Zeitpunkte und Stärken von Erdbeben nur durch Wahrscheinlichkeitsmodelle zu beschreiben.

• In vielen Gebieten werden Zufallsmodelle auch für Phänomene verwendet, von denen man annehmen kann, dass sie rein deterministisch ablaufen: Vielfach hat man nicht die Möglichkeit, alle Grössen und Zusammenhänge, die für eine deterministische Beschreibung nötig wären, zu erfassen. Solche Anwendungen sind in *Naturwissenschaft und Technik* sehr häufig anzutreffen.

• Wenn Lebewesen studiert werden, gibt es individuelle Unterschiede, für die keine Chance besteht, sie auf deterministische Prozesse zurückzuführen. Wenn man sich für Eigenschaften eines „beliebigen" Individuums aus einer Grundgesamtheit, einer „Population" interessiert, ist eine Beschreibung mit Wahrscheinlichkeiten angebracht. In der *Medizin*, den *Human- und Sozialwissenschaften* und in Teilgebieten der Biologie ist diese Sichtweise grundlegend. Wie viele Resultate dieser Sichtweise wir als Individuen für uns selber als relevant halten, ist eine Einstellungssache.

Literatur: Allgemeinverständliche Einblicke in die Rolle des Zufalls in diesen Forschungsgebieten geben die *Bücher* von Monod (1971) „Zufall und Notwendigkeit" sowie von Eigen und Winkler (1975) „Das Spiel. Naturgesetze steuern den Zufall".
Auch im Alltag spricht man auch oft von „wahrscheinlich", „Zufall", „Glück" und „Pech", verwendet diese Begriffe aber ohne genau festgelegte Bedeutung. Auf Betrachtungen zum Hintergrund des Begriffs der Wahrscheinlichkeit kommen wir am Ende des Kapitels zurück.

b   In der Wahrscheinlichkeitstheorie wird ein *Modell* entworfen. Ein Modell ist ein abstraktes
Gebilde, das zunächst nichts mit der beobachtbaren Wirklichkeit zu tun hat. Die Brücke zu
dieser Wirklichkeit entsteht jeweils erst durch eine Interpretation. (Denken Sie an Modelle für
den Aufbau eines Atoms!)
Wir werden hier den Begriff der *Wahrscheinlichkeit* als Modell für relative Häufigkeiten
kennen lernen. Es soll Ihnen zunächst genügen, das Modell exakt zu behandeln und den
Zusammenhang zur Wirklichkeit von beobachtbaren Häufigkeiten nur zur Motivation und
Veranschaulichung zu benützen. Der Zusammenhang hat vorläufig viel mit Interpretation und
Intuition zu tun und lässt sich erst später, mit Hilfe der Statistik, und auch dann nur teilweise
exakter formulieren.

c   Wir werden die Begriffe anhand von „primitiven" Beispielen wie Würfeln und Karten Ziehen
einführen, die mit Naturwissenschaften nichts zu tun haben. Das ist nützlich, damit wir uns
zunächst auf die Begriffe konzentrieren und einfache Modelle behandeln können. Anwendungen
in den Wissenschaften führen fast immer zu komplizierteren Modellen und machen dennoch
vereinfachende Annahmen nötig, die zu Diskussionen Anlass geben. Haben Sie etwas Geduld,
wir kommen schon zu den Anwendungen.

4.2   Grundbegriffe und Grundeigenschaften

a   Betrachten wir also das Standard-Zufalls-Experiment, das *Würfeln*. Aus Gründen, die später klar
werden, verwenden wir einen Farbenwürfel. Tabelle 4.2.a zeigt ein Ergebnis von 20 Würfen.

Tabelle 4.2.a   Ein mögliches Ergebnis von 20 Würfen

| Farbe | Bezeichnung | Häufigkeiten | |
		absolute (h)	relative (f)
rot	r	3	0.15
gelb	g	3	0.15
blau	b	2	0.1
violett	v	5	0.25
weiss	w	4	0.2
schwarz	s	3	0.15
		20	1

b   Einige Begriffe:
Als *Elementarereignis* ω (lies: omega) wird jedes mögliche Resultat eines einzelnen Versuches
(Wurfes) bezeichnet.
Der *Ereignisraum* Ω (Omega) ist die Menge aller Elementarereignisse, $\Omega = \{\omega_1, \omega_2, \omega_3, ...\}$.
Ein *Ereignis* A ist die Zusammenfassung von gewissen Elementarereignissen zu einer Menge,
also eine Teilmenge von Ω.

▷   Im Beispiel gibt es 6 Elementarereignisse, entsprechend der Farbe, die oben liegt. Wir
schreiben ω = r (für „rot"), ω = g (für gelb), usw., und es ist $\Omega = \{r, g, b, v, w, s\}$. Ein
Ereignis ist z. B., dass keine „eigentliche Farbe" erscheint, also $A = \{w, s\}$ (Bild 4.2.b).   ◁

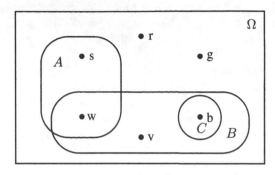

Bild 4.2.b
Elementarereignisse, Ereignisse und
Ereignisraum Ω im Venn-Diagramm

c Ereignisse kann man kombinieren: Wenn zwei Ereignisse A und B festgelegt sind, kann man das Ereignis betrachten, dass ein Elementarereignis aus A oder B eintrifft – das entspricht der Menge $A \cup B$ von Elementarereignissen. Ebenso ist $A \cap C$ das Ereignis, dass „sowohl A als auch C" eintrifft, dass also ein ω ersscheint, das sowohl in A als auch in C liegt. Zu jedem A gibt es auch das Gegenereignis A^c, das bedeutet, dass A nicht eintrifft, dass im Beispiel also eine „eigentliche Farbe" erscheint.

d Die Notation zeigt, dass für solche Überlegungen die Begriffe und Notationen der Mengenalgebra nützlich sind. Man kann Ereignisse deshalb mit Venn-Diagrammen veranschaulichen. Allerdings wird in der Wahrscheinlichkeitsrechnung die Sprechweise so angepasst, dass sie klarmachen, was in diesem Zusammenhang gemeint ist. Tabelle 4.2.d stellt die Begriffe und Sprechweisen zusammen.

Tabelle 4.2.d Begriffe der Mengenlehre in der Wahrscheinlichkeitsrechnung

Symbol	Benennung in der	
	Mengenlehre	Wahrscheinlichkeitsrechnung
ω	Element	Elementarereignis
$A, B, C, \ldots$	Mengen	Ereignisse
Ω	Grundmenge	sicheres Ereignis
$\emptyset$	leere Menge	unmögliches Ereignis
A^c	Komplementärmenge	Gegenereignis, A trifft nicht ein
$A \cup B$	Vereinigung	A oder B; A oder B trifft ein, oder beide
$A \cap B$	Durchschnitt	A und B; sowohl A als auch B treffen ein
$A \cap C = \emptyset$	disjunkte Mengen	disjunkte E., A und C schliessen sich aus
$A_1 \cup A_2 \cup \ldots \cup A_m = \Omega$ mit $A_i \cap A_j = \emptyset$ für $i \neq j$	disjunkte Zerlegung von Ω	disjunkte Zerlegung von Ω in Ereignisse

e Für *Ereignisse* erhalten wir in wiederholten Versuchen *(relative) Häufigkeiten.*
 ▷ Im Beispiel:

$$A = \{w, s\}, \qquad h\langle A \rangle = 7, \qquad f\langle A \rangle = 0.35,$$
$$B = \{b, v, w\}, \qquad h\langle B \rangle = 11, \qquad f\langle B \rangle = 0.55,$$
$$C = \{b\}, \qquad h\langle C \rangle = 2, \qquad f\langle C \rangle = 0.1 \quad ◁.$$

f   Wir haben eine gewisse Intuition, was bei 1000 Würfelwürfen (aus Symmetrie-Gründen) *etwa* herauskommen sollte:

$$f\langle\{r\}\rangle \approx f\langle\{g\}\rangle \approx \ldots \approx f\langle\{s\}\rangle \approx 1/6 \ .$$

Zur Beschreibung dieser Intuition dient das *Modell der Wahrscheinlichkeit*. Statt f betrachten wir eine *idealisierte relative Häufigkeit*, genannt Wahrscheinlichkeit, bezeichnet mit P (wie *probability*). Das Modell sagt, dass bei vielen Wiederholungen von Würfelwürfen $f\langle A\rangle \approx P\langle A\rangle$ ist. Die Funktion $P\langle.\rangle$, die beim Würfeln (mit einem „fairen" Würfel) am ehesten ein brauchbares Modell für die Wirklichkeit geben wird, ist gegeben durch

$$P\langle\{r\}\rangle = P\langle\{g\}\rangle = \ldots = P\langle\{s\}\rangle = 1/6 \ .$$

Es ist intuitiv einleuchtend und kann experimentell festgestellt werden, dass die beobachteten relativen Häufigkeiten in einer immer längeren Reihe von Würfelwürfen tendenziell immer genauer diesen Wahrscheinlichkeiten entsprechen. (Später können wir das in einem gewissen Sinn sogar beweisen.)

g   Damit eine Funktion P ein gutes Modell für relative Häufigkeiten sein kann, muss sie einige Eigenschaften von relativen Häufigkeiten einhalten, z. B.

$$f\langle\{r, g\}\rangle = f\langle\{r\}\rangle + f\langle\{g\}\rangle \quad \Rightarrow \quad P\langle\{r, g\}\rangle = P\langle\{r\}\rangle + P\langle\{g\}\rangle \ .$$

Drei grundlegende Eigenschaften relativer Häufigkeiten lauten, wenn man sie auf Wahrscheinlichkeiten überträgt:

(A1) $P\langle A\rangle \geq 0$ für alle A;

(A2) $P\langle \Omega\rangle = 1$.

(A3) $P\langle A \cup B\rangle = P\langle A\rangle + P\langle B\rangle$, falls $A \cap B = \emptyset$.   Bei der Vereinigung zweier disjunkter Ereignisse addieren sich die Wahrscheinlichkeiten („*Additionssatz* für disjunkte Ereignisse").

Aus diesen drei Eigenschaften lassen sich viele weitere ableiten. Für eine mathematische Formulierung der Wahrscheinlichkeitstheorie bilden sie drei von vier *Axiomen*, die vom russischen Mathematiker *Kolmogorov* festgelegt wurden und aus denen sich die ganze Wahrscheinlichkeitstheorie herleiten lässt.

h   Aus (A1), (A2) und (A3) folgt beispielsweise

    (*i*) $P\langle\emptyset\rangle = 0$

    (*ii*) $P\langle A\rangle \leq 1$

    (*iii*) $P\langle A^c\rangle = 1 - P\langle A\rangle$

    (*iv*) $P\left\langle \bigcup_{i=1}^{n} A_i \right\rangle = \sum_{i=1}^{n} P\langle A_i\rangle$,   falls für alle $i \neq j$ $A_i \cap A_j = \emptyset$ gilt

für beliebige Ereignisse A respektive A_i. Ausserdem folgt für beliebige A, B der *allgemeine Additionssatz*

    (*v*) $P\langle A \cup B\rangle = P\langle A\rangle + P\langle B\rangle - P\langle A \cap B\rangle \ .$

i * Für einmal seien strikt mathematische Beweise angeführt:

(i): Es ist $\emptyset \cup \Omega = \Omega$ und $\emptyset \cap \Omega = \emptyset$. Deshalb führen (A3) und (A2) zu $P\langle\emptyset\rangle + P\langle\Omega\rangle = P\langle\Omega\rangle = 1$, also $P\langle\emptyset\rangle = 1 - 1 = 0$.

(ii) und (iii): Wegen $A \cup A^c = \Omega$ und $A \cap A^c = \emptyset$ und (A3) und (A2) gilt $P\langle A\rangle + P\langle A^c\rangle = 1$, also (iii), und wegen (A1) auch (ii).

(iv) folgt aus einem Induktionsbeweis, auf den wir hier verzichten.

(v): Man zerlegt $A \cup B$ in die drei Teile $\widetilde{A} = A \cap B^c$, $\widetilde{B} = B \cap A^c$ und $A \cap B$, vergleiche Bild 4.2.b. $\widetilde{A}$ umfasst die Teile von A, die nicht in B liegen und wird oft mit $A \backslash B$ bezeichnet, ebenso $\widetilde{B} = B \backslash A$. Die drei Teile sind „disjunkt", d. h. ihr Durchschnitt ist $\emptyset$. Deshalb gilt $P\langle A \cup B\rangle = P\langle\widetilde{A}\rangle + P\langle\widetilde{B}\rangle + P\langle A \cap B\rangle$ und auch $P\langle A\rangle = P\langle\widetilde{A}\rangle + P\langle A \cap B\rangle$, also $P\langle\widetilde{A}\rangle = P\langle A\rangle - P\langle A \cap B\rangle$ – ebenso für $P\langle B\rangle$. Daraus erhält man (v).

j ▷ Im *Beispiel des Farbenwürfels* (4.2.a) sei $A = \{w, s\}$ und $B = \{b, v, w\}$. Dann wird

$$A^c = \{r, g, b, v\}, \qquad A \cup B = \{b, v, w, s\}, \qquad A \cap B = \{w\}.$$

Die Wahrscheinlichkeiten sind $P\langle A\rangle = 1/3$ und $P\langle B\rangle = 1/2$. Weitere Wahrscheinlichkeiten kann man aus den genannten Formeln erhalten (auch wenn es hier einfacher direkt geht):

$$P\langle A^c\rangle = 1 - P\langle A\rangle = 2/3,$$
$$P\langle A \cup B\rangle = P\langle A\rangle + P\langle B\rangle - P\langle A \cap B\rangle = 1/3 + 1/2 - 1/6 = 2/3. \quad ◁$$

k ▷ *Beispiel.* Damit das Würfeln nicht langweilig wird, wechseln wir zum *Karten Ziehen*. Das „Experiment" bestehe darin, aus 52 Karten zwei zu ziehen (Farben P*ic,* K*reuz,* H*erz,* C*aro;* Werte: 2 bis 10, B*auer,* D*ame,* K*önig,* A*s*).

Als Elementarereignis können wir beispielsweise [P10, HK] notieren: 1. Karte ist P*ic* 10, 2. Karte ist H*erz* K*önig.* Insgesamt ergeben sich $52 \cdot 51$ mögliche Elementarereignisse. Als *Modell* drängt sich auf, allen möglichen Elementarereignissen gleiche Wahrscheinlichkeit zuzuordnen, also jedem $P\langle\{\omega\}\rangle = 1/(52 \cdot 51)$. (Sofern man die Reihenfolge nicht berücksichtigt, erhält man nur halb so viele Elementarereignisse, und jedes wird doppelt so wahrscheinlich.)

Das Ereignis A bedeute, dass beide gezogenen Karten Asse sind, also $A = \{[\text{PA,KA}], [\text{PA,HA}], \ldots, [\text{HA,CA}]\}$. A enthält $4 \cdot 3 = 12$ Elementarereignisse. Deshalb ist

$$P\langle A\rangle = \frac{\text{Anz}\langle A\rangle}{\text{Anz}\langle\Omega\rangle} = \frac{\text{Anzahl Elementarereignisse in } A}{\text{Gesamtzahl der Elementarereignisse}} = \frac{12}{52 \cdot 51}$$

($\text{Anz}\langle A\rangle$ heisst Anzahl Elemente in A). ◁

l Allgemein und einfacher kann man sagen:

$$\text{Wahrscheinlichkeit} = \frac{\text{Anzahl „günstige" Fälle}}{\text{Anzahl mögliche Fälle}}.$$

Diese Formel ist immer brauchbar, wenn der Wahrscheinlichkeitsraum Ω aus einer (endlichen) Anzahl gleich wahrscheinlicher Elementarereignisse („Fälle") besteht. Sie heisst die *Laplace'sche Wahrscheinlichkeitsdefinition.*

m ▷ Das Ereignis B im Beispiel der Karten soll angeben, dass die erste Karte von der Farbe „Pic" ist. Es wird

$P\langle B\rangle = \frac{13\cdot 51}{52\cdot 51} = \frac{1}{4}$, was man auch ohne Rechnung hätte sagen können. Man erhält weiter

$$A \cap B = \{[\text{PA,KA}], [\text{PA,HA}], [\text{PA,CA}]\}\,, \qquad \text{Anz}\langle A\cap B\rangle = 3$$

$$P\langle A\cap B\rangle = \frac{3}{52\cdot 51} = 0.00113$$

$$P\langle A\cup B\rangle = \frac{12}{52\cdot 51} + \frac{1}{4} - \frac{3}{52\cdot 51} = \frac{672}{2652} = 0.253\,. \quad ◁$$

n ▷ *Beispiel Mendel'sche Erbsen.* Mendel hat in seinem Experiment, das in 1.1.c vorgestellt wurde, ein Verhältnis von 3:1 zwischen runden und kantigen Samen erwartet. Wieso? Gemäss den von ihm entdeckten Gesetzen kommen bei der Befruchtung je ein Chromosom von der samenspendenden und von der pollenspendenden Pflanze zusammen, also ein weibliches und ein männliches Chromosom. Auf beiden Chromosomen kann entweder das Allel „rund" oder „kantig" erscheinen. Es gibt daher für die Samen vier Fälle, die in Tabelle 4.2.n zusammengestellt sind.

Tabelle 4.2.n Genotypen im Beispiel der Mendel'schen Erbsen

			weibliches Chromosom		
			rund R_w	kantig R_w^c	
männliches Chr.	rund	R_m	$R_m \cap R_w$	$R_m \cap R_w^c$	C
	kantig	R_m^c	$R_m^c \cap R_w$	$R_m^c \cap R_w^c$	Ω

Mendels Modell postuliert, dass alle vier Fälle gleich wahrscheinlich seien. Da „rund" dominant ist, umfasst das Ereignis $C = \{\text{runde Erbse}\}$ die drei Fälle $R_m \cap R_w$, $R_m \cap R_w^c$ und $R_m^c \cap R_w$. Seine Wahrscheinlichkeit beträgt daher 3/4, was man als Wahrscheinlichkeits-Verhältnis 3:1 ausdrücken kann. ◁

o ▷ *Beispiel Regentropfen.* Wo auf einer quadratischen Platte (Fläche 1) fällt der erste Regentropfen? – Als Elementarereignisse können wir alle Punkte im Quadrat ansehen. Was sollen die Ereignisse sein?

• Wir können uns zunächst auf alle Quadrätchen eines 10×10-Gitters beschränken und ihnen wie im vorhergehenden Beispiel gleiche Wahrscheinlichkeit zuordnen. Ereignisse sind alle Teilflächen, die sich aus solchen Quadrätchen zusammensetzen. Ihre Wahrscheinlichkeiten ergeben sich aus dem Additionssatz; sie sind wieder gegeben durch den Quotienten der Anzahlen „günstiger" und möglicher Fälle (Quadrätchen).

• Wir können aber auch feiner unterscheiden und alle Rechtecke als Ereignisse einführen. Für das naheliegende Wahrscheinlichkeitsmodell ist

$$P\langle A\rangle = \text{Fläche von } A\,.$$

Jetzt werden alle Teilflächen, die aus Rechtecken zusammengesetzt werden können, zu Ereignissen. Nun gibt es unendlich viele Elementarereignisse, nämlich alle Punkte auf der Platte, und jeder Punkt hat demzufolge die Wahrscheinlichkeit 0 (da $1/\infty = 0$ ist). $\lhd$

p In der Alltagssprache werden Wahrscheinlichkeiten oft durch Wahrscheinlichkeits-Verhältnisse oder *Chancen-Verhältnisse* (englisch *odds*) ausgedrückt. Im Beispiel von Mendel stehen die Chancen, eine kantige Erbse anzutreffen, 1:3. Allgemein ergibt eine Wahrscheinlichkeit p ein Chancen-Verhältnis von $p/(1 - p)$. Es wird sich zeigen, dass diese Grösse auch mathematisch ihre Bedeutung hat, indem sie zu einfachen Modellen führt (siehe 13.12.b).

q * Eine Ergänzung für jene, die an den axiomatischen Grundlagen der Wahrscheinlichkeitstheorie interessiert sind: Ein System $\mathcal{A}$ von Mengen, das mit jeder Menge auch deren Komplement und mit jedem Paar von Mengen auch deren Durchschnitt enthält,

$$A \in \mathcal{A} \quad \Rightarrow \quad A^c \in \mathcal{A}; \qquad A \in \mathcal{A}, \ B \in \mathcal{A} \quad \Rightarrow \quad A \cap B \in \mathcal{A},$$

heisst eine *Mengen-Algebra*. Eine Wahrscheinlichkeit gehört immer zu einer Mengen-Algebra, der Mengen-Algebra der („messbaren") Ereignisse.

Wieso braucht man das? Oft ist der Raum der Elementarereignisse die Menge oder eine Teilmenge der reellen Zahlen. Es zeigt sich, dass man eine Wahrscheinlichkeit in einem solchen Raum nicht für alle Teilmengen definieren kann, ohne auf innere Widersprüche zu stossen. Man muss also ein Mengensystem einführen, das Widersprüche vermeidet.

Die anschaulichsten Teilmengen der reellen Zahlen sind die Intervalle $\{x \mid a \leq x \leq b\}$. Durch Bildung von Komplementen und Durchschnitten erhält man auch alle Vereinigungsmengen von endlich vielen Intervallen. Alle solchen Mengen zusammen bilden die durch die Intervalle erzeugte Mengen-Algebra.

Wenn man nun für alle Intervalle eine Wahrscheinlichkeit festlegt – es reichen sogar die „Intervalle" der Form $\{x \mid x \leq b\}$ –, dann sind wegen der Axiome 4.2.g auch die Wahrscheinlichkeiten für alle Mengen der Mengenalgebra bestimmt.

Damit man auch Grenzwerte bestimmen kann – und diese spielen auch in der Wahrscheinlichkeitsrechnung eine wichtige Rolle –, muss man noch Durchschnitte über mehr als endlich viele, nämlich über abzählbar viele Mengen zulassen, oder, äquivalent damit, die Vereinigung über abzählbar viele Mengen. Dann erhält man eine sogenannte σ-*Algebra*. Die Wahrscheinlichkeit muss dann, zusätzlich zu (A1), (A2) und (A3) aus 4.2.g, noch eine entsprechende Grudeigenschaft erfüllen,

$$(A4) \qquad P \langle A_1 \cup A_2 \cup A_3 \cup \ldots \rangle = \sum_{i=1}^{\infty} P\langle A_i \rangle \qquad \text{falls } A_i \cap A_j = \emptyset \text{ für } i \neq j.$$

(Das folgt nicht aus dem Additionssatz für zwei (und damit endlich viele) Mengen.)

4.3 Zufallsvariable

a Die Ergebnisse eines Versuchs oder einer Beobachtung, die uns interessieren, sind meistens Zahlenwerte. Im Wahrscheinlichkeitsmodell steht das Elementarereignis ω für den Versuch oder die Beobachtungseinheit, während die Messung oder Beobachtung eines interessierenden Zahlenwertes *Zufallsvariable* genannt wird.

b $\triangleright$ *Beispiel Würfel*. Als grundlegendes Beispiel wurde das Würfeln mit einem Farbenwürfel eingeführt (4.2.a). Die erhaltenen Farben waren die Elementarereignisse ω. Nun schreiben wir auf jede Seite des Würfels eine Zahl, ordnen also jeder Farbe eine Zahl zu,

$$\text{rot} \mapsto 1, \quad \text{gelb} \mapsto 2, \quad \text{blau} \mapsto 3, \quad \text{violett} \mapsto 4, \quad \text{weiss} \mapsto 5, \quad \text{schwarz} \mapsto 6.$$

So entsteht ein Modell für einen gewöhnlichen Zahlenwürfel.

Allgemein schreibt man in der Mathematik Zuordnungen oder „Abbildungen" mit der Notation

$$\omega \mapsto x = X\langle\omega\rangle \ .$$

Ereignisse können wir jetzt mit Elementarereignissen oder mit den Werten der Zufallsvariablen beschreiben,

$$A = \{\text{rot, schwarz}\} = \{\omega \mid X\langle\omega\rangle \in \{1, 6\}\} \ ,$$

oder, einfacher geschrieben,

$$A = \{X = 1 \text{ oder } X = 6\} \ .$$

Ebenso:

$$B = \{\text{rot, gelb}\} = \{X \le 2\} \ .$$

Die Wahrscheinlichkeiten für diese Ereignisse kennen wir, und wir können schreiben

$$P\langle B\rangle = P\langle X \le 2\rangle = P\left\langle\{\omega \mid X\langle\omega\rangle \le 2\}\right\rangle = \frac{1}{3} \ . \ \triangleleft$$

c ▷ Beim *Karten Ziehen* (4.2.k) ist jeder Karte ein bestimmter Wert zugeordnet. Beispielsweise gelten

$$\text{Zehn} \mapsto 10, \quad \text{Bauer} \mapsto 2, \quad \text{Dame} \mapsto 3, \quad \text{König} \mapsto 4, \quad \text{Ass} \mapsto 11,$$

und alle anderen (Karten 2, 3, ..., 9) haben Wert 0. Wenn eine Karte gezogen wird, erhält man die folgenden Wahrscheinlichkeiten für die möglichen Werte der Zufallsvariablen „Kartenwert" X:

$$P\langle X = 0\rangle = \frac{4 \cdot 8}{52} = \frac{8}{13}$$

$$P\langle X = 2\rangle = \frac{1}{13} = P\langle X = 3\rangle = P\langle X = 4\rangle = P\langle X = 10\rangle = P\langle X - 11\rangle,$$

und daraus z. B. $P\langle X \ge 10\rangle = \frac{2}{13}$. ◁

d ▷ Wenn man über Wahrscheinlichkeit spricht, darf man auch die *Münzen-Würfe* nicht auslassen. Es werden n Münzen geworfen und für jede Münze notiert, ob sie „Kopf" oder „Zahl" zeigt. Es sind 2^n Ergebnisse möglich. Im einfachsten Modell, das entsprechend unserer Intuition bei fairen Münzen „zutreffend" sein sollte, werden wieder all diesen Elementarereignissen gleiche Wahrscheinlichkeiten zugeordnet.
Die Zufallsvariable X, die meistens das allein Wichtige am Ausgang eines solchen Münzen-Wurfs angibt, ist die Anzahl „Köpfe" (oder „Zahlen"). Wenn A_k das Ereignis „k Köpfe" darstellt, $A_k = \{\omega \mid X\langle\omega\rangle = k\}$, dann erhält man aus den Anzahlen von „günstigen" und „möglichen" Fällen

$$P\langle A_k\rangle = P\langle X = k\rangle = \frac{\binom{n}{k}}{2^n} = \frac{n!}{k!(n-k)!}\left(\frac{1}{2}\right)^n \ .$$

Dabei ist $\binom{n}{k}$ (lies „n tief k") $= \frac{n!}{k!(n-k)!}$ die Anzahl Arten, aus n Plätzen k auszuwählen (an denen in diesem Beispiel die „Köpfe" zu liegen kommen), $\binom{n}{0} = 1 = \binom{n}{n}$ und $k! = k(k-1) \cdot \ldots \cdot 2 \cdot 1$ (lies k Fakultät). ◁

Falls Sie diese Formeln zum ersten Mal sehen, notieren Sie sich für den Fall von $n = 3$ Münzen die möglichen Ergebnisse, bestimmen Sie die Wahrscheinlichkeiten und vergleichen Sie mit der Formel, die $P\langle X=0\rangle = \binom{3}{0}/2^3 = 1/8 = P\langle X=3\rangle$, $P\langle X=1\rangle = \binom{3}{1}/2^3 = \frac{3\cdot2\cdot1}{1\cdot(2\cdot1)}/8 = 3/8 = P\langle X=2\rangle$ ergibt.

e Die Funktion $\binom{n}{k}$ spielt in der *Kombinatorik* eine grundlegende Rolle. Beispiele, in denen Formeln der Kombinatorik wichtig sind, werden zur Einübung der Begriffe der Wahrscheinlichkeit häufig verwendet. Hier sollen sie der Kürze halber möglichst vermieden werden, da sie für ein grundlegendes Verständnis der Begriffe nicht unbedingt nötig sind.

f Zur *Schreibweise*: Zufallsvariable werden meistens mit grossen lateinischen Buchstaben, meist vom Ende des Alphabets und später auch mit hoch- oder tiefgestellten Indizes bezeichnet, z. B. X, Y, $X^{(1)}$, $X^{(j)}$, X_1, X_i. Die Werte, welche eine Zufallsvariable bei der Durchführung des Experiments annehmen kann, werden durch eine Zahl oder einen kleinen lateinischen Buchstaben (der eine feste, zufallsunabhängige Zahl bedeutet) angegeben. Die Wahrscheinlichkeiten $P\langle X=10\rangle$, $P\langle X=k\rangle$ oder $P\langle X=x\rangle$ werden oft als p_{10}, p_k oder p_x geschrieben. Alle diese Wahrscheinlichkeiten heissen, zusammenfassend, auch *Verteilung* oder Wahrscheinlichkeitsverteilung der Zufallsvariablen X.

g Eine Verteilung gehört also zu einer Zufallsvariablen. In den Beispielen waren die möglichen Werte der Zufallsvariablen jeweils einige ganze Zahlen. Die Verteilung gibt an, wie wahrscheinlich jede dieser Zahlen ist, also wie sich die „gesamte Wahrscheinlichkeitsmasse", die ja immer 1 beträgt, auf die möglichen Werte *verteilt*.

Grafisch lässt sich eine solche Verteilung genauso durch ein Stabdiagramm darstellen wie die relativen Häufigkeiten. Bild 4.3.g zeigt die Verteilungen für die drei Beispiele.

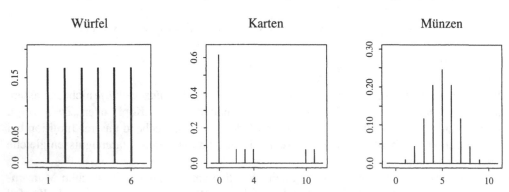

Bild 4.3.g Grafische Darstellung von diskreten Verteilungen

Im Fall des Würfelns haben alle Werte die gleiche Wahrscheinlichkeit; man spricht von der (diskreten) *gleichmässigen Verteilung* oder Gleichverteilung oder von der *uniformen Verteilung* (auf den Zahlen 1 bis 6). Die Verteilung im Münzwurf-Beispiel werden wir im nächsten Kapitel in allgemeinerer Form unter dem Namen *Binomialverteilung* wieder antreffen. Die mittlere Verteilung hat keinen wohlklingenden Namen, da sie keine allgemeinere Bedeutung hat.

h   Im *Beispiel des Regentropfens* wird man seinen Ort auf der Platte durch Koordinaten im
    naheliegendsten Koordinaten-System festhalten (dasjenige, für das die Platte das Quadrat
    $\{[x,y] \mid 0 \leq x \leq 1, 0 \leq y \leq 1\}$ ausfüllt). Dann ist die $x-$Koordinate X eine Zufallsva-
    riable (ebenso Y), die jede Zahl zwischen 0 und 1 als Wert erhalten kann. Für das Ereignis
    $A = \{\omega \mid a_0 \leq X\langle\omega\rangle \leq a_1\}$ wird

$$P\langle A\rangle = P\langle a_0 \leq X \leq a_1 \rangle = a_1 - a_0$$

    für beliebige a_0 und a_1, für die $0 \leq a_0 \leq a_1 \leq 1$ gilt (vergleiche Bild 4.3.h).

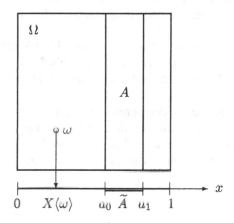

Bild 4.3.h
Ereignis A im Regentropfen-Beispiel

Die Wahrscheinlichkeit, dass X in einem Intervall $\widetilde{A}$ („A Tilde") liegt, ist also proportional
zu dessen Länge (und nicht abhängig von dessen Lage). Diese Verteilung nennt man stetige
gleichmässige Verteilung, Gleichverteilung, Rechtecksverteilung oder *uniforme Verteilung* auf
dem Intervall von 0 bis 1, dem sogenannten Einheitsintervall.

i   *   Für eine mathematisch genaue Begriffbildung geht man aus von der *Definition*: Eine *Zufallsvariable*
        X ist eine Zuordnung oder Funktion, die jedem Elementarereignis ω eine Zahl $X\langle\omega\rangle$ zuordnet.
        Wenn für Ereignisse aus dem Ereignisraum Ω Wahrscheinlichkeiten gegeben sind, so sind auch
        die Wahrscheinlichkeiten für Ereignisse der Form $\{X \leq x\} = \{\omega \mid X\langle\omega\rangle \leq x\}$ gegeben.
        Ebenso kann man irgendeine Menge $\widetilde{A}$ von x-Werten betrachten. Dazu gehört ein Ereignis, also
        eine Menge von ω-s, $A = \{X \in \widetilde{A}\} = \{\omega \mid X\langle\omega\rangle \in \widetilde{A}\}$, und deshalb eine Wahrscheinlichkeit
        $P\langle X \in \widetilde{A}\rangle = P\langle\{ \omega \mid X\langle\omega\rangle \in \widetilde{A} \}\rangle$.
        Streng mathematisch muss man *voraussetzen*, dass jedem Intervall $\widetilde{A}$ ein *messbares* Ereignis A
        entspricht; man nennt dies eine *messbare Abbildung* von Ω nach der Menge der reellen Zahlen.

j   Die bisher behandelten Beispiele sind die wichtigsten *Muster-Experimente*, bei denen man sich
    über die naheliegendste Festlegung der Wahrscheinlichkeiten meistens einig ist, und für die man
    sich gut vorstellen kann, dass bei einer „beliebig oftmaligen" Wiederholung von entsprechenden
    Versuchen relative Häufigkeiten herauskommen würden, die „beliebig nahe" an die Modell-
    Wahrscheinlichkeiten herankommen. Anders sieht das in den folgenden Beispielen aus.

k   ▷ *Beispiel Stiche auf Äpfeln* (2.1.c). Ein beliebiger Apfel soll von einem Baum gepflückt wer-
    den. Als Elementarereignisse können wir die Äpfel des Baumes betrachten. Die Zufallsvariable
    X, die das Wesentliche festhält, ist die Anzahl Flecken auf dem Apfel, die durch Insektenstiche
    verursacht werden.

Was sind hier Ereignisse A? Sinnvolle Ereignisse können in diesem Beispiel nur mit Hilfe von X angegeben werden. Dabei sind nur die Ereignisse $A_k = \{X\langle\omega\rangle = k\}$, $k = 0, 1, 2, \ldots$ und Vereinigungen solcher Ereignisse möglich.

Ein Modell für die Wahrscheinlichkeiten von Ereignissen ist nicht in natürlicher Weise gegeben; es gibt verschiedene plausible Möglichkeiten. Ein Modell ist bestimmt, wenn man die

$$p_k = P\langle X = k\rangle, \quad k = 0, 1, 2, \ldots,$$

also die Verteilung, angibt. Es muss $\sum_{k=0}^{\infty} p_k = 1$ gelten.

(Wenn die Anzahl Stiche auf jedem Apfel des Baumes bekannt wäre und jeder die gleiche Wahrscheinlichkeit hätte, gepflückt zu werden, dann könnte man die Verteilung genau angeben.) ◁

1 Ähnliche Beispiele liessen sich mit einer *Ausbeute* oder einem *Ertrag* formulieren: Ein Elementarereignis sei eine Fracht in einem chemischen Produktionsprozess oder eine Probefläche auf einem Acker. Als Zufallsvariable X denkt man sich die Ausbeute an Endprodukt respektive den Ertrag.

Wieder lassen sich sinnvolle Ereignisse nur mit Hilfe von X definieren, und ein Wahrscheinlichkeitsmodell, d. h. eine Verteilung für X, muss zuerst gefunden werden. Im Unterschied zum vorhergehenden Beispiel sind hier nicht nur die ganzen, sondern im Prinzip alle reellen nichtnegativen Zahlen als Werte möglich. Dies macht die Angabe einer Verteilung schwieriger.

m Wie sich in den letzten beiden Beispielen zeigt, kann man aufgrund des Wertebereichs zwei Typen von Zufallsvariablen unterscheiden. Eine Zufallsvariable heisst *diskret*, mit einer diskreten Verteilung, falls sie nur endlich viele Werte oder eine nach unendlich gehende Folge von Zahlen (z. B. alle ganzen oder die nichtnegativen ganzen Zahlen 0, 1, 2, ...) annehmen kann. Eine Zufallsvariable heisst *stetig* oder kontinuierlich, mit einer stetigen Verteilung, falls sie alle Werte (alle reellen Zahlen) eines Intervalls annehmen kann.

n Die wichtigsten Beispiele für diskrete Zufallsvariablen in Anwendungen sind Modelle für *Zählungen* irgendwelcher Art, sogenannte *Zähldaten*, sowie aus solchen Daten errechnete Summen, Mittel, Verhältnisse und Prozentsätze. Stetige Zufallsvariable entsprechen oft den Ablesungen irgendeines *Messgerätes* (sogenannte *Messdaten*) und daraus hergeleiteten Grössen. Genau genommen können auch Messdaten wegen der unvermeidlichen Rundung der Messwerte nur diskrete Werte annehmen. Im Modell tun wir aber zunächst so, als ob jede reelle Zahl als Messwert möglich wäre. Das wird zu Vereinfachungen (!) in der mathematischen Behandlung führen. Diese Art von Verfälschung kann getrost in Kauf genommen werden. Modelle sind ja mit der Wirklichkeit sowieso nie „identisch"; sie enthalten meistens wesentlich unrealistischere und folgenschwerere Vereinfachungen.

o *Ausblick*: Wie findet man sinnvolle Verteilungen in den beiden letzten Beispielen, in denen keine „natürlichen" Modelle auf der Hand liegen? Sinnvollerweise wird man entsprechende Beobachtungen machen, beispielsweise die Stiche auf vielen Äpfeln zählen. Ein Modell soll dann die festgestellten relativen Häufigkeiten in idealisierter Form wiedergeben.

Das Problem, wie man mit Hilfe von empirischen Daten passende Wahrscheinlichkeitsmodelle erhalten kann, ist ein Grundproblem der analytischen oder schliessenden Statistik. Meistens reichen die Daten nicht aus, um eine gesamte Verteilung sinnvoll zu bestimmen. Man stützt sich dann zunächst auf Plausibilitäts-Überlegungen und Analogie-Schlüsse, um festzulegen, dass die Verteilung aus einer bestimmten Klasse oder Familie von Verteilungen kommen soll, beispielsweise, dass es eine Binomialverteilung oder eine Normalverteilung sei. Die Daten werden benützt, um eine einzige Verteilung oder eine Menge ähnlicher Verteilungen daraus auszuwählen. In den nächsten beiden Kapiteln befassen wir uns ausführlich mit den bekanntesten Familien von Verteilungen. Zunächst brauchen wir aber noch einige weitere grundlegende Begriffe der Wahrscheinlichkeitsrechnung.

4.4 Zufallszahlen

a   Da das Würfeln mit der Zeit langweilig wird und es auch nicht immer regnet, ist es praktisch, ein „Muster-Experiment" zur Verfügung zu haben, das rasch und problemlos beliebig oft durchgeführt werden kann. Es gibt daher Computer-Programme, die sich *Zufallszahlen* (-Generatoren) nennen.
Der „Urtyp" eines solchen Programms soll ein Experiment *simulieren*, das exakt dem Modell der gleichmässigen Verteilung auf dem Intervall [0,1] entspricht (4.3.h). Es erzeugt also bei jedem Aufruf eine Zahl zwischen 0 und 1. Bei mehrmaligem Aufruf können z. B. die Zahlen

$$0.87736, \ 0.64760, \ 0.34951, \ 0.92370, \ 0.09694,$$
$$0.58843, \ 0.03514, \ 0.90543, \ 0.64607, \ 0.66063, \ \ldots$$

herauskommen.
Ein solches Programm ist dann gut, wenn die relativen Häufigkeiten, die sich mit den erzeugten Zahlen ergeben, möglichst genau dem Modell der uniformen Verteilung entsprechen. (Man muss allerdings noch eine weitere Forderung stellen, siehe 4.6.g.) Bei der Einführung der Wahrscheinlichkeiten als Modell für die relativen Häufigkeiten haben wir festgestellt, dass bei vielen Wiederholungen des Experimentes die relativen Häufigkeiten immer genauer gleich den Modell-Wahrscheinlichkeiten werden sollten. Für das Experiment „Zufallszahlen" kann man empirisch überprüfen, ob das der Fall ist. Wenn nicht, ist das Programm schlecht. Hier soll also nicht das Modell die Wirklichkeit beschreiben, sondern umgekehrt wird ein künstliches „Experiment" geschaffen, das dem Modell entspricht!

b   Mit einem einfachen Trick kann man ein solches Programm so ergänzen, dass es einer anderen Verteilung entspricht: Will man die gleiche Verteilung wie beim Würfeln erhalten, so teilt man das Einheitsintervall $[0,1]$ in sechs gleiche Teile, $I_k = \{z \mid (k-1)/6 < z \leq k/6\}$, $k = 1, 2, \ldots, 6$, und stellt fest, in welchem Teilintervall I_k die aus dem obigen Programm erhaltene Zufallszahl liegt. Für die vorherigen Zahlen ergibt sich k zu

$$6, \ 4, \ 3, \ 6, \ 1, \ 4, \ 1, \ 6, \ 4, \ 4, \ldots.$$

Wie gross wird die relative Häufigkeit einer Eins in einer langen Zahlenfolge dieser Art? Eine Eins tritt auf, wenn das Zufallszahlen-Programm eine Zahl $z_i \leq 1/6$ liefert. Die relative Häufigkeit dieses Ereignisses muss für lange Folgen nahe bei der Wahrscheinlichkeit $P\langle Z \leq 1/6 \rangle$ liegen, die der uniformen Verteilung entspricht – so wurde das Programm ja eingerichtet – und diese ist $1/6$. Gleiches gilt für die Zahlen 2, 3, 4, 5, 6. Wenn wir also jeder „Grund"-Zufallszahl z_i das entsprechende k zuordnen und mit x_i bezeichnen ($z_i \in I_k \iff x_i = k$) dann bilden die x_i ein Muster-Experiment für die Verteilung $P(X = k) = 1/6$, $k = 1, 2, \ldots, 6$, die dem Würfeln entspricht.

Mit diesem Trick lässt sich auch ein Muster-Experiment für jede andere diskrete Verteilung erzeugen. Am einfachsten ist dies zu sehen, wenn wir noch einen Begriff einführen.

c Die *theoretische (kumulative) Verteilungsfunktion* ist

$$F\langle x\rangle = P\langle X \leq x\rangle .$$

Sie gibt die Wahrscheinlichkeit an, dass die Zufallsvariable höchstens gleich einem (beliebigen) Wert x ist.
Für eine diskrete Zufallsvariable gilt

$$F\langle x\rangle = \sum_{k \leq x} P\langle X=k\rangle.$$

(Die Laufvariable k muss nicht unbedingt eine ganze Zahl sein, sie durchläuft die möglichen x-Werte.)
Diese erneute Definition der kumulativen Verteilungsfunktion entspricht genau der früheren, wenn man dort relative Häufigkeiten durch Wahrscheinlichkeiten ersetzt (siehe 2.4.e). Es ist dennoch wichtig, den hier eingeführten Begriff, der sich auf ein Modell bezieht, sauber vom früheren Begriff, der auf Daten beruht, zu trennen. Zur Unterscheidung sprechen wir von der *theoretischen* im Gegensatz zur *empirischen Verteilungsfunktion*.

d ▷ Bild 4.4.d zeigt die theoretische Verteilungsfunktion für das Karten-Beispiel und veranschaulicht, wie Zufallszahlen mit dieser Verteilung entstehen: Wir setzen

$$x_i = x \iff F\langle x - 1\rangle < z_i \leq F\langle x\rangle .$$

(Wenn nicht nur ganze Zahlen möglich sind, muss man $F\langle x - 1\rangle$ ersetzen durch den Wert von F unmittelbar links von x – genauer: den Grenzwert von links –, der gleich $P\langle X < x\rangle$ ist.)

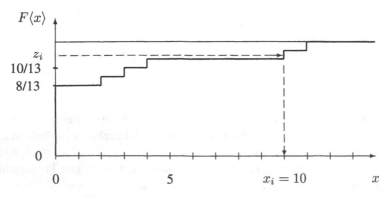

Bild 4.4.d
Theoretische
kumulative
Verteilungsfunktion
für das
Karten-Beispiel

Aus den oben angegebenen z_i (4.4.a) ergibt sich die Folge

$$x_1 = 10, \ x_2 = 2, \ x_3 = 0, \ x_4 = 11, \ x_5 = 0,$$
$$x_6 = 0, \ x_7 = 0, \ x_8 = 10, \ x_9 = 2, \ x_{10} = 2, \ldots$$

Das Bild macht klar, dass beispielsweise $x_i = 10$ ist, wenn der horizontale Pfeil, der bei z_i startet, die Treppenstufe bei $x = 10$ trifft – beispielsweise für $z_i = 0.87736$. Die entsprechende Wahrscheinlichkeit ist gleich der Länge des Intervalls auf der vertikalen Achse, für das dies passiert, also gleich der Höhe der Treppenstufe, also $F\langle 10\rangle - F\langle 9\rangle = P\langle X \leq 10\rangle - P\langle X \leq 9\rangle = P\langle X = 10\rangle$. Die relative Häufigkeit von $x_i = 10$ wird also, wie gewünscht, in einer langen Folge näherungsweise gleich $P\langle X = 10\rangle$. ◁

e   Auf diese Weise kann man also für eine beliebige diskrete Verteilung $\mathcal{F}$ ein Muster-
Experiment erhalten, und das wird auch für stetige Verteilungen ohne Schwierigkeiten möglich
sein (6.2.j). Man spricht von *Zufallszahlen mit der Verteilung* $\mathcal{F}$.
Wenn Ihnen die Modell-Begriffe Wahrscheinlichkeit, Zufallsvariable und Verteilung gelegent-
lich zu abstrakt vorkommen, wird es nützlich sein, sich das Muster-Experiment „Zufallszahlen"
vorzustellen. Eine Zufallsvariable ist also eine Maschine, die man beliebig oft betätigen kann,
und die jedes Mal eine Zahl ausspuckt (Bild 4.4.e).

Bild 4.4.e   Die „Zufallszahlen-Maschine"

Wahrscheinlichkeiten ergeben sich jetzt als relative Häufigkeiten in cincr unendlich langen
Folge von Zufallszahlen. Die Verteilung wird durch das Stabdiagramm der relativen Häufigkeiten in einer solchen Folge dargestellt, und die theoretische Verteilungsfunktion ergibt sich
als Grenzwert der empirischen kumulativen Verteilungsfunktion einer immer länger werdenden
Zufallszahlen-Folge (mit entsprechender Verteilung).

f   Die Zufallszahlen sind aber nicht nur für solche didaktischen Zwecke nützlich. Sie ermöglichen
es auch, wie wir noch sehen werden, Probleme der Wahrscheinlichkeitsrechnung, die auf
theoretischem Weg schwierig oder unlösbar sind, durch *Simulation* des Modells auf dem
Computer praktisch zu lösen. Das Wort Simulation wird auch in der Systemanalyse (Lösung
von Differentialgleichungssystemen) und in anderen Gebieten für ein solches Vorgehen benützt.

4.5 Zwei Zufallsvariable, gemeinsame Verteilung

a Es hindert uns nichts daran, für das gleiche Zufallsexperiment zwei Zufallsvariable zu betrachten.
▷ Im Beispiel der Regentropfen sind beide Koordinaten des Tropfens, X und Y, naheliegende
Zufallsgrössen. Auch die Summe $Z = X + Y$ ist eine Zufallsvariable; sie ist ja für jedes
Elementarereignis ω, jeden Ort des Regentropfens auf der Platte, bestimmbar. ◁
Unsere Zufallszahlen-Maschine spuckt nun bei jedem Knopfdruck gleich zwei Zahlen aus –
im Allgemeinen nach verschiedenen „Zufalls-Mechanismen". (Wie man solche „Maschinen",
also Paare von Zufallszahlen, mit vorgegebener Spezifikation – vorgegebener gemeinsamer
Verteilung – konstruiert, wird weiter unten erklärt, 4.8.e.)

b ▷ *Beispiel Karten Ziehen.* Die Wahrscheinlichkeitsrechnung hat ihren Anfang bei den Glücksspielen gefunden. Man vereinbart beispielsweise, dass beim Ziehen von zwei Karten (aus 52)
zwei Franken ausbezahlt werden, falls kein „Brettchen" (Karten der Höhe 2, 3, ..., 9; Ereignis A) gezogen wird, und zehn Franken, wenn beides Asse (Ereignis B) sind. Der Spieleinsatz
betrage einen Franken.
Ein Elementarereignis ω ist ein gezogenes Kartenpaar [1.Karte,2.Karte] mit Berücksichtigung
der Reihenfolge wie in 4.2.k. (Man könnte auch ohne Berücksichtigung der Reihenfolge rechnen und erhielte schliesslich die gleichen Resultate.) Alle Elementarereignisse sind gleich wahrscheinlich. Als Zufallsvariable X führen wir die Anzahl gezogene „Brettchen" ein; die Zufallsvariable Y sei die Anzahl Asse. Beide Zufallsvariablen können die Werte 0, 1 oder 2 annehmen.
Es muss $X + Y \le 2$ gelten.
Die Wahrscheinlichkeiten für alle möglichen Werte-Kombinationen können wir aus der Grund-
formel „Anzahl günstige / Anzahl mögliche Fälle" erhalten, z. B.

$$P\langle A \cap B \rangle = P\left\langle \{\omega \mid X\langle\omega\rangle{=}0 \text{ und } Y\langle\omega\rangle{=}2\}\right\rangle = \frac{4 \cdot 3}{52 \cdot 51} = 0.0045 \; .$$

Andere Fälle brauchen etwas mehr Überlegung: $\{X{=}1, Y{=}0\}$ heisst, dass entweder im ersten
Zug ein Brettchen und im zweiten weder ein Brettchen noch ein Ass gezogen werden, oder
umgekehrt. Der erste Fall umfasst $32 \cdot 16$ Elementarereignisse, der zweite ebenso viele, und die
beiden Fälle schliessen sich aus. Also ist $P\langle X = 1, Y = 0 \rangle = 2 \cdot 32 \cdot 16/(52 \cdot 51)$. Bild 4.5.b
fasst alle Fälle in einer Tabelle und in einem zweidimensionalen Stabdiagramm zusammen.
Damit ist die *„gemeinsame Verteilung* von X und Y" angegeben. Im rechten und unteren Rand
der Tabelle sind die Verteilungen für X respektive Y „allein" aufgeführt. ◁

c ▷ Der Nettogewinn Z (in einer Runde) gemäss der genannten Regel ist ebenfalls eine Zufallsvariable; es ist

$$Z\langle\omega\rangle = \begin{cases} 9, & \text{falls } \omega \in B \, , \\ 1, & \text{falls } \omega \in A \cap B^c \, , \\ -1, & \text{sonst} \, . \end{cases}$$

($A \cap B^c = \{\omega \mid \omega \in A \text{ und } \omega \notin B\}$ wird oft mit $A \backslash B$ bezeichnet – in Worten: A ohne B.)
Die Verteilung von Z lässt sich ebenfalls aus der Tabelle ablesen,

$$P\langle Z{=}9 \rangle = P\langle B \rangle = P\langle Y{=}2 \rangle = 12/2652 = 0.0045$$
$$P\langle Z{=}1 \rangle = (240 + 128)/2652 = 0.1388$$
$$P\langle Z{=}{-}1 \rangle = (1024 + 256 + 992)/2652 = 0.8567 \; . \quad ◁$$

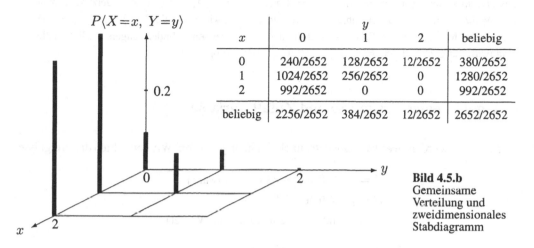

x		y		
	0	1	2	beliebig
0	240/2652	128/2652	12/2652	380/2652
1	1024/2652	256/2652	0	1280/2652
2	992/2652	0	0	992/2652
beliebig	2256/2652	384/2652	12/2652	2652/2652

Bild 4.5.b
Gemeinsame
Verteilung und
zweidimensionales
Stabdiagramm

d   Allgemein: Wenn x_1 ein möglicher Wert von $X^{(1)}$ und x_2 ein Wert von $X^{(2)}$ ist, dann interessiert die Wahrscheinlichkeit

$$P\langle X^{(1)} = x_1, X^{(2)} = x_2 \rangle = P\langle \, \{ \, \omega | X^{(1)}\langle \omega \rangle = x_1 \text{ und } X^{(2)}\langle \omega \rangle = x_2 \, \} \, \rangle \,,$$

dass gerade die Kombination dieser beiden Werte auftritt. Wenn diese Wahrscheinlichkeiten für alle möglichen Kombinationen $[x_1, x_2]$ bekannt sind, dann ist dadurch die *gemeinsame Verteilung* der zwei diskreten Zufallsvariablen $X^{(1)}$ und $X^{(2)}$ gegeben.
Daraus lassen sich dann die Wahrscheinlichkeiten für allgemeine („gemeinsame") Ereignisse, wie $P\langle X^{(1)} \leq 1, \ X^{(2)} \geq 1 \rangle$, bestimmen, indem man die Wahrscheinlichkeiten für alle entsprechenden Kombinationen von x_1 und x_2 zusammenzählt.
Als Spezialfall ergeben sich Wahrscheinlichkeiten für Ereignisse der Art
$\{\omega \mid X^{(1)}\langle \omega \rangle = x_1, \ X^{(2)}\langle \omega \rangle$ beliebig$\}$, welche die Verteilung von $X^{(1)}$ „allein" festlegen,

$$P\langle X^{(1)} = x_1 \rangle = \sum_j P\langle X^{(1)} = x_1, X^{(2)} = x_j \rangle \,.$$

Diese Verteilung wird der Deutlichkeit halber als *Randverteilung* oder *Marginal-Verteilung* von $X^{(1)}$ bezeichnet. Analog erhält man die Randverteilung von $X^{(2)}$.
Die gemeinsame Verteilung von stetigen Zufallsvariablen wollen wir später (6.8) behandeln, da die Überlegungen etwas komplizierter werden.

e   Wir sind hier davon ausgegangen, dass sich die Wahrscheinlichkeiten $P\langle X^{(1)} = x_1, X^{(2)} = x_2 \rangle$ aus bekannten Wahrscheinlichkeiten für die Elementarereignisse ω bestimmen lassen. Wie früher kann es nötig oder einfacher sein, für diese Wahrscheinlichkeiten, also die gemeinsame Verteilung, direkt ein Modell (eine Formel) festzulegen und den „dahinterliegenden" Wahrscheinlichkeitsraum Ω zu vergessen.

*   Dann kommt man zum folgenden Formalismus (vergleiche 4.3.i): $X^{(1)}$ hat Werte in $\widetilde{\Omega}_1$, Ereignisse in diesem Raum seien mit $\widetilde{A}_1, \widetilde{B}_1, \ldots$ bezeichnet; Analoges gelte für $X^{(2)}$. $\widetilde{\Omega}_1$ und $\widetilde{\Omega}_2$ sind sozusagen zwei Exemplare der Zahlengeraden $\mathbf{R}$. „Gemeinsame Ergebnisse" $[X^{(1)}, X^{(2)}]$ sind Elemente im sogenannten Produktraum $\widetilde{\Omega} = \widetilde{\Omega}_1 \times \widetilde{\Omega}_2 = \{[x_1, x_2] \mid x_1 \in \widetilde{\Omega}_1 \text{ und } x_2 \in \widetilde{\Omega}_2\}$, auch „kartesisches Produkt" von $\widetilde{\Omega}_1$ und $\widetilde{\Omega}_2$ genannt. Ereignisse in $\widetilde{\Omega}$ können aufgebaut werden aus „Rechtecksmengen" $\widetilde{A} = \widetilde{A}_1 \times \widetilde{A}_2 = \{[x_1, x_2] \mid x_1 \in \widetilde{A}_1 \text{ und } x_2 \in \widetilde{A}_2\}$. Jetzt kann man eine Wahrscheinlichkeit $\widetilde{P}$ einführen, indem man festlegt, wie gross die $\widetilde{P}\langle \widetilde{A} \rangle = \widetilde{P}\langle \widetilde{A}_1 \times \widetilde{A}_2 \rangle$ sein sollen. Mengen von der Form $\widetilde{A}_1 \times \widetilde{\Omega}_2$ und $\widetilde{\Omega}_1 \times \widetilde{A}_2$ heissen Zylindermengen. Sie liefern die Randverteilung $\widetilde{P}^{(1)}$ durch $\widetilde{P}^{(1)}\langle \widetilde{A}_1 \rangle = \widetilde{P}\langle \widetilde{A}_1 \times \widetilde{\Omega}_2 \rangle$; analog für $\widetilde{P}^{(2)}$.

4.6 Unabhängige Ereignisse und Zufallsvariable

a ▷ *Beispiel*. Es werden *zwei Farbenwürfel* nacheinander geworfen. Wir betrachten die Ereignisse

$$A = \{1. \text{ Würfel weiss oder schwarz}\}$$
$$B = \{2. \text{ Würfel nicht rot}\}$$
$$C = \{\text{mindestens ein schwarzer Würfel}\}$$

Bild 4.6.a zeigt eine einfache Darstellung der Ereignisse.

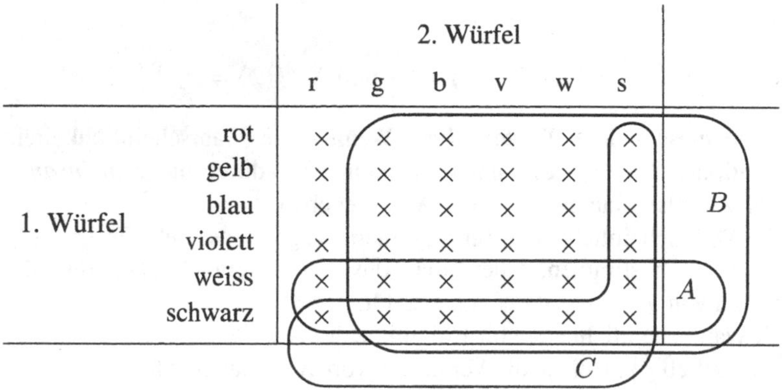

Bild 4.6.a
Ereignisse im
Beispiel der 2
Farbenwürfel

Das Ereignis A bezieht sich nur auf den ersten, B nur auf den zweiten Würfel. Wir interessieren uns dafür, dass beide Ereignisse eintreten: Der erste Würfel zeigt weiss oder schwarz, der zweite nicht rot. Die Durchschnitts-Menge $A \cap B$ umfasst 10 der 36 Fälle, also wird die Wahrscheinlichkeit $= \frac{10}{36}$. Diese Zahl kann man auch noch anders erhalten:

$$P\langle A \cap B \rangle = \frac{10}{36} = P\langle A \rangle \cdot P\langle B \rangle = \frac{2}{6} \cdot \frac{5}{6}$$

Das Bild macht anschaulich, dass die Wahrscheinlichkeit des „Sowohl-als-auch-Ereignisses" $A \cap B$ nicht nur in diesem Fall gleich dem Produkt der Wahrscheinlichkeiten $P\langle A \rangle \cdot P\langle B \rangle$ ist, sondern dass diese Regel immer gilt, wenn A nur etwas über das Ergebnis des ersten Würfels und B nur etwas über dasjenige des zweiten aussagt.
Das Ereignis C bezieht die Ergebnisse beider Würfel ein, und die Wahrscheinlichkeiten für $A \cap C$ und $B \cap C$ können nicht einfach durch Multiplikation der Wahrscheinlichkeiten der Ereignisse erhalten werden. ◁

b ▷ *Beispiel zwei Zahlenwürfel.* Um diese Überlegungen auf Zufallsvariable übertragen zu können, sollen nun auf die Farbenwürfel wie in 4.3.b die Zahlen von 1 bis 6 geschrieben werden. Sei X das zahlenmässige Ergebnis des ersten, Y dasjenige des zweiten Würfels. Dann lassen sich die Ereignisse A und B des Beispiels 4.6.a durch die Zufallsvariablen ausdrücken: $A = \{X \geq 5\}$, $B = \{Y \neq 1\}$. Es ist wieder klar (siehe Bild 4.6.a), dass für Paare von Ereignissen der Form $\{X \in \widetilde{A}\}$ und $\{Y \in \widetilde{B}\}$ die Multiplikationsregel gilt,

$$P\langle X \in \widetilde{A},\ Y \in \widetilde{B} \rangle = P\langle X \in \widetilde{A} \rangle \cdot P\langle Y \in \widetilde{B} \rangle \ . \quad ◁$$

c ▷ Beim *Karten Ziehen* gilt die Multiplikationsregel nicht! Die Wahrscheinlichkeit, sowohl als erste als auch als zweite Karte ein Ass zu ziehen, ist nach 4.2.k gleich $4 \cdot 3/(52 \cdot 51) = 1/(13 \cdot 17)$. Die Wahrscheinlichkeit, als erste Karte ein Ass zu ziehen – egal, was für die zweite folgt – ist $4 \cdot 51/(52 \cdot 51) = 4/52 = 1/13$. Das Gleiche ergibt sich, wenn wir für die zweite Karte ein Ass verlangen, aber über die erste nichts sagen.

* Das kann man sehen, wenn man sich die möglichen Elementarereignisse wie beim Würfeln in Bild 4.6.a aufzeichnet. Von den 52×52 „Kreuzchen" sind die 52 in der Diagonalen unmöglich, da man nicht zweimal die gleiche Karte ziehen kann. Umrahmt man nun die Elementarereignisse mit einem Ass als erste oder als zweite Karte, so erhält man in beiden Fällen $4 \cdot 51$ zulässige Kreuzchen.

Die Multiplikationsregel gilt also nicht: $1/(13 \cdot 17) \neq (1/13) \cdot (1/13)$. Wieso nicht? – Da wir die erste Karte nicht zurücklegen, bevor wir die zweite ziehen, verändern wir für die zweite Ziehung die Ausgangslage. Das wäre nicht der Fall, wenn die erste Karte zurückgelegt und neu gemischt würde; dann wäre die Ausgangslage für den zweiten Versuch gleich, und die Multiplikationsregel würde gelten. ◁

d   In den Anwendungen sind Versuche mit gleicher Ausgangslage häufig und wichtig. In solchen Versuchen sagt das Ergebnis des ersten nichts über die Wahrscheinlichkeiten der Ergebnisse im zweiten Versuch aus. Dann gelten die Multiplikationsregeln

$$P\langle A_i \cap B_k \rangle = P\langle A_i \rangle \cdot P\langle B_k \rangle$$
$$P\langle X_i \in \widetilde{A}_i,\ X_k \in \widetilde{B}_k \rangle = P\langle X_i \in \widetilde{A}_i \rangle \cdot P\langle X_k \in \widetilde{B}_k \rangle$$

für Wahrscheinlichkeiten von Ereignissen respektive für Zufallsvariable, die sich auf verschiedene Versuche i und k beziehen. Solche Versuche heissen *unabhängig*, genauer stochastisch oder statistisch unabhängig. Die entsprechenden Ereignisse und Zufallsvariablen heissen ebenfalls unabhängig.

Die zweite Formel führt zu zwei anschaulicheren Ergebnissen:

$$P\langle X_i = x_i,\ X_k = x_k \rangle = P\langle X_i = x_i \rangle \cdot P\langle X_k = x_k \rangle$$
$$P\langle X_i \leq x_i,\ X_k \leq x_k \rangle = P\langle X_i \leq x_i \rangle \cdot P\langle X_k \leq x_k \rangle \ .$$

Schreibweise: Wir werden Zufallsvariable mit tiefgestellten Indices nummerieren, also X_i schreiben statt $X^{(i)}$, wenn sie unabhängig sind.

e   In den Beispielen haben wir Wahrscheinlichkeiten oder gemeinsame Verteilungen festgelegt und dann die Unabhängigkeit nachweisen können. Viel häufiger geht man aber gerade umgekehrt vor. Oft kann man für mehrere Zufallsexperimente (oder Wiederholungen eines Experiments) aus der Kenntnis der Art ihrer Durchführung heraus *postulieren*, dass die *einzelnen Experimente voneinander unabhängig* (oder wenigstens genähert unabhängig) sind. Das bedeutet, dass man annehmen kann, dass jedes Ereignis, das sich nur auf das erste Experiment bezieht, unabhängig ist von jedem Ereignis aus dem zweiten Experiment. Das Gleiche gilt dann für je zwei Zufallsvariable, von denen eine nur Ergebnisse des ersten und die andere nur solche des zweiten Experimentes beschreibt.

Dadurch ist bereits sehr viel über die gemeinsame Verteilung der Zufallsvariablen gesagt. Wenn wir nämlich die (Rand-) Verteilungen der einzelnen Zufallsvariablen kennen, ist die gemeinsame Verteilung durch die Multiplikationsregeln auch festgelegt. Diesen Gedanken werden wir in den nächsten Kapiteln oft benützen.

In etlichen Anwendungen ist die Annahme allerdings nicht wirklich gerechtfertigt, sondern sie wird der Einfachheit halber getroffen. Mit ironischem Unterton wurde dieses Vorgehen auch mit der Verkündigung einer *Unabhängigkeits-Erklärung* verglichen.

f   ▷ Im *Beispiel* der *Mendel'schen Erbsen* haben wir in 4.2.n angenommen, dass die vier möglichen Genotypen gleich wahrscheinlich seien. Man kann ebenso gut von der Vorstellung ausgehen, dass für die beiden Chromosomen die beiden Allele „rund" (A) und „kantig" (A^c) je mit Wahrscheinlichkeit 1/2 ausgewählt werden, und dass die Auswahlen unabhängig seien. Wenn A_w und A_m die Ereignisse „Allel 'rund' auf dem weiblichen" respektive „auf dem männlichen Chromosom" bedeuten, dann wird beispielsweise

$$P\langle A_w \cap A_m^c \rangle = P\langle A_w \rangle \cdot P\langle A_m^c \rangle = \tfrac{1}{2} \cdot \tfrac{1}{2} = \frac{1}{4} \ ;$$

ebenso für die anderen Fälle.   ◁

g   Von *Zufallszahlen* wollen wir *fordern*, dass jeweils zwei aufeinanderfolgende unabhängig sind. Anschaulich sollen sie sich so verhalten wie die Koordinaten von Regentropfen auf der „Einheitsplatte". Bei einer Untersuchung von vielen Paaren von Zufallszahlen müssen die Multiplikationsregeln also näherungsweise für die relativen Häufigkeiten gelten. Stimmt das nicht, dann ist das Zufallszahlen-Programm unbrauchbar.

*   Genau genommen sind Zufallszahlen nie unabhängig. Das Programm erzeugt nämlich die nächste Zufallszahl aus der vorhergehenden – und allenfalls weiteren Zahlen, die den vorhergehenden „Zustand" bestimmen – nach einer deterministischen Formel. Die Forderung nach Unabhängigkeit kann daher nur lauten, dass die Berechnungsart so gestaltet sein muss, dass die Zahlen für „alle praktischen Zwecke" wie unabhängige Zufallsvariable wirken.
    Es genügt auch nicht, die Unabhängigkeit von aufeinander folgenden Paaren von Zufallszahlen zu fordern; man braucht, streng genommen, eine „Unabhängigkeit höherer Ordnung", auf die wir hier nicht eingehen wollen.

h   Die Idee der Unabhängigkeit lässt sich mit dem nun folgenden Begriff der bedingten Wahrscheinlichkeit noch anders charakterisieren (4.7.l, 4.8.f).

4.7 Bedingte Wahrscheinlichkeit

a Für die Häufigkeiten von *Augenfarben* bei $n = 1000$ Vätern und Söhnen gab K. Pearson im Jahre 1900 (Phil. Trans. (A) 195, p. 138) die in Tabelle 4.7.a wiedergegebenen Zahlen an.

Tabelle 4.7.a Häufigkeiten von Augenfarben

		Vater hell A	dunkel	Summe
Sohn	hell B	471	148	619
	dunkel	151	230	381
	Summe	622	378	1000

Die relative Häufigkeit des Ereignisses A = „Vater helläugig" ist

$$f\langle A \rangle = (471 + 151)/1000 = 0.622 \ .$$

Erwartungsgemäss ist die relative Häufigkeit von B = „Sohn helläugig" beinahe gleich gross, nämlich $(471 + 148)/1000 = 0.619$. Wie gross ist die relative Häufigkeit von helläugigen Söhnen „für helläugige Väter", d. h. unter allen Vater-Sohn-Paaren, bei denen der Vater helläugig ist? Die Gesamtzahl dieser Paare beträgt $471 + 151 = 622$; die relative Häufigkeit von helläugigen Söhnen für helläugige Väter ist $471/622 = 0.75$, liegt also wesentlich höher als die relative Häufigkeit helläugiger Söhne unter allen untersuchten Vater-Sohn-Paaren. Das ist ein starker Hinweis auf die Erblichkeit der Augenfarbe.

Die gestellte Frage lässt sich auf Wahrscheinlichkeiten übertragen: Wie gross ist die Wahrscheinlichkeit $P\langle B \rangle$ eines helläugigen Sohnes? Wie gross ist diese Wahrscheinlichkeit, wenn wir wissen, dass der Vater helläugig ist?

b ▷ Im *Beispiel* des *Ziehens von zwei Karten* (vergleiche 4.2.k) fragen wir nach dem Ereignis D, dass im zweiten Zug ein Ass gezogen wird. Wie viele „günstige" Kartenpaare gibt es? Wir beginnen rückwärts mit Aufzählen: Für die zweite Karte gibt es 4 Möglichkeiten (4 Asse); für jede davon gibt es 51 mögliche erste Karten. Deshalb ist $P\langle D \rangle = (4 \cdot 51)/(52 \cdot 51) = 4/52 = 1/13$. – Wenn wir die erste Karte ziehen und ansehen, bevor wir die zweite ziehen, verändert sich die Wahrscheinlichkeit dieses Ereignisses D: Ist die erste ein Ass (Ereignis C), so sind im zweiten Zug noch 3 Asse unter 51 Karten, also $P\langle D|C \rangle = 3/51 = 1/17$, andernfalls bleiben alle 4 Asse zurück, und $P\langle D|C^c \rangle = 4/51$. Das Ansehen der ersten Karte verändert also die Wahrscheinlichkeiten für das Ergebnis des zweiten Zuges. ◁

c   *Allgemein:* Ein Zufallsexperiment sei beschrieben mit einem Wahrscheinlichkeitsraum Ω und einer Wahrscheinlichkeit P. Ein Ereignis B, für das wir uns interessieren, hat also eine Wahrscheinlichkeit $P\langle B\rangle$. Wenn wir nur die Versuchsergebnisse berücksichtigen, bei denen ein Ereignis A eingetreten ist, wie ändert sich die Wahrscheinlichkeit von B?

Wir gehen vom Wahrscheinlichkeitsraum Ω über zu einem kleineren Wahrscheinlichkeitsraum A. Alle Ereignisse in A, also alle Ereignisse der Form $A \cap B$, werden dadurch wahrscheinlicher. Alle Ereignisse in A^c (solche der Form $A^c \cap B$) erhalten Wahrscheinlichkeit null. Die neue Wahrscheinlichkeit heisst die *bedingte Wahrscheinlichkeit von B, gegeben A*, geschrieben $P\langle B|A\rangle$, wobei hinter dem senkrechten Strich der neue Gesamtraum, das bedingende Ereignis, steht.

Aus der Analogie mit den relativen Häufigkeiten ergibt sich die Formel

$$P\langle B|A\rangle = \frac{P\langle A \cap B\rangle}{P\langle A\rangle} ,$$

falls $P\langle A\rangle \neq 0$ ist.

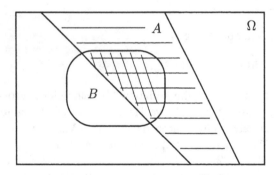

Bild 4.7.c
Bedingte Wahrscheinlichkeit

Das Venn-Diagramm (Bild 4.7.c) verdeutlicht die Zusammenhänge. Wenn das Rechteck als Platte im Regentropfen-Beispiel (4.3.h) aufgefasst wird, sind Flächen proportional zu Wahrscheinlichkeiten, und die bedingte Wahrscheinlichkeit wird zum Verhältnis der schraffierten Flächen.

d   Die Definition und die Beispiele zeigen, wie man bedingte Wahrscheinlichkeiten aus unbedingten erhält. Nun drehen wir den Spiess um. Oft ist es einfacher, bedingte Wahrscheinlichkeiten und Wahrscheinlichkeiten der bedingenden Ereignisse festzulegen, als direkt die Wahrscheinlichkeit aller Ereignisse zu bestimmen.

Zur Berechnung der Wahrscheinlichkeiten ist es dann nützlich, die vorhergehende Formel nach $P\langle A \cap B\rangle$ aufzulösen. Man erhält den *allgemeinen Multiplikationssatz*:

$$P\langle A \cap B\rangle = P\langle A\rangle \cdot P\langle B|A\rangle = P\langle B\rangle \cdot P\langle A|B\rangle$$

für beliebige A und B.

Die erste Gleichung gilt auch, falls $P\langle A\rangle = 0$ ist, da dann $P\langle A \cap B\rangle \leq P\langle A\rangle = 0$ ebenfalls null sein muss. Die zweite Gleichung folgt durch Vertauschen von A und B.

e ▷ *Beispiel Zwillinge.* Die Wahrscheinlichkeit, dass ein Zwillingspaar eineiig ist, beträgt (in Europa) etwa $1/4$. Eineiige Zwillinge (Ereignis A) haben immer gleiches Geschlecht (Ereignis B), zweieiige nur mit Wahrscheinlichkeit $1/2$. In Formeln: $P\langle B|A\rangle = 1$, $P\langle B|A^c\rangle = 1/2$. Wie gross ist die Wahrscheinlichkeit, dass ein Zwillingspaar gleichgeschlechtig ist? Es ist

$$P\langle B\rangle = P\langle A \cap B\rangle + P\langle A^c \cap B\rangle = P\langle A\rangle \cdot P\langle B|A\rangle + P\langle A^c\rangle \cdot P\langle B|A^c\rangle$$

$$= \frac{1}{4} \cdot 1 + \frac{3}{4} \cdot \frac{1}{2} = \frac{5}{8} . \quad \triangleleft$$

f   Wir unterscheiden also zunächst 2 Fälle (A und A^c) und geben dann bedingte Wahrscheinlichkeiten für beide Fälle an. Diese Überlegung lässt sich gut in einem sogenannte *Baumdiagramm* veranschaulichen.

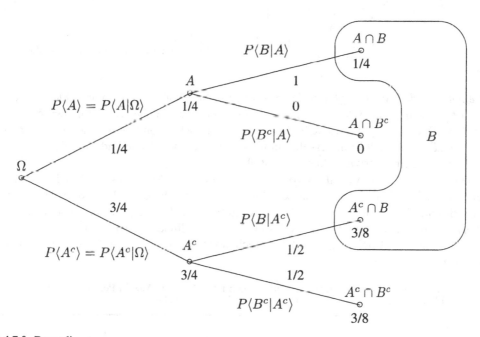

Bild 4.7.f Baumdiagramm

Im Beispiel ergibt sich Bild 4.7.f.

Jeder Knoten im Baumdiagramm wird als bedingendes Ereignis für alle rechts nachfolgenden Äste benützt, und jede Verzweigung stellt eine vollständige Fallunterscheidung dar. Multipliziert man die bedingten Wahrscheinlichkeiten längs der „Äste" miteinander, so erhält man die Wahrscheinlichkeiten der „Knoten" an ihrem Ende. Wenn die Wahrscheinlichkeit von B gefragt ist, zählen wir einfach die Wahrscheinlichkeiten der entsprechenden Knoten zusammen.

g   Im Beispiel 4.7.e der Zwillinge haben wir das Ereignis B aufgeteilt in seine Anteile in A und A^c und die Wahrscheinlichkeiten für diese Anteile aus bedingten Wahrscheinlichkeiten erhalten. Dieses Vorgehen lässt sich verallgemeinern:

Satz von der totalen Wahrscheinlichkeit. Sei $A_1, A_2, \ldots, A_m$ eine „disjunkte Zerlegung" des „sicheren Ereignisses" Ω, d. h. $\bigcup_{k=1}^{m} A_k = \Omega$ und $A_k \cap A_j = \emptyset$ für $k \neq j$. Dann ist für jedes B

$$P\langle B \rangle = \sum_{k=1}^{m} P\langle A_k \cap B \rangle = \sum_{k=1}^{m} P\langle A_k \rangle \cdot P\langle B | A_k \rangle .$$

(Der mittlere Ausdruck enthält den Beweis; vgl. Bild 4.7.g.)

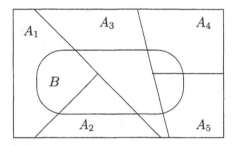

Bild 4.7.g
Berechnung der totalen Wahrscheinlichkeit

h ▷ *Beispiel Verkehrsmittelwahl.* In der Schweizerischen Volkszählung von 1990 wurden die Erwerbstätigen nach dem Verkehrsmittel befragt, das sie üblicherweise für den Arbeitsweg benützten. (Quelle: Eidgenössische Volkszählung, Räumliche Mobilität. Bundesamt für Statistik, Bern 1993, S. 170-2. „Öffentl. Verkehr" umfasst hier auch Werkbusse und Kombinationen eines öffentlichen mit einem privaten Verkehrsmittel.)
Tabelle 4.7.h (i) zeigt die Aufteilung von drei Kategorien nach Altersklassen. Aus den Häufigkeiten ergeben sich die Wahrscheinlichkeiten, dass für eine „zufällig gewählte erwerbstätige Person" eine bestimmte Klassen-Kombination (Ereignis) zutrifft. Die bedingten Wahrscheinlichkeiten für die Verkehrsmittel, gegeben die Altersklassen, kann man direkt aus den „Zeilenprozenten", den Quotienten aus Tabelleneinträgen und entsprechenden Zeilensummen, erhalten. Sie sind in Tabelle 4.7.h (ii) angegeben.

Tabelle 4.7.h   Verkehrsmittelwahl der Erwerbstätigen nach Alter: (i) Anzahl Personen nach der Schweizerischen Volkszählung 1990, (ii) Bedingte und Rand-Wahrscheinlichkeiten

	(i) Verkehrsmittel					(ii)			
							$P\langle B_i | A_k \rangle$		
Alter	zu Fuss, Fahrrad	Privat- auto	öffentl. Verkehr	Summe		B_1	B_2	B_3	$P\langle A_k \rangle$
15-24	97359	250349	222298	570006	A_1	0.171	0.439	0.390	0.191
25-39	184388	614713	327941	1127042	A_2	0.164	0.545	0.291	0.378
40+	241509	694542	346569	1282620	A_3	0.188	0.542	0.270	0.431
Summe	523256	1559604	896808	2979668	Ω	0.176	0.523	0.301	1

Die Wahrscheinlichkeiten für die Verkehrsmittel ohne Rücksicht auf die Altersklasse lassen sich aus der Tabelle direkt ausrechnen. Sie sind in der letzten Zeile von Tabelle 4.7.h (ii) zu sehen.

Wir können nun aber auch fragen, wie gross die Anteile der Verkehrsmittel in einer „jugendlichen" Stadt sein werden, in der die Alterskategorien im Verhältnis 3:4:3 vertreten sind. Es wird

$$P\langle B_3\rangle = P\langle B_3|A_1\rangle\, P\langle A_1\rangle + P\langle B_3|A_2\rangle\, P\langle A_2\rangle + P\langle B_3|A_3\rangle\, P\langle A_3\rangle$$
$$= 0.39 \cdot 0.3 + 0.29 \cdot 0.4 + 0.27 \cdot 0.3 = 0.314$$

statt 0.301 – ein recht kleiner Unterschied!

Mit detaillierteren Angaben und entsprechenden Methoden versucht man, Gründe für die Verkehrsmittelwahl zu erforschen, um geeignete Massnahmen zur Förderung des öffentlichen Verkehrs zu ermitteln. ◁

i Im Baumdiagramm müssen natürlich nicht immer die Wahrscheinlichkeiten von links nach rechts gegeben sein.

▷ *Beispiel Zwillinge.* Nehmen wir an, dass die Wahrscheinlichkeit, dass ein Zwillingspaar eineiig ist, nicht bekannt sei. Dafür soll der Bruchteil 3/8 von Zwillingspaaren mit verschiedenem Geschlecht gegeben sein. Dann ist auch $P\langle A^c\rangle = P\langle A^c \cap B^c\rangle / P\langle B^c|A^c\rangle$ bestimmbar, und $P\langle A\rangle = 1 - P\langle A^c\rangle$ vervollständigt die Angaben für das Baumdiagramm.

Allgemein trägt man einfach alle gegebenen Wahrscheinlichkeiten im Diagramm ein und ergänzt die fehlenden mit Hilfe des Additions- und des Multiplikationssatzes. Dabei benutzt man, dass der Additionssatz auch für bedingte Wahrscheinlichkeiten gilt, und dass deshalb auch $P\langle B|A\rangle + P\langle B^c|A\rangle = 1$ ist. ◁

j * Der Multiplikationssatz lässt sich durch vollständige Induktion auch für eine beliebige endliche Anzahl Ereignisse verallgemeinern. Für drei Ereignisse A, B, C lautet er z.B.

$$P\langle A \cap B \cap C\rangle = P\langle A\rangle \cdot P\langle B|A\rangle \cdot P\langle C|A \cap B\rangle .$$

Beweis: $P\langle A \cap B \cap C\rangle = P\langle (A \cap B) \cap C\rangle = P\langle A \cap B\rangle \cdot P\langle C|A \cap B\rangle = P\langle A\rangle \cdot P\langle B|A\rangle \cdot P\langle C|A \cap B\rangle$.

k Baumdiagramme können sich beliebig oft verzweigen. Dabei kann jede Verzweigung (Fallunterscheidung, „disjunkte Zerlegung") auch aus mehr als 2 Ästen bestehen. Äste mit Wahrscheinlichkeit null kann man natürlich weglassen.

▷ *Beispiel Zwillinge*: Sei C das Ereignis: „Beide Zwillinge sind männlich", also $C \subset B$. Dann erhalten wir den in Bild 4.7.k dargestellten Baum (in dem die Äste mit bedingter Wahrscheinlichkeit = 1 auch noch übersprungen werden könnten). Für C wird die Wahrscheinlichkeit $P\langle C\rangle = P\langle A \cap B \cap C\rangle + P\langle A^c \cap B \cap C\rangle = 1/8 + 3/16 = 5/16$, da die Ereignisse $A \cap B^c \cap C$ und $A^c \cap B^c \cap C$ unmöglich sind, also Wahrscheinlichkeit null haben. ◁

l Mit Hilfe der bedingten Wahrscheinlichkeiten lässt sich der Begriff der *Unabhängigkeit* noch anders erfassen: Im Beispiel der zwei Würfel (4.6.a) mit $A = \{1.\,\text{Würfel weiss oder schwarz}\}$ und $B = \{2.\,\text{Würfel nicht rot}\}$ erhält man für $P\langle B|A\rangle = P\langle A \cap B\rangle / P\langle A\rangle = \frac{10}{36}/\frac{12}{36} = \frac{5}{6}$, und das ist auch die „unbedingte" Wahrscheinlichkeit von B.

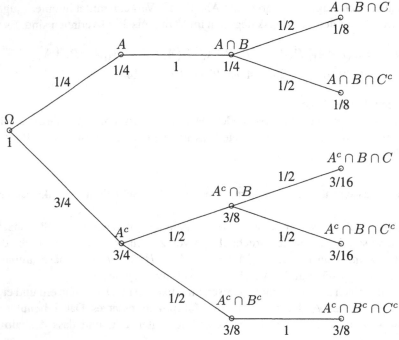

Bild 4.7.k Dreistufiges Baumdiagramm

Allgemein gilt für unabhängige Ereignisse wegen der Multiplikationsregel

$$P\langle B|A\rangle = \frac{P\langle A\cap B\rangle}{P\langle A\rangle} = \frac{P\langle A\rangle \cdot P\langle B\rangle}{P\langle A\rangle} = P\langle B\rangle$$

(sofern $P\langle A\rangle \neq 0$ ist). In Worten: Die Wahrscheinlichkeit von B ändert sich nicht, wenn man erfährt, dass A zutrifft. Umgekehrt erhält man aus $P\langle B|A\rangle = P\langle B\rangle$ die Multiplikationsregel, und daraus auch $P\langle A|B\rangle = P\langle A\rangle$ (wenn $P\langle B\rangle \neq 0$ ist).
Unabhängigkeit von Ereignissen lässt sich also auch dadurch charakterisieren, dass bedingte Wahrscheinlichkeiten gleich unbedingten sind, dass also das Eintreffen des einen Ereignisses nichts an der Wahrscheinlichkeit des andern ändert.

m Vermeiden Sie eine Verwechslung, die immer wieder vorkommt: *unabhängige Ereignisse sind nicht disjunkt* und disjunkte nicht unabhängig (ausser wenn die Wahrscheinlichkeit des einen null ist), denn

$$A \cap B = \emptyset \quad \Rightarrow \quad P\langle A\cap B\rangle = 0 \quad \text{aber}$$
$$P\langle A\rangle \cdot P\langle B\rangle \neq 0, \quad \text{falls } P\langle A\rangle \neq 0 \text{ und } P\langle B\rangle \neq 0.$$

Der Begriff „disjunkt" hat zudem nichts mit Wahrscheinlichkeiten, sondern nur mit Ereignissen (Mengen) zu tun, während die Unabhängigkeit von der Wahl der Wahrscheinlichkeiten abhängt.

n ▷ Ein *Beispiel* mit einem falschen Würfel soll den letzten Satz zeigen: Sei bei einem Würfelwurf B = „gerade Punktzahl", A = „1 oder 2". Dann ist für einen fairen Würfel $P\langle B\rangle = 3/6$
und $P\langle B|A\rangle = 1/2 = P\langle B\rangle$, also sind A und B unabhängig. – Angenommen, der Würfel sei
nun nicht symmetrisch, sondern so verfälscht, dass $P\langle 1\rangle = P\langle 2\rangle = \ldots = P\langle 5\rangle = 1/7$ und
$P\langle 6\rangle = 2/7$ wird. Dann ist $P\langle B\rangle = 4/7$ und $P\langle B|A\rangle = 1/2$, also gilt die Unabhängigkeit von
A und B nicht mehr. ◁

o Das Beispiel zeigt auch, dass *unabhängige Ereignisse* nichts mit verschiedenen, unabhängigen
Versuchen zu tun haben müssen: Für einen fairen Würfel sind A und B unabhängig für einen
einzigen Wurf. Unabhängigkeit von Ereignissen ist dadurch definiert, dass die Multiplikationsregel 4.6.d gilt oder dass bedingte Wahrscheinlichkeiten gleich unbedingten sind.

4.8   Bedingte Verteilung

a ▷ Im *Beispiel Karten Ziehen* (4.5.b) hatten wir die gemeinsame Verteilung der Anzahl
„Brettchen" X und der Anzahl Asse Y bestimmt. Für die Ereignisse

$$A = \{X=1\} = \{\text{genau 1 Brettchen}\}$$
$$B = \{Y \geq 1\} = \{\text{mindestens 1 As}\}$$

ergibt sich als bedingte Wahrscheinlichkeit

$$P\langle B|A\rangle = P\langle Y \geq 1 \mid X = 1\rangle = \frac{256}{2652} \Big/ \left(\frac{1024}{2652} + \frac{256}{2652}\right) = \frac{256}{1280} = 0.2 \,.$$

Die bedingten Wahrscheinlichkeiten für die Anzahl Asse, wenn bekannt ist, dass kein Brettchen
gezogen wurde, ergeben sich, indem man die erste Zeile in Tabelle 4.5.b durch die Zeilensumme
dividiert,

$$P\langle Y=0 \mid X=0\rangle = \frac{240}{380}, \quad P\langle Y=1 \mid X=0\rangle = \frac{128}{380}, \quad P\langle Y=2 \mid X=0\rangle = \frac{12}{380} \,. \quad ◁$$

b Wenn X und Y diskrete Zufallsvariable sind, dann kann man allgemein formulieren: Die
bedingten Wahrscheinlichkeiten

$$P\langle Y=y \mid X=x\rangle = \frac{P\langle Y=y \text{ und } X=x\rangle}{P\langle X=x\rangle} = \frac{P\langle Y=y \text{ und } X=x\rangle}{\sum_k P\langle Y=k \text{ und } X=x\rangle}$$

für alle Werte y und festes x bestimmen die *bedingte Verteilung* von Y gegeben $X=x$.

c Man kann auch andere „bedingende Ereignisse" verwenden, z. B. Ereignisse der Art $\{X \geq x_0\}$.
▷ Beim Karten Ziehen ist die Verteilung der Anzahl Asse, gegeben „mindestens ein Brettchen",
gleich

$$P\langle Y=0 \mid X \geq 1\rangle = \frac{2016}{2272}, \quad P\langle Y=1 \mid X \geq 1\rangle = \frac{256}{2272}, \quad P\langle Y=2 \mid X \geq 1\rangle = 0 \,.$$

Nun macht es auch Sinn, eine bedingte Verteilung von X, gegeben $X \geq x_0$, zu betrachten,

$$P\langle X=0 \mid X \geq 1\rangle = 0, \quad P\langle X=1 \mid X \geq 1\rangle = \frac{1280}{2272}, \quad P\langle X=2 \mid X \geq 1\rangle = \frac{992}{2272} \,. \quad ◁$$

▷ Im Beispiel mit den Stichen auf Äpfeln (4.3.k) ist es sinnvoll, nach der Verteilung der Anzahl Stiche für Äpfel mit Stichen zu fragen, also nach $P\langle X=x \mid X \geq 1\rangle$. ◁

d Wie früher bei Wahrscheinlichkeiten für Ereignisse kann es auch für Verteilungen von Zufallsvariablen einfacher sein, sie über bedingte Verteilungen festzulegen.

Beispielsweise kann man in einem Waldgebiet die Verteilung der Bäume auf Waldschaden-Klassen für verschiedene Höhenstufen untersuchen. Für einen „zufälligen herausgegriffenen Baum" kann die Verteilung der Waldschaden-Klasse Y aus diesen bedingten Verteilungen, gegeben die Höhenstufe x, und der Verteilung der Höhenstufen für die Bäume des Waldgebietes bestimmt werden.

Die entsprechende Formel

$$P\langle Y=y\rangle = \sum_x P\langle Y=y \text{ und } X=x\rangle = \sum_x P\langle Y=y \mid X=x\rangle \cdot P\langle X=x\rangle$$

entspricht der früheren Formel für die totale Wahrscheinlichkeit (4.7.g).

e Nach dieser Überlegung lassen sich auch Paare von *Zufallszahlen* erzeugen, die eine gewünschte gemeinsame Verteilung zeigen: Man erzeugt zunächst eine Zufallszahl x entsprechend der Verteilung von X und dann eine zweite, y, mit Hilfe der entsprechenden bedingten Verteilung von Y, gegeben x.

▷ Für das *Karten-Beispiel* sieht das so aus: Eine erste Zufallszahl x_1 erzeugt man aus der Grund-Zufallszahl z_1 nach 4.4.d mit der Verteilung der Anzahl Brettchen X,

$$x_1 = \begin{cases} 0, & \text{falls } z_1 \leq 380/2652 = 0.14329\,, \\ 1, & \text{falls } 380/2652 \leq z_1 \leq (380+1280)/2652 = 0.62594\,, \\ 2, & \text{falls } z_1 > 1660/2652\,. \end{cases}$$

Aus der zweiten Grund-Zufallszahl z_2 macht man ein y_1 nach einer von drei Regeln, je nach dem Ergebnis x_1: Falls $x_1 = 0$ ist, verwendet man

$$y_1 = \begin{cases} 0, & \text{falls } z_2 \leq 240/380 \\ 1, & \text{falls } 240/380 \leq z_2 \leq (240+128)/380 \\ 2, & \text{falls } z_2 > 368/380\,. \end{cases}$$

entsprechend der bedingten Verteilung von Y, gegeben $X = 0$. Ist $x_1 = 1$, dann wird $y_1 = 0$, falls $z_2 \leq 1024/1280$ und $y_1 = 1$ sonst; $y_1 = 2$ kann dann nicht vorkommen. Schliesslich ist $y_1 = 0$, falls $x_1 = 2$ war, wie gross z_2 auch immer sei. Um ein zweites Paar von Werten, $[x_2, y_2]$, zu erhalten, nimmt man die nächsten zwei Grund-Zufallszahlen, z_3 und z_4. So erhält man das folgende Schema.

$z_1 =$	$z_2 =$	$z_3 =$	$z_4 =$	$z_5 =$	$z_6 =$	
0.87736	0.64760	0.34951	0.92370	0.09694	0.58843	$\cdots$
$x_1 = 2$	$y_1 = 0$	$x_2 = 1$	$y_2 = 1$	$x_3 = 0$	$y_3 = 0$	$\cdots$

Die relativen Häufigkeiten der möglichen Zahlenpaare $[x, y]$ unter den $[x_i, y_i]$ werden, wenn man dies sehr oft wiederholt, näherungsweise gleich den in Tabelle 4.5.b angegebenen Wahrscheinlichkeiten (die ja für die Bildung der Zufallszahlenpaare $[x_i, y_i]$ benützt wurden). ◁

* Man kann auch direkt aus einer Grund-Zufallszahl das Paar $[x_i, y_i]$ erzeugen, indem man alle gemeinsamen Wahrscheinlichkeiten $P\langle X = x, Y = y\rangle$ „aneinanderreiht" und analog zum Rezept in 4.4.d vorgeht. Zum Verständnis der Begriffe trägt dies aber nicht bei.

f   *Unabhängigkeit* von zwei Zufallsvariablen lässt sich wie für Ereignisse (4.7.l) charakterisieren: Wenn der Wert x der Zufallsvariablen X bekannt wird, ändert sich dadurch die Verteilung von Y nicht,

$$P\langle Y = y \mid X = x\rangle = P\langle Y = y\rangle .$$

Die bedingten Verteilungen von X, gegeben $Y = y$, sind dann ebenfalls alle gleich.

4.9   Der Satz von Bayes

a   ▷   Im *Beispiel der Zwillinge* (4.7.e) kann man nach der Wahrscheinlichkeit fragen, dass ein gleichgeschlechtiges Zwillingspaar eineiig ist.
Wir können die Antwort aus den Endknoten im Baumdiagramm 4.7.f ablesen:

$$P\langle A|B\rangle = (1/4)/(1/4 + 3/8) = 2/5 .$$

Verfolgen wir zurück, wie die Wahrscheinlichkeiten 1/4 und 3/8 zustande gekommen sind! Sei $B = $ „gleichgeschlechtig" wie oben, $A_1 = $ „eineiig" (wie A oben), $A_2 = A_1^0$. Die gesuchte bedingte Wahrscheinlichkeit, ausgedrückt durch die ursprünglich gegebenen Wahrscheinlichkeiten $P\langle A_k\rangle$ und $P\langle B|A_k\rangle$, ist

$$P\langle A_1|B\rangle = \frac{P\langle A_1\rangle \cdot P\langle B|A_1\rangle}{P\langle A_1\rangle \cdot P\langle B|A_1\rangle + P\langle A_2\rangle \cdot P\langle B|A_2\rangle} = \frac{\frac{1}{4} \cdot 1}{\frac{1}{4} \cdot 1 + \frac{3}{4} \cdot \frac{1}{2}} = \frac{2}{5} . \quad ◁$$

b   Der berühmte *Satz von Bayes* (sprich: „Bejs") drückt dies noch etwas allgemeiner aus:
Sei $A_1, A_2, \ldots, A_m$ eine disjunkte Zerlegung des „sicheren Ereignisses" Ω und B ein beliebiges Ereignis. Dann gilt für jedes k

$$P\langle A_k|B\rangle = \frac{P\langle A_k \cap B\rangle}{P\langle B\rangle} = \frac{P\langle A_k\rangle \cdot P\langle B|A_k\rangle}{\sum_{j=1}^{m} P\langle A_j\rangle \cdot P\langle B|A_j\rangle} .$$

(Der mittlere Ausdruck liefert den Beweis.)

c   Die A_k können im vorigen Beispiel als mögliche „Ursachen" gelten, welche der Gleichgeschlechtigkeit verschiedene bedingte Wahrscheinlichkeiten zuordnen. Aus der Beobachtung von B können wir neue, bessere Rückschlüsse auf die „Ursachen" ziehen. Wir sagen, die *„apriori-Wahrscheinlichkeit"* eineiiger Zwillinge, $P\langle A_1\rangle = 1/4$ werde durch die Beobachtung „gleichgeschlechtig" (B) zur *„aposteriori-Wahrscheinlichkeit"* $P\langle A_1|B\rangle = 2/5$ verändert. Entsprechend für A_2.

d ▷ *Beispiel diagnostischer Test.* In der Medizin spielen diagnostische Tests eine wichtige Rolle. Der bekannteste Test auf eine HIV-Infektion ist der ELISA-Test (*enzyme-linked immunosorbant assay*). Bei einem bestimmten Grenzwert erhält man (gemäss Weiss et al., 1985, J. Am. Med. Ass. 253, 221-5, zitiert in Altman, 1991) folgende Resultate: Infizierte überschreiten den Grenzwert mit Wahrscheinlichkeit 90%, Gesunde mit Wahrscheinlichkeit 2%. In einer wenig gefährdeten Bevölkerungsgruppe betrage der Anteil der Virusträger 1%. Wie gross ist dann die Wahrscheinlichkeit, dass jemand, der durch den Test als infiziert entdeckt wurde, wirklich Virusträger ist?

Bezeichnen wir mit A_1 und A_2 die Ereignisse (wirklich) infiziert respektive gesund zu sein. B bedeute ein „positives" Testresultat (Grenzwert überschritten). Die Ereignisse sind in Tabelle 4.9.d zusammengestellt.

Tabelle 4.9.d   Ereignisse bei einem medizinisch-diagnostischen Test

			Testresultat: Grenzwert überschritten B	unterschritten B^c
tatsächlich	ja	A_1	$A_1 \cap B$	$A_1 \cap B^c$
infiziert	nein	A_2	$A_2 \cap B$	$A_2 \cap B^c$

Die drei gegebenen Grössen sind $P\langle B|A_1\rangle = 0.9$, $P\langle B|A_2\rangle = 0.02$ und $P\langle A_1\rangle = 0.01$. Also ist $P\langle A_2\rangle = 0.99$. Die gesuchte Wahrscheinlichkeit ist gemäss Formel 4.9.a

$$P\langle A_1|B\rangle = \frac{0.01 \cdot 0.9}{0.01 \cdot 0.9 + 0.99 \cdot 0.02} = \frac{0.009}{0.0288} = 0.31 \,.$$

Durch den „positiven" Befund wird die apriori-Wahrscheinlichkeit von 1% von AIDS zur aposteriori-Wahrscheinlichkeit von 31%.

Sogar mit schlechtem Befund ist es also immer noch wahrscheinlicher, dass man keine Infektion trägt! Das macht den Umgang mit diagnostischen Tests in der Praxis schwierig. ◁

e * Da diese Betrachtung in der Medizin so wichtig ist, haben sich für die wichtigen Grössen Bezeichnungen eingebürgert, die hier kurz erwähnt werden sollen: Ausgehend vom tatsächlichen Krankheitszustand betrachtet man die bedingten Wahrscheinlichkeiten für die richtige Diagnose,

$$P\langle B|A_1\rangle = \text{W. eines „positiven" Befundes bei Kranken} = \textit{Sensitivität},$$
$$P\langle B^c|A_2\rangle = \text{W. eines „negativen" Befundes bei Gesunden} = \textit{Spezifizität}.$$

Diese beiden Werte charakterisieren die „Trennschärfe" des medizinischen Tests. Für die Interpretation eines einzelnen Testresultats sind aber die bedingten Wahrscheinlichkeiten in der anderen Richtung wichtig:

$$P\langle A_1|B\rangle = \text{W., bei „positivem" Befund krank zu sein} = \textit{Positive Predictive Value, PPV},$$
$$P\langle A_2|B^c\rangle = \text{W., bei „negativem" Befund gesund zu sein} = \textit{Negative Predictive Value, NPV}.$$

Diese beiden Wahrscheinlichkeiten können nur angegeben werden, wenn man eine apriori-Wahrscheinlichkeit $P\langle A_1\rangle$, also die Verbreitung der Krankheit in einer für den vorliegenden „Fall" bedeutsamen Bevölkerungsgruppe kennt. Man nennt $P\langle A_1\rangle$ die *Prävalenz* der Krankheit.

f   Ähnliche Anwendungen von Bayes' Theorem spielen vor allem auch in der *subjektiven Auffassung der Wahrscheinlichkeit* eine zentrale Rolle. Hierbei werden subjektive apriori-Überzeugungen (subjektive Wahrscheinlichkeiten für die A_k) durch Beobachtungen B zu aposteriori-Überzeugungen modifiziert.

▷ *Beispiel Wetter*: Ich glaube mit Wahrscheinlichkeit 2/3, dass das Wetter morgen schön wird. Dann höre ich den Wetterbericht sagen, dass es schlecht wird. Wie sollte sich dadurch meine subjektive Wahrscheinlichkeit für schönes Wetter verändern?

Bezeichnen wir mit A_1 das Ereignis, dass es morgen schön sein wird, und mit B das Ereignis, dass der Wetterbericht schlechtes Wetter vorhersagt. Man wisse aus einer Zusammenstellung des Erfolgs der Wetterprognosen, dass die Wahrscheinlichkeit $P\langle B|A_1 \rangle$, dass der Wetterbericht schönes Wetter fälschlich als schlecht vorhersagt, 1/4 beträgt, und die Wahrscheinlichkeit $P\langle B|A_2 \rangle$, dass er schlechtes Wetter richtig vorhersagt, 4/5. Damit sollte unter dem Einfluss des Wetterberichts mein Glauben, dass das Wetter schön wird, zu

$$P\langle A_1|B \rangle = \frac{\frac{2}{3} \cdot \frac{1}{4}}{\frac{2}{3} \cdot \frac{1}{4} + \frac{1}{3} \cdot \frac{4}{5}} = \frac{5}{13}$$

werden. ◁

Der Satz von Bayes liefert die Grundregel, wie man subjektive Wahrscheinlichkeiten beim Bekanntwerden von Ereignissen verändern *muss*, wenn man mit den Gesetzen der Wahrscheinlichkeitsrechnung verträglich bleiben will.

4.10   * Was ist eine Wahrscheinlichkeit?

a   *   In der Anwendung des Begriffs Wahrscheinlichkeit erhält dieses Wort recht verschiedene *Bedeutungen*. Betrachten wir zunächst einige Aussagen.

(a) Die Wahrscheinlichkeit, eine Primzahl (1, 2, 3 oder 5) zu würfeln, ist 2/3.

(b) Die Wahrscheinlichkeit einer Knabengeburt ist 51.5.

(c) Die Wahrscheinlichkeit, mit 2 Glühbirnen nach einer Weile im Dunkeln zu sitzen, ist das Quadrat der Wahrscheinlichkeit, mit nur einer Glühbirne in derselben Zeit plötzlich kein Licht mehr zu haben. (Vorausgesetzt wird hier, es trete kein Stromunterbruch ein und die Glühbirnen seien von gleicher Qualität und versagen unabhängig voneinander.)

(d) Die Wahrscheinlichkeit, dass ein „zufällig ausgewählter" Punkt eines Quadrates im eingeschriebenen Kreis liegt, beträgt $\pi/4$.

(e) Die Wahrscheinlichkeit, dass innerhalb des nächsten Jahres ein Meteor auf die Erde stürzt, ist kleiner als 10^{-3}.

(f) Es gibt

   (f_1) wahrscheinlich

   (f_2) mit Wahrscheinlichkeit 9/10 kein Leben auf dem Mars.

(g) Mit an Sicherheit grenzender Wahrscheinlichkeit ist der Angeklagte schuldig.

(h) Wahrscheinlich

   (h_1) werde ich die Prüfung bestehen

   (h_2) (kurz danach:) habe ich die Prüfung bestanden.

(i) Ich wette 10:1, dass die Mensa morgen mittag wieder überfüllt ist.

b * In allen Fällen geht es um das Eintreten oder Nichteintreten eines „möglichen Ereignisses", über dessen Eintreffen *Unsicherheit* besteht. In (e, h_1, i) liegt das Ereignis in der Zukunft, in (f, g, h_2) ist uns sein Zutreffen noch nicht bekannt. Auch in den Fällen (a) bis (d) machen Wahrscheinlichkeits-Aussagen nur einen Sinn, bevor das Ergebnis bekannt ist.
In jedem Fall müssen die Randbedingungen für die Aussage (der „Wahrscheinlichkeitsraum") vorher festgelegt werden, in (a) z. B. Würfeln mit einem unverfälschten Würfel, in (h_2) das Stadium der unvollständigen Notenkenntnis. Stets wird eine Aussage über die *„Chancen"* des Eintretens des betrachteten Ereignisses gemacht. Die Aussage kann quantitativ (a, b, d, f_2, i) oder qualitativ sein (f_1, g, h). Selbst die qualitativen Begriffe enthalten mehr anschauliche Information, als sie die drei Begriffe der deduktiven Logik für das Eintreten von Ereignissen – „sicher", „unmöglich", „möglich" – zu liefern vermögen.

c * Das Wort „Wahrscheinlichkeit" bezeichnet in den Fällen (a) bis (d) objektive, nachprüfbare Werte und führt zu beweisbaren Aussagen, in den übrigen Fällen subjektive Zahlen, die aber immerhin auf Erfahrung beruhen. Entsprechend der Begründung unterscheidet man mehrere Wahrscheinlichkeits-begriffe, die jedoch, soweit sie quantitativ sind, denselben mathematischen Gesetzen gehorchen und auch inhaltliche Querverbindungen besitzen.

d * Die „klassische" Festlegung von Laplace bezeichnet als Wahrscheinlichkeit das *Verhältnis der Anzahl* (für das Ereignis) *„günstiger" Fälle zur Anzahl möglicher Fälle* (Beispiel (a) und 4.2.1). Sie ist sinnvoll, wenn sich der Wahrscheinlichkeitsraum in eine Anzahl Fälle (Elementarereignisse) zerlegen lässt, die man als gleich wahrscheinlich betrachtet. Meistens kann dies durch (physikalische) Symmetrien begründet werden, z. B. die Symmetrie einer „idealen" Münze oder eines „idealen" Würfels oder, in der Statistischen Mechanik, durch die Vertauschbarkeit gleichartiger Atome oder Moleküle.

e * Die Wahrscheinlichkeit kann in Spezialfällen, in denen man ein geometrisches Gebilde als Wahrscheinlichkeitsraum betrachtet und von einer uniformen Verteilung von Punkten, Winkeln, Geraden usw. ausgehen kann (Beispiel des Regentropfens und (d)), als *geometrische* Wahrscheinlichkeit bezeichnet werden. Dieser Begriff ist selten anwendbar, aber recht anschaulich.

f * Die Wahrscheinlichkeit wird manchmal definiert als *Grenzwert der relativen Häufigkeit* des Eintretens eines Ereignisses, wenn dasselbe Experiment beliebig oft, „unendlich oft" wiederholt wird (und zwar so, dass die Chancen für das Ereignis in jeder Wiederholung immer gleich und unabhängig vom Eintreten oder Nichteintreten in den früheren Durchführungen ist). Dieser Wahrscheinlichkeitsbegriff liefert somit eine direkte Beziehung zu einer beobachtbaren Grösse, nämlich der relativen Häufigkeit, die gleich der Anzahl der „erfolgreichen" Experimente, in denen das Ereignis auftrat, dividiert durch die Gesamtzahl der durchgeführten Experimente ist. Er benutzt die empirische Tatsache, dass die relative Häufigkeit immer weniger schwankt, je mehr Wiederholungen man durchführt, und einem Grenzwert zuzustreben scheint; dieser Grenzwert liegt jedoch im „Unendlichen", er ist unerreichbar und lediglich approximierbar. Wenn die Wiederholbarkeit gegeben ist, wird die Wahrscheinlichkeit zu einer Grösse, die man, ebenso wie eine Länge oder eine Masse, „im Prinzip" beliebig genau messen kann.

g * Die Definitionen 4.10.d und 4.10.f werden öfters verwechselt, weil man in beiden Fällen zählt und einen Bruch berechnet. Im ersten Fall zählt man Elementarereignisse und erhält ohne Experimente aufgrund apriori gegebener Symmetrien die exakte Wahrscheinlichkeit. Im zweiten Fall hingegen betrachtet man viele Wiederholungen eines Experiments und zählt, wie oft ein einzelnes Ereignis zufällig vorkommt. Die gefundene relative Häufigkeit des Eintretens ist hier lediglich eine Annäherung, eine „Schätzung" für die Wahrscheinlichkeit. Wenn beide Definitionen gleichzeitig anwendbar sind, wenn z. B. die Ergebnisse vieler Würfelwürfe vorliegen, so wird man natürlich erwarten, dass die relative Häufigkeit des Ereignisses „Primzahl" in der Nähe der hergeleiteten Wahrscheinlichkeit 2/3 ist. Wenn sie zu stark davon abweicht (was „zu stark" bedeutet, wird in der schliessenden Statistik diskutiert), so kann man schliessen, dass die Modellannahmen der ersten Definition nicht zutreffen, dass also der Würfel gefälscht (asymmetrisch) ist oder irgendein anderer Trick benutzt wurde.

h * Am Anfang dieses Kapitels haben wir die Wahrscheinlichkeit als *idealisierte relative Häufigkeit* oder als vereinfachtes *Modell für relative Häufigkeiten* eingeführt, ohne die beliebige Wiederholbarkeit eines Experimentes vorauszusetzen.

i * Für die Mathematik ist die Wahrscheinlichkeit eine formale Grösse, die einem *mathematischen Axiomensystem* genügt, die also bestimmte Grundeigenschaften besitzt, aus denen sich alle anderen Eigenschaften und Gesetze streng mathematisch-logisch herleiten lassen (siehe 4.2.g und Beispiel (c)). Auf diesem Begriff lässt sich die gesamte Wahrscheinlichkeitstheorie widerspruchsfrei aufbauen, aber er besagt gar nichts über die inhaltliche Bedeutung der Wahrscheinlichkeit. Immerhin taucht der Zusammenhang mit der relativen Häufigkeit als mathematisches Gesetz („Gesetz der grossen Zahl") wieder auf: Ausgehend von einer als gegeben angenommenen Wahrscheinlichkeit kann man beweisen, dass die relative Häufigkeit gegen eben diese Wahrscheinlichkeit strebt (siehe 5.8).

j * In manchen Fällen ist die Wahrscheinlichkeit eine *subjektive* Grösse, die nicht eine objektive Eigenschaft eines physikalischen (Definitionen 4.10.f, 4.10.e) oder mathematischen (4.10.d, 4.10.i) Systems beschreibt, sondern lediglich unser subjektives Wissen oder unseren subjektiven Glauben (Beispiele (e, f_2, i); qualitativ (f_1, g, h)).
Subjektive Wahrscheinlichkeiten können durch Wettverhältnisse bei Systemen von „fairen" Wetten (bei denen keiner zwangsläufig Geld gewinnt oder verliert) „gemessen" werden: Wenn ich 10:1 auf ein Ereignis wette und auch bereit bin, 1:10 auf das Gegenteil zu wetten, so ist meine subjektive Wahrscheinlichkeit dieses Ereignisses 10/11. Ein Wettverhältnis von 1:1 steht für eine subjektive Wahrscheinlichkeit von 1/2 (vergleiche 4.2.p).
Das Eingehen einer 1:1-Wette bedeutet nicht: „Ich habe keine Ahnung". Die meisten werden, wenn sie nichts wissen, womöglich keine Wetten eingehen. In der Theorie der subjektiven Wahrscheinlichkeiten wird angenommen, dass man stets irgendeine quantitative Meinung hat, die sich über faire Wetten beschreiben lässt und damit auch, wie man zeigen kann, den Axiomen der Wahrscheinlichkeit entsprechen sollte.

k * Die Verwendung von subjektiven Wahrscheinlichkeiten in der Wissenschaft ist zunächst fragwürdig, da jede Forscherin und jeder Forscher eigene Wahrscheinlichkeitswerte haben kann und dadurch die oft postulierte „naturwissenschaftliche Objektivität" und Nachvollziehbarkeit nicht gegeben ist. Der Begriff findet dennoch Anwendung, wenn beispielsweise Experten-Meinungen durch Wahrscheinlichkeiten zusammengefasst werden.
Mit Hilfe des Satzes von Bayes lassen sich solche Wahrscheinlichkeiten aufgrund von Beobachtungen verbessern, wie dies im Beispiel der Wetteraussichten (4.9.f) gezeigt wurde. Zahlreiche Statistiker, die sogenannten *Bayesianer*, empfehlen diese Art der Behandlung von Wahrscheinlichkeiten zur allgemeinen Verwendung. Die entsprechenden Methoden laufen unter dem Namen *Bayes'sche Statistik*.

l * Soweit die Beschreibung des *Zustandes unseres Wissens* das Ziel ist, gerät man in der Tat mit den „objektiven" Wahrscheinlichkeits-Begriffen in Schwierigkeiten. Es reicht aber auch die subjektive Wahrscheinlichkeit dafür nicht aus; man muss allgemeinere Begriffe betrachten. In diesem philosophisch interessanten Forschungsgebiet wurde bisher kein Konsens erreicht.

4.11 Wie weiter?

a In den folgenden beiden Kapiteln werden die bekanntesten Verteilungen von Zufallsvariablen vorgestellt. Glücklicherweise können jetzt die Würfel, Karten und Regentropfen in den Hintergrund treten und wir können beginnen, an wirkliche Experimente und Beobachtungen zu denken.

b Allerdings bleibt es zunächst beim Drandenken. Wir haben zwar den Begriff der Wahrscheinlichkeit als idealisierte relative Häufigkeit eingeführt, aber es ist wichtig, dass Sie das jetzt „vergessen", da diese Idee Verwirrung stiftet. Relative Häufigkeiten beziehen sich ja auf viele vorangegangene Messergebnisse oder Beobachtungen. *Wahrscheinlichkeiten beziehen sich dagegen immer auf zukünftige oder noch nicht bekannte Ereignisse.*
Für das Folgende stellen Sie sich also am besten vor, Sie seien dabei, einen Versuch oder eine Beobachtung zu *planen*. Sie machen sich Vorstellungen von dem, *was herauskommen könnte*. Diese Vorstellungen drücken Sie durch Wahrscheinlichkeiten aus.

c Eine Messung oder Beobachtung ist dann keine Zahl, sondern wird beschrieben durch einen Bereich möglicher Werte (z. B. die Zahlen 0, 1, 2, ...) und durch eine Wahrscheinlichkeits-Verteilung auf diesen Zahlen (durch die Wahrscheinlichkeiten p_k, mit denen jeder Wert k zu beobachten sein wird, wobei $\sum_{k=0}^{\infty} p_k = 1$ ist). *Die „Messung" oder „Beobachtung" ist jetzt also keine Zahl, sondern eine Zufallsvariable.* Wenn der Versuch oder die Beobachtung dann durchgeführt ist, erhält man schliesslich eine Zahl (oder mehrere), die man als *Realisierung* der Zufallsvariablen ansprechen kann.

d Hinter dem abstrakten mathematischen Gebilde „Zufallsvariable" können Sie sich immer eine *Zufallszahlen-Maschine* mit entsprechender Verteilung denken. Die Modell-Vorstellung sagt dann, dass die Messung oder Beobachtung gleichbedeutend sei mit der Realisierung *einer* solchen Zufallszahl, mit *einer* Betätigung der Maschine. Die gemeinsame Betrachtung mehrerer Variablen entspricht der *einmaligen* Betätigung einer Maschine, die immer gleich mehrere Zahlen ausspuckt, und zwar nach einem „Mechanismus", der der gewünschten gemeinsamen Verteilung entspricht. Mit Hilfe von Zufallszahlen können wir beliebig oft ausprobieren, was bei der Messung oder Beobachtung herauskommen kann – wenn das angenommene Modell stimmt.

e Die Verteilungen von Zufallsvariablen werden wir zunächst beschreiben, wie wir dies in den Kapiteln 2 und 3 für „Verteilungen" von Beobachtungen getan haben, also z. B. durch Kennzahlen. Dann werden wir, von Annahmen ausgehend, Schlüsse ziehen; beispielsweise können wir die Frage beantworten, welche Verteilung eine transformierte Messgrösse besitzt, wenn die Verteilung der Messgrösse selbst gegeben ist. Solche Überlegungen bilden die Basis für die schliessende Statistik, die wieder die Brücke zu konkreten Daten schlagen wird.

f Im nächsten Kapitel befassen wir uns mit Verteilungen für diskrete Grössen, speziell für Daten, die durch Zählung von „Erfolgen", „Ereignissen" im alltäglichen Sinn des Wortes oder „Objekten mit bestimmten Merkmalen" entstehen. Diese Situation ist in manchen Anwendungsgebieten weniger häufig als diejenige einer Messung einer kontinuierlichen Grösse, die uns im übernächsten Kapitel beschäftigen wird. Der Formalismus ist aber einfacher.

5   Diskrete Verteilungen

5.1   Binomial-Verteilung

a   Wenn gezählt wird, wie viele Keimlinge erfogreich anwachsen, wie viele Fahrzeuge in einer Kontrolle hängenbleiben oder wie viele Telefonanrufe in der nächsten Stunde ankommen, dann kann das Ergebnis als zufällig angesehen und durch eine diskrete Zufallsvariable beschrieben werden. In diesem Kapitel kommen gebräuchliche Verteilungen für solche Daten und ihre Zusammenhänge zur Sprache.

b   Im einfachsten Fall interessiert man sich bei einem beliebigen Experiment für das Eintreten oder Nichteintreten eines Ereignisses A, beispielsweise für eine Sechs beim Würfeln oder für das Zutreffen einer bestimmten Eigenschaft bei einem Lebewesen. Man definiert eine Zufallsvariable X, die nur die Werte 0 und 1 annehmen kann. Sie soll gleich 1 sein, wenn A zutrifft, und andernfalls gleich 0. Es ist also $A = \{X = 1\}$. X heisst die *Indikatorfunktion* von A und ist eine *binäre* (zweiwertige) Zufallsvariable oder eine *Indikatorvariable*.

> Wir bezeichnen $P\langle A \rangle = P\langle X = 1 \rangle$ mit dem griechischen Buchstaben π, der hier also nicht die Zahl 3.14159..., sondern eine Zahl zwischen 0 und 1 bezeichnet.
> Die binäre Zufallsvariable X ist dann gegeben durch
>
> $$P\langle X = 1 \rangle = \pi \,, \qquad P\langle X = 0 \rangle = 1 - \pi$$
>
> Diese einfachste aller denkbaren Verteilungen wird *Bernoulli-Verteilung* genannt.

Auf dieser einfachen Definition lässt sich erstaunlich viel aufbauen: Der Ausgang jedes Experiments kann durch geeignet definierte Indikatorvariable beschrieben werden, und alle Sätze über Wahrscheinlichkeiten von Ereignissen lassen sich in Sätze über Verteilungen von entsprechenden Indikatorvariablen umformen.

c   ▷ *Beispiel Fische.* Wasser kann auf gefährliche Verschmutzungen hin geprüft werden, indem man Fische für eine gewisse Zeitspanne darin schwimmen lässt. Wir betrachten für den Moment einen einzigen Fisch. Das Ereignis A bedeute, dass der Fisch eingeht. Wir können X so auffassen, dass es die „Anzahl" toter Fische zählt, die nur Null oder Eins sein kann.
Wenn mehrere Fische ausgesetzt werden – bei wiederholten Versuchen – kann durch Summieren der entsprechenden Zufallsvariablen die Anzahl toter Fische gezählt werden. Ein Elementarereignis ω steht nun für das Ergebnis des Aussetzens von n Fischen. Es sei die Zufallsvariable $X_1 \langle \omega \rangle$ das Ergebnis des 1. Versuchs, also $X_1 \langle \omega \rangle = 1$, falls der Fisch Nummer 1 stirbt respektive das Ereignis A im ersten Versuch eintritt. Ebenso geben $X_2 \langle \omega \rangle$, ..., $X_n \langle \omega \rangle$ das Eintreten von A im zweiten, ..., $n$ten Versuch wieder. Die Summe $S = X_1 + X_2 + ... + X_n$ zählt die Anzahl toter Fische, also der Anzahl Versuche, in denen A eintritt. Sie ist zufällig und kann die Werte 0, 1, ..., n annehmen.
Wir möchten wissen, mit welcher Wahrscheinlichkeit diese Werte auftreten. ◁

d Allgemein formuliert seien die „Erfolge" in n „Versuchen" von Interesse. Wir nehmen an, dass die Wahrscheinlichkeit eines „Erfolgs" in allen Versuchen gleich sei, also

$$P\langle X_i = 1\rangle = \pi, \quad i = 1,\ldots,n \,,$$

und dass die X_i unabhängig seien. Im Beispiel des Würfelns mit n Farbwürfeln sei X_i die Indikatorfunktion für rote Farbe auf dem i ten Würfel, demnach $\pi = \frac{1}{6}$.

Tabelle 5.1.d Wahrscheinlichkeiten für die möglichen Ergebnisse von $n = 3$ Versuchen

$X_1 =$	$X_2 =$	$X_3 =$	$S =$	P
	Ereignis			Wahrscheinlichkeit
0	0	0	0	$(1-\pi)^3$
0	0	1	1	$(1-\pi)^2\,\pi$
0	1	0	1	$(1-\pi)\,\pi\,(1-\pi)$
0	1	1	2	$(1-\pi)\,\pi^2$
1	0	0	1	$\pi\,(1-\pi)^2$
1	0	1	2	$\pi\,(1-\pi)\,\pi$
1	1	0	2	$\pi^2\,(1-\pi)$
1	1	1	3	π^3

Die Wahrscheinlichkeiten für die möglichen Ergebnisse in $n=3$ Versuchen sind in Tabelle 5.1.d zusammengestellt. Die Anzahl Erfolge ist jeweils die Summe der Werte von x_1, x_2 und x_3. So ergeben sich die möglichen Werte und die Wahrscheinlichkeiten, also die Verteilung für die Zufallsvariable $S = X_1 + X_2 + X_3$, die Anzahl Erfolge in den $n = 3$ Versuchen:

$$P\langle S{=}0\rangle = (1-\pi)^3 \,, \qquad P\langle S{=}1\rangle = 3\pi\,(1-\pi)^2 \,,$$
$$P\langle S{=}2\rangle = 3\pi^2(1-\pi) \,, \qquad P\langle S{=}3\rangle = \pi^3 \,.$$

e Wie sieht das für grössere n aus? In einer analogen Tabelle wird die Wahrscheinlichkeit für jede Zeile, in der s Einsen stehen – für die also $S = s$ wird –, gleich $\pi^s\,(1-\pi)^{n-s}$. Solche Zeilen gibt es so viele, wie es Möglichkeiten gibt, die s Versuche für die Einsen aus den n Versuchen auszuwählen. Man sagt dieser Zahl „*Binomialkoeffizient*" $\binom{n}{s}$ („n tief s"), und sie ist gleich

$$\binom{n}{x} = \frac{n!}{x!(n-x)!} = \frac{n\cdot(n-1)\cdot(n-2)\cdot\ldots\cdot 1}{x\cdot(x-1)\cdot(x-2)\cdot\ldots\cdot 1\,\cdot(n-x)\cdot(n-x-1)\cdot\ldots\cdot 1} = \frac{n\cdot(n-1)\cdot\ldots\cdot(n-x+1)}{x\cdot(x-1)\cdot\ldots\cdot 1}\,.$$

f Um das Ergebnis aufzuschreiben, wählen wir, weil es so üblich ist, X (ohne Index) statt S als Bezeichnung für die Summe.

> Bei einer Serie von n unabhängigen Versuchen und Erfolgswahrscheinlichkeit π (mit $0 < \pi < 1$) ist die Verteilung der Anzahl X der Erfolge gegeben durch die Wahrscheinlichkeiten
>
> $$P\langle X{=}x\rangle = \binom{n}{x}\,\pi^x(1-\pi)^{n-x} \,, \qquad x = 0,\, 1,\, \ldots,\, n \,.$$
>
> Diese Verteilung heisst *Binomial-Verteilung* (nicht etwa Binominalverteilung!)
> Als *Kurzschreibweise* verwendet man $X \sim \mathcal{B}\langle n, \pi\rangle$; das Zeichen $\sim$ kann gelesen werden als „ist verteilt gemäss", und $\mathcal{B}$ steht für die Binomial-Verteilung.

g Allerdings bezeichnet $\mathcal{B}\langle n, \pi \rangle$ erst eine eindeutige Verteilung, wenn n und π festgelegt sind. Bild 5.1.g zeigt, wie verschieden „die Binomial-Verteilung" für verschiedene n und π aussehen kann.

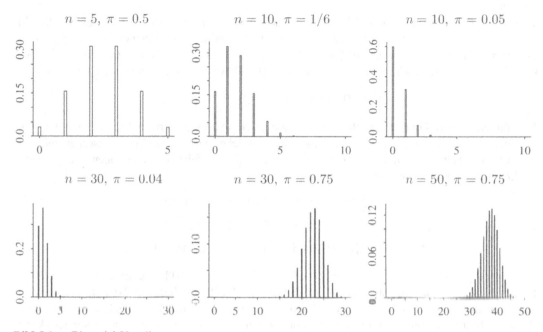

Bild 5.1.g Binomial-Verteilungen

h Die Binomial-Verteilung ist für viele Situationen ein naheliegendes und brauchbares Modell, beispielsweise wenn gezählt wird,

- wie viele Personen bei einer *Umfrage* in der Schweiz den Beitritt zur Europäischen Gemeinschaft befürworten;

- wie viele Studierende eines Semesters die Vorprüfung bestehen;

- wie viele Erbsen einer Pflanze in einem Mendel'schen Versuch rund herauskommen;

- wie viele Joghurtgläser in einer Stichprobe aus einem grossen Los Fehler aufweisen.

In all diesen Situationen wird gezählt, für wie viele Personen, Fälle oder Versuche unter einer Gesamtzahl n ein bestimmtes Merkmal oder Ereignis zutrifft.

i Die Anzahl Versuche n ist meist vorgegeben, dagegen ist die Wahrscheinlichkeit π eines „Erfolgs" häufig unbekannt – ausser in den konstruierten Beispielen mit Würfeln und Münzen (siehe 4.3.d), wo es jeweils ein naheliegendes „richtiges" π gibt. Die freie Grösse π wird als *Parameter* bezeichnet.

Üblicherweise werden die Zählungen just vorgenommen, um etwas über den Parameter π zu erfahren. Vorläufig tun wir aber so, als ob wir ihn kennen würden, und untersuchen weiter, welche Eigenschaften ein solches Modell hat; das wird uns später helfen, Rückschlüsse zu ziehen.

j Die Binomial-Verteilung ist also ein geeignetes Modell, das die Wahrscheinlichkeiten für die möglichen Häufigkeiten eines Erfolgs in einer *geplanten* Serie von n Versuchen angibt (vergleiche 4.11.c). Als Veranschaulichung kann wie immer das Muster-Experiment der *Zufallszahlen* dienen (4.11.d).

Um Bernoulli-verteilte Zufallszahlen zu erhalten, setzen wir $x_i = 1$, falls die Grund-Zufallszahl $z_i \geq 1 - \pi$ ist, und sonst $x_i = 0$. Je n solche Zahlen bilden eine Versuchsserie. Für $n = 5$ und $\pi = 0.32$ werden aus den 10 Grund-Zufallszahlen 0.87736, 0.64760, 0.34951, 0.92370, 0.09694, 0.58843, 0.03514, 0.90543, 0.64607, 0.66063 (siehe 4.4.a) die beiden Gruppen

$$(1, 0, 0, 1, 0) \quad \text{und} \quad (0, 0, 1, 0, 0) \, .$$

So können weitere Gruppen gebildet werden. Zu jeder gehört ein Wert der Summe S (oder X), nämlich $s_1 = 2$, $s_2 = 1$, ... In einer langen Reihe solcher „simulierter Versuchsserien" müssen die relativen Häufigkeiten der Werte von S schliesslich ungefähr gleich den oben angegebenen Wahrscheinlichkeiten werden, also gleich

$$P\langle S{=}0\rangle = \tbinom{5}{0}0.32^0 \, 0.68^5 = 1 \cdot 1 \cdot 0.145 = 0.145 \, ,$$

$$P\langle S{=}1\rangle = \tbinom{5}{1}0.32^1 \, 0.68^4 = 5 \cdot 0.32 \cdot 0.214 = 0.342 \, ,$$

$$P\langle S{=}2\rangle = \tbinom{5}{2}0.32^2 \, 0.68^3 = 10 \cdot 0.102 \cdot 0.314 = 0.322 \, .$$

$P\langle S = 3\rangle = 0.152$, $P\langle S = 4\rangle = 0.036$, $P\langle S = 5\rangle = 0.003$. Die Erzeugung von 1000 Serien ergab die relativen Häufigkeiten 0.146, 0.337, 0.323, 0.150, 0.041 und 0.003, was wirklich recht gut mit den Wahrscheinlichkeiten übereinstimmt. (* Will man lediglich binomial verteilte Zufallszahlen erzeugen, so braucht man nicht alle binären x-Werte zu bestimmen, sondern kann dem „Grundrezept" 4.4.d folgen.)

k Wenn die Überlegungen, die zu den Wahrscheinlichkeiten geführt haben, zu kompliziert wären, könnte man diese also auch durch die Erzeugung von vielen Zufallszahlen näherungsweise berechnen. Man sagt, dass man die Verteilung von S simuliert. Die Methode trägt den Namen *Simulation* oder *Monte Carlo-Verfahren*. Wir werden auf die Idee zurückkommen.

Allerdings müsste man im vorliegenden Fall für jedes n und jeden Wert von π eine neue Simulation starten, und man erhielte keine Formel, mit der weiter gerechnet werden kann, sondern nur jeweils Näherungswerte für die Wahrscheinlichkeiten. *Wenn theoretische Überlegungen möglich sind, tragen sie weiter als Computer-Simulationen.* Fahren wir also mit Überlegen weiter!

l ▷ *Beispiel Fische.* Wenn die Wahrscheinlichkeit, dass ein Fisch eingeht, 0.5 ist – das Wasser also übermässig belastet ist –, wie gross ist dann die Wahrscheinlichkeit, dass von fünf ausgesetzten Fischen dennoch höchstens einer stirbt?

Die Anzahl toter Fische X hat gemäss den vorhergehenden Überlegungen eine Binomial-Verteilung mit $n = 5$ und $\pi = 0.5$, also $X \sim \mathcal{B}\langle 5, 0.5\rangle$. Die gesuchte Wahrscheinlichkeit ist

$$P\langle X \leq 1\rangle = \tbinom{5}{0} \, 0.5^0 \, 0.5^5 + \tbinom{5}{1} \, 0.5^1 \, 0.5^4 = (1 + 5) \, 0.5^5 = 0.1875 \, .$$

Sogar wenn von fünf Fischen nur einer stirbt, ist es also durchaus möglich, dass die Wahrscheinlichkeit π, die uns ja eigentlich interessiert, gleich 0.5 ist! Man muss offenbar mehr Fische aussetzen, damit man eine genügend genaue Aussage über die Wasserqualität machen kann. (Genauere Überlegungen in dieser Richtung gehören zur schliessenden Statistik.) ◁

m ▷ *Beispiel Qualitätskontrolle.* Man nehme an, dass in einer Ladung von Früchten 4% faule dabei sind. Man will der Ladung 30 Früchte an möglichst „zufällig ausgewählten" Orten entnehmen – eine „Stichprobe" – und die Anzahl X der faulen gezogenen Früchte zählen. Wie gross sind die Wahrscheinlichkeiten, keine, 1, 2, 3 oder gar ≥ 4 faule Früchte zu erhalten? Übersetzt ins Modell: Es handelt sich um eine Serie von 30 unabhängigen Versuchen mit „Erfolgs-Wahrscheinlichkeit" $\pi = 0.04$, also $X \sim \mathcal{B}\langle 30, 0.04\rangle$. Die Wahrscheinlichkeiten sind deshalb

$$P\langle X\!=\!0\rangle=0.96^{30} = 0.2939, \qquad\qquad P\langle X\!=\!1\rangle=30 \cdot 0.04 \cdot 0.96^{29} = 0.3673,$$

$$P\langle X\!=\!2\rangle=\tfrac{30\cdot29}{2} 0.04^2 \cdot 0.96^{28} = 0.2219, \quad P\langle X\!=\!3\rangle=\tfrac{30\cdot29\cdot28}{3\cdot2} 0.04^3 \cdot 0.96^{27} = 0.0863,$$

$$P\langle X \geq 4 \rangle = 1 - P\langle X\!=\!0\rangle \ \ldots - P\langle X\!-\!3\rangle = 0.0306.$$

Sie sind in Bild 5.1.g links unten dargestellt. ◁

n ▷ Ob das Modell in diesem Beispiel angebracht ist, bleibt fraglich. Genau genommen handelt es sich um ein *„Ziehen ohne Zurücklegen"*. Wenn die ganze Sendung nur aus 100 Früchten bestehen würde, von denen also gemäss Annahme 4 faul wären, dann wäre die Wahrscheinlichkeit, dass die erste gezogene Frucht faul ist, gleich 4%, für die zweite Frucht hätten wir aber eine (bedingte) Wahrscheinlichkeit von 3/99 oder 4/99, je nachdem, ob die erste Frucht tatsächlich faul war oder nicht. Die 30 Versuche wären also nicht unabhängig. Wir nehmen an, dass die Sendung so gross ist, dass dieser Effekt vernachlässigbar ist. (Rechnen Sie die bedingten Wahrscheinlichkeiten für eine Sendung von 10'000 Früchten nach!) ◁

o   Noch in einer anderen Hinsicht könnte die Unabhängigkeit gestört sein: Wenn die Früchte alle aus dem gleichen Pack genommen würden, wäre eine gegenseitige Ansteckung oder eine gemeinsamen Ursache sehr plausibel. Die Unabhängigkeit der „Versuche" kann dadurch verletzt werden. Durch den Zusatz „zufällig ausgewählte Orte" kann man eine solche Störung der Annahmen aber verhindern. Das Prinzip einer *zufälligen Auswahl* ist vielfach wesentlich für die Anwendung eines einfachen Wahrscheinlichkeitsmodells.

p   Die Wahl von π als 4% ist eine willkürliche Annahme. Man kann hier nicht Erfahrungswerte von früheren Ladungen benützen; es geht ja gerade darum, zu beurteilen, ob die Ladung besonders schlecht ist oder nicht.

Dies führt bereits zu einem Grundgedanken der schliessenden Statistik: Von der Annahme ausgehend, dass $\pi = 0.04$ beträgt, haben wir hergeleitet, dass die Wahrscheinlichkeit, 4 oder mehr faule Früchte zu ziehen, sehr klein ist, nämlich etwa 3%. Wenn π kleiner ist als 0.04, wird diese Wahrscheinlichkeit natürlich noch kleiner. Wenn man nun in einer solchen Stichprobe beispielsweise 5 faule Früchte findet, gibt es zwei Erklärungsmöglichkeiten: Entweder hat man unwahrscheinliches Pech gehabt, oder das Modell ist falsch. Der naheliegendste Schluss ist der, dass die Ladung mehr als 4% faule Früchte enthält. Es ist vernünftig, solche Ladungen zurückzuweisen oder mindestens noch genauer zu untersuchen. Derartige *Entscheidungsregeln* sind in der Industrie zum Teil vertraglich festgelegt. In der allgemeinen schliessenden Statistik führen sie zum Begriff des statistischen *Tests*.

5.2 Die Poisson-Verteilung

a Binomial verteilte Zufallsvariable bilden ein Modell für Zähldaten: Man zählt die „Erfolge" in einer vorgegebenen Anzahl n von Versuchen. Bei Zählungen von Lebewesen, Unfällen, Impulsen am Geiger-Zähler und anderen „Ereignissen" in bestimmten Gebieten oder Zeitabschnitten gibt es keine Versuche in diesem Sinn. In solchen Fällen bildet die sogenannte Poisson-Verteilung ein geeignetes Modell.

b * Für die Herleitung braucht diese Verteilung mehr Mathematik als die Binomial-Verteilung. Wir gehen aus vom *Beispiel* der *Regentropfen* in 4.2.o. Das Elementarereignis ω besteht wieder darin, dass ein Regentropfen auf eine Platte der Fläche 1 fällt. Die Zufallsvariable X_1 zeige an, ob der erste Regentropfen auf einen markierten Teil mit Fläche λ (griechisch lambda) fällt. Es sei also $X_1 = 1$, falls der Tropfen auf diesen Teil fällt, sonst $X_1 = 0$. X_1 ist damit Bernoulli-verteilt mit $P\langle X_1 = 1\rangle = \lambda$.

Wir wollen nun n Platten der Fläche 1 betrachten und überlegen, wo die ersten n Tropfen fallen – gleich viele Tropfen wie Platten also. Wir bestimmen die Anzahl X der Tropfen auf dem vorher bezeichneten Teil der ersten Platte mit Fläche λ. Gemäss dem vorhergehenden Abschnitt gilt $X \sim \mathcal{B}\langle n, \lambda/n\rangle$, das heisst

$$P\langle X = x\rangle = \frac{n \cdot (n-1) \cdot \ldots \cdot (n - x + 1)}{x!} \left(\frac{\lambda}{n}\right)^x \left(1 - \frac{\lambda}{n}\right)^{n-x}$$

$$= 1 \cdot \left(1 - \frac{1}{n}\right) \cdot \ldots \cdot \left(1 - \frac{x-1}{n}\right) \frac{\lambda^x}{x!} \left(1 - \frac{\lambda}{n}\right)^{-x} \left(1 - \frac{\lambda}{n}\right)^n .$$

Wieso n Tropfen auf n Platten? Nun, die Zeit, die vergeht, bis der erste Tropfen auf die erste Platte fällt, kann intuitiv recht stark schwanken. Bis insgesamt 10 Tropfen irgendwo auf 10 Platten gelandet sind, wartet man „im Mittel" gleich lang, aber die zufällige Schwankung der „Wartezeit" ist schon kleiner. Wenn wir nun die Anzahl Platten parallel mit der Anzahl betrachteter Regentropfen immer grösser machen, führt das zum dem Stoppen nach einer festen Zeit – der Zeit, die gemäss der herrschenden Regenintensität vergeht, bis „im Mittel" ein Tropfen pro Quadratmeter gefallen ist. In diesem festen Zeitraum fallen auf eine Fläche der Grösse λ „im Mittel" gerade λ Tropfen.

Die Wahrscheinlichkeiten $P\langle X = x\rangle$ streben für $n \to \infty$ je einem Grenzwert zu. Um diesen zu berechnen, schreiben wir $t = -\frac{n}{\lambda}$ und damit $(1 - \frac{\lambda}{n})^n = \left((1 + \frac{1}{t})^t\right)^{-\lambda}$. Der Grenzwert von $(1 + \frac{1}{t})^t$ für $t \to \infty$ beträgt $2.718\ldots$ und wird Euler'sche Zahl e genannt. Also gilt $(1 - \frac{\lambda}{n})^n \to e^{-\lambda}$ für $n \to \infty$. Der Grenzwert für $P\langle X = x\rangle$ wird $P\langle X = x\rangle \to (\lambda^x/x!)e^{-\lambda}$.

Die Herleitung kann fast ebenso einfach für eine beliebige Platten-Fläche a und „Erfolgsfläche" λa gemacht werden. λ muss nicht < 1 sein, wenn man den Gedankengang direkt bei n Platten mit $n > \frac{\lambda}{a}$ startet.

Zusammenfassend erhalten wir das folgende Ergebnis.

c Die Verteilung der Anzahl Regentropfen, die in einem festen Zeitabschnitt auf eine bestimmte Fläche fallen, ist entsprechend dieser Herleitung gegeben durch

$$P\langle X = x\rangle = \frac{\lambda^x}{x!} e^{-\lambda}, \qquad x = 0, 1, 2, \ldots .$$

Sie heisst *Poisson-Verteilung* $\mathcal{P}\langle \lambda\rangle$ und enthält einen Parameter λ, der angibt, wie viele Tropfen „im Mittel" auf einer solchen Fläche zu erwarten sind (was dies genauer heisst, folgt in 5.4.g).

Die Poisson-Verteilung ist, wie Bild 5.2.c zeigt, für kleine Parameterwerte ($\lambda < 1$) monoton abnehmend; für grosse λ hat sie die Form einer Glockenkurve.

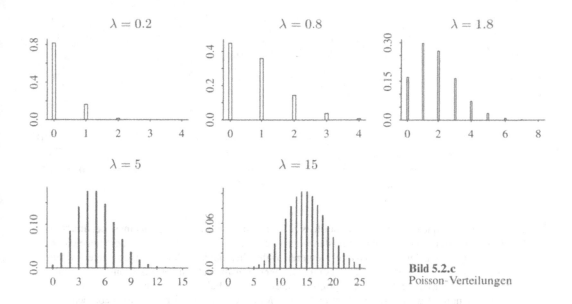

Bild 5.2.c
Poisson-Verteilungen

d ▷ *Beispiel.* Der *Geiger-Zähler* gibt einen Ton von sich, wenn er ein γ-„Teilchen" einfängt, und zählt diese Impulse. Es ist einleuchtend, dass die Zeitpunkte, zu denen solche Impulse auftreten, ein ähnliches „Muster" zeigen können wie die x-Koordinaten von Regentropfen, die auf einen langen Plattenstreifen fallen. Die Anzahl Impulse in einem festgelegten Zeitabschnitt – beispielsweise in einer Minute – zeigt also die gleiche Art von Verteilung wie die Anzahl Regentropfen mit x-Koordinate in einem bestimmten Intervall – eine Poisson-Verteilung. Der Parameter λ zeigt an, wie viele Impulse „im Mittel" für einen Zeitabschnitt der betrachteten Dauer zu erwarten sind. Er ist proportional zur Dauer und zur Intensität der gemessenen Strahlung.

Wenn $\lambda = 1$ ist, ist also ein Impuls pro Minute zu erwarten. Das heisst aber nicht, dass in jeder Minute genau ein Impuls auftritt. Es können zufälligerweise innerhalb des betrachteten Intervalls zwei oder sogar noch mehr sein.

Wie gross ist $P\langle X > 1\rangle$? – Die Antwort lautet: $P\langle X > 1\rangle = 1 - P\langle X = 0\rangle - P\langle X = 1\rangle = 1 - (1^0/0! + 1^1/1!)\,e^{-1} = 1 - 2 \cdot 0.368 = 0.264$.

Nun soll der Zeitabschnitt 5 mal so lang werden. Dadurch wird $\lambda = 5$. Wie gross ist jetzt $P\langle X > 5\rangle$? – Antwort: $1 - \sum_{x=0}^{5}(5^x/x!)\,e^{-5} = 0.384$. ◁

e Allgemein eignet sich die Poisson-Verteilung für „Ereignisse", die im Laufe der Zeit eintreffen oder an einem bestimmten Ort auftreten. (Das Wort „Ereignis" wird hier im alltäglichen Sinne gebraucht, der nicht der Definition der Wahrscheinlichkeitsrechnung entspricht.) Man zählt die „Ereignisse" in einer bestimmten Zeitspanne und einem festgelegten Gebiet, beispielsweise:

• *Unfälle* in einer Fabrik, auf den Strassen oder sonstwo;

• *Defekte* in Geräten;

• Klienten an einem Schalter oder von Jobs bei einem Hochleistungsrechner; die *Warteschlangen-Theorie* untersucht solche Prozesse.

Die Häufigkeit und die zufälligen Schwankungen solcher „Ereignisse" richtig zu erfassen ist unerlässlich für eine Kapazitätsplanung von Spitälern, Reparaturdiensten und Schalterdiensten.

Die „Ereignisse" im Zeitablauf sind im besprochenen Sinne gleich zu behandeln wie das Auftreten von „Punkten" im zwei- oder dreidimensionalen Raum (wie in unserer Herleitung). Die Poisson-Verteilung spielt also eine ebenso zentrale Rolle als einfachstes Modell bei

- Pflanzen oder Tieren (vergleiche 1.1.f), die *Verteilungsmuster* bilden;
- Partikeln in einer Flüssigkeit oder in der Luft;
- Sternen.

Die „Ereignisse" in solchen Beispielen werden oft „*seltene Ereignisse*" genannt, auch wenn sie sehr häufig sein können. Das Wort „selten" bezieht sich darauf, dass man die gesamte Zeit, die Fläche oder das Volumen im Modell in sehr viele kleine Teile zerlegen kann. In diesen Teilen treten, wenn sie genügend klein sind, nur selten „Ereignisse" auf.

f * In allen diesen Beipielen kann man nicht bloss *zählen,* wie viele „Ereignisse" in einem bestimmten Abschnitt auftreten, sondern sich für Distanzen zwischen Ereignissen und viele andere abgeleitete Grössen interessieren. Dies führt zu allgemeineren Wahrscheinlichkeits-Modellen, den sogenannten *Punkt-Prozessen.* Sie finden viele Anwendungen, aber der mathematische Formalismus ist sehr abstrakt. Das hier behandelte Modell entspricht dem einfachsten Fall eines solchen Punkt-Prozesses, dem sogenannten *Poisson-Prozess.* Kompliziertere Modelle werden beispielsweise gebraucht für „Verteilungsmuster" von Lebewesen, die sich „anziehen".

g ▷ *Beispiel Unfälle.* Die Anzahl der Todesfälle im Verkehr zeigt in der Schweiz erfreulicherweise seit geraumer Zeit deutlich abwärts: Sie sank von 1246 im Jahre 1980 auf 597 im 1998 und weiter auf 370 im Jahr 2006. Mittels Regressionsrechnung (3.5.h) ergibt sich aus den jährlichen Zahlen, dass im Jahr 2008 noch mit 308 Opfern gerechnet werden muss. Wie gross ist die Wahrscheinlichkeit, dass auf Grund der zufälligen Schwankungen trotzdem mindestens 330 Personen sterben müssen?

Aus der Annahme, dass die „zufälligen Schwankungen" mit der Poisson-Verteilung richtig beschrieben werden und die Regressionsrechnung den Parameter richtig vorhersagt, erhält man $P\langle X \geq 340\rangle = 3.7\%$. Falls ein solches Ergebnis eintrifft, wird man vermuten, dass sich der seit 1980 lineare Abwärtstrend abschwächt. (Irgendwann muss er das tun, da sonst ab 2018 negative Zahlen erscheinen müssten.) ◁

h * Das Poisson-Modell ist in diesem Fall nur eine Näherung, da die „Ereignisse" nicht immer unabhängig auftreten. Einerseits gibt es ja oft mehrere Tote im gleichen Unfall. Andererseits könnte man hoffen, dass Zeitungsmeldungen über schwere Unfälle eine dämpfende Wirkung auf die nächsten Tage haben. Ausserdem ist die Unfallrate stark wetterabhängig. Wenn das Wetter im kommenden Jahr ungünstiger verläuft, sind mehr Unfälle zu erwarten. Da wir darüber natürlich noch nichts wissen, müssen wir auch das Wetter als zufällig modellieren. Dann ist aber die Unfallzahl nicht mehr Poisson-verteilt; sie hat dann eine grössere zufällige Streuung.

5.3 Kennzahlen

a Relativen Häufigkeiten in „Stichproben" im Sinne der beschreibenden Statistik entsprechen Wahrscheinlichkeiten (siehe 4.2.f). *Kennzahlen von „Stichproben" werden zu Kennzahlen von Verteilungen*, wenn man die relativen Häufigkeiten durch Wahrscheinlichkeiten ersetzt.

Betrachten wir diesen Übergang für das arithmetische Mittel und setzen der Einfachheit halber Zähldaten voraus! Die Formel 2.4.i für klassierte Daten lautet mit $z_\ell = k$ und $h_\ell/n = r_k$

$$\bar{x} = \sum\nolimits_{k=0}^{\infty} k \cdot r_k$$

und wird jetzt zu

$$\mu = \sum\nolimits_{k=0}^{\infty} k \cdot P\langle X = k \rangle \ .$$

Diese Kennzahl, die jetzt eine Verteilung charakterisiert, erhält einen neuen Namen: Sie heisst der *Erwartungswert* (der Verteilung) von X, englisch *expectation* oder *expected value*, geschrieben als $\mathcal{E}\langle X \rangle$. (Der Name kommt vom langfristig erwarteten Gewinn bei Glücksspielen.)

Aus der Formel für die *Varianz* von klassierten Daten (2.4.i) wird, wenn man den merkwürdigen Nenner $n - 1$ durch das naheliegende n ersetzt,

$$\mathrm{var}\langle X \rangle = \sum\nolimits_{k=0}^{\infty} (k - \mu)^2 \cdot P\langle X = k \rangle \ .$$

Hier hat die Kennzahl der Verteilung den gleichen Namen wie die Kennzahl einer Stichprobe. Zur Unterscheidung spricht man von der *theoretischen Varianz* bei einer Verteilung oder einer Zufallsvariablen, im Gegensatz zur *empirischen Varianz* bei einer Stichprobe.

b In 4.4.c haben wir ebenso aus der empirischen kumulativen Verteilungsfunktion die theoretische erhalten. Analog geht man für weitere Kennzahlen wie Median und Quantile vor.

Tabelle 5.3.b Zusammenstellung der Kennzahlen für „Stichproben" und für Verteilungen von Zähldaten

Daten	Verteilung
Relative Häufigkeit r_k	Wahrscheinlichkeit $P\langle X = k \rangle$
Mittelwert $\bar{x} = \sum_{k=0}^{\infty} k \cdot r_k$	Erwartungswert $\mathcal{E}\langle X \rangle = \mu = \sum_{k=0}^{\infty} k \cdot P\langle X = k \rangle$
Varianz $\widehat{\mathrm{var}} = \frac{n}{n-1} \sum_{k=0}^{\infty} (k - \bar{x})^2 r_k$	Varianz $\mathrm{var}\langle X \rangle = \sum_{k=0}^{\infty} (k - \mu)^2 P\langle X = k \rangle$
Standardabweichung $\hat{\sigma} = \mathrm{sd} = \sqrt{\widehat{\mathrm{var}}}$	Standardabweichung $\sigma = \sigma_X = \sqrt{\mathrm{var}\langle X \rangle}$ (sprich „sigma")
Kumulative Verteilungsfunktion (Treppenstufen-Variante) $\widehat{F}\langle x \rangle = \sum_{k=0}^{x} r_k$	Kumulative Verteilungsfunktion $F\langle x \rangle = \sum_{k=0}^{x} P\langle X = k \rangle$
Median $\widehat{\mathrm{med}} = \widehat{F}^{-1}(\frac{1}{2})$ (*)	Median $\mathrm{med}\langle X \rangle = F^{-1}(\frac{1}{2})$ (*)
Quantil $\widehat{F}\langle \hat{q}_\alpha \rangle = \alpha;\ \ \hat{q}_\alpha = \widehat{F}^{-1}\langle \alpha \rangle$	Quantil $F\langle q_\alpha \langle X \rangle \rangle = \alpha;\ \ q_\alpha \langle X \rangle = F^{-1}\langle \alpha \rangle$

(*) F^{-1} ist die „Umkehrfunktion" von F, wie sie in 2.2 verwendet wurde

Tabelle 5.3.b zeigt die entsprechenden Formeln für Zähldaten, also für Zufallsvariable, die die Werte 0, 1, 2,... annehmen können. Zur Unterscheidung zwischen Kennzahlen von Stichproben und Kennzahlen von Zufallsvariablen wird über die empirischen Kennzahlen ein „Hut" $\widehat{}$ geschrieben.

c ▷ *Beispiel.* Sei X die Anzahl Sechser in *vier Würfelwürfen.* Die Verteilung von X ist eine Binomial-Verteilung, $X \sim \mathcal{B}\langle 4, 1/6\rangle$; die Wahrscheinlichkeiten sind

$$P\langle X=0\rangle = \left(\tfrac{5}{6}\right)^4 = \frac{625}{1296} = 0.48225\,, \quad P\langle X=1\rangle = 4\,\tfrac{1}{6}\left(\tfrac{5}{6}\right)^3 = \tfrac{500}{1296} = 0.38580$$

und $P\langle X=2\rangle = 0.11574$, $P\langle X=3\rangle = 0.01543$, $P\langle X=4\rangle = 0.000772$.

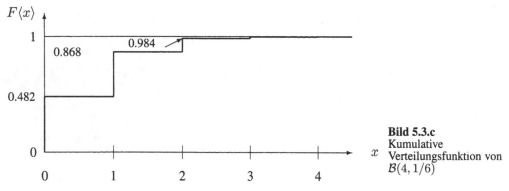

Bild 5.3.c
Kumulative Verteilungsfunktion von $\mathcal{B}(4, 1/6)$

Das führt zur in Bild 5.3.c gezeichneten kumulativen Verteilungsfunktion und zu den Kennzahlen

$$\mathcal{E}\langle X\rangle = 0 \cdot 0.48225 + 1 \cdot 0.38580 + 2 \cdot 0.11574 + 3 \cdot 0.01543 + 4 \cdot 0.000772 = 0.6667$$
$$\text{var}\langle X\rangle = (0 - 0.6667)^2 \cdot 0.48225 + (1 - 0.6667)^2 \cdot 0.38580 + (2 - 0.6667)^2 \cdot 0.11574 +$$
$$(3 - 0.6667)^2 \cdot 0.01543 + (4 - 0.6667)^2 \cdot 0.000772 = 0.555\,,$$

also $\sigma_X = \sqrt{0.555} = 0.745$ und schliesslich $\text{med}\langle X\rangle = 1$. (In den „verdächtig" aussehenden Ergebnissen für $\mathcal{E}\langle X\rangle$ und $\text{var}\langle X\rangle$ widerspiegeln sich allgemeine Formeln für die Binomial-Verteilung, die wir gleich noch kennenlernen werden.) ◁

d * Für die theoretischen Kennzahlen Erwartungswert und Varianz gelten, wie für ihre empirischen „Partner" (siehe 2.3.b, 2.3.j), physikalische Analogien: Wenn man an einen leichten Stab im Abstand k vom Anfang jeweils Gewichte der Masse $P\langle X=k\rangle$ anhängt, so liegt der *Schwerpunkt* bei $\mathcal{E}\langle X\rangle$. Das *Trägheitsmoment* bezüglich des Schwerpunktes ist gleich $\text{var}\langle X\rangle$.

e Die *Berechnung der Varianz* wird oft einfacher, wenn man die im Folgenden hergeleitete Formel verwendet, die derjenigen in 2.3.o für die empirische Varianz entspricht. Es ist

$$\text{var}\langle X\rangle = \sum_{k=0}^{\infty} (k - \mu)^2 \, P\langle X=k\rangle$$
$$= \sum_{k=0}^{\infty} \left(k^2 - 2k\mu + (\mu)^2\right) P\langle X=k\rangle$$

Man löst die Klammer auf und setzt konstante Faktoren vor das Summenzeichen:

$$\text{var}\langle X\rangle = \sum_{k=0}^{\infty} k^2 P\langle X=k\rangle - 2\mu \sum_{k=0}^{\infty} kP\langle X=k\rangle + (\mu)^2 \sum_{k=0}^{\infty} P\langle X=k\rangle .$$

Die letzte Summe muss gleich 1 sein. Die mittlere ist der Erwartungswert $\mathcal{E}\langle X\rangle = \mu$. Deshalb ist

$$\text{var}\langle X\rangle = \sum_{k=0}^{\infty} k^2 P\langle X=k\rangle - 2\mu \cdot \mu + (\mu)^2 .$$

Der erste Term entspricht dem Mittelwert der quadrierten Zahlen, $\sum k^2 r_k$, und ist deshalb der Erwartungswert der quadrierten Zufallsvariablen, X^2,

$$\mathcal{E}\langle X^2\rangle = \sum_{k} k^2 P\langle X=k\rangle .$$

Mit dieser Schreibweise erhalten wir

$$\text{var}\langle X\rangle = \mathcal{E}\langle X^2\rangle - \mu^2 = \mathcal{E}\langle X^2\rangle - (\mathcal{E}\langle X\rangle)^2 .$$

$\mathcal{E}\langle X^2\rangle$ heisst das *zweite Moment* von X. (Allgemein ist $\mathcal{E}\langle X^k\rangle$ das $k$te Moment.)

f ▷ Im Beispiel der vier Würfel (5.3.c) erhält man so

$$\text{var}\langle X\rangle = 0^2 \cdot 0.48225 + 1^2 \cdot 0.38580 + 3^2 \cdot 0.11574 + 3^2 \cdot 0.01543 + 4^2 \cdot 0.000772 - 0.6667^2$$
$$= 0.555. \triangleleft$$

g ▷ Anhand des *Beispiels* 4.5.b vom *Karten Ziehen* können Sie nachvollziehen, wie die Kennzahlen für allgemeine diskrete Zufallsvariable, die nicht wie die Zähldaten den Wertebereich $\{0, 1, 2, \dots\}$ haben, zu berechnen sind: Die Summen, die Erwartungswert und Varianz definieren, laufen dann über alle möglichen Werte der Zufallsvariablen.
Der Nettogewinn Z hatte die Verteilung

$$P\langle Z=-1\rangle = 2272/2652, \quad P\langle Z=1\rangle = 368/2652, \quad P\langle Z=9\rangle = 12/2652 .$$

Daraus ergibt sich

$$\mathcal{E}\langle Z\rangle = (-1)\frac{2272}{2652} + 1\frac{368}{2652} + 9\frac{12}{2652} = -\frac{1796}{2652} = -0.6772$$

(ein unrentables Spiel!) und

$$\mathcal{E}\langle Z^2\rangle = (-1)^2\frac{2272}{2652} + 1^2\frac{368}{2652} + 9^2\frac{12}{2652} = \frac{3612}{2652} = 1.3620;$$
$$\text{var}\langle Z\rangle = 1.3620 - 0.6772^2 = 0.9034. \triangleleft$$

h   *Empirische und theoretische Kennzahlen* entsprechen sich in den bisherigen Überlegungen rein
    formal. Bei beliebig oft wiederholbaren Muster-Experimenten wie Würfeln, Münzenwurf und
    Karten Ziehen kann man, wie gesagt (4.10.f), feststellen, dass die Wahrscheinlichkeiten als
    Grenzwerte der entsprechenden relativen Häufigkeiten bei „unendlicher Wiederholung" des
    Experimentes erscheinen. Bei *Zufallszahlen* haben wir dies als Forderung hineingesteckt.
    Wenn aber alle relativen Häufigkeiten gegen die entsprechenden Wahrscheinlichkeiten streben,
    dann werden auch die empirischen Kennzahlen gegen die theoretischen gehen. Das geht aus der
    Art hervor, wie sie definiert wurden. Der *Erwartungswert* ist in diesem Sinne der *arithmetische
    Mittelwert einer unendlich langen Serie* von Zufallszahlen mit entsprechender Verteilung
    (vergleiche Gesetz der grossen Zahl, 5.8).

i   *   Die Entsprechung der Begriffe lässt sich auch in Richtung von den theoretischen zu den empirischen
        Versionen sehen: So, wie eine Zufallsvariable durch die (theoretische) Verteilungsfunktion charak-
        terisiert ist, ist es auch eine Stichprobe durch die empirische Verteilungsfunktion. Man spricht von
        der *„empirischen Verteilung"* und sagt, die Kennzahlen seien *Funktionale*, die jeder Verteilung (ob
        theoretisch oder empirisch) eine Zahl zuordnen. Der „Erwartungswert" für eine empirische Vertei-
        lung ist der arithmetische Mittelwert, wie sich anhand der Formeln nachprüfen lässt.

j   Da die Kennzahlen von Verteilungen denen von „Stichproben" so ähnlich sind, haben sie auch
    viele gleiche Eigenschaften.
    In 2.6 haben wir die Wirkung einer Änderung des Mess-Nullpunktes und der Mess-Einheit,
    also einer *linearen Transformation*, auf die Kennzahlen von Stichproben untersucht. Die
    Resultate lassen sich direkt auf Kennzahlen von Verteilungen übertragen.
    Sei $Y = a + bX$. Genauer: Y ist die *Zufallsvariable*, die gegeben ist durch $\omega \mapsto a + bX \langle \omega \rangle$.
    Dann gilt

    $$\mathcal{E} \langle Y \rangle = a + b \cdot \mathcal{E} \langle X \rangle$$

    und Analoges für die Quantile; ausserdem gilt

    $$\operatorname{var} \langle Y \rangle = |b|^2 \cdot \operatorname{var} \langle X \rangle; \quad \sigma_Y = |b| \cdot \sigma_X .$$

k   *   Die Herleitungen dieser Formeln sind nicht schwierig:

    $$\mathcal{E} \langle Y \rangle = \sum_y y \, P \langle Y = y \rangle = \sum_x (a + bx) \, P \langle Y = a + bx \rangle$$

    $$= \sum_x a \, P \langle X = x \rangle + \sum_x bx \, P \langle X = x \rangle = a \sum_x P \langle X = x \rangle + b \sum_x x \, P \langle X = x \rangle$$

    $$= a \cdot 1 + b \cdot \mathcal{E} \langle X \rangle$$

    $$\operatorname{var} \langle Y \rangle = \sum_y \big(y - \mathcal{E} \langle Y \rangle \big)^2 P \langle Y = y \rangle = \sum_x \big(a + bx - (a + b \, \mathcal{E} \langle X \rangle) \big)^2 P \langle Y = a + bx \rangle$$

    $$= \sum_x \big(b \, (x - \mathcal{E} \langle X \rangle) \big)^2 P \langle X = x \rangle = b^2 \operatorname{var} \langle X \rangle$$

l   ▷ Mit diesen Formeln kann man im *Beispiel Karten Ziehen* (5.3.g) leicht nachrechnen, welche
       Wirkung eine Änderung des Einsatzes und der Währung auf die Kennzahlen der Verteilung des
       Gewinnes haben: Wenn der Einsatz auf 0.5 Fr. verringert wird, wird der Nettogewinn $Z + 0.5$,
       der erwartete Nettogewinn also $-0.6772 + 0.5 = -0.1772$, und seine Varianz bleibt unverändert.
       Bei der Änderung der Währung multiplizieren sich der Erwartungswert und die Standardabwei-
       chung mit dem Wechselkurs und die Varianz mit seinem Quadrat. ◁

5.4 Verteilungsfamilien

a Die beiden besprochenen Verteilungstypen, Binomial- und Poisson-„Verteilung", werden erst
zu wohldefinierten Verteilungen, wenn der jeweilige *Parameter*, π oder λ, festgelegt ist. Man
bezeichnet sie daher als Verteilungsfamilien.

> *Definition*: Wenn zu jeweils p Zahlen $[\theta_1, \ldots, \theta_p]$ (aus einer Grundmenge Θ, dem sogenann-
> ten Parameter-Raum) eine Verteilung $\mathcal{F}\langle\theta_1, \ldots, \theta_p\rangle$ zugeordnet ist, heisst $\mathcal{F}\langle.\rangle$ eine (parame-
> trische) *Verteilungsfamilie*. (Gross Θ und klein θ liest man als „theta".)

b Als ein weiteres Beispiel mit einer einfachen Begründung soll die *geometrische Verteilung*
(besser Verteilungsfamilie) eingeführt werden.
▷ *Beispiel*. Sie kennen wohl alle die Regeln des *russischen Roulettes*: Ein Trommelrevolver
wird mit einer einzigen Kugel geladen. Jeder Mitspieler (hat es wohl je Mitspielerinnen gegeben?) dreht einige Male an der Trommel und zieht den Revolver, gegen sich selbst gerichtet, ab.
Einen kühl beobachtenden Aussenstehenden kann es interessieren, wie oft ein Mitspieler erleichtert aufatmen kann, weil es ihn nicht erwischt hat, bevor das Spiel auf die vorgesehene makabere
Weise ein Ende nimmt.
Die Wahrscheinlichkeit, dass der Schuss in einem Einzelversuch *nicht* losgeht, ist $\pi = 5/6$ bei
sechs Patronenlagern in der Trommel. Sei X die Anzahl „Versuche", bevor es knallt. Wenn es
den ersten trifft, ist $X = 0$. Die Wahrscheinlichkeit dafür ist offensichtlich gleich $1 - \pi$. $X = 1$
bedeutet, dass beim ersten Spieler der Schuss nicht losgeht, dass es aber den zweiten trifft. Die
Wahrscheinlichkeit für ersteres ist π, für Letzteres ist die bedingte Wahrscheinlichkeit, gegeben
dass es überhaupt zum zweiten Versuch kommt, gleich $(1 - \pi)$. Also ist $P\langle X = 1\rangle = \pi(1 - \pi)$.
Ebenso erhält man $P\langle X = 2\rangle = \pi^2(1 - \pi)$. ◁
Allgemein wird

$$P\langle X = x\rangle = \pi^x\,(1 - \pi)\,, \qquad x = 0,\,1,\,2,\ldots\,.$$

Diese Wahrscheinlichkeiten ergeben sich, wenn ein Versuch, in dem „Erfolg" die Wahrscheinlichkeit π hat – wie bei der Bernoulli- respektive Binomial-Verteilung – so oft durchgeführt wird,
bis einmal ein Misserfolg eintritt, und man zählt, wie viele erfolgreiche Versuche durchgeführt
werden. Sie bilden die geometrische Verteilung.

c ▷ Wie gross ist übrigens die Wahrscheinlichkeit, dass es bei 8 Lebensmüden den letzten trifft,
wenn nur eine Runde gespielt wird? Sie beträgt $(5/6)^7 \cdot (1/6) = 0.047$. Falls es bis zum
Abschluss der ersten Runde überhaupt einen trifft, beträgt die bedingte Wahrscheinlichkeit dafür,
dass es der Letzte ist, $P\langle X = 7 | X \leq 7\rangle = 0.047/(1 - (5/6)^8) = 0.047/0.767 = 0.061$. Das ist
kleiner als $1/8$; es ist gesünder, der Letzte zu sein! ◁

d * Man kann allgemeiner fragen nach der Anzahl Erfolge bis zum $k$ten Misserfolg. Es ergibt sich die
Verteilung

$$P\langle X = x\rangle = \binom{x + k - 1}{x}\pi^x\,(1 - \pi)^k = \frac{(x + k - 1)(x + k - 2)\cdot\ldots\cdot k}{x(x - 1)\cdot\ldots\cdot 1}\,\pi^x\,(1 - \pi)^k$$

für $x = 0,\,1,\,2,\ldots$. Diese Verteilung heisst *Negative Binomial-Verteilung*. (Besser wäre der Name
negativ-binomiale Verteilung; die Verteilung ist ja nicht negativ.) Sie kommt in der Ökologie und
anderswo recht häufig zur Anwendung. Sie hat zwei Parameter, π mit $0 < \pi < 1$ und $k > 0$.
Man kann den zweiten Ausdruck als Definition brauchen, auch wenn k keine ganze Zahl ist.
Konsequenterweise sollte ein griechischer Buchstabe, κ, statt k geschrieben werden.

e   In Anwendungen muss man für eine bestimmte Versuchs- oder Beobachtungs-Situation ein Wahrscheinlichkeitsmodell, also eine geeignete Verteilung finden. Die Verteilungsfamilie wird oft durch Plausibilitäts-Überlegungen klar. Der (oder die) Parameter müssen dagegen meistens aufgrund von Daten „geschätzt" werden. Wie dies geschehen soll, wird in der schliessenden Statistik behandelt (Kapitel 7).

f   Für die Kennzahlen Erwartungswert und Varianz kann man bei vielen Verteilungsfamilien einfache Formeln erhalten.
Für die *Binomial-Verteilung* wird

$$\mathcal{E}\langle X\rangle = \sum_{x=0}^{n} x\, \frac{n!}{x!(n-x)!}\, \pi^x (1-\pi)^{n-x} = \sum_{x=1}^{n} \frac{n(n-1)!}{(x-1)!(n-x)!}\, \pi \cdot \pi^{x-1}(1-\pi)^{n-x}\ .$$

Setzen wir $m = n-1$ und $k = x-1$, so wird

$$\mathcal{E}\langle X\rangle = n\pi \sum_{k=0}^{m} \frac{m!}{k!(m-k)!} \pi^k (1-\pi)^{m-k}\ .$$

Da die Summe alle Wahrscheinlichkeiten $P\langle Y = k\rangle$ für $Y \sim \mathcal{B}\langle m, \pi\rangle$ zusammenzählt, also $= 1$ sein muss, erhält man

$$\mathcal{E}\langle X\rangle = n\pi\ .$$

Eine ähnliche, etwas längere Rechnung liefert

$$\mathrm{var}\langle X\rangle = n\pi(1-\pi)\ .$$

*   Zur Herleitung benützt man die Aufteilung $\mathrm{var}\langle X\rangle = \mathcal{E}\langle X^2\rangle - (\mathcal{E}\langle X\rangle)^2 = \mathcal{E}\left\langle \left(X(X-1)\right)\right\rangle + \mathcal{E}\langle X\rangle - (\mathcal{E}\langle X\rangle)^2$. Analog zur vorhergehenden Herleitung zeigt man $\mathcal{E}\left\langle \left(X(X-1)\right)\right\rangle = n\,(n-1)\,\pi^2$, und daraus erhält man das Resultat.

g   Für die *Poisson-Verteilung* erhält man auf ähnliche Art

$$\mathcal{E}\langle X\rangle = \lambda\ , \quad \mathrm{var}\langle X\rangle = \lambda\ .$$

Hier wird also klar, in welchem Sinne der Parameter λ die „im Mittel" zu erwartende Anzahl Ereignisse ist, wie das in 5.2.c formuliert wurde. Man spricht deshalb auch von der Poisson-Verteilung *mit Erwartungswert* λ statt mit Parameter λ.

h   Für die Binomial- und die Poisson-Verteilung gelten also recht einfache Resultate, für die es sich lohnt, sie nochmals zusammenzustellen:

$$X \sim \mathcal{B}\langle n, \pi\rangle \Longrightarrow \mathcal{E}\langle X\rangle = n\pi\ \ \mathrm{var}\langle X\rangle = n\pi(1-\pi)\ ,$$
$$X \sim \mathcal{P}\langle \lambda\rangle \Longrightarrow \mathcal{E}\langle X\rangle = \lambda\ \ \mathrm{var}\langle X\rangle = \lambda\ .$$

i   Für parametrische Familien ist eine bestimmte Verteilung festgelegt, wenn der (oder die)
    Parameter gegeben ist (sind). Die Verteilung ihrerseits bestimmt die Kennzahlen. Deshalb
    müssen innerhalb einer parametrischen Familie die *Kennzahlen Funktionen der Parameter*
    sein. Nicht immer lassen sich diese Funktionen allerdings durch explizite Formeln anschreiben,
    z. B. ist med$\langle X \rangle$ für eine Poisson-verteilte Zufallsvariable X eine komplizierte Funktion von
    λ.

j   Die Berechnung von Erwartungswert und Varianz für die geometrische Verteilung und die
    Negative Binomialverteilung überlassen wir den Lesern.
    Tabelle 5.4.j zeigt eine Übersicht über gebräuchliche diskrete Verteilungsfamilien mit Definitio-
    nen und Kennzahlen.

Tabelle 5.4.j   Übersicht über einige gebräuchliche diskrete Verteilungen

Name Bezeichnung	mögliche Werte x Wahrsch. $P\langle X=x \rangle$	Erwartungswert Varianz	Anwendung
Bernoulli-V. $\mathcal{B}ern\langle\pi\rangle$	$\{0,1\}$ $P\langle X=0\rangle = 1-\pi,$ $P\langle X=1\rangle = \pi$	π $\pi(1-\pi)$	Indikator für allgemeine Ereignisse
Binomial-V. $\mathcal{B}\langle n,\pi\rangle$	$\{0,1,\ldots,n\}$ $\binom{n}{x}\pi^x(1-\pi)^{n-x}$	$n\pi$ $n\pi(1-\pi)$	Anzahl „Erfolge" in n unabhängigen Versuchen
Poisson-V. $\mathcal{P}\langle\lambda\rangle$	$\{0,1,\ldots\}$ $(\lambda^x/x!)\,e^{-\lambda}$	λ λ	Anzahlen
Geometrische V. —	$\{0,1,\ldots\}$ $\pi^x(1-\pi)$	$\pi/(1-\pi)$ $\pi/(1-\pi)^2$	Anzahl „Erfolge" bis zum ersten Misserfolg
Neg. Binomial-V. $\mathcal{N}b\langle\pi,\kappa\rangle$	$\{0,1,\ldots\}$ $\frac{(x+\kappa-1)(x+\kappa-2)\ldots(x+1)}{(\kappa-1)(\kappa-2)\ldots 1}\cdot$ $\cdot\pi^x(1-\pi)^\kappa$	$\kappa\pi/(1-\pi)$ $\kappa\pi/(1-\pi)^2$	Anzahlen
Multinomiale V. $\mathcal{M}\langle n,\pi_1,..\pi_m\rangle$	$[x_1,x_2,\ldots,x_m]\,(\Sigma_j x_j = n)$ $\frac{n!}{x_1!x_2!\ldots x_m!}\pi_1^{x_1}\ldots\pi_m^{x_m}$	$n[\pi_1,\pi_2,\ldots,\pi_m]$ —	Anzahl Beob. in mehreren Klassen (s. unten)

k   *Zur Erinnerung.* Zur Einführung der Kennzahlen von Verteilungen haben wir die Analogie
    von Wahrscheinlichkeiten und relativen Häufigkeiten benützt. Es ist wichtig, dass Sie sich
    nochmals daran erinnern, dass eine Wahrscheinlichkeits-Verteilung unsere *Mutmassungen über*
    eine *künftige Beobachtung* beschreibt, und mit einer „Stichprobe" von bereits beobachteten
    Daten direkt nichts zu tun hat. Bei der Binomial-Verteilung denken wir an *eine* Serie von n
    Versuchen, in der die Anzahl „Erfolge" gezählt werden soll.
    Diese Mutmassung drückt sich durch eine ganze Zahlenreihe aus, nämlich durch die Wahrschein-
    lichkeiten $P\langle X = k\rangle$, dass die Beobachtung den Zahlenwert k liefern wird. Die Kennzahlen
    messen jeweils einen bestimmten Aspekt dieser Mutmassung.

5.5 Die multinomiale Verteilung

a Die Bernoulli-Verteilung beschreibt Versuche mit zwei möglichen Resultaten (Erfolg oder Misserfolg, ja oder nein). Jetzt seien drei Resultate möglich, z. B. die drei Antworten „ja", „nein", „weiss nicht" in einer *Umfrage*. Jedes Individuum, jede Beobachtung gehört hier zu einer von drei Kategorien oder Ereignissen A_1, A_2, A_3 mit $A_1 \cup A_2 \cup A_3 = \Omega$ und $A_j \cap A_k = \emptyset$ $(j \neq k)$. Betrachten wir die entsprechenden Indikatorvariablen $X^{(1)}$, $X^{(2)}$, $X^{(3)}$! Es sei also $X^{(j)} = 1$, wenn im Beispiel die Antwort j gegeben wird. Es muss $X^{(1)} + X^{(2)} + X^{(3)} = 1$ gelten, da immer genau eine der Indikatorvariablen gleich 1 ist. Die gemeinsame Verteilung ist bestimmt, wenn man die Wahrscheinlichkeiten $\pi_1 = P\langle A_1 \rangle$, $\pi_2 = P\langle A_2 \rangle$ und $\pi_3 = 1 - \pi_1 - \pi_2$ kennt.

b Aus der Bernoulli-Verteilung haben wir die Binomial-Verteilung als Anzahl Erfolge S in einer Serie von n unabhängigen Versuchen erhalten. Nun wollen wir die Anzahlen $S^{(1)}$, $S^{(2)}$, $S^{(3)}$ der Versuche mit Ausgang A_1, A_2, A_3 untersuchen – im Beispiel die Anzahl $S^{(1)}$ der Personen, die „ja" sagen, usw. Uns interessiert die *gemeinsame Verteilung* der $S^{(j)}$.
Für die Herleitung müssen wir Zufallsvariable mit zwei Indices einführen: $X_i^{(j)}$ ist 1, wenn im $i$ten Versuch das „Ergebnis" A_j herauskommt, wenn also die $i$te Person die Antwort j gibt. Wie gross sind die Wahrscheinlichkeiten für die möglichen Ergebnisse von zwei Versuchen, für alle möglichen „Umfrage"-Ergebnisse bei zwei Personen?

Tabelle 5.5.b Mögliche Ergebnisse bei 2 Versuchen und 3 Ereignissen

Ereignis		1. Versuch			2. Versuch			Summe			Wahrsch.
1.V.	2.V.	$X_1^{(1)}$	$X_1^{(2)}$	$X_1^{(3)}$	$X_2^{(1)}$	$X_2^{(2)}$	$X_2^{(3)}$	$S^{(1)}$	$S^{(2)}$	$S^{(3)}$	P
A_1	A_1	1	0	0	1	0	0	2	0	0	π_1^2
A_1	A_2	1	0	0	0	1	0	1	1	0	$\pi_1\pi_2$
A_1	A_3	1	0	0	0	0	1	1	0	1	$\pi_1\pi_3$
A_2	A_1	0	1	0	1	0	0	1	1	0	$\pi_2\pi_1$
A_2	A_2	0	1	0	0	1	0	0	2	0	π_2^2
A_2	A_3	0	1	0	0	0	1	0	1	1	$\pi_2\pi_3$
A_3	A_1	0	0	1	1	0	0	1	0	1	$\pi_3\pi_1$
A_3	A_2	0	0	1	0	1	0	0	1	1	$\pi_3\pi_2$
A_3	A_3	0	0	1	0	0	1	0	0	2	π_3^2

Entsprechend Tabelle 5.5.b wird

$$P\langle S^{(1)}{=}2,\ S^{(2)}{=}0,\ S^{(3)}{=}0 \rangle = \pi_1^2, \qquad P\langle S^{(1)}{=}1,\ S^{(2)}{=}1,\ S^{(3)}{=}0 \rangle = 2\pi_1\pi_2,$$

usw. Alle Kombinationen von Werten s_1, s_2, s_3, für die $s_1 + s_2 + s_3 \neq 2$ ist, erhalten Wahrscheinlichkeit $P\langle S^{(1)}{=}s_1,\ S^{(2)}{=}s_2,\ S^{(3)}{=}s_3 \rangle = 0$.

c   Die Verallgemeinerung auf n Versuche mit m möglichen Ereignissen A_j ergibt

$$P\langle S^{(1)}=s_1, S^{(2)}=s_2,\ldots\rangle = \frac{n!}{s_1!s_2!\ldots s_m!}\,\pi_1^{s_1}\pi_2^{s_2}\ldots\pi_m^{s_m}\,,$$

wenn $s_1 + s_2 + \ldots + s_m = n$. (Alle andern Fälle haben Wahrscheinlichkeit null.) Die Wahrscheinlichkeiten π_j der Ereignisse A_j in den einzelnen Versuchen müssen sich auf 1 ergänzen, $\sum_{j=1}^m \pi_j = 1$.

Dies ist die sogenannte *multinomiale Verteilung*. Sie legt die Wahrscheinlichkeiten fest für alle möglichen Kombinationen für Werte der Summen $S^{(1)}$, $S^{(2)},\ldots,S^{(m)}$ beschreiben lassen, bildet also die *gemeinsame* Verteilung (4.5.d) der $S^{(j)}$.

d   Als *Randverteilung* von $S^{(1)}$ ergibt sich

$$P\left\langle S^{(1)}=2\right\rangle = \pi_1^2;$$

$$P\left\langle S^{(1)}=1\right\rangle = 2\pi_1\pi_2 + 2\pi_1\pi_3 = 2\pi_1(1-\pi_1);$$

$$P\left\langle S^{(1)}=0\right\rangle = \pi_2^2 + 2\pi_2\pi_3 + \pi_3^2 = (\pi_2+\pi_3)^2 = (1-\pi_1)^2.$$

Also ist $S^{(1)} \sim \mathcal{B}\langle 2,\pi_1\rangle$ – wie es sein muss, da ja $S^{(1)}$ zählt, wie oft A_1 eintritt.

5.6   Summen von Zufallsvariablen

a   Wenn für die Anzahl Unfälle innerhalb einer Woche in zwei Stadtteilen eine gemeinsame Verteilung als Modell festgelegt ist (z. B. unabhängige Poisson-Verteilungen mit Parameter λ_1 respektive λ_2), dann kann man nach der Verteilung der Gesamtzahl der Unfälle in beiden Stadtteilen zusammen fragen, also nach der *Verteilung der Summe* der zwei gegebenen Zufallsvariablen.

Zur Erinnerung: In 5.1 haben wir die Verteilung der Anzahl Erfolge in n Versuchen als Verteilung der Summe von unabhängigen, Bernoulli-verteilten Zufallsvariablen X_i bestimmt.

b   Mit Hilfe von *Zufallszahlen* kann man die gesuchte Verteilung finden, wenn man annimmt, dass die beiden Unfallzahlen stochastisch unabhängig seien (vergleiche 5.1.j): Man erzeugt jeweils eine Zufallszahl mit Poisson-Verteilung mit Parameter λ_1 und eine mit Parameter λ_2. Zählt man die beiden zusammen, so erhält man ein mögliches Ergebnis für die Anzahl Unfälle in beiden Stadtteilen. Wird dies nun viele Male wiederholt, so kann man die Verteilung der Summe feststellen.

(Das gleiche Verfahren führt zum Ziel, wenn statt der Summe eine beliebige Funktion $g\langle X_1, X_2\rangle$ gebildet wird. Wir kommen in 6.10 darauf zurück.)

Allerdings kann man mit diesem Vorgehen wieder nicht (oder nur mühsam) zu allgemeinen Zusammenhängen vorstossen. Wir versuchen es deshalb weiterhin mit Überlegen und Rechnen (vergleiche 5.1.k).

c   *Poisson-Verteilung.* Es seien $X_1 \sim \mathcal{P}\langle\lambda_1\rangle$, $X_2 \sim \mathcal{P}\langle\lambda_2\rangle$, X_1 und X_2 unabhängig. Wir wollen die Verteilung der Summe $S = X_1 + X_2$ bestimmen. Es ergibt sich

$$P\langle S=0\rangle = P\langle X_1=0,\ X_2=0\rangle = e^{-\lambda_1} \cdot e^{-\lambda_2} = e^{-(\lambda_1+\lambda_2)}$$

$$P\langle S=1\rangle = P\langle X_1=0,\ X_2=1\rangle + P\langle X_1=1,\ X_2=0\rangle$$

$$= e^{-\lambda_1}\frac{\lambda_2^1}{1!}e^{-\lambda_2} + \frac{\lambda_1^1}{1!}e^{-\lambda_1}e^{-\lambda_2} \overset{*}{=} \frac{(\lambda_1+\lambda_2)^1}{1!}\ e^{-(\lambda_1+\lambda_2)}$$

Bild 5.6.c veranschaulicht, wie man $P\langle S=3\rangle$ für $\lambda_1 = \lambda_2 = 1.8$ erhält.

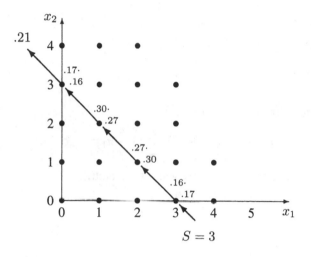

Bild 5.6.c
Bestimmung der Verteilung
der Summe

*   Allgemein wird

$$P\langle S=s\rangle = \sum_k P\langle X_1=k,\ X_2=s-k\rangle = \sum_{k=0}^{s} \frac{\lambda_1^k}{k!}\frac{\lambda_2^{s-k}}{(s-k)!}\ e^{-(\lambda_1+\lambda_2)}$$

$$= \left(\sum_{k=0}^{s} \frac{s!}{k!(s-k)!}\left(\frac{\lambda_1}{\lambda_1+\lambda_2}\right)^k\left(\frac{\lambda_2}{\lambda_1+\lambda_2}\right)^{s-k}\right)\frac{(\lambda_1+\lambda_2)^s}{s!}\ e^{-(\lambda_1+\lambda_2)}$$

Die grosse Klammer enthält die Summe über alle Wahrscheinlichkeiten einer Binomial-Verteilung $\mathcal{B}\langle s,\ \lambda_1/(\lambda_1+\lambda_2)\rangle$, ist also $= 1$. Was bleibt, ist wieder eine Poisson-Wahrscheinlichkeit.

d   Resultat: Wenn man zwei (oder mehrere) unabhängige, Poisson-verteilte Zufallsvariable zusammenzählt, erhält man wieder eine Poisson-verteilte Zufallsvariable. Die Parameter λ_j addieren sich. Also gilt

$$S = X_1 + X_2 \sim \mathcal{P}\langle\lambda_1+\lambda_2\rangle\ .$$

Das ist anschaulich klar: Die Summe der Anzahlen der Regentropfen auf zwei Platten mit den Flächen λ_1 und λ_2 ist ja die Anzahl Tropfen auf einer Fläche $\lambda_1 + \lambda_2$ und ist deshalb selbst Poisson-verteilt, und zwar mit dieser Geasmtfläche als Parameter.

e   Ebenso zeigt man für die *Binomial-Verteilung*

$$X_1 \sim B\langle n_1, \pi \rangle, \; X_2 \sim B\langle n_2, \pi \rangle, \quad X_1, \; X_2 \text{ unabhängig}$$
$$\implies \; X_1 + X_2 \sim B\langle n_1 + n_2, \pi \rangle \,.$$

Auch das ist anschaulich klar: $X_1 + X_2$ ist die Anzahl Erfolge in $n_1 + n_2$ unabhängigen Versuchen.

Wenn andererseits die Erfolgswahrscheinlichkeiten für X_1 und X_2 nicht übereinstimmen, $X_1 \sim B\langle n_1, \pi_1 \rangle$, $X_2 \sim B\langle n_2, \pi_2 \rangle$, $\pi_1 \neq \pi_2$, dann ergibt sich keine Binomial-Verteilung mehr.

f   Allgemein bestimmt man die Verteilung der Summe von zwei diskreten (Zähldaten-) Zufallsvariablen durch

$$P\langle S=s \rangle = \sum_{k=0}^{s} P\langle X_1=k, X_2=s-k \rangle$$
$$= \sum_{k=0}^{s} P\langle X_1=k \rangle \cdot P\langle X_2=s-k \rangle$$

(vergleiche Bild 5.6.c). Die zweite Zeile gilt bei Annahme der Unabhängigkeit.

g   ▷ Im *Beispiel des Karten Ziehens* (5.3.g) lässt sich mit dieser Formel bestimmen, wie gross der Gewinn nach zwei Zügen ist:

$$P\langle S=-2 \rangle = P\langle Z_1=-1, Z_2=-1 \rangle = (2272/2652)^2 - 0.73396$$
$$P\langle S=0 \rangle = P\langle Z_1=-1, Z_2=1 \rangle + P\langle Z_1=1, Z_2=-1 \rangle$$
$$= 2 \cdot (2272/2652) \cdot (368/2652) = 0.23776 \,,$$

und ebenso: $P\langle S=2 \rangle = (368/2652)^2 = 0.01925$, $P\langle S=8 \rangle = 0.00775$, $P\langle S=10 \rangle = 0.00126$ und $P\langle S=18 \rangle = 0.00002$. Andere Werte für die Summe sind hier nicht möglich. ◁

h   *   Die Herleitung der Poisson-Verteilung zeigt einen ihrer Zusammenhänge mit der Binomial-Verteilung. Ein weiterer entsteht, wenn wir zwei unabhängige, Poisson-verteilte Zufallsvariable X_1 und X_2 betrachten und die bedingte Verteilung von X_1, gegeben die Summe $X_1 + X_2 = s$, ausrechnen: Es gilt

$$P\langle X_1=x \mid S=s \rangle = \frac{P\langle X_1=x, S=s \rangle}{P\langle S=s \rangle} = \frac{P\langle X_1=x, X_2=s-x \rangle}{P\langle S=s \rangle} =$$
$$= \frac{(\lambda_1^x/x!)\,e^{-\lambda_1}\left(\lambda_2^{s-x}/(s-x)!\right)e^{-\lambda_2}}{\left((\lambda_1 + \lambda_2)^s/s!\right)e^{-(\lambda_1+\lambda_2)}}$$
$$= \frac{s!}{x!(s-x)!}\frac{\lambda_1^x \lambda_2^{s-x}}{(\lambda_1 + \lambda_2)^s} = \binom{s}{x}\left(\frac{\lambda_1}{\lambda_1 + \lambda_2}\right)^x \left(\frac{\lambda_2}{\lambda_1 + \lambda_2}\right)^{s-x}.$$

Das ist die Binomialverteilung mit $\pi = \lambda_1/(\lambda_1 + \lambda_2)$.

i   Die gesamte Verteilung einer Summe von Zufallsvariablen ist nur in Spezialfällen einfach anzugeben. Im allgemeinen Fall zeigen sich immerhin einfache Resultate für den Erwartungswert und die Varianz. (Das macht diese beiden Kennzahlen auch so nützlich!)
Der Erwartungswert von S ist entsprechend seiner Definition

$$\mathcal{E}\langle S\rangle = \sum_{s=0}^{\infty} s\, P\langle S{=}s\rangle = \sum_{s=0}^{\infty} \sum_{x_1=0}^{s} (x_1 + s - x_1)\cdot P\langle X_1{=}x_1, X_2{=}s - x_1\rangle\ .$$

Was bedeutet die Doppelsumme? Man summiert über alle Punkte auf dem Gitter der möglichen Wertepaare. Wenn $s - x_1$ durch x_2 ersetzt wird, kann man deshalb auch schreiben

$$\begin{aligned}
\mathcal{E}\langle S\rangle &= \sum_{x_2=0}^{\infty} \sum_{x_1=0}^{\infty} (x_1 + x_2)\cdot P\langle X_1{=}x_1, X_2{=}x_2\rangle\\
&= \sum_{x_1=0}^{\infty} \sum_{x_2=0}^{\infty} x_1\, P\langle X_1 = x_1, X_2 = x_2\rangle + \sum_{x_2=0}^{\infty} \sum_{x_1=0}^{\infty} x_2\, P\langle X_1{=}x_1, X_2{=}x_2\rangle\\
&= \sum_{x_1=0}^{\infty} \left(x_1 \left(\sum_{x_2=0}^{\infty} P\langle X_1{=}x_1, X_2{=}x_2\rangle \right) \right)\\
&\quad + \sum_{x_2=0}^{\infty} \left(x_2 \left(\sum_{x_1=0}^{\infty} P\langle X_1{=}x_1, X_2{=}x_2\rangle \right) \right).
\end{aligned}$$

Die erste innere Summe addiert alle Wahrscheinlichkeiten, für die X_1 den Wert x_1 hat, ist also gleich $P\langle X_1{=}x_1\rangle$. Die äussere Summe ist also $\sum_{x_1} x_1\, P\langle X_1{=}x_1\rangle = \mathcal{E}\langle X_1\rangle$. Entsprechendes gilt für den zweiten Teil. Also ist

$$\mathcal{E}\langle S\rangle = \mathcal{E}\langle X_1\rangle + \mathcal{E}\langle X_2\rangle\ .$$

Diese Formel gilt auch, wenn die Zufallsvariablen X_1 und X_2 nicht unabhängig sind, wie die Herleitung zeigt.

j   Für die Berechnung der *Varianz* von S sind einige Umformungen nützlich:

$$\begin{aligned}
\mathrm{var}\langle S\rangle &= \mathcal{E}\left\langle \left(X_1 + X_2 - \mathcal{E}\langle X_1 + X_2\rangle\right)^2 \right\rangle = \mathcal{E}\left\langle \left((X_1 - \mathcal{E}\langle X_1\rangle) + (X_2 - \mathcal{E}\langle X_2\rangle)\right)^2 \right\rangle\\
&= \mathcal{E}\left\langle (X_1 - \mathcal{E}\langle X_1\rangle)^2 + (X_2 - \mathcal{E}\langle X_2\rangle)^2 + 2\,(X_1 - \mathcal{E}\langle X_1\rangle)\cdot(X_2 - \mathcal{E}\langle X_2\rangle) \right\rangle
\end{aligned}$$

Dies ist der Erwartungswert einer Summe, nach dem vorhergehenden Resultat also gleich

$$\begin{aligned}
&\mathcal{E}\left\langle (X_1 - \mathcal{E}\langle X_1\rangle)^2 \right\rangle + \mathcal{E}\left\langle (X_2 - \mathcal{E}\langle X_2\rangle)^2 \right\rangle\\
&\quad + \mathcal{E}\left\langle 2(X_1 - \mathcal{E}\langle X_1\rangle)\cdot(X_2 - \mathcal{E}\langle X_2\rangle) \right\rangle\\
&= \mathrm{var}\langle X_1\rangle + \mathrm{var}\langle X_2\rangle + 2\cdot \mathcal{E}\left\langle (X_1 - \mathcal{E}\langle X_1\rangle)(X_2 - \mathcal{E}\langle X_2\rangle) \right\rangle\ .
\end{aligned}$$

k   Der letzte Summand (ohne Faktor 2) heisst *theoretische Kovarianz* von X_1 und X_2,

$$\begin{aligned}
\mathrm{cov}\langle X_1, X_2\rangle &= \mathcal{E}\left\langle (X_1 - \mathcal{E}\langle X_1\rangle)(X_2 - \mathcal{E}\langle X_2\rangle) \right\rangle\\
&= \sum_{x_1,x_2} (x_1 - \mathcal{E}\langle X_1\rangle)\,(x_2 - \mathcal{E}\langle X_2\rangle)\,P\langle X_1{=}x_1, X_2{=}x_2\rangle\ .
\end{aligned}$$

Diese Kennzahl der gemeinsamen Verteilung entspricht der „empirischen" *Kovarianz*, die in 3.2.c eingeführt wurde, in der für Kennzahlen üblichen Weise (5.3.b). (Wir werden diesen Begriff bei den stetigen Verteilungen ausführlicher behandeln.)

l   Der Erwartungswert des Produktes $Y_1 Y_2$ von *unabhängigen* Zufallsvariablen ist

$$\mathcal{E}\langle Y_1 Y_2 \rangle = \sum_{y_1=0}^{\infty} \sum_{y_2=0}^{\infty} y_1 y_2 P\langle Y_1 = y_1 \rangle P\langle Y_2 = y_2 \rangle$$

$$= = \sum_{y_1=0}^{\infty} y_1 P\langle Y_1 = y_1 \rangle \sum_{y_2=0}^{\infty} y_2 P\langle Y_2 = y_2 \rangle$$

$$= \mathcal{E}\langle Y_1 \rangle \cdot \mathcal{E}\langle Y_2 \rangle .$$

Wenn die beiden Zufallsvariablen X_1 und X_2 *unabhängig* sind, dann sind es auch $Y_1 = X_1 - \mathcal{E}\langle X_1 \rangle$ und $Y_2 = X_2 - \mathcal{E}\langle X_2 \rangle$. Da $\mathcal{E}\langle X_1 - \mathcal{E}\langle X_1 \rangle \rangle = 0$ ist, ist dann die *Kovarianz* $= 0$.

m   Kehren wir zur Berechnung der *Varianz einer Summe* zurück! Mit Hilfe der Kovarianz können wir die letzte Zeile in 5.6.j einfacher schreiben:

$$\mathrm{var}\langle S \rangle = \mathrm{var}\langle X_1 \rangle + \mathrm{var}\langle X_2 \rangle + 2\,\mathrm{cov}\langle X_1, X_2 \rangle .$$

Falls die beiden Zufallsvariablen unabhängig sind, bleibt nur $\mathrm{var}\langle X_1 \rangle + \mathrm{var}\langle X_2 \rangle$ stehen.

n   Zusammenfassend ergibt sich das folgende wichtige Resultat:
Der Erwartungswert der Summe von zwei (oder mehreren) Zufallsvariablen ist gleich der Summe ihrer Erwartungswerte.
Die Varianz der Summe ist gleich der Summe ihrer Varianzen, falls die Zufallsvariablen *unabhängig* sind.

o   ▷ *Beispiel.* In einer *Umfrage* sollen je 100 Erwerbstätige aus den Altersklassen 15-24, 25-39 und 40+ befragt werden, ob sie für ihren Arbeitsweg ein öffentliches Verkehrsmittel benützen. Aus der Volkszählung (4.7.h) kennen wir die Quoten 0.39, 0.291 und 0.27 der Ja-Antworten für die drei Altersklassen. Wie gross sind Erwartungswert und Varianz der Anzahl positiver Antworten in der Umfrage, wenn diese Quoten auch für die vorliegende Situation gelten? Wir müssen die Kennzahlen der Summe S von $X_1 \sim \mathcal{B}\langle 100, 0.39 \rangle$, $X_2 \sim \mathcal{B}\langle 100, 0.291 \rangle$ und $X_3 \sim \mathcal{B}\langle 100, 0.27 \rangle$ bestimmen,

$$\mathcal{E}\langle S \rangle = \mathcal{E}\langle X_1 \rangle + \mathcal{E}\langle X_2 \rangle + \mathcal{E}\langle X_3 \rangle = 100 \cdot 0.39 + 100 \cdot 0.291 + 100 \cdot 0.27 = 95.1$$

$$\mathrm{var}\langle S \rangle = \mathrm{var}\langle X_1 \rangle + \mathrm{var}\langle X_2 \rangle + \mathrm{var}\langle X_3 \rangle$$

$$= 100 \cdot 0.39 \cdot 0.61 + 100 \cdot 0.291 \cdot 0.709 + 100 \cdot 0.27 \cdot 0.73 = 64.13 . \quad ◁$$

*   Wenn 300 Personen „zufällig" aus einer grossen Grundgesamtheit mit gleichen Anteilen der drei Altersgruppen ausgewählt und befragt würden, ergäbe sich für S eine Binomial-Verteilung mit $\pi = (100 \cdot 0.39 + 100 \cdot 0.291 + 100 \cdot 0.27)/300 = 0.317$. Der Erwartungswert wäre wieder 95.1 $(= 300 \cdot 0.317)$, aber die Varianz wäre $300 \cdot 0.317 \cdot 0.683 = 64.95$ – also etwas grösser als bei der festgelegten Aufteilung der Stichprobe über die Altersgruppen – die „*Schichten*" – der Grundgesamtheit. Diese Unterschiede werden spürbar, wenn die Unterschiede zwischen den Schichten grösser sind.

5.7   Zufalls-Stichproben

a   Wenn bei einer wissenschaftlichen Beobachtung Zufall im Spiel ist, dann wird man versuchen, die Beobachtung „unter gleichen Umständen zu wiederholen", um die Gesetzmässigkeiten zu erfassen. Dieses Vorgehen haben wir bereits beim Übergang von der Bernoulli- zur Binomial-verteilung vorausgesetzt (5.1.d). Entsprechend wird man eine Messung mehrmals vornehmen, um den zufälligen Messfehler zu erfassen und ein genaueres Resultat für den „wahren Wert" zu erhalten (vergleiche 5.7.d).

b   Die Idee von n Beobachtungen „unter gleichen Umständen" führt zum Modell der (einfachen) *Zufalls-Stichprobe:*

$X_1, X_2, ..., X_n$ haben alle die gleiche Verteilung $\mathcal{F}$, $X_i \sim \mathcal{F}$, und sie sind unabhängig.

Die Zufallsvariablen X_i sind also *unabhängig und identisch verteilt (independent and identically distributed*, abgekürzt *i.i.d.).*
Die Verteilung $\mathcal{F}$ richtet sich nach dem konkreten Gegenstand der Beobachtung. Im Falle eines „ja/nein"-Resultates war $\mathcal{F}$ eine Bernoulli-Verteilung. Wenn die faulen Äpfel in n zufällig aus einer grossen Sendung gewählten Packen zu 6 Stück gezählt werden, kann $\mathcal{F}$ eine Binomial-Verteilung sein – oder auch nicht (vergleiche 5.1.o). Für Messgrössen mit kontinuierlichem Wertebereich werden die geeigneten Modelle im nächsten Kapitel eingeführt.

c   Liefern unabhängige Zufallsvariable ein sinnvolles Modell? Unabhängigkeit bedeutet doch, dass die erste Beobachtung – also das erste Pack Äpfel – die Verteilung für die zweite Beobachtung nicht verändert (4.6.d). Wenn mir aus dem ersten gezogenen Pack vier faule Äpfel entgegenstinken, werde ich doch auch für die folgenden schlechtere Resultate erwarten als bei einem tadellosen ersten Pack! – Ja, aber:

Die geforderte Unabhängigkeit bezieht sich auf die *zufälligen Schwankungen* der betrachteten Grösse. Wir gehen hier von der unrealistischen Situation aus, dass wir die Verteilung $\mathcal{F}$ mit allen allfälligen Parametern kennen. Wenn also der wahre Anteil der faulen Äpfel bekannt ist, dann besagt ein allzu schlechtes erstes Pack nur, dass wir Pech gehabt haben, verändert aber die Erwartungen für das zweite (zufällig gezogene) Pack nicht.

In der Praxis kennen wir die Parameter oft nicht, sondern nehmen die Beobachtungen just zum Zwecke auf, deren Werte zu ermitteln. Um im Teil über schliessende Statistik diese Verbindung herzustellen, müssen wir einstweilen noch weitere Überlegungen innerhalb der Modellwelt anstellen, von der Art: Was können wir, ausgehend von einem genau bekannten Modell für die Beobachtungen X_i, für daraus abgeleitete Zufallsvariable schliessen?

d   Betrachten wir also wieder Summen von Beobachtungen! Wenn man schreibt

$$\mathcal{E}\langle X_i \rangle = \mu, \quad \text{var}\langle X_i \rangle = \sigma^2, \quad i = 1, 2, \ldots, n \,,$$

dann gelten für die Summe $S = \sum_{i=1}^{n} X_i$ respektive den *arithmetischen Mittelwert* $\overline{X} = S/n$

$$\mathcal{E}\langle S \rangle = n\mu \qquad \text{var}\langle S \rangle = n\sigma^2$$
$$\mathcal{E}\langle \overline{X} \rangle = \mu \qquad \text{var}\langle \overline{X} \rangle = \sigma^2/n \,.$$

(In der zweiten Zeile wurde das Resultat von 5.3.j angewendet: Wegen $\overline{X} = S/n$ gilt $\mathcal{E}\langle \overline{X} \rangle = \mathcal{E}\langle S \rangle / n$ und $\text{var}\langle \overline{X} \rangle = \text{var}\langle S \rangle / n^2$.)

Das Resultat für $\overline{X}$ in Worten: Der Erwartungswert des arithmetischen Mittels von mehreren gleich verteilten Zufallsvariablen ist gleich dem Erwartungswert der einzelnen Zufallsvariablen.
Die Varianz des arithmetischen Mittels von n *unabhängigen* gleich verteilten Zufallsvariablen ist gleich der Varianz der einzelnen Zufallsvariablen, dividiert durch n. Die Standardabweichung des arithmetischen Mittels ist demnach die Standardabweichung der einzelnen Zufallsvariablen, dividiert durch $\sqrt{n}$, die Wurzel aus n.
Diese Resultate werden wir noch oft benützen; es lohnt sich, sie auswendig zu lernen.

e   Nun haben Sie die Bestandteile für die nächste, fast unvermeidliche Verwirrung beisammen: $\mathcal{E}\langle \overline{X} \rangle$, der Erwartungswert eines arithmetischen Mittels, ist die Kennzahl einer Kennzahl !? Was soll das?
Mit der einfachen Zufalls-Stichprobe haben wir ein Modell für das entwickelt, was wir in Kapitel 2 „Stichprobe" genannt haben. Dieses Modell gibt Wahrscheinlichkeiten an für die möglichen Resultate der zukünftigen Beobachtungen. Da diese Resultate den arithmetischen Mittelwert bestimmen, erhält man daraus auch Wahrscheinlichkeiten für die möglichen Werte dieses Mittelwertes, oder eben die Verteilung der Zufallsvariablen $\overline{X}$. Diese Verteilung zeigt wieder gewisse Kennzahlen, wie Erwartungswert und Varianz.
Ebenso können wir im Prinzip die Verteilung von anderen Stichproben-Kennzahlen bestimmen, z. B. die Verteilung der (empirischen) Varianz. Diese Verteilung hat einen Erwartungswert, einen Median, eine (theoretische) Varianz, und so weiter.

f   Dem Modell entspricht wieder ein Muster-Experiment mit *Zufallszahlen* (vergleiche 5.6.b und 5.1.j). Je n Zufallszahlen mit der angenommenen Verteilung $\mathcal{F}$ (vergleiche 4.4.d) zeigen, was eine Zufalls-Stichprobe als Resultate ergeben könnte. Aus je n Zufallszahlen erhalten wir ihren Mittelwert. Wenn wir dies m mal wiederholen, erhalten wir m Mittelwerte und damit eine „empirische" Verteilung dieser Werte – genauer eine sogenannte *simulierte Verteilung*. Man kann ein Histogramm oder Stabdiagramm zeichnen, das die „simulierten Häufigkeiten" darstellt. Für grosse m werden diese Häufigkeiten immer genauer gleich den entsprechenden Wahrscheinlichkeiten, die simulierte Verteilung nähert sich der theoretischen.
So kann man also die theoretische Verteilung des arithmetischen Mittels $\overline{X}$ (oder andere „Stichproben-Funktionen") „empirisch" bestimmen, für beliebige Verteilungen der Einzelwerte X_i.

g ▷ *Beispiel Karten Ziehen.* Als Beispiel wollen wir die (theoretische) Verteilung des mittleren Gewinns in $n = 4$ Spielen des Beispiels 4.5.b bestimmen. Die ersten 20 Nettogewinne $z_i = -1, -1, -1, -1, -1, +1, +1, -1, -1, -1, -1, -1, -1, -1, -1, +1, -1, -1, -1, -1$ einer Simulation gruppieren sich zu $m = 5$ Stichproben zu $n = 4$ Zahlen mit den m arithmetischen Mittelwerten

$$\bar{z}^{(1)} = -1, \ \bar{z}^{(2)} = 0, \ \bar{z}^{(3)} = -1, \ \bar{z}^{(4)} = -0.5, \ \bar{z}^{(5)} = -1 .$$

Aus 4000 simulierten Zahlen entsteht das in Bild 5.7.g gezeigte Histogramm von $m = 1000$ simulierten Mittelwerten.

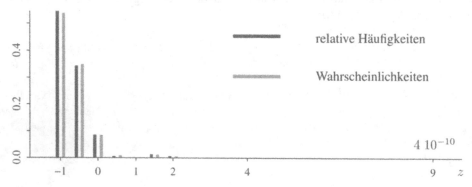

Bild 5.7.g Simulierte und theoretische Verteilung des mittleren Nettogewinns in vier Zügen im Beispiel Karten Ziehen

In diesem einfachen Beispiel kann man mit zweimaliger Anwendung der allgemeinen Methode zur Bestimmung der Verteilung einer Summe (5.6.g) die Verteilung von $n \cdot \bar{Z}$ theoretisch berechnen und daraus die Verteilung von $\bar{Z}$ durch Skalenänderung bestimmen. Sie ist zum Vergleich ebenfalls dargestellt.

* Tabelle 5.7.g zeigt die möglichen Werte des mittleren Gewinns in vier Runden mit den dazugehörigen Wahrscheinlichkeiten und den aus der Simulation erhaltenen relativen Häufigkeiten. Die rentableren Gewinne haben eine so kleine Wahrscheinlichkeit, dass man gar nicht erwarten konnte, sie in der Simulation je zu erreichen. Es ist also gefährlich, „Spiele", bei denen ein extremer Gewinn oder ein extremes Risiko mit kleiner Wahrscheinlichkeit eintreten kann, mit solch einfachen Simulationsmethoden nachzubilden. (Es gibt raffiniertere Simulationsverfahren, die bessere Ergebnisse liefern.) ◁

Tabelle 5.7.g Wahrscheinlichkeiten und simulierte Häufigkeiten r_z im Beispiel Karten Ziehen

z	-1.0	-0.5	0.0	0.5	1.0	1.5	2.0	2.5	3.0
$P\langle \bar{Z} = z \rangle$	.5387	.3490	.0848	.0092	.00037	.0114	.0055	.00090	0.000048
r_z	.545	.343	.086	.006	.001	.013	.006	.0	.0

z	4.0	4.5	5.0	6.5	7.0	9.0
$P\langle \bar{Z} = z \rangle$	$9.0 \, 10^{-5}$	$2.9 \, 10^{-5}$	$2.4 \, 10^{-6}$	$3.2 \, 10^{-7}$	$5.1 \, 10^{-8}$	$4.2 \, 10^{-10}$
r_z	.0	.0	.0	.0	.0	.0

h   Was die Kennzahlen betrifft, können wir hoffen, dass das arithmetische Mittel und die empirische
    Varianz der m simulierten Werte $\overline{Z}^{(k)}$ etwa mit Erwartungswert und theoretischer Varianz
    von $\overline{Z}$ übereinstimmen. Aus den $m = 1000$ simulierten $\overline{Z}^{(k)}$ ergibt sich ein Mittelwert
    von $\frac{1}{m}\sum_k \bar{z}^{(k)} = -0.6975$ und eine empirische Varianz von $\widehat{\text{var}}_k\langle \bar{z}^{(k)}\rangle = 0.2165$. Die
    theoretischen Werte sind $\mathcal{E}\langle\overline{Z}\rangle = \mathcal{E}\langle Z_i\rangle = -0.6774$ und $\text{var}\langle\overline{Z}\rangle = \text{var}\langle Z_i\rangle/4 = 0.2258$.
    Im folgenden Abschnitt soll noch klarer werden, wie sich Wahrscheinlichkeiten und theoretische
    Kennzahlen als Grenzwerte von relativen Häufigkeiten und empirischen Kennzahlen ergeben.

i   *Hinweis.* Das nachfolgende Kapitel über stetige Verteilungen wird erfahrungsgemäss für an-
    wendungsorientierte Personen zur Durststrecke. Wenn Sie vor allem an einem Verständnis der
    schliessenden Statistik interessiert sind, können Sie an dieser Stelle die Abschnitte 7.1, 8.1, 8.2
    und 9.1 lesen, die anhand von Modellen mit diskreten Verteilungen in dieses Gebiet einführen.
    Die stetigen Verteilungen unterscheiden sich mehr technisch als grundsätzlich von den diskreten.
    Eilige können deshalb allenfalls mit der Zusammenfassung im Anhang und dem Rückblick in
    6.13 durchkommen. Allerdings beruhen grosse Teile der angewandten Statistik auf stetigen Zu-
    fallsvariablen, besonders auf dem Modell der Normalverteilung. Früher oder später ist deshalb
    eine eingehende Beschäftigung mit diesen Begriffen wesentlich.

5.8   * Gesetze der grossen Zahl

a   *   Wir haben Wahrscheinlichkeiten als idealisierte relative Häufigkeiten eingeführt. Dabei sind wir von
        der Vorstellung ausgegangen, dass relative Häufigkeiten durch die Wahrscheinlichkeiten angenähert
        werden – je grösser die Stichprobe, desto genauer. Tatsächlich kann man aus den Axiomen der
        Wahrscheinlichkeit (4.2.g und 4.2.q) auch theoretisch folgern, dass dies unter gewissen Vorausset-
        zungen geschehen *muss*.

b   *   ▷ Als Beispiel soll das Würfeln dienen, das wir uns „unendlich oft" durchgeführt denken können.
        Das entsprechende Modell bildet eine sogenannte *Folge von Zufallsvariablen* $X_1, X_2, \ldots, X_n, \ldots$.
        Speziell betrachten wir ein Ereignis A, z. B. eine Fünf oder Sechs beim Würfeln, und wählen als X_i
        die Indikatorvariable für das Eintreffen dieses Ereignisses im i ten Versuch. Es wird also $P\langle X_i = 1\rangle$
        für alle i gleich gross, sagen wir π. Das arithmetische Mittel der ersten n Beobachtungen,

$$\overline{X}_n = \frac{1}{n}S_n, \qquad S_n = \sum_{i=1}^n X_i\,,$$

    ist gerade die relative Häufigkeit R_n (die wir bisher nicht als Zufallsvariable betrachtet und deshalb
    r genannt haben) des Ereignisses A in den ersten n Versuchen. Die Verteilung von R_n ist
    bestimmt durch

$$S_n = nR_n \sim \mathcal{B}\langle n, \pi\rangle\,. \quad \triangleleft$$

c   *   Die Diagramme in Bild 5.8.c zeigen, dass die Verteilung immer schmaler wird. Dies drückt sich
        dadurch aus, dass

$$\text{var}\langle R_n\rangle = \text{var}\left\langle \tfrac{1}{n}S_n \right\rangle = \frac{1}{n^2}n\pi(1-\pi) = \frac{\pi(1-\pi)}{n}$$

    ist und also die Standardabweichung immer kleiner wird.
    Die relative Häufigkeit wird also tatsächlich immer genauer gleich einem bestimmten Wert, nämlich
    gleich der Wahrscheinlichkeit $\mathcal{E}\langle R_n\rangle = \pi = P\langle A\rangle$. Anders gesagt: Das Ereignis $\{|R_n - \pi| > \varepsilon\}$,

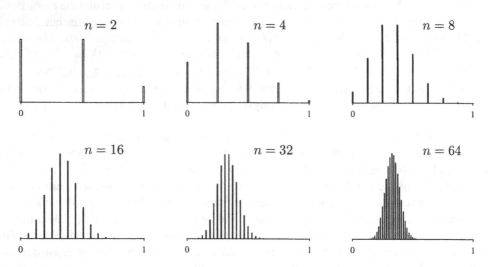

Bild 5.8.c Verteilung der relativen Häufigkeit R_n für $\pi = 1/3$

dass die Abweichung der relativen Häufigkeit von der Wahrscheinlichkeit grösser als eine beliebige (kleine) Zahl $\varepsilon > 0$ wird, wird mit wachsendem n immer unwahrscheinlicher,

$$\lim_{n \to \infty} P\{|R_n - \pi| > \varepsilon\} = 0 .$$

Dies ist die einfachste Variante des sogenannten Gesetzes der grossen Zahl und geht auf Jakob Bernoulli (publiziert posth. 1713) zurück.

d * Die grafische Darstellung zeigt eigentlich mehr als nur gerade $R_n \approx 1/3$. Sie zeigt, „mit welcher Geschwindigkeit" die Abweichungen vom Idealwert abnehmen. Wir kommen auf diese Frage am Ende von Kapitel 6 zurück.

e * Wir haben damit aus dem Modell der Wahrscheinlichkeit gefolgert, dass *relative Häufigkeiten* für grössere Stichproben immer genauer durch die entsprechende *Wahrscheinlichkeit* angenähert werden. Wenn die Wahrscheinlichkeit bekannt ist, wie im Fall des Würfelns, lässt sich dies direkt bestätigen. Bild 5.8.e zeigt drei mit Bernoulli-verteilten Zufallszahlen (siehe 5.1.j) erzeugte simulierte Folgen von relativen Häufigkeiten.
Wenn wir die Wahrscheinlichkeit $\pi = P\langle A\rangle$ des Ereignisses nicht sicher kennen, folgt aus dem Gesetz der grossen Zahl immerhin folgendes: Die relative Häufigkeit ist für wachsendes n immer kleineren zufälligen Schwankungen unterworfen. Wenn also mehrere Folgen von Zufallsvariablen betrachtet werden (mit gleicher zugrundeliegender Verteilung), müssten sie sich generell immer mehr aneinander annähern, immer weniger um den unbekannten Wert π streuen. So wird klar, dass man im Prinzip eine Wahrscheinlichkeit durch eine Grenzwertbildung in einer unendlich langen Versuchsreihe empirisch bestimmen kann (vergleiche 4.10.f).
Diese empirisch verifizierbaren Folgerungen des Modells der Wahrscheinlichkeit rechtfertigen, dass wir uns weiter mit ihm beschäftigen.

f * ▷ Nun ein *Beispiel* aus der Wirklichkeit: Man zählt die Anzahl Mädchen (X) in *Familien mit 8 Kindern*. Ein einfaches Modell besteht darin, die Geburt der 8 Kinder als Serie von unabhängigen Versuchen und ein Mädchen als Erfolg anzusehen. Das führt auf $X \sim \mathcal{B}\langle 8, \pi\rangle$ mit $\pi \approx \frac{1}{2}$. Man hat in Deutschland im vorletzten Jahrhundert für $n = 53680$ solche Familien die tatsächliche Anzahl Mädchen festgestellt. Für uns liefert jetzt jede Familie eine (unabhängige) Beobachtung X_i, also $X_i \sim \mathcal{B}\langle 8, \frac{1}{2}\rangle$, unabhängig, $i = 1, 2, \ldots, 53680$. (Wir vergessen besser, dass jede

R_n

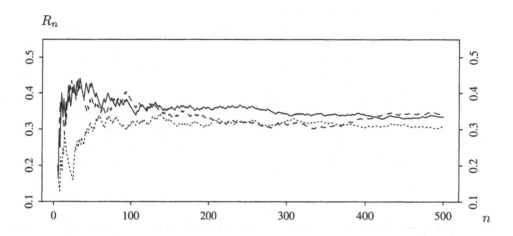

Bild 5.8.e Drei simulierte Folgen von relativen Häufigkeiten mit $\pi = 1/3$ (ohne erste 10 Glieder)

Beobachtung selbst von acht „Beobachtungen" von acht Kindern herrührt.) Daraus ergibt sich für jeden möglichen Wert x von X_i, also $x = 0, 1, \ldots, 7$ oder 8, eine relative Häufigkeit $R_n^{(x)}$, die ungefähr gleich der Wahrscheinlichkeit

$$P\langle X_i = x \rangle = p_\pi = \binom{8}{x} \left(\frac{1}{2}\right)^8$$

sein muss, wenn das Modell richtig ist.

Eine Entschuldigung: Es ist verwirrend, dass das hier zu verwendende Modell, das die idealen Werte der neun vorkommenden relativen Häufigkeiten $R_n^{(0)}, R_n^{(1)}, R_n^{(2)}, \ldots, R_n^{(8)}$ festlegt, eine Binomial-Verteilung ist. Sie hat eine ganz andere, weniger tiefliegende Bedeutung als die Binomial-Verteilung, die den $R_n^{(x)}$ zugrundeliegt, nämlich z.B. $53680 \cdot R_{53680}^{(1)} \sim \mathcal{B}\langle 53680, p_1 \rangle$ mit $p_1 = \binom{8}{1} \cdot (\frac{1}{2})^8 = 0.03125$. ($R_{53680}^{(1)}$ entsteht selbst aus der Summe der 53680 Indikatorvariablen $X_i^{(1)}$, die je angeben, ob in der i ten Familie genau ein Mädchen vorhanden war oder nicht.)

Die folgende Tabelle vergleicht die empirisch erhaltenen relativen Häufigkeiten $R_n^{(x)}$ mit den idealen Werten p_x:

x	0	1	2	3	4	5	6	7	8
$R_n^{(x)}$	0.0064	0.0390	0.1244	0.2222	0.2787	0.1984	0.0993	0.0277	0.0040
p_x	0.0039	0.0313	0.1094	0.2188	0.2734	0.2188	0.1094	0.0313	0.0039

Bild 5.8.f (i) zeigt, dass die beiden Zeilen nicht allzu schlecht übereinstimmen, aber man kann sehen, dass die relativen Häufigkeiten für kleine Werte x jeweils grösser, für grosse x jeweils kleiner sind als die Wahrscheinlichkeiten. Das Modell gibt also im Detail die empirisch beobachteten Häufigkeiten falsch wieder. Dadurch ist allerdings nicht das Gesetz der grossen Zahl empirisch widerlegt. Der „richtige" Schluss ist der, dass unser Experiment nicht genügend genau dem Modell entspricht. (Mathematiker suchen den Fehler „selbstverständlich" nicht beim Modell, bei der Theorie, sondern bei der Übertragung auf die konkrete Situation.) ◁

g * Das Modell kann in der Tat verbessert werden, indem man statt $\pi = \frac{1}{2}$ einen genaueren Wert einsetzt. Der Anteil der Mädchen betrug nämlich unter allen Geburten nicht 0.5, sondern weniger. Wenn wir über den genauen Prozentsatz keine Angaben haben, dann können wir ja feststellen, wie viele Mädchen in den beobachteten Acht-Kinder-Familien festgestellt wurden. Es ergab sich eine mittlere Anzahl $\overline{X} = \sum_{x=1}^{8} x \, R_n^{(x)} = 3.8826$ von Mädchen auf je 8 Kinder oder ein Anteil von 3.8826/8=0.4853.

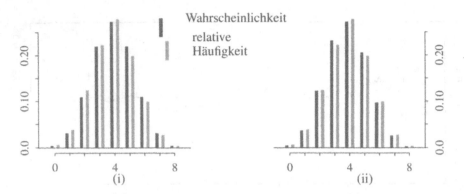

Bild 5.8.f Relative Häufigkeiten und Wahrscheinlichkeiten aus (i) $\mathcal{B}\langle n, 1/2\rangle$ und (ii) $\mathcal{B}\langle n, \widehat{\pi}\rangle$ im Beispiel der 8-Kinder-Familien

Den auf diese Art aus den Daten bestimmten Parameter π nennen wir $\widehat{\pi}$. Die Grösse $\widehat{\pi}$ ist eine Funktion der Zufallsvariablen X_i und damit selber eine Zufallsvariable. Sie wird *Schätzung* des Parameters π genannt. Da wir hier konkrete Daten betrachtet haben, ist $\widehat{\pi}$ eine Zahl zugeordnet, nämlich die sogenannte Realisierung der Zufallsvariablen $\widehat{\pi}$. Das ist ein Vorgriff auf die schliessende Statistik.

Betrachten wir also das Modell, bei dem der Parameter den Daten angepasst wurde, $X_i \sim \mathcal{B}\langle 8, 0.4853\rangle$. Man erhält

x	0	1	2	3	4	5	6	7	8
$R_n^{(x)}$	0.0064	0.0390	0.1244	0.2222	0.2787	0.1984	0.0993	0.0277	0.0040
p_x	0.0049	0.0371	0.1226	0.2312	0.2725	0.2056	0.0969	0.0261	0.0031

und sieht in Bild 5.8.f (ii), dass dieses Modell wesentlich besser passt. Die Frage, ob es jetzt „gut genug" passt, bleibt offen. In der schliessenden Statistik wird darauf unter dem Namen Anpassungs-Test eine Antwort gegeben (siehe 10.2).

h * In der Herleitung des Gesetzes der Grossen Zahl von Bernoulli waren die Resultate der einzelnen Versuche (X_i) Indikatorvariable. Es gilt aber für allgemeine X_i, dass die Varianz von $\overline{X}_n$ immer kleiner wird, $\mathrm{var}\langle\overline{X}_n\rangle = \sigma^2/n$. Man erhält den folgenden Satz.
Schwaches Gesetz der grossen Zahl. Wenn $X_1, X_2, \ldots, X_n \ldots$ unabhängige Zufallsvariable mit der gleichen Verteilung sind, gilt

$$P\{|\overline{X}_n - \mu| > \varepsilon\} \xrightarrow{n \to \infty} 0 \qquad \text{für jedes } \varepsilon > 0\,,$$

wobei μ der Erwartungswert der X_i ist.
Eigentliche Beweise findet man z. B. in Vincze (1984, Kap. 2.5) und Lehn und Wegmann (2006).

i * Der arithmetische Mittelwert ist also ein *Näherungswert* für den Erwartungswert der (Verteilung der) einzelnen Beobachtungen X_i. Die zufällige Abweichung $\overline{X}_n - \mu$ wird für grössere Stichproben immer kleiner. Das gilt allerdings nur in einem „stochastischen Sinn".
▷ Beispiel: Beim Würfeln mit einem Zahlenwürfel ist $\mathcal{E}\langle X_i\rangle = \mu = 3.5$. Es ist durchaus möglich, dass nach zwei Würfen $\overline{X}_2 = 3.5 = \mu$ gilt. Dann wird nach drei Würfen die Abweichung notwendigerweise wieder grösser. ◁
In Bild 5.8.e ist dies ebenfalls zu sehen. Das Schwache Gesetz der grossen Zahl sagt nur etwas über die *Wahrscheinlichkeit*, mit der bestimmte Abweichungen vom Erwartungswert vorkommen.

j   *   Trotzdem vermittelt Bild 5.8.e den Eindruck, dass auch die einzelnen Linienzüge sich mit wachsendem n immer weniger weit vom Idealwert weg „wagen". Führt man diesen Gedanken weiter, dann kommt man zum *Starken Gesetz der grossen Zahl*, siehe z. B. Lehn und Wegmann (2006, Kap. 2.7).

k   *   Man kann sich überlegen, dass alle in 5.3.b besprochenen Kennzahlen für Stichproben bei steigendem Stichprobenumfang immer genauer gleich der entsprechenden Kennzahl der Verteilung der einzelnen Beobachtung X_i werden müssen. Dies beruht auf der Feststellung, dass die empirische kumulative Verteilungsfunktion $\widehat{F}_n\langle x \rangle$ der ersten n Beobachtungen für ein festes x gleich der relativen Häufigkeit von $X_i \leq x$ ist und also immer genauer gleich der Wahrscheinlichkeit $P\langle X_i \leq x \rangle = F\langle x \rangle$ wird. (Genaueres sagt der Satz von Glivenko und Cantelli.) Da die Kennzahlen Funktionen („Funktionale", siehe 5.3.i) der empirischen respektive theoretischen Verteilungsfunktion sind, werden damit die empirischen Kennzahlen immer genauer gleich den theoretischen. (Diese Überlegung haben wir bereits in 5.3.h auf eine Stichprobe von Zufallszahlen angewandt.)

5.9   * Stochastische Prozesse

a   *   In diesem Kapitel spielte die *Unabhängigkeit* der Beobachtungen immer wieder eine wichtige Rolle. Für viele interessante Abläufe in Natur und Gesellschaft müssen sinnvolle Modelle unbedingt die Abhängigkeit von aufeinander folgenden Beobachtungen berücksichtigen. Zwei Beispiele sollen zeigen, dass man auch in solchen Fällen Wahrscheinlichkeitsmodelle formulieren kann.

b   *   ▷ *Beispiel Vererbung* Wir betrachten die Häufigkeit von zwei Allelen eines Gens. Die Träger sollen sich in unterscheidbaren Generationen fortpflanzen, die wir nummerieren. Sei $m_0/2$ die Anzahl Tiere in der Ausgangsgeneration – m_0 also die Anzahl Chromosomen – und x_0 die Anzahl Chromosomen mit Allel A. Für die Anzahl Chromosomen X_1 mit Allel A in der ersten Generation, mit insgesamt $m_1/2$ Tieren, kann man als vereinfachtes Modell annehmen, dass jedes der m_1 Chromosomen „zufällig" ein Allel auswählt, und zwar mit Wahrscheinlichkeit x_0/m_0 das Allel A. Dies führt zum Modell $X^{(1)} \sim \mathcal{B}\langle m_1, x_0/m_0 \rangle$ (unter Annahme der Unabhängigkeit der „Auswahlen" der einzelnen Chromosomen). In der zweiten Generation kann man die Anzahl $X^{(2)}$ ebenso leicht angeben, wenn man $X^{(1)}$ kennt. Es ist die bedingte Verteilung von $X^{(2)}$, gegeben $X^{(1)} = x_1$, gleich $\mathcal{B}\langle m_2, x_1/m_1 \rangle$. Im Prinzip kann man mit dieser Regel rekursiv die Wahrscheinlichkeiten für die Häufigkeit $X^{(t+1)}$ in einer beliebigen Generation $t+1$ aus der vorhergehenden Generation bestimmen,

$$P\langle X^{(t+1)} = x \rangle = \sum\nolimits_{k=0}^{m_t} P\langle X^{(t)} = k \rangle \, P\langle X^{(t+1)} = x \mid X^{(t)} = k \rangle$$

$$= \sum\nolimits_{k=0}^{m_t} P\langle X^{(t)} = k \rangle \binom{m_{t+1}}{x} \left(\frac{k}{m_t} \right)^x \left(1 - \frac{k}{m_t} \right)^{m_{t+1} - x}.$$

Allerdings lassen sich diese Verteilungen nicht in einer einfachen Form darstellen. Aber man kann mit mathematisch anspruchsvolleren Methoden beispielsweise beweisen, dass das Allel A oder sein Gegenstück a aussterben muss (Fixierung eines Allels), wenn dieses Modell stimmt und die Population nicht allzu schnell wächst. ◁

c   *   ▷ *Beispiel Epidemie.* Wir betrachten ein sehr einfaches Modell für eine ansteckende Krankheit. Von m Individuen seien am Anfang x_0 gesund, aber ansteckbar, y_0 krank und ansteckend. Die Wahrscheinlichkeit, dass sich ein bestimmter Gesunder in einem kleinen Zeitraum ansteckt, sei proportional zur Anzahl Ansteckender y_0, also gleich βy_0. Die Wahrscheinlichkeit, dass ein Ansteckender im gleichen Zeitraum nicht mehr ansteckend und damit immun wird, sei γ. Der Zeitraum sei so klein gewählt, dass die Wahrscheinlichkeit, dass darin zwei Individuen krank oder immun werden, vernachlässigbar ist.

Dann erhält man für die Anzahl $X^{(1)}$ der Ansteckbaren und $Y^{(1)}$ der Ansteckenden nach dem „kleinen Zeitraum" die gemeinsame Verteilung

$$P\langle X^{(1)} = x_0 - 1, \ Y^{(1)} = y_0 + 1\rangle = \beta x_0 y_0$$

$$P\langle X^{(1)} = x_0, \ Y^{(1)} = y_0 - 1\rangle = \gamma y_0$$

$$P\langle X^{(1)} = x_0, \ Y^{(1)} = y_0\rangle = 1 - \beta x_0 y_0 - \gamma y_0.$$

Die bedingten Wahrscheinlichkeiten für $X^{(2)}$ und $Y^{(2)}$, gegeben $X^{(1)} = x_1$, $Y^{(1)} = y_1$, erfüllen die gleichen Formeln. Man erhält so rekursiv die Wahrscheinlichkeiten für alle späteren Zeitpunkte. In diesem einfachen Modell haben wir angenommen, dass die Krankheit zur Immunität führt und dass keine neuen Individuen dazukommen, sodass plausiblerweise schliesslich alle (oder fast alle) zunächst krank und später immun werden. Man kann die Frage stellen (und mit anspruchsvollen mathematischen Hilfsmitteln oder mit Simulation beantworten), wie lange es bis dahin dauert. Das ist natürlich selbst eine Zufallsvariable.   ◁

d   *   Auf analoge Art lassen sich auch weitere Prozesse, die in der Zeit ablaufen, mit Wahrscheinlichkeits-Modellen beschreiben. Das führt ins Gebiet der *stochastischen Prozesse*.

e   *   In den beiden Beispielen haben wir die bedingte Verteilung für $X^{(t+1)}$ (und $Y^{(t+1)}$), gegeben die Werte der vorhergehenden Zufallsvariablen $X^{(1)}, X^{(2)}, \ldots, X^{(t)}$ (und $Y^{(1)}, Y^{(2)}, \ldots, Y^{(t)}$), angeben können. Man stellt fest, dass in den beiden Modellen diese bedingte Verteilung *nur* vom Wert von $X^{(t)}$ (und $Y^{(t)}$) abhängt. In Worten: Die Zukunft hängt vom bisherigen Geschehen nur über die Gegenwart ab. Wenn also die Gegenwart bekannt ist, ist die Vergangenheit für die künftige Entwicklung ohne Bedeutung. Diese Eigenschaft heisst Markov-Eigenschaft, und die entsprechenden Modelle werden auch *Markov-Ketten* genannt.

6 Stetige Verteilungen

6.1 Grundlagen

a Die eingehendere Behandlung von stetigen Zufallsvariablen und ihren Verteilungen gibt uns Gelegenheit, die Überlegungen des vorhergehenden Kapitels nochmals in einem anderen Zusammenhang durchzugehen und zu erweitern. Wir kehren zunächst zurück zur Untersuchung einer einzigen Zufallsvariablen, also zum Modell für eine einzige Beobachtung, und werden am Ende des Kapitels wieder eine ganze Stichprobe betrachten, die schliesslich auch noch immer umfangreicher wird.

Hinweis. Wie bereits erwähnt, kann dieses Kapitel für mathematisch weniger Versierte oder Interessierte zum Stolperstein werden. Da die meisten Einsichten, die es vermittelt, nichts wesentlich Neues enthalten, kann es in einem ersten Durchgang auch abgekürzt behandelt werden: Gehen Sie die als wichtig angestrichenen Stellen durch! Mit erhöhter Aufmerksamkeit sollten Sie die Abschnitte über transformierte Zufallsvariable, die Normalverteilung und den Zentralen Grenzwertsatz (6.4, 6.5 und 6.12) ansehen, da hier neue Ideen auftauchen. Als summarische Begründung der Resultate können Sie sich bewusst machen, dass man alle Resultate mit Hilfe von Zufallszahlen empirisch feststellen kann.

Für mathematische Herleitungen brauchen wir einige grundlegende Begriffe und Ergebnisse aus der *Differential- und Integralrechnung*, die hier der Einfachheit halber zusammengestellt werden.

b Es sei F eine Funktion (mit reellen Zahlen als Ausgangs- und Zielwerten).

Ableitung: $f\langle x\rangle = F'\langle x\rangle = \lim_{h\to 0}\left\langle (F\langle x+h\rangle - F\langle x\rangle)/h\right\rangle$

Stammfunktion: F heisst Stammfunktion von f, wenn $F'\langle x\rangle = f\langle x\rangle$ für alle x. – Beispiele:

$$\begin{aligned} F\langle x\rangle &= x^p, & e^x, & \quad log_e\langle x\rangle \\ f\langle x\rangle &= p\,x^{p-1}, & e^x, & \quad 1/x \end{aligned}$$

Ableitung eines Produkts:

$$F\langle x\rangle = G\langle x\rangle \cdot H\langle x\rangle \Rightarrow F'\langle x\rangle = G\langle x\rangle H'\langle x\rangle + G'\langle x\rangle H\langle x\rangle$$

Geschachtelte Funktionen (Kettenregel):

$$F\langle x\rangle = H\langle G\langle x\rangle\rangle \Rightarrow F'\langle x\rangle = H'\langle G\langle x\rangle\rangle \cdot G'\langle x\rangle$$

c *Integral:*

$$\int_a^b f\langle x\rangle\,dx = \lim_{n\to\infty} \frac{b-a}{n}\cdot\sum_{i=1}^n f\left\langle a+i\cdot\frac{b-a}{n}\right\rangle$$

Die Integrations-Variable x kann man durch irgendeinen anderen Buchstaben ersetzen, z. B. $\int_a^b f\langle x\rangle dx = \int_a^b f\langle t\rangle dt$. Man sollte nicht das gleiche Symbol verwenden wie für eine Grenze, also nicht $\int_0^x f\langle x\rangle dx$ schreiben.

Wenn F eine Stammfunktion von f ist, gilt

$$\int_a^b f\langle x\rangle dx = F\langle b\rangle - F\langle a\rangle$$

für alle a und b mit $a < b$.

Wenn $F\langle x\rangle = \int_a^x f\langle t\rangle dt$ ist, dann ist $F'\langle x\rangle = f\langle x\rangle$. (Die *Ableitung eines Integrals* nach der oberen Grenze ist nach dem „Hauptsatz der Integralrechnung" gleich dem Integranden.)

Es gibt nur für „wenige" der unendlich vielen möglichen Funktionen f eine geschlossene Formel für die Stammfunktion F. In Computerprogrammen, wissenschaftlichen Taschenrechnern und Formelsammlungen findet man trotzdem viele solche Funktionen. Einige kann man mit den folgenden Regeln, die der Produkt- und der Kettenregel entsprechen, selber finden.

Partielle Integration:

$$\int_a^b G\langle x\rangle \cdot H'\langle x\rangle dx = \left[G\langle x\rangle \cdot H\langle x\rangle\right]_a^b - \int_a^b G'\langle x\rangle \cdot H\langle x\rangle dx$$

Dabei bedeutet $[G\langle x\rangle \cdot H\langle x\rangle]_a^b = G\langle b\rangle \cdot H\langle b\rangle - G\langle a\rangle \cdot H\langle a\rangle$.

Variablen-Substitution: Sei $y = H\langle x\rangle$ und H^{-1} die Umkehrfunktion von H. Es gilt

$$\int_a^b g\langle y\rangle dy = \int_{H^{-1}\langle a\rangle}^{H^{-1}\langle b\rangle} g\langle H\langle x\rangle\rangle \, H'\langle x\rangle dx \ .$$

d   *Reihen-Entwicklung*:

$$g\langle x\rangle = g\langle x_0\rangle + g'\langle x_0\rangle(x - x_0) + \frac{1}{2}\, g''\langle x_0\rangle(x - x_0)^2 + \frac{1}{2\cdot 3}\, g'''\langle x_0\rangle(x - x_0)^3 + \dots$$

$(* = g\langle x_0\rangle + \sum_{\ell=1}^\infty \frac{1}{\ell!} g^{(\ell)}\langle x_0\rangle(x - x_0)^\ell$; sofern schwache Bedingungen erfüllt sind).

Die entsprechende Näherungsformel

$$g\langle x\rangle \approx g\langle x_0\rangle + g'\langle x_0\rangle(x - x_0)$$

bezeichnet man als *Linearisierung* der Funktion g; man ersetzt die Funktion g durch ihre Tangente im Punkt $[x_0, g\langle x_0\rangle]$ (vergleiche Bild 6.4.p).

6.2   Grundbegriffe, Exponential- und uniforme Verteilung

a   Betrachten wir als Zufallsvariable die X-Koordinate des Ortes, wo ein Regentropfen fällt, oder die Messung einer Temperatur. Die Wahrscheinlichkeit, dass eine solche Variable ganz genau einen vorbestimmten Wert hat, ist $= 0$ (wenn man von der notwendigen Rundung der Messergebnisse absieht). Die Wahrscheinlichkeiten $P\langle X = x\rangle$ können also die Verteilung einer stetigen Zufallsvariablen nicht festlegen. Besser geht's mit den Wahrscheinlichkeiten $P\langle X \leq x\rangle$.

b Eine stetige Verteilung – die Verteilung einer stetigen Zufallsvariablen X – ist gegeben durch
die (kumulative) *Verteilungsfunktion*

$$F\langle x\rangle = P\langle X \le x\rangle \ .$$

Wahrscheinlichkeiten für Ereignisse können aus der Funktion $F\langle .\rangle$ berechnet werden, z. B.
(vergleiche Bild 6.2.b)

$$P\langle a < X \le b\rangle = F\langle b\rangle - F\langle a\rangle \ .$$

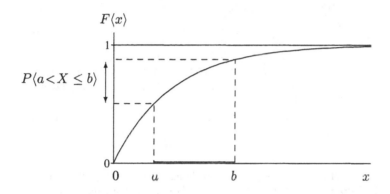

Bild 6.2.b
Kumulative
Verteilungsfunktion
und Wahrscheinlichkeit
eines Intervalls

Es gilt

- $0 \le F\langle x\rangle \le 1$;

- F muss monoton steigend sein (nicht strikt, man sagt dafür präziser „monoton nicht-fallend");

- $F\langle -\infty\rangle = 0$ (wobei $F\langle -\infty\rangle = \lim_{x \to -\infty} F\langle x\rangle$ bedeutet) und ebenso $F\langle \infty\rangle = 1$.

c * Alle diese Eigenschaften gelten für die kumulative Verteilungsfunktion einer beliebigen Zufallsvariablen. Wenn $F\langle .\rangle$ stetig ist, also keine Sprungstellen aufweist, ist

$$P\langle X = x\rangle = \lim_{h \to 0} (F\langle x\rangle - F\langle x - h\rangle) = 0$$

für alle x. Nur dann nennt man die *Verteilung stetig*. Man kann aber auch allgemeinere Verteilungen
betrachten, für die gewisse Werte x_k eine Wahrscheinlichkeit $P\langle X = x_k\rangle \ne 0$ haben. Die
Verteilungsfunktion hat dann Sprungstellen. Im Extremfall einer rein diskreten Verteilung erhält
man für F wieder eine Treppenfunktion.

d Es wurde bereits erwähnt, dass im Beispiel des Regentropfens die Koordinaten eine stetige
uniforme Verteilung (oder Gleichverteilung oder Rechtecksverteilung) haben. Wenn eine rechteckige, achsenparallele Platte (statt des Einheits-Quadrates) betrachtet wird, erhält man die
Verteilungsfunktion

$$F\langle x\rangle = \begin{cases} 0 & \text{für } x < \alpha \\ \frac{x-\alpha}{\beta-\alpha} & \text{für } \alpha \le x \le \beta \\ 1 & \text{für } x > \beta \ . \end{cases}$$

der uniformen Verteilung über einem Intervall (α, β). Man schreibt $X \sim \mathcal{U}\langle \alpha, \beta\rangle$; die Grenzen
α und β der möglichen Werte sind die Parameter dieser Verteilungsfamilie.

Die uniforme Verteilung ist ein naheliegendes Modell für Rundungsfehler, die z. B. bei der Digitalisierung von Analogdaten entstehen. Wenn das Resultat einer Messung als 1.2 notiert wird, dann kann man für den vom Messinstrument tatsächlich erfassten Wert X als Modell $X \sim \mathcal{U}\langle 1.15, 1.25 \rangle$ annehmen. (Meistens ist der Messfehler, das heisst die Abweichung des gemessenen Wertes von einem „wahren" Idealwert wesentlich grösser, da nicht nur die Rundung als Störung wirkt.)

e Die *Exponential-Verteilung* $\mathcal{E}xp\langle \lambda \rangle$ ist gegeben durch

$$F\langle x \rangle = \begin{cases} 1 - e^{-\lambda x} & \text{für } x \geq 0 , \\ 0 & \text{für } x < 0 \end{cases}$$

(siehe Bild 6.2.b).
Sie wird oft verwendet, wenn die Zufallsvariable die Zeit bis zum Eintreffen eines bestimmten „Ereignisses" misst – eine sogenannte „*Wartezeit*". Die „Ereignisse" sind von der gleichen Art wie bei der Poisson-Verteilung (5.2.e). Hier *zählen* wir nicht, wie viele Impulse der Geigerzähler in einem Zeitintervall empfängt, sondern messen die Zeit bis zum Eintreffen des nächsten Impulses (von einer festgelegten „Sekunde 0" aus).

f * Eine zufällige Dauer bis zum Eintreffen eines Ereignisses wird je nach Anwendungsgebiet und Sprache neben *Wartezeit* auch *Überlebenszeit*, *Lebensdauer*, *survival time*, *Funktionsdauer*, *failure time* oder, umfassender, *Verweildauer* genannt. Die Exponential-Verteilung ist das einfachste Modell für eine solche Grösse. Normalerweise braucht man flexiblere Modelle, um realistisch zu bleiben. Einige werden in 6.7 erwähnt.
Statt der kumulativen Verteilungsfunktion gibt man meistens die *Verweilfunktion* (oder Überlebensfunktion, *survivor function*)

$$S\langle x \rangle = P\langle X > x \rangle = 1 - F\langle x \rangle$$

an, da sie oft ein wenig einfacher ist und zu einfacheren Formeln führt.

g * Für das Auftreten von „Ereignissen" haben wir jetzt zwei Wahrscheinlichkeitsmodelle, die Poisson- und die Exponential-Verteilung. Wie hängen die beiden zusammen?
Der Parameter der Poisson-Verteilung gibt ja die erwartete Anzahl „Ereignisse" wieder und ist deshalb proportional zur Länge t des betrachteten Zeitintervalls zu wählen. Schreiben wir also $Y \sim P\langle \mu \rangle$, $\mu = \lambda \cdot t$, und nennen λ die Rate der „Ereignisse" (ihre erwartete Anzahl pro Zeiteinheit). Die Wahrscheinlichkeit, dass in einem Intervall der Länge t kein „Ereignis" stattfindet, wird also $P\langle Y = 0 \rangle = e^{-\lambda t}$. Das ist aber, in unserer vorhergehenden Betrachtungsweise, die Wahrscheinlichkeit, dass die „Überlebenszeit" X grösser als t ist, $P\langle X > t \rangle = 1 - F\langle t \rangle = e^{-\lambda t}$.
Die beiden Betrachtungsweisen führen also zum gleichen „Gesamt-Modell", das die Verteilung aller möglichen Zufallsvariablen festlegt: Neben den Anzahlen von „Ereignissen" in beliebigen Zeitabschnitten und den Wartezeiten bis zum nächsten „Ereignis" von allen möglichen Zeitpunkten aus kann man auch weitere Zufallsvariable betrachten.
Mit der zusätzlichen Annahme, dass die Anzahlen in Zeitabschnitten, die sich nicht überlappen, unabhängig seien, heisst dieses Modell *Poisson-Prozess*; es ist der einfachste Fall eines sogenannten *Punkt-Prozesses* (vergleiche 5.2.f).
Im zwei- und höherdimensionalen Raum (Beispiele sind Verteilungsmuster, Sterne, usw., siehe 5.2.e) gibt es keine „Abfolge", keine natürliche Ordnung und damit keine „Wartezeit" mehr. Man kann aber die Distanz zum nächsten Nachbarn betrachten und kommt auf eine Verteilung, die durch $F\langle x \rangle = 1 - e^{-\lambda x^2}$ oder $1 - e^{-\lambda x^3}$ gegeben ist.
Literatur zu Punkt-Prozessen findet man in Büchern über Räumliche Statistik, siehe 16.8.k.

h ▷ *Beispiel Atomzerfall.* Wie lange dauert es, bis ein bestimmtes radioaktives Isotop zerfällt? Als Modell für diese zufällige Dauer ist die Exponential-Verteilung geeignet. Für welchen Zeitpunkt wird die Wahrscheinlichkeit, dass das Isotop bis dahin zerfällt, gleich $1/2$? Die Antwort gibt der Median,

$$F\langle x\rangle = 1 - e^{-\lambda x} = \tfrac{1}{2} \quad \Rightarrow \quad -\lambda x = log_e\left\langle \tfrac{1}{2}\right\rangle \quad \Rightarrow \quad x = log_e\langle 2\rangle/\lambda = 0.693/\lambda\,.$$

In einem radioaktiven Gegenstand gibt es sehr viele aktive Isotope. Der Wahrscheinlichkeit $1/2$ des Zerfalls eines einzelnen entspricht die relative Häufigkeit $1/2$ der zerfallenen Isotope bis zum Zeitpunkt $0.693/\lambda$. Da die radioaktive Strahlung natürlich proportional ist zur Anzahl noch nicht zerfallener Atome, sinkt sie in dieser Zeit ebenfalls auf die Hälfte ab. Man nennt daher $log_e\langle 2\rangle/\lambda$ die *Halbwertszeit.* ◁

i * Man kann den Spiess umdrehen. Sei σ die Halbwertszeit. Die zugehörige Verteilungsfunktion ist

$$1 - e^{-\lambda x} = 1 - e^{-log_e\langle 2\rangle x/\sigma} = 1 - 2^{-x/\sigma}\,.$$

Die Familie der Verteilungen mit $F\langle x\rangle = 1 - 2^{-x/\sigma}$ ist ebenfalls die Familie der Exponential-Verteilungen, aber anders (sinnvoller?) „parametrisiert".

j *Zufallszahlen* mit einer gewünschten Verteilung entstehen, wie bei diskreten Verteilungen (4.4.d), mit Hilfe der kumulativen Verteilungsfunktion aus uniform verteilten Grund-Zufallszahlen z_i: Sei F die gewünschte stetige Verteilungsfunktion mit Umkehrfunktion F^{-1}. Wir wählen $x_i = F^{-1}\langle z_i\rangle$. Es gilt $x_i \leq x \longleftrightarrow z_i \leq F\langle x\rangle$, und für die entsprechenden Wahrscheinlichkeiten

$$P\langle X \leq x\rangle = P\left\langle Z \leq F\langle x\rangle\right\rangle = F\langle x\rangle\,,$$

da $P\langle Z \leq z\rangle = z$ für $0 \leq z \leq 1$. Also hat X die gewünschte Verteilung.
▷ *Beispiel:* Um exponential-verteilte Zufallszahlen zu erzeugen, wendet man auf Grund-Zufallszahlen die Transformation $z \mapsto x = -\tfrac{1}{\lambda} log_e\langle 1 - z\rangle$ an (die Umkehrfunktion von $x \mapsto z = F\langle x\rangle = 1 - e^{-\lambda x}$), siehe Bild 6.2.j. ◁

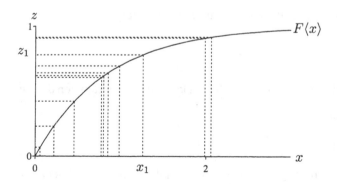

Bild 6.2.j
Simulation von stetigen Zufallsvariablen:
10 Zufallszahlen x_i werden aus uniform verteilten z_i berechnet.

k Für grafische Darstellungen ist die kumulative Verteilungsfunktion nicht sehr geeignet, da sie Unterschiede zwischen verschiedenen Verteilungen nicht deutlich zeigt. Wir hätten gerne etwas Analoges zum Diagramm der Wahrscheinlichkeiten $P\langle X = x\rangle$ für diskrete Zufallsvariable oder zum Histogramm.

Den relativen Häufigkeiten für eine Klasse mit den Grenzen c und $c + \Delta c$ im Histogramm entspricht

$$P\langle c \leq X \leq c + \Delta c \rangle = F\langle c + \Delta c \rangle - F\langle c \rangle \ .$$

Wenn man die Klasseneinteilung verfeinert, muss man verhindern, dass die Balken immer niedriger werden. Am besten macht man im Histogramm die Wahrscheinlichkeiten den *Flächen* gleich. Die Höhe des Balkens wird dann

$$P\langle c < X \leq c + \Delta c \rangle / \Delta c = (F\langle c + \Delta c \rangle - F\langle c \rangle) / \Delta c \ .$$

Im Grenzübergang $\Delta c \to 0$ wird die Höhe des Balkens gleich der Ableitung von F, und wir kommen zum folgenden Begriff.

1 *Definition.* Die *Dichte* f einer stetigen Zufallsvariablen X ist die Ableitung ihrer (kumulativen) Verteilungsfunktion F,

$$f\langle x \rangle = F'\langle x \rangle \ .$$

(* Sie braucht nicht für alle x zu existieren. Für gewisse x kann sie unendlich werden, oder F kann rechts- und linksseitige Ableitungen haben, die verschieden sind.)
Umkehrung: Die kumulative Verteilungsfunktion ist das Integral der Dichte

$$F\langle x \rangle = \int_{-\infty}^{x} f\langle t \rangle dt \ ,$$

also die Stammfunktion von f mit $F\langle -\infty \rangle = 0$. Für die Wahrscheinlichkeiten für Intervalle folgt daraus

$$P\langle a < X \leq b \rangle = F\langle b \rangle - F\langle a \rangle = \int_{a}^{b} f\langle t \rangle dt \ .$$

Die Dichte ist nicht negativ,

$$f\langle x \rangle \geq 0 \quad \text{für alle } x \ ,$$

denn sonst ergäben sich negative Wahrscheinlichkeiten. Aus $P\langle \Omega \rangle = 1$ folgt

$$\int_{-\infty}^{\infty} f\langle x \rangle dx = 1 \ .$$

Jede (integrierbare) Funktion mit diesen beiden Eigenschaften kann als Dichtefunktion dienen.

m Für die *Exponential-Verteilung* wird

$$f\langle x \rangle = \lambda e^{-\lambda x} \quad \text{für } x \geq 0$$

und $f\langle x \rangle = 0$ für $x < 0$. Bild 6.2.m zeigt, wie die Wahrscheinlichkeit für ein Intervall als Fläche unter der Dichtekurve veranschaulicht werden kann.

n Für die *uniforme Verteilung* auf dem Intervall (α, β) ist $f\langle x \rangle = 1/(\beta - \alpha)$, falls $\alpha \leq x \leq \beta$, und $= 0$ sonst. (Die Werte der Dichte für die Grenzen α und β spielen keine Rolle. Man kann die Dichte immer an einzelnen Stellen ändern, da sich dadurch die Integrale nicht ändern.)

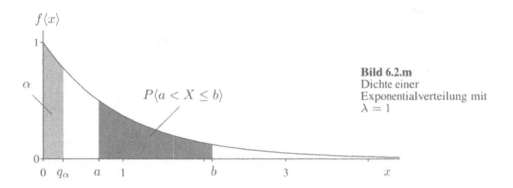

Bild 6.2.m
Dichte einer
Exponentialverteilung mit
$\lambda = 1$

6.3 Kennzahlen für stetige Verteilungen

a   Die *Quantile* erhält man wie früher (5.3.b, 2.3.g) aus der Umkehrung der kumulativen Verteilungsfunktion

$$q_\alpha = F^{-1}\langle\alpha\rangle \ .$$

Anhand von Bild 6.2.m lässt sich das Quantil q_α als Grenze verstehen: Die Fläche unter der Dichtekurve zwischen dem kleinsten möglichen Wert (für die Exponential-Verteilung 0, allgemein $-\infty$) und q_α muss α betragen.

b   Für klassierte Daten war das arithmetische Mittel (siehe 2.4.h)

$$\bar{x} \approx \sum_k z_k r_k \ .$$

Dabei ist z_k die Mitte der $k$ten „Klasse" C_k und r_k die relative Häufigkeit der Daten in C_k. Ersetzt man die relativen Häufigkeiten durch Wahrscheinlichkeiten, so wird das zu $\sum_k z_k P\langle c_k - \triangle c \le X \le c_k\rangle$, wobei $\triangle c$ die Klassenbreite, also die Länge der Intervalle C_k und c_k ihre obere Grenze ist. Wenn die Klassenbreite klein gewählt wird, ist $P\langle c_k - \triangle c \le X \le c_k\rangle \approx f\langle z_k\rangle\triangle c$ und $z_k \approx c_k$. Der Grenzübergang $\triangle c \to 0$ macht aus der Summe das Integral $\int c\, f\langle c\rangle\, dc$, das für stetige Zufallsvariable den *Erwartungswert* $\mathcal{E}\langle X\rangle$ definiert (vergleiche 5.3.a).
Welches sind die Integrationsgrenzen? Wir müssen über alle Klassen summieren, in denen Werte vorkommen können, also nach dem Grenzübergang über den ganzen Bereich integrieren, wo $f\langle c\rangle > 0$ ist. Ausserhalb dieses Bereichs ist der Integrand gleich null, also schadet es nichts, wenn auch dort integriert wird. Man darf noch x statt c schreiben für die Integrations-Variable; das ist üblicher. So erhält man das folgende Resultat.

c   Der *Erwartungswert* einer stetigen Zufallsvariablen X ist

$$\mathcal{E}\langle X\rangle = \int_{-\infty}^{\infty} x\, f\langle x\rangle\, dx$$

(* sofern das Integral existiert). Zur Abkürzung wird oft der griechische Buchstabe μ statt $\mathcal{E}\langle X\rangle$ verwendet.

d Ebenso wird für die Varianz aus

$$\text{var} \approx \sum_k (z_k - \widetilde{x})^2 P\langle c_{k-1} \leq X < c_k \rangle$$

die folgende Formel.

Die *Varianz einer stetigen Zufallsvariablen* X ist

$$\text{var}\langle X \rangle = \int_{-\infty}^{\infty} \left(x - \mathcal{E}\langle X \rangle \right)^2 f\langle x \rangle \, dx$$

(* sofern das Integral existiert). Diese Formel lässt sich auch, wie für diskrete Zufallsvariable, schreiben als

$$\text{var}\langle X \rangle = \mathcal{E} \left\langle (X - \mu)^2 \right\rangle .$$

Als Kurzbezeichnung verwendet man $\sigma^2 = \text{var}\langle X \rangle$. Der griechische Buchstabe σ bezeichnet die Standardabweichung (siehe 5.3.b).

e Für die *Exponential-Verteilung* war $f\langle x \rangle = \lambda e^{-\lambda x}$ für $x \geq 0$ (und sonst $f\langle x \rangle = 0$). Ihr Erwartungswert ist

$$\mathcal{E}\langle X \rangle = \int_0^{\infty} x \, \lambda e^{-\lambda x} \, dx = \lambda \int_0^{\infty} x e^{-\lambda x} \, dx .$$

Durch partielle Integration erhält man

$$\mathcal{E}\langle X \rangle = \lambda \cdot \left(\left[x \left(-\tfrac{1}{\lambda} e^{-\lambda x} \right) \right]_0^{\infty} - \int_0^{\infty} 1 \cdot \left(-\tfrac{1}{\lambda} e^{-\lambda x} \right) dx \right)$$

$$= \int_0^{\infty} e^{-\lambda x} dx = -\frac{1}{\lambda} \left[e^{-\lambda x} \right]_0^{\infty} = \frac{1}{\lambda} .$$

Die Varianz ergibt

$$\text{var}\langle X \rangle = \int_0^{\infty} \left(x - \frac{1}{\lambda} \right)^2 \lambda e^{-\lambda x} dx = \frac{1}{\lambda^2} .$$

(* Herleitung: Durch partielle Integration wie oben erhält man $\mathcal{E}\langle X^2 \rangle = \tfrac{2}{\lambda} \mathcal{E}\langle X \rangle$ und mit Hilfe der Formel 5.3.e das Resultat.)

6.4   Transformationen von Zufallsvariablen

a   In Abschnitt 2.6 haben wir untersucht, was mit einer Stichprobe passiert, wenn eine Variable X transformiert wird. Entsprechende Überlegungen für Zufallsvariable werden sich als vielseitig anwendbar erweisen.

> Zu einer Zufallsvariablen X sei eine neue Zufallsvariable Y mittels einer Funktion g definiert durch
>
> $$Y\langle\omega\rangle = g\langle X\langle\omega\rangle\rangle .$$
>
> Beispiele für g sind die lineare Transformation und die Logarithmus-Transformation,
>
> $$g\langle x\rangle = a + b \cdot x ; \qquad g\langle x\rangle = \log_{10}\langle x\rangle .$$
>
> Wenn also im zweiten Fall für die Zufallsvariable X der Wert 5.1 beobachtet wird, so ist der beobachtete Wert von Y die Zahl $\log_{10}\langle 5.1\rangle = 0.71$.

b   Wenn die Verteilung von X bekannt ist, so ist auch die Verteilung der transformierten Zufallsvariablen Y bestimmt. Das wird sofort klar, wenn wir an Zufallszahlen denken: Zu jeder Zahl x, die entsprechend der Verteilung von X gezogen wird (nach 6.2.j), kann man $y = g\langle x\rangle$ angeben. Wiederholt man das „unendlich oft", so zeigen die y-Werte eine Verteilung – die Verteilung von $Y = g\langle X\rangle$.

c   Es ist nicht schwierig, diesen Zusammenhang auch mit Formeln zu erfassen. Die *kumulative Verteilungsfunktion* von Y lässt sich sehr einfach aus derjenigen von X ausrechnen, wenn g *monoton zunehmend* ist. Es sei x eine feste Zahl und $y = g\langle x\rangle$. Dann ist

$$F^{(Y)}\langle y\rangle = P\{\omega \mid Y\langle\omega\rangle \leq y\} = P\{\omega \mid g\langle X\langle\omega\rangle\rangle \leq g\langle x\rangle\}$$
$$= P\{\omega \mid X\langle\omega\rangle \leq x\} = F^{(X)}\langle x\rangle.$$

(Die Schwierigkeit dieser Formel besteht darin, die Zufallsvariablen X, Y und die Zahlen x, y, für die die kumulativen Verteilungsfunktionen ausgewertet werden sollen, auseinanderzuhalten.) Vielleicht hilft Ihnen ein Zahlenbeispiel für die Transformation $g\langle x\rangle = 1 + 2x$:

$$F^{(Y)}\langle 7\rangle = P\langle Y \leq 7\rangle = P\langle 1 + 2 \cdot X \leq 1 + 2 \cdot 3\rangle = P\langle X \leq 3\rangle = F^{(X)}\langle 3\rangle .$$

d   Mit Hilfe der Umkehrfunktion g^{-1} kann man kurz schreiben

$$F^{(Y)}\langle y\rangle = F^{(X)}\langle g^{-1}\langle y\rangle\rangle ,$$

falls g monoton zunimmt. Auf ähnliche Art erhält man $F^{(Y)}\langle y\rangle = 1 - F^{(X)}\langle g^{-1}\langle y\rangle\rangle$ für monoton fallendes g.

Im Beispiel: $g^{-1}\langle y\rangle = \frac{y-1}{2}$; $g^{-1}\langle 7\rangle = 3$, $F^{(Y)}\langle 7\rangle = F^{(X)}\langle 3\rangle$.

e Wie wird die *Dichte* transformiert? Wir leiten die Gleichung $F^{(Y)}\langle g\langle x\rangle\rangle = F^{(X)}\langle x\rangle$ mit der Kettenregel ab und erhalten

$$f^{(Y)}\langle g\langle x\rangle\rangle \cdot g'\langle x\rangle = f^{(X)}\langle x\rangle$$

(wobei weiterhin vorausgesetzt wurde, dass g monoton zunehmend sei). Wenn $x = g^{-1}\langle y\rangle$ eingesetzt wird, erhält man eine eher kompliziert aussehende Formel für $f^{(Y)}\langle y\rangle$,

$$f^{(Y)}\langle y\rangle = f^{(X)}\left\langle g^{-1}\langle y\rangle\right\rangle \;\Big/\; g'\left\langle g^{-1}\langle y\rangle\right\rangle \;.$$

f ▷ *Beispiel Quadrat.* Sei $X \sim \mathcal{U}\langle 0, 2\rangle$ (uniform verteilt zwischen 0 und 2) und Z die Fläche eines Quadrates mit Seitenlänge X. Es ist für $0 \le x \le 2$ beziehungsweise $0 \le z \le 4$

$$F^{(X)}\langle x\rangle = \frac{x}{2}\,, \qquad f^{(X)}\langle x\rangle = \frac{1}{2}$$

$$F^{(Z)}\langle z\rangle = F^{(X)}\langle\sqrt{z}\rangle = \frac{\sqrt{z}}{2}$$

$$f^{(Z)}\langle x^2\rangle \cdot 2x = f^{(X)}\langle x\rangle = \frac{1}{2} \quad \Longrightarrow \quad f^{(Z)}\langle z\rangle = \frac{1}{4\sqrt{z}}.$$

Als Kontrolle kann man feststellen, dass $f^{(Z)}\langle z\rangle = (F^{(Z)})'\langle z\rangle$ gilt. Bild 6.4.f veranschaulicht diese Zusammenhänge. ◁

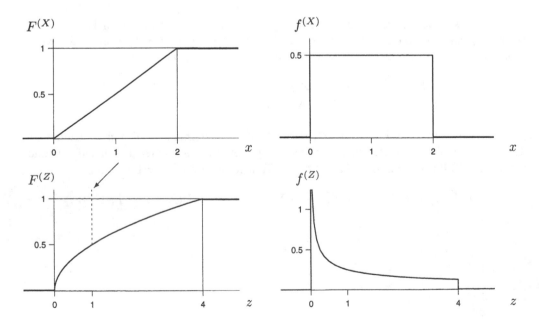

Bild 6.4.f Verteilung des Quadrates einer uniform verteilten Zufallsvariablen

g Ein einfaches Resultat zeigt sich bei einer *Skalen-Änderung*. Für $g\langle x \rangle = b \cdot x$ mit $b > 0$ ist $g^{-1}\langle y \rangle = y/b$ und $g'\langle x \rangle = b$. Aus den allgemeinen Formeln wird, falls $X \sim \mathcal{E}xp\langle\lambda\rangle$,

$$F^{(Y)}\langle y \rangle = F^{(X)}\langle y/b \rangle \quad = 1 - e^{-\lambda y/b}$$
$$f^{(Y)}\langle b \cdot x \rangle \cdot b = f^{(X)}\langle x \rangle \quad = \lambda e^{-\lambda x}$$
$$f^{(Y)}\langle y \rangle = \frac{1}{b}f^{(X)}\langle y/b \rangle = \frac{\lambda}{b}e^{-\lambda y/b} \ .$$

Wenn man $\mu = \frac{\lambda}{b}$ setzt, erhält man $f^{(Y)}\langle y \rangle = \mu e^{-\mu y}$. Wenn also X exponential-verteilt ist mit Parameter λ, so ist $Y = b \cdot X$ ebenfalls exponential-verteilt, mit Parameter λ/b.* Man sagt, die Familie der Exponential-Verteilungen sei bezüglich Multiplikation mit einem positiven Faktor abgeschlossen.)

h Ein kleiner Taschenspieler-Trick: Eine exponential-verteilte Zufallvariable soll mit der Funktion $g\langle x \rangle = 1 - e^{-\lambda x}$ transformiert werden. Wie ist $Y = g\langle X \rangle$ verteilt? Es ist $g\langle x \rangle = F^{(X)}\langle x \rangle$ und deshalb

$$F^{(Y)}\langle y \rangle = F^{(X)}\langle g^{-1}\langle y \rangle \rangle = g\langle g^{-1}\langle y \rangle \rangle = y$$

für $0 \leq y \leq 1$. Also haben wir aus einer exponential-verteilten Zufallsvariablen eine uniform verteilte gemacht.

Diese Idee lässt sich für alle stetigen Zufallsvariablen X anwenden: *Man kann jede stetige Zufallsvariable X so transformieren, dass eine auf dem Intervall [0,1] uniform verteilte Zufallsvariable U entsteht:* Man setzt $U = g\langle X \rangle$ mit $g\langle x \rangle = F^{(X)}\langle x \rangle$.

i Man kann den Gedankengang auch umkehren: Wenn auf eine $\mathcal{U}\langle 0, 1\rangle$-verteilte Zufallsvariable eine monotone Transformation g angewendet wird, so ist g^{-1} die Verteilungsfunktion der so entstehenden Zufallsvariablen. Diese Tatsache haben wir zur Konstruktion von Zufallszahlen benützt (6.2.j).

j *Kennzahlen*: Die *Quantile*, insbesondere den *Median* der transformierten Zufallsvariablen Y erhält man (für monoton zunehmende g) direkt aus den Quantilen von X als $q_\alpha^{(Y)} = g\left\langle q_\alpha^{(X)} \right\rangle$, denn

$$\alpha = P\langle X \leq q_\alpha^{(X)}\rangle = P\left\langle g\langle X \rangle \leq g\left\langle q_\alpha^{(X)} \right\rangle \right\rangle = P\left\langle Y \leq g\left\langle q_\alpha^{(X)} \right\rangle \right\rangle \ .$$

k Für den Erwartungswert können wir schreiben

$$\mathcal{E}\langle Y \rangle = \int_{-\infty}^{\infty} y \, f^{(Y)}\langle y \rangle dy = \int_{-\infty}^{\infty} g\langle x \rangle \, f^{(X)}\langle x \rangle \, dx \ ,$$

aber dies lässt sich im allgemeinen Fall nicht vereinfachen; das Integral bleibt stehen. Analoges gilt für die Varianz.

Der Beweis der Formel folgt aus der Regel für die Variablen-Substitution in 6.1.c und der Transformation der Dichte (6.4.e).

1 ▷ Für das *Beispiel* des *Quadrates* wird

$$\mathcal{E}\langle Z \rangle = \int_0^4 z\, f^{(Z)}\langle z \rangle\, dz = \int_0^4 z \frac{1}{4\sqrt{z}}\, dz = \frac{1}{4}\int_0^4 \sqrt{z}\, dz = \frac{1}{4}\left[\frac{2}{3}z^{3/2}\right]_0^4 = \frac{4}{3}$$

oder, anders gerechnet, $\mathcal{E}\langle Z \rangle = \int_{-\infty}^{\infty} g\langle x \rangle\, f^{(X)}\langle x \rangle\, dx = \int_0^2 x^2 \frac{1}{2}\, dx = \frac{1}{2}\left[\frac{x^3}{3}\right]_0^2 = \frac{4}{3}$.

Dagegen ist $g\langle \mathcal{E}\langle X \rangle \rangle = 1^2 = 1$. ◁

Der Erwartungswert der transformierten Zufallsvariablen und der transformierte Erwartungswert der untransformierten Variablen X sind also im Allgemeinen nicht das Gleiche! ... im folgenden einfachen Fall aber schon.

m Für *lineare Transformationen* $y = a + bx$ ergeben sich, wie für diskrete Zufallsvariable, die wichtigen einfachen Resultate

$$\mathcal{E}\langle Y \rangle = a + b \cdot \mathcal{E}\langle X \rangle,$$
$$\text{var}\langle Y \rangle = b^2 \cdot \text{var}\langle X \rangle.$$

n * Herleitung: Es ist

$$\mathcal{E}\langle Y \rangle = \int_{-\infty}^{\infty} y\, f^{(Y)}\langle y \rangle\, dy\ .$$

Aus den Regeln für die Variablen-Substitution in 6.1.c erhält man mit $y = a + bx$, $dy = b\, dx$ für dieses Integral

$$\int_{-\infty}^{\infty} (a + bx) f^{(Y)}\langle a + bx \rangle\, b\, dx = \int_{-\infty}^{\infty} (a + bx) \frac{f^{(X)}\langle x \rangle}{b}\, b\, dx$$

wegen 6.4.e. Deshalb gilt

$$\mathcal{E}\langle Y \rangle = a \int_{-\infty}^{\infty} f^{(X)}\langle x \rangle\, dx + b \int_{-\infty}^{\infty} x f^{(X)}\langle x \rangle\, dx = a + b \cdot \mathcal{E}\langle X \rangle\ .$$

Für die Varianz erhält man

$$\text{var}\langle Y \rangle = \mathcal{E}\left\langle (Y - \mathcal{E}\langle Y \rangle)^2 \right\rangle = \mathcal{E}\left\langle (a + bX - (a + b\mathcal{E}\langle X \rangle))^2 \right\rangle$$
$$= \mathcal{E}\left\langle b^2 \left(X - \mathcal{E}\langle X \rangle\right)^2 \right\rangle = b^2\, \text{var}\langle X \rangle\ .$$

Hier wurde nur die vorhergehende Formel für den Erwartungswert benützt. Die Herleitung gilt ebenso für diskrete Zufallsvariable.

o *Standardisierte Zufallsvariable.* Eine gegebene Zufallsvariable X mit Erwartungswert μ und Varianz σ^2 kann immer so transformiert werden, dass der Erwartungswert der transformierten Variablen Z gleich 0 und die Varianz gleich 1 ist, nämlich durch $g\langle x \rangle = (x - \mu)/\sigma$. Formelmässig ausgedrückt: Es sei $Z = (X - \mu)/\sigma$ mit $\mu = \mathcal{E}\langle X \rangle$ und $\sigma^2 = \text{var}\langle X \rangle$. Dann ist

$$\mathcal{E}\langle Z \rangle = \frac{1}{\sigma}(\mathcal{E}\langle X \rangle - \mu) = 0\ , \quad \text{var}\langle Z \rangle = \frac{1}{\sigma^2}\text{var}\langle X \rangle = 1\ .$$

Z heisst die zu X gehörige (auf Erwartungswert 0 und Varianz 1) standardisierte Zufallsvariable. Sie entspricht der in (2.6.e) eingeführten standardisierten Stichprobe.

p   *Linearisierung.* Eine nicht-lineare Transformation g kann man durch eine lineare Transformation annähern. Man wählt einen Punkt x_0 und ersetzt $g\langle x\rangle$ durch die Tangente $g^*\langle x\rangle$ an die Kurve $g\langle x\rangle$ im Punkt $[x_0, g\langle x_0\rangle]$ (Bild 6.4.p),

$$g\langle x\rangle \approx g^*\langle x\rangle = g\langle x_0\rangle + g'\langle x_0\rangle(x - x_0)\,.$$

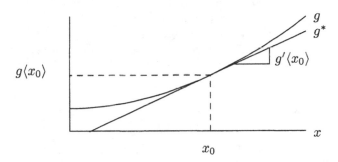

Bild 6.4.p
Linearisierung einer Funktion

(Diese Näherung wird die Taylor-Entwicklung bis zum ersten Glied genannt; man kann auch weitere Glieder betrachten und erhält dann eine bessere Näherung.)

Wählt man $x_0 = \mathcal{E}\langle X\rangle$, dann erhält man für $Y = g\langle X\rangle$

$$\mathcal{E}\langle Y\rangle \approx \mathcal{E}\big\langle g\langle x_0\rangle + g'\langle x_0\rangle(X - x_0)\big\rangle \;=\; g\langle x_0\rangle + g'\langle x_0\rangle\,(\mathcal{E}\langle X\rangle - x_0)$$
$$= g\langle x_0\rangle$$
$$\mathrm{var}\langle Y\rangle \approx \mathrm{var}\big\langle g\langle x_0\rangle + g'\langle x_0\rangle(X - x_0)\big\rangle$$
$$= \big(g'\langle x_0\rangle\big)^2 \mathrm{var}\langle X\rangle\,.$$

Diese Näherungen sind sehr nützlich, wenn die Näherung $g \approx g^*$ gut ist im Bereich, in dem X entsprechend dem Modell mit hoher Wahrscheinlichkeit liegt. Die „Stützstelle" $x_0 = \mathcal{E}\langle X\rangle$ ist dafür geeignet gewählt, denn sie liegt ja definitionsgemäss „in der Mitte" dieses Bereichs.

q   Diese Formeln lassen sich auf diskrete wie auf stetige Zufallsvariable anwenden. Für eine Poisson-verteilte Zufallsvariable $X \sim \mathcal{P}\langle\lambda\rangle$ gilt $\mathcal{E}\langle X\rangle = \mathrm{var}\langle X\rangle = \lambda$ (5.4.i). Für die *Wurzel-Transformation* $Y = g\langle X\rangle = \sqrt{X}$ ist $g'\big\langle \mathcal{E}\langle X\rangle\big\rangle = g'\langle\lambda\rangle = \frac{1}{2}\frac{1}{\sqrt{\lambda}}$. Also wird

$$\mathrm{var}\langle Y\rangle \approx \left(\frac{1}{2\sqrt{\lambda}}\right)^2 \mathrm{var}\langle X\rangle = \frac{1}{4}\frac{1}{\lambda}\lambda = \frac{1}{4}\,.$$

Für die Wurzel aus einer Poisson-verteilten Zufallsvariablen ist also die Streuung (näherungsweise) unabhängig vom Parameter λ. Das gibt der Empfehlung, auf Zähldaten die Wurzel-Transformation anzuwenden (2.8.c), eine theoretische Rechtfertigung.

6.5   Die Normalverteilung

a   Die *Normalverteilung* oder „Gausssche Glockenkurve" *spielt eine zentrale Rolle in der Wahr-*
scheinlichkeitstheorie und Statistik. Einerseits gelten für normalverteilte Zufallsvariable besonders einfache mathematische Sätze. Andererseits ist nach dem „Zentralen Grenzwertsatz" (siehe 6.12) die Summe von vielen unabhängigen Zufallsvariablen oft genähert normalverteilt.
Darauf gründet die *„Hypothese der Elementarfehler"* zusammen: Wenn eine zufällige Variabilität, speziell ein Messfehler, sich aus vielen kleinen unabhängigen Effekten respektive „Ele-
mentarfehlern" additiv zusammensetzt, so ist er genähert normalverteilt.
Es zeigt sich allerdings, dass die Annahme, dass sich die kleinen Effekte *addieren*, selten
realistisch ist. Wir kommen darauf zurück (6.12.f).

b   Die *Standard-Normalverteilung* $s\mathcal{N}$ ist gegeben durch ihre Dichte

$$f\langle z \rangle = c \cdot e^{-\frac{1}{2}z^2}$$

(Bild 6.5.b). Dabei ist c die „Normierungskonstante", also diejenige Zahl, die dazu führt, dass
$\int_{-\infty}^{\infty} f\langle z \rangle \, dz = 1$ ist – sonst wäre f keine Dichte einer Wahrscheinlichkeits-Verteilung. Es
stellt sich heraus, dass $c = 1/\sqrt{2\pi}$ sein muss.
Diese Dichte ist *symmetrisch um 0*, $f\langle -z \rangle = f\langle z \rangle$.

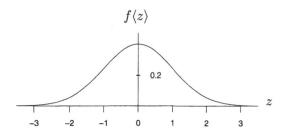

Bild 6.5.b
Dichte der Standard-Normalverteilung

Aus Gründen der Lesbarkeit schreibt man besser $\exp\langle -\frac{1}{2}z^2 \rangle$ statt $e^{-\frac{1}{2}z^2}$. $f\langle z \rangle$ wird oft
mit $\varphi\langle z \rangle$ bezeichnet. Für die zugehörige kumulative Verteilungsfunktion ist der griechische
Grossbuchstabe Φ („Fi") eine gebräuchliche Bezeichnung.

c   Wegen der Symmetrie ist der *Erwartungswert* (der Schwerpunkt) *0*. Die Varianz ist

$$\mathrm{var}\langle Z \rangle = c \int_{-\infty}^{\infty} z^2 \exp\langle -\frac{1}{2}z^2 \rangle \, dz = 1 \, .$$

($\mathrm{var}\langle s\mathcal{N} \rangle$ ist eine Abkürzung für $\mathrm{var}\langle Z \rangle$, $Z \sim s\mathcal{N}$.)

d   *   Zur Herleitung der Varianz verwendet man partielle Integration: Der Integrand ist $z \cdot (z \exp\langle -\frac{1}{2}z^2 \rangle)$.
Zum zweiten Faktor gibt es eine Stammfunktion, nämlich $-\exp\langle -\frac{1}{2}z^2 \rangle$. Also

$$\text{var}\langle Z \rangle = c \left(\left[z \cdot \left(- \exp \left\langle -\tfrac{1}{2}z^2 \right\rangle \right) \right]_{-\infty}^{\infty} - \int_{-\infty}^{\infty} 1 \cdot \left(- \exp \left\langle -\tfrac{1}{2}z^2 \right\rangle \right) \, dz \right) .$$

Der erste Term ist gleich null, d. h., die Grenzwerte $\lim_{z \to \pm\infty} z \exp \left\langle -\tfrac{1}{2}z^2 \right\rangle = 0$. Der zweite Term ist gleich $c \int \exp \left\langle -\tfrac{1}{2}z^2 \right\rangle \, dz = \int f\langle z \rangle dz$, und dieses Integral muss 1 sein.

e   Ein realistisches Modell für Daten erhalten wir erst, wenn wir aus dieser Verteilung eine Familie machen, die sich wenigstens in Lage und Streuung an die Daten anpassen kann. Am einfachsten erreicht man das, wenn man lineare Transformationen auf die standardisierte Zufallsvariable $Z \sim s\mathcal{N}$ anwendet. Für $X = \mu + \sigma Z$ erhalten wir nach 6.4.e die Dichte

$$f^{(X)}\langle x \rangle = \frac{1}{\sqrt{2\pi}\,\sigma} \exp \left\langle -\frac{1}{2} \left(\frac{x-\mu}{\sigma} \right)^2 \right\rangle .$$

Erwartungswert und Varianz werden wegen der Formeln für die lineare Transformation (6.4.m)

$$\mathcal{E}\langle X \rangle = \mu, \quad \text{var}\langle X \rangle = \sigma^2 .$$

Eine Zufallsvariable X mit der oben stehenden Dichte nennt man deshalb *normalverteilt mit Erwartungswert μ und Varianz σ^2* und schreibt $X \sim \mathcal{N}\langle \mu, \sigma^2 \rangle$.

f   Die kumulative Verteilungsfunktion $F\langle x \rangle$ lässt sich nicht in geschlossener Form ausdrücken, es bleibt bei

$$F\langle x \rangle = \frac{1}{\sqrt{2\pi}\sigma} \int_{-\infty}^{x} \exp \left\langle -\frac{1}{2} \left(\frac{t-\mu}{\sigma} \right)^2 \right\rangle \, dt .$$

Um konkrete Werte von F ohne entsprechende Rechner-Funktion zu bestimmen, muss man Tabellen konsultieren oder numerische Methoden wie Reihenentwicklungen oder numerische Integration anwenden, auf denen diese Tabellen beruhen. Immerhin kann man zunächst vereinfachen, indem man alle Verteilungen $\mathcal{N}\langle \mu, \sigma^2 \rangle$ zurückführt auf die Standard-Normalverteilung. Es ist

$$F^{(X)}\langle x \rangle = F^{(Z)} \left\langle \frac{x-\mu}{\sigma} \right\rangle = \Phi \left\langle \frac{x-\mu}{\sigma} \right\rangle .$$

▷   Beispiel: Sei $X \sim \mathcal{N}\langle 10, 2^2 \rangle$. Wie gross ist $P\langle X \leq 14 \rangle = F^{(X)}\langle 14 \rangle$? Da $z = (x-\mu)/\sigma = 2$ ist, müssen wir $F^{(s\mathcal{N})}\langle 2 \rangle = \Phi\langle 2 \rangle$ bestimmen. Dazu dient Tabelle 6.5.f, die das Komplement der Verteilungsfunktion, $1 - \Phi\langle z \rangle$, für die Standard-Normalverteilung angibt. Es ergibt sich $1 - \Phi\langle 2 \rangle = 0.023$, also $F^{(X)}\langle 14 \rangle = \Phi\langle 2 \rangle = 0.977$.   ◁
Die Tabelle enthält nur positive z-Werte. Für negative z benützt man die Symmetrie:

$$\Phi\langle z \rangle = P\langle Z \leq z \rangle = P\langle Z \geq -z \rangle = 1 - P\langle Z \leq -z \rangle = 1 - \Phi\langle -z \rangle$$

Für $x = 8$ (mit $\mu = 10$, $\sigma = 2$ wie oben) ergibt sich damit aus $z = (8-10)/2 = -1$ der Wert $\Phi\langle z \rangle = 1 - \Phi\langle -z \rangle = 1 - \Phi\langle 1 \rangle = 0.1587$, also $F^{(X)}\langle 8 \rangle = 0.1587$.

Tabelle 6.5.f Eins minus die kumulative Verteilungsfunktion der Standard-Normalverteilung, $1 - \Phi\langle z\rangle = \Phi\langle -z\rangle = P\langle Z \geq z\rangle = P\langle Z \leq -z\rangle$, für $z \geq 0$

				$1 - \Phi\langle z\rangle = \Phi\langle -z\rangle$						
$z = $ $\downarrow + \rightarrow$	0.00	0.01	0.02	0.03	0.04	0.05	0.06	0.07	0.08	0.09
0.0	.5000	.4960	.4920	.4880	.4840	.4801	.4761	.4721	.4681	.4641
0.1	.4602	.4562	.4522	.4483	.4443	.4404	.4364	.4325	.4286	.4247
0.2	.4207	.4168	.4129	.4090	.4052	.4013	.3974	.3936	.3897	.3859
0.3	.3821	.3783	.3745	.3707	.3669	.3632	.3594	.3557	.3520	.3483
0.4	.3446	.3409	.3372	.3336	.3300	.3264	.3228	.3192	.3156	.3121
0.5	.3085	.3050	.3015	.2981	.2946	.2912	.2877	.2843	.2810	.2776
0.6	.2743	.2709	.2676	.2643	.2611	.2578	.2546	.2514	.2483	.2451
0.7	.2420	.2389	.2358	.2327	.2296	.2266	.2236	.2206	.2177	.2148
0.8	.2119	.2090	.2061	.2033	.2005	.1977	.1949	.1922	.1894	.1867
0.9	.1841	.1814	.1788	.1762	.1736	.1711	.1685	.1660	.1635	.1611
1.0	.1587	.1562	.1539	.1515	.1492	.1469	.1446	.1423	.1401	.1379
1.1	.1357	.1335	.1314	.1292	.1271	.1251	.1230	.1210	.1190	.1170
1.2	.1151	.1131	.1112	.1093	.1075	.1056	.1038	.1020	.1003	.0985
1.3	.0968	.0951	.0934	.0918	.0901	.0885	.0869	.0853	.0838	.0823
1.4	.0808	.0793	.0778	.0764	.0749	.0735	.0721	.0708	.0694	.0681
1.5	.0668	.0655	.0643	.0630	.0618	.0606	.0594	.0582	.0571	.0559
1.6	.0548	.0537	.0526	.0516	.0505	.0495	.0485	.0475	.0465	.0455
1.7	.0446	.0436	.0427	.0418	.0409	.0401	.0392	.0384	.0375	.0367
1.8	.0359	.0351	.0344	.0336	.0329	.0322	.0314	.0307	.0301	.0294
1.9	.0287	.0281	.0274	.0268	.0262	.0256	.0250	.0244	.0239	.0233

$z = $ $\downarrow + \rightarrow$	0.0	0.1	0.2	0.3	0.4	0.5	0.6	0.7	0.8	0.9
					$\times\ 0.001$					
2.0	22.750	17.864	13.903	10.724	8.198	6.210	4.661	3.467	2.555	1.866
3.0	1.350	0.968	0.687	0.483	0.337	0.233	0.159	0.108	0.072	0.048
4.0	0.032	0.021	0.013	0.009	0.005	0.003	0.002	0.001	0.001	0.000

g Wahrscheinlichkeiten für Intervalle sind nun einfach auszurechnen (siehe 6.2.b). Einige davon sollte man sich merken (vergleiche Bild 6.5.g):

Intervall	Wahrscheinlichkeit	
$\mu \pm \sigma = $	$(\mu - \sigma, \mu + \sigma)$	ca. 2/3 (68%);
$\mu \pm 2\sigma = $	$(\mu - 2\sigma, \mu + 2\sigma)$	ca. 95%;
$\mu \pm 3\sigma = $	$(\mu - 3\sigma, \mu + 3\sigma)$	ca. 100% (99.7%).

h ▷ *Beispiel.* Der Messfehler einer *Waage* sei (aufgrund früherer Erfahrung) als normalverteilt angenommen mit $\mu = 0$ (also optimal justiert) und $\sigma = 0.63$ mg. Wie gross ist die Wahrscheinlichkeit, dass eine Messung um weniger als 0.63 mg, 1.26 mg oder 1 mg vom wahren Wert abweicht?

Die ersten beiden Antworten sind „2/3" und „95%" gemäss den Angaben. Für 1 mg rechnen wir am einfachsten $P\langle |X| \leq 1\rangle = 1 - 2P\langle X < -1\rangle = 1 - 2\Phi\langle -1/0.63\rangle = 0.888$. ◁

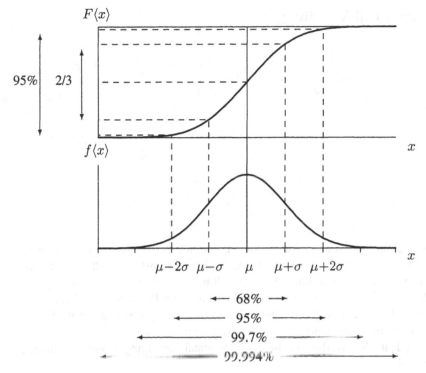

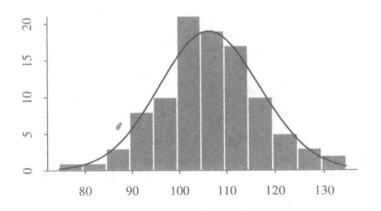

Bild 6.5.g Wahrscheinlichkeiten einiger Intervalle für die Normalverteilung

i ▷ Das *Beispiel der Küken* (2.4.a) zeigt, dass es Daten gibt, für die eine Normalverteilung ein gutes Modell darstellt (Bild 6.5.i). Wie man auf ein Histogramm die geeignetste Glockenkurve legt, wird im nächsten Kapitel besprochen, wo wir endlich den Zusammenhang all dieser „schönen Modelle" mit konkreten Daten wieder klarer herstellen. ◁

Bild 6.5.i
Eine angepasste
Normalverteilung für
die Küken-Daten

6.6   Die Lognormal-Verteilung

a   Viele Daten mit stetigem Wertebereich sind Beträge (vergleiche 2.7.b). Das heisst, dass negative Werte nicht möglich sind und dass Unterschiede durch Verhältnisse intuitiv besser erfasst werden als durch Differenzen (siehe 2.8). Eine normalverteilte Zufallsvariable als Modell für solche Daten entspricht dem nicht; es ist ja $P\langle X \leq 0 \rangle \neq 0$, wenn $X \sim \mathcal{N}\langle \mu, \sigma^2 \rangle$; wenn μ wesentlich grösser als σ ist, ist diese Wahrscheinlichkeit natürlich klein.
Dagegen kann die Normalverteilung für die logarithmierten Werte sinnvoll sein,

$$Y = log_e\langle X \rangle \sim \mathcal{N}\langle \mu, \sigma^2 \rangle \,.$$

Wir sagen dann, dass X eine *Lognormal-Verteilung* habe und schreiben $X \sim \ell\mathcal{N}\langle \mu^*, \sigma^* \rangle$ mit den Parametern $\mu^* = \exp\langle \mu \rangle$ und $\sigma^* = \exp\langle \sigma \rangle$.

Die Basis des Logarithmus ist unwichtig; man wählt üblicherweise die „natürliche" Basis e. Ein Vorteil der Paramter μ^* und σ^* gegenüber den in der Literatur bisher üblichen Parametern μ und σ, die sich eigentlich auf die Verteilung der logarithmierten Werte Y beziehen, liegt darin, dass sie von der Wahl der Basis unabhängig sind. Wir nennen den Parameter μ^* den *geometrischen Erwartungswert*, da er dem geometrischen Mittel einer Stichprobe entspricht, und σ^* heisst *multiplikative Standardabweichung*, was gleich noch begründet wird.
Bild 6.6.a macht deutlich, dass die Familie der Lognormal-Verteilungen sehr verschieden schiefe Dichtekurven enthält.

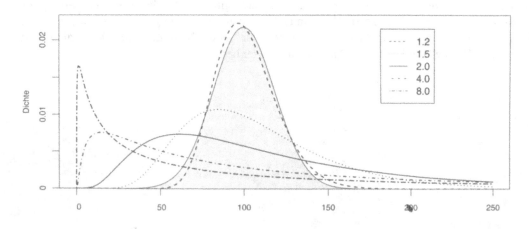

Bild 6.6.a   Dichtekurven der Lognormal-Verteilung. Zum Vergleich ist eine Normalverteilung gezeichnet (schattiert), die gleichen Median und gleiche Varianz wie die Lognormal-Verteilung mit $\sigma^* = 1.2$ hat.

b   *   Die kumulative Verteilungsfunktion ist gemäss 6.4.d (wenn log_e verwendet wird)

$$F^{(X)}\langle x \rangle = F^{(Y)}\left\langle log_e\langle x \rangle \right\rangle = \frac{1}{\sqrt{2\pi}\sigma} \int_{-\infty}^{log_e\langle x \rangle} \exp\left\langle -\frac{1}{2}\left(\frac{t-\mu}{\sigma}\right)^2 \right\rangle dt \,.$$

Aus 6.4.e oder durch Ableiten erhält man für die Dichte

$$f^{(X)}\langle x \rangle = \frac{1}{\sqrt{2\pi}\sigma} \frac{1}{x} \exp\left\langle -\frac{1}{2}\left(\frac{log_e\langle x\rangle - \mu}{\sigma}\right)^2\right\rangle .$$

Erwartungswert und Varianz von X werden

$$\mathcal{E}\langle X\rangle = e^{\mu} \cdot e^{\sigma^2/2} , \qquad \text{var}\langle X\rangle = e^{\sigma^2}\left(e^{\sigma^2}-1\right)e^{2\mu} = (\mathcal{E}\langle X\rangle)^2\left(e^{\sigma^2}-1\right) .$$

c Es ist selten nötig, die Dichte oder den Erwartungswert und die Varianz einer lognormalen Verteilung zu benützen. In den meisten Anwendungen soll man mit logarithmierten Daten und für diese mit der gewöhnlichen Normalverteilung arbeiten. Es ist aber nützlich, sich einige Punkte zur Lognormal-Verteilung zu merken:

• Die Verteilung ist schief – von schwach bis sehr stark schief.

• Der Erwartungswert ist nicht der rücktransformierte Erwartungswert von Y, $\mu^* = e^{\mu}$ respektive $= 10^{\mu}$, sondern grösser; μ^* ist der Median. Die Varianz folgt einer recht komplizierten Formel in den Parametern.

• Wichtiger für die Anwendungen als der gewöhnliche Erwartungswert und die Varianz respektive Standardabweichung sind in diesem Zusammenhang der geometrische Erwartungswert μ^* und die multiplikative Standardabweichung σ^* oder die Parameter μ und σ für die logarithmierte Grösse Y.

d Der Begründung der Normalverteilung durch die Hypothese der additiven Elementarfehler (6.5.a) entsprechend erzeugen viele zufällige Effekte mit kleinem Variationskoeffizienten, die multiplikativ wirken, eine Lognormal-Verteilung, siehe 6.12.f.

> In den Naturgesetzen kommen Additionen viel seltener vor als Multiplikationen und Divisionen. Es ist deshalb nicht verwunderlich, dass für gemessene Daten die Lognormal-Verteilung meistens besser und oft viel besser passt als die Normalverteilung. Wenn der Variationskoeffizient $\sigma^{(X)}/\mathcal{E}\langle X\rangle$ nahe bei 1 ist, dann ist es auch die multiplikative Standardabweichung σ^*, und die Normal- und Lognormal-Verteilung unterscheiden sich wenig, passen also beide etwa gleich gut.

e Allzu oft werden lognormal verteilte Daten wie normalverteilte behandelt. Man liest dann von Konzentrationen von 120 mg/l bei einer Standardabweichung von 80 mg/l – oder sieht entsprechende Symbole für „Fehlerbalken" in grafischen Darstellungen. Wären die Daten normalverteilt, dann müssten sie mit einer Wahrscheinlichkeit von $\Phi(-120/80) = 7\%$ negativ sein. Eine Charakterisierung mit den entsprechenden Werten $\mu^* = 100 mg/l$ und $\sigma^* = 1.83$ beschreibt solche Daten viel sinnvoller. Das gilt sogar, wenn beide Verteilungen gut passen, weil σ^* nahe bei 1 liegt.

Wie soll man denn solche Daten darstellen und einfach beschreiben?

• Für mathematisch geübte Leute besteht der einfache Weg darin, dass die Grössen logarithmiert werden und man die vertraute Normalverteilung braucht, die zu mathematisch einfachen Gesetzen führt.

• Fachpersonen in den Anwendungsgebieten ist die übliche Skala der Daten oft vertraut. In grafischen Darstellungen kann man diese Werte auf einer „logarithmisch geteilten Skala" zeigen (vergleiche 13.1.a). Bis auf die Achsenbeschriftung gibt das das gleiche Bild wie vorher.

• Will man unbedingt die ursprüngliche Skala benützen, so kann man auch sinnvolle symmetrische Bereiche für die Logarithmen zurücktransformieren, beispielsweise den „1σ-Bereich" $\mu^{(Y)} \pm \sigma^{(Y)}$. Er wird zum „$1\sigma^*$-Bereich" $\mu^*\,{}^\times\!/\,\sigma^*$ (Mü-Stern mal-durch Sigma-Stern), dessen Grenzen $\mu^*/sigma^*$ und $\mu^* \cdot \sigma^*$ asymmetrisch zu μ^* liegen und der für lognormale Zufallsvariable 68% der Wahrscheinlichkeit umfasst.

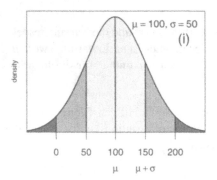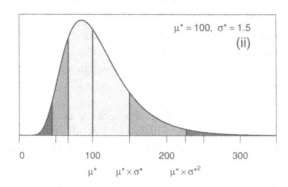

Bild 6.6.e Streubereiche für die Normalverteilung (i) und die Lognormal-Verteilung (ii)

Der $2\sigma^*$-Bereich", der 95% der Wahrscheinlichkeit umfasst, muss mit dem Quadrat von σ^2 gebildet werden, $\mu^*\,{}^\times\!/\,(\sigma^*)^2$. Er erstreckt sich von $\mu^*/(\sigma^*)^2$ bis $\mu^* \cdot (\sigma^*)^2$ Der Parameter σ^* kann damit genauso zur Festlegung von „Streuungsintervallen" verwendet werden wie σ im Falle der gewöhnlichen Normalverteilung (Bild 6.6.e). Dass er dafür multiplikativ verwendet werden muss, begründet den Namen multiplikative Standardabweichung.

f *Literatur:* Näheres zur Lognormal-Verteilung und ihrer Anwendung findet man in Limpert, Stahel and Abbt (2001).)

6.7   * Weitere stetige Verteilungsfamilien

a   *   Für Beträge geeignet ist neben der Lognormal-Verteilung auch die *Gamma-Verteilung*, gegeben
durch die Dichte

$$f\langle x\rangle = c\,(x/\sigma)^{\eta-1}\,e^{-x/\sigma}, \qquad x \geq 0$$

mit den Parametern $\sigma > 0$ und $\eta > 0$. (Die Normierungskonstante c ist $c = 1/(\sigma\Gamma\langle\eta\rangle)$, wobei
Γ die Gamma-Funktion bezeichnet.) Wie Bild 6.7.a zeigt, führt auch diese Formel zu mehr oder
weniger positiv schiefen Verteilungen.

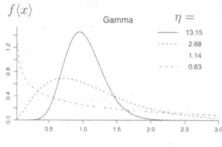 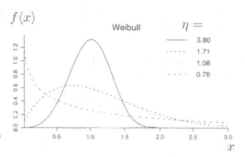

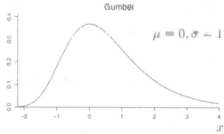

Bild 6.7.a
Dichten von je vier Gamma- und
Weibull-Verteilungen und der
Gumbel-Verteilung. Für die ersten zwei
Familien sind die Parameter so gewählt, dass
der Median =1 und die oberen Quartile =
1.2, 1.5, 1.9 und 2.5 sind.

b   *   Für Lebens- und Funktionsdauern im technischen Bereich wird oft die *Weibull-Verteilung* verwen-
det. Ihre Dichten sind für Werte des Formparameters bis etwa 2 ähnlich wie diejenigen der Gamma-
Verteilung (Bild 6.7.a). Für grössere Parameterwerte treten negativ schiefe Verteilungen auf, was
für die meisten Anwendungen unplausibel ist.
Folgt man der früheren Empfehlung, solche Grössen zu logarithmieren, so erhält man aus der
Weibull- die *Gumbel-Verteilung*. In gespiegelter Form ergibt sich diese Verteilung als Grenzwert der
Verteilungen von Maximalwerten $Z = \max\langle X_1, X_2, \ldots, X_n\rangle$ und heisst deshalb *Extremwert-*
Verteilung.

c   *   Tabelle 6.7.c zeigt eine Übersicht über gebräuchliche stetige Verteilungen.
Welches Modell in einer konkreten Anwendung zum Zuge kommen soll, sollte idealerweise aufgrund von umfangreichen empirischen Untersuchungen ähnlicher Datensätze entschieden werden:
In welcher Familie lassen sich eher Verteilungen finden, deren Dichten sich an die Histogramme
der Datensätze anpassen? Solche Fragen werden in Kapitel 11 genauer behandelt.

d   *   In der schliessenden Statistik werden einige weitere Verteilungen gebraucht, die hier nicht
aufgeführt sind – bis auf eine, die eine grundlegende Bedeutung hat: Setzt man in der Gamma-
Verteilung für den Parameter η nur Vielfache von $1/2$ und $\sigma = 2$ ein, dann erhält man die Familie
der *Chiquadrat-Verteilungen* (auch χ^2-Verteilungen geschrieben). Ihre Dichte wird gewöhnlich
geschrieben als

$$f\langle x\rangle = \widetilde{c}\,x^{\nu/2-1}\,e^{-x/2}, \qquad x \geq 0$$

Tabelle 6.7.c Übersicht über einige gebräuchliche stetige Verteilungen (Γ: Gamma-Funktion, γ: Eulersche Konstante, $\pi = 3.14\ldots$)

Name Bezeichnung	Dichte Verteilungsfunktion	Erwartungswert Varianz	Anwendung
uniforme V. $\mathcal{U}\langle\alpha,\beta\rangle$	$f\langle x\rangle = \frac{1}{\beta-\alpha} \quad \alpha \le x \le \beta$ $F\langle x\rangle = \frac{x-\alpha}{\beta-\alpha} \quad \alpha \le x \le \beta$	$\mathcal{E}\langle X\rangle = (\alpha+\beta)/2$ $\mathrm{var}\langle X\rangle = \frac{(\beta-\alpha)^2}{12}$	Rundungsfehler (selten)

Verteilungen für Zufallsvariable mit beliebigen Werten, $-\infty < x < \infty$

Name Bezeichnung	Dichte Verteilungsfunktion	Erwartungswert Varianz	Anwendung
Normalvert. $\mathcal{N}\langle\mu,\sigma^2\rangle$	$\frac{1}{\sigma\sqrt{2\pi}}\exp\left\langle -\frac{1}{2}\left(\frac{x-\mu}{\sigma}\right)^2\right\rangle$ $\int_{-\infty}^{x} f\langle t\rangle\,dt$	μ σ^2	Messungen Näherungen
logistische V. $\mathcal{L}\langle\mu,\sigma\rangle$	$1/\left(e^{z/2}+e^{-z/2}\right)^2, \quad z = \frac{x-\mu}{\sigma}$ $1/\left(1+e^{-z}\right)$	μ $\sigma^2\frac{\pi^2}{3} \approx 3.9\sigma^2$	langschwänziger als $\mathcal{N}$
Gumbel-V. $EV\langle\mu,\tau\rangle$	$\tau^{-1}e^{-z}\exp\langle-e^{-z}\rangle, \quad z = \frac{x-\mu}{\tau}$ $\exp\langle-e^{-z}\rangle$	$\mu+\gamma\tau \approx \mu+0.577\,\tau$ $\tau^2\pi^2/6 \approx 1.64\,\tau^2$	Maximalwerte $-X \sim \ell\mathcal{W}\langle-\mu,\tau\rangle$
log-Weibull $\ell\mathcal{W}\langle\mu,\tau\rangle$	$\tau^{-1}e^{z}\exp\langle-e^{z}\rangle, \quad z = \frac{x-\mu}{\tau}$ $1-\exp\langle-e^{z}\rangle$	$\mu-\gamma\tau \approx \mu-0.577\,\tau$ $\tau^2\pi^2/6 \approx 1.64\,\tau^2$	Vert. von $log_e\langle X\rangle$, $X \sim \mathcal{W}\langle e^\mu, 1/\tau\rangle$

Verteilungen für positive Zufallsvariable, $x \ge 0$

Name Bezeichnung	Dichte Verteilungsfunktion	Erwartungswert Varianz	Anwendung
Lognormal-V. $\ell\mathcal{N}\langle\mu^*,\sigma^*\rangle$	$\frac{1}{\sigma\sqrt{2\pi}}\frac{1}{x}\exp\left\langle-\frac{1}{2}\left(\frac{log_e\langle x\rangle-\mu}{\sigma}\right)^2\right\rangle$ $\int_0^x f\langle t\rangle\,dt$ wobei $\mu = log_e\langle\mu^*\rangle, \quad \sigma = log_e\langle\sigma^*\rangle$	$e^\mu \cdot e^{\sigma^2/2}$ $e^{\sigma^2}\left(e^{\sigma^2}-1\right)e^{2\mu}$	Beträge, Konzentrationen
Gamma-V. $\Gamma\langle\sigma,\eta\rangle$	$\left(1/(\sigma\Gamma\langle\eta\rangle)\right)\cdot(x/\sigma)^{\eta-1}e^{-x/\sigma}$ $\int_0^x f\langle t\rangle\,dt$	$\eta\sigma$ $\eta\sigma^2$	Beträge
Chiquadrat-V. $\chi^2\langle\nu\rangle$	$\left(1/(2^{\nu/2}\Gamma\langle\nu/2\rangle)\right)\cdot x^{\nu/2-1}e^{-x/2}$ $\int_0^x f\langle t\rangle\,dt$	ν 2ν	schliessende Statistik
Exponential-V. $\mathcal{E}xp\langle\lambda\rangle$	$\lambda\exp\langle-\lambda x\rangle$ $1-\exp\langle-\lambda x\rangle$	$1/\lambda$ $1/\lambda^2$	Wartezeiten, Lebensdauern
Weibull-V. $\mathcal{W}\langle\sigma,\eta\rangle$	$\frac{\eta}{\sigma}(x/\sigma)^{\eta-1}\exp\langle-(x/\sigma)^\eta\rangle$ $1-\exp\langle-(x/\sigma)^\eta\rangle$	$\sigma\Gamma\langle 1/\eta+1\rangle$ $\sigma^2\left(\Gamma\langle 2/\eta+1\rangle\right.$ $\left.-\Gamma\langle 1/\eta+1\rangle^2\right)$	Material-Ermüdung, Funktionsdauer

mit dem Parameter $\nu = 1, 2, 3, \ldots$. (Die Normierungskonstante ist $\tilde{c} = 1/(2^{\nu/2}\,\Gamma\langle\nu/2\rangle)$.) Setzt man $\eta = \nu/2$ und $\sigma = 2$, dann erhält man die vorhergehende Formel. Der Parameter ν wird „Anzahl *Freiheitsgrade*" genannt. Der Grund dafür wird später klar (6.10.g).

e   *   Die Bedeutung der Chiquadrat-Verteilung beruht auf der folgenden Aufgabe: Es sei X standardnormalverteilt. Welche Verteilung hat $Y = X^2$? Aus 6.4.e erhält man

$$f^{(Y)}\langle x^2\rangle\,2x = c\,e^{-x^2/2}, \qquad f^{(Y)}\langle y\rangle = \frac{c}{2}\,y^{-1/2}\,e^{-y/2}$$

(mit $c/2 = 1/(2\sqrt{2\pi})$). Das ist die Dichte der Chiquadrat-Verteilung mit $\nu = 1$.

6.8   Gemeinsame und bedingte Verteilung

a ▷ Im *Beispiel* der *Regentropfen* (siehe 4.3.h) waren die Zufallsvariablen X und Y die Koordinaten des Ortes, wo der Regentropfen auf die Platte fällt. Die Platte kann jetzt irgendeine Form haben (Bild 6.8.a). Durch die uniforme Verteilung auf der Platte (Wahrscheinlichkeit eines Ereignisses proportional zu seiner Fläche) ist die gemeinsame Verteilung von X und Y festgelegt. ◁

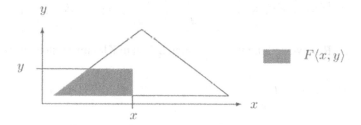

Bild 6.8.a
Dreieckige Platte im
Regentropfen-Beispiel

b Die *gemeinsame Verteilung* von zwei stetigen Zufallsvariablen $X^{(1)}$, $X^{(2)}$ kann ebenso wenig wie die Verteilung einer einzelnen durch Wahrscheinlichkeiten für Einzelwerte gegeben werden, da sie alle gleich null sind. Als kumulative Verteilungsfunktion definieren wir

$$F\langle x_1, x_2\rangle = P\langle X^{(1)} \leq x_1,\ X^{(2)} \leq x_2\rangle\ .$$

Die Wahrscheinlichkeit für ein beliebiges Rechteck wird

$$P\langle a_1 < X^{(1)} \leq b_1,\ a_2 < X^{(2)} \leq b_2\rangle = F\langle b_1, b_2\rangle - F\langle b_1, a_2\rangle - F\langle a_1, b_2\rangle + F\langle a_1, a_2\rangle\ .$$

Durch Zusammensetzen von Rechtecken kann man beliebige Ereignisse mit den entsprechenden Wahrscheinlichkeiten erhalten. (* Die Ereignisse sind dadurch definiert, dass sie sich als Vereinigung von abzählbar vielen Rechtecken schreiben lassen.)
Die Verteilungsfunktion legt also auch im zwei- (und höher-) dimensionalen Fall die gemeinsame Verteilung fest.

c Wieder kann man durch Grenzübergang für immer kleinere Rechtecke eine *Dichte* einführen,

$$f\langle x_1, x_2\rangle = \lim_{h_1 \to 0, h_2 \to 0} \frac{P\langle x_1 - h_1 < X^{(1)} \leq x_1,\ x_2 - h_2 < X^{(2)} \leq x_2\rangle}{h_1 h_2}$$
$$= \frac{\partial^2 F\langle x_1, x_2\rangle}{\partial x_1\, \partial x_2}\ .$$

Im Regentropfen-Beispiel wird die Dichte

$$f\langle x_1, x_2\rangle = \begin{cases} 1/\alpha, & \text{falls } [x_1, x_2] \in \text{Platte}; \\ 0 & \text{sonst}, \end{cases}$$

wobei α die Fläche der Platte ist.

d Umgekehrt kann man die Wahrscheinlichkeit, dass der zufällige Punkt $[X^{(1)}, X^{(2)}]$ in einer Punktemenge A der Ebene liegt, durch Integration erhalten,

$$P\left\langle [X^{(1)}, X^{(2)}] \in A \right\rangle = \int_A f\langle x_1, x_2 \rangle \, dx_1 \, dx_2 \ .$$

e Wie hängen gemeinsame Dichte und Dichte der Randverteilung zusammen? Es gilt

$$P\langle a_1 < X^{(1)} \le b_1 \rangle = P\langle a_1 < X^{(1)} \le b_1, \ X^{(2)} \text{beliebig} \rangle = \int_{a_1}^{b_1} \left(\int_{-\infty}^{\infty} f\langle x_1, x_2 \rangle \, dx_2 \right) dx_1$$

und deshalb ist die Dichte $f^{(1)}$ der Randverteilung von $X^{(1)}$ gleich dem in Klammern stehenden Ausdruck,

$$f^{(1)}\langle x_1 \rangle = \int_{-\infty}^{\infty} f\langle x_1, x_2 \rangle \, dx_2 \ .$$

f ▷ *Beispiel Bruchstücke eines Chromosoms.* Nehmen wir an, dass ein Chromosom der Länge 1 an zwei Stellen bricht, zuerst im Abstand $U^{(1)}$, dann im Abstand $U^{(2)}$, vom Anfangspunkt des ganzen Chromosoms an gemessen. Diese beiden Zufallsvariablen seien unabhängig und uniform verteilt. Die gemeinsame Verteilung von $U^{(1)}$ und $U^{(2)}$ ist die altbekannte Verteilung der Koordinaten im Regentropfen-Beispiel mit quadratischer Platte.

Sei X die Länge des ersten und Z die Länge des dritten Bruchstückes, vom ursprünglichen Anfangspunkt des Chromosoms aus gesehen. Wie ist X verteilt? Man überlegt sich, dass $X = \min\langle U^{(1)}, U^{(2)} \rangle$ ist. Deshalb gilt

$$X > x \quad \Longleftrightarrow \quad (U^{(1)} > x \text{ und } U^{(2)} > x) \ .$$

Das entsprechende Ereignis A ist in Bild 6.8.f eingezeichnet. Es ist $P\langle A \rangle = (1-x)^2$ und deshalb

$$F^{(X)}\langle x \rangle = P\langle X \le x \rangle = 1 - P\langle X > x \rangle = 1 - P\left\langle U^{(1)} > x, \ U^{(2)} > x \right\rangle = 1 - (1-x)^2 \ .$$

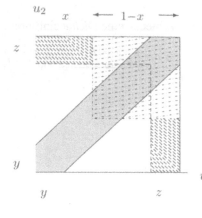

$A = \{U^{(1)} > x, \ U^{(2)} > x\}$

$B = \{X \le x, Z \le z\}$

$C = \{|U^{(1)} - U^{(2)}| \le y\}$

Bild 6.8.f
Berechnung von
Wahrscheinlichkeiten im
Beispiel der Bruchstücke
eines Chromosoms

g ▷ Das Bild hilft auch, die *gemeinsame* Verteilung von X und Z zu finden. Es ist für $x + z \leq 1$

$$(X \leq x \text{ und } Z \leq z) \iff \begin{cases} U^{(1)} \leq x \text{ und } U^{(2)} \geq 1 - z \\ \text{oder umgekehrt} \end{cases}$$

$$F\langle x, z \rangle = P\langle X \leq x, Z \leq z \rangle = \begin{cases} 2xz, & \text{falls } x + z \leq 1; \\ 2xz - (x + z - 1)^2, & \text{sonst.} \end{cases}$$

$$f\langle x, z \rangle = \frac{\partial^2 F\langle x, z \rangle}{\partial x \, \partial z} = \begin{cases} 2, & \text{falls } x + z \leq 1; \\ 0, & \text{sonst.} \end{cases}$$

Wir können übungshalber die Dichte der Randverteilung von X auf zwei Arten berechnen, einerseits als Ableitung von $F^{(X)}$, $(F^{(X)})'\langle x \rangle = -2(1 - x)(-1)$, und andererseits durch Integration der gemeinsamen Verteilung, $\int_{-\infty}^{\infty} f\langle x, z \rangle dz = \int_0^{1-x} 2 \, dz = 2(1 - x)$. ('S hat geklappt!)

Die Länge Y des mittleren Bruchstückes ist $Y = |U^{(1)} - U^{(2)}|$ Für das Ereignis $C = \{Y \leq y\}$ wird die Wahrscheinlichkeit nach Bild 6.8.f gleich $1 - (1 - y)^2$. Also hat Y die gleiche Verteilung wie X (und Z). ◁

h   *Bedingte Verteilungen*, gegeben ein Ereignis A mit Wahrscheinlichkeit $P\langle A \rangle > 0$, wurden bereits eingeführt (4.8); die Anwendung dieses Begriffes auf stetige Zufallsvariable bringt keine Schwierigkeiten.

Als Anwendung weisen wir eine besondere Eigenschaft der *Exponential-Verteilung* nach. Es werde bei einem Geigerzähler die Zeit X bis zum ersten Impuls gemessen. Wenn in der ersten Sekunde der Beobachtungszeit kein Ton zu hören ist, wie ist dann der Rest $Y = X - 1$ der „Wartezeit" verteilt?

Die allgemeine Formel wird zu $P\langle X > 1 \text{ und } Y > y \rangle / P\langle X > 1 \rangle$. Es ist für $y \geq 0$ $\{Y > y\} \cap \{X > 1\} = \{Y > y\} = \{X > 1 + y\}$. Da $P\langle X > x \rangle \exp\langle -\lambda x \rangle$ ist, wird

$$P\langle Y > y \mid X > 1 \rangle = \frac{P\langle X > 1 + y \rangle}{P\langle X > 1 \rangle} = \frac{\exp\langle -\lambda(1 + y) \rangle}{\exp\langle -\lambda \rangle} = \exp\langle -\lambda y \rangle = P\langle X > y \rangle.$$

(Achtung: Die Wahrscheinlichkeiten $P\langle X > y \rangle$ und $P\langle Y > y \mid X > 1 \rangle$ sind gleich; die Ereignisse sind aber verschieden!) Die Verteilung von Y, gegeben $X > 1$ (also $Y > 0$) ist gleich der Verteilung von X. Wenn man weiss, dass das Ereignis während der ersten Sekunde (oder während der Zeit c) nicht eingetreten ist, verändert sich dadurch die Verteilung der weiteren Wartezeit nicht. Eine „Wartezeit", die durch die Exponential-Verteilung beschrieben wird, beginnt sozusagen in jedem Moment neu. Diese Eigenschaft bezeichnet man als *„Gedächnislosigkeit"* der Exponential-Verteilung.

i   *   Die vorhergehende Frage lautet allgemein: Wie sieht die bedingte Verteilung einer *Verweildauer* X aus, gegeben, dass $X > x_0$ ist? Wie vorher ist

$$P\langle X > x \mid X > x_0 \rangle = \frac{P\langle X > x \rangle}{P\langle X > x_0 \rangle} = \frac{S\langle x \rangle}{S\langle x_0 \rangle} \qquad \text{für } x > x_0.$$

Speziell interessant ist die Frage nach der Wahrscheinlichkeit für einen Abgang „im nächsten Moment", wenn er bis „jetzt" nicht erfolgt ist,

$$P\langle X \leq x + \Delta x \mid X > x \rangle = \frac{P\langle x < X \leq x + \Delta x \rangle}{P\langle X > x \rangle} \approx \frac{f\langle x \rangle \Delta x}{S\langle x \rangle} = h\langle x \rangle \Delta x \ .$$

Man nennt die Grösse $h\langle x \rangle$ *Abgangsrate* (oder Ausfallrate, *failure rate*, h*azard rate*). Sie lässt sich ausrechnen aus

$$-\frac{d}{dx} log_e \left\langle S\langle x \rangle \right\rangle = -\frac{S'\langle x \rangle}{S\langle x \rangle} = h\langle x \rangle \ ,$$

da $-S'\langle x \rangle = f\langle x \rangle$ ist.

Für Ausfallzeiten von Geräten und andere Anwendungen ist es plausibel, zu fordern, dass die Ausfallrate mit der Zeit zunehmen muss – mindestens nach einer Anfangsphase. Für die Weibull-Verteilung ist

$$h\langle x \rangle = -\frac{d}{dx} \left(-(x/\sigma)^\eta \right) = \eta x^{\eta-1} / \sigma^\eta$$

monoton zunehmend, falls $\eta > 1$ ist. Für die Gamma-Verteilung ist die gleiche Eigenschaft erfüllt, aber die Abgangsrate ist komplizierter auszurechnen. Die *Lognormal-Verteilung* hingegen zeigt Abgangsraten, die anfänglich steigen und später wieder sinken.

j   *   Die bedingte Verteilung einer Zufallsvariablen Y, gegeben einen bestimmten Wert x einer anderen Variablen X, also bedingt auf $X = x$, kann nicht wie für diskrete Zufallsvariable gebildet werden, da für stetige Zufallsvariable die Wahrscheinlichkeiten $P\langle X = x \rangle$ null sind. Wieder liefert aber ein Grenzübergang etwas Brauchbares: Wir betrachten zunächst

$$P\langle Y \in \widetilde{B} \mid a \leq X < a + h \rangle = \frac{\int_{y \in \widetilde{B}} \left(\int_{x-u}^{a+h} f\langle x, y \rangle dx \right) dy}{\int_{x=a}^{a+h} f^{(X)} \langle x \rangle dx} \ .$$

Wir dividieren oben und unten durch h und lassen $h \to 0$ gehen. Daraus ergibt sich

$$P\langle Y \in \widetilde{B} \mid X = a \rangle = \frac{\int_{y \in \widetilde{B}} f\langle a, y \rangle dy}{f^{(X)} \langle a \rangle} \ .$$

Der Nenner ist eine Konstante, wenn a gegeben ist. Die Form des Zählers zeigt, dass die bedingte Verteilung von Y, gegeben $X = x$ (statt $= a$), die Dichte

$$f\langle y \mid X = x \rangle = \frac{f\langle x, y \rangle}{f^{(X)} \langle x \rangle} = \frac{f\langle x, y \rangle}{\int_{-\infty}^{\infty} f\langle x, u \rangle du}$$

hat, die man *bedingte Dichte* von Y, gegeben $X = x$, nennt.

k   *   ▷ Im *Beispiel der Bruchstücke eines Chromosoms* ergibt sich, dass die Verteilung von Z, gegeben $X = x$, die uniforme Verteilung auf dem Intervall $(0, 1 - x)$ ist; die Dichte wird nämlich

$$f\langle z \mid X = x \rangle = \begin{cases} \frac{2}{2(1-x)} = \frac{1}{1-x} & \text{falls } 0 \leq z \leq 1 - x, \\ 0 & \text{sonst} \ . \end{cases} \quad ◁$$

6.9   Unabhängige Zufallsvariable und Korrelation

a   Zur Erinnerung: Zwei Zufallsvariable $X^{(1)}$ und $X^{(2)}$ heissen *unabhängig*, falls

$$P\langle X^{(1)} \in \tilde{A}_1, X^{(2)} \in \tilde{A}_2 \rangle = P\langle X^{(1)} \in \tilde{A}_1 \rangle \cdot P\langle X^{(2)} \in \tilde{A}_2 \rangle$$

gilt für alle $\tilde{A}_1$ und $\tilde{A}_2$ (4.6.d). Was heisst das für die Dichten? Es ist

$$f\langle x_1, x_2 \rangle = \frac{\partial^2 F\langle x_1, x_2 \rangle}{\partial x_1 \, \partial x_2} = \lim_{h_1 \to 0, h_2 \to 0} \frac{P\langle x_1 - h_1 < X^{(1)} \le x_1 \,,\, x_2 - h_2 < X^{(2)} \le x_2 \rangle}{h_1 h_2}$$

$$= \lim_{h_1 \to 0, h_2 \to 0} \frac{P\langle x_1 - h_1 < X^{(1)} \le x_1 \rangle}{h_1} \cdot \frac{P\langle x_2 - h_2 < X^{(2)} \le x_2 \rangle}{h_2}$$

$$= f^{(1)}\langle x_1 \rangle \cdot f^{(2)}\langle x_2 \rangle.$$

> *Es multiplizieren sich* also *bei Unabhängigkeit* auch *die Dichten*, nicht nur die Wahrscheinlichkeiten.

b   Wenn $X_1 \sim \mathcal{N}\langle \mu_1, \sigma_1^2 \rangle$ und $X_2 \sim \mathcal{N}\langle \mu_2, \sigma_2^2 \rangle$ gilt und die beiden unabhängig sind, wird die gemeinsame Dichte

$$f\langle x_1, x_2 \rangle = \frac{1}{\sqrt{2\pi}\sigma_1} \exp\left\langle -\frac{1}{2}\left(\frac{x_1 - \mu_1}{\sigma_1}\right)^2 \right\rangle \frac{1}{\sqrt{2\pi}\sigma_2} \cdot \exp\left\langle -\frac{1}{2}\left(\frac{x_2 - \mu_2}{\sigma_2}\right)^2 \right\rangle$$

$$= \frac{1}{2\pi\sigma_1\sigma_2} \exp\left\langle -\frac{1}{2}\left(\left(\frac{x_1 - \mu_1}{\sigma_1}\right)^2 + \left(\frac{x_2 - \mu_2}{\sigma_2}\right)^2\right) \right\rangle$$

Die Dichte hat also eine sehr ähnliche Form wie diejenige der Normalverteilung. Diese gemeinsame Verteilung ist ein Spezialfall der sogenannten zweidimensionalen Normalverteilung. Der einfachste Fall, mit $\mu_1 = 0$, $\mu_2 = 0$, $\sigma_1 = 1$ und $\sigma_2 = 1$ heisst wieder *Standard-Normalverteilung*. Eine Darstellung ihrer Dichte als Funktion der zwei Argumente x_1 und x_2 ergibt der in Bild 6.9.b gezeigte „Berg".

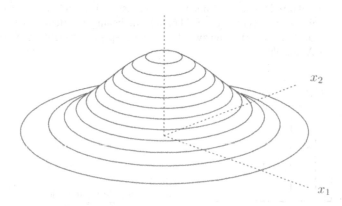

Bild 6.9.b
Die zweidimensionale
Standard-
Normalverteilung

Konturen gleicher Dichte (Höhenlinien) sind, wieder im allgemeinen Fall, für die angegebene Dichte bestimmt durch Gleichungen der Form

$$\left(\frac{x_1 - \mu_1}{\sigma_1}\right)^2 + \left(\frac{x_2 - \mu_2}{\sigma_2}\right)^2 = \text{konstant},$$

haben also die Form von konzentrischen Ellipsen mit Hauptachsen in Richtung der x_1- und x_2-Achse.

c Als Mass für die Abhängigkeit zwischen zwei Merkmalen wurde in der beschreibenden Statistik die Produktmomenten-*Korrelation* eingeführt. Die Formel kann man für Merkmale $X^{(1)}$ und $X^{(2)}$ schreiben als $r_{12} = s_{12}/(\text{sd}_1 \,\text{sd}_2)$. Es kommen die Kovarianz und die Standardabweichungen vor.

Die entsprechenden theoretischen Grössen kennen wir: Die Standardabweichung ist wie immer die Wurzel aus der Varianz (6.3.d). Die *Kovarianz* wurde für diskrete Zufallsvariable in 5.6.k definiert als

$$\text{cov}\langle X^{(1)}, X^{(2)}\rangle = \mathcal{E}\langle (X^{(1)} - \mu_1)(X^{(2)} - \mu_2)\rangle$$

mit $\mu_1 = \mathcal{E}\langle X^{(1)}\rangle$, $\mu_2 = \mathcal{E}\langle X^{(2)}\rangle$. Das ist hier ein Integral,

$$\text{cov}\langle X^{(1)}, X^{(2)}\rangle = \int\int (x_1 - \mu_1)(x_2 - \mu_2)\, f\langle x_1, x_2\rangle\, dx_1 dx_2.$$

Die (theoretische) Korrelation ist gleich

$$\text{corr}\langle X^{(1)}, X^{(2)}\rangle = \frac{\text{cov}\langle X^{(1)}, X^{(2)}\rangle}{\sqrt{\text{var}\langle X^{(1)}\rangle \cdot \text{var}\langle X^{(2)}\rangle}}.$$

d *Wenn zwei Zufallsvariable unabhängig sind, sind sie unkorreliert* (d. h., ihre Korrelation ist null). Man weist nämlich wie im diskreten Fall (5.6.l) leicht nach, dass die Kovarianz von unabhängigen Zufallsvariablen null ist.

Die Umkehrung gilt aber nicht: *Unkorrelierte Zufallsvariable sind nicht notwendigerweise unabhängig.* Wie in der beschreibenden Statistik (3.2.h) erfasst die Korrelation auch für Verteilungen nicht alle Arten von Abhängigkeit, sondern nur ihre „lineare Komponente". Die Extremwerte $+1$ oder -1 treten wie bei der empirischen Korrelation auf, wenn der zufällige Punkt $[X^{(1)}, X^{(2)}]$ auf einer steigenden respektive fallenden Geraden liegen *muss*.

e * ▷ Ein einfaches Beispiel von unkorrelierten, aber abhängigen Zufallsvariablen liefert der Regentropfen auf der dreieckigen, gleichschenkligen Platte (Bild 6.9.e). Die bedingte Verteilung von Y, gegeben $X = x$, ist gleich der uniformen Verteilung zwischen 0 und $1-|x|$ und hängt folglich von x ab. Deshalb ist Y nicht von X unabhängig.

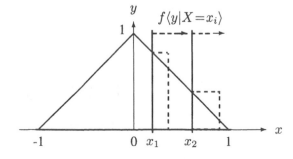

Bild 6.9.e
Zwei unkorrelierte, aber nicht unabhängige Zufallsvariable

Trotzdem ist die Korrelation gleich null. Vielleicht macht Ihnen dies das Bild sofort klar. Andernfalls hilft der folgende Beweis: Es ist $f\langle x, y\rangle = 1$ und aus Symmetriegründen $\mu_X = 0$. Also wird

$$\text{cov}\langle X, Y\rangle = \int\int_{\text{Dreieck}} x\,(y - \mu_Y)\,dx\,dy = \int_0^1 (y - \mu_Y)\left(\int_{-y}^y x\,dx\right)\,dy\,.$$

Das innere Integral im letzten Ausdruck drückt das Integral der Dichte über eine horizontale Gerade in „Höhe" y aus und ist für alle y gleich 0. Also ist das äussere Integral gleich 0.   ◁

f   Für korrelierte (stetige) Zufallsvariable hat die allgemeine zwei- (oder mehr-) dimensionale *Normalverteilung* eine grundlegende Bedeutung. Wie im Spezialfall 6.9.b von unabhängigen normalverteilten Variablen sind die „Höhenlinien" konzentrische Ellipsen, die jetzt aber allgemeine Lage haben können, das heisst, die Hauptachsen brauchen nicht mehr parallel zu den Koordinatenachsen zu liegen. Die Dichte hat die Form

$$f\langle x_1, x_2\rangle = c \cdot \exp\left\langle \alpha_1(x_1 - \mu_1)^2 + \alpha_2(x_2 - \mu_2)^2 + \alpha_{12}(x_1 - \mu_1)(x_2 - \mu_2)\right\rangle\,.$$

Die Parameter μ_1 und μ_2 sind die Koordinaten des Mittelpunktes der Ellipsen konstanter Dichte und gleichzeitig die Erwartungswerte $\mu_1 = \mathcal{E}\langle X^{(1)}\rangle$ und $\mu_2 = \mathcal{E}\langle X^{(2)}\rangle$. Die α-s bestimmen die Länge und Orientierung der Hauptachsen sowie die Varianzen von $X^{(1)}$ und $X^{(2)}$ und deren Kovarianz.

Wenn $\alpha_{12} = 0$ ist, haben wir wieder den Spezialfall (6.9.b) von unabhängigen, also unkorrelierten Normalverteilungen vor uns. Für (gemeinsam) normalverteilte Zufallsvariable sind „Korrelation 0" und Unabhängigkeit gleichbedeutend.

Die allgemeinen Formeln für Varianzen und Kovarianz als Funktion von α_1, α_2 und α_{12} sind kompliziert. Durch einige zusätzliche Betrachtungen, die mit linearer Algebra zusammenhängen, ergeben sich grosse Vereinfachungen. Im Moment seien diese Überlegungen zurückgestellt. Wir kommen in Kap. 15 darauf zurück, denn *die mehrdimensionale Normalverteilung bildet die Grundlage für grosse Teile der multivariaten Statistik und der Theorie der Zeitreihen.*

6.10   Funktionen von mehreren Zufallsvariablen

a   *Summen* von unabhängigen Zufallsvariable haben wir im diskreten Fall bereits gründlich diskutiert. Für stetige Zufallsvariable werden sich die analogen Ergebnisse zeigen.

Als einführendes Beispiel betrachten wir zwei unabhängige, uniform verteilte Grössen $X_1 \sim \mathcal{U}\langle 0, 1\rangle$ und $X_2 \sim \mathcal{U}\langle 0, 1\rangle$. Die Wahrscheinlichkeiten, die die Verteilung von $S = X_1 + X_2$ bestimmen, lassen sich aus Bild 6.10.a (i) ablesen:

$$F^{(S)}\langle s\rangle = \begin{cases} 0 & \text{falls } s \leq 0 \\ s^2/2 & \text{falls } 0 < s \leq 1, \\ 1 - (2-s)^2/2 & \text{falls } 1 < s \leq 2, \\ 1 & \text{falls } s > 2\,. \end{cases}$$

Deshalb ist

$$f^{(S)}\langle s\rangle = \begin{cases} s & \text{falls } 0 \leq s \leq 1, \\ 2 - s & \text{falls } 1 < s \leq 2, \\ 0 & \text{sonst}\,. \end{cases}$$

(Bild 6.10.a (ii)). Die Summe hat eine sogenannte *Dreiecks-Verteilung.*

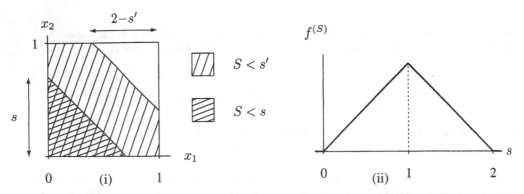

Bild 6.10.a Summe S von zwei uniform verteilten Zufallsvariablen: (i) Zur Bestimmung der Verteilung; (ii) Dichte

b   Wenn die gemeinsame Dichte $f\langle x_1, x_2\rangle$ nicht konstant ist, führt die gleiche Überlegung zu

$$F^{(S)}\langle s\rangle = P\langle S \le s\rangle = P\langle X^{(1)} + X^{(2)} \le s\rangle = \int_{-\infty}^{\infty} \left(\int_{-\infty}^{s-x_1} f\langle x_1, x_2\rangle dx_2\right) dx_1$$

$$= \int_{-\infty}^{\infty} \left(\int_{-\infty}^{s-x_1} f^{(2)}\langle x_2\rangle dx_2\right) f^{(1)}\langle x_1\rangle dx_1 = \int_{-\infty}^{\infty} F^{(2)}\langle s - t\rangle\, f^{(1)}\langle t\rangle dt$$

(oder $= \int_{-\infty}^{\infty} F^{(1)}\langle s - t\rangle\, f^{(2)}\langle t\rangle dt$). Die Dichte ist die Ableitung von $F^{(S)}\langle s\rangle$ nach s. Unter gewissen Voraussetzungen, die in diesem Fall erfüllt sind, darf man Ableitung und Integration vertauschen. So ergibt sich

$$f^{(S)}\langle s\rangle = \frac{d}{ds}\int_{-\infty}^{\infty} F^{(2)}\langle s - t\rangle f^{(1)}\langle t\rangle dt = \int_{-\infty}^{\infty} \frac{d}{ds} F^{(2)}\langle s - t\rangle f^{(1)}\langle t\rangle dt$$

$$= \int_{-\infty}^{\infty} f^{(2)}\langle s - t\rangle f^{(1)}\langle t\rangle dt\;.$$

Anschaulich heisst das, dass man $f\langle x_1, x_2\rangle = f^{(1)}\langle x_1\rangle f^{(2)}\langle x_2\rangle$ entlang der Geraden $x_2 = s - x_1$ integrieren muss.

c   *   Eine Sprechweise: Den beiden durch $f^{(1)}$ und $f^{(2)}$ gegebenen Verteilungen entspricht nach dieser Formel ein $f^{(S)}$. Man spricht von der *Faltung* der beiden Verteilungen. Den Ausdruck *Summe* von Verteilungen sollte man vermeiden, da man darunter auch die *Mischung* verstehen kann, die aus der Mittelung der Dichten (oder der Verteilungsfunktionen; allenfalls mit Gewichten) entsteht.

d   Für die Summe von zwei unabhängigen, standard-normalverteilten Zufallsvariablen wird

$$f^{(S)}\langle s\rangle = \int_{-\infty}^{\infty} \tfrac{1}{\sqrt{2\pi}} \exp\langle -\tfrac{1}{2}t^2\rangle\, \tfrac{1}{\sqrt{2\pi}} \exp\langle -\tfrac{1}{2}(s - t)^2\rangle\, dt$$

$$= \left(\tfrac{1}{\sqrt{2\pi}}\right)^2 \int_{-\infty}^{\infty} \exp\left\langle -\tfrac{1}{2}(2t^2 - 2ts + s^2)\right\rangle\, dt\;.$$

Mit einigen Tricks kann man diesen Ausdruck in eine günstige Form bringen:

$$f^{(S)}\langle s\rangle = \left(\tfrac{1}{\sqrt{2\pi}}\right)^2 \int_{-\infty}^{\infty} \exp\left\langle -\tfrac{1}{2}\left(2\left((t - \tfrac{s}{2})^2 - (\tfrac{s}{2})^2\right) + s^2\right)\right\rangle\, dt$$

$$= \left(\tfrac{1}{\sqrt{2\pi}}\right)^2 \int_{-\infty}^{\infty} \exp\left\langle -\tfrac{1}{2}\left(\tfrac{t-s/2}{1/\sqrt{2}}\right)^2 \right\rangle \, dt \cdot \exp\left\langle -\tfrac{1}{2}\left(\tfrac{s}{\sqrt{2}}\right)^2 \right\rangle$$

$$= \tfrac{1}{\sqrt{2\pi}\,\sqrt{2}} \exp\left\langle -\tfrac{1}{2}\left(\tfrac{s}{\sqrt{2}}\right)^2 \right\rangle \int_{-\infty}^{\infty} \tfrac{1}{\sqrt{2\pi}\,(1/\sqrt{2})} \exp\left\langle -\tfrac{1}{2}\left(\tfrac{t-s/2}{1/\sqrt{2}}\right)^2 \right\rangle \, dt \, .$$

Das Integral integriert die Dichte der Normalverteilung mit $\mu = s/2$ und $\sigma = 1/\sqrt{2}$ und gibt deshalb 1. Es bleibt die Dichte einer Normalverteilung mit Erwartungswert 0 und Varianz 2 stehen, also $S \sim \mathcal{N}\langle 0, \sqrt{2}^2 \rangle$.

e Für Summanden mit allgemeinen Normalverteilungen erhält man das folgende Resultat auf die gleiche Art, nur werden die algebraischen Umformungen noch etwas mühsamer:

> Wenn $X_1 \sim \mathcal{N}\langle \mu_1, \sigma_1^2 \rangle$ und $X_2 \sim \mathcal{N}\langle \mu_2, \sigma_2^2 \rangle$ unabhängig sind, hat die Summe wieder eine Normalverteilung, $X_1 + X_2 \sim \mathcal{N}\langle \mu_1 + \mu_2, \ \sigma_1^2 + \sigma_2^2 \rangle$; die Erwartungswerte und die Varianzen addieren sich.

f ▷ *Beispiel.* Ein Bus dient als *Zubringer* zur Eisenbahn. Seine Fahrzeit von der Endstation zum Bahnhof sei (unter normalen Bedingungen) normalverteilt mit $\mu = 30\,\text{Min}$ und $\sigma = 4\,\text{Min}$. Die Ankunftszeit des Zuges sei durch eine mittlere Verspätung von 1 Min mit einer Standardabweichung von 2 Min charakterisiert und ebenfalls als normalverteilt angenommen. Wie viel Zeit bleibt zum Kaffeetrinken im Bahnhof (von der Ankunft des Busses bis zur Ankunft des Zuges), wenn der Bus 45 Min vor der fahrplanmässigen Zugsankunft die Endstation verlässt? Mit welcher Wahrscheinlichkeit bleiben mindestens 10 Min?
Es sei X_1 die Fahrzeit mit dem Bus, und X_2 bezeichne die Zeit zwischen der Busabfahrt an der Endstation und der effektiven Zugsabfahrt. Es ist $X_1 \sim \mathcal{N}\langle 30, 4^2 \rangle$ und $X_2 \sim \mathcal{N}\langle 46, 2^2 \rangle$. Uns interessiert die Differenz $D = X_2 - X_1$. Es gilt $-X_1 \sim \mathcal{N}\langle -30, 4^2 \rangle$ und deshalb $D = X_2 + (-X_1) \sim \mathcal{N}\langle 46 + (-30), 2^2 + 4^2 \rangle = \mathcal{N}\langle 16, 20 \rangle$. Die gesuchte Wahrscheinlichkeit beträgt $P\langle D \geq 10 \rangle = 1 - \Phi\langle (10 - 16)/\sqrt{20} \rangle = 1 - \Phi\langle -1.34 \rangle = 0.91$. Es wird also meistens reichen für einen Kaffee. ◁
Das Beispiel zeigt, dass bei der Bildung der *Differenz* zwischen zwei unabhängigen Zufallsvariablen die Erwartungswerte subtrahiert, die *Varianzen* aber *addiert* werden.

g * Für *Summen von chiquadrat-verteilten Variablen* zeigt sich ein ebenso einfaches Resultat: Seien $X_1 \sim \chi^2\langle \nu_1 \rangle$ und $X_2 \sim \chi^2\langle \nu_2 \rangle$, unabhängig. Die Summe $S = X_1 + X_2$ hat die Dichte

$$f^{(S)}\langle s \rangle = c_1 c_2 \int_0^s t^{\nu_1/2-1} e^{-t/2} (s-t)^{\nu_2/2-1} e^{-(s-t)/2} \, dt$$

$$= c_1 c_2 e^{-s/2} \int_0^s t^{\nu_1/2-1} (s-t)^{\nu_2/2-1} \, dt$$

Wenn die Integrations-Variable t durch $u = t/s$ ersetzt wird, ergibt sich

$$f^{(S)}\langle s \rangle = c_1 c_2 e^{-s/2} s^{\nu_1/2-1} s^{\nu_2/2-1} \int_0^1 u^{\nu_1/2-1} (1-u)^{\nu_2/2-1} s \, du$$

$$= c_1 c_2 e^{-s/2} s^{(\nu_1+\nu_2)/2-1} c_3 \, ,$$

wobei $c_3 = \int_0^1 u^{\nu_1/2-1} (1-u)^{\nu_2/2-1} \, du$ eine von s unabhängige Konstante ist. Die Konstanten $c_1 c_2 c_3$ liefern die Normierungskonstante, die $\int_0^\infty f(s)\,ds = 1$ macht. So ergibt sich die Dichte einer Chiquadrat-Verteilung mit $\nu_1 + \nu_2$ Freiheitsgraden.

Nach 6.7.e ist die das Quadrat einer standard-normalverteilten Zufallsvariablen chiquadrat-verteilt mit $\nu = 1$. Also ist die Chiquadrat-Verteilung mit ν Freiheitgraden die Verteilung der Summe $S = X_1^2 + \ldots + X_\nu^2$ der Quadrate von ν standard-normalverteilten Zufallsvariablen (vergleiche 15.3.c).

h Wie verhalten sich die *Kennzahlen* der Verteilungen? Es gilt wie für diskrete Verteilungen

$$\mathcal{E}\langle X_1 + X_2 \rangle = \mathcal{E}\langle X_1 \rangle + \mathcal{E}\langle X_2 \rangle$$

$$\mathrm{var}\langle X_1 + X_2 \rangle = \mathrm{var}\langle X_1 \rangle + \mathrm{var}\langle X_2 \rangle + 2\,\mathrm{cov}\langle X_1, X_2 \rangle$$

ohne Annahme der Unabhängigkeit, und

$$\mathrm{var}\langle X_1 + X_2 \rangle = \mathrm{var}\langle X_1 \rangle + \mathrm{var}\langle X_2 \rangle$$

für unabhängige Zufallsvariable.

Die Herleitung läuft genau gleich wie im Fall diskreter Verteilungen (5.6.n); es werden nur die Summen durch Integrale ersetzt.

Ebenso überträgt sich das wichtige Resultat 5.7.d für das arithmetische Mittel einer Zufalls-Stichprobe: Wenn $\mu = \mathcal{E}\langle X_i \rangle$ und $\sigma^2 = \mathrm{var}\langle X_i \rangle$ Erwartungswert und Varianz der einzelnen Beobachtungen X_i bezeichnen, dann gilt

$$\mathcal{E}\langle \overline{X} \rangle = \mu\,, \qquad \mathrm{var}\langle \overline{X} \rangle = \sigma^2/n\,.$$

i ▷ *Beispiel.* Betrachten wir wieder die *Waage* mit Messfehlern $X \sim \mathcal{N}\langle 0, 0.63^2 \rangle$ (6.5.h). Wie kann man damit ein Gewicht „auf 0.5 mg genau" bestimmen? Genauer: Wir möchten erreichen, dass das Messergebnis mit einer Wahrscheinlichkeit von 95% um nicht mehr als 0.5 mg vom wahren Wert abweicht.

Die Idee besteht darin, mehrmals unabhängig zu wägen und das arithmetische Mittel $\overline{X}$ als Resultat anzugeben. Für n unabhängige Messwerte hat dieses Mittel eine Normalverteilung mit Erwartungswert 0 und Varianz $(0.63\,\mathrm{mg})^2/n$. Es soll also $z = 0.5/\sqrt{(0.63\,\mathrm{mg})^2/n} \geq 1.96$ ($\approx$ 2) sein (vergleiche 6.5.g), also $n \geq \left(1.96\,\frac{0.63}{0.5}\right)^2 = 6.09$. Es müssen mindestens 7 unabhängige Wägungen gemittelt werden.

Wann allerdings Wägungen als unabhängig gelten können, ist unklar. Sicher genügt es nicht, die Anzeige 7 mal abzulesen, da dann (unkorrigierte) Feuchtigkeits- und Temperatur-Einflüsse, ungenaue Justierungen und Ähnliches auf alle Messungen gleich wirken, also systematisch den gleichen, nicht jedes Mal einen unabhängigen Einfluss auf das einzelne Ergebnis haben. ◁

j Neben den Summen spielen aber auch *allgemeine Funktionen* von Zufallsvariablen eine wichtige Rolle. Im Beispiel der Chromosomen-Bruchstücke (6.8.f) konnte die Verteilung von $X = \min\langle U^{(1)}, U^{(2)} \rangle$ aus der gemeinsamen Verteilung von $U^{(1)}$ und $U^{(2)}$ bestimmt werden. Auf die gleiche Art lassen sich im Prinzip viel allgemeinere ähnliche Aufgaben lösen:

• Statt dem Minimum kann man eine beliebige Funktion g von zwei Zufallsvariablen $X^{(1)}$ und $X^{(2)}$ betrachten. Das Gebiet A_t, in dem $T = g\langle X_1, X_2 \rangle \leq t$ ist, sieht dann zwar anders aus, aber seine Wahrscheinlichkeit $P\langle A_t \rangle$ lässt sich prinzipiell aus der gemeinsamen Verteilung von $X^{(1)}$ und $X^{(2)}$ bestimmen – auch wenn dies nicht analytisch, mit einer geschlossenen Formel, möglich sein sollte. Wir werden gleich noch weitere Beispiele behandeln.

• Die Unabhängigkeit von $X^{(1)}$ und $X^{(2)}$ war nützlich, um die gemeinsame Verteilung von $X^{(1)}$ und $X^{(2)}$ einfacher festlegen zu können. Diese kann aber auch anders bestimmt sein. In jedem Fall lässt sich aus ihr die Verteilung von $g\langle X^{(1)}, X^{(2)}\rangle$ bestimmen.

• Genauso kann man eine Funktion von mehreren Zufallsvariablen $X^{(1)}, X^{(2)}, ..., X^{(m)}$ behandeln, wenn man deren gemeinsame Verteilung kennt. Besonders einfache und übliche Annahmen sind die Unabhängigkeit und die Gleichheit der Verteilungen, also die Annahme einer einfachen Zufalls-Stichprobe.

k   Allgemein gilt nämlich, wenn $X^{(1)}, X^{(2)}, ..., X^{(m)}$ eine stetige gemeinsame Verteilung mit Dichte f haben und $T = g\langle X^{(1)}, X^{(2)}, ..., X^{(m)}\rangle$ eine Funktion dieser Variablen ist,

$$P\langle T \leq t\rangle = \int_{x_1=-\infty}^{\infty} \int_{x_2=-\infty}^{\infty} \cdots \int_{x_{m-1}=-\infty}^{\infty} \int_{x_m \in A_t} f\langle x_1, x_2, ..., x_m\rangle \, dx_m \, dx_{m-1} \ldots dx_2 \, dx_1 \, ,$$

wobei $A_t = \{x_m \mid g\langle x_1, x_2, ..., x_m\rangle \leq t\}$ ist. Eine analoge Formel mit Summen statt Integralen kann man für diskrete Zufallsvariable aufschreiben.

l   Eine *Funktion* von mehreren Beobachtungen, die uns im nächsten Kapitel interessieren wird, ist der *Median der Beobachtungen*. Betrachten wir als Modell 5 unabhängige exponential-verteilte Zufallsvariable $X_1, X_2, X_3, X_4, X_5, X_i \sim \mathcal{E}xp\langle\lambda\rangle$. Die Funktion $g = \widehat{\text{med}}$ macht daraus die Zufallsvariable

$$T = \widehat{\text{med}}\langle X_1, X_2, X_3, X_4, X_5\rangle \, .$$

(T ist der empirische Median von 5 Beobachtungen; denken Sie hier nicht an irgendeinen (theoretischen) Median einer Verteilung!) Wie ist T verteilt?
Im Prinzip kann die allgemeine Formel 6.10.k verwendet werden. Ohne Vereinfachungen müsste dazu ein 5-faches Integral *numerisch* ausgewertet werden – eine aufwändige Sache, die bei mehr als 5 Beobachtungen zudem numerisch schwierig würde.

m   Diese Schwierigkeiten kann man durch die Methode der *Simulation* umgehen. Man erzeugt $n=5$ Zufallszahlen mit der gewünschten Verteilung, wie in 6.2.j angegeben. Für diese „simulierte Stichprobe" berechnet man den Median. Diesen Vorgang wiederholt man m Mal. Tabelle 6.10.m zeigt ein mögliches Resultat für $m = 10$ Wiederholungen mit $\lambda = 0.5$.
Die 10 Werte t_ℓ sind nun 10 unabhängige Realisierungen der Verteilung des Medians T. Da es sich um Zufallszahlen handelt, kann die Anzahl m solcher *Replikate* beliebig erhöht werden, und ihre empirische Verteilung nähert sich der gesuchten theoretischen Verteilung von T immer mehr an. Bild 6.10.m zeigt die genäherte Verteilung für $m = 10, 200, 1000$ und 5000.

n   * Für den *Median* sind *exakte Resultate* recht einfach herzuleiten: Die Wahrscheinlichkeit dafür, dass zwei Beobachtungen kleiner als ein vorgegebenes x sind, eine zwischen x und $x +$ h liegt, und zwei grösser als $x + h$ ausfallen, beträgt (nach der multinomialen Verteilung) $(5!/(2!\,1!\,2!)) \, F\langle x\rangle^2 (F\langle x + h\rangle - F\langle x\rangle)(1 - F\langle x + h\rangle)^2$. In diesem Fall liegt der Median der 5 Beobachtungen zwischen x und $x + h$. Wenn man durch h dividiert und $h \to 0$ gehen lässt, so erhält man für die Dichte des Medians

$$f^{(\widehat{\text{med}})}\langle x\rangle = \frac{5!}{2!2!} F\langle x\rangle^2 (1 - F\langle x\rangle)^2 f\langle x\rangle \, .$$

Tabelle 6.10.m Zehn simulierte Stichproben

ℓ	X_1	X_2	X_3	X_4	X_5	T_ℓ
1	0.044	1.422	1.795	0.155	0.414	0.414
2	0.390	0.357	1.844	0.034	3.850	0.390
3	0.048	3.887	1.385	5.600	0.379	1.385
4	0.130	0.663	2.024	0.411	0.806	0.663
5	0.444	2.385	0.506	3.840	1.176	1.176
6	0.606	4.009	0.879	0.591	1.381	0.879
7	1.062	3.855	8.615	3.301	0.409	3.301
8	1.105	5.576	2.443	1.848	0.734	1.848
9	0.866	1.040	4.448	0.237	2.044	1.040
10	1.159	1.852	1.998	4.082	1.799	1.852

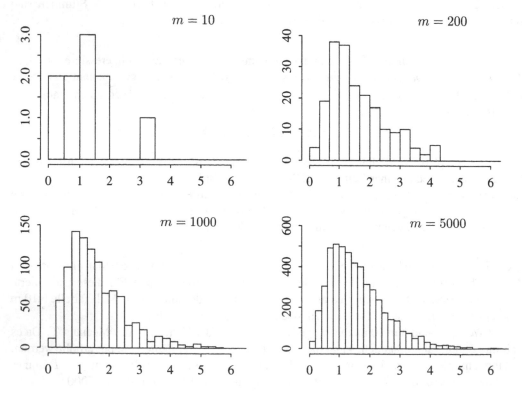

Bild 6.10.m Histogramme von 10, 200, 1000, und 5000 simulierten Werten des empirischen Medians von 5 exponential-verteilten Beobachtungen, $\lambda = 0.5$

6.11   Gausssche Fehler-Fortpflanzung

a   Messungen werden häufig über einfache Formeln in Grössen umgerechnet, die eine tiefere Bedeutung haben: Dichten, Raten, oder andere „spezifische" Grössen (Betrag pro Einheit); Materialkonstanten, Geschwindigkeiten; Ablesungen über Eichkurven; zusammenfassende „scores" oder „Indices" für mehrere Merkmale usw.
Wie wirken sich *Messfehler* auf diese abgeleiteten Grössen aus? Einige der oben hergeleiteten Formeln ermöglichen in vielen Fällen eine einfache, exakte oder genäherte Antwort.

b   ▷ Das folgende *Beispiel* soll das Vorgehen zeigen: *Hydroxyprolin* ist eine Aminosäure, die in Hackfleisch vorkommt und den Gehalt an Bindegewebe anzeigt. Um ihre Konzentration zu messen, ist das folgende Vorgehen festgelegt:
Man wägt $w \approx 10\,\text{g}$ Fleisch ab, extrahiert die Flüssigkeit und verdünnt sie so, dass schliesslich 2 ml Flüssigkeit 1/10'000 der Gesamtmenge enthalten. Zugabe von 1 ml Chloramin-T-Pufferlösung führt zur Oxydation des Hydroxyprolins. Für das Produkt kann mit Hilfe einer Farb-Reagenzlösung und einem optischen Messgerät die Menge festgestellt werden. Die Umrechnung des Wertes x, den man am Gerät abliest, in eine Mengenangabe y für das Hydroxyprolin (in den 2 ml der geprüften Lösung) erfolgt über eine sogenannte Eichgerade, d. h. nach der Formel $y = \alpha + \beta x$. Die Konzentration der Aminosäure im Fleisch ist dann

$$z = \frac{\alpha + \beta x}{w}\, c\,, \qquad c = 10^4 \cdot 10^{-6} \cdot 100\%\,.$$

(Der Faktor 10^4 kompensiert die Verdünnung; die Zahl 10^{-6} verwandelt die Fleisch-Einwaage in mg.)
Die Grössen w und x sind mit Messfehlern behaftet und also Zufallsvariable, die W und X heissen sollen. Das Ergebnis ist eine Funktion von W und X und deshalb ebenfalls zufällig. (Die Koeffizienten α und β der Eichgeraden wollen wir der Einfachheit halber als exakt und vorgegeben betrachten.) Wie gross ist die Ungenauigkeit im Ergebnis?
Im Wahrscheinlichkeits-Modell kann man die Grösse der Messfehler durch die Varianzen σ_W^2 und σ_X^2 beschreiben. Gesucht ist die Varianz des Ergebnisses Z.

c   ▷ Aus der Varianz von X erhält man die Varianz von $Y = \alpha + \beta X$ mit der Formel für die lineare Transformation (6.4.m), $\text{var}\langle Y\rangle = \beta^2 \text{var}\langle X\rangle$. Um die Varianz von $Z = cY/W$ zu erhalten, schreiben wir $log_e\langle Z\rangle = log_e\langle c\rangle + log_e\langle Y\rangle - log_e\langle W\rangle$. Nach der Formel für eine „linearisierte" Funktion (6.4.p) wird mit $g\langle y\rangle = log_e\langle y\rangle$ aus $g'\langle y\rangle = 1/y$

$$\text{var}\,\langle log_e\langle Y\rangle\rangle \approx \left(\frac{1}{\mu_Y}\right)^2 \sigma_Y^2\,.$$

Ein analoges Resultat gilt für W und für Z. Wenn man die beiden (unabhängigen) Zufallsvariablen $log_e\langle Y\rangle$ und $-log_e\langle W\rangle$ addiert, addieren sich die Varianzen (6.10.h), und $log_e\langle c\rangle$ hat Varianz 0, weshalb

$$\left(\frac{\sigma_Z}{\mu_Z}\right)^2 \approx \left(\frac{\sigma_Y}{\mu_Y}\right)^2 + \left(\frac{\sigma_W}{\mu_W}\right)^2$$

gilt (da $\text{var}\,\langle -log_e\langle W\rangle\rangle = \text{var}\,\langle log_e\langle W\rangle\rangle$ ist).

Nun kann man die Genauigkeit von Z angeben, wenn man die Erwartungswerte und Varianzen von W und X kennt. Die Linearisierungs-Formel (6.4.p) liefert $\mathcal{E}\langle 1/W \rangle \approx 1/\mathcal{E}\langle W \rangle$. Deshalb ist $\mu_Z = c\,\mu_Y\,\mathcal{E}\langle 1/W \rangle \approx c\,\mu_Y/\mu_W$ und

$$\sigma_Z^2 \approx \mu_Z^2 \left(\frac{\sigma_W^2}{\mu_W^2} + \frac{(\beta\sigma_X)^2}{\mu_Y^2} \right) = \left(c \cdot \frac{\mu_Y}{\mu_W} \right)^2 \left(\left(\frac{\sigma_W}{\mu_W} \right)^2 + \left(\frac{\beta\sigma_X}{\mu_Y} \right)^2 \right) ,$$

wobei $\mu_Y = \alpha + \beta\mu_X$ ist.

Das sieht nach einem reichlich komplizierten Gedankengang aus. Bei genauerem Hinsehen haben wir nur einige Regeln kombiniert, die für sich alleine so einfach sind, dass man sie behalten kann. Das zeigt die folgende Zusammenstellung.

d   • Lineare Transformation:

$$\mathrm{var}\langle \alpha + \beta X \rangle = \beta^2 \mathrm{var}\langle X \rangle = \beta^2 \sigma_X^2 .$$

Die additive Konstante fällt einfach weg. Nur die multiplikative Konstante beeinflusst die Varianz, und zwar quadratisch.

• Allgemeine Transformation:

$$\mathrm{var}\langle g\langle X \rangle \rangle \approx \left(g'\langle \mu_X \rangle \right)^2 \mathrm{var}\langle X \rangle \approx \left(|g'\langle \mu_X \rangle|\, \sigma_X \right)^2$$

Die Standardabweichung multipliziert sich mit dem Betrag der Ableitung beim Erwartungswert, die Varianz mit ihrem Quadrat.

e   Seien nun X_1 und X_2 *unabhängig*, mit den Erwartungswerten μ_1 und μ_2 und den Varianzen σ_1^2 und σ_2^2.

• Summe und Differenz:

$$\mathrm{var}\langle X_1 + X_2 \rangle = \mathrm{var}\langle X_1 \rangle + \mathrm{var}\langle X_2 \rangle = \mathrm{var}\langle X_1 - X_2 \rangle$$

Bei Addition und Subtraktion addieren sich die Varianzen.

• Produkt $Y = X_1 X_2$ und Quotient $Z = X_1/X_2$:

$$\left(\frac{\sigma_Y}{\mu_Y} \right)^2 \approx \left(\frac{\sigma_1}{\mu_1} \right)^2 + \left(\frac{\sigma_2}{\mu_2} \right)^2 \approx \left(\frac{\sigma_Z}{\mu_Z} \right)^2$$

Bei Multiplikation und Division addieren sich die „relativen Varianzen" (die quadrierten Variationskoeffizienten) $(\sigma./\mu.)^2$. (Diese Regel wurde im Beispiel hergeleitet.)

• Funktion von zwei Variablen:

$$\mathrm{var}\langle g\langle X_1, X_2 \rangle \rangle \approx \left(\frac{\partial g}{\partial x_1}\langle \mu_1, \mu_2 \rangle \right)^2 \sigma_1^2 + \left(\frac{\partial g}{\partial x_2}\langle \mu_1, \mu_2 \rangle \right)^2 \sigma_2^2$$

Dieses Ergebnis erhält man durch Linearisierung der Funktion wie im Fall einer Funktion mit einem einzigen Argument.

f   Diese Regeln gelten im Prinzip unabhängig von der Verteilungs*form* der beteiligten Zufalls-
    variablen. Sie verbinden deren Varianzen. Die Regeln für die *Erwartungswerte* sind denkbar
    einfach: Der Erwartungswert einer tranformierten Zufallsvariablen $g\langle X \rangle$ ist näherungsweise
    $g\langle \mathcal{E}\langle X \rangle \rangle$ und Analoges gilt für Funktionen von mehreren Zufallsvariablen.

g   Damit Erwartungswert und Varianz aber eine anschauliche Bedeutung erlangen, muss die
    Verteilungsform des Ergebnisses bekannt sein. Wenn die Ausgangsgrössen näherungsweise
    normalverteilt sind (und die Linearisierungen genügend genau), dann ist es auch das jeweilige
    Resultat.
    Die *Faustregel* für Wahrscheinlichkeiten bei der Normalverteilung sagt dann, dass *die aus
    den Messungen abgeleitete Grösse Y mit einer Wahrscheinlichkeit von ca. 95% zwischen*
    $\mu_Y - 2\sigma_Y$ *und* $\mu_Y + 2\sigma_Y$ *liegen sollte.* Dabei ist μ_Y der gesuchte „wahre Wert", der Er-
    wartungswert, von Y, und σ_Y die aus den vorhergehenden Regeln des „*Gaussschen Fehler-
    Fortpflanzungs-Gesetzes*" hergeleitete Standardabweichung, die Wurzel der Varianz von Y.

6.12   Der Zentrale Grenzwertsatz

a   Kehren wir zu unabhängigen Zufallsvariablen zurück und betrachten wir wieder ganze Folgen
    $X_1, X_2, \ldots, X_n, \ldots$ von identisch verteilten Variablen (vergleiche 5.8.b). Wieder interessieren
    uns die Summe S_n respektive das arithmetische Mittel $\overline{X}_n$ der ersten n dieser Variablen. Nach
    6.10.h gilt $\mathcal{E}\langle \overline{X}_n \rangle = \mu$ und $\text{var}\langle \overline{X}_n \rangle = \sigma^2/n$ (wobei $\mu = \mathcal{E}\langle X_i \rangle$ und $\sigma^2 = \text{var}\langle X_i \rangle$ ist).
    Daraus ergab sich das Gesetz der grossen Zahl (siehe 5.8.h), das besagt, dass die Verteilung von
    $\overline{X}_n$ für grosse n immer stärker um den Erwartungswert μ herum konzentriert ist. Es gilt auch
    für stetige Zufallsvariable. In Bild 6.12.a ist es nochmals veranschaulicht, hier für exponential-
    verteilte X_i.

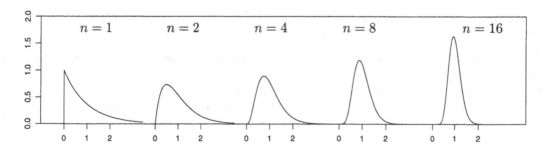

Bild 6.12.a   Verteilung von Mittelwerten von exponential-verteilten Zufallsvariablen (mit $\lambda = 1$)

b Das Bild zeigt nicht nur, dass die Verteilungen immer schmaler werden – sie werden auch in der Form ähnlicher. Damit man dieses Phänomen besser untersuchen kann, muss man zuerst die Breite (Standardabweichung) der Verteilungen stabilisieren. Dazu gehen wir von $\overline{X}_n$ – oder auch von $S_n = n\overline{X}_n = \sum_{i=1}^{n} X_i$ – zur zugehörigen standardisierten Zufallsvariablen

$$Z_n = \frac{\overline{X}_n - \mu}{\sigma/\sqrt{n}} = \frac{\overline{S}_n - n\mu}{\sigma \cdot \sqrt{n}}$$

über (vergleiche 6.4.o).

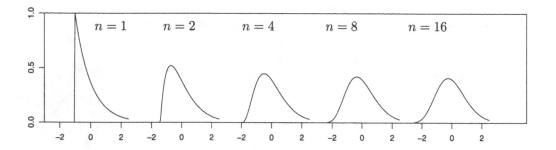

Bild 6.12.b Verteilung von standardisierten Mittelwerten Z_n

Betrachtet man die Verteilungen von Z_n, die in Bild 6.12.b gezeigt werden, dann sieht man in der Tat, dass sie immer genauer mit einer bestimmten Glockenkurve übereinstimmen. Diese Beobachtung wird von folgendem Satz bestätigt.

c *Zentraler Grenzwertsatz.* Die Verteilung des standardisierten Mittelwertes Z_n nähert sich für wachsendes n immer mehr einer Standard-Normalverteilung an,

$$P\langle Z_n \le z \rangle \overset{n \to \infty}{\longrightarrow} \Phi\langle z \rangle$$

(Φ bezeichnet die kumulative Verteilungsfunktion der Standard-Normalverteilung.) Dies gilt, wenn die X_i unabhängig und gleich verteilt sind und ihre Varianz endlich ist. (Es gibt Verteilungen, die keine endliche Varianz haben!)

Zum Beweis dieses Satzes führen mehrere Wege. Man braucht aber weitere Begriffe oder ziemlich viel Zeit dafür.

Es gibt verschiedene Verallgemeinerungen: Es können die Bedingungen der gleichen Verteilung für die X_i und ihrer Unabhängigkeit gelockert und eine andere „anständige" Stichproben-Funktionen als das arithmetische Mittel betrachtet werden.

d Der Zentrale Grenzwertsatz und seine Verallgemeinerungen erklären die grundlegende Bedeutung der Normalverteilung in der Statistik.

Zunächst macht er plausibel, weshalb die Normalverteilung viele empirische Häufigkeiten recht gut beschreibt: Wenn ein Messfehler sich aus vielen unabhängigen kleinen Fehlern additiv zusammensetzt, dann ist der Gesamtfehler „immer" genähert normalverteilt. Solange die „kleinen Fehler" eine vergleichbare Varianz haben, darf ihre Verteilung beliebig aussehen.

Es zeigt sich allerdings, dass diese „*Hypothese der Elementarfehler*" in Wirklichkeit oft nur näherungsweise (oder gar nicht) zutrifft. Zunächst werden wir gleich feststellen, dass eine Variante dieser Idee zu schiefen Verteilungen führt und sich besser bewährt. Ausserdem zeigen grosse Datensätze häufig zu viele extreme Werte, gemessen an der Normalverteilung.

e ▷ *Beispiel.* Ein *Taxifahrer* stellt sein Auto an einem gewöhnlichen Vormittag hinten an eine Schlange von 7 Kollegen, die ebenfalls auf Kundschaft warten. Erfahrungsgemäss kommen um diese Zeit etwa alle 3 Minuten Kunden zu diesem Taxistand. Wie lange muss der Fahrer auf seinen Kunden warten? Wie gross ist die Wahrscheinlichkeit, dass er mehr als eine halbe Stunde wartet?

Die Situation erinnert an den Geigerzähler. Das naheliegendste Modell für die Zeit bis zum Eintreffen eines Kunden bildet die Exponential-Verteilung. Gemäss der genannten Angabe ist ihr Erwartungswert gleich 3 Min., der Parameter also $\lambda = 1/3$ und damit die Varianz 9 (6.3.e). Wir wollen die Verteilung der Summe von 8 solchen Wartezeiten bestimmen.

Aus dem zentralen Grenzwertsatz ergibt sich als Näherung für diese Verteilung das folgende Resultat: Es ist $S_n = \sum_{i=1}^{n} X_i = n\overline{X}_n$. Die standardisierte Variable

$$Z_n = (\overline{X}_n - \mu)\sqrt{n}/\sigma = (S_n - n\mu)/(\sigma\sqrt{n}) = (S_n - 8 \cdot 3)/(3\sqrt{8})$$

ist genähert standard-normalverteilt, und deshalb $S_8 \approx\sim \mathcal{N}\langle 24, 9 \cdot 8\rangle$. Die Wahrscheinlichkeit, dass der Fahrer mehr als 30 Min. warten muss, ist $1 - \Phi\langle(30 - 24)/(3\sqrt{8})\rangle = 1 - \Phi\langle 0.707\rangle = 0.24$. (Es lohnt sich, eine Zeitung zu kaufen!) ◁

* Hier lässt sich die Verteilung der Summe auch genauer bestimmen. Die Exponential-Verteilung mit $\lambda = 1/2$ (Erwartungswert 2) ist auch die Chiquadrat-Verteilung mit $\nu = 2$. Gemäss 6.10.g ist deshalb die Summe $\widetilde{S}_n$ von 8 so verteilten Zufallsvariablen chiquadrat-verteilt mit $\nu = 16$. Die Umrechnung auf Erwartungswert 3 statt 2 ($S_n = (3/2)\widetilde{S}_n$) kann über $P\langle S_n > 30\rangle = P\langle\widetilde{S}_n > 20\rangle$ erfolgen; es wird $P\langle\widetilde{S}_n > 20\rangle = 1 - F^{(\chi_{16}^2)}\langle 20\rangle = 0.22$. ◁

f Die *Hypothese der Elementarfehler* führt aber nicht nur zur Normalverteilung, sondern auch zur *Lognormal-Verteilung*. Kleine Zufallseffekte müssen sich nämlich nicht addieren, sondern werden sich eher multiplizieren.

Die Naturgesetze enthalten fast ausschliesslich Multiplikationen und Divisionen, wie die bekanntesten von ihnen schon zeigen: $E = mc^2$, $F = mg$, Zuwachsrate von Bakterienpopulationen proportional zur Populationsgrösse, usw. Grundlegend für Lebensprozesse sind chemische Gleichgewichte, für die ein typisches Beispiel

$$K = \frac{X^{(C)}}{X^{(A)} \cdot (X^{(B)})^2}$$

lautet (für eine Reaktion nach der chemischen Formel $A + 2B \leftrightarrow C$).

Wenn Addition einfacher ist als Multiplikation, dann lassen sich alle diese Gesetze vereinfachen, indem alle beteiligten Grössen logarithmiert werden, beispielsweise

$$\log\langle K\rangle = \log\langle X^{(C)}\rangle - \log\langle X^{(A)}\rangle - 2\log\langle X^{(B)}\rangle .$$

Kleine Abweichungen Q für multiplikative Gesetze sind Variable mit Erwartungswert 1 und kleinem Variationskoeffizient. Eine gemessene Konzentration C weicht beispielsweise wenig von der wahren Konzentration c_0 ab, wenn

$$X = x_0 \cdot Q , \quad \Longrightarrow \quad \log\langle X\rangle = \log\langle x_0\rangle + \log\langle Q\rangle .$$

Für $\log\langle Q\rangle$ ist dann $\mathcal{E}\langle\log\langle Q\rangle\rangle \approx 0$ und die Standardabweichung $\approx \log\langle\sigma^*\rangle$ ist klein. Nach dem oben formulierten Zentralen Grenzwertsatz hat die Summe von vielen solchen logarithmierten Abweichungen normalverteilt. Transformiert man nun alles zurück in die ursprüngliche Skala, dann wird klar:

Ein *Produkt vieler kleiner Abweichungen ist lognormal verteilt* Das ist der *Multiplikative Zentrale Grenzwertsatz*. Er begründet eine Hypothese der Elementarfehler, die in den Naturgesetzen viel besser verankert ist als die traditionelle Hypothese.

g   Im letzten Abschnitt haben wir die Verteilung einer Funktion g von Zufallsvariablen $X_1, X_2, \ldots, X_n$ besprochen, insbesondere für den Fall, dass die X_i eine zufällige Stichprobe darstellen. Wenn die exakte Bestimmung der Verteilung praktisch nicht möglich ist, liefern der Zentrale Grenzwertsatz und insbesondere seine Verallgemeinerungen die Möglichkeit, wenigstens ein genähertes Resultat zu erhalten. Eine solche Näherungs-Verteilung, die für $n \to \infty$ immer genauer gilt, wird *asymptotische Verteilung* genannt. Genaueres später (7.4.i).

h   Schliesslich können auch bekannte Verteilungen in geeigneten Fällen durch eine Normalverteilung angenähert werden. Früher umging man damit oft langwierige Rechnungen, die für heutige Rechner kein Problem mehr darstellen. Heute dienen die Näherungen vor allem für rasche Überschlagsrechnungen und für die Schulung der Anschauung.

i   Die *Binomial-Verteilung* $\mathcal{B}\langle n, \pi\rangle$ haben wir als Verteilung der Summe X $(= n \cdot \overline{X}_n)$ von n Bernoulli-verteilten Zufallsvariablen X_i eingeführt. Also kann sie für grosse n *durch eine Normalverteilung angenähert* werden: Da $\mathcal{E}\langle X_i\rangle = \pi$ und $\mathrm{var}\langle X_i\rangle = \pi(1 - \pi)$ ist, heisst die standardisierte Zufallsvariable

$$Z_n = \left(\overline{X} - \pi\right) \big/ \sqrt{\pi(1{-}\pi)/n} = \left(X - n\pi\right) \big/ \sqrt{n\pi(1{-}\pi)} .$$

Sie ist für grosse n genähert standard-normalverteilt. Also gilt

$$P\langle X \leq x\rangle = P\langle Z_n \leq z\rangle \approx \Phi\langle z\rangle ,$$

wobei $z = (x - n\pi)\big/\sqrt{n\pi(1 - \pi)}$ ist.

j   *   Ein Detail: Für ganze Zahlen k ist $P\langle X \leq k\rangle = P\langle X \leq k + 0.99\rangle$, aber die Näherung ist natürlich nicht dieselbe für die Werte z, die $x = k$ und $x = k + 0.99$ entsprechen. Die Näherung wird besser, wenn man den mittleren der möglichen Werte einsetzt, also $x = k + 0.5$ (*„Diskretheits-Korrektur"*). Das wird in Bild 6.12.j anschaulich klar.

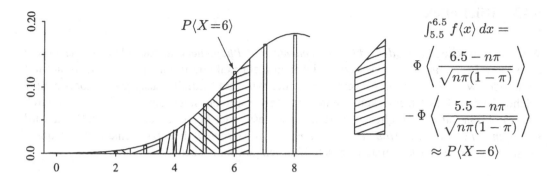

Bild 6.12.j Veranschaulichung der Diskretisierungs-Korrektur

Beispiel: Wenn $X \sim \mathcal{B}\langle 20, 0.4 \rangle$, dann wird

$$P\langle X \leq 6 \rangle \approx \Phi \left\langle \frac{6.5 - 20 \cdot 0.4}{\sqrt{20 \cdot 0.4 \cdot 0.6}} \right\rangle = \Phi\langle -0.685 \rangle = 0.247$$

(nach der Tabelle für die Standard-Normalverteilung). Der genaue Wert ist 0.250.
Für grössere Werte von n stimmt die Näherung noch genauer – der exakte Wert wird dagegen immer aufwändiger zu berechnen. Als Faustregel kann man die Näherung anwenden, wenn $n\pi(1-\pi) > 9$ ist. Falls n gross ist und π oder $(1-\pi)$ klein, kann man die Poisson-Verteilung als Näherung für die Binomial-Verteilung benützen, siehe Lehrbücher und Herleitung der Poisson-Verteilung in 5.2.

k   Für *Poisson-verteilte* Zufallsvariable $X_i \sim \mathcal{P}\langle \mu \rangle$ ist $n\overline{X}_n \sim \mathcal{P}\langle n\mu \rangle$ nach 5.6.c. Da $\overline{X}_n$ auch in diesem Fall für grosse n genähert normalverteilt ist, folgt, dass man auch die Poisson-Verteilung für grosse Werte des Parameters mit der Normalverteilung annähern kann.
Schreiben wir $X \sim \mathcal{P}\langle \lambda \rangle$ (statt $n\overline{X}_n \sim \mathcal{P}\langle n\mu \rangle$). Die zu X gehörende standardisierte Zufallsvariable ist wegen $\mathcal{E}\langle X \rangle = \lambda$, $\text{var}\langle X \rangle = \lambda$ gleich

$$Z = (X - \lambda)/\sqrt{\lambda} \,.$$

Sie ist für genügend grosse λ (Faustregel: $\lambda \geq 9$) ungefähr standard-normalverteilt.
Beispiel: Aus $X \sim \mathcal{P}\langle 15 \rangle$ ergibt sich (mit Diskretisierungs-Korrektur)

$$P\langle X \leq 20 \rangle \approx \Phi \left\langle \frac{20.5 - 15}{\sqrt{15}} \right\rangle = 0.922$$

gegenüber dem exakten Wert 0.917.

l   Berechnungen solcher Wahrscheinlichkeiten nimmt Ihnen normalerweise der Computer ab. Der kann zwar auch für recht grosse n oder λ Wahrscheinlichkeiten exakt berechnen, aber irgendwann wird es auch für ihn zu aufwändig. Dann wird das Programm auf die Näherungsformel wechseln. (Bei unsorgfältigen Programmen geschieht dies schon in Fällen, in denen die Näherung zu ungenau ist!)

6.13 Rückblick

a Wir sind ausgezogen, *Modelle für Experimente und Phänomene* aufzustellen, bei denen die messbaren Ergebnisse durch Gesetzmässigkeiten nicht exakt bestimmbar sind, sondern nur mit mehr oder weniger grossen Abweichungen, die wir dem „Zufall" zuschreiben können. Eine solche „Zufalls-Gesetzmässigkeit" kann beschrieben werden durch die Verteilung, also durch eine Funktion auf den möglichen Werten einer mess- oder beobachtbaren Grösse. Dabei wird *eine ganze Funktion als Modell für ein einziges Messergebnis* benützt – eine recht abstrakte Vorstellung, an die Sie sich unterdessen hoffentlich gewöhnt haben.

b Diesem abstrakten Modell für eine einzelne Beobachtung entspricht immer auch ein Muster-Experiment mit entsprechend verteilten *Zufallszahlen*, das beliebig oft wiederholt werden kann und dadurch ganz konkret veranschaulicht, „welche Resultate bei der realen Beobachtung einer Zufallsgrösse, für die das Modell aufgestellt wird, auftreten können" – genauer, wie oft sie bei beliebig zahlreicher Wiederholung auftreten würden.

c Die Wahl einer konkreten Verteilung, die als Modell für eine bestimmte Situation geeignet erscheint, erfolgt meistens so, dass zunächst eine Verteilungsfamilie durch Plausibilitäts-Überlegungen festgelegt wird und der oder die Parameter in einem zweiten Schritt bestimmt werden.
In etlichen Situationen gibt die Wahl der *Verteilungsfamilie* keinen Anlass zu Diskussionen; beispielsweise ist für die Anzahl „Erfolge" in n unabhängigen Versuchen mit gleicher Erfolgs-Wahrscheinlichkeit klar die Binomialverteilung richtig. In vielen anderen Fällen ist die Wahl einer Verteilungsfamilie nicht so einfach; sie sollte aufgrund von Erfahrungen mit ähnlichen Situationen und aufgrund von einleuchtenden Plausibilitäts-Überlegungen erfolgen. Beachten Sie, dass wir hier aus Zeit- und Platzgründen von den vielen gebräuchlichen und gut untersuchten Verteilungsfamilien, wie sie in 5.4.j und 6.7.c zusammengestellt sind, nur gerade die wichtigsten behandelt haben.

d Die Wahl des oder der *Parameter* ist in den seltensten Fällen durch Plausibilität möglich. Die Ausnahmen wie $\pi = 1/6$ für den „Erfolg", eine Sechs zu würfeln, oder $\pi = 1/2$ für die „Zahl" bei einer Münze bestätigen die Regel.
In den allermeisten Fällen muss die Wahl der Parameter aufgrund der Messresultate oder Beobachtungen erfolgen. Das Modell für die künftige Beobachtung bleibt also teilweise unbestimmt, bis die Beobachtung erfolgt. Nach dem bisher Gesagten ist das Modell dann eigentlich überflüssig, denn Wahrscheinlichkeits-Modelle beziehen sich immer auf noch unbekannte Beobachtungen!
Dabei kann es aber nicht bleiben. Im nächsten Teil, der die schliessende Statistik behandelt, werden wir der Frage nachgehen, wie Parameter und Beobachtungen auf sinnvolle Weise miteinander in Beziehung gebracht werden können.

e Wahrscheinlichkeits-Modelle können aber auch eine Bedeutung für *theoretische Überlegungen* erhalten, wenn ein Zusammenhang mit messbaren Grössen nicht wirklich hergestellt wird. Beispiele findet man in der Quanten-Theorie, der Statistischen Mechanik, der Kommunikations-Theorie, aber auch bei biologischen Prozessen und bei „Szenario"-Überlegungen in der Ökonomie und Ökologie.

f   Die wesentliche *Grundidee der Wahrscheinlichkeitsrechnung* ist die, dass aus einem Modell für Ausgangsgrössen $X_1, X_2, \ldots, X_n$ Modelle für beliebige daraus abgeleitete Grössen berechnet werden können, seien es Funktionen von einer Ausgangsgrösse (transformierte Zufallsvariable) oder von mehreren solchen Grössen. Speziell sind auch die empirischen Kennzahlen einer (künftigen) Zufalls-Stichprobe solche Funktionen, und ihre Verteilung ist bestimmbar. Darauf werden wir im nächsten Kapitel aufbauen.

Wenn die exakte Berechnung in geschlossener Form nicht möglich und die numerische Integration von 6.10.k praktisch nicht durchführbar sind, kann die *Simulation* durch Zufallszahlen oder die *asymptotische Verteilung* (aufgrund des Zentralen Grenzwertsatzes) eine brauchbare Näherung liefern.

Literatur zu Teil II

a   Ausführlichere Einführungen in die Wahrscheinlichkeitsrechnung bilden, in einer ungefähren Reihenfolge von steigenden mathematischen Ansprüchen, Pfanzagl (1991), Chung (1985), Krickeberg und Ziezold (1995), Dinges und Rost (1982) und Gaenssler und Stute (1977).

Blum, Holst and Sandell (1994) und Stirzaker (1994) präsentieren die wichtigsten Ideen auf mathematisch einfachem Niveau anhand von Beispielen aus wichtigen Anwendungsgebieten des stochastischen Denkens.

b   Ein klassisches, mathematisch anspruchsvolles Werk über angewandte Wahrscheinlichkeit stammt von Feller (1968/71).

Nachschlagewerke für die Eigenschaften von Verteilungen und die speziellen Resultate für viele Verteilungsfamilien sind Johnson, Kotz and Kemp (2005), Johnson and Kotz (1994), Johnson and Kotz (2000), Patel, Kapadia and Owen (1976), Ord (1972).

c   Anwendungen in verschiedenen Gebieten sind in Tuckwell (1988) zu finden. Mathar und Pfeifer (1990) und Pflug (1986) schreiben über stochastische Modelle in der Informatik. Umfangreiche Literatur gibt es über Anwendungen in anderen Ingenieur-Wissenschaften.

Teil III

Schliessende Statistik

7 Schätzungen

7.1 Drei Grundfragen der schliessenden Statistik

a   Eine Stichprobe von Beobachtungen wird in der beschreibenden Statistik grafisch dargestellt oder durch wenige Zahlen charakterisiert. Die Wahrscheinlichkeitsrechnung liefert Modelle für eine Beobachtung und für eine ganze Stichprobe. Die Aufgabe der schliessenden oder analytischen Statistik besteht darin, die Brücke zwischen konkreten Daten und Modellen zu schlagen.

Zunächst stehen als Modelle parametrische Familien im Vordergrund. Welche möglichen Beobachtungen passen zu welchen Parameterwerten? Diese Frage soll an einem Beispiel präzisiert werden.

b   ▷ *Beispiel Asbestfasern.* Die einschlägige Verordnung hält fest, dass der Grenzwert für lungengängige Asbestfasern bei 1000 Fasern pro m^3 liege. Höhere Konzentrationen ziehen sehr teure Sanierungsmassnahmen nach sich. Die Messung der Konzentration ist ebenfalls sehr aufwändig: Man saugt eine bestimmte Menge Luft durch ein Filter und versucht dann, unter einem starken Mikroskop verdächtig aussehende Fasern zu finden. Da meistens sehr viele unschädliche Gipsfasern ähnlich aussehen, müssen die verdächtigen Fasern isoliert und chemisch analysiert werden. Es ist klar, dass bei einem so anspruchsvollen Verfahren versucht werden muss, mit einem Minimum an untersuchtem Luftvolumen durchzukommen. Andererseits muss wegen der hohen Folgekosten wenigstens im Grenzbereich die Messung auch möglichst genau sein.

Die zu erwartende Anzahl Fasern auf dem Filter ist sicher proportional zum Volumen v der Luft, die durch die untersuchte Filterfläche gesogen wurde. Die gefundene Anzahl x muss durch v geteilt werden, um eine „hochgerechnete" Anzahl pro Kubikmeter zu erhalten.

c   ▷ Nehmen wir an, drei Messungen mit gleichem untersuchtem Volumen $v = 5\ell = 0.005\,m^3$ hätten die drei beobachteten Anzahlen $x_1 = 6$, $x_2 = 4$, $x_3 = 9$ von kritischen Fasern ergeben. Das ergibt eine Konzentration von 19 Fasern in $0.015\,m^3$ oder $1267/m^3$.

Der Grenzwert ist also überschritten. Der Besitzer der zu sanierenden Liegenschaft und mit ihm allenfalls der Richter wird aber fragen, ob es sich nicht bei weiteren Messungen herausstellen könnte, dass sich dieser etwas erhöhte Wert rein zufällig ergeben hat. Wäre die dritte Messung weggelassen worden, so wäre ja der Grenzwert gerade noch eingehalten gewesen. Die Frage ist also: Können sich bei einer wahren Konzentration von $\mu \leq 1000/m^3$ Beobachtungen wie die vorliegenden ergeben, und zwar mit einer nicht allzu kleinen Wahrscheinlichkeit?

d   ▷ Jetzt sind wir auf ein Wahrscheinlichkeitsmodell angewiesen. Das Auftreten einer Faser können wir als „Ereignis" auffassen wie das Auftreffen eines Regentropfens. Wenn diese „Ereignisse" unabhängig voneinander eintreten, dann eignet sich für die Anzahl X der auf einem Filter gezählten Fasern als Modell die Poisson-Verteilung (vgl. 5.2).

Der Parameter λ gibt den Erwartungswert dieser Anzahl an. Das ist die Zahl, an der wir eigentlich interessiert sind: Die Konzentration von Fasern, „abgesehen von Zufallsschwankungen".

Genauer: Wenn μ die „wahre" Konzentration pro Kubikmeter ist, dann ist $\lambda = \mu\,v$ der Erwartungswert der Faserzahl in jeder Zählung. Die tatsächlich gefundenen Zahlen X_1, X_2 und X_3 sind verteilt gemäss $X_i \sim \mathcal{P}\langle\lambda\rangle$.

e ▷ Wie gross ist nun aber dieser Schlüsselwert λ? Die drei Beobachtungen 6, 4 und 9 führten zum hochgerechneten Wert $1267/\mathrm{m}^3$; dem entspricht ein λ-Wert von $= 1267 \cdot 0.005 = 6.33$. Man erhält diese Zahl auch direkter als arithmetisches Mittel der Beobachtungen, $\frac{1}{3}(6+4+9) = 6.33$. Wir können sagen, dass der λ-Wert von 6.33 als der plausibelste erscheint.

f ▷ Wir wollten aber untersuchen, ob es möglich sei, dass die wahre Konzentration bei $1000/m^3$ oder gar darunter liege. Dem Grenzwert entspricht ein λ von $1000 \cdot 0.005 = 5$. Ist $X_1 = 6$, $X_2 = 4$, $X_3 = 9$ ein plausibles Ergebnis, wenn $X_i \sim \mathcal{P}\langle 5\rangle$ „gilt"? Wenn ja, dann ist es wohl nicht gerechtfertigt, die Überschreitung des Grenzwertes als nachgewiesen anzunehmen. Was meinen Sie: Sind Sie überzeugt, dass der Grenzwert überschritten ist?

g ▷ Wenn Sie die Beobachtungen als zum Modell $\mathcal{P}\langle 5\rangle$ passend betrachten, kann ich weiter fragen: Passen sie auch zu $\mathcal{P}\langle\lambda\rangle$ mit $\lambda = 4$? $\lambda = 10$? $\lambda = 12.4$? ... Allgemein: Welche Werte des Parameters λ sind mit den drei gemachten Beobachtungen noch vereinbar? Die Antwort gibt an, *wie genau* die wahre Konzentration durch die Messungen festgelegt ist.

h   Zusammenfassend ergeben sich die folgenden drei *Grundfragen der schliessenden Statistik*

   1   Welcher Parameterwert *passt am besten* zu den Beobachtungen?

   2   Sind die Beobachtungen mit *einem bestimmten Parameterwert* (im Beispiel: mit dem Grenzwert) *vereinbar*?

   3   *Welche Parameterwerte* sind mit den Beobachtungen *vereinbar*?

Die erste Frage haben wir für das Beispiel bereits beantwortet.

i ▷ *Beispiel Schlafverlängerung.* In 1.1.b wurde für 10 Personen der Unterschied X_i in der Schlafdauer bei Verwendung von Schlafmittel B gegenüber Mittel A angegeben. Als Modell wollen wir annehmen, dass die Beobachtungen der Normalverteilung folgen, $X_i \sim \mathcal{N}\langle\mu,\sigma^2\rangle$, und dass sie voneinander stochastisch unabhängig seien. Die beobachteten Werte waren 1.2, 2.4, 1.3, 1.3, 0.0, 1.0, 1.8, 0.8, 4.6, 1.4. Man kann die folgenden Fragen stellen:

   1   Um wie viel wird der Schlaf „generell" verlängert? Welcher Wert ist für μ am plausibelsten?

   2   Ist es möglich, dass in Wirklichkeit Mittel A nicht wirksamer ist als B? Ist $\mu \leq 0$ mit den Beobachtungen vereinbar?

   3   In welchen Grenzen liegen die Werte μ für die „wahre" Schlafverlängerung, die aufgrund der Daten noch plausibel erscheinen?

Die drei Fragen entsprechen der allgemeineren Formulierung des letzten Absatzes.   ◁

j   Die statistischen Methoden, die auf die drei Fragen eine Antwort geben, heissen
   1   *Schätzungen*,
   2   *Tests*,
   3   *Vertrauensintervalle* oder *Intervall-Schätzungen*.

Diesen Grundbegriffen sind dieses und die folgenden beiden Kapitel gewidmet.

k In beiden Beispielen haben wir als Wahrscheinlichkeitsmodell zunächst eine parametrische Familie festgelegt – im ersten Fall mit besserer Begründung als im zweiten. Es ist nicht immer einfach, sich auf eine Verteilungsfamilie als sinnvolles *Modell* zu einigen. Immerhin kann man zunächst überlegen, welche Verteilungen aufgrund der prinzipiell möglichen Werte der Daten überhaupt in Frage kommen. Ein diskreter Wertebereich ruft beispielsweise nach einer diskreten Verteilung. In vielen Fällen gibt es aber kein eindeutig richtiges Modell; die Wahl sollte dann auf Erfahrung, Argumentation und Datenanalyse beruhen.

Bei der genaueren Festlegung eines sinnvollen Modells müssen nicht nur die Verteilungen für die einzelnen Beobachtungen, sondern auch ihre *gemeinsame* Verteilung festgelegt werden. Dazu ist es wichtig, zu wissen, wie die Daten erhoben werden oder wurden. Wenn dies in willkürlicher Art geschieht, ist es oft unmöglich, ein sinnvolles Modell zu finden. Deshalb muss die Gewinnung der Daten in einer *Versuchsplanung* festgelegt werden (siehe Kapitel 14).

Im Folgenden gehen wir jeweils davon aus, dass das Modell der *Zufalls-Stichprobe* angebracht ist. Das heisst, dass die Daten unter gleichbleibenden Verhältnissen und *unabhängig voneinander* gewonnen werden (4.6.e), dass sie also stochastisch unabhängig und gleich verteilt *(independent and identically distributed, i.i.d.)* sind. In späteren Kapiteln werden auch Beobachtungen, die unter verschiedenen Bedingungen gewonnen werden, und solche, die nicht stochastisch unabhängig sind, mit entsprechenden Modellen verknüpft.

7.2 Schätzungen für Binomial-, Poisson- und Normalverteilung

a Das Problem der Schätzung lautet so: Man hat Daten und ein Modell für sie in Form einer parametrischen Verteilungsfamilie – im ersten Beispiel $X_i \sim \mathcal{P}\langle\lambda\rangle$ (i.i.d.), im zweiten $X_i \sim \mathcal{N}\langle\mu,\sigma^2\rangle$ (i.i.d.). Um eine eindeutige Beschreibung der Daten durch ein Modell zu erhalten, müssen wir die Werte der *Parameter* festlegen, und zwar so, dass sie *möglichst gut zu den Daten passen.*

b ▷ *Beispiel Asbestfasern.* Der Parameter λ wird mit dem arithmetischen Mittelwert $\overline{X} = \frac{1}{3}(X_1 + X_2 + X_3)$ gleichgesetzt. Man sagt, λ werde durch $\overline{X}$ *geschätzt.* Die drei Zahlen 6, 4 und 9 führen, wie bereits erwähnt, zum Schätzwert $\bar{x} = 6.33$ für λ. ◁

c ▷ *Beispiel Mendel.* Als Mendel seine Erbsen zählte, erhielt er von der ersten dokumentierten Pflanze 45 runde von insgesamt 57 Erbsen (siehe 1.1.c). Als Modell für die Anzahl der runden Erbsen (bei gegebener Gesamtzahl) drängt sich die Binomial-Verteilung $\mathcal{B}\langle n=57,\pi\rangle$ auf. Hätte er keine Theorie postuliert, so wäre der naheliegendste Schätzwert für den Parameter π die relative Häufigkeit $X/n = 45/57 = 0.789$.

Nach den ersten 10 Pflanzen, die $m_1 = 57$, $m_2 = 35$, ..., $m_{10} = 32$ Erbsen lieferten, waren 10 relative Häufigkeiten X_i/m_i bekannt. Wenn man davon ausgeht, dass für alle Pflanzen der gleiche Parameterwert π gilt, dann wird man einen gemeinsamen Schätzwert aus allen 10 Ergebnissen bestimmen wollen. Dafür gibt es verschiedene Möglichkeiten: Man könnte den Median oder das arithmetische Mittel der relativen Häufigkeiten X_i/m_i angeben. Der beste Vorschlag besteht aber darin, die Zahl $S = \sum_i X_i$ der runden Erbsen für alle 10 Pflanzen zusammenzuzählen und durch die Gesamtzahl $m = \sum_i m_i$ zu teilen. Es ist ja $S \sim \mathcal{B}\langle m,\pi\rangle$ (siehe 5.6.e), und deshalb kann man S so behandeln wie X vorher, als nur eine Pflanze da war. Was „der beste Vorschlag" heisst, wird im nächsten Abschnitt erklärt. (Hier haben die Beobachtungen nicht die gleiche Verteilung, da die Gesamtzahl der Erbsen variiert.)

Für die ersten 10 Mendel'schen Pflanzen ist $m = \sum_i m_i = 437$ und $\sum_i x_i = 336$, was zu einer Schätzung von $336/437 = 0.769$ für π führt – das ist schon recht nahe beim richtigen Wert $\pi = 0.75$ gemäss der Mendel'schen Theorie. Insgesamt erhielt Mendel 5474 runde von 7324 Erbsen, was einem geschätzten π von $5474/7324 = 0.7474$ entspricht.   ◁

d   ▷ Im *Beispiel* der *Schlafverlängerung* ist es naheliegend, den Erwartungswert μ durch das arithmetische Mittel $\overline{X}$ und die Varianz σ^2 durch die empirische Varianz $\widehat{var} = \hat{\sigma}^2$ zu schätzen. Man erhält $\overline{X} = 1.58$, $\hat{\sigma}^2 = \frac{1}{9}\sum_{i=1}^{10}(X_i - \overline{X})^2 = 1.51 = 1.23^2$ (siehe 2.3.o). Ein Modell, das die Daten gut beschreibt, heisst also $\mathcal{N}\langle 1.58, 1.23^2\rangle$.   ◁

e   ▷ Im *Beispiel* der *Küken* (2.4.a) ist $\overline{X} = 106.25$ und $\hat{\sigma}^2 = 111.8 = 10.6^2$, also lautet das an die Daten angepasste Wahrscheinlichkeitsmodell $X_i \sim \mathcal{N}\langle 106.25, 10.6^2\rangle$. Jetzt lässt sich die Dichte dieser Verteilung gemeinsam mit dem Histogramm darstellen, wie dies Bild 6.5.i zeigt. Damit die beiden vergleichbar sind, muss man darauf achten, dass die eingeschlossene Fläche gleich ist. Das erreicht man, wenn man die Balkenhöhen gleich der relativen Häufigkeit, dividiert durch die Klassenbreite, zeichnet (vergleiche 2.1.b).   ◁

f   Als naheliegendstes allgemeines Prinzip für die Schätzung von Parametern wird man *Kennzahlen der Stichprobe mit Kennzahlen der Verteilung identifizieren* (Kennzahlen-Methode). Wenn man dafür den Mittelwert respektive Erwartungswert und allenfalls zusätzlich die Varianz (und weitere Momente) verwendet, ist diese Methode unter dem Namen *Momenten-Methode* bekannt.

g   Wenn man diesem Prinzip folgt, könnte man den Parameter μ der Normalverteilung auch durch den Median der Stichprobe schätzen, denn μ ist auch der Median von $\mathcal{N}\langle\mu, \sigma^2\rangle$.
Die Differenz zwischen dem 3. und 1. theoretischen Quartil, die theoretische *Quartils-Differenz*, der Verteilung $\mathcal{N}\langle\mu, \sigma^2\rangle$ ist gleich $1.349\,\sigma$. Dass σ^2 und nicht die Quartilsdifferenz als zweiter Parameter für die Normalverteilung verwendet wird, ist eigentlich willkürlich. Man kann deshalb auch die empirische und die theoretische Quartilsdifferenz (vergleiche 2.3.h) einander gleich setzen und erhält so auch eine Schätzung für σ^2, nämlich $((\hat{q}_{75\%} - \hat{q}_{25\%})/1.349)^2$.

h   Das arithmetische Mittel $\overline{X}$ und der empirische Median sind *Schätzungen* oder Schätzer oder Schätzfunktionen (englisch *estimators* oder *estimates*) für den Parameter μ der Normalverteilung. Schätzungen sind Funktionen, die den n Beobachtungen *eine* Zahl und damit den n Zufallsvariablen $X_1, \ldots, X_n$, die wir als Modell für die Daten benützen, *eine* Zufallsvariable zuordnen. Man bezeichnet solche Funktionen allgemein auch als *Statistiken*.
Schätzungen sind also selbst *Zufallsvariable*. Üblicherweise werden sie deshalb mit Grossbuchstaben bezeichnet ($\overline{X}$), oder mit einem Hut über dem zu schätzenden Parameter, z. B. $\hat{\mu}$, $\hat{\sigma}$, allgemein $\hat{\theta}$.

7.3 Eigenschaften von Schätzungen

a   Da Schätzungen Zufallsvariable sind, können wir Eigenschaften von Schätzungen mit Hilfe des Wahrscheinlichkeitsmodells studieren. Dazu vergessen wir für den Moment die konkreten Daten wieder. *Wir nehmen jetzt an, wir kennen das Modell* für die Beobachtungen genau, den Wert des Parameters (oder die Werte der Parameter) eingeschlossen. Überlegen wir uns, was ein armer Forscher, der den Parameterwert nicht kennt, für Schätzwerte erhalten könnte und welche Wahrscheinlichkeiten diese Werte haben würden – kurz, wie die Verteilung der Schätzfunktion aussieht.

b   Dazu brauchen wir die Ergebnisse der letzten beiden Kapitel. In den behandelten Beispielen erhalten wir einfache Resultate:

▷   Im *Beispiel* der Asbestfasern folgt (siehe 5.6.c)

$$X_i \sim \mathcal{P}\langle \lambda \rangle \quad \Rightarrow \quad S = \sum_i X_i \sim \mathcal{P}\langle n\lambda \rangle \, ,$$

und damit ist auch die Verteilung von $\overline{X} = \widehat{\lambda} = S/n$ bestimmt. ◁

▷   Aus den ersten $n = 10$ Mendel'schen Pflanzen (7.2.c) haben wir den Parameter π der Binomial-Verteilung durch $S/m = \sum_i X_i / \sum_i m_i$ geschätzt und dabei die Gesamtzahlen m_i der Erbsen pro Pflanze nicht als zufällig betrachtet. Wie vorher lässt sich aus $S \sim \mathcal{B}\langle m, \pi \rangle$ die Verteilung von $\widehat{\pi} = S/m$ ohne weiteres angeben. ◁

Schliesslich wird bei einer Normalverteilung (siehe 6.10.e, 6.10.h)

$$X_i \sim \mathcal{N}\langle \mu, \sigma^2 \rangle \quad \Rightarrow \quad \overline{X} \sim \mathcal{N}\langle \mu, \sigma^2/n \rangle \, .$$

c   Für die Schätzungen $\widehat{med}$ und $\widehat{\sigma}^2$ ist die Verteilung schwieriger zu bestimmen. Im letzten Kapitel (6.10) wurden drei allgemein verwendbare Möglichkeiten erwähnt: Simulation, numerische Integration und asymptotische Näherung.

d   *Simulation* ergab für den empirischen Median $\widehat{med}$ von $n = 5$ exponentialverteilten Beobachtungen die in 6.10.m gezeigte schiefe Verteilung. Wenn die Beobachtungen normalverteilt sind, sieht die Verteilung schön glockenförmig aus (Bild 7.3.d).
Gemäss 6.10.n lässt sich die Verteilung des Medians exakt berechnen. Die Dichte ist in dem Bild punktiert eingezeichnet. Die „simulierte Dichte", das Histogramm, stimmt sehr gut mit ihr überein.

e   Die *asymptotische Näherung* für die Verteilung des empirischen Medians, die auf einer Verallgemeinerung des Zentralen Grenzwertsatzes beruht, besteht in einer Normalverteilung, die in Bild 7.3.d ebenfalls eingezeichnet ist. Sie passt gut mit der simulierten Verteilung zusammen, obwohl $n = 5$ wirklich keine grosse Zahl ist. Für praktische Zwecke genügt die asymptotische Näherung also hier schon für kleine Stichproben-Umfänge.
Dagegen ist sie im Fall der exponential-verteilten Beobachtungen offenbar noch ungenügend, da die Verteilung deutlich schief ist (Bild 6.10.m) und durch keine Normalverteilung befriedigend angenähert werden kann. Das zeigt, dass im Einzelfall untersucht werden muss, von welchem Stichprobenumfang n weg die asymptotische Näherung genügt.

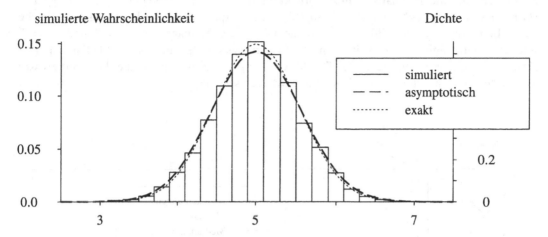

simulierte Wahrscheinlichkeit   Dichte

Bild 7.3.d Verteilung des Medians von 5 normalverteilten Beobachtungen $X_i \sim \mathcal{N}\langle 5, 1 \rangle$: Vergleich der simulierten (und der exakten) Verteilung mit der asymptotischen Näherung

f   Wie der Fall der Normalverteilung zeigt, gibt es für den gleichen Parameter *verschiedene* *„vernünftige"* *Schätzungen* (z. B. das arithmetische Mittel und der empirische Median als Schätzungen für μ). Welche soll man wählen?

Die Schätzung T soll möglichst nahe bei θ liegen, wird aber rein zufällig mehr oder weniger stark von θ abweichen. Ein einfaches Mass für die Grösse der Abweichungen ist der *„mittlere quadratische Fehler"* (*mean squared error,* MSE) $\mathcal{E}\langle (T - \theta)^2 \rangle$.

Für das arithmetische Mittel $T = \overline{X}$ als Schätzung des Erwartungswertes $\theta = \mu$ der Beobachtungen X_i erhält man, weil $\mathcal{E}\langle \overline{X} \rangle = \mu$ gilt (6.10.h),

$$\mathcal{E}\left\langle (T - \theta)^2 \right\rangle = \mathcal{E}\left\langle (\overline{X} - \mu)^2 \right\rangle = \mathrm{var}\langle \overline{X} \rangle = \sigma^2/n \,.$$

(Das gilt auch, wenn für die X_i keine Normalverteilung vorausgesetzt wird.)

g   Allgemein kann der mittlere quadratische Fehler in zwei Teile zerlegt werden,

$$\begin{aligned}
\mathcal{E}\left\langle (T - \theta)^2 \right\rangle &= \mathcal{E}\left\langle \left((T - \mathcal{E}\langle T \rangle) + (\mathcal{E}\langle T \rangle - \theta) \right)^2 \right\rangle \\
&= \mathcal{E}\left\langle (T - \mathcal{E}\langle T \rangle)^2 \right\rangle + 2\mathcal{E}\left\langle T - \mathcal{E}\langle T \rangle \right\rangle \cdot (\mathcal{E}\langle T \rangle - \theta) + (\mathcal{E}\langle T \rangle - \theta)^2 \\
&= \mathrm{var}\langle T \rangle + 0 + (\mathcal{E}\langle T \rangle - \theta)^2 \,,
\end{aligned}$$

weil $\mathcal{E}\langle T - \mathcal{E}\langle T \rangle \rangle = 0$ ist. Die Differenz $\mathcal{E}\langle T \rangle - \theta$ misst den Unterschied zwischen dem Erwartungswert der Verteilung der Schätzfunktion T und dem „Sollwert" θ. Sie wird systematischer Fehler oder *Bias* b der Schätzung genannt.

Der mittlere quadratische Fehler kann also in den quadrierten systematischen Fehler, b^2, und den „mittleren quadrierten zufälligen Fehler", $\mathrm{var}\langle T \rangle$, zerlegt werden. Für beide Teile ist ein tiefer Wert von Vorteil.

h   Bevor wir auf die Normalverteilung zurückkommen, soll das Problem der *Schätzung der Halbwertszeit* (also des Medians) $\tau = log_e\langle 2\rangle/\lambda$ einer exponential-verteilten Grösse (vergleiche 6.2.h) betrachtet werden. Bild 7.3.h zeigt die Dichte des Medians von $n = 3$ und $n = 5$ solchen (unabhängigen) Beobachtungen. Der Erwartungswert des empirischen Medians ist nicht gleich dem theoretischen Median τ. Die Abweichung, der Bias, scheint allerdings mit grösser werdendem n abzunehmen. Die Verteilung wird auch schmaler.

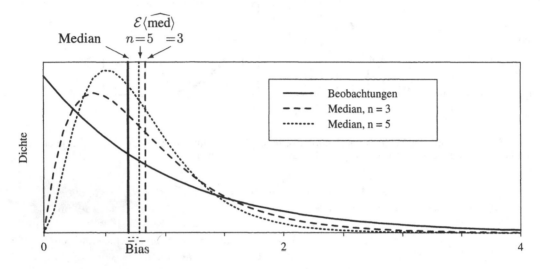

Bild 7.3.h   Verteilung und Erwartungswert des empirischen Medians von $n = 3$ und $n = 5$ exponential-verteilten Beobachtungen, $\lambda = 1$

*   Man kann den Erwartungswert unter Ausnützung der Formel für die Dichte mit partieller Integration exakt ausrechnen. Es ergibt sich für $n = 3$ $\ \mathcal{E}\langle\widehat{\text{med}}\rangle = \tau \cdot \big(5/(6 \cdot log_e\langle 2\rangle)\big) = 1.20\,\tau$ und für $n = 5$ $\ \tau \cdot \big(47/(60 \cdot log_e\langle 2\rangle)\big) = 1.13\,\tau$ statt τ.

i   Eine Schätzung, deren Bias b für alle θ gleich 0 ist, die also „im Mittel" gerade θ ergibt, heisst biasfrei oder *erwartungstreu* (englisch *unbiased*).

Für Bernoulli-Variable X_i (5.1.b) ist $\overline{X}$ erwartungstreu, da $n\overline{X} = S \sim \mathcal{B}\langle n, \pi\rangle$ ist und deshalb $\mathcal{E}\langle n\overline{X}\rangle = n\pi$ (5.4.f) und $\mathcal{E}\langle\overline{X}\rangle = \pi$. Ebenso gilt für die Schätzung des Parameters μ der Normalverteilung $\mathcal{E}\langle\overline{X}\rangle = \mu$. Es gilt ja sogar für beliebige Verteilungen, dass $\mathcal{E}\langle\overline{X}\rangle = \mu$ ist, wenn $\mu = \mathcal{E}\langle X_i\rangle$.

j   Vergleichen wir nun als Beispiel den *Median* mit dem *arithmetischen Mittelwert* als Schätzung des Parameters μ von 5 unabhängigen, normalverteilten Beobachtungen $X_i \sim \mathcal{N}\langle 3, 1\rangle$! Der Erwartungswert von $\overline{X}$ ist $\mathcal{E}\langle\overline{X}\rangle = \mathcal{E}\langle X_i\rangle = \mu = 3$. Aus Symmetriegründen gilt das auch für den Median, $\mathcal{E}\langle\widehat{\text{med}}\rangle = \mu = 3$. Beide sind also erwartungstreu. Für den mittleren quadratischen Fehler zählt daher nur noch die Varianz. Es ist $\text{var}\langle\overline{X}\rangle = \frac{1}{n}\text{var}\langle X_i\rangle = \frac{1}{5}$. Für den Median können wir einen Näherungswert aus der simulierten Verteilung bestimmen,

$$\text{var}\langle\widehat{\text{med}}\rangle \approx \widehat{\text{var}}\langle\widehat{\text{med}}_1, \widehat{\text{med}}_2, \ldots, \widehat{\text{med}}_m\rangle = \frac{1}{4999}\sum_{\ell=1}^{5000}(\widehat{\text{med}}_\ell - \overline{\widehat{\text{med}}})^2\ .$$

(Genau genommen wird die Varianz aus der Stichprobe der 5000 simulierten Werte des Medians *geschätzt*, siehe 6.10.m.)

Es ergibt sich $\mathrm{var}\langle\widehat{\mathrm{med}}\rangle \approx 0.294$. Die Varianz des Medians (und damit der mittlere quadratische Fehler) ist grösser als diejenige des arithmetischen Mittels, falls das Modell $X_i \sim \mathcal{N}\langle 3, 1\rangle$ (oder eine andere Normalverteilung) stimmt. Das arithmetische Mittel ist also unter dieser Voraussetzung eine *genauere Schätzung* als der Median.

k   In der Tat kann man zeigen, dass das arithmetische Mittel unter allen erwartungstreuen Schätzungen (für alle μ) die *kleinste Varianz* besitzt *(minimum variance unbiased,* MVU), wenn die Beobachtungen normalverteilt sind. Solcherart optimale Schätzungen gibt es für viele bekannte Modelle.

*   Es kann jedoch in allgemeineren Fällen durchaus Schätzungen mit Bias geben, die einen noch kleineren mittleren quadratischen Fehler aufweisen.

l   Ist $\widehat{\sigma}^2$ eine erwartungstreue Schätzung der Varianz $\sigma^2 = \mathrm{var}\langle X_i\rangle$? Es sei $\mathcal{E}\langle X_i\rangle = 0$.

$$\widehat{\sigma}^2 = \frac{1}{n-1}\left(\sum_i X_i^2 - n\overline{X}^2\right)$$

$$\mathcal{E}\langle\widehat{\sigma}^2\rangle = \frac{1}{n-1}\left(\sum_i \mathcal{E}\langle X_i^2\rangle - n\,\mathcal{E}\langle\overline{X}^2\rangle\right) = \frac{1}{n-1}\left(n\,\sigma^2 - n\cdot\frac{1}{n}\sigma^2\right) = \sigma^2$$

Für $\mathcal{E}\langle X_i\rangle \neq 0$ sehen die Formeln etwas komplizierter aus, aber $\widehat{\sigma}^2$ bleibt ja gleich, wenn man alle Daten um eine Konstante μ verschiebt.

Die Annahme, dass die X_i normalverteilt seien, haben wir nicht gebraucht. $\widehat{\sigma}^2$ ist immer eine erwartungstreue Schätzung für die Varianz σ^2 (wenn diese existiert). Diese Erwartungstreue ist der Grund für den zuerst merkwürdig anmutenden Faktor $\frac{1}{n-1}$ in der Formel für die empirische Varianz.

m   *   Man kann auch zeigen, dass $\widehat{\sigma}^2$ für normalverteilte Daten die erwartungstreue Schätzung mit minimaler Varianz ist. Andererseits hat in der gleichen Situation die Schätzung mit Faktor $1/(n+1)$ statt $1/(n-1)$ einen kleineren mittleren quadratischen Fehler.

n   Die empirische Varianz $\widehat{\sigma}^2$ ist zwar für alle Verteilungen der Beobachtungen X_i erwartungstreu, aber ihre *Verteilung* hängt von der Verteilung der X_i ab. Wenn die X_i normalverteilt und unabhängig sind, $X_i \sim \mathcal{N}\langle\mu, \sigma^2\rangle$, dann hat $(n-1)\widehat{\sigma}^2/\sigma^2$ eine *Chiquadrat-Verteilung* mit $m = n - 1$ Freiheitsgraden (6.7.d).

o   Die Frage nach der besseren oder besten Schätzung (für eine bestimmte Verteilung der Beobachtungen) muss im Prinzip für alle Stichproben-Umfänge n einzeln beantwortet werden, wenn keine geschlossene Formel für den mittleren quadratischen Fehler gefunden werden kann. Fast immer genügt es aber für praktische Zwecke, die *asymptotische Näherung* zu betrachten.

p Betrachten wir zuerst den Bias $b = \mathcal{E}\langle T\rangle - \theta$. Wenn für $n \to \infty$ der Bias nicht verschwindet, sollte man T gar nicht als Schätzung für θ in Betracht ziehen – wenigstens nicht für grosse n. Mit dem Gesetz der grossen Zahl (5.8) haben wir ja schon teilweise bewiesen und teilweise plausibel gemacht, dass

$$T\langle X_1, X_2, \ldots, X_n\rangle \overset{n\to\infty}{\longrightarrow} \theta$$

geht, wenn T eine empirische Kennzahl und θ die entsprechende theoretische bezeichnet. Genauer gilt $P\langle |T\langle X_1, X_2, \ldots, X_n\rangle - \theta| > \varepsilon\rangle \overset{n\to\infty}{\longrightarrow} 0$ für jedes $\varepsilon > 0$. Man nennt diese Eigenschaft auch *Konsistenz* von T für θ.

q Für $n \to \infty$ gehen Bias und Varianz einer konsistenten Schätzung gegen null (von „pathologischen" Fällen abgesehen). Ähnlich wie bei der Herleitung des Zentralen Grenzwertsatzes kann man die Schätzung T geeignet standardisieren, um genäherte Aussagen für grosse n zu machen: Wir setzen

$$Z_n = (T\langle X_1, X_2, \ldots, X_n\rangle - \theta) \cdot \sqrt{n}$$

Der „mittlere quadratische Fehler" von Z_n wird

$$\mathcal{E}\langle Z_n^2\rangle = n \left(\mathcal{E}\left\langle T\langle X_1, X_2, \ldots, X_n\rangle\right\rangle - \theta\right)^2 + n \operatorname{var}\langle T\langle X_1, X_2, \ldots, X_n\rangle\rangle .$$

Für die meisten üblichen Schätzungen geht der erste Summand gegen null, während der zweite Term meistens gegen eine Konstante v_T, die *asymptotische Varianz*, geht.

r Eine Schätzung dieser Art ist also besser als eine andere, wenn ihre asymptotische Varianz v_T kleiner ist. Vergleicht man die asymptotischen Varianzen von Median und arithmetischem Mittelwert von normalverteilten Beobachtungen $X_i \sim \mathcal{N}\langle \mu, \sigma^2\rangle$, so ergibt sich für den Median

$$v_{\widehat{\operatorname{med}}} = \sigma^2 \pi/2 = 1.57\,\sigma^2$$

und für das arithmetische Mittel $v_{\overline{X}} = \sigma^2$. Also ist das arithmetische Mittel auch asymptotisch besser, wie wir dies vorher für $n = 5$ festgestellt haben.

s Was bedeutet ein Verhältnis der asymptotischen Varianzen von 1:1.57 ? Für $n = 100$ erhalten wir $\operatorname{var}\langle\overline{X}\rangle = \sigma^2/100$. Um die gleiche Genauigkeit mit dem Median zu erhalten, bräuchte man wie viele Beobachtungen? Wenn $\operatorname{var}\langle\widehat{\operatorname{med}}\rangle \approx v_{\widehat{\operatorname{med}}}/m = 1.57\,\sigma^2/m$ gleich $\sigma^2/100$ sein soll, muss $m = 100 \cdot 1.57 = 157$ sein. Das Verhältnis der (asymptotischen) Varianzen ist also gleich dem Verhältnis der Anzahl benötigter Beobachtungen für gleiche Genauigkeit.
Bezeichnung: Die *relative* (asymptotische) *Effizienz* der Schätzung T_1 gegenüber der Schätzung T_2 ist $\operatorname{var}\langle T_2\rangle/\operatorname{var}\langle T_1\rangle$ (respektive v_{T_2}/v_{T_1}). Die *absolute Effizienz* ist die relative Effizienz gegenüber der Schätzung mit minimaler Varianz. Eine Schätzung mit minimaler Varianz heisst *effizient*.
Das arithmetische Mittel normalverteilter Beobachtungen ist die effiziente (die effizienteste) Schätzung für den Erwartungswert. Die *asymptotische Effizienz des Medians* ist $\sigma^2/(1.57\sigma^2) = 0.64$.

t Das allerdings gilt nur unter der Voraussetzung normalverteilter Beobachtungen. Wir haben in der beschreibenden Statistik diskutiert, dass der Median dem arithmetischen Mittelwert vorzuziehen ist, wenn die Beobachtungen Ausreisser enthalten (2.3.d). Eine solche Situation kann man durch eine langschwänzige Verteilung für die Beobachtungen beschreiben. Es zeigt sich, dass der Median bei recht stark langschwänziger Verteilung effizienter wird als das arithmetische Mittel (vergleiche 7.5).

7.4 Die Maximum-Likelihood-Methode

a Neben der Kennzahlen-Methode gibt es einen zweiten allgemeinen Grundsatz, der meistens gute
Schätzungen liefert: die Maximierung der sogenannten Likelihood (sprich „laiklihud").
▷ Als *Beispiel* betrachten wir die *geometrische Verteilung*. Wenn ein Versuch, der mit Wahrscheinlichkeit π gelingt, so oft wiederholt wird, bis er schliesslich misslingt, so hat die Anzahl
X der Erfolge die Verteilung

$$P\langle X=x\rangle = p_\pi\langle x\rangle = (1-\pi)\pi^x$$

(siehe 5.1.b). Der Versuch sei in Wirklichkeit nach $x=3$ Erfolgen misslungen. Welches ist der
plausibelste Wert für π?
Für alle möglichen π können die Wahrscheinlichkeiten $p_\pi\langle x\rangle$ berechnet werden; daran soll der
Index π von p erinnern. Man kann $p_\pi\langle x\rangle$ als Funktion von zwei Argumenten, dem möglichen
Resultat x und dem Parameter π, auffassen und auch grafisch darstellen, wie dies Bild 7.4.a
zeigt.

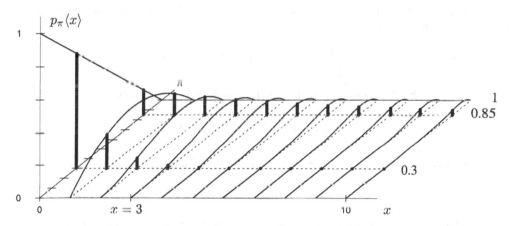

Bild 7.4.a Likelihood für die geometrische Verteilung

Das erhaltene Resultat, $x=3$, erhält beispielsweise für $\pi=0.3$ oder für $\pi=0.96$ eine sehr
kleine Wahrscheinlichkeit, für Zwischenwerte von π dagegen eine grössere. Aus der Darstellung
ergibt sich die Idee, $p_\pi\langle 3\rangle$ als Funktion von π zu betrachten, die die „Plausibilität" (englisch
likelihood) eines Parameters π angibt: Je höher $p_\pi\langle 3\rangle$ ist, desto plausibler macht das Modell das
erhaltene Resultat. Nun liegt es nahe, den plausibelsten Wert in diesem Sinne als Schätzwert $\widehat\pi$
zu betrachten. Man findet ihn leicht, indem man die Funktion $p_\pi\langle 3\rangle = (1-\pi)\pi^3 = \pi^3 - \pi^4$
nach π ableitet und die Ableitung null setzt: $3\pi^2 - 4\pi^3 = 0 \Rightarrow \widehat\pi = 3/4$. Für allgemeines x
erhält man

$$x\pi^{x-1} - (x+1)\pi^x = 0 \quad \Longrightarrow \quad \widehat\pi = \frac{x}{x+1}\,.$$

(Die zweite Lösung $\pi = 0$ für $x > 1$ ergibt kein Maximum der Funktion.) ◁

b Die Idee der maximalen Likelihood lässt sich auch anwenden, wenn *mehrere* Beobachtungen
vorliegen. Für eine Zufalls-Stichprobe wird die Wahrscheinlichkeit, das erste Mal x_1, das zweite
Mal x_2 usw. zu erhalten, gleich $p_\pi\langle x_1\rangle \cdot p_\pi\langle x_2\rangle \cdots$ wegen der Unabhängigkeit. Auch dieser
Ausdruck kann über den Parameterwert π maximiert werden.

Betrachten wir nun als allgemeines Modell eine Stichprobe $X_1, X_2, \ldots, X_n$ einer diskreten Zufallsvariablen, deren Verteilung aus einer parametrischen Familie mit Parameter θ stammt. Wir schreiben $P_\theta\langle X_i = x\rangle = p_\theta\langle x\rangle$ für die Wahrscheinlichkeiten. Die Unabhängigkeit führt zu

$$P_\theta\langle X_1 = x_1, X_2 = x_2, \ldots, X_n = x_n\rangle = \prod_{i=1}^{n} p_\theta\langle x_i\rangle \; .$$

Statt der Maximal-Stelle dieser Funktion können wir auch die Maximal-Stelle ihres Logarithmus, der „Log-Likelihood"-Funktion

$$L\langle x_1, \ldots, x_n; \theta\rangle = log_e \left\langle P\langle X_1 = x_1, X_2 = x_2, \ldots, X_n = x_n\rangle \right\rangle$$

bestimmen. Das ergibt oft einfachere Rechnungen: Wenn die X_i unabhängig sind, führt das Produkt der Wahrscheinlichkeiten zu einer Summe in der Log-Likelihood-Funktion,

$$L\langle x_1, \ldots, x_n; \theta\rangle = \sum_i log_e \left\langle p_\theta\langle x_i\rangle \right\rangle \; .$$

c Es soll nun θ so bestimmt werden, dass L maximal wird. Dazu bestimmen wir die Ableitung. Es bewährt sich, diese in der Form

$$\frac{\partial L}{\partial \theta}\langle x_1, \ldots, x_n; \theta\rangle = \sum_i \psi\langle x_i; \theta\rangle$$

zu schreiben, wobei ψ die sogenannten „Likelihood-Scores" bezeichnet,

$$\psi\langle x; \theta\rangle = \frac{\partial}{\partial \theta} log_e \left\langle p_\theta\langle x\rangle \right\rangle \; .$$

In den üblichen Fällen wird bei einer Maximalstelle die Ableitung null, also

$$\sum_i \psi\langle x_i; \widehat{\theta}\rangle = 0 \; .$$

Die *Maximum-Likelihood-Schätzung* erhält man dann durch Auflösen dieser (impliziten) Gleichung nach $\widehat{\theta}$. In einfachen Fällen kann dies explizit, als Formel, geschehen. In anderen Fällen muss man die Lösung numerisch bestimmen. (Dann kann allerdings die direkte numerische Maximierung von L einfacher sein.)

d ▷ Im Beispiel der *geometrischen Verteilung* für mehrere Beobachtungen wird

$$L\langle x_1, \ldots, x_n; \pi\rangle = \sum_i (log_e\langle 1 - \pi\rangle + x_i \, log_e\langle \pi\rangle)$$

$$\psi\langle x; \pi\rangle = -\frac{1}{1-\pi} + \frac{x}{\pi} \; .$$

Man löst also

$$\sum_i \psi\langle x_i; \widehat{\pi}\rangle = -\frac{n}{1-\widehat{\pi}} + \sum_i \frac{x_i}{\widehat{\pi}} = 0 \quad \Longrightarrow \quad \widehat{\pi} = \frac{\sum_i x_i}{\sum_i x_i + n} = \frac{\bar{x}}{\bar{x} + 1}$$

– wieder ein recht einfaches Resultat. ◁

e   Wenn man das Prinzip bei den früher behandelten Verteilungsfamilien anwendet, erhält man die altbekannten Schätzungen zurück. Für $X_i \sim \mathcal{P}\langle\lambda\rangle$ beispielsweise wird

$$\log\langle p_\lambda\langle x\rangle\rangle = x\log\langle\lambda\rangle - \log\langle x!\rangle - \lambda \qquad \psi\langle x;\lambda\rangle = \frac{x}{\lambda} - 1$$

$$\sum_i \psi\langle x_i;\widehat{\lambda}\rangle = \sum_i \frac{x_i}{\widehat{\lambda}} - n = 0 \quad\Longrightarrow\quad \widehat{\lambda} = \frac{1}{n}\sum_i x_i = \bar{x}.$$

Da λ der Erwartungswert von $\mathcal{P}\langle\lambda\rangle$ ist und durch $\bar{x}$ geschätzt wird, führen hier also das Maximum-Likelihood-Prinzip und die Momentenmethode zur gleichen Schätzfunktion.

f   Bei stetigen Verteilungen treten die Dichten $f_\theta\langle x\rangle$ an die Stelle der Wahrscheinlichkeiten $p_\theta\langle x_i\rangle$.

*   *Normalverteilung.* Sei $X_i \sim \mathcal{N}\langle\mu,\sigma^2\rangle$, unabhängig. Um technische Schwierigkeiten zu vermeiden, schreiben wir für die Varianz τ statt σ^2. Die logarithmierte Likelihood-Funktion wird

$$\log\langle f_{\mu,\tau}\langle x\rangle\rangle = -\tfrac{1}{2}\log\langle 2\pi^o\rangle - \tfrac{1}{2}\log\langle\tau\rangle - \tfrac{1}{2\tau}(x-\mu)^2 .$$

Die Ableitungen nach μ und nach τ werden

$$\psi_\mu\langle x;\mu,\tau\rangle = \frac{1}{\tau}(x-\mu) \qquad \psi_\tau\langle x;\mu,\tau\rangle = -\frac{1}{2\tau} + \frac{1}{2\tau^2}(x-\mu)^2 .$$

Setzt man die Summe $\sum_i \psi_\mu\langle x;\mu,\tau\rangle$ null, so folgt

$$\sum_i (x_i - \widehat{\mu}) = 0 \quad\Longrightarrow\quad \widehat{\mu} = \bar{x} .$$

Also ist das arithmetische Mittel die Maximum-Likelihood-Schätzung von μ. Die Gleichung für τ liefert

$$-\sum_i \widehat{\tau} + \sum_i (x_i - \widehat{\mu})^2 = 0 \quad\Longrightarrow\quad \widehat{\tau} = \frac{1}{n}\sum_i (x_i - \bar{x})^2 = \frac{n-1}{n}\widehat{\sigma}^2 .$$

Die Maximum-Likelihood-Schätzung für die Varianz von normalverteilten Beobachtungen ist also nicht genau gleich der „empirischen Varianz" $\widehat{\sigma}^2$, sondern nur bis auf einen Faktor $(n-1)/n$.

g   **Viel wichtiger als die neue Herleitung von altbekannten Schätzfunktionen ist die Tatsache, dass das Maximum-Likelihood-Prinzip sehr allgemein anwendbar ist und deshalb als Werkzeug benützt werden kann, wenn Sie in den Büchern für Ihr spezielles Modell keine ausgearbeitete Schätzmethode finden.**

h   *   ▷ *Beispiel Hardy-Weinberg-Gleichgewicht* (nach Kinder, Osius und Timm, 1982). Wir betrachten ein Gen, für das zwei „Varianten" (Allele) A und a auftreten. Die relative Häufigkeit von A in der gesamten Population, also die Wahrscheinlichkeit, dass A auf einem Chromosom auftritt, bezeichnen wir mit θ. In einer Population, die sich bezüglich dieses Gens im genetischen Gleichgewicht befindet, sollten die Genotypen AA, Aa und aa mit den Wahrscheinlichkeiten $\pi^{(1)} = \theta^2$, $\pi^{(2)} = 2\theta(1-\theta)$ respektive $\pi_\theta^{(3)} = (1-\theta)^2$ auftreten. – Die beobachteten Häufigkeiten der drei Typen unter $n = 500$ Individuen seien $x^{(1)} = 61$, $x^{(2)} = 258$ und $x^{(3)} = 181$. Welches ist die plausibelste Allelfrequenz θ?
Aus den Annahmen ergibt sich für die gemeinsame Verteilung der beobachtbaren Häufigkeiten eine multinomiale Verteilung mit den Parametern $\pi_\theta^{(1)}$, $\pi_\theta^{(2)}$ und $\pi_\theta^{(3)}$ und $n = 500$. Die Log-Likelihood-Funktion ist deshalb

$$L \left\langle x^{(1)}, x^{(2)}, x^{(3)}; \theta \right\rangle = log_e \left\langle c \, (\pi_\theta^{(1)})^{x^{(1)}} \, (\pi_\theta^{(2)})^{x^{(2)}} \, (\pi_\theta^{(3)})^{x^{(3)}} \right\rangle$$

$$= log_e \langle c \rangle + x^{(1)} \, log_e \left\langle \theta^2 \right\rangle + x^{(2)} \, log_e \left\langle 2\theta(1-\theta) \right\rangle + x^{(3)} \, log_e \left\langle (1-\theta)^2 \right\rangle$$

$$= log_e \langle c \rangle + x^{(1)} \cdot 2 \, log_e \langle \theta \rangle + x^{(2)} (log_e \langle 2 \rangle + log_e \langle \theta \rangle + log_e \langle 1 - \theta \rangle) + x^{(3)} \cdot 2 \, log_e \langle 1 - \theta \rangle$$

$$= log_e \langle c \rangle + x^{(2)} \, log_e \langle 2 \rangle + log_e \langle \theta \rangle \left(2x^{(1)} + x^{(2)}\right) + log_e \langle 1 - \theta \rangle \left(2x^{(3)} + x^{(2)}\right)$$

mit $c = n!/(x^{(1)}! \, x^{(2)}! \, x^{(3)}!)$. – Die Ableitung

$$\frac{\partial L}{\partial \theta} \left\langle x^{(1)}, x^{(2)}, x^{(3)}; \theta \right\rangle = \frac{2x^{(1)} + x^{(2)}}{\theta} - \frac{2x^{(3)} + x^{(2)}}{1 - \theta}$$

wird null gesetzt, was zu

$$\left(2x^{(1)} + x^{(2)}\right)(1 - \widehat{\theta}) = \left(2x^{(3)} + x^{(2)}\right)\widehat{\theta}$$

$$\widehat{\theta} = (2x^{(1)} + x^{(2)})/(2n) = (2 \cdot 61 + 258)/1000 = 0.38$$

führt. Dies ist die beobachtete relative Häufigkeit des Allels in den untersuchten Individuen – eine einleuchtende Lösung!

Im Beispiel interessieren vielleicht die Genotyp-Wahrscheinlichkeiten $\pi_\theta^{(1)}, \pi_\theta^{(2)}$ und $\pi_\theta^{(3)}$ mehr als θ. Sie ergeben sich durch Einsetzen von θ,

$$\widehat{\pi}_\theta^{(1)} = \widehat{\theta}^2 = 0.1444, \quad \widehat{\pi}_\theta^{(2)} = 2\widehat{\theta}(1 - \widehat{\theta}) = 0.4712, \quad \widehat{\pi}_\theta^{(3)} = (1 - \widehat{\theta})^2 = 0.3844.$$

Wieso setzt man nicht gleich die relativen Häufigkeiten $x^{(1)}/n = 0.122$, $x^{(2)}/n = 0.516$ und $x^{(3)}/n = 0.362$ als Schätzung für die Genotyp-Wahrscheinlichkeiten ein? Weil diese keinem genetischen Gleichgewichts-Zustand entsprechen! – In der Praxis werden die relativen Häufigkeiten mit den Schätzwerten verglichen, die dem Gleichgewicht entsprechen, um herauszufinden, ob ein solches Gleichgewicht vorliegen kann. ◁

i * Welche Eigenschaften hat die Maximum-Likelihood-Schätzung? Wir müssen wieder die *Verteilung der Schätzung* untersuchen, ausgehend davon, dass $X_i \sim \mathcal{F}_\theta$ gilt. Die Verteilung der Maximum-Likelihood-Schätzung $\widehat{\theta}$ kann im Allgemeinen nur näherungsweise berechnet werden. Die *asymptotische Näherung* kann man unter gewissen Voraussetzungen, die sehr allgemein gelten, ausrechnen: Wenn die X_i die Verteilung mit Parameter $\theta = \theta_0$ haben und unabhängig sind, geht $\widehat{\theta}$ für grosse n gegen θ_0. Die Maximum-Likelihood-Schätzung ist konsistent. Zudem ist $Z_n = (\widehat{\theta} - \theta_0)/\sqrt{v/n}$ für grosse n näherungsweise standard-normalverteilt. Dabei ist die „*asymptotische Varianz*" v gegeben durch

$$1/v = \mathcal{E} \left\langle (\psi\langle X, \theta_0 \rangle)^2 \right\rangle .$$

Die Schätzung $\widehat{\theta}$ ist ungefähr gemäss $\mathcal{N}\langle \theta_0, v/n \rangle$ verteilt.

j * Für die geometrische Verteilung lässt sich v mit einiger Algebra berechnen: Aus $\psi\langle x; \pi \rangle = -\frac{1}{1-\pi} + \frac{x}{\pi}$ (siehe 7.4.d) ergibt sich

$$\mathcal{E} \left\langle (\psi\langle X, \pi \rangle)^2 \right\rangle = \frac{1}{(1-\pi)^2} - \frac{2}{(1-\pi)\pi} \mathcal{E}\langle X \rangle + \frac{1}{\pi^2} \mathcal{E}\langle X^2 \rangle .$$

Nach Tabelle 5.4.j ist $\mathcal{E}\langle X \rangle = \pi/(1-\pi)$ und $\text{var}\langle X \rangle = \pi/(1-\pi)^2$, deshalb (gemäss 5.3.e) $\mathcal{E}\langle X^2 \rangle = (\mathcal{E}\langle X \rangle)^2 + \text{var}\langle X \rangle = (\pi^2 + \pi)/(1-\pi)^2$ und schliesslich

$$\frac{1}{v} = \frac{1}{(1-\pi)^2} - \frac{2}{(1-\pi)\pi} \frac{\pi}{(1-\pi)} + \frac{1}{\pi^2} \frac{\pi(\pi+1)}{(1-\pi)^2} = \frac{1}{\pi(1-\pi)^2} , \qquad v = \pi(1-\pi)^2 .$$

k

Für kleine Stichproben kann man dies nicht so allgemein sagen. Ein Hinweis in dieser Richtung ergibt sich aus dem Vergleich der Maximum-Likelihood-Schätzung $\hat{\tau}$ der Varianz von normalverteilten Beobachtungen (7.4.f) mit der üblichen Schätzung $\hat{\sigma}^2$. Wenn man erwartungstreue Schätzungen bevorzugt, muss man $\hat{\sigma}^2$ verwenden. Für $n \to \infty$ verschwindet der Unterschied zwischen den beiden Schätzungen, sie sind „asymptotisch äquivalent".

7.5   Robuste Schätzungen

a   Die Eigenschaften von Schätzungen, die bisher erklärt wurden, gehen von der Verteilung aus, die jeweils aus einem Wahrscheinlichkeitsmodell für die Beobachtungen folgt. Sie gelten also nur, wenn diese Voraussetzung „richtig" ist. Da Modelle immer nur in unseren Köpfen existieren, ist die Frage nach der besten Schätzung für eine bestimmte *reale* Situation nur in einfachen Ausnahmefällen schlüssig zu beantworten.
Viele Aussagen über „beste" Schätzungen beruhen (auch in den kommenden Kapiteln) auf der Annahme einer Normalverteilung für die Beobachtungen – und diese ist meistens nur näherungsweise angebracht. Besonders häufig und gleichzeitig folgenschwer ist das Auftreten von zu vielen zu weit vom Erwartungswert entfernten Beobachtungen, also von *Ausreissern*. Dabei braucht es sich nicht um fehlerhafte Daten zu handeln.
Als Modelle für reale Daten wären deshalb Verteilungen mit „langen Schwänzen" (positivem Exzess, siehe 2.6.f) besser geeignet. Im letzten Abschnitt wurde gezeigt, wie man auch für solche Modelle Schätzungen konstruieren kann, die – wenigstens für grosse Stichproben – in gewissem Sinne die besten sind.

b   Nun ist es aber nie möglich, „die richtige" Verteilung der Beobachtungen zu bestimmen. Ein naheliegender Ausweg besteht darin, von einer Schätzung zu verlangen, dass sie gute Eigenschaften nicht nur für eine einzelne, sondern für eine ganze Klasse von in Frage kommenden Verteilungen (genauer: Verteilungsfamilien) hat. Solche Verfahren heissen *robust*.
Für die Schätzung der beiden wichtigsten Aspekte einer Zufallsgrösse, der Lage und Streuung ihrer Verteilung, zeigt sich, grob zusammengefasst, das folgende Bild: Das arithmetische Mittel, das für normalverteilte Beobachtungen ja optimal ist, wird schon bei leicht langschwänzigen Verteilungen schlecht, das heisst wesentlich weniger genau (effizient) als andere Schätzungen. Umgekehrt dagegen sind Schätzungen, die für langschwänzig verteilte Beobachtungen am besten sind, für normalverteilte nicht viel schlechter als das arithmetische Mittel. – Noch deutlicher gilt Analoges für die Standardabweichung.
Es lohnt sich deshalb, eine Schätzung zu verwenden, die einer (leicht) langschwänzigen Verteilung entspricht.

c   *   Die Maximum-Likelihood-Schätzungen für langschwänzige Verteilungen erhält man allgemein als Lösung einer impliziten Gleichung der Form $\sum_i \psi\langle X_i; \hat{\theta}\rangle = 0$ oder als Maximalstelle eines Ausdrucks der Form $\sum_i \rho\langle X_i, \theta\rangle$. In beiden Fällen spricht man von *M-Schätzung*. Wenn mehrere Parameter zu schätzen sind, wird θ zu einem Vektor, und es entsteht ein System von impliziten Gleichungen.

Die Robustheits-Überlegungen führen dazu, dass man eine solche Schätzung auch benützt, wenn man nicht an die bestimmte langschwänzige Verteilung „glaubt", für die sie allenfalls optimal ist.

d   Ob eine Schätzung robust ist, kann man mit zwei einfachen Begriffen untersuchen, die nicht einmal auf Wahrscheinlichkeits-Überlegungen aufbauen – von Robustheit haben wir ja schon in der beschreibenden Statistik gesprochen.

▷ Zunächst wollen wir im *Beispiel der Schlafverlängerung* ausrechnen, was als Schätzung für die „mittlere" oder „typische" Verlängerung herausgekommen wäre, wenn wir statt der fragwürdigen Beobachtung von 4.6 Std. einen anderen Wert x_0 erhalten hätten. Das Ergebnis ist in Bild 7.5.d dargestellt.

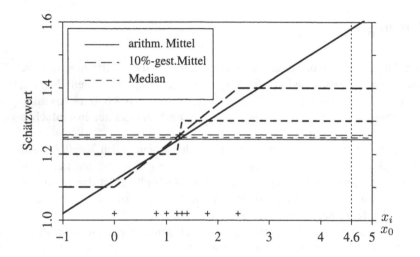

Bild 7.5.d
Effekt einer zusätzlichen Beobachtung x_0 zu den 9 „vernünftigen" Werten (durch + dargestellt) im Beispiel der Schlafverlängerung

Der Vergleich der verschiedenen Schätzungen zeigt, dass das arithmetische Mittel am stärksten auf eine Beobachtung $x_0 = 4.6$ oder andere extreme Werte reagiert; der Median ändert sich am wenigsten, und das 10%-gestutzte Mittel (2.3.e) liegt dazwischen. Die Linie für das arithmetische Mittel (eine Gerade!) wächst unbeschränkt, wenn ein immer extremerer Ausreisser ($x_0 \to \infty$) betrachtet wird, während die anderen beiden Schätzungen bei 1.3 respektive 1.4 stehenbleiben. ◁

Allgemein zeigt eine solche Kurve den *Einfluss* einer zusätzlichen Beobachtung x_0 zu einer gegebenen Stichprobe auf eine bestimmte Schätzung. Sie wird so standardisiert, dass der Wert der Schätzung für die gegebene Stichprobe (dargestellt durch die horizontalen Geraden im Bild) abgezogen wird, und heisst *empirische Einflussfunktion* (englisch *empirical influence function* oder *empirical influence curve*).

Robuste Schätzungen haben eine beschränkte Einflussfunktion. Man kann den grössten absoluten Wert der Einflussfunktion als quantitatives Mass für einen Aspekt der (mangelnden) Robustheit ansehen – je niedriger, desto besser!

---

*   Wie bei den Kennzahlen entspricht der empirischen eine „theoretische" Einflussfunktion, die entsteht, indem man die Stichprobe durch eine Verteilung und die zusätzliche Beobachtung durch eine sogenannte Punktmasse ersetzt. Das Supremum (Maximum) des Betrags dieser Funktion wird als Sensitivität *(gross error sensitivity)* bezeichnet.

e * Das 10%-gestutzte Mittel kann als robust gelten, da es eine beschränkte Einflussfunktion zeigt. Andererseits wird rasch klar, dass der Wert unzuverlässig wird, sobald *zwei* „unvernünftige" Werte unter den 10 Beobachtungen auftreten. In diesem Sinne ist es also nicht *sehr* robust.

Ein einfaches Mass, das diesen Aspekt von Robustheit erfasst, ist der *Bruchpunkt*. Wir variieren jetzt nicht mehr nur eine Beobachtung, sondern eine beliebige Auswahl von m aus den n vorhandenen. Das führt von der Stichprobe $[x_1, x_2, \ldots, x_n]$ zu einer Menge $\mathcal{S}_m$ von „manipulierten" Stichproben $[x_1^*, x_2^*, \ldots, x_n^*]$, von denen $n - m$ Elemente mit der ursprünglichen übereinstimmen, während die übrigen beliebig sind. Nun prüfen wir, was dabei im schlimmsten Fall für die Schätzung herauskommt, bilden also das Supremum (Maximum)

$$b_m = \sup\nolimits_{\mathcal{S}_m} \left\langle |\widehat{\theta}\langle x_1^*, \ldots, x_n^* \rangle - \widehat{\theta}\langle x_1, \ldots, x_n \rangle| \right\rangle$$

über alle diese manipulierten Stichproben, und stellen fest, ob dieser „maximale Bias" b_m beschränkt ($< \infty$) ist. Wenn genügend viele Beobachtungen beliebig verändert werden können, wird dies nicht mehr der Fall sein können, und man spricht vom „Zusammenbruch" *(breakdown)* der Schätzung. (Für die üblichen Probleme wird dies spätestens für $m > n/2$ eintreffen müssen.) Der Bruchpunkt ist der maximale Anteil m/n von Beobachtungen, für die die Schätzung nicht zusammenbricht.

f *Literatur:* Eine anwendungsorientierte Einführung in robuste Verfahren bildet das Buch von Rousseeuw and Leroy (1987). In Hampel, Ronchetti, Rousseeuw and Stahel (1986) ist das Einleitungs-Kapitel allgemein verständlich. Das Buch bietet zusammen mit Huber (1981) einen Überblick über grosse Teile der robusten Statistik. Das Buch von Staudte and Sheather (1990) führt etwas ausführlicher in einen Teil des Gebietes ein

8 Tests

8.1 Einführende Beispiele und Begriffe

a   Im *Beispiel* der *Asbestfasern* (7.1.c) wurde die Frage gestellt, ob man bei einer Zählung von 19 Asbestfasern in $0.015\,\mathrm{m}^3$ Luft mit genügender Sicherheit sagen könne, dass der Grenzwert von $1000/\mathrm{m}^3$ bereits überschritten sei.

Die *Mendel'schen Erbsen* (7.2.c) sollten laut Theorie ein Verhältnis von 3:1 von runden gegenüber kantigen Erbsen zeigen. Erfüllen das die Daten bis auf Zufallsabweichungen?

Das *Beispiel der Schlafverlängerung* (7.1.i) geht von einer typischen Fragestellung aus: Man will wissen, ob die bessere Wirksamkeit des Schlafmittels B gegenüber A als bewiesen gelten soll. Kann man das im Lichte der 10 gemessenen Werte bejahen?

Solchen Fragen wollen wir in diesem Kapitel nachgehen. Wir wollen prüfen, ob Daten mit einem Modell „verträglich" sind.

b   ▷   Ein weiteres *Beispiel*: Jemand behauptet, *hellseherische Fähigkeiten* zu haben. Mit einem Münzwurf-Experiment soll dies überprüft werden. Man zählt, wie oft diese Person das Ergebnis eines Münzwurfs richtig vorhersagt. Wenn sie keine übersinnlichen Fähigkeiten besitzt, wird die Wahrscheinlichkeit, dass sie das Ergebnis richtig vorhersagt, in jedem Versuch $= 1/2$ sein. Wenn in n Versuchen wesentlich mehr als $n/2$ Ergebnisse richtig vorhergesagt wurden, werden wir schliesslich die Behauptung glauben „müssen" – oder eine andere Erklärung für dieses Resultat, das dem Modell „widerspricht", zu geben versuchen „müssen" (als Wissenschaftler und Wissenschaftlerinnen, die auf das Kausal-Prinzip verpflichtet wurden).   ◁

Was ist eine *zu* hohe Faserzahl im ersten oder ein *zu* hoher Anteil richtiger Vorhersagen in diesem Beispiel?

c   ▷   Beim *Münzwurf* handelt es sich um die Anzahl „Erfolge" X in n Versuchen. Das naheliegendste Modell ist $X \sim \mathcal{B}\langle n, \pi\rangle$. Wir wollen testen, ob $\pi = 1/2$ ein Modell ergibt, das mit der beobachteten Anzahl vereinbar ist. Im Prinzip ist jede Anzahl zwischen 0 und n mit dem Modell vereinbar. Zum Beispiel ist es möglich, dass in 20 Versuchen nur „Erfolge" eintreten ($X = 20$), auch wenn $X \sim \mathcal{B}\langle 20, 1/2\rangle$ gilt. Die Wahrscheinlichkeit für ein solches Ergebnis ist aber ca. 1:1'000'000 (genau: $1/2^{20}$). Die meisten von uns werden beim Eintreffen eines solch unwahrscheinlichen Ereignisses die Tendenz haben, das Modell als widerlegt zu betrachten.   ◁

d   ▷   Im *Beispiel* der *Asbestfasern* entspricht dem Grenzwert von 1000 Fasern/m^3 das Modell $X \sim \mathcal{P}\langle 15\rangle$ für die Anzahl Fasern $X = X_1 + X_2 + X_3$ in den geprüften $0.015\,\mathrm{m}^3$ Luft. Wie Bild 8.1.d zeigt, liegt ein Ergebnis von 19 Fasern durchaus im Bereich der zu erwartenden Werte. Wenn 25 Fasern auftreten, sind wohl die meisten überzeugt, dass die wahre mittlere Konzentration im geprüften Raum zu hoch ist. Wo liegt die Grenze? In diesem Beispiel muss eine *Entscheidungsregel* festgelegt werden, die angibt, ab welcher Faserzahl die Grenze *als überschritten gilt*, denn schliesslich muss geklärt werden, ob eine Sanierung verordnet werden soll oder nicht.   ◁

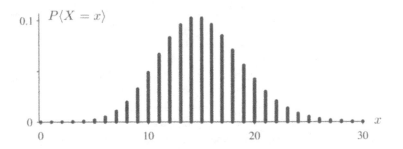

Bild 8.1.d
Die Verteilung
$\mathcal{P}\langle 15\rangle$ für die
gefundenen Fasern
X in $0.015\,\mathrm{m}^3$, die
dem Grenzwert von
1000 Fasern/m^3
entspricht

e   Im Allgemeinen kann man also nicht zwingend schliessen, dass beobachtete Werte einem stochastischen Modell widersprechen. Mindestens subjektiv wird man dies aber annehmen, wenn ein Ereignis beobachtet wird, dem das Modell eine sehr kleine Wahrscheinlichkeit gibt. Um solche Schlüsse zu objektivieren oder zu legitimieren, hat man die *Konvention des statistischen Tests* eingeführt. Sie besagt, dass Modelle abgelehnt werden sollen, wenn ein bestimmtes „extremes" Ereignis beobachtet wird, das im Modell eine genügend kleine Wahrscheinlichkeit hat. Diese kritische Wahrscheinlichkeit wird in den meisten naturwissenschaftlichen Gebieten durch Konvention auf 5% festgelegt. Auf die Frage, wie sinnvoll diese Zahl ist, werden wir zurückkommen (8.1.o).

f   ▷ Im *Beispiel* des *Hellsehens* mit $n = 8$ Versuchen war das Modell $X \sim \mathcal{B}\langle 8, 1/2\rangle$. Als „extremes Ereignis" soll $K = \{X \geq c\}$ gelten, wobei c so gewählt wird, dass die Konvention eingehalten wird, dass also $P\langle K\rangle = 0.05$ gilt. Für $c = 7$ wird $P\langle K\rangle = P\langle X = 8\rangle + P\langle X = 7\rangle = (1/2)^8 (1 + 8) = 0.035$; für $c = 6$ ergäbe sich $P\langle K\rangle = 0.145$. Wir erklären also das Modell $\mathcal{B}\langle 8, 1/2\rangle$ als „mit der Beobachtung nicht vereinbar", wenn 7 oder 8 Vorhersagen richtig sind. (Hier wäre wohl eine kleinere kritische Wahrscheinlichkeit sinnvoll.) ◁
Nicht nur in diesem Beispiel, sondern fast immer, wenn diskrete Zufallsvariable im Spiel sind, lässt sich der Zielwert $P\langle K\rangle = 0.05$ nicht genau einhalten. Die Konvention sagt dann, dass $P\langle K\rangle \leq 0.05$, aber möglichst wenig unter 0.05, sein soll, was wir als $P\langle K\rangle \leq^* 0.05$ schreiben wollen.

g   Begriffe: Das zu prüfende Modell wird *Nullhypothese* oder Hypothese H_0 (oder H) genannt. Daneben sollte man eine Vorstellung über plausible und interessante andere Möglichkeiten, sogenannte Alternativhypothesen oder *Alternativen* H_A (oder H_1 oder A) haben. Im Beispiel des Hellsehens sind die in Frage stehenden Alternativen $X \sim \mathcal{B}\langle n, \pi\rangle$ mit $\pi > 1/2$. Wenn aufgrund des Tests die Hypothese H_0 verworfen wird, soll die naheliegendste Interpretation sein, dass eine Alternative richtig ist. (Es kann aber sein, dass auch alle Alternativen falsch sind – und nochmals: Aufgrund der statistischen Unsicherheit kann H_0 richtig sein.)
Das „extreme" Ereignis heisst *Verwerfungsbereich* oder kritischer Bereich K, das Komplement davon, also der Bereich, in dem die plausiblen Ergebnisse liegen, heisst *Annahmebereich* A. Wenn der beobachtete Wert im Verwerfungsbereich liegt, dann wird *die Nullhypothese abgelehnt*, der Effekt (z. B. des Hellsehens oder des neuen Medikaments) gilt als *statistisch signifikant*. Die durch die Konvention festgelegte Wahrscheinlichkeit, ein solches Ergebnis zu erhalten, wenn die Nullhypothese gilt, heisst allgemein *Signifikanz-Niveau*, Niveau oder *Irrtums-Wahrscheinlichkeit* α und beträgt, wie gesagt, meistens 5%.

h Wenn wir von Wahrscheinlichkeit reden, müssen wir jetzt genauer werden. Wahrscheinlichkeiten setzen ein Modell voraus. Neben dem Modell, das wir Nullhypothese nennen, wurde auch von Alternativen gesprochen. Hier zeigt sich eine grundlegende Verständnisschwierigkeit für den Begriff des Tests. Die Absicht ist es ja, herauszufinden, *ob* ein bestimmtes Modell „gilt" (gelten „kann") oder nicht. Der Test ist eine Regel, die festlegt, wann wir diese Frage mit „ja", wann mit „nein" beantworten sollen – oder besser: wann mit „plausibel" und wann mit „unplausibel".

Um diese Regel festzulegen, benützt man eine Art *Widerspruchsbeweis*: Wir gehen aus von der Annahme, dass die beobachtete zufällige Grösse dem Modell der Nullhypothese entspricht. Wenn der beobachtete Wert dann im „Bereich der unplausiblen Werte", im Verwerfungsbereich liegt, dann betrachten wir das als Widerspruch, als „statistischen Beweis" dafür, dass die Nullhypothese *nicht* gilt.

i ▷ Im *Beispiel* der *Asbestfasern* gehen wir von der Annahme aus, dass der Grenzwert gerade noch eingehalten sei, und suchen die Grenze zwischen plausiblen und unplausibel hohen Faserzahlen. Wieder ist also das „extreme Ereignis" von der Form $K = \{X \geq c\}$. Unter der Annahme $X \sim \mathcal{P}\langle 15 \rangle$ sind die Wahrscheinlichkeiten solcher Ereignisse

$$P\langle X \geq c \rangle = 1 - \sum_{k=0}^{c-1} (\lambda^k / k!) \exp\langle -\lambda \rangle$$

mit $\lambda = 15$. Wir erhalten

c	15	16	17	18	19	20	21	22	23	24	25
$P\langle X \geq c \rangle$	0.534	0.432	0.336	0.251	0.181	0.125	0.083	0.053	0.033	0.019	0.011

Für $c = 22$ wird $P\langle X \geq c \rangle \approx 0.05$. Gemäss Konvention (8.1.f) muss aber $P\langle X \geq c \rangle \leq 0.05$ sein. Deshalb wird $c = 23$, und man erhält eine Regel mit „effektivem Niveau" $P\langle X \geq 23 \rangle = 0.033 = 3.3\%$ statt 5%. Die Überschreitung des Grenzwertes gilt also als nachgewiesen, wenn 23 Fasern oder mehr gezählt werden. ◁

Aus dem Beispiel lässt sich ablesen, wie man allgemein eine Hypothese über den Parameter λ einer *Poisson-Verteilung* testet.

j ▷ Wenn $X < 23$ ausfällt, kann man aber nicht schliessen, dass die Nullhypothese stimmt. Diese hiesse ja, dass der Grenzwert exakt erreicht sei, also $\lambda = 15$. Wenn beispielsweise $X = 19$ Fasern gezählt werden, ist $\lambda = 15$ zwar plausibel, aber alle Werte zwischen $\lambda = 15$ und $\lambda = 23$ sind anschaulich mindestens ebenso plausibel – am plausibersten ist immer noch der geschätzte Wert $\widehat{\lambda} = X = 19$. ◁

Wenn allgemein der beobachtete Wert nicht im Verwerfungsbereich liegt, wenn also kein Widerspruch gefunden wird, heisst dies noch nicht, dass die Nullhypothese richtig ist – sie bleibt lediglich plausibel. Man sagt, sie werde *nicht abgelehnt* oder *beibehalten*.

k Wenn im Beispiel $X = 5$ ist, dann ist die Nullhypothese $\lambda = 15$ natürlich mindestens ebenso unplausibel wie im Fall von $X = 23$, und man kann sie mit mindestens so viel Recht ablehnen. Wenn also ein *bestimmter* Parameterwert geprüft werden soll, müssen auch extrem kleine Werte zur Verwerfung der Nullhypothese führen und deshalb zum Verwerfungsbereich gehören.

Eine solche Fragestellung steht im Beispiel der Mendel'schen Erbsen an. Da ist eine Abweichung vom Verhältnis 3:1 gegen unten ebenso ein Gegenbeweis gegen Mendels Theorie wie eine Abweichung gegen oben. In vielen Anwendungen wird geprüft, ob irgendein vermuteter Effekt überhaupt vorhanden sei. Dann lautet die Nullhypothese „Effekt = 0", und Abweichungen auf beide Seiten zeigen das Vorhandensein des Effektes an. Man spricht von *zweiseitiger Fragestellung.*

In solchen Fällen wird der Verwerfungsbereich in zwei Teile aufgespalten, die extrem kleinen und die extrem grossen Werte der beobachteten Grösse (oder später der sogenannten Teststatistik). Nach Konvention werden beide Teile so bestimmt, dass sie unter der Nullhypothese eine Wahrscheinlichkeit von möglichst genau 2.5% (oder $\alpha/2$) erhalten. Der zweiseitigen Fragestellung entspricht auf diese Weise der *zweiseitige Test.*

1 ▷ Im Beispiel war allerdings nur die Frage gestellt, ob eine Überschreitung des Grenzwertes nachgewiesen werden könne oder nicht. Wenn man an dieser Fragestellung festhält, dann führen extrem kleine Werte von X zur gleichen Antwort wie solche, die im Bereich des Grenzwertes, aber noch unterhalb der Verwerfungsgrenze von 23 liegen. Ähnlich liegt der Fall, wenn es um die Zulassung neuer Medikamente geht: Es muss bewiesen werden, dass das neue Mittel besser ist als das alte. Im Beispiel des Schlafmittels muss man also zeigen, dass der Erwartungswert der Differenzen > 0 ist. Man spricht in diesen Fällen von *einseitiger Fragestellung* und einem *einseitigen Test.*

Man kann diese Situation so formalisieren, dass man als Nullhypothese nicht nur *ein* bestimmtes Modell bezeichnet, sondern eine ganze Menge von Modellen, im Beispiel alle Poisson-Verteilungen mit $\lambda \leq 15$ – eine „*zusammengesetzte Nullhypothese*". Wir fragen dann, ob die beobachtete Faserzahl zu all diesen Modellen im Widerspruch steht – im erwähnten Sinne – oder *ob mindestens eines dieser Modelle plausibel* bleibt.

Wenn $X = 5$ Fasern gezählt werden, ist natürlich jedes Modell mit einem λ von etwa 5 plausibel, also ist die zusammengesetzte Nullhypothese nicht abzulehnen. Falls $X \geq 23$ Fasern auftreten, ist dagegen nicht nur $\lambda = 15$ zu verwerfen, sondern es ist anschaulich klar, dass jedes kleinere λ noch unplausibler und also ebenfalls abzulehnen ist. (Die Verwerfungsgrenze zu einer Nullhypothese $\lambda = \lambda_0 < 15$, z.B. $\lambda = 13.5$, würde offensichtlich eine Verwerfungsgrenze unterhalb von 23 ergeben.) ◁

m   Wenn man annimmt, dass entweder die Nullhypothese oder eine der Alternativen richtig sein muss, dann liegt das Problem darin, sich für die Nullhypothese oder gegen sie und damit für eine Alternative zu *entscheiden*. Dabei sind zwei Arten von Fehlern möglich:
Man kann einerseits die Nullhypothese verwerfen (und sich für eine Alternative entscheiden), obwohl die Nullhypothese „wahr" ist. Das nennt man einen *Fehler 1. Art*. Wir haben die Entscheidungsregel so eingerichtet, dass dieser Fehler die Wahrscheinlichkeit $\alpha = 5\%$ hat. Das Niveau α wird deshalb auch *Irrtums-Wahrscheinlichkeit* genannt.

n   Andererseits kann es sein, dass eine Alternative richtig ist, dass aber die Beobachtung in den Annahmebereich fällt und daher die Nullhypothese nicht abgelehnt wird. (Im Asbestproblem heisst das, dass der Grenzwert in einem Gebäude in Wirklichkeit überschritten ist, dass es aber aufgrund der Messungen trotzdem *nicht* als sanierungsbedürftig erklärt wird.) Das ist der sogenannte *Fehler 2. Art.*

Man möchte gerne auch diesen Fehler möglichst vermeiden. Wenn wir eine bestimmte Alternative als Modell annehmen, können wir seine *Wahrscheinlichkeit* β berechnen. Die Gegenwahrscheinlichkeit – die Wahrscheinlichkeit der richtigen Entscheidung gegen die Nullhypothese, wenn diese Alternative gilt – heisst *Macht* oder *Güte* $1 - \beta$ des Tests. Man wird das „extreme" Ereignis so festlegen, dass diese Grösse für die Alternative(n) möglichst hoch wird (Genaueres siehe 8.9).

o Es wäre wünschenswert, die Irrtums-Wahrscheinlichkeit möglichst klein zu halten. Das erreicht man, indem man den Verwerfungsbereich verkleinert, die Grenze für die Asbest-Sanierung im Beispiel also erhöht. Dadurch wird aber auch die Wahrscheinlichkeit dieses Verwerfungsbereichs unter der Alternative oder den Alternativen (die Macht) verkleinert, die Wahrscheinlichkeit eines Fehlers 2. Art also vergrössert. Also wird es wahrscheinlicher, dass man in Wirklichkeit vorhandene Effekte nicht nachweisen kann. Das heisst: Zwischen kleiner Irrtums-Wahrscheinlichkeit α und grosser Macht $1 - \beta$ muss ein *Kompromiss* geschlossen werden.

p Im klassischen Test-Schema spielen Hypothese und Alternative(n) nicht dieselbe Rolle: Man möchte gerne einen Effekt (z.B. des Hellsehens oder des neuen Schlafmittels in 7.1.i) nachweisen. Man überlegt sich eine parametrische Verteilungsfamilie, die die Daten gut beschreibt (in den Beispielen Binomial-, Poisson- und Normalverteilung) und den Effekt als Parameter (π, λ respektive μ) enthält. Als *Nullhypothese* spezifiziert man dieses Modell durch den Parameterwert, der „Effekt null" entspricht ($\pi = 1/2$ respektive $\mu = 0$). Als Alternativen können die Modelle mit allen übrigen Parameterwerten (zweiseitige Alternativen, $\pi \neq 1/2$ respektive $\mu \neq 0$, entsprechend der zweiseitigen Fragestellung) oder nur die grösseren ($\pi > 1/2$ respektive $\mu > 0$) oder nur die kleineren Werte (einseitige Alternativen) in Frage kommen. Damit die „Widerspruchs-Beweisführung" glaubhaft wird, muss man α genügend klein halten. Die Wahrscheinlichkeit des Fehlers zweiter Art kann man dann nicht mehr wählen (sofern der Stichprobenumfang festgelegt ist).

q Im Beispiel der Mendel'schen Erbsen haben wir andererseits das Modell, das durch die Theorie vorgegeben ist, und an dem naturwissenschaftlich Vorgebildete kaum ernsthaft zweifeln, als Nullhypothese benützt – kein Widerspruchsbeweis also! Hier ist schlecht vorstellbar, wie man mit einem Widerspruchsbeweis auf die Frage antworten soll, ob sich die Theorie mit den Daten verträgt. Pragmatisch kann man dazu sagen, dass für die Durchführung eines Tests ein konkretes Modell als Nullhypothese vorgelegt werden muss, und das einzige eindeutige Modell, das in diesem Fall mit der Fragestellung zusammenhängt, ist das theoretische, mit dem Verhältnis 3:1. Die Wahl der Nullhypothese für einen Test ist deshalb nie „richtig" oder „falsch", sondern nur geeigneter oder ungeeigneter, um die wissenschaftliche Frage zu beantworten.

* ▷ Die hier besprochene Behandlung der *Überprüfung eines Grenzwertes* im Beispiel der Asbestfasern auferlegt die Beweislast der Behörde. Man könnte auch vom Liegenschaften-Besitzer verlangen, dass er (statistisch) beweist, dass sein Gebäude in Ordnung sei. Dazu würde man im bisherigen Vorgehen die Rolle von Nullhypothesen und Alternativen vertauschen. Man kann das Problem schliesslich auch „neutraler" als Entscheidungsproblem angehen, siehe 8.11.c. ◁

8.2　Test für eine Wahrscheinlichkeit

a　Im Beispiel der Mendel'schen Erbsen soll die Nullhypothese $X \sim \mathcal{B}\langle n, \pi \rangle$ mit $\pi = 3/4$ überprüft werden; im Beispiel des Hellsehens ist $\pi = 1/2$ zu testen. Wir wollen das Problem allgemeiner formulieren und die Überlegungen, die zur Antwort führen, schrittweise festhalten.

b　*Problem*: Es liegt eine Anzahl n unabhängiger Versuche vor; das Eintreffen eines bestimmten Ereignisses „Erfolg" ist von Interesse. Frage: Kann die Wahrscheinlichkeit π für einen Erfolg gleich π_0 sein? Dabei ist π_0 ein fester, „zu testender" Wert, z. B. $\pi_0 = 3/4$.
Falls die *Nullhypothese* $\pi = \pi_0$ gilt, ist die Anzahl Erfolge binomial-verteilt mit Parameter π_0, $X \sim \mathcal{B}\langle n, \pi_0 \rangle$.
Die *Alternativen* bestehen aus den Modellen $X \sim \mathcal{B}\langle n, \pi \rangle$, unabhängig mit, je nach Fragestellung,
(a) $\pi > \pi_0$ (einseitig);　(b) $\pi < \pi_0$ (einseitig);　(c) $\pi \neq \pi_0$ (zweiseitig).

c　Wenn das Signifikanz-Niveau auf 5% festgelegt ist, dann bestimmt man jetzt den *Verwerfungs-bereich* K für die drei Möglichkeiten von Alternativen folgendermassen:

(a) Bestimme c so, dass

$$P_0 \langle X \geq c \rangle = \sum_{k=c}^{n} \binom{n}{k} \pi_0^k (1 - \pi_0)^{n-k} \leq^* 0.05$$

ist (vergleiche 8.1.f). Verwende $K = \{X \geq c\}$ als Verwerfungsbereich. Dabei soll P_0 die Wahrscheinlichkeit bezeichnen, die der Nullhypothese entspricht.

(b) Bestimme c so, dass $P_0 \langle X \leq c \rangle \leq^* 0.05$ ist. Verwende $K = \{X \leq c\}$;

(c) Bestimme c_0 so, dass $P_0 \langle X \leq c_0 \rangle \leq^* 0.025$, und c_1 so, dass $P_0 \langle X \geq c_1 \rangle \leq^* 0.025$ ist. Der Verwerfungsbereich ist $K = \{X \leq c_0 \text{ oder } X \geq c_1\}$, der Annahmebereich $A = K^c = \{c_0 < X < c_1\}$. Die kritischen Werte c, c_0, c_1 sind aus einer Rechnerfunktion, einer Tabelle oder aus einem Diagramm erhältlich.

d　▷ *Beispiel Unfälle.* Auf den Strassen der Stadt Zürich starben im Jahre 2006　10 Personen gegenüber nur 5 im Vorjahr. Kann die Zunahme „rein zufällig" sein oder ist sie „signifikant"? Als grobes Modell für eine Anzahl von Unfällen kennen wir die Poisson-Verteilung (vergleiche 5.2.e und 5.2.h), $X_1 \sim \mathcal{P}\langle \lambda_1 \rangle$ und $X_2 \sim \mathcal{P}\langle \lambda_2 \rangle$. Die Nullhypothese lautet $\lambda_1 = \lambda_2$. Wie kann man diese Nullhypothese testen?
Achtung: λ_1 ist der *Parameterwert* für die Verteilung von X_1. Es wäre falsch, für λ_1 einfach X_1 einzusetzen, also die Nullhypothese $X_2 \sim \mathcal{P}\langle 5 \rangle$ zu testen. Vielleicht war die Zahl für 2005 „zufälligerweise" relativ klein ausgefallen. Dieses Dilemma lässt sich mit der Zusatzüberlegung aus 5.6.h ausräumen: Falls die Rate gleich geblieben ist, verteilen sich die insgesamt $n = X_1 + X_2 = 15$ Getöteten „gleichmässig" auf beide Jahre. Die bedingte Verteilung von X_2, gegeben $X_1 + X_2 = n$, ist $\mathcal{B}\langle n, 1/2 \rangle$. (* Da die Gesamtzahl $X_1 + X_2$ der Getöteten nichts mit der Fragestellung, mit dem Unterschied der Erwartungswerte λ_1 und λ_2 der Todeshäufigkeiten, zu tun hat, ist dieser Übergang zu einer bedingten Verteilung zulässig. Man spricht von $X_1 + X_2$ als einer ancillary statistic.)
In diesem Beispiel sind sowohl Zu- wie auch Abnahmen der traurigen Zahl von Bedeutung – wenn auch die Folgerungen ganz verschieden ausfallen – eine *zweiseitige Fragestellung*. Man wird die Nullhypothese ablehnen, wenn die Anzahl X_2 viel grösser *oder* wenn sie viel kleiner als X_1 ist. ◁

e   Der Wert $\pi_0 = 1/2$ ist als Nullhypothese in vielen Anwendungen wichtig. Es lohnt sich, die
    entsprechenden kritischen Werte gesondert zu tabellieren (Tabelle 8.2.e).

Tabelle 8.2.e   Schranke c_0 für den zweiseitigen Test für $X \sim \mathcal{B}\langle n, 1/2 \rangle$ („Vorzeichen-Test"), $\alpha = 5\%$.
Die Nullhypothese wird verworfen für $X \leq c_0$ und für $X \geq n - c_0$.

	n $\downarrow + \rightarrow$	Einer									
		0	1	2	3	4	5	6	7	8	9
	0	-	-	-	-	-	-	0	0	0	1
	10	1	1	2	2	2	3	3	4	4	4
Zehner	20	5	5	5	6	6	7	7	7	8	8
	30	9	9	9	10	10	11	11	12	12	12
	40	13	13	14	14	15	15	15	16	16	17

n	50	60	70	80	90	100	200	300	400	500
c_0	17	21	26	30	35	39	85	132	179	227

▷   Im Beispiel liest man zu $n = 15$ den kritischen Wert 3 ab. Die untere kritische Grenze hat
    laut Tabelle 8.2.e den Wert 3, die obere also $15 - 3 = 12$. Die beobachtete Zahl 10 für das zweite
    Jahr liegt klar zwischen diesen Grenzen. Also wird die Nullhypothese nicht verworfen; die Zahl
    der Verkehrsopfer hat sich *nicht statistisch signifikant* verändert.   ◁

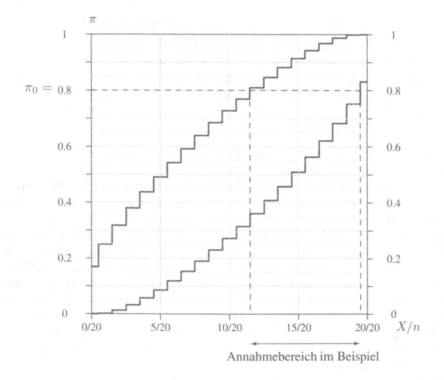

Bild 8.2.f (i)   Annahme- und Verwerfungsbereich für die Binomial-Verteilung $\mathcal{B}\langle n = 20, \pi \rangle$ ($\alpha = 5\%$,
zweiseitig)

f | Für allgemeine π_0 kann man die Schranken aus Diagrammen ablesen. Bild 8.2.f (i) erlaubt dies für $n = 20$. Wenn als horizontale Achse X/n statt X gewählt wird, kann man die Kurven für verschiedene n in die gleiche Darstellung einzeichnen, wie dies in Bild 8.2.f (ii) getan wurde.

Im ersten Diagramm wurden die Grenzen bei $c_0 + 1/2$ und $n - c_0 - 1/2$ gezeichnet, um die Zuordnung der Grenzfälle deutlich zu machen. Im zweiten Bild sind Linienzüge gezeichnet, die die Übersicht erleichtern. Für die x/n-Werte, für die sie benützt werden, stimmen sie mit der anderen Darstellungsart überein.

Beispiel: $\pi_0 = 0.8$, $n = 20$: Der Verwerfungsbereich besteht nach Diagramm (i) aus den Teilen $\{X/n \leq 0.575\} = \{X \leq 11\}$ und $\{X/n \geq 0.975\} = \{X = 20\}$. Formal kann man das schreiben als $K = \{X \leq 11\} \cup \{X = 20\}$.

Die Diagramme dienen vor allem der Anschauung, denn schliesslich kann der Rechner die kritischen Grenzen jeweils liefern.

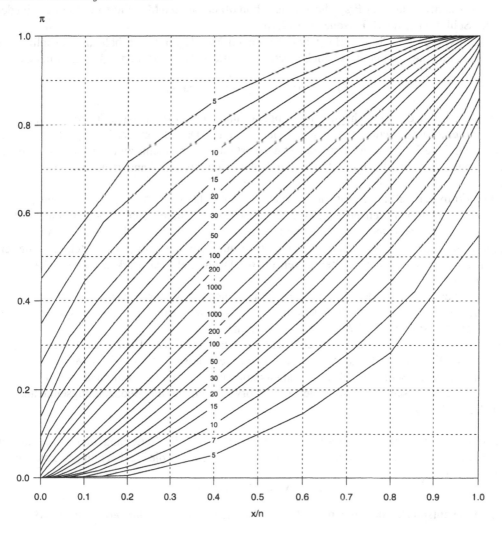

Bild 8.2.f (ii) Verwerfungsbereich ($\alpha = 5\%$, zweiseitig) für relative Häufigkeiten. Die Zahlen an den Kurven bezeichnen den Stichprobenumfang n

g Für grosse n können die Grenzen im Diagramm nicht mehr eindeutig identifiziert werden, und auch Computerprogramme schalten irgendwann auf Näherungs-Rechnungen um.
Wenn π_0 klein ist, kann man die Binomial-Verteilung durch die Poisson-Verteilung annähern, wie deren Herleitung zeigt (5.2.b). Statt $X \sim \mathcal{B}\langle n, \pi_0 \rangle$ testet man $X \sim \mathcal{P}\langle n\pi_0 \rangle$ gemäss 8.1.i. Für π_0 nahe bei eins gilt ebenso $n - X \sim \mathcal{P}\langle n(1 - \pi_0) \rangle$.
Liegt π_0 dazwischen, so kann man die Näherung durch die Normalverteilung verwenden; Genaueres siehe 8.3.e.

8.3 Die Teststatistik

a ▷ Im *Beispiel Schlafverlängerung* lautete die Frage, ob das neue Schlafmittel besser sei als das alte. Zur Beantwortung der Frage liegen die schon oft erwähnten Messungen von Unterschieden X_i der Schlafdauer für 10 Personen vor (7.1.i).
Die Nullhypothese – die der Hersteller des neuen Mittels für falsch hält und deshalb gerne verwerfen möchte – lautet, dass kein Unterschied bestehe. Ein Modell, das dies ausdrückt, ist

$$X_i \sim \mathcal{N}\langle 0, 1.5 \rangle \,, \quad X_i \text{ unabhängig} \,.$$

Dabei haben wir der Einfachheit halber angenommen, dass die Beobachtungen normalverteilt seien mit einer irgendwoher bekannten Varianz von 1.5. Das Modell der Nullhypothese enthält also zusätzliche Voraussetzungen, die mit der gestellten Frage nichts zu tun haben. Wir werden weiter unten ausführlich auf die Problematik solcher zusätzlicher Annahmen zurückkommen.

b ▷ Die (kommerziell) interessanten Alternativen lauten $(H_A)_\mu : X_i \sim \mathcal{N}\langle \mu, 1.5 \rangle$ mit $\mu > 0$, wenn die X_i die Differenzen der Schlaflänge für „neues" minus „altes" Schlafmittel sind. Es ist daher naheliegend, den Erwartungswert μ zu schätzen und die Nullhypothese zu verwerfen, wenn diese Schätzung sehr hoch ausfällt. (Es ist auch die zweiseitige Fragestellung möglich, in der auch $\mu < 0$ zu den Alternativen gehört. Dann sind auch stark negative Schätzwerte „extrem".) ◁
Die Beobachtungen werden also zunächst zusammengefasst durch das arithmetische Mittel $\overline{X}$. Eine solche Zahl, die die Beobachtungen zusammenfasst und als Ausgangspunkt für den statistischen Test dient, wird *Teststatistik U* genannt.
Bemerkung: Wenn man genau hinsieht, wurden schon im Beispiel der Asbestfasern die drei Zählungen X_1, X_2 und X_3 zu einer einzigen „Teststatistik" $U = X = X_1 + X_2 + X_3$ zusammengefasst. Beim Test für eine Wahrscheinlichkeit π stellt die binomial-verteilte Grösse $U = X$ eine Zusammenfassung der Indikatorvariablen für die Beobachtungseinheiten dar (vergleiche 5.1.c).

c Um den Verwerfungsbereich festlegen zu können, muss die Verteilung dieser Teststatistik bekannt sein unter der Annahme, dass die Nullhypothese für die Beobachtungen zutreffe. Im Beispiel gilt

$$U = \overline{X} \sim \mathcal{N}\langle 0, 1.5/10 \rangle \,,$$

also ist die entsprechende standardisierte Zufallsvariable, die *standardisierte Teststatistik*

$$T = \frac{U - \mathcal{E}\langle U \rangle}{\sqrt{\text{var}\langle U \rangle}} = \frac{\overline{X}}{\sqrt{0.15}} \,,$$

standard-normalverteilt. Extreme Werte für U entsprechen extremen Werten für T, und diese liegen (bei einseitiger Fragestellung) in einem Bereich der Form $T \geq c$. Die Konstante c soll so gewählt werden, dass $P_0 \langle T \geq c \rangle = 1 - \Phi \langle c \rangle = 0.05$ (5%) wird. (Φ bezeichnet die kumulative Verteilungsfunktion der Standard-Normalverteilung.) Aus Tabelle 6.5.f erhält man $1 - \Phi \langle 1.64 \rangle = 0.05$. Die extremen Werte liegen deshalb im Bereich $T \geq 1.64$ oder $U = \overline{X} \geq 1.64 \cdot \sqrt{0.15} = 0.635$. Bild 8.3.c zeigt die Verteilung von T und den Verwerfungsbereich.

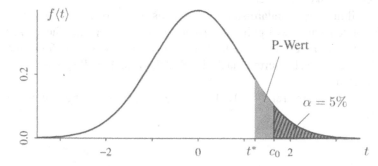

Bild 8.3.c
Verteilung der standardisierten Teststatistik T unter der Nullhypothese, Bestimmung des Verwerfungsbereichs K und des P-Wertes für einen Wert t^* von T

Für die zweiseitige Fragestellung suchen wir, da die Verteilung symmetrisch ist, einen Annahmebereich der Form $-c_1 \leq T \leq c_1$ mit Wahrscheinlichkeit 0.95. Diesen Bereich kennen wir bereits: Es wird $c_1 = 1.96$ (siehe 6.5.g).

d ▷ Die Beobachtungen führen zu $\bar{x} = u = 1.58$ und $t = 4.08$, also gehört der Wert der Teststatistik zum Verwerfungsbereich. Die Nullhypothese, dass die Schlafmittel die gleiche Wirkung haben, wird verworfen. ◁

e Wenn, wie soeben, eine Nullhypothese der Form $X_i \sim \mathcal{N} \langle \mu_0, \sigma_0^2 \rangle$ mit bekanntem σ_0 getestet werden soll, hat die standardisierte Teststatistik exakt eine Standard-Normalverteilung. Oft wird diese Verteilung aber auch *als Näherung verwendet*, beispielsweise beim *Testen einer Wahrscheinlichkeit* mit grosser Versuchszahl n und mittlerem π_0 (vergleiche 8.2.g). Wenn $U = X \sim \mathcal{B} \langle n, \pi_0 \rangle$ gilt, ist

$$T = \frac{U - n\pi_0}{\sqrt{n\pi_0(1-\pi_0)}} = \frac{U/n - \pi_0}{\sqrt{\pi_0(1-\pi_0)/n}}$$

näherungsweise standard-normalverteilt (siehe 6.12.i). Die Näherung gilt als brauchbar, wenn $n\pi(1-\pi) > 9$ (Sachs, 2004, §162, Hartung und Elpelt, 1997, §IV.3.1). (In der Nähe dieser Grenzen kann eine Diskretheitskorrektur helfen, siehe 6.12.j). Der Annahmebereich im zweiseitigen Test ist wieder $A = \{|T| \leq 1.96\}$. Für $\pi_0 = 1/2$ heisst das $A = \{|X - n/2| \leq 1.96\sqrt{n/4} \approx \sqrt{n}\}$ oder

$$A \approx \{n/2 \pm \sqrt{n}\} \, .$$

Das kann man sich gut merken. Für $n = 50$ erhält man $A \approx \{25 \pm 7\}$, also $c_0 = 17$, was man auch aus Tabelle 8.2.e abliest.

f ▷ Im *Beispiel der Mendel'schen Erbsen* wurden $X = 5474$ runde von insgesamt 7324 Erbsen gezählt. Die standardisierte Teststatistik wird $Z = (5474 - 0.75 \cdot 7324)/\sqrt{0.75 \cdot 0.25 \cdot 7324} = -0.513$, was weit innerhalb des Annahmebereiches der Standard-Normalverteilung liegt. Man stellt eine gute Übereinstimmung der Resultate mit der Theorie fest! ◁

g   Da viele Zufallsgrössen, die aus einer Stichprobe ausgerechnet werden, für grosse Stichproben-
    umfänge n näherungsweise normalverteilt sind, wird auch für andere Tests bei grossen Stich-
    proben eine auf Erwartungswert 0 und Varianz 1 standardisierte Teststatistik mit der Standard-
    Normalverteilung verglichen (vergleiche 8.10.b).

h   Die Frage, ob Daten mit einer Nullhypothese verträglich seien, wird mit der oben beschriebenen
    Konvention des statistischen Tests nur grob mit „ja" oder „nein" beantwortet. Es wäre informati-
    ver, ein feineres Mass der Verträglichkeit anzugeben.
    Dazu betrachten wir die Verteilung der (standardisierten) Teststatistik T nochmals. Zu jedem
    möglichen Wert t von T können wir alle Signifikanzniveaus α bestimmen, für die er zur
    Verwerfung der Nullhypothese führt. Es ergibt sich ein kleinstes solches Niveau, das für einen
    beobachteten Wert $t = 1.24$ gleich der schattierten Fläche im Bild 8.3.c ist. Für alle grösseren α
    wird die Nullhypothese verworfen.
    Das „Grenzniveau" heisst *P-Wert*. Er wird für $t = 1.24$ gleich 0.107, für die Schlafdaten mit
    $t = 4.08$ wird $p = 0.00002$!

i   Der P-Wert bildes ein Mass für die Verträglichkeit der Daten mit der Nullhypothese und
    damit für die *Plausibilität* des Modells im Lichte der Daten. Statt von einem festen Niveau
    α auszugehen und eine kritische Grenze für die Teststatistik zu bestimmen, gehen wir vom
    beobachteten Wert der Teststatistik aus und bestimmen eine kritische Grenze für die Werte α
    des Niveaus! Das Bild und die Definition des P-Wertes machen klar, dass die Nullhypothese
    auf dem Niveau α zu verwerfen ist, wenn der P-Wert $\leq \alpha$ ist. Wenn der P-Wert angegeben
    wird, kann deshalb jede und jeder auf dem Niveau testen, das sie oder er für geeignet hält – es
    lebe die Meinungsfreiheit jenseits der obrigkeitlichen Niveau-Verfügung $\alpha = 5\%$!

    Der Begriff des P-Wertes hat aber auch seine Tücken, auf die wir in 8.7 zu sprechen kommen.
    Wir führen ihn hier schon ein, da Rechnerprogramme, die Sie hoffentlich schon in den nächsten
    Abschnitten einsetzen, ihn normalerweise mitliefern.

8.4   Vorgehen bei einem statistischen Test

a   Das Vorgehen zur Herleitung und Durchführung eines statistischen Tests folgt immer wieder
    den gleichen Schritten. Eine rezeptartige Zusammenstellung und eine schematische Darstellung
    (Bild 8.4.a) sollen dies verdeutlichen. Folgende Schritte führen zum Ziel:

    Problem formulieren. Man suche eine möglichst präzise Formulierung der Fragestellung in
    Worten. Zudem muss man überlegen, von welcher Art die Daten sind, die zur Beantwortung
    der Frage dienen.

b   *Nullhypothese* H_0. Die Daten werden als Zufallsvariable aufgefasst. H_0 legt ihre Verteilung
    fest – oder allenfalls, in weiter unten zu behandelnden Fällen, eine ganze Klasse von
    Verteilungen.
    H_0 hat meist besonders einfache Struktur (z. B., dass irgendein Effekt gleich null ist; daher
    der Name). In der Regel möchte man H_0 gerne *widerlegen*.

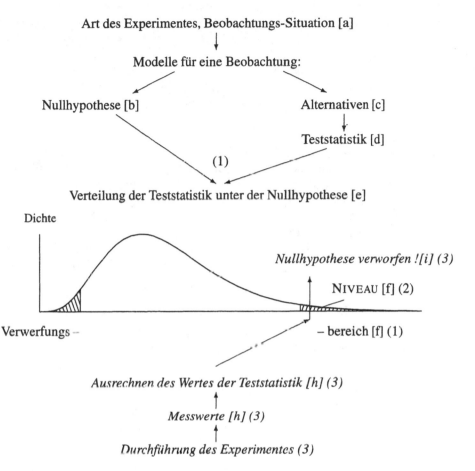

Art des Experimentes, Beobachtungs-Situation [a]

Modelle für eine Beobachtung:

Nullhypothese [b]   Alternativen [c]

Teststatistik [d]

(1)

Verteilung der Teststatistik unter der Nullhypothese [e]

Dichte

Nullhypothese verworfen ![i] (3)

NIVEAU [f] (2)

Verwerfungs –   – bereich [f] (1)

Ausrechnen des Wertes der Teststatistik [h] (3)

Messwerte [h] (3)

Durchführung des Experimentes (3)

| [..] | bezieht sich auf den Absatz .. im Text | (2) | WILLKÜRLICHE WAHL |
| (1) | Wahrscheinlichkeitstheorie | (3) | *Beobachtung, Empirie* |

Bild 8.4.a Schematischer Überblick über die Schritte bei der Konstruktion eines Tests

c *Alternativen* H_A werden in Betracht gezogen. Dies geschieht oft nur recht grob und hilft vor allem, die Richtung des Tests (einseitig gegen grössere oder kleinere Parameterwerte, oder zweiseitig) festzulegen.

d Eine *Teststatistik* U wird ausgesucht. Die Verteilung von U unter den betrachteten Alternativen soll möglichst stark verschieden sein von der Verteilung unter der Nullhypothese. Das führt zu möglichst grosser Macht. (Manchmal begnügt man sich auch mit einer nicht sehr mächtigen, dafür aber einfach zu berechnenden Statistik.)
Häufig läuft die Problemstellung darauf hinaus, für eine Verteilungsfamilie zu testen, ob der (ein) Parameter θ einen bestimmten Wert θ_0 haben kann. Dann ist eine Schätzung des Parameters eine geeignete Teststatistik.

e   Die *Verteilung* $\mathcal{F}_0\langle U \rangle$ *von* U *unter* H_0 muss bestimmt werden. Das ist eine rein wahrschein-
    lichkeitstheoretische Aufgabe. Oft kann man das Ergebnis einheitlicher darstellen, wenn man
    zu einer geeignet standardisierten Teststatistik T übergeht (vergleiche 8.3.c). (Falls dies nichts
    hilft, setze man im Folgenden $T = U$.)
    Für viele gebräuchliche Tests kann die Verteilung von T theoretisch bestimmt werden. Im
    Notfall hilft auch Simulation oder die Näherung durch die asymptotische Verteilung. Ein
    Computer-Programm kann im Prinzip diese Aufgabe übernehmen.

f   Der *Verwerfungsbereich* (oder kritische Bereich) K wird bestimmt. Er ergibt sich aus der
    Verteilung von T, der Richtung der Alternativen und dem Wert der gewünschten Irrtums-
    Wahrscheinlichkeit α. Der „kritische Wert", der K begrenzt, kann vom Rechner bestimmt
    oder oft auch aus einer Tabelle abgelesen werden.
    Die Verteilung der Teststatistik und deshalb auch der kritische Wert hängen vom Stichpro-
    benumfang n ab. Für grosse n sind keine Tabellen mehr vorhanden, da dort die *asympto-
    tische Näherung* genügend genau ist. Für die in der üblichen Form standardisierte Statistik
    $Z = (U - \mathcal{E}_0\langle U \rangle)/\sqrt{\mathrm{var}_0\langle U \rangle}$ genügt dann die Tabelle der Standard-Normalverteilung.

g   Die bisherigen Schritte haben mit den konkret erhaltenen Zahlen nichts zu tun. Sie gründen nur
    auf Modell-Vorstellungen. Deshalb sind sie als *Test-Vorschrift* „fertig verpackt" in den Lehr-
    und Nachschlagebüchern nachzulesen.

h   Jetzt erst (!) wird der Wert t der (standardisierten) Teststatistik T aus den vorliegenden
    Beobachtungen berechnet.

i   Je nach dem Resultat t fällt die *Entscheidung*: Falls der Wert von T im Verwerfungsbereich
    liegt ($t \in K$), wird die *Nullhypothese verworfen*. (H_0 ist statistisch widerlegt, der Effekt oder
    die Abweichung ist statistisch *signifikant* auf dem gewählten Niveau α.) Andernfalls ($t \notin K$)
    darf H_0 *beibehalten werden*, sie kann richtig oder falsch sein.

j   Man kann auch auf die Bestimmung des Verwerfungsbereichs für die Teststatistik T verzichten
    und stattdessen in jeder Anwendung aus deren beobachteten Wert t den P-Wert bestimmen
    (8.3.h). Die Nullhypothese wird dann verworfen, wenn der P-Wert $\leq \alpha$ ist.

k   Um den Verwerfungsbereich in 8.4.f zu bestimmen oder die Entscheidung aufgrund des P-
    Wertes zu fällen, muss zunächst die *Irrtums-Wahrscheinlichkeit* α festgelegt werden. Sie liegt
    in aller Regel zwischen 5% und 0.1%. Man wird $\alpha = 5\%$ wählen, wenn man gewillt ist, die
    Nullhypothese bei eher schwacher „Beweislast" über Bord zu werfen, und $\alpha = 1\%$ oder gar
    0.1%, wenn man Gründe hat, H_0 nur bei recht eindeutigen Widersprüchen abzulehnen, wenn
    also ein Fehler 1. Art schwerwiegende Folgen hat. Diese Wahl hat aber normalerweise mehr mit
    den Konventionen eines Fachgebietes als mit dem konkreten Problem zu tun. Wir bleiben der
    Einfachheit halber bei 5%.

8.5 Tests für eine Stichprobe oder zwei gepaarte Stichproben

a Wir kommen auf das *Beispiel der Schlafverlängerung* zurück, in dem eine Stichprobe von quantitativen Daten – also einer stetigen Zufallsvariablen – vorliegt, und wollen diese Situation allgemein behandeln.

> *Problem „eine Stichprobe"*: Es werden Messdaten (oder auch Zähldaten) beobachtet, X_i, $i = 1, 2, \ldots, n$, unabhängig. Die übliche Frage lautet: Kann ein bestimmter Lageparameter (Erwartungswert, Median) gleich einem vorgegebenen Wert μ_0 sein?
> Der Wert μ_0 kann beispielsweise eine physikalische Konstante, eine chemische Konzentration oder ein Grenzwert in der Lebensmittelkontrolle sein.

b *Problem „zwei gepaarte* oder *verbundene Stichproben"*: Es wird für jede Beobachtungseinheit die gleiche Grösse zweimal gemessen, in verschiedenen „Zuständen" der Beobachtungseinheit. Beispiele sind die Schlaflänge bei zwei Schlafmitteln, die Anzahl beobachteter Verhaltenselemente von Mäusen bei Licht und bei Dunkelheit oder die Reaktionszeit von Autofahrern bei 5 Promille Alkohol im Blut und nüchtern. Die gleiche Situation entsteht, wenn Beobachtungseinheiten zu Paaren verbunden sind: Je zwei nebeneinanderliegende Felder werden mit zwei zu vergleichenden Methoden behandelt, oder man vergleicht die Grösse von Vätern und Söhnen in verschiedenen Familien. Man nennt diese Situation „gepaarte" oder „verbundene Stichproben"; Jeder Wert der einen Stichprobe ist mit einem Wert der andern Stichprobe verbunden. Wenn man in diesem Fall die *Differenz* der Zielgrösse (eventuell nach Transformation) in den beiden Zuständen als „Beobachtung" auffasst, ergibt sich die gleiche Situation wie vorher. Die Frage lautet hier meistens, ob die Differenz „im Wesentlichen gleich null" sei, also ob der Lageparameter μ der Verteilung der Differenzen $= 0$ sein könne.

c ▷ *Beispiel Reifen* (nach Lehn und Wegmann, 2006). Eine Reifenfirma hat für Winterreifen zwei Profile entwickelt, die im Hinblick auf ihre Bremswirkung verglichen werden sollen. Dazu werden zehn Testfahrzeuge einmal mit den Reifen der Profilsorte A, das andere Mal mit Sorte B bestückt und jeweils bei der gleichen Geschwindigkeit abgebremst. Die ermittelten Bremswege sind in Tabelle 8.5.c eingetragen. ◁

Tabelle 8.5.c Bremswege in Metern im Beispiel der Reifen

i	Profil A	Profil B	Differenz	Vorzeichen
1	44.5	44.9	0.4	+
2	55.0	54.8	− 0.2	−
3	52.5	55.6	3.1	+
4	50.2	55.2	5.0	+
5	45.3	55.6	10.3	+
6	46.1	47.7	1.6	+
7	52.1	53.0	0.9	+
8	50.5	49.1	− 1.4	−
9	50.6	52.3	1.7	+
10	49.2	50.7	1.5	+
mittlere Differenz			2.29	

d Eine mögliche Behandlung solcher Probleme wurde bereits in 8.3.c beschrieben. Wir fassen die Test-Vorschrift nochmals schematisch zusammen:

> *z-Test.*
> Problem: Lage einer Stichprobe oder Unterschied der Lage von zwei verbundenen Stichproben prüfen (8.5.a, 8.5.b).
>
> H_0 : $X_i \sim \mathcal{N}\langle\mu_0, \sigma_0^2\rangle$, $i = 1, \ldots, n$, unabhängig; die Varianz σ_0^2 sei bekannt;
>
> H_A : $X_i \sim \mathcal{N}\langle\mu, \sigma_0^2\rangle$, $i = 1, \ldots, n$, unabhängig, mit (a) $\mu > \mu_0$; (b) $\mu < \mu_0$;
> (c) $\mu \neq \mu_0$;
>
> U : $\overline{X} = \frac{1}{n} \sum_i X_i$;
>
> $\mathcal{F}_0\langle U \rangle$: $\overline{X} \sim \mathcal{N}\langle\mu_0, \sigma_0^2/n\rangle$;
>
> K : Einfacher zu bestimmen, wenn man zunächst die Teststatistik standardisiert:
>
> $$Z = \frac{\overline{X} - \mu_0}{\sigma_0/\sqrt{n}} \sim \mathcal{N}\langle 0, 1 \rangle .$$
>
> (Es ist üblich, für die standardisierte Testgrösse den Buchstaben Z zu verwenden, wenn sie unter der Nullhypothese standard-normalverteilt ist.) Kritische Werte für Z:
>
> (a) c so, dass $1 - \Phi\langle c \rangle = 0.05$ $\Rightarrow c = 1.64$; $K = \{Z \geq 1.64\}$
>
> (b) c so, dass $\Phi\langle c \rangle = 0.05$ $\Rightarrow c = -1.64$; $K = \{Z \leq -1.64\}$
>
> (c) c_1 so, dass $1 - \Phi\langle c_1 \rangle = 0.025$ $\Rightarrow c_1 = 1.96$;
> c_0 so, dass $\Phi\langle c_0 \rangle = 0.025$ $\Rightarrow c_0 = -c_1$; $K = \{|Z| \geq 1.96\}$
>
> Die Grenzen für die *standardisierte* Testgrösse sind immer dieselben, unabhängig von n, μ_0, σ_0. Man kann sich daher die kritischen Werte merken. Die Zahl 1.96 (≈ 2) ist eine der berühmtesten Zahlen in der Statistik.
> Beachten Sie, dass die Voraussetzung der Normalverteilung mit bekannter Varianz benötigt wurde, um die Verteilung der Teststatistik $\overline{X}$ herzuleiten.

e ▷ Im Beispiel der Reifen sei die Standardabweichung der Differenzen aus früheren, ähnlichen Messungen als $\sigma_0 = 3$ ermittelt worden. Man erhält $z = 2.29/(3/\sqrt{10}) = 2.41 \in K$; die Reifensorten unterscheiden sich statistisch signifikant in der Länge des Bremsweges. ◁

f In den meisten Anwendungen dieser Fragestellung ist die Standardabweichung σ unbekannt. (Im Beispiel war das eigentlich auch der Fall. Das angegebene σ_0 wurde für die Darstellung des z-Tests erfunden.) Ein Modell für die Nullhypothese lautet also $X_i \sim \mathcal{N}\langle\mu_0, \sigma^2\rangle$, unabhängig, σ unbekannt. Die Nullhypothese legt also nicht eine einzige Verteilung fest, sondern eine ganze Klasse: Alle Normalverteilungen mit Erwartungswert μ_0.
Die Normalverteilung hat eben zwei Parameter, μ und σ^2. Der Erwartungswert μ interessiert uns, aber σ^2 ist ein *Stör-Parameter*, englisch *nuisance parameter*.
Die (theoretische) Standardabweichung σ ist nun zwar nicht von vornherein bekannt, aber wir haben ja die Stichprobe, aus der sie geschätzt werden kann! Wir brauchen also im Rezept nur den Parameterwert σ_0 durch den Schätzwert $\hat{\sigma}$ zu ersetzen. Dann wird die standardisierte Teststatistik Z zu

$$T = \frac{\overline{X} - \mu_0}{\hat{\sigma}/\sqrt{n}} \qquad \hat{\sigma}^2 = \frac{1}{(n-1)} \sum (X_i - \overline{X})^2 .$$

g   Da $\hat{\sigma}$ ebenfalls zufällig schwankt, ist es plausibel, dass T nicht mehr genau normalverteilt ist, auch wenn die X_i normalverteilt sind. Die Verteilung von T hängt (bei normalverteilten X_i) nur vom Stichprobenumfang n ab. Aus theoretischen Gründen verwendet man $m = n - 1$ zur Spezifikation der Verteilung, und nennt sie t-*Verteilung* mit m Freiheitsgraden.

Die Grösse T hat eine grössere Varianz als Z, und ihre Verteilung ist zudem langschwänziger – beides desto ausgeprägter, je kleiner die Anzahl Freiheitsgrade m ist (Bild 8.5.g).

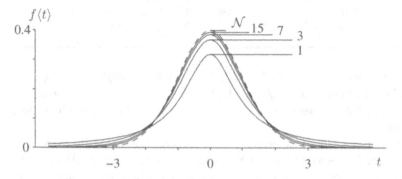

Bild 8.5.g
t-Verteilungen mit
verschiedenen
Freiheitsgraden m

Die Verteilung von T wurde von einem Statistiker mit Pseudonym „Student" 1908 gefunden. Seine Arbeit stellt einen Markstein in der Entwicklung der Statistik dar. (Gosset – so hiess er richtig – benützte das Pseudonym, da seine Arbeitgeberin, die Guinness-Brauerei, ihren Mitarbeitern die Publikation von wissenschaftlichen Grundlagenarbeiten verbot.) Die Testgrösse wird üblicherweise als klein t geschrieben und man spricht vom t-Test.

*   Die Dichte der t-Verteilung ist $f\langle t\rangle = c(1 + t^2/m)^{-(m+1)/2}$, wobei die Normierungskonstante $c = \Gamma\langle(m+1)/2\rangle / (\Gamma\langle m/2\rangle \sqrt{\pi m})$ und Γ die Gamma-Funktion ist.

h   Wir wollen die Ergebnisse für den Fall einer unbekannten Standardabweichung zusammenfassen. (Man suche die kleinen Unterschiede zum z-Test!)

> *t-Test.*
> Problem: Lage einer Stichprobe oder Unterschied der Lage von zwei verbundenen Stichproben prüfen (8.5.a, 8.5.b).
>
> H_0 : $X_i \sim \mathcal{N}\langle\mu_0, \sigma^2\rangle$, $i = 1, \ldots, n$, unabhängig; die Varianz σ^2 ist *nicht* bekannt;
>
> H_A : $X_i \sim \mathcal{N}\langle\mu, \sigma^2\rangle$, $i = 1, \ldots, n$, unabhängig, mit   (a) $\mu > \mu_0$;   (b) $\mu < \mu_0$;
>   (c) $\mu \neq \mu_0$;
>
> T : $T = \frac{\bar{X} - \mu_0}{\hat{\sigma}/\sqrt{n}}$
>
> $\mathcal{F}_0\langle T\rangle$: $T \sim t_{n-1}$
>
> K :   Kritische Werte für T sind aus der Spalte mit $m = n-1$ in Tabelle 8.5.h zu bestimmen:
>   (a) c aus der Zeile „einseitig", $K = \{T \geq c\}$
>   (b) c wie bei (a), mit negativem Vorzeichen, $K = \{T \leq c\}$
>   (c) c_1 aus der Zeile „zweiseitig", $c_0 = -c_1$, Annahmebereich $A = \{c_0 \leq T \leq c_1\}$
>   oder einfacher: Verwerfungsbereich $K = \{|T| \geq c_1\}$

i   Der Nenner $\hat{\sigma}/\sqrt{n}$ von T ist eine Schätzung der Standardabweichung $\sigma_0/\sqrt{n}$ des arithmetischen Mittels $\bar{X}$ und wird *Standardfehler* oder englisch *standard error* genannt.

Tabelle 8.5.h   Kritische Werte der t-Verteilung mit m Freiheitsgraden für zweiseitige ($q_{0.975}$) und einseitige ($q_{0.95}$) Fragestellung

m	1	2	3	4	5	6	7	8	9	10
zweiseitig	12.71	4.30	3.18	2.78	2.57	2.45	2.37	2.31	2.26	2.23
einseitig	6.31	2.92	2.35	2.13	2.02	1.94	1.89	1.86	1.83	1.81

m	11	12	13	14	15	20	30	40	50	100	∞
zweiseitig	2.20	2.18	2.16	2.15	2.13	2.09	2.04	2.02	2.01	1.98	1.96
einseitig	1.80	1.78	1.77	1.76	1.75	1.72	1.70	1.68	1.68	1.66	1.64

j ▷ Im *Beispiel der Reifen* wird $\hat{\sigma}^2 = \frac{1}{9}\left((0.4 - 2.29)^2 + (-0.2 - 2.29)^2 + \ldots + (1.5 - 2.29)^2 \right) = 3.32^2$, der Standardfehler ist $\hat{\sigma}/\sqrt{n} = 3.32/\sqrt{10} = 1.048$ und die Teststatistik $T = 2.29/1.048 = 2.18$. Der Tabellenwert für $m = 10 - 1$ ist $2.26 > |T|$. Die Nullhypothese wird also *nicht* verworfen!

Für den einseitigen Test, der anwendbar ist, wenn nur ein längerer Bremsweg für Sorte B in Betracht gezogen wird, ist der Tabellenwert gleich 1.83. In diesem Fall lässt sich die Abweichung also nachweisen. (Das ist ein Ergebnis, das von den Überlegungen der Statistik her durchaus zu verstehen ist, dessen Interpretation für die Fragestellung aber zweideutig bleibt: Man kann den Effekt als signifikant nachweisen, weil man sich auf eine einseitige Fragestellung beschränkt hat.) ◁

k   Es muss ja nicht immer das arithmetische Mittel sein. Eine andere brauchbare Testgrösse ist die Anzahl der Beobachtungen, die grösser sind als μ_0. Im Beispiel der Schlafverlängerung fällt ja zunächst auf, dass keine negativen Differenzen auftreten. Von 10 Zahlen ist keine negativ – das deutet doch stark auf eine eindeutig erhöhte Wirksamkeit des zweiten Schlafmittels hin.

Es zeigt sich, dass die Verteilung dieser Teststatistik ohne die Voraussetzung der Normalverteilung hergeleitet werden kann. So lautet das Rezept:

l   *Vorzeichen-Test* (oder Zeichen-Test).

Problem: wie z-Test (8.5.a, 8.5.b).

H_0 : $X_i \sim \mathcal{F}_0$ (irgendeine Verteilung) mit Median μ_0, unabhängig.

H_A : $X_i \sim \mathcal{F}$ mit Median μ; (a) $\mu > \mu_0$, (b) $\mu < \mu_0$, (c) $\mu \neq \mu_0$.

U : $U =$ Anzahl $\{i \mid X_i > \mu_0\}$ = Anzahl der positiven $X_i - \mu$ (von da der Name des Tests).

$\mathcal{F}_0\langle U \rangle$:   Falls $P_0\langle X_i = \mu_0\rangle = 0$ ist (vergleiche 8.2.e), gilt $P_0\langle X_i > \mu_0\rangle = 1/2$ und deshalb $U \sim \mathcal{B}\langle n, 1/2\rangle$. Eine Standardisierung ist nicht nötig, $T = U$.

K :   Wie in 8.2.e.

Für $n < 6$ enthält die Tabelle 8.2.e einen Strich: Für so kleine Stichproben kann es keine signifikanten Ergebnisse geben, da auch der extremste Fall – alle Beobachtungen positiv oder alle negativ – eine Wahrscheinlichkeit $> 2.5\%$ hat.

m   ▷ Im *Beispiel* der *Reifen* wurden 8 positive Vorzeichen festgestellt (von $n = 10$). Laut Tabelle 8.2.e ist $c_0 = 1$, also $c_1 = n - c_0 = 9$. Die Nullhypothese wird also durch den Vorzeichen-Test nicht abgelehnt. ◁

n * Die Annahmen, die dem Vorzeichen-Test zugrundeliegen, können sogar noch weiter gefasst werden, und auch der Fall, dass $P_0\langle X_i = \mu_0 \rangle \neq 0$ ist, lässt sich behandeln:

H_0 : $X_i \sim \mathcal{F}_i$ (Verteilungen können verschieden sein) mit med$\langle X_i \rangle = \mu_0$, unabhängig.

H_A :   (a) med$\langle X_i \rangle > \mu_0$ für alle i,   (b) med$\langle X_i \rangle < \mu_0$ für alle i,   (c): (a) oder (b).

U : $U =$ Anzahl $\{i \mid X_i > \mu_0\}$

$\mathcal{F}_0\langle U \rangle$:   Allfällige Beobachtungen mit $X_i = \mu_0$ lässt man weg: Es sei N_0 die Anzahl solcher Beobachtungen. Dann ist die bedingte Verteilung von U, gegeben $N_0 = n_0$, gleich $\mathcal{B}\langle n - n_0, 1/2 \rangle$.

K :   Wie in 8.2.e.

o Der Vorzeichen-Test hat gegenüber dem z-Test den Vorteil, dass man keine Annahmen über die Form der Verteilung treffen muss. Intuitiv vermutet man auch einen Nachteil: Man „verschenkt" die Information über die absolute Grösse der positiven gegenüber den negativen $X_i - \mu_0$. Im Beispiel der Reifen fällt ja auf, dass die beiden negativen Differenzen kleine Absolutwerte haben, und das verstärkt den Hinweis auf einen wirklichen Unterschied der Reifen. Solche Hinweise zu vernachlässigen führt zu geringerer Macht; genaueres später (8.9).

p Ein Test, der den erwähnten Vorteil ebenfalls hat, ohne gleichzeitig dem Nachteil zu verfallen, ist der *Vorzeichen-Rangsummen-Test von Wilcoxon für gepaarte Stichproben* (englisch *signed rank test* oder *one-sample Wilcoxon test*).
Problem: wie vorher (8.5.a, 8.5.b)

H_0 : $X_i \sim \mathcal{F}_0$, unabhängig, wobei $\mathcal{F}_0$ stetig und symmetrisch ist bezüglich μ_0 (d.h. $P_0\langle X \leq \mu_0 - c \rangle = P_0\langle X \geq \mu_0 + c \rangle$ für alle c).

H_A : $X_i \sim \mathcal{F}$, unabhängig, $\mathcal{F}$ symmetrisch bezüglich (a) $\mu > \mu_0$; (b) $\mu < \mu_0$; (c) $\mu \neq \mu_0$.

U :   Nach folgendem Rezept zu bestimmen: 1. Bilde $X_i' = X_i - \mu_0$, streiche die negativen Vorzeichen, bilde die Ränge R_i. Formelmässig kann man schreiben

$$R_i = \mathrm{Rang}\left\langle |X_i'| \;\middle|\; |X_1'|, |X_2'|, \ldots, |X_n'| \right\rangle.$$

▷ Im Beispiel der Reifen ist, wie meistens, $\mu_0 = 0$ und deshalb $X_i - \mu_0$ die Differenz der Bremswege. Der Rang der ersten Differenz, 0.4, wird 2, da nur -0.2 einen kleineren Absolutbetrag hat. Die Ränge R_i werden der Reihe nach 2, 1, 8, 9, 10, 6, 3, 4, 7, 5. ◁

2. Summiere die R_i derjenigen Beobachtungen i, für die $X_i - \mu_0 > 0$ ist. Im Beispiel haben alle Beobachtungen ausser der 2. und der 8. positive Differenzen; die zugehörigen Ränge 2, 8, 9, 10, 6, 3, 7 und 5 ergeben die Summe 50.
Formelmässig sieht das etwas komplizierter aus: Es sei $V_i = 1$, falls $X_i - \mu_0 > 0$ ist, $V_i = 0$ sonst. Dann ist die Teststatistik

$$U^+ = \sum_{i=1}^{n} V_i R_i.$$

▷ Im Beispiel: $u^+ = 1 \cdot 2 + 0 \cdot 1 + 1 \cdot 8 + 1 \cdot 9 + 1 \cdot 10 + 1 \cdot 6 + 1 \cdot 3 + 0 \cdot 4 + 1 \cdot 7 + 1 \cdot 5 = 50$.
Ebenso kann man $U^- = \sum_{i=1}^{n}(1 - V_i)R_i$ bilden; es gilt $U^+ + U^- = \sum_{i=1}^{n} R_i = n(n+1)/2$. ◁

$\mathcal{F}_0\langle U \rangle$:   wird in 8.10.c hergeleitet. Es stellt sich heraus, dass die Verteilung von U^+ oder U^- nicht von der Verteilung $\mathcal{F}$ abhängt (solange sie stetig ist).

K : Für Stichprobenumfänge bis $n = 30$ aus Tabelle 8.5.p zu bestimmen:

(a) Bestimme c aus der Zeile „c, einseitig";
$K = \{U^+ \geq n(n+1)/2 - c\} = \{U^- \leq c\}$;

(b) Bestimme c aus der Zeile „c, einseitig"; $K = \{U^+ \leq c\}$;

(c) Bestimme c_0 aus der Zeile „c_0, zweiseitig";
$K = \{U^+ \leq c_0\} \cup \{U^+ \geq n(n+1)/2 - c_0\} = \{\min\langle U^+, U^-\rangle \leq c_0\}$.

Für grössere n bestimmt man den Verwerfungsbereich durch Approximation durch die Normalverteilung (siehe unten).

Tabelle 8.5.p Kritische Werte für den Vorzeichen-Rangsummen-Test von Wilcoxon für gepaarte Stichproben zum Niveau $\alpha = 5\%$

n	1	2	3	4	5	6	7	8	9	10
c, einseitig	-	-	-	-	0	2	3	5	8	10
c_0, zweiseitig	-	-	-	-	-	0	2	3	5	8

n	11	12	13	14	15	16	17	18	19	20
c, einseitig	13	17	21	25	30	35	41	47	53	60
c_0, zweiseitig	10	13	17	21	25	29	34	40	46	52

n	21	22	23	24	25	26	27	28	29	30
c, einseitig	67	75	83	91	100	110	119	130	140	151
c_0, zweiseitig	58	65	73	81	89	98	107	116	126	137

▷ Im *Beispiel der Reifen* war $u^+ = 50$, $u^- = 5$. Die kleinere der beiden Zahlen, 5, ist kleiner als der zugehörige Tabellenwert $c_0 = 8$; die Nullhypothese wird *verworfen*. ◁
Für $n < 5$ im einseitigen und $n < 6$ im zweiseitigen Fall ist wie beim Vorzeichen-Test keine Verwerfung möglich. Für grosse n ist die standardisierte Teststatistik $Z^+ = (U^+ - \mathcal{E}\langle U^+\rangle)/\sqrt{\mathrm{var}\langle U^+\rangle}$, mit $\mathcal{E}\langle U^+\rangle = n(n+1)/4$ und $\mathrm{var}\langle U^+\rangle = n(n+1)(2n+1)/24$, näherungsweise standard-normalverteilt.

q Die Tabellenwerte gelten streng genommen nicht mehr, wenn unter den $|X_i - \mu_0|$ gleiche Werte (*„Bindungen"*, englisch *ties*) oder Nullen auftreten. Das passiert für stetige Verteilungen mit Wahrscheinlichkeit null. Die Nullen ($X_i = \mu_0$) kann man weglassen; die Verteilung der Teststatistik ist dann eine bedingte Verteilung, gegeben die Anzahl Nullen (vergleiche 8.5.n). Bei Bindungen teilt man die Ränge auf, siehe 2.2.c, und bildet die Teststatistik wie vorher. Wenn nur wenige Bindungen vorhanden sind, ist der Effekt dieser Modifikation vernachlässigbar. Die allgemeine Formel für die Varianz findet man in Nachschlagebüchern und kann also wenigstens die asymptotische Näherung auch bei vielen Bindungen benützen.

r Die Verteilung der Teststatistik U^+ (oder U^-) hängt *nicht* von einem konkreten *parametrischen* Modell für die Beobachtungen ab. Tests mit dieser Eigenschaft nennt man *nicht-parametrisch*. Das Wort *verteilungsfrei* wird manchmal synonym, manchmal mit leicht anderer Bedeutung verwendet. Diese Eigenschaft wurde erreicht, indem man von den ursprünglichen Daten zunächst zu den Rängen übergegangen ist, und solche Tests heissen *Rangtests*.

s Der Vorzeichen-Rangsummen-Test nützt nun die Information über die absolute Grösse der positiven gegenüber den negativen $X_i - \mu_0$ aus. Die Nullhypothese ist dafür gegenüber dem Vorzeichen-Test wieder einschränkender geworden: Es wird *Symmetrie vorausgesetzt*.
Diese Voraussetzung ist für die Differenzen der Paare bei verbundenen Stichproben oft naheliegend. Wenn unter der Nullhypothese der Wert für beide „Zustände" (vorher/nachher) die gleiche Verteilung hat, dann ist die Verteilung der Differenz meistens symmetrisch. (* Bei Unabhängigkeit immer, sonst nicht notwendigerweise.)

t Nun stehen uns vier verschiedene Tests für das gleiche Grundprobleme zur Verfügung. Welcher soll jeweils verwendet werden? Zu dieser Frage folgen einige grundsätzliche Überlegungen.

8.6   Interpretation von Testergebnissen

a Wenn die Durchführung eines Tests zur Verwerfung der Nullhypothese führt, sind mehrere Interpretationen möglich:

(1) Ein Effekt ist nachgewiesen, eine „Alternative" ist richtig, oder

(2) die Nullhypothese ist auf andere Weise verletzt, z. B. enthalten die Daten einen systematischen Fehler, oder die X_i sind nicht unabhängig, nicht normalverteilt (beim t-Test), nicht symmetrisch verteilt (beim Vorzeichen-Rangsummen-Test), nicht alle gleich verteilt (med$\langle X_i \rangle$ verschieden für verschiedene i beim Vorzeichen-Test), oder

(3) es ist rein zufällig das unwahrscheinliche Ereignis eingetreten, das den Verwerfungsbereich bildet; es ergab sich also zufällig Signifikanz aufgrund der statistischen Schlussweise.

Die Möglichkeit (3) ist unvermeidbar. Ihre Wahrscheinlichkeit wird durch das Signifikanzniveau kontrolliert. Man möchte (2) ausschliessen, um auf (1) schliessen zu können. Aber wie?

b Betrachten wir nochmals die verschiedenen möglichen Voraussetzungen im Fall der Tests für die Lage einer Stichprobe und die Tests, die diesen Voraussetzungen entsprechen:

(A) $X_i \sim \mathcal{N}\langle \mu, \sigma_0^2 \rangle$, σ_0^2 bekannt $\rightarrow$ z-Test.

(B) $X_i \sim \mathcal{N}\langle \mu, \sigma_0^2 \rangle$, σ_0^2 unbekannt $\rightarrow$ t-Test.

(C) $X_i \sim \mathcal{F}$ symmetrisch um μ, sonst beliebig $\rightarrow$ Vorzeichen-Rangsummen-Test.

(D) $X_i \sim \mathcal{F}_i$ mit Median μ, sonst beliebig $\rightarrow$ Vorzeichen-Test.

In allen Fällen wird zudem die Unabhängigkeit der X_i gefordert (bei (C) und (D) genügt eine leicht allgemeinere Voraussetzung); in allen ausser (D) auch die gleiche Verteilung für alle X_i.

c Die unerwünschte Möglichkeit (2) bedeutet, dass ein Modell gilt, das in der Lage oder allgemein im zu testenden Effekt mit der Nullhypothese übereinstimmt, aber in anderen Aspekten davon abweicht. Solche Modelle wollen wir *störende Alternativen* nennen.
Man kann damit auf verschiedene Arten umgehen:

d • Man bezeichnet die Annahme, dass die Nullhypothese oder eine Alternative „gilt", aber sicher nichts anderes, als *Voraussetzung* für die Anwendung des Tests und überlässt die Verantwortung den Anwenderinnen und Anwendern.

e • Man stellt (leicht resigniert) fest, dass man einen Effekt mit Statistik nie beweisen kann, sondern nur nachweisen kann, dass die Annahme „kein Effekt", kombiniert mit allen anderen Annahmen der Nullhypothese, zu einem „statistischen Widerspruch" führt. Indem man Abweichungen von den anderen Annahmen wegdiskutiert, macht man *plausibel*, dass der statistische Widerspruch deshalb auftritt, weil ein nachzuweisender Effekt wirklich vorhanden ist, d. h. eine Alternative gilt.

f • Teilweise kann man die Annahmen auch anhand der Daten überprüfen, indem man das Vorliegen einer störenden Alternative mit einem statistischen Test abklärt. Entsprechende Methoden werden in Kapitel 11 besprochen.
Mit einem Test kann aber die Nullhypothese nie bewiesen werden. Wenn keine signifikante Abweichung der Art der störenden Alternativen festgestellt wird, heisst das deshalb nicht, dass die vorausgesetzte Annahme gilt. Wenn hingegen diese Annahme verworfen wird, dann ist der darauf beruhende Test für die Hauptfrage nicht gerechtfertigt, und man braucht einen Test, der ohne diese Annahme auskommt. Den kann man auch von Beginn weg benützen! Also:

g • Man hält sich an Tests, die *möglichst wenige Voraussetzungen* brauchen. Also Rangsummen-Test statt t- oder z-Test, Vorzeichen-Test statt Vorzeichen-Rangsummen-Test! Soll man also immer den Vorzeichen-Test verwenden? Nein!
Zur Begründung dieser negativen Antwort muss man den möglichen *Fehler 2. Art* betrachten: Vorausgesetzt, es gilt eine Alternative, wie wahrscheinlich ist dann das Ereignis, dass der Test zur Fehlentscheidung „Nullhypothese beibehalten" führt? Diese Wahrscheinlichkeit ist (in den allermeisten Fällen) kleiner für den Vorzeichen-Rangsummen-Test als für den Vorzeichen-Test, falls die Voraussetzung (C) gilt, falls also die Alternativ-Verteilung symmetrisch ist. Der Vorzeichen-Rangsummen-Test hat grössere Macht als der Vorzeichen-Test. *Die allzu grosszügige Lockerung der Voraussetzungen* bezahlt man mit einem Verlust an Macht. Wenn die schärfere Voraussetzung stimmt, macht man also mit grösserer Wahrscheinlichkeit einen Fehler 2. Art, als wenn man den entsprechenden „schärferen" Test anwendet. Wir kommen auf diese Begriffe zurück (8.9).

h Konkrete *Empfehlung für das Testen eines Lageparameters*:

• Vorzeichen-Rangsummen-Test von Wilcoxon anwenden, falls die Verteilung symmetrisch ist wegen

• theoretischen Überlegungen (z. B., weil man Differenzen von Grössen betrachtet, die unter der Nullhypothese gleich verteilt sind, in gepaarten Stichproben),

• empirischen Resultaten in grossen Datensätzen,

• sonst Vorzeichen-Test durchführen;

• t-Test vermeiden. Der Gewinn an Macht, falls die Daten exakt normalverteilt sind, ist minim. Wenn dagegen die Daten nicht genau normalverteilt sind (also fast immer), hat der Vorzeichen-Rangsummen-Test meistensleicht bis wesentlich grössere Macht als der t-Test. (Ausnahme: In ganz kleinen Stichproben ist der Vorzeichen-Rangsummen-Test nicht anwendbar, vergleiche 8.5.p, der t-Test schon, wenn auch mit Vorbehalten wegen nicht überprüfbaren Voraussetzungen.)

• Der z-Test ist sehr selten anwendbar, und es gelten die gleichen Vorbehalte wie beim t-Test.

... und nicht vergessen: Eine grafische Darstellung der Daten lohnt sich immer!

i * Die eingangs erwähnte Variante (2) kann noch anders umschrieben werden. Ein *„Fehler 3. Art"* (meine Begriffsbildung) geschieht, wenn ein signifikantes Test-Resultat entsteht, weil eine störende Alternative gilt. Genau genommen macht man in diesem Fall keinen *Fehler*, wenn man die Nullhypothese ablehnt, sondern erst, *wenn man das signifikante Testergebnis als „Effekt"* (Nachweis, dass eine Alternative gilt) *interpretiert*. Der Fehler 3. Art besteht also darin, eine interessierende Alternative für richtig zu halten, obwohl weder Nullhypothese noch Alternative gelten, sondern eine störende Alternative.

Tests, die die Wahrscheinlichkeit eines Fehlers 3.Art gering halten, nennt man *robuste* Tests. Die Macht eines solchen Tests gegenüber (kleinen) Abweichungen nimmt „in Richtung von interessierenden Alternativen" stark zu, in „allen anderen Richtungen" bleibt sie möglichst gleich der Irrtums-Wahrscheinlichkeit.

j Zusammenfassend soll die Teststatistik so ausgewählt werden, dass sich ihre Verteilung unter den interessierenden Alternativen möglichst stark und für „störende" Alternativen (8.6.c) möglichst schwach von der Verteilung unter der Nullhypothese unterscheidet.

8.7 Bemerkungen zum P-Wert

a Der P-Wert wurde in 8.3.h eingeführt als *Mass der Verträglichkeit* von Daten und Nullhypothese oder der Plausibilität der Nullhypothese im Lichte der Daten. Er ermöglicht es, die Frage nach der Verwerfung der Nullhypothese für ein beliebiges Niveau α sofort zu beantworten: Ist der P-Wert $\leq \alpha$, so wird die Nullhypothese verworfen.

b Die Literatur kennt noch eine vereinfachte, ältere Konvention, mit der die Stärke der Abweichung angegeben wird. Es werden vier „Signifikanz-Klassen" gebildet, die in Tabelle 8.7.b festgelegt sind.

Tabelle 8.7.b Die Signifikanz-Klassen der „Sternchen-Konvention"

Fall	Interpretation	Notation
$P > 0.05$	nicht signifikant	(n.s.)
$0.05 \geq P > 0.01$	schwach signifikant	*
$0.01 \geq P > 0.001$	stark signifikant	**
$0.001 \geq P$	sehr stark signifikant	***

Wenn eine standard-normalverteilte Teststatistik den Wert 2.63 wird, fällt sie in die dritte Klasse, da der entsprechende P-Wert 0.0043 beträgt – oder, anders betrachtet, da 2.63 zwischen den kritischen Grenzen 2.33 für das 1%-Niveau und 3.09 für das 0.1%-Niveau (einseitig) liegt. Man schreibt kurz $z = 2.63^{**}$. Ist der Wert 1.46, so schreibt man $z = 1.46$ (n.s.).

c Durch den Übergang zum P-Wert wurde erreicht, dass man auf die Konsultation von Tabellen verzichten kann – eine sehr nützliche Vereinfachung. Wieso nicht gleich? Beachten Sie, dass die Schwierigkeiten eigentlich nur verschoben wurden. Die Verteilung der Teststatistik U oder T muss bekannt sein, um den Übergang durchführen zu können – man muss jetzt die ganze Verteilungsfunktion F_0 kennen, nicht mehr nur die kritischen Grenzen. Im Beispiel des z-Tests braucht man die ganze Tabelle der Standard-Normalverteilung, nicht nur die kritischen Grenzen 1.64 (einseitig) oder 1.96 (zweiseitig).

Diese Schwierigkeit kann man aber dem Rechner überlassen. Die Angabe von P ist eine „benützerfreundlichere Schnittstelle" als die Angabe von T; sie beruht auf einem Mehraufwand der Programme.

d   Leider gibt es allzu viele unsorgfältige *Computer-Programme*. Da der Aufwand für die exakte Berechnung der Verteilungsfunktion F_0 oder deren Programmierung zu gross erscheint, begnügen sich viele Pakete mit der einfachsten Näherung. Sie wenden diese oft ohne Warnung auch an, wenn sie eigentlich allzu ungenau wird, weil der Stichprobenumfang zu klein ist.

e   Für die einseitige Fragestellung wurde der P-Wert als Fläche unter der Dichtekurve von T rechts vom beobachteten Wert t eingeführt. Das entspricht der Wahrscheinlichkeit $P\langle T > t\rangle$. Auch die Ausdrucksweise „P-Wert" und die Notation $P = 0.03$ (oder $p = 0.03$) deuten auf eine Wahrscheinlichkeit hin.

Aber Achtung! *Der P-Wert ist keine Wahrscheinlichkeit!* Er wird aus dem zufälligen Wert der Teststatistik T ausgerechnet und ist deshalb selbst *eine Zufallsvariable!* Genauer: Er ist eine Art „vollstandardisierte" Teststatistik, die unter der Nullhypothese eine uniforme Verteilung hat.

f   *   Diese Behauptung soll hier erläutert werden: In 6.4.h haben wir kurz die Möglichkeit erwähnt, aus irgendeiner stetigen Zufallsvariablen durch monotone Transformation eine uniform verteilte Zufallsvariable zu erhalten: Sei F_0 die kumulative Verteilungsfunktion von $\mathcal{F}_0\langle T\rangle$. Als Funktion g für die Transformation wählen wir $g = F_0$ und nennen die transformierte Grösse $P^{(<)} = F_0\langle T\rangle$. Es gilt

$$F^{(P^{(<)})}\langle u\rangle = F_0\langle g^{-1}\langle u\rangle\rangle = u,$$

also $P^{(<)} \sim \mathcal{U}\langle 0, 1\rangle$.

Nun kann man $P^{(<)}$ statt T als Testgrösse verwenden. Wenn die extrem kleinen Werte von T in den Verwerfungsbereich fallen, dann entsprechen diesen auch die kleinsten $P^{(<)}$-Werte. Die kritische Grenze $\widetilde{c}_0$ mit $P_0\langle P^{(<)} < \widetilde{c}_0\rangle = \alpha$ ist gerade $\widetilde{c}_0 = \alpha = 0.05$, also $K = \{P^{(<)} < 0.05\}$. Wenn die extrem grossen Werte von T den Verwerfungsbereich ausmachen, dann kann man $P^{(>)} = 1 - F_0\langle T\rangle$ betrachten (eine monoton fallende Transformation!) und erhält wieder eine uniform verteilte Grösse. Bei zweiseitigen Tests betrachtet man die Grösse

$$P^{(\neq)} = 2 \cdot \min \left\langle F_0\langle T\rangle, 1 - F_0\langle T\rangle \right\rangle,$$

die ebenfalls uniform verteilt ist.

g   *   *z-Test.* Die standardisierte Testgrösse Z hatte unter der Nullhypothese die Verteilung $Z \sim \Phi$ (Standard-Normalverteilung). Die Transformation wird also $P^{(>)} = 1 - \Phi\langle Z\rangle$. Im Beispiel der Reifen (8.5.c) erhält man aus $z = 2.41$ mit Hilfe von Tabelle 6.5.f $P^{(>)} = 0.008$ und $P^{(\neq)} = 2 \cdot 0.008 = 0.016$. Beide Test-Werte sind < 0.05, also ist der Effekt (bei beidseitigem Test und bei einseitigem gegen grössere Bremswege für Sorte B) signifikant, wie wir schon wissen.

h   *   Bei *diskreten Teststatistiken* (z. B. $U = X$ beim Test für eine Wahrscheinlichkeit) ergibt sich eine Komplikation. Die Grösse $P^{(<)} = F_0\langle U\rangle$ hat ebenfalls eine diskrete Verteilung, wie Bild 8.7.h (ii) anschaulich klar macht. Also ist sie sicher nicht uniform verteilt über dem Einheits-Intervall. Es gilt aber immer noch $P_0\langle P^{(<)} \leq u\rangle = u$ für $u = \sum_{i \leq k} P_0\langle U = i\rangle$. Man überzeugt sich leicht, dass die kumulative Verteilungsfunktion von $P^{(<)}$ eine Treppenstufen-Funktion ist, die die Gerade $y = u$ (die kumulative Verteilungsfunktion der uniformen Verteilung) immer an der oberen Kante der Stufe berührt.

Also gilt wenigstens $P_0\langle P^{(<)} \leq 0.05\rangle \leq 0.05$, und der kritische Bereich $K = \{P^{(<)} \leq 0.05\}$ gibt einen Test, der die gewünschte Irrtums-Wahrscheinlichkeit oder eine kleinere einhält. (Ein ganz analoges Problem ergab sich für die ursprüngliche diskrete Teststatistik U, siehe 8.1.i.)

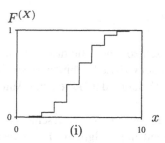
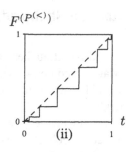

Bild 8.7.h
Kumulative Verteilungs-Funktion
(i) der Teststatistik
$X \sim \mathcal{B}(10, 1/2)$ und
(ii) des zugehörigen
P-Wertes $(P^{(<)})$

i Die Teststatistik „P-Wert" hat immer die gleiche Verteilung. Es scheint plötzlich für alle Fragestellungen oder Nullhypothesen nur noch einen Test zu geben, den „P-Wert-Test". Oder ist das noch ein neuer Test, zusätzlich zum z-, t-, Vorzeichen- und Wilcoxon-Test im Fall des Testens eines Lageparameters?
Nein! Die vier Tests führen zu vier verschiedenen P-Werten. Man muss also der Klarheit halber immer angeben, auf welchem Test ein P-Wert beruht. Ein P-Wert gehört nicht zu einer Nullhypothese, sondern zu einem Test, also zu einem Paar, bestehend aus Nullhypothese und Teststatistik.

j Der P-Wert ist, wie gesagt, keine Wahrscheinlichkeit. Eine richtige Aussage (die einzige?), die das Wort Wahrscheinlichkeit enthält, heisst: Wenn die Nullhypothese gilt und das Experiment wiederholt würde, dann hätte das Ereignis, einen gleichen oder noch extremeren P-Wert zu erhalten, also das Ereignis $\{P \le 0.03\}$, die Wahrscheinlichkeit 0.03. So ist der Ausdruck *Überschreitungs-Wahrscheinlichkeit* für den P-Wert zu verstehen.
Im jetzt durchgeführten Experiment hatte das gleiche Ereignis zwar die gleiche Wahrscheinlichkeit, aber man wäre nie auf die Idee gekommen, gerade dieses Ereignis zu betrachten, bevor man die Daten kannte. Wenn man die Daten kennt, hat im obigen Fall das Ereignis $\{P = 0.03\}$ die (bedingte) Wahrscheinlichkeit 1. *Sinnvolle Wahrscheinlichkeits-Aussagen stammen von Modellen, nicht von Daten.*

„Die Irrtums-Wahrscheinlichkeit ist gleich 3%" ist eine falsche Aussage. Die Irrtums-Wahrscheinlichkeit charakterisiert einen Test (Nullhypothese, Verwerfungsbereich) und hat nichts mit Daten zu tun. Ein Test, der an die Daten angepasst wird, ist kein statistischer Test mehr; er lässt sich mit der Konvention, die statistischer Test heisst, nicht vereinbaren.

k Noch schlimmer ist die Aussage: „Die Nullhypothese hat die Wahrscheinlichkeit 0.03"! Modelle (und Parameterwerte) *haben* selber keine Wahrscheinlichkeit; sie *legen* Wahrscheinlichkeiten für Beobachtungen und Teststatistiken *fest*. (* In der Bayes'schen Statistik haben auch Parameter eine Verteilung, aber da gibt es keine P-Werte.)
Der P-Wert wurde als Mass für die *Plausibilität* der Nullhypothese im Lichte der Daten eingeführt (8.3.h). Also doch eine Wahrscheinlichkeit, einfach mit neuem Namen? – Nein, denn die P-Werte erfüllen die Grundeigenschaften der Wahrscheinlichkeit nicht!

l Trotz oder gerade wegen dieser Fehlinterpretationen ist es wichtig, dass Sie sich um ein Verständnis des Begriffs P-Wert bemühen. Durch Computer-Programme, die aus Daten auf Knopfdruck einen P-Wert machen, wird Statistik zur schwarzen Kiste. Als Anwender brauchen Sie zwar keine Detail-Kenntnisse über den technischen Aufbau dieser Kiste, aber eine Anschauung ihrer Funktionsweise und klare Vorstellungen über die Bedeutung der von ihr ausgespuckten Zahl.

8.8 Vergleich von zwei quantitativen Stichproben

a   *Einige Fragestellungen*: Haben Raucher und Nichtraucher unterschiedlichen Blutdruck? Unterscheiden sich Schnecken einer Art auf Mager- und Fettwiesen in der Grösse? Nehmen Mastochsen mit Futter B rascher zu als mit Futter A? Lässt sich mit einer Variation der Hülle eines Autos ein niedrigerer Benzinverbrauch erreichen?

Um diese Fragen zu untersuchen, wird man jeweils je eine Stichprobe aus zwei verschiedenen Grundgesamtheiten entnehmen und für jede Beobachtungseinheit die Zielgrösse Y messen. Diese Situation unterscheidet sich von derjenigen der „gepaarten Stichproben" (8.5.b) dadurch, dass nicht die gleichen Beobachtungseinheiten unter verschiedenen Bedingungen oder eine Anzahl Paare von solchen Einheiten, sondern zwei verschiedene Gruppen verwendet werden. Man spricht von zwei *unabhängigen Stichproben*.

b   Zur Unterscheidung der beiden Situationen ist die folgende Überlegung nützlich: Die Stichprobenumfänge n_1 und n_2 von unabhängigen Stichproben können verschieden sein, während gepaarte Stichproben gleich gross sein *müssen*. Wenn daher n_1 und n_2 verschieden sind, ist der Fall klar; sind sie gleich, so überlegt man sich, ob die eine Gruppe vergrössert werden *könnte*, ohne dass man die andere vergrössert. Wenn ja, sind die Stichproben unabhängig.

c   Bezeichnung: Es seien $Y_{1,1}, Y_{1,2}, \ldots, Y_{1,n_1}$ die Werte der Zielgrösse für die erste, $Y_{2,1}, Y_{2,2}, \ldots Y_{2,n_2}$ die Werte für die zweite Stichprobe.

Als *Modell* kann man zunächst allgemein schreiben:

$$Y_{1,i} \sim \mathcal{F}_1 , \quad i = 1, 2, \ldots, n_1;$$
$$Y_{2,i} \sim \mathcal{F}_2 , \quad i = 1, 2, \ldots, n_2;$$
$$Y_{1,1}, Y_{1,2}, \ldots, Y_{1,n_1}, Y_{2,1}, \ldots, Y_{2,n_2} \quad \text{alle unabhängig.}$$

Nullhypothese: $\mathcal{F}_1 = \mathcal{F}_2$. Alle Y haben die gleiche Verteilung.

Alternativen: Oft wird angenommen, dass sich die beiden Verteilungen $\mathcal{F}_1$ und $\mathcal{F}_2$ nur durch eine Verschiebung δ unterscheiden. Dann gilt für die kumulativen Verteilungsfunktionen $F_2\langle x \rangle = F_1\langle x - \delta \rangle$. Wenn für $\mathcal{F}$ die Normalverteilung vorausgesetzt wird, also $Y_{1,i} \sim \mathcal{N}\langle \mu_1, \sigma^2 \rangle$ und $Y_{2,i} \sim \mathcal{N}\langle \mu_1 + \delta, \sigma^2 \rangle$, dann ist δ der interessierende Parameter, und μ_1 und σ sind Stör-Parameter.

d   Als *Schätzung* für δ wird man die Differenz von Lage-Schätzungen für die beiden Stichproben verwenden, z. B. die Differenz der arithmetischen Mittelwerte

$$\overline{Y}_{2,\cdot} - \overline{Y}_{1,\cdot} = (Y_{2,1} + Y_{2,2} + \ldots + Y_{2,n_2})/n_2 - (Y_{1,1} + Y_{1,2} + \ldots + Y_{1,n_1})/n_1$$

oder (unüblich) der Mediane

$$\text{med}\langle Y_{2,1}, Y_{2,2}, \ldots, Y_{2,n_2} \rangle - \text{med}\langle Y_{1,1}, Y_{1,2}, \ldots, Y_{1,n_1} \rangle .$$

e ▷ *Beispiel Mastochsen.* Es sollen zwei Fütterungsarten für Mastochsen verglichen werden. Als Zielgrösse diene die mittlere wöchentliche Gewichtszunahme in einem Monat. Man wisse aus vielen früheren Versuchen, dass die zufälligen Schwankungen der Gewichtszunahme (Variationen von Tier zu Tier, die nicht durch verschiedene Fütterungsarten bedingt sind) etwa normalverteilt sind mit einer Standardabweichung von $\sigma_0 = 1.8$ kg. Es sei klar, dass Fütterungsart 2 mindestens so gut ist wie Fütterungsart 1, oder es sei nur der Nachweis von „Fütterungsart 2 besser als Fütterungsart 1" interessant (einseitige Alternative). ◁

f Analog zum Fall einer Stichprobe (8.5.d) kann man die Differenz der Mittelwerte, die erste der genannten Schätzungen, als Teststatistik verwenden. Die schematische Formulierung lautet:

z-Test für zwei Stichproben.
Problem: Unterschied von zwei Gruppen bezüglich der Lage prüfen.

H_0 : $Y_{k,i} \sim \mathcal{N}\langle \mu, \sigma_0^2 \rangle$ *(i.i.d.)*, σ_0 bekannt.

H_A : $Y_{1,i} \sim \mathcal{N}\langle \mu_1, \sigma_0^2 \rangle$; $Y_{2,i} \sim \mathcal{N}\langle \mu_1+\delta, \sigma_0^2 \rangle$;   (a) $\delta > 0$;   (b) $\delta < 0$;   (c) $\delta \neq 0$;

U : $U = \overline{Y}_{2,\cdot} - \overline{Y}_{1,\cdot}$.

$\mathcal{F}_0 \langle U \rangle$: Es ist $\overline{Y}_{k,\cdot} \sim \mathcal{N}\langle \mu, \sigma_0^2/n_k \rangle$, also

$$ U = \overline{Y}_{2,\cdot} - \overline{Y}_{1,\cdot} \sim \mathcal{N} \left\langle 0, \sigma_0^2 \left(1/n_1+1/n_2\right) \right\rangle . $$

Die standardisierte Testgrösse

$$ Z = \frac{\overline{Y}_{2,\cdot} - \overline{Y}_{1,\cdot}}{\sigma_0 \sqrt{(1/n_1 + 1/n_2)}} $$

ist deshalb standard-normalverteilt.

K :   (a) $K = \{Z \geq 1.64\}$,   (b) $K = \{Z \leq -1.64\}$,   (c) $K = \{|Z| \geq 1.96\}$.

g ▷ Im *Beispiel der Mastochsen* brachte ein Versuch mit je 11 Tieren folgende Ergebnisse (Daten von B. Durgiai, Institut für Agrarwirtschaft, ETH Zürich; Teil einer grösseren Studie):

| „extensiv" | 2.7 | 2.7 | 1.1 | 3.0 | 1.9 | 3.0 | 3.8 | 3.8 | 0.3 | 1.9 | 1.9 |
| „intensiv" | 6.5 | 5.4 | 8.1 | 3.5 | 0.5 | 3.8 | 6.8 | 4.9 | 9.5 | 6.2 | 4.1 |

Es ist $\bar{y}_{2,\cdot} - \bar{y}_{1,\cdot} = 5.39$ kg $- 2.37$ kg $= 3.02$ kg; $z = 3.02/\sqrt{1.8^2 \cdot 2/11} = 3.93 > 1.64$. Also wird die Nullhypothese (wuchtig) verworfen.

Interpretation: Die Fütterungsart „intensiv" bringt grössere Gewichtszuwächse als die Fütterungsart „extensiv". Das wusste man schon vorher, und es stellt sich die Frage nach dem Sinn eines solchen Tests. Was man schon weiss, muss man nicht nochmals „beweisen". Hier lautet eine sinnvolle Fragestellung: Wie gross ist der Unterschied der Gewichtszunahme für die beiden Fütterungsarten? Also ein Schätzproblem.

Wäre die Interpretation, die darauf hinausläuft, dass man eine Alternative als richtig erachtet (8.6.a (1)), nicht derart plausibel, so müsste man jetzt auch andere Interpretationen noch überlegen: σ_0 ist nicht 1.8 kg (jedenfalls nicht für beide Gruppen); die Daten sind nicht normalverteilt; ... (Interpretation (2) von 8.6.a). Es wäre besser, einen Test zu haben, der wesentlich weniger Voraussetzungen macht. ◁

h *t-Test für zwei Stichproben.* Zunächst ist auch bei zwei unabhängigen Stichproben die Varianz σ_0^2 selten bekannt. In diesem Fall hilft analog zum Ein-Stichproben-Fall der *t-Test für unabhängige Stichproben.*
Problem: Vergleich von zwei unabhängigen Stichproben in Bezug auf ihre Lage.

H_0 : $Y_{k,i} \sim \mathcal{N}\langle\mu, \sigma^2\rangle$ $(i.i.d)$, σ unbekannt;

H_A : $Y_{1,i} \sim \mathcal{N}\langle\mu, \sigma^2\rangle$, $Y_{2,i} \sim \mathcal{N}\langle\mu + \delta, \sigma^2\rangle$, $\delta \neq 0$ (oder $\delta > 0$ oder $\delta < 0$), unabhängig.

U : Man ersetzt in der standardisierten Statistik für den z-Test (Z in 8.8.f) die Varianz σ_0^2 durch eine Schätzung, nämlich

$$\hat{\sigma}^2 = \frac{1}{n_1 + n_2 - 2} \left(\sum\nolimits_{i=1}^{n_1} (Y_{1,i} - \overline{Y}_{1,\cdot})^2 + \sum\nolimits_{i=1}^{n_2} (Y_{2,i} - \overline{Y}_{2,\cdot})^2 \right) .$$

Die Testgrösse lautet also

$$T = \frac{\overline{Y}_{2,\cdot} - \overline{Y}_{1,\cdot}}{\hat{\sigma}\sqrt{(1/n_1 + 1/n_2)}} .$$

Sie hat unter der Nullhypothese eine t-Verteilung mit $n_1 + n_2 - 2$ Freiheitsgraden.

* Es gibt auch eine Variante des t-Tests, der für die beiden Gruppen verschiedene Varianzen σ_1^2 und σ_2^2 zulässt. Nachschlagewerke enthalten die genaue Beschreibung, und Programme liefern oft das entsprechende Test-Ergebnis mit – zusammen mit einem Test für gleiche Varianzen, siehe 8.8.l.

Wieder ist der t-Test optimal, wenn die Voraussetzung der Normalverteilung gilt – aber nur wenig besser als der folgende Rangsummen-Test – und oft ist er wesentlich schlechter, wenn die Daten nicht normalverteilt sind.

i *Rangsummen-Test von Wilcoxon, Mann und Whitney oder U-Test.*
Problem: Vergleich von zwei unabhängigen Stichproben bezüglich der Lage.

H_0 : $Y_{k,i} \sim \mathcal{F} (i.i.d)$, wobei $\mathcal{F}$ eine beliebige Verteilung ist – die gleiche für alle Beobachtungen in beiden Stichproben.

H_A : $Y_{1,i} \sim \mathcal{F}_1$, $Y_{2,i} \sim \mathcal{F}_2$, wobei $\mathcal{F}_2$ bis auf eine Verschiebung die gleiche Verteilung ist wie $\mathcal{F}_1$: $F_2\langle x \rangle = F_1\langle x - \delta \rangle$, $\delta \neq 0$. (* Allgemeiner: Für einseitige Alternative: Die Verteilung $\mathcal{F}_2$ ist „stochastisch grösser" als $\mathcal{F}_1$, d.h., $F_2\langle x \rangle \leq F_1\langle x \rangle$.)

U : Die Teststatistik wird wie folgt gebildet (vergleiche Beispiel):

1. Bestimme den Rang $R_{k,i}$ bezüglich der „vereinigten Stichproben" für jede Beobachtung $Y_{k,i}$,

$$R_{k,i} = \text{Rang}\langle Y_{k,i} \mid Y_{1,1}, \ldots, Y_{1,n_1}, Y_{2,1}, \ldots, Y_{2,n_2} \rangle .$$

2. Bilde $U^{(1)} = \sum_{i=1}^{n_1} R_{1,i}$ oder $U^{(2)} = \sum_{i=1}^{n_2} R_{2,i}$
(Es gilt $U^{(1)} + U^{(2)} = (n_1 + n_2)(n_1 + n_2 + 1)/2$.)

Man kommt mit sparsameren Tabellen aus, wenn man statt der $U^{(k)}$ die Grössen $T^{(k)} = U^{(k)} - n_k(n_k + 1)/2$ (oder $n_1 n_2 - T^{(k)}$) verwendet. (Es gilt $T^{(1)} + T^{(2)} = n_1 n_2$.) Für die zweiseitige Fragestellung ist $T = \min\langle T^{(1)}, T^{(2)} \rangle$ die geeignete Testgrösse. Für T hat sich der Buchstabe U eingebürgert, was mit unserer Notation in Konflikt gerät.

Tabelle 8.8.i   Kritische Werte für die Teststatistik T im U-Test, $\alpha = 5\%$, zweiseitig. Falls $T \le$ Tabellenwert, ist der Unterschied gesichert.

n_1	1	2	3	4	5	6	7	8	9	10	11	12	13	14	15	16	17	18	19	20
1	–	–	–	–	–	–	–	–	–	–	–	–	–	–	–	–	–	–	–	–
2	–	–	–	–	–	–	–	0	0	0	0	1	1	1	1	1	2	2	2	2
3	–	–	–	–	0	1	1	2	2	3	3	4	4	5	5	6	6	7	7	8
4	–	–	–	0	1	2	3	4	4	5	6	7	8	9	10	11	11	12	13	14
5	–	–	0	1	2	3	5	6	7	8	9	11	12	13	14	15	17	18	19	20
6	–	–	1	2	3	5	6	8	10	11	13	14	16	17	19	21	22	24	25	27
7	–	–	1	3	5	6	8	10	12	14	16	18	20	22	24	26	28	30	32	34
8	–	0	2	4	6	8	10	13	15	17	19	22	24	26	29	31	34	36	38	41
9	–	0	2	4	7	10	12	15	17	20	23	26	28	31	34	37	39	42	45	48
10	–	0	3	5	8	11	14	17	20	23	26	29	33	36	39	42	45	48	52	55
11	–	0	3	6	9	13	16	19	23	26	30	33	37	40	44	47	51	55	58	62
12	–	1	4	7	11	14	18	22	26	29	33	37	41	45	49	53	57	61	65	69
13	–	1	4	8	12	16	20	24	28	33	37	41	45	50	54	59	63	67	72	76
14	–	1	5	9	13	17	22	26	31	36	40	45	50	55	59	64	69	74	78	83
15	–	1	5	10	14	19	24	29	34	39	44	49	54	59	64	70	75	80	85	90
16	–	1	6	11	15	21	26	31	37	42	47	53	59	64	70	75	81	86	92	98
17	–	2	6	11	17	22	28	34	39	45	51	57	63	69	75	81	87	93	99	105
18	–	2	7	12	18	24	30	36	42	48	55	61	67	74	80	86	93	99	106	112
19	–	2	7	13	19	25	32	38	45	52	58	65	72	78	85	92	99	106	113	119
20	–	2	8	14	20	27	34	41	48	55	62	69	76	83	90	98	105	112	119	127

n_1	21	22	23	24	25	26	27	28	29	30	31	32	33	34	35	36	37	38	39	40
1	–	–	–	–	–	–	–	–	–	–	–	–	–	–	–	–	–	–	0	0
2	3	3	3	3	3	4	4	4	4	5	5	5	5	5	6	6	6	6	7	7
3	8	9	9	10	10	11	11	12	13	13	14	14	15	15	16	16	17	17	18	18
4	15	16	17	17	18	19	20	21	22	23	24	24	25	26	27	28	29	30	31	31

$\mathcal{F}_0\langle U\rangle$: Die Verteilung von $T^{(k)}$ ist nicht von der Verteilung $\mathcal{F}$ der $Y_{k,i}$ abhängig, solange F stetig ist und deshalb keine (wenige) „Bindungen" auftreten. (Bindungen führen zu gleichen, „aufgeteilten" Rängen. Solche stören nur, soweit sie für Beobachtungen aus verschiedenen Gruppen auftreten.) Man kann sie für kleine Stichprobenumfänge n_1, n_2, mit Hilfe der Kombinatorik berechnen (siehe 8.10.c).

Für grössere n_1, n_2 ist die asymptotische Näherung brauchbar. Die standardisierten Teststatistiken sind

$$Z^{(k)} = \left(T^{(k)} - \frac{n_1 n_2}{2} \right) \Big/ \sqrt{n_1 n_2 (n_1 + n_2 + 1)/12} , \quad k = 1 \text{ oder } 2 .$$

Es gilt $Z^{(2)} = -Z^{(1)}$. $Z^{(k)}$ ist näherungsweise standard-normalverteilt.

Wenn Bindungen (gleiche Beobachtungswerte) zwischen den beiden Gruppen auftreten, sollte eine entsprechende Korrektur angebracht werden (siehe Sachs, 2004).

K : Die kritischen Werte für T bei zweiseitiger Fragestellung entnimmt man aus Tabellen (Tabelle 8.8.i; einseitige Fragestellungen siehe Nachschlage-Bücher). Für den Absolutbetrag der standardisierten Teststatistiken $Z^{(k)}$ gelten näherungsweise die „magischen" Grenzen 1.96 oder 1.64 des z-Tests (für zweiseitige respektive einseitige Fragestellung).

j ▷ *Beispiel Mastochsen.* Mit den Daten der Mastochsen (die, wenn aufgezeichnet, wirklich nicht normalverteilt aussehen!) erhält man die in Tabelle 8.8.j angegebenen gemeinsam geordneten Werte und die Ränge, die für Bindungen aufgeteilt werden. Die Testgrössen werden $u^{(1)} = 79$ und $u^{(2)} = 174$. (Kontrolle: $u^{(1)} + u^{(2)} = 22 \cdot 23/2$.) Es wird $t^{(1)} = 79 - 11 \cdot 12/2 = 13$, $t^{(2)} = 174 - 11 \cdot 12/2 = 108$ und die Testgrösse $t = \min\langle t^{(1)}, t^{(2)}\rangle = 13$. Der Verwerfungsbereich ist gemäss Tabelle $K = \{T \leq 30\}$. (Da nur wenige Bindungen auftreten, erübrigt sich eine Korrektur.) Die Nullhypothese wird also verworfen. ◁

Tabelle 8.8.j Daten und Ränge im Beispiel der Mastochsen, aufsteigend sortiert

	Daten× 10																				
ext.	3		11	19	19	19	27	27	30	30		38	38								
int.		5									35			38	41	49	54	62	65	68	81	95

	Ränge																					Σ
ext.	1		3	5	5	5	7.5	7.5	9.5	9.5		13	13									79
int.		2									11			13	15	16	17	18	19	20	21	22	174

k * Ein Test, der dem Vorzeichen-Test entspricht, heisst *Median-Test.* Man bestimmt den Median y_m der vereinigten Stichproben und zählt in jeder Stichprobe, wie viele Beobachtungen unter- und oberhalb von y_m liegen. Diese Zahlen kann man als Vierfeldertafel notieren, siehe Tabelle 8.8.k. Wenn der Median der beiden Grundgesamtheiten gleich ist, dann sollten die Anteile der Beobachtungen unter- und oberhalb von y_m in jeder Stichprobe etwa 0.5 betragen. Wie man die Gleichheit von Anteilen in zwei Stichproben testet, wird in 10.3.k erörtert.

▷ Für das Beispiel der Mastochsen ist $y_m = 36.5$, und der P-Wert für den Test wird 0.009. ◁

Tabelle 8.8.k Vierfeldertafel für den Mediantest im Beispiel der Mastochsen

		$< y_m = 36.5$	$> y_m$	total
Fütterungs-	1	9	2	11
art	2	2	9	11
total		11	11	22

l * *Vergleich von Streuungen.* In industriellen Anwendungen ist es nützlich, Resultate zu erhalten, die wenig streuen. Ein Verfahren kann also besser sein, weil seine zufällige Variation kleiner ist. Die Hauptfragestellung gilt dann einem Vergleich von Streuungen, wobei Unterschiede in der Lage als störende Alternativen gelten sollen.
Häufig wird diese Fragestellung benützt, um im Sinne der Überprüfung von Voraussetzungen (8.6.f), beispielsweise für die Verwendung des t-Tests, die Gleichheit der Streuungen zu testen.

Eine einfache und gleichzeitig sehr geeignete Idee trägt den Namen *Levene-Test*. Von den Beobachtungen wird zunächst der entsprechende Gruppen-Mittelwert abgezogen. Dann wendet man den Rangsummentest auf die Beträge $|Y_{k,i} - \overline{Y}_{k,\cdot}|$ an.

▷ Im *Beispiel der Mastochsen* entfällt nach Abzug der Mittelwerte $\overline{Y}_{1,\cdot} = 2.37$ respektive $\overline{Y}_{1,\cdot} = 5.39$ die absolut kleinste Beobachtung, $|5.4 - 5.39| = 0.01$ auf die zweite Fütterungsart, die folgenden 5 auf die erste, usw., und schliesslich erhält man Rangsummen von 99 respektive 154 für die beiden Gruppen, also $T^{(1)} = 33$ und $T^{(2)} = 88$. Die kritische Grenze gemäss Tabelle liegt bei 30; die Abweichung der Streuungen ist nicht signifikant. ◁

Als Warnung sei betont, dass der Test, der unter der Annahme der Normalverteilung optimal ist – der sogenannte *F-Test für Gleichheit von Varianzen* – bei kleinen Abweichungen von dieser Annahme völlig irreführende Resultate liefert und deshalb *nicht gebraucht werden soll*. Analoges gilt für den Vergleich der Varianz einer Stichprobe mit einem vorgegebenen Wert durch den sogenannten Chi-Quadrat-Test zur Prüfung einer Varianz.

m In der beschreibenden Statistik haben wir einen anschaulichen grafischen Vergleich zwischen zwei und mehr Gruppen eingeführt: den *box plot* (2.5.d), der für jede Gruppe den Median als Lage-Schätzung, die Quartile als Grenzen eines „Streubereichs" und extremere Werte wiedergibt. Damit man etwas über die Signifikanz von Unterschieden zwischen zwei Gruppen aussagen kann, versieht man die Kisten noch mit *Kerben* (Bild 8.8.m), die so gebildet werden, dass näherungsweise die folgende Regel gilt: Wenn sich die Kerben von zwei Kisten nicht überschneiden, dann ist der Unterschied zwischen den beiden Gruppen statistisch signifikant. Die Kerben geben in bestimmter Weise die Genauigkeit der geschätzten Mediane an (vergleiche 9.5.b).

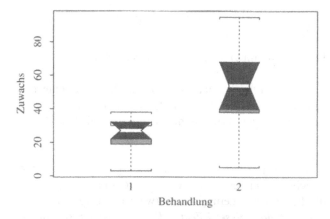

Bild 8.8.m
Gekerbte Kisten-Diagramme zum Vergleich der beiden Gruppen von Mastochsen

Die Darstellung heisst *gekerbtes Kisten-Diagramm*, englisch *notched box plot*.
Im Beispiel ist für die erste Gruppe der Kerbenbereich höher als der Streubereich der Daten, der durch die Kiste angegeben wird. Dadurch kommt ein merkwürdiges Bild zustande. Die Zahl von 11 Tieren pro Gruppe ist für eine solche Darstellung an der unteren Grenze für aussagekräftige gekerbte Kisten-Diagramme.

▷ Die Darstellung zeigt, dass die beiden Gruppen deutlich verschiedene Streuungen produzieren, auch wenn man von den beiden Mastochsen, die fast nicht zugenommen haben, absieht. Dass der Levene-Test für gleiche Streuung dennoch nicht signifikant wird, macht deutlich, wie schwierig es ist, Streuungen aus Daten zu ermitteln. ◁

n Die Regel für den Test auf Unterschiede mittels Kerben im box plot ist für einmal nicht nach dem üblichen Schema aufgebaut: Die Daten werden nicht zu einer Testgrösse zusammengefasst, für die ein kritischer Wert bestimmt wird. Sie hält die Irrtums-Wahrscheinlichkeit nur näherungsweise ein, aber die Näherung ist nicht nur für normalverteilte Daten brauchbar, sondern für andere glockenförmige Verteilungen. Die Stichprobengrössen sollten allerdings nicht zu klein sein. Für eine Beschreibung, wie man auf die Breite der Kerben kommt, sei auf Hartung et al. (2002), Chambers et al. (1983) und Velleman and Hoaglin (1981) verwiesen.

8.9 Macht

a In den vorhergehenden Abschnitten haben wir vor allem die Irrtums-Wahrscheinlichkeit, also die Wahrscheinlichkeit der Verwerfung einer zutreffenden Nullhypothese betrachtet. Diesem Fehler 1. Art steht der *Fehler 2. Art* gegenüber, der darin besteht, dass man die *Nullhypothese nicht ablehnt, obwohl eine Alternative richtig ist.* Wenn wir eine bestimmte Alternativ-Verteilung als richtig annehmen, können wir die Wahrscheinlichkeit dieses Fehlers ausrechnen: sie ist gleich den drei äquivalenten Ausdrücken

$$P^{(A)}\langle T \notin K \rangle = 1 - P^{(A)}\langle T \in K \rangle = \beta^{(A)}.$$

Die Grösse $1 - \beta^{(A)}$ ist die Wahrscheinlichkeit, die Nullhypothese abzulehnen, wenn die Alternative richtig ist, also die Wahrscheinlichkeit, in dieser Situation die richtige Entscheidung zu treffen. Sie wird die *Macht oder Güte des Tests* genannt und soll möglichst hoch sein.

(Aufgepasst: In manchen Büchern wird die Macht mit β statt mit $1 - \beta$ bezeichnet.)

b Beachten Sie, dass K immer noch der Verwerfungsbereich ist, der aus der Verteilung der Teststatistik *unter der Nullhypothese* bestimmt wird. Der Test (die Entscheidungsregel) bleibt derselbe, wir ändern jetzt nur unsere Betrachtungsweise, indem wir als „Arbeitshypothese" annehmen, eine bestimmte Alternative gelte.

c ▷ Im *Beispiel* mit den *Mastochsen* wolle man jetzt zwei andere Fütterungsarten auf gleiche Art (nach gleichem Versuchsplan) vergleichen. Man vermutet, dass in diesem Fall der „wahre" Unterschied zwischen den Zuwächsen für die beiden Fütterungsarten etwa $\delta = 1.0$ kg pro Woche ausmacht. *Wie gross ist die Wahrscheinlichkeit, dass dieser Effekt, falls er richtig ist, sich durch den neuen Versuch statistisch nachweisen lässt?* ... das heisst, dass die Testregel zur Verwerfung der Nullhypothese führt?
Die Entscheidungsregel war, dass H_0 verworfen wird, falls $Z > 1.64$ ist. Der Anschaulichkeit wegen wollen wir dies zurückrechnen auf die Differenz der arithmetischen Mittelwerte: Es ist $U = Z \cdot \sqrt{1.8^2 \cdot 2/11} = Z \cdot 0.77$, also $Z > 1.64$, falls $U > 1.64 \cdot 0.77 = 1.26$. ◁
Die Verteilung der Teststatistik U unter der Alternative H_A mit $\delta = 1.0$ kg ist

$$U = \overline{Y}_{2,\cdot} - \overline{Y}_{1,\cdot} \sim \mathcal{N}\left\langle \delta, \sigma_0^2 \left(1/n_1 + 1/n_2\right) \right\rangle = \mathcal{N}\langle 1.0, 0.77^2 \rangle$$

und deshalb die Macht (vergleiche Bild 8.9.c)

$$1 - \beta^{(A)} = P^{(A)}\langle U > 1.26 \rangle = 1 - \Phi\langle (1.26 - 1.0)/0.77 \rangle = 1 - \Phi\langle 0.34 \rangle = 0.37.$$

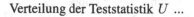

Verteilung der Teststatistik U ...

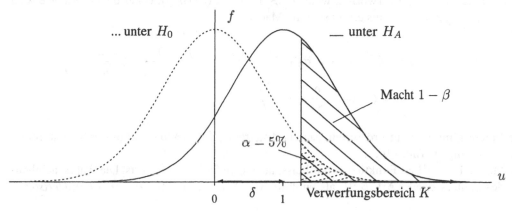

Bild 8.9.c Veranschaulichung der Macht: Die Verteilung der Teststatistik unter H_0 legt den Verwerfungsbereich fest; seine Wahrscheinlichkeit unter der Alternative, die Fläche unter der ausgezogenen Dichtekurve, ist die Macht des Tests für diese Alternative.

Wenn also die Vermutung $\delta = 1.0\,\text{kg}$ richtig ist, ist die Wahrscheinlichkeit eines „erfolgreichen Ausgangs" des Versuchs – dass der statistische „Beweis" eines Effekts gelingt – nur 37%. Da spart man sich den Versuch besser.

d Es ist zwar selten, dass man die Varianz σ_0^2 genau kennt und einen vermuteten Effekt δ festlegen kann. Dennoch ist dieses Beispiel sehr nützlich, da es Rechnungen zeigt, die näherungsweise auch für den U-Test (oder den t-Test) noch Gültigkeit haben und die Grundlagen für die *Planung eines Versuchs* ergeben. Man kann analoge Rechnungen auch für andere Modelle machen. In diesem Sinne wollen wir das Beispiel noch etwas allgemeiner betrachten: Wie verändert sich die Macht, wenn der vermutete Effekt δ oder der Stichprobenumfang n verändert wird?

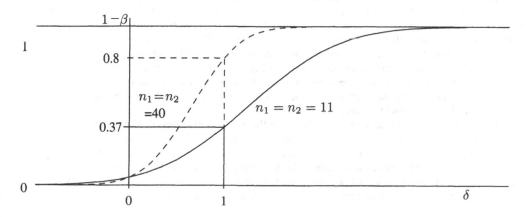

Bild 8.9.d Die Macht als Funktion von δ und n

Der Einfachheit halber nehmen wir gleich grosse Gruppen an, $n_1 = n_2 = n$. Gemäss 8.8.f wird die Nullhypothese verworfen, wenn $U > 1.64 \cdot \sigma_0 \sqrt{2/n}$ ist. Unter der Alternative wird $U \sim \mathcal{N} \langle \delta, \sigma_0^2\, 2/n \rangle$. Daraus ergibt sich die Macht

$$1 - \beta^{(A)} = P^{(A)} \left\langle U > 1.64 \cdot \sigma_0 \sqrt{2/n} \right\rangle = 1 - \Phi \left\langle \frac{1.64 \cdot \sigma_0 \sqrt{2/n} - \delta}{\sigma_0 \sqrt{2/n}} \right\rangle$$

$$= 1 - \Phi \left\langle 1.64 - \frac{\delta}{\sigma_0} \sqrt{n/2} \right\rangle .$$

Die Macht nimmt zu mit grösserem „standardisiertem Effekt" δ/σ_0 und mit grösserem Stichprobenumfang n (Bild 8.9.d).

Die Macht $1 - \beta^{(A)}$ als Funktion von δ heisst auch *Gütefunktion* des Tests. Die Wahrscheinlichkeit des Fehlers zweiter Art, $\beta^{(A)}$, als Funktion von δ heisst auch *Operations-Charakteristik*.

e ▷ Wie gross müsste die Anzahl Tiere n in jeder Gruppe sein, damit die Macht für $\delta = 1.0$ und $\sigma_0 = 1.8$ auf 80% steigt? Antwort:

$$1 - \Phi \left\langle 1.64 - \frac{1.0}{1.8} \sqrt{n/2} \right\rangle = 0.8 \quad \Longrightarrow \quad 1.64 - 0.56 \sqrt{n/2} = -0.84$$

$$n = 2 \cdot (2.48/0.56)^2 = 39.2 .$$

Es braucht (etwa) 40 Tiere pro Gruppe.

Solche Rechnungen sind sehr nützlich, wenn man im Planungsstadium einer Studie bestimmen will, wie viele Untersuchungseinheiten einbezogen werden sollen, also welchen *Umfang* die *Stichproben* haben sollen. ◁

f * Der Einfachheit halber wurde hier der z-Test betrachtet, um aus Anforderungen an die Macht den nötigen Stichprobenumfang zu berechnen. In der Praxis verwenden wir aber den Rangsummentest. Eine exakt Berechnung der Macht bei gegebenem Stichprobenumfang wird da schwieriger.

Wie macht man das allgemein, für komplizierte Testverfahren? Wir kennen ja das Prinzip: Wenn Rechnungen nicht mehr möglich sind, hilft Simulation. Es wurde schon klar, dass man für die Berechnung der Macht eine bestimmte Alternative festlegen muss. Sobald also das Testverfahren festgelegt ist – es kann beliebig kompliziert sein, solange man dafür ein Programm schreiben kann – kann die Macht für die betrachtete Alternative und gegebenen Stichprobenumfang simuliert werden, und mit „Versuch und Irrtum" oder einer schlaueren Methode kann für vorgegebene Mindestgrösse der Macht der Stichprobenumfang bestimmt werden. Dieses Vorgehen stellt ausserdem sicher, dass man sich über die genaue Auswertungsmethode bereits bei der Planung des Stichprobenumfangs klar wird, und das kann nicht schaden.

Für die klassischen Testverfahren gibt es aber auch theoretische Ergebnisse. Wenn man den t-Test anwenden will, kann die Verteilung der Teststatistik unter einer Alternative der Form $\Delta = \delta\sigma$ mathematisch hergeleitet werden; sie heisst *nicht-zentrale t-Verteilung*. Damit kann man auch Formeln angeben und Programme schreiben, die den Stichprobenumfang bei gegebenem δ liefern. Solche Ergebnisse gibt es auch für kompliziertere Situationen (Varianzanalyse); man braucht oft die entsprechende Verallgemeinerung der F-Verteilung, die *nicht-zentrale F-Verteilung*.

8.10   * Asymptotische Tests und Randomisierungs-Tests

a * Mit der Maximum-Likelihood-Schätzung kann man einen Parameter θ in einer beliebigen parametrischen Verteilungsfamilie schätzen. Man kann diese Schätzung auch als Teststatistik für das
entsprechende *allgemeine Testproblem* benützen und erhält so einen asymptotisch optimalen Test
für jede Nullhypothese der Art $\theta = \theta_0$. Die exakte Verteilung dieser Teststatistik ist zwar fast nie
bekannt, aber wenigstens die asymptotische Näherung.

$H_0:$ $X_i \sim \mathcal{F}_{\theta_0}$

$H_A:$ $X_i \sim \mathcal{F}_\theta$;   (a) $\theta > \theta_0$;   (b) $\theta < \theta_0$;   (c) $\theta \neq \theta_0$

$U:$ $\widehat{\theta}_{ML}$ (Maximum-likelihood-Schätzung)

$\mathcal{F}_0\langle U\rangle$: asymptotische Näherung: $\widehat{\theta}_{ML} \approx\sim \mathcal{N}\langle\theta_0, v/n\rangle$ mit der in 7.4.i angegebenen asymptotischen Varianz v.

$K:$ Für die standardisierte Teststatistik $Z = \sqrt{n}(\widehat{\theta}_{ML} - \theta_0)/\sqrt{v}$ gelten näherungsweise die
kritischen Grenzen des z-Tests.

b * Allgemeine Überlegungen zur Wahl einer Teststatistik (8.6.j) können zu Grössen führen, deren Verteilung unter der Nullhypothese schwierig zu bestimmen ist. Immerhin ist es meistens möglich,
diese Aufgabe für grosse Stichprobenumfänge genähert zu lösen (Stichwort asymptotische Verteilung, 6.12.g). Verwendet man eine robuste Schätzung als Teststatistik, dann ergibt sich ein *robuster
Test* (vergleiche 8.6.i).

c + Eine andere Idee, die Verteilung einer beliebigen Teststatistik zu erhalten – und erst noch die exakte
Verteilung, die unter sehr schwachen Voraussetzungen auch für kleine Stichprobenumfänge gilt –,
heisst *Randomisierungs-Test*. Die Idee lässt sich anhand des Rangsummen-Vorzeichen-Tests (8.5.p)
gut erklären.
Die Herleitung der Verteilung von U^+ beruht auf einem kreativen Trick. Man überlegt sich, wie
die Vorzeichen sich auf die im 1. Schritt gebildeten Ränge verteilen, wenn die Nullhypothese gilt.
Wenn die Verteilung der X_i nämlich symmetrisch ist um μ_0, dann ist für die absolut grösste
Abweichung ein negatives Vorzeichen gleich wahrscheinlich wie ein positives. Das Gleiche gilt für
die zweitgrösste Abweichung, und zwar unabhängig vom Vorzeichen der grössten Abweichung,
usw. Daraus ergibt sich ein einfaches Modell für die Verteilung der Vorzeichen auf die Ränge, die
(wenn keine Bindungen auftreten) gleich $1, 2, \ldots, n$ sind.
Für die genauere Formulierung schreiben wir die x_i' aus dem Beispiel der Reifen (8.5.c) noch etwas
anders auf, in der Reihenfolge steigender Ränge von $|x_i'|$, und fügen die Vorzeichen an:

$|x_i'|$	0.2	0.4	0.9	1.4	1.5	1.6	1.7	3.1	5.0	10.3
Rang$\langle|x_i'|\rangle$	1	2	3	4	5	6	7	8	9	10
Vorz$\langle x_i'\rangle$	–	+	+	–	+	+	+	+	+	+
v_i	0	1	1	0	1	1	1	1	1	1

Das gerade entwickelte Modell lässt sich jetzt dadurch beschreiben, dass die zweitunterste (oder
die unterste) Zeile als zufällig betrachtet wird. Jedes erhaltene Vorzeichen ist das Resultat eines
Versuchs, in dem + und – je die Wahrscheinlichkeit 1/2 haben, unabhängig von den vorhergehenden Vorzeichen. Es hat also jede Folge von 10 Vorzeichen die gleiche Wahrscheinlichkeit
$1/2^{10}$. Zu jeder Folge lässt sich der Wert von U^+ angeben. So kann man die Verteilung von U^+
bestimmen.
Man überlegt sich leicht, dass die Verteilung von U^+ nicht von der Verteilung der X_i abhängt, da
ja die Ränge, die zusammen mit den Vorzeichen die Teststatistik bestimmen, immer die Zahlen 1
bis 10 sind (sofern keine Bindungen auftreten). Nur die Symmetrie von $\mathcal{F}_0$ bezüglich μ_0 wurde
vorausgesetzt. – Bindungen führen zu gleichen Rängen; würde im Beispiel die Beobachtung 1.5
durch 1.6 ersetzt, so wären die Ränge $1, 2, 3, 4, 5.5, 5.5, 7, 8, 9, 10$. Die Verteilung der X_i bestimmt,

welches Muster von Bindungen, also welche zweite Zeile im Schema mit welcher Wahrscheinlichkeit entsteht. Bedingt auf dieses Muster hat die Teststatistik eine feste Verteilung, die für kleine Stichproben durch Aufzählen aller Fälle bestimmt werden kann.

Für den Rangsummen-Test für zwei unabhängige Stichproben (8.8.i) wird die Zuordnung von n_1 der insgesamt $n_1 + n_2$ Beobachtungseinheiten zur ersten Gruppe als zufällig betrachtet. Wenn die verschiedene Behandlung der beiden Gruppen wirklich keinen Einfluss auf die Zielgrösse hat, dann wären bei jeder solchen Auswahl die gleichen Werte der Zielgrösse herausgekommen.

d   *   Die Idee, statt die erhaltenen Werte von $X_i - \mu_0$ (respektive $Y_{k,i}$) die Zuordnung der Vorzeichen (respektive der Gruppenangabe k) zu diesen Werten als zufällig zu betrachten, kann auch für andere Teststatistiken benützt und auf einige andere Problemstellungen übertragen werden. Sie führt allgemein zu den sogenannten *Randomisierungs-Tests* oder *Permutations-Tests*.

Die Anzahl der Zuordnungen ist vom Stichprobenumfang n abhängig. Sie wächst überlicherweise exponenziell mit n. Deshalb ist es bereits für recht kleine Stichproben nicht mehr möglich, für alle Zuordnungen den Wert der Teststatistik auszurechnen. Man muss sich dann mit Simulation (zufällige Erzeugung der Zuordnung) behelfen und erhält wieder nur eine Näherung für die Verteilung der Teststatistik unter der Nullhypothese – aber eine Näherung, die man mit steigendem Rechenaufwand beliebig genau machen kann.

8.11   Sinn und Unsinn statistischer Tests

a   In Fachzeitschriften gibt es die informelle Regel, dass man nur über Effekte schreiben darf, die sich aufgrund der Daten als statistisch auf dem 5%-Niveau signifikant erweisen. Zweck der Regel: Der statistische *Test dient als Filter gegen wilde Spekulationen*.

Diese Regel wird aber teilweise pervertiert, indem nicht mehr die in einem Fachgebiet wichtigen Fragen untersucht werden, sondern Probleme nach dem Gesichtspunkt ausgelesen werden, ob sie sich mit Statistik bearbeiten lassen. Die meisten *Statistiker unterstützen diesen Unsinn nicht*. Die Relevanz einer Fragestellung soll klare Priorität über die statistische Technik haben. In diesem Rahmen ist dann der genannte Filter eine brauchbare Konvention.

b   Sogar für fachlich relevante Fragestellungen gibt es einen wichtigen *Unterschied zwischen (statistischer) „Signifikanz" und (praktischer) „Relevanz"* eines nachgewiesenen Effekts: In zu kleinen Stichproben können selbst grosse, praktisch bedeutungsvolle Effekte nicht nachgewiesen werden, da sie sich nicht klar genug von den möglichen zufälligen Fehlern abheben. Mit grossen Stichproben kann man dagegen Bagatelleffekte, die eigentlich niemanden interessieren, stolz als „statistisch signifikant" nachweisen und publizieren.

Solche Überlegungen stellen den Sinn statistischer Tests überhaupt in Frage. Wenn wir davon ausgehen, dass zwei Gruppen sich immer mindestens ein ganz klein wenig unterscheiden, dann wird der Test auf $\delta = 0$ die Frage nach dem Unterschied nicht mehr beantworten, sondern nur noch prüfen, ob der gewählte Stichprobenumfang ausreichte, den Unterschied als statistisch signifikant nachzuweisen.

Eine sinnvolle Frage würde lauten, ob ein *Effekt* von *relevanter* Grösse vorhanden sei oder nicht.

c   *   Das lässt sich genauer so formulieren: Es sei γ der Schwellenwert, der einen „relevanten" von einem „nicht relevanten" Effekt trennt. Wir betrachten die zwei Hypothesen „Effekt $< \gamma$" und „Effekt $> \gamma$". Wir sollten eine Regel haben, die sagt, für welche Hypothese wir uns aufgrund der Daten *entscheiden* sollen. Wenn in Wahrheit der Effekt nahe bei dieser Grenze liegt, wird jede Regel fragwürdig. Eine realistischere Problemstellung betrachtet die Hypothesen „Effekt $< \gamma - \delta$" und „Effekt $> \gamma + \delta$" für ein geeignetes $\delta > 0$. Eine Regel soll dann die erste Hypothese wählen, falls sie wirklich gilt, und die zweite, falls diese gilt; falls der wahre Effekt dazwischen liegt, können beide Entscheidungen als akzeptabel gelten. Dieses Ziel lässt sich mit hoher Wahrscheinlichkeit einhalten, wenn man genügend viele Beobachtungen macht.

Da diese Problemstellung zunächst kompliziert erscheint und man zudem die beiden Werte γ und δ wählen muss, ist das Vorgehen nicht gebräuchlich. Für die Problematik der Einhaltung von *Grenzwerten*, die wir in 8.1.r diskutiert haben, stellt es hingegen eine mögliche Lösung dar.

Mit solchen Überlegungen befasst sich die *statistische Entscheidungstheorie*.

d   Weshalb ein so langes Kapitel über Tests, wenn am Ende steht, dass sie nur beschränkt Sinn machen? Es gibt drei Gründe unterschiedlicher Natur:

● Die Idee eines Filters gegen wilde Spekulationen behält ihren Sinn, solange sie nicht auf die erwähnte Weise missbraucht wird. Auch losgelöst von Publikationen soll man sich über Effekte, die im Bereich der zufälligen Streuung liegen, nicht zu lange den Kopf zerbrechen.

● Das Prinzip des statistischen Tests bildet die Grundlage und den Prüfstein für das Verständnis der Beziehung zwischen Wahrscheinlichkeits-Modellen und empirischen Daten.

● Es ist bestimmt interessant, die Grösse eines Effekts aus Daten zu *schätzen*. Wir hätten aber gerne zu einer solchen geschätzten Grösse auch eine Genauigkeitsangabe. Dazu führen wir nun den Begriff des Vertrauensintervalls ein, der auf dem Begriff des statistischen Tests aufbaut.

9 Vertrauensintervalle

9.1 Vertrauensintervalle für Binomial- und Poisson-Verteilung

a Bei den besprochenen statistischen *Tests* geht man von einem Wahrscheinlichkeitsmodell mit gegebenem Parameterwert aus und stellt mit dem Annahmebereich fest, welche Beobachtungen mit ihm verträglich sind. Im Fall der Poisson-Verteilung und der Binomial-Verteilung reicht die eine beobachtete Zahl X, um über die Ablehnung der Nullhypothese zu entscheiden.

Man kann nun von der beobachteten Zahl ausgehen und bestimmen, *welche Parameterwerte mit dieser Beobachtung verträglich sind.* Diese Parameterwerte bilden ein Intervall, das man als *Vertrauensintervall* oder *Konfidenzintervall* bezeichnet. Man erhält es im Prinzip dadurch, dass man für jeden Parameterwert einen Test durchführt, also prüft, ob die gegebene Beobachtung im entsprechenden Annahmebereich liegt.

Wenn mehrere Beobachtungen gemacht werden, spielt der Wert der Teststatistik die Rolle der beobachteten Zahl, und das Vertrauensintervall umfasst die Parameterwerte, die mit diesem Testwert verträglich sind.

b Am anschaulichsten lässt sich die Idee für die *Binomial-Verteilung* zeigen. Aus dem Diagramm 9.1.b, das wir bereits in 8.2.f für Tests verwendet haben, lässt sich direkt ablesen, für welche Werte π_0 die Hypothese $H_0 : \pi = \pi_0$ nicht verworfen wird, wenn man den Test durchführt.
Sei $n = 20$ und beispielsweise $x = 7$, also $x/n = 0.35$. Für $\pi_0 = 0.1$ hört der Annahmebereich laut Bild 9.1.b bei $x/n = 0.28$ auf, also wird $\pi_0 = 0.1$ verworfen. Bei $\pi_0 = 0.2$ liegt $x/n = 0.35$ im Annahmebereich. Die Grenze für π_0, bei der Verwerfung in Annahme umschlägt, ergibt sich aus dem Bild zu etwa 0.16. Für grosse Werte von π_0 liegt $x/n = 0.35$ auf der linken Seite ausserhalb des Annahmebereichs. Ein entsprechender „Umschlagspunkt" liegt bei $\pi_0 = 0.6$. So wird ersichtlich, dass die Werte π_0 zwischen den „*Vertrauensgrenzen*" 0.16 und 0.6 zu einem Modell führen, das mit $x/n = 0.35$ verträglich ist; das Vertrauensintervall für π ist das Intervall $(0.16, 0.6)$.
Die Binomial-Verteilung ist ja das naheliegende Modell für die Anzahl Erfolge in n Versuchen. Aus Bild 8.2.f(ii) lässt sich das *Vertrauensintervall für die Wahrscheinlichkeit* π eines „Erfolgs" im Einzelversuch für $n \leq 1000$ ungefähr ablesen.

c Bild 9.1.b zeigt den engen Zusammenhang zwischen Test und Vertrauensintervall: Die beiden Linienzüge umfassen den Bereich jener Punkte $[x/n, \pi]$, für die die beobachtete Zahl x und der Parameterwert π *miteinander verträglich* sind. Die Testvorschrift geht von einem gegebenen Wert π auf der senkrechten Achse aus und findet über die Schnittpunkte der entsprechenden waagrechten Geraden mit den beiden Linienzügen die Grenzen des Annahmebereichs. Zieht man dagegen von einer beobachteten relativen Häufigkeit x/n die senkrechte Gerade und schneidet sie mit den Linienzügen, so erhält man die Grenzen des Vertrauensintervalls.

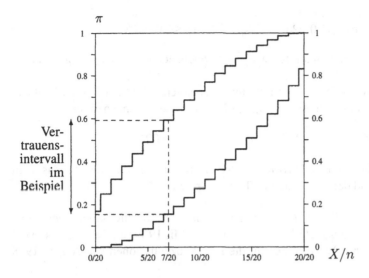

Bild 9.1.b
95%-Vertrauensinter-
valle für den Parameter
π der
Binomial-Verteilung mit
$n = 20$

d   Eine Schätzung ordnet den Daten einen einzigen „plausibelsten" Parameterwert zu. Ein
Vertrauensintervall dagegen ordnet den Daten ein ganzes Intervall von Parameterwerten zu,
die alle „plausibel" („mit den Daten verträglich") sind. Es wird daher auch *Intervall-Schätzung*
genannt; zur Unterscheidung wird eine Schätzung im Sinne von Kap. 7 als *Punkt-Schätzung*
bezeichnet.

e   Im *Beispiel* der *Asbestfasern* fragen wir, in welchen Grenzen sich die Faserkonzentration
bewegen kann, wenn wir 19 Fasern in $0.015\,\mathrm{m}^3$ gefunden haben. Allgemein: Welche Werte
des Parameters λ sind mit einer Beobachtung x einer *Poisson-verteilten* Zufallsvariablen
verträglich?

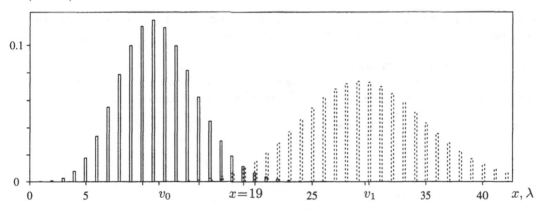

Bild 9.1.e Die Poisson-Verteilungen, die der unteren und der oberen Grenze des Vertrauensintervalls zu
$x = 19$ entsprechen. Alle Verteilungen „zwischen" diesen beiden sind mit der Beobachtung verträglich.

Der Test, der festlegt, was „verträglich" heissen soll, ist die zweiseitige Version der in 8.1.i
beschriebenen Regel. Die Grenzen c_0 und c_1 des *Annahmebereichs* für eine Nullhypothese der
Form $\lambda = \lambda_0$ werden bestimmt durch

$$P_{\lambda_0}\langle X \leq c_0\rangle \leq^* 0.025 \qquad P_{\lambda_0}\langle X \geq c_1\rangle \leq^* 0.025,$$

wobei P_{λ_0} die Poisson-Wahrscheinlichkeit für $\lambda = \lambda_0$ bezeichnet und $\leq^*$ heisst: „gleich oder kleiner, aber möglichst genau gleich".
Für welche Nullhypothesen liegt nun $x = 19$ im Annahmebereich? Bild 9.1.e veranschaulicht, dass die entsprechenden λ_0 in einem Intervall (v_0, v_1) liegen, dessen Grenzen durch

$$P_{v_0}\langle X \geq x\rangle = 0.025 \qquad P_{v_1}\langle X \leq x\rangle = 0.025$$

gegeben sind. Dieses Intervall ist das *Vertrauensintervall* für den Parameter λ, das dem beobachteten Wert $x = 19$ (und dem verwendeten Test) entspricht.

f Konkret werden die Grenzen in diesem Fall durch numerische Nullstellen-Suche gefunden. Tabelle 9.1.f gibt entsprechende Resultate für $x \leq 60$ wieder. Mit 19 Fasern in $0.015\,\mathrm{m}^3$ sind die Parameterwerte von 11.44 bis 29.67 und damit die Faserkonzentrationen von 763 bis 1978 Fasern$/\mathrm{m}^3$ verträglich.

Tabelle 9.1.f 95%-Vertrauensgrenzen bei der Poisson-Verteilung

x	0	1	2	3	4	5	6	7	8	9
untere	0	0.03	0.24	0.62	1.09	1.62	2.20	2.81	3.45	4.12
obere	3.69	5.57	7.22	8.77	10.24	11.67	13.06	14.42	15.76	17.08
x	10	11	12	13	14	15	16	17	18	19
untere	4.80	5.49	6.20	6.92	7.65	8.40	9.15	9.90	10.67	*11.44*
obere	18.39	19.68	20.96	22.23	23.49	24.74	25.98	27.22	28.45	*29.67*
x	20	25	30	35	40	45	50	55	60	
untere	12.22	16.18	20.24	24.38	28.58	32.82	37.11	41.43	45.79	
obere	30.89	36.90	42.83	48.68	54.47	60.21	65.92	71.59	77.23	

Mit den Zahlen der Tabelle kann man ein Diagramm zeichnen, das es wie das Bild 9.1.b) erlaubt, Annahmebereiche und Vertrauensintervalle abzulesen (Bild 9.1.f).

g Für grosse x liefert die Näherung durch die Normalverteilung den Annahmebereich $\{\lambda \pm 1.96\sqrt{\lambda}\}$. Man löst also $\lambda - 1.96\sqrt{\lambda} = x$ respektive $\lambda + 1.96\sqrt{\lambda} = x$ nach λ auf und erhält für die beiden positiven Lösungen $\sqrt{\lambda} = \sqrt{x + 0.98^2} \pm 0.98$ und daraus $\lambda \approx x + 2 \pm 2\sqrt{x+1}$.

Als grobe Faustregel kann man sich als Vertrauensintervall für Poisson-verteilte Grössen $\{x \pm 2\sqrt{x}\}$ merken.

h Das Vertrauensintervall ist im Fall der Poisson-Verteilung durch die beobachtete Zahl X allein bestimmt. Im Falle der Binomial-Verteilung braucht man zusätzlich die Gesamtzahl n der Versuche; diese ist jeweils sowieso bekannt. Eine Anzahl liefert also gleichzeitig mit der Schätzung des Parameters eine Angabe über „ihre eigene" Genauigkeit.

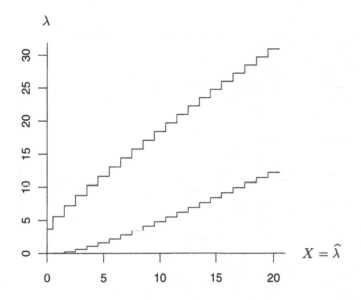

$X = \widehat{\lambda}$

Bild 9.1.f
Verträgliche wahre und
geschätzte Parameterwerte
für die Poisson-Verteilung

9.2 Die Grundeigenschaft von Vertrauensintervallen

a Die Eigenschaften einer Punktschätzung haben wir untersucht, indem wir ein bestimmtes
Modell für die Beobachtungen festlegten, einschliesslich des zu schätzenden Parameterwertes,
und dann untersuchten, wie weit jemand, der diesen Wert nicht kennt, mit seiner Schätzung
davon abweicht. Ebenso wollen wir jetzt die wichtigste Eigenschaft von Vertrauensintervallen
untersuchen.

b Legen wir beispielsweise das Modell $X \sim \mathcal{B}\langle 20, 0.38\rangle$ fest. – Aus dem Diagramm 9.1.b ergeben
sich bei $n = 20$ für die möglichen Werte $x = 0, 1, 2, \ldots, 20$ die folgenden unteren Grenzen v_0
des Vertrauensintervalls:

x	0	1	2	3	4	5	6	7	8	9
v_0	0	0.00	0.01	0.03	0.06	0.09	0.12	0.15	0.19	0.23

x	10	11	12	13	14	15	16	17	18	19	20
v_0	0.27	0.32	0.36	0.41	0.46	0.51	0.56	0.62	0.68	0.75	0.83

Die oberen Grenzen sind $v_1\langle x\rangle = 1 - v_0\langle n - x\rangle$ aus Symmetriegründen.
Jetzt können wir Beobachtungen gemäss $\mathcal{B}\langle 20, 0.38\rangle$ simulieren und für jede gezogene Zahl das
Vertrauensintervall bestimmen. Bild 9.2.b zeigt 50 simulierte Intervalle.

c Gemäss dieser Betrachtungsweise ist also das *Vertrauensintervall zufällig*, der Parameterwert
aber fest. Gewünscht ist, dass das Intervall den hier bekannten, „wahren" Parameterwert
überdeckt. Das gilt für fast alle der simulierten Intervalle – aber nicht für alle. Wie gross ist die
Wahrscheinlichkeit für dieses gewünschte Resultat?
Die Antwort könnte man durch eine grössere Simulation recht genau ermitteln. Sie lässt sich aber
auch exakt bestimmen. Das gewünschte Resultat ist das Ereignis $A = \{V_0 \leq \pi_0\} \cap \{V_1 \geq \pi_0\}$.
(Die Grenzen V_0 und V_1 werden jetzt mit Grossbuchstaben bezeichnet, weil sie zufällig sind; es
ist $V_0 = v_0\langle X\rangle$, $V_1 = v_1\langle X\rangle$.)

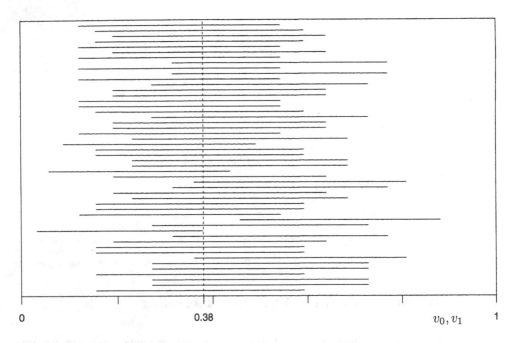

0   0.38 v_0, v_1 1

Bild 9.2.b   Vertrauensintervalle für 50 Zahlen, die nach $\mathcal{B}\langle 20, 0.38\rangle$ simuliert wurden

Im Beispiel gilt $V_0 \leq \pi_0$ für $X \leq 12$ und $V_1 \geq \pi_0$ für $X \geq 3$. Wenn man sich nochmals überlegt, wie die Vertrauensgrenzen zu einem bestimmten x aus Bild 9.1.b bestimmt wurden, wird klar, dass dies genau der Annahmebereich zu $\pi_0 = 0.38$ ist: Im Grenzfall $v_0\langle x\rangle = \pi_0$ liegt x gerade noch im Annahmebereich von π_0 – so wurde v_0 definiert – und dasselbe gilt für v_1. Das (zufällige) Vertrauensintervall enthält π_0 genau dann, wenn X im Annahmebereich des Tests auf π_0 liegt, also mit Wahrscheinlichkeit $1-\alpha = 95\%$. Diese „Überdeckungs-Wahrscheinlichkeit" nennt man *Vertrauens-Koeffizient*. Die Überlegung gilt ebenso für andere Modelle, Tests und entsprechende Vertrauensintervalle.

d   Zusammenfassend: Ein Vertrauensintervall umfasst alle Parameterwerte, die mit den Daten im Sinne eines bestimmten Tests verträglich sind. Geht man von einem Modell aus, so enthält es den wahren Parameterwert mit der Wahrscheinlichkeit von $1 - \alpha$ (also meistens 95%).

e   Bei einseitigen Fragestellungen kann man aus dem einseitigen Tests auch einseitige Vertrauensintervalle ableiten, die im Fall der Binomial-Verteilung die Form $(0, V_1)$ oder $(V_0, 1)$ haben.

9.3   Vertrauensintervalle für Lageparameter

a   Aus jedem in 8.5 behandelten Test leiten sich entsprechende Vertrauensintervalle her.
Am einfachsten zu behandeln ist wieder der Fall des *z-Tests*. Es sei $X_i \sim \mathcal{N}\langle\mu, \sigma_0^2\rangle$, σ_0^2
bekannt. Gesucht ist die Formel für ein Vertrauensintervall für μ. Der z-Test für die Hypothese
$\mu = \mu_0$ ergibt als Annahmebereich (siehe 8.3.c)

$$\left\{|\overline{X}-\mu_0|\big/(\sigma_0/\sqrt{n}) \leq 1.96\right\} = \left\{\overline{X}-\mu_0 \geq -1.96\,\sigma_0/\sqrt{n} \text{ und } \overline{X}-\mu_0 \leq 1.96\,\sigma_0/\sqrt{n}\right\}.$$

Das kleinste respektive grösste μ_0, für das diese Bedingungen eingehalten sind, ergibt sich
durch Auflösung der zweiten respektive ersten Ungleichung nach μ_0 als

$$V_0 = \overline{X} - 1.96\,\sigma_0/\sqrt{n} \quad \text{respektive} \quad V_1 = \overline{X} + 1.96\,\sigma_0/\sqrt{n}.$$

Es ist üblich, das Intervall (V_0, V_1) kurz zu schreiben als

$$\overline{X} \pm 1.96\,\sigma_0/\sqrt{n}.$$

b   ▷ Im *Beispiel* der *Reifen* (8.5.c) ergibt sich $v_0 = 2.29 - 1.96 \cdot 3/\sqrt{10} = 2.29 - 1.86 = 0.43$
und $v_1 = 2.29 + 1.86 = 4.15$. Das Vertrauensintervall für die Differenz des Bremsweges wird
(0.43, 4.15) oder 2.29 ± 1.86. Es enthält den Wert 0 nicht. Das muss so sein; die Nullhypothese
$\mu_0 = 0$ ist ja gemäss dem z-Test nicht mit den Daten verträglich.   ◁

c   Die Annahme, man kenne die Standardabweichung σ_0, ist, wie früher festgestellt, selten
zutreffend. Ersetzt man den z-Test durch den *t-Test*, dann sehen die Vertrauensgrenzen sehr
ähnlich aus:

$$V_0 = \overline{X} - c \cdot \hat{\sigma}/\sqrt{n}, \qquad V_1 = \overline{X} + c \cdot \hat{\sigma}/\sqrt{n}.$$

Dabei ist $\hat{\sigma}^2$ die empirische Varianz, $\hat{\sigma}/\sqrt{n}$ also der Standardfehler und c das 0.975-Quantil der
t-Verteilung mit $n-1$ Freiheitsgraden (also die kritische Grenze für den zweiseitigen t-Test) aus
Tabelle 8.5.g.
Wie der t-Test ist auch dieses „t-Intervall" streng genommen nur anwendbar, wenn die Annahme
der Normalverteilung erfüllt ist. Näherungsweise richtig bleiben beide für nicht allzu kleine
Stichproben auch bei anderen Verteilungen, die nicht allzu langschwänzig sind. Man erhält dann
ein Vertrauensintervall für den Erwartungswert.

d   *   Das Vertrauensintervall, das dem z-Test entspricht, hat eine grundlegende Bedeutung, wenn für
grosse Stichproben asymptotische Näherungen betrachtet werden; die Vertrauensintervalle, die den
in 8.10.b erwähnten asymptotischen Tests entsprechen, sind von dieser Form.

e   *   Wenn bei binomial verteilten Daten die Tabellen nicht mehr reichen, geht man zur asymptotischen
Näherung über (8.3.e). Um die Grenzen des Vertrauensintervalls zu bestimmen, muss man $T = \pm 1.96$ – in quadrierter Form $(X/n - \pi)^2 = 1.96^2\pi(1-\pi)/n$ – nach π auflösen. Wenn n gross
ist, vereinfacht sich das Vertrauensintervall zu

$$\hat{\pi} \pm 1.96\sqrt{\hat{\pi}(1-\hat{\pi})/n}.$$

Für die Poisson-Verteilung wurde die gleichartige Näherung bereits besprochen (9.1.g).

f   Das Vertrauensintervall, das dem *Vorzeichen-Rangsummen-Test von Wilcoxon* entspricht, ist dem t-Intervall vorzuziehen – aus den Gründen, die bei den Tests erörtert wurden (8.6). Da der Test nur die Symmetrie der Verteilung voraussetzt (und für solche der Erwartungswert gleich dem Symmetriezentrum ist), entsteht ein *Vertrauensintervall für das Symmetriezentrum* (oder den Erwartungswert) einer symmetrischen Verteilung. Es ist aber aufwändiger zu berechnen und daher auch in Programm-Paketen oft nicht enthalten.

g * Zunächst sei die Schätzung eingeführt, die dem Vorzeichen-Rangsummentest entspricht gemäss einem allgemeinen Prinzip, das einer Teststatistik eine Schätzung macht (bisher gingen wir den umgekehrten Weg): Bei gegebener Stichprobe können wir für jeden Parameterwert μ_0 den Wert der Teststatistik für die Nullhypothese $\mu = \mu_0$ ausrechnen. Da der Parameter desto schlechter passt, je grösser die Teststatistik des Vorzeichen-Rangsummentests ausfällt, erhält man einen „plausibelsten Wert" durch die Minimierung der Teststatistik über μ_0.
Dies definiert die sogenannte *Hodges-Lehmann-Schätzung*. Man kann zeigen, dass sie sich aus den $n(n+1)/2$ Mittelwerten $(X_h + X_i)/2$ der Paare von Beobachtungen $[X_h, X_i]$ mit $h \leq i$, den so genannten *Walsh averages*, bestimmen lässt – als deren Median

$$\widehat{\mu} = \mathrm{med}_{h \leq i} \langle (X_h + X_i)/2 \rangle .$$

h * Das Vertrauensintervall, das dem Vorzeichen-Rangsummen-Test von Wilcoxon entspricht, lässt sich ebenfalls aus den $n(n+1)/2$ Mittelwerten über die Paare ausrechnen: Man muss den kritischen Wert c für die Teststatistik des Wilcoxon-Tests aus einer Tabelle oder der asymptotischen Näherung bestimmen. Dann sind die Grenzen gleich dem c-ten und dem c'-ten Wert der geordneten Walsh-Mittelwerte, mit $c' = n(n+1)/2 + 1 - c$.

i   Da der *Vorzeichen-Test* eine Hypothese über den Median der Verteilung testet, kann man daraus ein *Vertrauensintervall für den Median* erhalten. Der Annahmebereich des Vorzeichen-Tests hatte die Form

$$\{c_0 < \mathrm{Anzahl}\{ i \mid X_i > \mu_0 \} < n - c_0\} = \{\gamma < \mathrm{Anzahl}\{ i \mid X_i \leq \mu_0 \}/n < 1 - \gamma\}$$
$$= \{\gamma < \widehat{F}\langle \mu_0 \rangle < 1 - \gamma\} , \qquad \gamma = (c_0 + 0.5)/n .$$

(Für die Bestimmung von γ haben wir 0.5 zu c_0 hinzu gezählt, um die Grenzfälle $X = c_0$ und $X = n - c_0$ noch klarer zuzuordnen. $\widehat{F}$ ist die empirische Verteilungsfunktion.) Die untere Grenze V_0 des Vertrauensintervalls erhält man also aus $\gamma = \widehat{F}\langle \mu_0 \rangle$, und das ergibt für μ_0 das γ-Quantil $\widehat{q}_\gamma$ der Stichprobe (siehe 2.3.g). Analog erhält man die obere Grenze $V_1 = \widehat{q}_{1-\gamma}$. Die Zahl c_0 ersieht man aus der Tabelle für den zweiseitigen Vorzeichen-Test (8.2.e). Die genäherte Merkregel (8.3.e), die bereits ab $n = 20$ gut brauchbar ist, liefert $\gamma = 1/2 - 1/\sqrt{n}$ und $1 - \gamma = 1/2 + 1/\sqrt{n}$.

j * Bild 9.3.j zeigt den Zusammenhang zwischen Vertrauensintervall und Annahmebereich des Tests für das Beispiel der Schlafverlängerungs-Daten. Zunächst ist die empirische Verteilungsfunktion dargestellt. Der Vorzeichen-Test für ein bestimmtes μ_0 legt einen Annahmebereich fest, der durch eine vertikale Strecke über $x = \mu_0$ eingezeichnet ist. Wird diese Strecke von der empirischen Verteilungsfunktion geschnitten, so wird die Nullhypothese beibehalten; μ_0 gehört dann zum Vertrauensintervall. Wenn wir nun die Verteilungsfunktion festhalten und μ_0 variieren, wird klar, dass die Grenzen des Vertrauensintervalls gleich den Quantilen $\widehat{q}_\gamma$ und $\widehat{q}_{1-\gamma}$ sind.

k   Für die Lage-Differenz δ zwischen zwei unabhängigen Stichproben erhält man Vertrauensintervalle aus den in 8.8 besprochenen Tests in gleicher Weise wie oben für den gepaarten Fall.

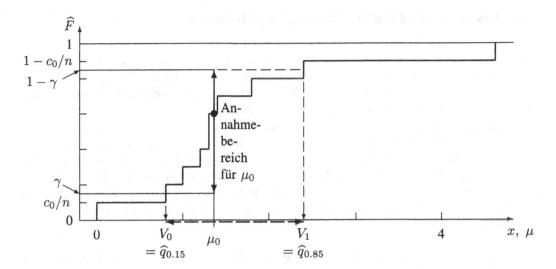

Bild 9.3.j Veranschaulichung des Vorzeichen-Tests und des zugehörigen Vertrauensintervalls für den Median. Für einen willkürlich gewählten Parameterwert μ_0 ist der Annahmebereich des zugehörigen Tests eingezeichnet.

* Aus dem Zweistichproben-t-Test (8.8.h) ergibt sich ein Intervall für δ von ebenso einfacher Form wie im Fall einer Stichprobe, nämlich, in der oben erwähnten Kurz-Schreibweise

$$(\overline{Y}_{2,\cdot} - \overline{Y}_{1,\cdot}) \pm c\widehat{\sigma}\sqrt{\tfrac{1}{n_1} + \tfrac{1}{n_2}} \, ,$$

wobei $\widehat{\sigma}$ in 8.8.h definiert und c das 95%-Quantil der t-Verteilung mit $\nu = n_1 + n_2 - 2$ Freiheitsgraden ist (Tabelle 8.5.g).

l   *Welches Vertrauensintervall wählen?* Es ist plausibel, dass gute Tests gute Vertrauensintervalle ergeben und dass deshalb die Empfehlungen analog ausfallen: Falls die Verteilung der X_i symmetrisch ist, soll möglichst das dem Rangsummen-Test entsprechende Intervall verwendet werden, sonst das dem Vorzeichen-Test entsprechende.

Allerdings liefert der Vorzeichen-Test ein Vertrauensintervall für den Median. Wenn man ausdrücklich, auch für eine schiefe Verteilung, ein Intervall für den Erwartungswert wünscht, muss man auf den t-Test zurückgreifen, der dann, wie erwähnt, nur näherungsweise richtige Ergebnisse liefern kann.

m   Es ist klar, dass die Länge eines Vertrauensintervalls vom Stichprobenumfang abhängt. Besonders deutlich und einfach zeigt dies die Formel für das Vertrauensintervall des z-Tests (9.3.a). Es führt allgemein eine Vergrösserung der Stichprobe zu einem kürzeren Vertrauensintervall.
Aus einer gewünschten Genauigkeit in Form einer vorgegebenen Länge des Vertrauensintervalls lässt sich – ähnlich wie früher aus einer gewünschten Macht – der benötigte *Stichprobenumfang* berechnen. Die Länge des Vertrauensintervalls ist allerdings zufällig (ausser beim z-Intervall). Man kann daher nur beispielsweise den Erwartungswert der Länge vorgeben.

* Der Erwartungswert der Länge kann auch als Kriterium zum Vergleich verschiedener Methoden verwendet werden. Im Allgemeinen wird ein mächtigerer Test zu kürzeren Vertrauensintervallen führen.

9.4 Bootstrap und andere Resampling-Methoden

a   Ein Vertrauensintervall für einen Parameter θ basiert auf einem Test, der eine Schätzung $\widehat{\theta}$ von θ als (unstandardisierte) Teststatistik verwendet. Um die kritischen Grenzen des Tests zu erhalten, muss man für jeden Parameterwert die Verteilung der Schätzung bestimmen können. Darauf bauen schliesslich auch die Vertrauensintervalle auf.

In den meisten Fällen haben wir eine parametrische Familie mit Parameter θ (und allenfalls mit Störparametern) festgelegt. Im Gegensatz dazu kann man den Zufall durch eine grosse Klasse von Verteilungen beschreiben. Für den Vorzeichen-Rangsummen-Test wurde die Klasse aller symmetrischen Verteilungen benützt. Es interessiert nur ein bestimmter Aspekt dieser Verteilung, der durch einen „Parameter" (besser ein Funktional, siehe 5.3.i) ausgedrückt wird – beim Rangtest durch das Symmetriezentrum. Man spricht in solchen Situationen von einem *semi-parametrischen Modell*.

b   Zwei weitere Beispiele dafür: Im Zwei-Stichproben-Problem interessiert der Unterschied, genauer die Differenz der Lageparameter der beiden Stichproben, während die Verteilung der Beobachtungen im übrigen völlig offen bleiben kann.

In der einfachen Regression (3.5), deren eingehende statistische Behandlung in Kapitel 13 folgt, ist der parametrische Teil des Modells durch eine Gerade $y = \alpha + \beta x$ gegeben. Die zufälligen Abweichungen werden durch eine Wahrscheinlichkeits-Verteilung beschrieben – üblicherweise eine Normalverteilung mit Erwartungswert 0, im semi-parametrischen Fall aber eine beliebige um 0 symmetrische Verteilung.

c   Ein Parameter (Funktional) kann auch in diesen Situationen aufgrund von Daten ohne weiteres *geschätzt* werden – zum Beispiel durch ein Lagemass für eine Stichprobe oder durch die entsprechende Differenz im Falle zweier Stichproben. Was lässt sich aber über die *Verteilung dieser Schätzung* sagen, wenn die Verteilung der Beobachtungen nicht festgelegt wird? Dieser Frage wollen wir nachgehen.

Als *Beispiel* soll aus $n = 10$ Beobachtungen $X_1, X_2, \ldots, X_{10}$ das α-*gestutzte Mittel* $\overline{X}_\alpha$ mit $\alpha = 20\%$, also das Mittel ohne die zwei kleinsten und die zwei grössten Beobachtungen, bestimmt werden. Wie ist $\overline{X}_\alpha$ verteilt?

d   Wenn die Verteilungsfunktion F der Beobachtungen gegeben wäre, so könnte die Frage nach der Verteilung der Schätzung durch die früher besprochenen Methoden beantwortet werden. Wir schreiben die Antwort als $\mathcal{L}\langle T; F \rangle$, die „Verteilung von T unter F". ($\mathcal{L}$ steht für *law*.) Was tun, wenn wir F nicht kennen? – Wir können es ja schätzen! Genauso, wie wir früher unbekannte Störparameter geschätzt haben; F ist sozusagen ein (überdimensionierter) Störparameter. Diese einfache Idee heisst *Bootstrap* (wörtlich: Steigbügel). Wir können formal schreiben

$$\mathcal{L}\widehat{\langle T; F \rangle} = \mathcal{L}\langle T; \widehat{F} \rangle \ .$$

Als einfachste Schätzung $\widehat{F}$ von F dient die empirische Verteilungsfunktion (2.2.d).

e   Um die Verteilung $\mathcal{L}\langle T; \widehat{F} \rangle$ bei gegebenem $\widehat{F}$ zu bestimmen, benützt man beim Bootstrap fast immer die *Simulation*. In 4.4.d wurde angegeben, wie für eine treppenförmige Verteilungsfunktion Zufallszahlen erzeugt werden. Bild 9.4.e (i) veranschaulicht diese Konstruktion für das *Beispiel der Schlafverlängerung*.

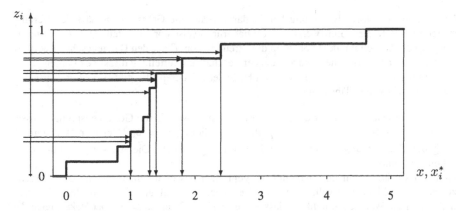

Bild 9.4.e (i) Simulation einer Bootstrap-Stichprobe im Beispiel der Schlafverlängerung

Die Treppenfunktion $\widehat{F}$ hat 10 Stufen gleicher Höhe, aber ungleicher Breite, entsprechend den beobachteten Werten $x_1, x_2, \ldots, x_{10}$. Es werden 10 uniform verteilte Zufallszahlen Z_i gezogen und entsprechend der Umkehrfunktion $\widehat{F}^{-1}$ der Verteilungsfunktion transformiert.

Jede transformierte Zahl x_i^* ist gleich einer der Beobachtungen. Wenn 10 gezogen werden, kommen fast immer gewisse x_i mehrfach und andere gar nicht vor. In der dargestellten simulierten Stichprobe werden $x_{[7]}$ und $x_{[8]}$ drei Mal gezogen, während $x_{[1]}$, $x_{[2]}$, $x_{[4]}$ und $x_{[10]}$ „leer ausgehen". Man zieht also aus den ursprünglichen 10 Beobachtungen 10 zufällig heraus – mit Zurücklegen (sonst ergäbe sich immer wieder die ursprüngliche Stichprobe). So entsteht eine sogenannte *Bootstrap-Stichprobe (bootstrap sample)*.

Für die Simulation wird dieses Vorgehen wie immer einige hundert oder tausend Male wiederholt und für jedes Bootstrap sample $[x_1^*, x_2^*, \ldots, x_{10}^*]$ der Wert von T berechnet. So ergibt sich die simulierte Verteilung $\mathcal{L}^{(\mathrm{sim})}\langle T; \widehat{F}\rangle$ (Bild 9.4.e (ii)).

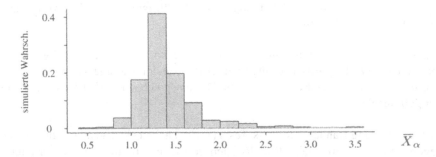

Bild 9.4.e (ii) Simulierte geschätzte Verteilung des gestutzten Mittels im Beispiel der Schlafverlängerung

f Was bedeutet dieses Resultat? Selbst wenn $\mathcal{L}\langle T; \widehat{F}\rangle$ durch Rechnung oder „unendlich" lange Simulation exakt bestimmt ist, bleibt es eine *geschätzte Verteilung* von T. Sie ist selber zufällig, da sie durch die Werte $x_1, x_2, \ldots, x_n$ der Beobachtungen in einer Stichprobe bestimmt wird. (Früher hatten wir durch Simulation jeweils eine feste Verteilung bestimmt!)

g Die geschätzte Verteilung von T führt zu einer geschätzten Standardabweichung, also einem Standardfehler, und über die üblichen „Plus-Minus-Regeln" aufgrund der Normal- oder der t-Verteilung zu Vertrauensintervallen.

* Die Verwendung der Normalverteilung beruht darauf, dass die Grösse T gemäss den Verallgemeinerungen des Zentralen Grenzwertsatzes oft näherungsweise normalverteilt ist. Die t-Verteilung kommt ins Spiel, da auch mit dem bootstrap die Streuung von T aus den Daten geschätzt wird. Alternativ kann man auch kritische Grenzen aus der geschätzten Verteilung direkt bestimmen.

  Zur Bestimmung von Vertrauensintervallen mit Hilfe der Bootstrap-Idee gibt es mehrere verfeinerte Varianten, siehe Efron and Tibshirani (1993).

h * Wenn man sich das Ganze genauer überlegt, wird man auf zweifelhafte Gedankensprünge stossen: Was bedeutet beispielsweise eine Nullhypothese der Form $\theta = \theta_0$? Genauer: Wie wird die Verteilung der Beobachtungen unter dieser Hypothese geschätzt? (Die Antwort: $\widehat{F}$, um $\theta_0 - \widehat{\theta}$ verschoben.) Warum?

  Statt sich um Rechtfertigungen zu bemühen, geht man besser pragmatisch vor: Das Vorgehen führt zu einem zufälligen Intervall, das wir als Vertrauensintervall ansprechen möchten. Das ist in Ordnung, wenn die Wahrscheinlichkeit, dass es den wahren Parameterwert überdeckt, gleich dem gewählten Vertrauenskoeffizienten ist.

  Diese Wahrscheinlichkeit kann man aber nur untersuchen, wenn man eine feste Verteilung F vorgibt. Es stellt sich heraus, dass in sehr vielen Fällen (viele Schätzungen T und viele Verteilungsfunktionen F) die Überdeckungs-Wahrscheinlichkeit näherungsweise korrekt ist für nicht allzu kleine Stichproben. (Zur Überprüfung braucht man Simulation: Man zieht Stichproben entsprechend einer gegebenen Verteilung $\mathcal{F}$ und berechnet für jede das Vertrauensintervall mit Bootstrap, also nochmals mit Simulation. Das kann ganz schön aufwändig werden.)

i Die Bedeutung des Bootstrap liegt in seiner *allgemeinen Anwendbarkeit*: Die Idee lässt sich auch für komplizierte Modelle und noch kompliziertere Schätzungen brauchen, um diese mit Genauigkeitsangaben zu versehen. Wenn die Schätzung allerdings allzu rechenaufwändig wird, muss man bedenken, dass man sie ein paar hundert Male für die Simulation durchführen muss, nur um Ihre Genauigkeit zu bestimmen.

j Eine weniger aufwändige, aber auch etwas weniger allgemein verwendbare Methode heisst *Jackknife* (wörtlich Taschenmesser). Man lässt von der gegebenen Stichprobe reihum jeweils eine Beobachtung weg und bestimmt die Schätzung T aus den übrigen. Die Varianz von T lässt sich aus diesen n Werten von T bestimmen.

k Während Bootstrap und Jackknife nur näherungsweise korrekte Tests und Vertrauensintervalle liefern, haben die Rangtests und allgemeiner die Randomisierungs-Tests (8.10.d) exakte Aussagen ohne Festlegung des Modells erlaubt. Die entsprechenden Vertrauensintervalle sind leider nicht gebräuchlich.

l Bootstrap, Jackknife und Randomisierungs-Tests (8.10.c) haben eines gemeinsam: Sie erzeugen aus der gegebenen Stichprobe viele „Pseudo-Stichproben" und bestimmen die Verteilung einer Schätzung der Teststatistik aus ihren Werten für diese Pseudo-Stichprobe. Sie werden daher unter dem Namen *resampling* zusammengefasst. Man könnte von einem Recycling oder einer *Wiederverwertung der Stichprobe* sprechen.

m *Literatur:* Eine umfassende Einführung in den Bootstrap mit kurzen Kapiteln über Jackknife und Randomisierungs-Tests geben Efron and Tibshirani (1993). Der erste Autor hat den Bootstrap als allgemeine Methodik eingeführt und populär gemacht. Eine neuere Einführung stammt von Davison and Hinkley (1997).

9.5   Vertrauens- und andere Intervalle

a   In der Statistik trifft man etliche verschiedenartige Intervalle an:

- *Vertrauensintervall:* zufälliges Intervall, abhängig von den Daten. Es enthält, wenn man von einem Modell ausgeht, den wahren Parameterwert mit der vorgegebenen Wahrscheinlichkeit von 95%.
- *Annahmebereich:* festes Intervall, abhängig vom zu testenden Parameterwert. Es enthält den Wert der Teststatistik mit Wahrscheinlichkeit 95%, falls die Nullhypothese richtig ist.
- *Streubereich:* Intervall, in dem die meisten Daten enthalten sind. Die Kiste im box plot enthält 50% der Daten. Es gibt aber auch andere Möglichkeiten, Streubereiche festzulegen; es können dann beispielsweise ungefähr oder exakt 95% der Daten darin enthalten sein.

b   *   • *Toleranz-Intervall:* Zufälliges Intervall, in dem z. B. mindestens 95% der in Zukunft zu erhebenden Daten liegen sollten. Genaueres findet man beispielsweise in Hartung et al. (2002) unter dem Stichwort Toleranzintervall.
- Kerbenbereiche in gekerbten Kisten-Diagrammen (notched box plots) ermöglichen einen approximativen Test für den Unterschied zwischen zwei unabhängigen Stichproben (8.8.m). Die Kerben bilden auch genäherte Vertrauensintervalle für die Mediane, allerdings für einen unüblichen Vertrauenskoeffizienten, der etwa 90% beträgt (Hartung et al., 2002).

c   In *grafischen Darstellungen* für den Vergleich von mehreren Gruppen oder von gruppierten Messungen im Zeitablauf werden oft ein bis zwei dieser Bereiche gezeichnet, z. B. der Streubereich und/oder das Vertrauensintervall für den Lageparameter. Damit die Intervalle nicht zu lang werden, hat sich auch der Gebrauch von Intervallen der halben Länge, vor allem der „Ein-Sigma-Streubereich" $\overline{X} \pm \widehat{\sigma}$, eingebürgert. Es ist wichtig, in der Legende genau anzugeben, was gezeichnet wird. (Der Annahmebereich lässt sich nicht im gleichen Sinne darstellen!)

d   Der Annahmebereich und das Vertrauensintervall werden sehr oft verwechselt. Für den z-Test und t-Test sehen sie auch zum Verwechseln ähnlich aus: Der Annahmebereich für die Teststatistik $\overline{X}$ hat die Form

$$\mu_0 \pm c \cdot \mathrm{se}$$

mit $c = 1.96$ und $\mathrm{se} = \sigma_0/\sqrt{n}$ für den zweiseitigen z-Test ($\alpha = 0.05$), und mit c aus der Tabelle und $\mathrm{se} = \widehat{\sigma}/\sqrt{n}$ (standard error) für den t-Test.

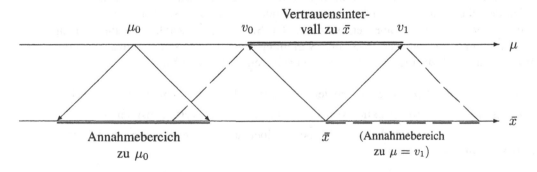

Bild 9.5.d   Annahmebereich für eine Lageschätzung und Vertrauensintervall für den Lageparameter

Das Vertrauensintervall für μ sieht sehr ähnlich aus:

$$\overline{X} \pm c \cdot \mathrm{se}$$

mit den gleichen Grössen c und se wie oben. Nun aber ist das Vertrauensintervall von der *zufälligen* Grösse $\overline{X}$ abhängig, während der Annahmebereich von der gewählten *festen* Nullhypothese μ_0 abhängt.
Bild 9.5.d soll diesen Zusammenhang verdeutlichen.

e   Annahmebereich und Vertrauensintervall stehen zueinander in einer Dualität, wenn als Test-grösse eine Schätzung für den Parameter verwendet wird. Dann nämlich gilt:

• *Der Annahmebereich umfasst diejenigen Schätzwerte $\widehat{\theta}$ für den Parameter θ, die mit einem bestimmten Parameterwert $\theta = \theta_0$ verträglich sind*, und

• *das Vertrauensintervall umfasst diejenigen Parameterwerte θ, die mit einem bestimmten Schätzwert $\widehat{\theta}$ verträglich sind.*

Bei der Binomial-Verteilung wird klar, dass der Annahmebereich nicht symmetrisch um $\theta_0 = \pi_0$ und das Vertrauensintervall nicht symmetrisch um $\widehat{\theta} = \widehat{\pi}$ sein muss, und dass die „zulässigen Abweichungen" nach unten für den Annahmebereich, $\theta_0 - c_0$, und für das Vertrauensintervall, $\widehat{\theta} - V_0$, im Allgemeinen nicht gleich berechnet werden. Prägen Sie sich das Diagramm 8.2.f(i) als *grundlegende Figur zu den Begriffen Test und Vertrauensintervall* ein!

9.6   Schätzungen, Tests und Vertrauensintervalle im Vergleich

a   Wie nützlich sind die verschiedenen Konzepte der schliessenden Statistik, die Sie nun kennen?

• *Vertrauensintervalle sind nützlicher als Punktschätzungen.* Ein Vertrauensintervall enthält ja jeweils die sinnvolle Punktschätzung (oft ist diese der Mittelpunkt des Intervalls), aber eine Punktschätzung allein sagt nichts über ihre eigene Genauigkeit, und *eine Zahl ohne Genauigkeitsangabe sagt wenig bis nichts aus!*

Genauigkeitsangaben werden nicht immer explizit hingeschrieben, sondern sie sind oft implizit vorhanden. Sie können auf der bei Leserinnen und Lesern voraussetzbaren eigenen Erfahrung beruhen oder auf der Angabe der „signifikanten Stellen" einer Zahl. Bei Zähldaten führt die Annahme einer Poisson- oder Binomial-Verteilung, die oft wenigstens in guter Näherung gilt, für jede Zahl auch zu einer Angabe ihrer eigenen Genauigkeit (9.1.h).

b   Andererseits haben *Punktschätzungen* dennoch eine Bedeutung als Hilfsmittel, nämlich

• als Teststatistik zur Konstruktion von Tests und dadurch von Vertrauensintervallen;

• wenn es nur darum geht, die Daten zu beschreiben, also z. B. eine glatte Dichte-Funktion an ein Histogramm anzupassen.

c • *Vertrauensintervalle sind nützlicher als Tests*, denn, wie soeben gesagt, sind Testergebnisse
    in der Angabe eines Vertrauensintervalls enthalten, aber nicht umgekehrt. Vertrauensintervalle
    sagen nicht nur, ob ein Parameter bespielsweise null sein kann, sie sagen gleich, wie gross der
    Parameter etwa ist.

d *Tests* sind andererseits auch da anwendbar, wo keine klaren Alternativen vorhanden sind, die
    durch irgendein parametrisches Modell beschrieben werden (vgl. Kap. 11). Ohne Parameter gibt
    es kein Vertrauensintervall.
    Oftmals genügt auch eine Aussage der Form „Die Ozon-Konzentration hat einen Einfluss auf die
    Blatt-Transpiration", ohne dass man genau wissen will, wie stark dieser Einfluss ist. Dann kann
    man sich mit einem Test zufrieden geben und auf ein Vertrauensintervall für den Parameter, der
    die Grösse des Einflusses misst, verzichten (vergleiche 13.3.a).

e • *Vertrauensintervall und P-Wert*: Der P-Wert erlaubt es der Leserin oder dem Leser, das
    Ergebnis der Tests auf allen Niveaus α für eine feste Nullhypothese $H_0 : \mu = \mu_0$ abzulesen
    (8.3.i).
    Das Vertrauensintervall (mit Vertrauenskoeffizient $1 - \alpha$) erlaubt es, das Ergebnis der Tests
    der Nullhypothesen $H_0 : \mu = \mu_0$ für alle möglichen Parameterwerte μ_0 (zur Irrtums-Wahr-
    scheinlichkeit α) abzulesen.

f In 8.11.b wurde der Unterschied zwischen signifikanten und relevanten Effekten gemacht. Mit
    Hilfe der Vertrauensintervalle kann dieser Unterschied erfasst werden. Wir legen zum Beispiel
    für die Mast von Ochsen fest, dass ein Unterschied von weniger als $\delta = 1.0$ kg nicht von
    Bedeutung sei. Je nach Lage des Vertrauensintervalls sind dann betreffend Signifikanz und
    Relevanz die fünf in Bild 9.6.f gezeigten Fälle zu unterscheiden (nach McNeil, 1996, S. 24).

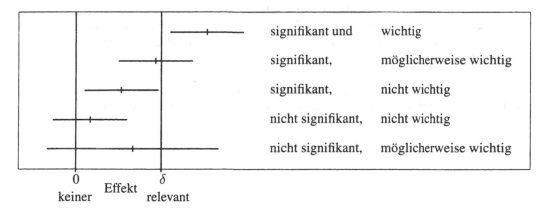

Bild 9.6.f Signifikanz und Relevanz eines Effekts bei verschiedener Lage des Vertrauensintervalls

Der unterste Fall bedeutet, dass man einen wichtigen Effekt nicht nachweisen kann. Das kann
man ausschliessen, indem man bei der Planung des Stichprobenumfang dafür sorgt, dass das
Vertrauensintervall kürzer wird als die Distanz δ zwischen einem relevanten und keinem Effekt.

9.7 Wo stehen wir?

a In den letzten drei Kapiteln haben wir die grundlegenden Begriffe der Schliessenden Statistik eingeführt, die parametrische Modelle mit Daten in Verbindung bringen. Drei Grundfragen führen zu drei Begriffen:

- Welcher Parameterwert passt am besten zu den Daten? $\to$ Schätzung
- Welche Daten sollen mit einem bestimmten Modell, inklusive einem bestimmten Parameterwert, als verträglich gelten? $\to$ Test
- Welche Parameterwerte sind mit den vorliegenden Daten verträglich? $\to$ Vertrauensintervall

b Gleichzeitig haben wir die Anwendung dieser Begriffe in den einfachsten Situationen des Beurteilens einer Wahrscheinlichkeit (Parameter π der Binomialverteilung), einer erwarteten Anzahl entsprechend dem Poisson-Modell, von der Lage einer und dem Unterschied zwischen zwei gepaarten oder unabhängigen Stichproben einer stetigen Zufallsvariablen erörtert. In den folgenden Kapiteln sollen weitere Modelle zur Sprache kommen, die Sie in der Praxis ebenfalls häufig antreffen können, und die auch einige prinzipiell neue Aspekte zeigen.

c Mit dem erarbeiteten Verständnis der grundlegenden drei Begriffe sollten Sie in der Lage sein, rezeptartige Formulierungen in Nachschlagewerken sinnvoll anwenden zu können – wenigstens im Bereich der eindimensionalen Modelle, der „univariaten Statistik" (Stichproben einer einzigen Zufallsvariablen, ohne Zeitreihen).

Literatur zu Teil III

a Der Stoff des Teils III, die Grundbegriffe der schliessenden Statistik, werden in allen in 1.4.a angeführten Büchern behandelt. Die theoretische Grundlegung der Schätz- und Testtheorie findet man beispielsweise im klassischen Buch von Lehmann (1986) oder im umfassenden Werk von Witting (1985, 1995).

b Einige Spezialbücher sind der nichtparametrischen Statistik gewidmet – und gehen natürlich weit über die hier behandelten Verfahren hinaus. Ein solches Werk, in deutscher Sprache, ist Siegel (1997).

Teil IV

Methoden der Datenanalyse

10   Nominale Daten

10.1   Multinomiale Verteilung und Chiquadrat-Test

a   Bei einer Bestandesaufnahme eines Waldes ist jeder Baum von einer bestimmten biologischen Art. In einer Umfrage über Berufe wird jede befragte Person einer bestimmten *Klasse* zugeteilt. Jede Beobachtungseinheit fällt also in solchen Fällen in eine von m möglichen Klassen. Diese möglichen „Werte" werden zwar meistens fortlaufend nummeriert, aber die Reihenfolge ist willkürlich oder nicht von Bedeutung. Deshalb macht es beispielsweise kaum Sinn, einen Erwartungswert oder eine Varianz einer solchen zufälligen Klassennummer zu bilden (ausser im Fall von nur zwei Klassen). Die Statistik für solche *nominalen Daten* (2.7.b) sieht daher anders aus als für geordnete Daten.
Geordnete stetige Daten kann man durch *Klassenbildung* in diskrete Daten verwandeln (2.4); auch diskrete Daten werden manchmal zusätzlich klassiert. Wenn man die natürliche Ordnung der Klassen nicht beachten will, werden sie zu nominalen Daten. – Der umgekehrte Weg ist nur möglich, wenn eine interpretierbare Ordnung für die Klassen aufgestellt werden kann.

b   ▷ *Beispiel. Mendel* untersuchte in seiner grundlegenden Arbeit (Křížnecký, 1965) in einem Versuch zwei Merkmale: Die Form der Erbsen konnte rund (A, dominant) oder kantig (a, rezessiv) sein und das Albumen gelb (B, dominant) oder grün (b, rezessiv). Es wurden Samen von homozygoten Pflanzen mit den dominierenden Merkmalen A und B gekreuzt mit Pollen von homozygoten Pflanzen mit den rezessiven Merkmalen a und b. Das Resultat: „Die befruchteten Samen erschienen rund und gelb, jenen der Samenpflanze ähnlich." Die „befruchteten Samen" (Erbsen) haben ja alle den Genotyp Aa,Bb, das heisst, sie tragen die „Allele" A und a im Verhältnis 1:1 in sich, ebenso B und b. „Die daraus gezogenen Pflanzen gaben Samen von viererlei Art, welche oft gemeinschaftlich in einer Hülse lagen. Im Ganzen wurden von 15 Pflanzen 556 Samen erhalten, von diesen waren:

315   rund und gelb,
101   kantig und gelb,
108   rund und grün,
32   kantig und grün"

(Křížnecký, 1965, S. 37). Bild 10.1.b (i) zeigt diese Anzahlen im Vergleich mit erwarteten Häufigkeiten, die sich aus den Mendel'schen Vererbungsgesetzen ergeben und die wir unten einführen (10.1.j).   ◁

c   ▷ *Beispiel.* In einer *Umfrage* zum Umweltschutz wurde unter anderem gefragt, ob man sich durch *Umweltschadstoffe* beeinträchtigt fühle. (Quelle: „Umweltschutz im Privatbereich". Erhebung des EMNID, Zentralarchiv für empirische Sozialforschung der Universität Köln.) Die möglichen Antworten gingen von „überhaupt nicht beeinträchtigt" (1) über „etwas beeinträchtigt" (2) und „ziemlich beeinträchtigt" (3) bis zu „sehr beeinträchtigt" (4). Die Anzahl der erhaltenen Antworten ist in Bild 10.1.b (ii) dargestellt. In diesem Beispiel zeigen die Antworten eine Ordnung,

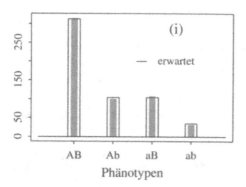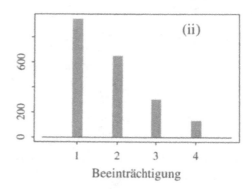

Bild 10.1.b   Anzahl Beobachtungen für die möglichen Werte einer nominalen Variablen. (i) Beispiel Mendel, mit erwarteten Anzahlen gemäss den Vererbungsgesetzen. (ii) Beispiel Umfrage

aber eine quantitative Interpretation im Sinne einer Differenzenskala ist nicht unbedingt angebracht. Es ist recht üblich, solche Daten wie ungeordnete, nominale Merkmale auszuwerten.   ◁

d   Die Auswertung nominaler Daten beginnt, wie in den Beispielen gezeigt, normalerweise damit, dass man *zählt*, wie viele Beobachtungseinheiten in die einzelnen Klassen fallen. So entstehen aus nominalen Daten für die ursprünglichen Beobachtungen *Zähldaten* – für jede mögliche Klasse k eine Anzahl $S^{(k)}$. Dieses Kapitel könnte daher auch *Statistik von Zähldaten* heissen. Wir fragen: Wie sehen sinnvolle Wahrscheinlichkeitsmodelle für solche Daten aus? Wie beantwortet man die Grundfragen der Statistik für sie?

e   Im einfachsten Fall von nur zwei Klassen haben wir die Anzahl X von Beobachtungseinheiten betrachtet, die in die eine Klasse fallen, und sie durch die Binomial-Verteilung modelliert. Als Verallgemeinerung im Falle mehrerer Klassen wurde in 5.5.c die *multinomiale Verteilung* eingeführt. Sie bildet das Modell für die gemeinsame Verteilung der Anzahlen $S^{(1)}$, $S^{(2)}$, ..., $S^{(m)}$ von Beobachtungseinheiten, die in die m Klassen fallen, und lautet

$$P\langle S^{(1)}=s_1,\ S^{(2)}=s_2,\ \ldots,\ S^{(m)}=s_m\rangle$$
$$=\frac{n!}{s_1!\,s_2!\,\ldots s_m!}\,(\pi^{(1)})^{s_1}\,(\pi^{(2)})^{s_2}\ldots(\pi^{(m)})^{s_m}\ ,$$

falls $\sum_{j=1}^m s_j = n$, und $= 0$ sonst; dabei ist n die vorgegebene Anzahl Beobachtungseinheiten, der Stichprobenumfang. Als Voraussetzung wurde angenommen, dass für jede Beobachtungseinheit i die Wahrscheinlichkeit, in eine bestimmte Klasse $C^{(j)}$ zu fallen, gleich ist (nämlich $\pi^{(j)}$), und dass die Beobachtungen statistisch unabhängig sind.

f   Beachten Sie, dass aus den ursprünglichen, unabhängigen Beobachtungen für die Einheiten $i = 1, 2, \ldots, n$ mit nominalem Wertebereich neue Zufallsvariable $S^{(1)}, S^{(2)}, \ldots, S^{(m)}$ gewonnen wurden, die *statistisch abhängig* sind. Das Ergebnis einer ganzen Studie besteht also im Wesentlichen aus *einer* „Beobachtung" einer mehrdimensionalen Zufallsvariablen mit gemeinsamer Verteilung $\mathcal{M}\langle n; \pi^{(1)}, \pi^{(2)}, \ldots, \pi^{(m)}\rangle$.
Hier interessiert uns, wie man die Grundfragen der Statistik für dieses Modell löst.

g   Die *Schätzung* der $\pi^{(j)}$ erfolgt, wie bei der Binomial-Verteilung, durch die relativen Häufigkeiten, $\widehat{\pi}^{(j)} = S^{(j)}/n$.

h   *Test.* Der gebräuchlichste Test für die Frage, ob die Wahrscheinlichkeiten $\pi^{(j)}$ gleich bestimmten Werten $\pi_0^{(j)}$ seien, heisst *Chiquadrat-Test*.

H_0 : $\left[S^{(1)}, S^{(2)}, \ldots, S^{(m)} \right] \sim \mathcal{M} \left\langle n; \pi_0^{(1)}, \pi_0^{(2)}, \ldots, \pi_0^{(m)} \right\rangle$

H_A : $\left[S^{(1)}, S^{(2)}, \ldots, S^{(m)} \right] \sim \mathcal{M} \left\langle n; \pi^{(1)}, \pi^{(2)}, \ldots, \pi^{(m)} \right\rangle$ mit $\pi^{(j)} \neq \pi_0^{(j)}$ (für mindestens ein j – und damit wegen $\sum \pi^{(j)} = 1$ gleich noch für mindestens ein zweites)

U :   Man muss irgendwie die Abweichungen $|\widehat{\pi}^{(j)} - \pi_0^{(j)}| = |S^{(j)} - n\pi_0^{(j)}|/n$ benützen, um eine einzige Testgrösse zu bekommen. Als geeignet erweist sich

$$T = \sum_{j=1}^{m} \frac{\left(S^{(j)} - n\pi_0^{(j)} \right)^2}{n\pi_0^{(j)}} .$$

$\mathcal{F}_0\langle U \rangle$:   Die Bestimmung der exakten Verteilung von T gelingt nicht in geschlossener Form, aber sie kann durch die Chi-Quadrat-Verteilung χ_ν^2 mit $\nu = m - 1$ Freiheitsgraden gut angenähert werden, falls die $n\pi_0^{(j)}$ alle gross genug sind (siehe unten). Die Verteilung von T hängt also näherungsweise nur von der Anzahl Gruppen m ab, nicht von den einzelnen Wahrscheinlichkeiten $\pi_0^{(j)}$ und auch nicht von der Gesamtzahl der Beobachtungen.

K :   Es führt *jede* Abweichung von H_0 zu einem *grossen* erwarteten Wert von T, also hat der Verwerfungsbereich die Form $K = \{T \geq c\}$, wobei c das 95%-Quantil der Chiquadrat-Verteilung mit $\nu = m - 1$ Freiheitsgraden ist (Tabelle 10.1.h). Der P-Wert ist aus der kumulativen Verteilungsfunktion zu bestimmen: $P = 1 - F^{(\chi_{m-1}^2)}\langle T \rangle$.

Tabelle 10.1.h   Kritische Werte $c = q_{0.95}$ der Chiquadrat-Verteilung mit ν Freiheitsgraden zu $\alpha = 5\%$.

ν	c	ν	c	ν	c	ν	c	ν	c	ν	c
1	3.84	11	19.68	21	32.67	31	44.99	41	56.95	60	79.09
2	5.99	12	21.03	22	33.93	32	46.20	42	58.13	70	90.54
3	7.81	13	22.36	23	35.18	33	47.40	43	59.31	80	101.88
4	9.49	14	23.69	24	36.42	34	48.61	44	60.49	90	113.15
5	11.07	15	25.00	25	37.66	35	49.81	45	61.66	100	124.35
6	12.59	16	26.30	26	38.89	36	51.00	46	62.83	200	234.00
7	14.07	17	27.59	27	40.12	37	52.20	47	64.01	300	341.40
8	15.51	18	28.87	28	41.34	38	53.39	48	65.18	400	447.64
9	16.92	19	30.15	29	42.56	39	54.58	49	66.34	500	553.14
10	18.31	20	31.41	30	43.78	40	55.76	50	67.51	1000	1074.70

i   *   Die Form der Teststatistik und ihre genäherte Verteilung kann einfach plausibel gemacht werden: Wäre die Gesamtzahl der Beobachtungen nicht vorgegeben, sondern selbst zufällig, so wäre ein plausibles Modell $S^{(j)} \sim \mathcal{P}\langle \lambda \pi_0^{(j)} \rangle$ mit unabhängigen $S^{(j)}$. Das zeigt sich, wenn man die Überleitung von der Binomial- in die Poisson-Verteilung anhand der Regentropfen auf Gartenplatten nochmals durchgeht, nun mit mehreren Platten mit Flächen, die zu den $\pi^{(j)}$ proportional sind. Die Gesamtzahl N der Tropfen (Beobachtungen) wäre dann Poisson-verteilt mit Parameter λ. Wenn man nun die bedingte Verteilung der $S^{(j)}$, gegeben die Gesamtzahl $N = n$, bestimmt, landet man wieder bei der oben betrachteten Multinomial-Verteilung.

Wenn nun $S^{(j)} \sim \mathcal{P}\langle\lambda\pi_0^{(j)}\rangle$ gilt, dann ist $D^{(j)} = (S^{(j)} - \lambda\pi_0^{(j)})/\sqrt{\lambda\pi_0^{(j)}}$ die zugehörige standardisierte Zufallsvariable, was zur Folge hat, dass alle Abweichungen in gewissem Sinn „das gleiche Gewicht" haben. Die $D^{(j)}$ sind in grober Näherung standard-normalverteilt, wenn $\lambda\pi_0^{(j)}$ nicht allzu klein ist. Die Teststatistik T ist die Quadratsumme solcher Terme und deshalb nach Definition chiquadrat-verteilt mit m Freiheitsgraden.

In der Teststatistik wurde allerdings für λ als Schätzwert die Gesamtzahl der Beobachtungen n eingesetzt. Dadurch passen die erwarteten Anzahlen $n\pi_0^{(j)}$ tendenziell etwas besser zu den beobachteten $S^{(j)}$, was die Teststatistik etwas verkleinert. Man kann zeigen, dass diesem systmatischen Effekt Rechnung getragen werden kann, indem man die Anzahl Freiheitsgrade um 1 reduziert, und dass dann die Chiquadrat-Verteilung immer noch eine gute Näherung für die Verteilung der Teststatistik unter der Nullhypothese darstellt (vergleiche 10.2.e).

j   ▷   *Beispiel Mendel.* Gemäss den Mendel'schen Gesetzen müssen die Wahrscheinlichkeiten für die vier „Phänotypen" im Beispiel 10.1.b im Verhältnis $9:3:3:1$ stehen. Wenn nämlich Unabhängigkeit – also keine genetische Koppelung – gilt, dann multiplizieren sich für den ersten Phänotyp von Erbsen die Wahrscheinlichkeiten für die dominanten Phänotypen $P\langle\text{AA oder Aa}\rangle = 3/4$ (siehe 4.2.n) und $P\langle\text{BB oder Bb}\rangle = 3/4$, für den zweiten und dritten Phänotyp erhält man $(3/4) \cdot (1/4)$, und für den letzten $(1/4)^2$. Sind die Häufigkeiten in der Tabelle mit diesem Erbgesetz vereinbar?

Das Modell, das durch die Theorie festgelegt ist, lautet

$$[S^{(1)}, S^{(2)}, S^{(3)}, S^{(4)}] \sim \mathcal{M}\langle 150;\ 9/16,\ 3/16,\ 3/16,\ 1/16\rangle \ .$$

Die Testgrösse erhält den Wert

$$t = \frac{(315 - 556 \cdot 9/16)^2}{556 \cdot 9/16} + \frac{(101 - 556 \cdot 3/16)^2}{556 \cdot 3/16} + \frac{(108 - 556 \cdot 3/16)^2}{556 \cdot 3/16} + \frac{(32 - 556 \cdot 1/16)^2}{556 \cdot 1/16}$$

$$= 0.0162 + 0.101 + 0.135 + 0.218 = 0.470$$

und ist (viel) kleiner als die kritische Grenze 7.81, die man für $m - 1 = 3$ aus der Tabelle abliest. Die Nullhypothese wird also nicht abgelehnt, die erhaltenen Häufigkeiten stimmen im Rahmen der zufälligen Schwankungen mit dem Erbgesetz überein.   ◁

k   ▷   *Beispiel.* In der Einführung wurde das Verteilungsmuster von *Teichmuscheln* auf einer homogenen Fläche des Grundes des Zürichsees gezeigt und die Frage gestellt, ob sich die Muscheln wohl „rein zufällig" verteilen oder ob sie sich „anhäufen". Die Daten sind in Tabelle 10.1.k aufgeführt. Es zeigt sich im Bild recht klar, dass im linken Teil mehr Muscheln sitzen als rechts. Wir wollen deshalb die Frage auf die rechten 15 Spalten beschränken.

Wir brauchen zunächst ein Modell für ein „rein zufälliges Auftreten". In 5.2 haben wir Regentropfen auf einer Platte betrachtet und sind dabei über eine Binomial-Verteilung zur Poisson-Verteilung gelangt. Hier betrachten wir nicht ein einzelnes Feld, sondern alle 120 Felder des rechten Teils zusammen. Wir können die Anzahlen von Muscheln in diesen Feldern als zufällige Stichprobe einer Poisson-Verteilung auffassen, und das werden wir weiter unten tun.

Tabelle 10.1.k Verteilungsmuster von Teichmuscheln auf einer rechteckigen Fläche des Seegrundes. Die 15 Spalten im rechten Teil werden untersucht

1	0	0	1	1	1	5	0	2	1	0	1	0	1	0	1	0	0	1	0	1	0	0	1	1
1	0	0	1	1	0	0	0	5	0	1	0	3	0	0	1	1	1	1	0	0	0	1	0	1
0	0	0	3	4	0	0	1	1	4	0	0	3	1	0	3	1	2	1	7	2	0	0	2	0
4	2	0	0	3	3	1	1	1	0	0	1	0	1	1	1	0	1	2	1	1	0	3	0	0
0	1	3	2	5	4	0	5	0	1	1	0	1	0	0	0	0	2	0	3	3	1	4	0	0
3	0	3	1	2	2	0	0	3	1	0	1	0	2	1	2	4	0	0	0	0	0	1	0	2
2	1	2	1	0	1	0	2	2	0	1	1	2	2	1	0	0	1	1	2	1	0	3	1	1
0	1	0	2	1	0	0	0	3	3	0	0	2	0	0	0	0	0	1	0	3	0	0	2	0

Wie wir im Beispiel der Unfälle (8.2.d) die Aufteilung der Gesamtzahl über die beiden Jahre untersucht haben und dabei auf eine Binomial-Verteilung gestossen sind, so können wir jetzt die Aufteilung der gesamten Zahl $n = 104$ der Muscheln auf die 120 Felder betrachten und erhalten für die gemeinsame Wahrscheinlichkeits-Verteilung der Anzahlen $S^{(j)}$ in allen Feldern $j = 1, 2, \ldots, 120$ eine multinomiale Verteilung. Die Wahrscheinlichkeit $\pi^{(j)}$, dass eine bestimmte Muschel im $j$ten Feld anzutreffen ist, ist für alle Felder die gleiche – darin besteht die Nullhypothese.

Die Teststatistik vereinfacht sich in einem solchen Fall,

$$T = \frac{\sum_j (S^{(j)} - n/m)^2}{n/m} \, .$$

Für die vorliegenden Daten erhält man $n/m = 104/120 = 0.867$ und $t = 177.5$. Die Anzahl Feiheitsgrade ist $\nu = m - 1 = 120 - 1 = 119$; dafür enthält die Tabelle keinen kritischen Wert; wir brauchen die asymptotische Näherung. ◁

1 Um eine genäherte Normalverteilung benützen zu können, muss man wissen, dass für eine χ_ν^2-verteilte Grösse $\mathcal{E}\langle T \rangle = \nu$ und $\text{var}\langle T \rangle = 2\nu$ gilt. Deshalb ist

$$Z = \frac{T - \nu}{\sqrt{2\nu}}$$

asymptotisch standard-normalverteilt.

▷ Es wird $z = (177.5 - 119)/\sqrt{2 \cdot 119} = 3.79$; der zugehörige (einseitige) P-Wert ist 0.00008. (Für solch extreme P-Werte ist die Näherung zwar nicht brauchbar, aber auch der exakte P-Wert ist mit 0.00041 extrem.) Die Muscheln verteilen sich also auch im homogen erscheinenden rechten Teil der Fläche nicht „rein zufällig". ◁

m * Es gibt zwei verschiedene Möglichkeiten, dies zu erklären: Kleinräumige Inhomogenität des Untergrundes und direkte Wechselwirkungen zwischen Muscheln. Es ist nicht möglich, mit einer Zählung von Muscheln auf dem natürlichen Seegrund die beiden Mechanismen zu unterscheiden. Ein aufmerksamer Leser hat festgestellt, dass im die Signifikanz verschwindet, wenn das Feld mit der höchsten Anzahl (7) weggelassen wird. Der P-Wert wird dann 0.064, was man noch als „Indiz" für eine Aggregation ansprechen kann.

n   Zurück zum Grundsätzlichen: In der Formel für T kommen die Grössen $n\pi_0^{(j)} = \mathcal{E}_0\langle S^{(j)}\rangle$ vor, also die erwarteten Häufigkeiten der Klassen j. Man kann sich die Formel leichter merken, wenn man schreibt

$$T = \sum_j \frac{(\text{Beobachtet}^{(j)} - \text{erwartet}^{(j)})^2}{\text{erwartet}^{(j)}}$$

(im Nenner kein Quadrat!).

o   Es gibt verschiedene *Regeln, wie gross die erwarteten Häufigkeiten $n\pi_0^{(j)}$ sein müssen*, damit die Näherung der Chiquadrat-Verteilung gut genug ist – speziell im Bereich von $F^{(\chi^2_{m-1})}\langle c\rangle \approx 5\%$, wo es darauf ankommt. Nach van der Waerden (1971) und F. Hampel (persönliche Mitteilung aufgrund eigener Untersuchungen) kann folgende Regel aufgestellt werden: Etwa 4/5 der $n\pi_0^{(j)}$ müssen ≥ 4 sein, die übrigen ≥ 1. Bei vielen Klassen (m gross) können einzelne $\pi^{(j)}$ sogar noch kleiner sein. Im vorhergehenden Beispiel war der erwartete Wert sogar für alle Klassen (Felder) kleiner als 1, die Zahl m aber „sehr gross". – Die Regeln in den Lehrbüchern sind meistens übertrieben streng, z. B. „alle $n\pi_0^{(j)} \geq 5$".

Falls die erwarteten Werte zu klein sind, muss man zwei (oder mehrere) *Klassen zusammenfassen*, also z. B. Beobachtet$^{(1')} = S^{(1)} + S^{(2)}$; erwartet$^{(1')} = n\left(\pi_0^{(1)} + \pi_0^{(2)}\right)$ bilden, und auf die resultierenden Zahlen die vorherige Formel für T anwenden (siehe 10.2.a). Das hat allerdings oft einen Verlust an Macht des Tests zur Folge und soll daher nicht wegen einer zu strengen Regel für die erwarteten Anzahlen getan werden.

p   * Die Binomial-Verteilung kann man ja als Spezialfall der multinomialen mit $m = 2$ auffassen. Wir haben bereits besprochen, wie man eine Hypothese $\pi^{(1)} = \pi_0$ (und damit $\pi^{(2)} = 1 - \pi_0$) testet, siehe 8.2. Jetzt lässt sich auch der Chiquadrat-Test anwenden. Gibt es einen Zusammenhang? Die Teststatistik

$$T = \frac{\left(S^{(1)} - n\pi_0\right)^2}{n\pi_0} + \frac{\left(S^{(2)} - n(1 - \pi_0)\right)^2}{n(1 - \pi_0)}$$

ist ungefähr χ^2_1-verteilt. Da $S^{(2)} = n - S^{(1)}$ gilt, ist $S^{(2)} - n(1 - \pi_0) = -(S^{(1)} - n\pi_0)$ und

$$T = (S^{(1)} - n\pi_0)^2 \frac{1}{n}\left(\frac{1}{\pi_0} + \frac{1}{1 - \pi_0}\right) = \left(\frac{S^{(1)} - n\pi_0}{\sqrt{n\pi_0(1 - \pi_0)}}\right)^2.$$

In der letzten Klammer steht die zu $S^{(1)} \sim \mathcal{B}\langle n, \pi_0\rangle$ gehörende standardisierte Zufallsvariable, die für grosse n ungefähr standard-normalverteilt ist (8.3.e). Also ist ihr Quadrat T dann ungefähr χ^2_1-verteilt – so war die χ^2_1-Verteilung definiert. Der Chiquadrat-Test ist also in diesem Fall nichts anderes als eine Näherung für den „einzig richtigen" Test für eine einzelne Wahrscheinlichkeit.

q   * Nach den Schätzungen und Tests sollten wir von *Vertrauensintervallen* sprechen. Wenn wir uns für ein einzelnes $\pi^{(j)}$ interessieren, dann ist die Frage wieder einfach zu beantworten, indem wir alle anderen Klassen zusammenfassen und dadurch zur Binomial-Verteilung $S^{(j)} \sim \mathcal{B}\langle n, \pi^{(j)}\rangle$ zurückkehren, also das Vertrauensintervall nach 9.1.b bilden.

Betrachten wir alle Parameter gleichzeitig, dann lautet die Frage, welche Vektoren $[\pi^{(1)}, \ldots, \pi^{(m)}]$ mit den Beobachtungen $[S^{(1)}, \ldots, S^{(m)}]$ verträglich seien. Das Ergebnis ist eine Menge – der „Ver*trauensbereich*" – im m-dimensionalen Raum (respektive im $(m - 1)$-dimensionalen Unterraum mit $\sum_j \pi^{(j)} = 1$), die im Prinzip durch den Chiquadrat-Test bestimmt werden kann. Wir wollen darauf nicht näher eingehen.

10.2 Der Chiquadrat-Anpassungstest

a Als spezielle Anwendung des Vorhergehenden kann man prüfen, ob eine bestimmte Verteilung eine gegebene Stichprobe genügend gut beschreibt. Man spricht von einem *Anpassungstest*.
▷ Als *Beispiel* haben wir in 5.8.f *Familien mit* $m = 8$ *Kindern* betrachtet und für die Anzahl Z_i der Mädchen das Modell $Z_i \sim \mathcal{B}\langle 8,\ 1/2 \rangle$ als plausibel aufgestellt. Lässt sich dieses Modell aufgrund der Daten für 53680 Familien widerlegen? ◁

b Die Antwort darauf kann mit dem besprochenen Chiquadrat-Test gegeben werden. Anstelle der m möglichen Antworten bei einer Frage oder der vier möglichen Phänotypen des Kreuzungsversuchs legen wir m „Klassen" $\mathcal{C}^{(j)}$ (disjunkte Ereignisse) fest, in die die möglichen Ergebnisse eines Versuchs eingeteilt werden.
Für die Acht-Kinder-Familien ist es naheliegend, als Klassen die Ereignisse $\{Z_i = 0\}$, $\{Z_i = 1\},\ldots,\{Z_i = 8\}$ zu wählen. Man kann aber auch gewisse Klassen zusammenfassen, und z. B. $\mathcal{C}^{(1)} = \{Z_i = 0\}$, $\mathcal{C}^{(2)} = \{1 \le Z_i \le 3\}$, $\mathcal{C}^{(3)} = \{Z_i = 4\}$, $\mathcal{C}^{(4)} = \{5 \le Z_i \le 7\}$, $\mathcal{C}^{(5)} = \{Z_i = 8\}$ wählen. Die Wahrscheinlichkeiten für diese Klassen ergeben sich aus dem Modell $Z_i \sim \mathcal{B}\langle 8, 1/2 \rangle$, z. B. für die Klasse $\mathcal{C}^{(2)}$: $P\langle \mathcal{C}^{(2)} \rangle = \pi_2 = \left(\binom{8}{1} + \binom{8}{2} + \binom{8}{3} \right) (1/2)^8$. Damit lässt sich die Testregel des vorhergehenden Abschnitts anwenden.

Tabelle 10.2.b Chiquadrat-Test im Beispiel der Familien mit 8 Kindern, Nullhypothese $Z_i \sim \mathcal{B}\langle 8, 1/2 \rangle$

z	$P\langle Z_i = z \rangle$	$\pi^{(j)}$	$e^{(j)} = n\pi^{(j)}$	$s^{(j)}$	$d^{(j)}$	$\left(d^{(j)} \right)^2$
0	0.0039	0.0039	209.69	342	9.14	83.49
1,2,3	0.0313+0.1094+0.2188=	0.3594	19291.25	20699	10.14	102.73
4	0.2734	0.2734	14678.13	14959	2.32	5.37
5,6,7	0.2188+0.1094+0.0313=	0.3594	19291.25	17465	−13.15	172.89
8	0.0039	0.0039	209.69	215	0.37	0.13
total	1.0000	1.0000	53680.00	53680	−	364.61

In Tabelle 10.2.b sind die Ausgangsgrössen und einige Hilfsgrössen zusammengestellt. Die Testgrösse kann man als Quadratsumme $T = \sum (D^{(j)})^2$ über die standardisierten Abweichungen

$$D^{(j)} = \frac{S^{(j)} - n\pi^{(j)}}{\sqrt{n\pi^{(j)}}}$$

in den einzelnen Klassen j auffassen. („Standardisiert" bedeutet hier allerdings nicht genau, dass $\mathrm{var}\langle D \rangle = 1$ sei; das gilt nur näherungsweise.) Ihr Wert wird $t = 364.61$, was (viel) grösser ist als der kritische Wert 9.49 aus Tabelle 10.1.h für $5 - 1 = 4$ Freiheitsgrade. Das Modell $\mathcal{B}\langle 8, 1/2 \rangle$ ist für die Beschreibung der vorliegenden Daten ungenügend.

c Die *Wahl der Klassen* erscheint willkürlich und ist es auch. Von der Grösse der Erwartungswerte her ist keine Zusammenfassung von einzelnen Werten zu Klassen nötig. Man kann sich aber überlegen, dass man durch solche Einteilungen die *Macht* gegenüber gewissen Alternativen vergrössert, dafür aber gegenüber anderen Alternativen an Macht verliert. Die gewählte Einteilung erhöht die Macht für schiefe, lang- und kurzschwänzige Verteilungen, während Variationen in der Form der Flanken nicht entdeckt werden können.

d   Oft will man nicht eine bestimmte Verteilung prüfen, sondern einen *Verteilungstyp*. Im Beispiel
    kann man vermuten, dass der Widerspruch zum Modell $B\langle 8, 1/2\rangle$ darin liegt, dass Knaben-
    und Mädchengeburten nicht genau gleich wahrscheinlich sind. Letzteres könnte man statistisch
    testen und würde wirklich eine hochsignifikante Abweichung feststellen..Nun könnte aber
    $Z_i \sim B\langle 8, \pi\rangle$ mit einem $\pi \neq 1/2$ ein gutes Modell sein.

Wenn wir keinen genauen Wert für π kennen, liegt es nahe, den *Parameter* π aus den Daten zu
schätzen, und mit dem so erhaltenen $\widehat{\pi}$ den Test analog zum vorhergehenden Fall $(\pi = 1/2)$ zu
wiederholen.

▷   Im Beispiel ergibt sich $\widehat{\pi} = 0.4853$ und daraus Tabelle 10.2.d.   ◁

Tabelle 10.2.d   Chiquadrat-Test im Beispiel der Familien mit 8 Kindern, Nullhypothese $Z_i \sim B\langle 8, \widehat{\pi}\rangle$

z	$P\langle Z_i = z\rangle$	$\pi^{(j)}$	$e^{(j)} = n\pi^{(j)}$	$s^{(j)}$	$d^{(j)}$	$\left(d^{(j)}\right)^2$
0	0.0049	0.0049	264.30	342	4.78	22.84
1,2,3	0.0371+0.1226+0.2312	0.3909	20983.89	20699	−1.97	3.87
4	0.2725	0.2725	14627.60	14959	2.74	7.51
5,6,7	0.2056+0.0969+0.0261	0.3286	17638.99	17465	−1.31	1.72
8	0.0031	0.0031	165.22	215	3.87	15.00
total	1.0000	1.0000	53680.00	53680	−	50.94

e   Die Verteilung der Teststatistik T unter Annahme des Modells der Nullhypothese hat sich durch
    die Schätzung des Parameters π verändert. Es ist plausibel, dass die quadrierten Abweichungen
    (Beobachtet - erwartet)^2 kleiner werden, da man das Modell „zu genau" an die Daten anpasst:
    Das Modell $B\langle 8, \pi_0\rangle$ mit dem „wahren" Wert π_0 würde etwas weniger gut zu passen scheinen
    als das Modell $B\langle 8, \widehat{\pi}\rangle$, bei dem man die Verteilung über die Parameterschätzung möglichst gut
    an die Daten angepasst hat. Es lässt sich zeigen, dass immer noch eine Chiquadrat-Verteilung
    eine gute Näherung für die Verteilung von T ergibt, dass aber die *Anzahl Freiheitsgrade* (der
    Parameter der Chiquadrat-Verteilungsfamilie) angepasst werden muss. Für jeden geschätzten
    Parameter wird die Anzahl Freiheitsgrade um 1 reduziert, also

$$\nu = \text{Anzahl Klassen} - 1 - \text{Anzahl geschätzte Parameter}.$$

f   ▷   Im Beispiel muss deshalb t mit dem Tabellenwert für 3 Freiheitsgrade verglichen werden.
    Da $t = 50.94 > q_{0.95} = 7.81$ (Tabelle 10.1.h mit 3 Freiheitsgraden) ist, wird auch diese
    Nullhypothese verworfen – obwohl, wie Bild 5.8.f (ii) zeigt, das Modell die Daten recht gut
    beschreibt.

*   Man könnte nun versuchen, die Abweichungen zu lokalisieren. Die grossen Werte in der Spalte „$\left(d^{(j)}\right)^2$"
    zeigen die Klassen, deren relative Häufigkeiten am stärksten von den Modell-Wahrscheinlichkeiten abwei-
    chen. Vielleicht lässt sich daraus ein Hinweis für eine sinnvolle Verbesserung des Modells finden (*explorati-
    ve Analyse* zur Modell-Entwicklung). Solche Abweichungen sind aber vermutlich im vorliegenden Beispiel
    kaum je von Bedeutung. Das Modell der Binomial-Verteilung wird für praktische Zwecke die Familien mit
    8 Kindern gut genug beschreiben.   ◁

g Die Idee dieses Tests lässt sich ohne weiteres auf die Überprüfung anderer diskreter Verteilungen übertragen.

▷ Für das *Beispiel der Teichmuscheln* (10.1.k) zeichnet Bild 10.2.g auf, wie die Anzahlen der Teichmuscheln auf den $n = 120$ Feldern verteilt sind. Als Modell drängt sich eine Poisson-Verteilung auf.

Die Anzahl Felder, in denen genau k Muscheln sitzen, nennen wir $\widetilde{S}^{(k)}$ (zur Unterscheidung von den früheren $S^{(j)}$). Damit werden Zähldaten (Anzahl Muscheln, die in ein bestimmtes Feld fallen) nochmals zusammengefasst zu „Hyper-Anzahlen".

Die mittlere Zahl $104/120 = 0.867$ der Muscheln pro Feld schätzt den Parameter λ der Poisson-Verteilung. Im rechten Teil von Bild 10.2.g sind wie vorher die Resultate zusammengestellt. Entsprechend den Regeln über die Erwartungswerte (10.1.o) werden die Anzahlen $k \geq 4$ zu einer Klasse zusammengefasst.

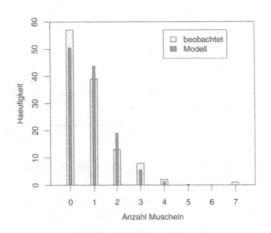

k	$e^{(k)}$	$\widetilde{s}^{(k)}$	$d^{(k)}$	$(d^{(k)})^2$
0	50.442	57	0.923	0.853
1	43.716	39	-0.713	0.509
2	18.944	13	-1.366	1.865
3	5.473	8	1.080	1.167
≥ 4	1.425	3	1.319	1.741
total	120.000	120	–	6.134

Bild 10.2.g
Stabdiagramm der Anzahlen im Beispiel der Teichmuscheln und geschätzte PoissonVerteilung und Tabelle zum Chiquadrat-Anpassungstest

Die Zahl der Freiheitsgrade beträgt $5 - 1 - 1 = 3$ und der Tabellenwert 7.81. Also kann keine Abweichung von der Nullhypothese nachgewiesen werden.

Wie? Mit dem früheren Test hatten wir hohe Signifikanz erhalten. Gilt die Nullhypothese jetzt oder gilt sie nicht? Damit Sie sich mögliche Erklärungen für dieses paradoxe Resultat überlegen können, folgt der Kommentar am Schluss des Abschnittes. ◁

h Der Chiquadrat-Anpassungstest ist auch für *stetige Verteilungen* anwendbar, wenn man zunächst künstlich Klassen einführt, wie man dies ja auch für die grafische Darstellung stetiger Daten durch ein Histogramm tut.

▷ Als *Beispiel* wollen wir prüfen, ob die *Kükengewichte* (2.4.a) wirklich einer Normalverteilung folgen. Die entsprechende grafische Darstellung (6.5.i) zeigt eine recht gute Anpassung zwischen den beobachteten Häufigkeiten und der Dichte der an die Daten angepassten Normalverteilung. Was meint der Test dazu?

Wie vorher setzen wir für die unbekannten Parameter, hier μ und σ, die Schätzwerte, $\bar{x} = 106.19$ und $s = 10.64$, ein. Tabelle 10.2.h enthält die für die Berechnung der Teststatistik nötigen Werte für die Klassengrenzen, die wir schon für das Histogramm verwendet haben. Beispielsweise wird für die Klasse zwischen 94.5 und 99.5 die Wahrscheinlichkeit, dass ein Kükengewicht in diese Klasse fällt, gleich $\Phi\langle(99.5-106.19)/10.64\rangle - \Phi\langle(94.5-106.19)/10.64\rangle = \Phi\langle-0.629\rangle - \Phi\langle-1.097\rangle = 0.265 - 0.136 = 0.129$, die erwartete Anzahl Beobachtungen also 12.9 – gegenüber einer festgestellten Anzahl von 10. Daraus ergibt sich ein Beitrag zur Teststatistik von $(10 - 12.9)^2/12.9 = 0.65$. (In der Tabelle wurde weniger gerundet.)

Tabelle 10.2.h   Chiquadrat-Anpassungstest für die Normalverteilung im Beispiel der Küken

Klasse j	c_j	$P\langle X_i \leq c_j\rangle$	$e^{(j)}$	$s^{(j)}$	$d^{(j)}$	$(d^{(j)})^2$
1	79.5	0.006	0.61	1	0.508	0.258
2	84.5	0.021	1.47	1	-0.385	0.149
3	89.5	0.058	3.76	3	-0.392	0.154
4	94.5	0.136	7.76	8	0.087	0.008
5	99.5	0.265	12.88	10	-0.803	0.644
6	104.5	0.437	17.22	21	0.911	0.830
7	109.5	0.622	18.53	19	0.110	0.012
8	114.5	0.783	16.05	17	0.237	0.056
9	119.5	0.895	11.19	10	-0.356	0.127
10	124.5	0.957	6.28	5	-0.511	0.262
11	129.5	0.986	2.84	3	0.096	0.009
12			1.42	2	0.486	0.236
Summe			100.00	100	–	2.744

Die Anzahl Freiheitsgrade beträgt nach der Regel 10.2.e $\nu = 12 - 1 - 2 = 9$. Der Wert der Teststatistik $t = 2.744$ liegt weit unter der dem kritischen Wert 16.92 für 9 Freiheitsgrade. (Wir haben hier die Regel, dass alle Erwartungswerte ≥ 1 sein müssen (10.1.o), nicht ganz eingehalten.)

i * ▷ Man kann auf die Idee kommen, dass dieser Wert verdächtig klein sei. Der „P-Wert für übergute Anpassung" oder zu *kleinen* Wert der Teststatistik beträgt $P\langle T \leq 2.744\rangle = 0.0264$. In extremeren Fällen würde wohl ein Verdacht auf Manipulation der Daten bestehen bleiben, da eine andere Erklärung für einen „signifikant zu kleinen" Wert der Teststatistik schwierig zu finden ist.   ◁

▷ Auf diese Art kann man nachweisen, dass im Zusammenhang mit den grundlegenden Arbeiten von Mendel zu seinen berühmten Erbgesetzen eindeutig Unregelmässigkeiten vorgekommen sein müssen. Schon im oben beschriebenen Versuch wurde der Wert der Chiquadrat-Teststatistik mit 0.470 bei 3 Freiheitsgraden verdächtig klein. Der „P-Wert für übergute Anpassung" beträgt 0.075 – das kann es natürlich geben! In der gesamten Arbeit ergeben sich aber allzu häufig allzu tiefe solche P-Werte.   ◁

j ▷ Wir wollten auf die widersprüchlichen Resultate im *Beispiel* der *Teichmuscheln* zurückkommen. Sie zeigen zunächst einmal mehr deutlich, dass eine Nullhypothese, die nicht abgelehnt wird, noch lange nicht „bewiesen" ist. Verschiedene Tests für die gleiche Nullhypothese können eben zu verschiedenen Entscheidungen führen, sonst wären sie nicht verschieden. Sie unterscheiden sich in der *Macht* gegenüber interessanten (und uninteressanten) Alternativen. Es zeigt sich, dass der zuerst beschriebene Test für die interessante Alternative einer möglichen Aggregation der Muscheln mächtiger ist als der Anpassungstest.

Das ist auch plausibel. Aggregation führt zu einer hohen Streuung der Muschelzahlen für die einzelnen Felder. Die Teststatistik in 10.1.k hat als Zähler gerade die (empirische) Varianz dieser Zahlen – bis auf einen Faktor $m - 1$. Für die Poisson-Verteilung ist die (theoretische) Varianz gleich dem Erwartungswert. Die Teststatistik, dividiert durch $m - 1$, vergleicht empirische Varianz und arithmetisches Mittel, und sollte also etwa 1 ergeben.

Der Anpassungstest kann dagegen auch andere Abweichungen von der Poisson-Verteilung erkennen. Er ist also für andere Alternativen mächtiger als die erste Variante – für Alternativen allerdings, die meistens, wenn auf eine Poisson-Verteilung getestet wird, uninteressant sind.

(Am Ende von 10.1.m haben wir festgestellt, dass die Signifikanz des ersten Tests verschwindet, wenn man die extremste Beobachtung weglässt. Tut man das Gleiche für den zweiten Test, dann erhält man einen P-Wert von 0.19; der erste liefert mit P=0.064 immerhin noch einen Hinweis auf Aggregation.) ◁

10.3 Der Chiquadrat-Test in Kontingenztafeln

a ▷ Im *Beispiel* der *Umfrage zu Schadstoffen* soll die Einstellung der Befragten zu ihrer Schulbildung (fünf Stufen von ungelernt bis Hochschulabschluss) in Beziehung gesetzt werden. Die entsprechenden Ergebnisse zeigt Tabelle 10.3.a. ◁

Tabelle 10.3.a   Ergebnisse einer Umfrage zu Umweltschadstoffen

Beeinträch-tigung	Schulbildung					
	1	2	3	4	5	
1	212	434	169	79	45	939
2	85	245	146	93	69	638
3	38	85	74	56	48	301
4	20	35	30	21	20	126
	355	799	419	249	182	2004

b Solche Fragestellungen stehen bei *Umfragen* oft im Zentrum des Interesses. Sie erscheinen aber auch in anderen Gebieten. Man kann beispielsweise untersuchen, ob das Auftreten verschiedener Missbildungen an Insekten mit der Herkunft etwas zu tun hat, oder ob verschiedene Arten des Ausfalls einer Maschine von der Schicht oder dem Wochentag abhängen. (Zur Interpretation solcher Untersuchungen vergleiche 17.6.c.)

Allgemein werden zwei Merkmale A und B untersucht, die r respektive s mögliche Ausprägungen haben. Wir bezeichnen (weil dies weit verbreitet ist) die Anzahl Beobachtungen in der Stichprobe vom Umfang n, die die $h$te Ausprägung des ersten und die $k$te Ausprägung des zweiten Merkmals zeigen ($X = h$, $Y = k$), mit n_{hk}; im Beispiel ist $n_{32} = 85$. Die *Randsummen* kann man mit $n_{h\cdot} = \sum_k n_{hk}$ respektive $n_{\cdot k} = \sum_h n_{hk}$ bezeichnen. So ergibt sich allgemein eine sogenannte *Kreuztabelle* oder (zweidimensionale) *Kontingenztafel*,

$$
\begin{array}{ccccccc|c}
n_{11} & n_{12} & n_{13} & \cdots & n_{1k} & \cdots & n_{1s} & n_{1\cdot} \\
n_{21} & n_{22} & n_{23} & \cdots & n_{2k} & \cdots & n_{2s} & n_{2\cdot} \\
\vdots & \vdots & & & \vdots & & \vdots & \vdots \\
n_{h1} & n_{h2} & \cdots & & n_{hk} & \cdots & n_{hs} & n_{h\cdot} \\
\vdots & \vdots & & & \vdots & & \vdots & \vdots \\
n_{r1} & n_{r2} & \cdots & & n_{rk} & \cdots & n_{rs} & n_{r\cdot} \\
\hline
n_{\cdot 1} & n_{\cdot 2} & \cdots & & n_{\cdot k} & \cdots & n_{\cdot s} & n
\end{array}
$$

c   Wie sieht das geeignete *Wahrscheinlichkeitsmodell* für solche Daten aus?
Die gemeinsame Verteilung von A und B ist gegeben durch die Wahrscheinlichkeiten $\pi_{hk} = P\langle A = h,\ B = k\rangle$, dass eine einzelne Beobachtung die Ausprägungen h und k zeigt. Es sei vorausgesetzt, dass die Beobachtungen unabhängig sind, d. h., dass jede Beobachtung „sich ihr h und k aussucht, ohne sich von anderen dabei beeinflussen zu lassen" vergleiche 10.4.b. Dann haben die Anzahlen N_{hk} (die Zufallsvariablen, die den Resultaten n_{hk} entsprechen) gemeinsam eine multinomiale Verteilung mit Stichprobenumfang n und den Parametern π_{hk},

$$[N_{11}, N_{12}, \ldots, N_{rs}] \sim \mathcal{M}\langle n; \pi_{11}, \pi_{12}, \ldots, \pi_{rs}\rangle.$$

Also sind wir im gleichen Fall wie vorher.

d   Allerdings interessiert uns selten eine Nullhypothese, die alle π_{hk} festlegt; meistens soll nur untersucht werden, ob die *Merkmale* (stochastisch) *unabhängig* seien, ob also $P\langle A = h,\ B = k\rangle = P\langle A = h\rangle \cdot P\langle B = k\rangle$ gelten kann. Man kann für die Randverteilungen die Bezeichnungen $\pi_{h.} = P\langle A = h\rangle = \sum_k \pi_{hk}$ und $\pi_{.k} = P\langle B = k\rangle = \sum_h \pi_{hk}$ einführen. Dann heisst also die Nullhypothese $\pi_{hk} = \pi_{h.} \cdot \pi_{.k}$ für alle h und k.
Die Chiquadrat-Teststatistik wird $T = \sum_{h,k}\left((N_{hk} - n\pi_{h.}\pi_{.k})^2/n\pi_{h.}\pi_{.k}\right)$. Die $\pi_{h.}$ und $\pi_{.k}$ sind nicht von Interesse, es sind Stör-Parameter (nuisance parameters). Solche kann man, wie üblich, aus den Daten schätzen – hier durch $\hat{\pi}_{h.} = N_{h.}/n$, $\hat{\pi}_{.k} = N_{.k}/n$.
Dadurch wird die Teststatistik zu

$$T = \sum_{hk} \frac{(N_{hk} - N_{h.}\,N_{.k}/n)^2}{N_{h.}\,N_{.k}/n}.$$

Diese Grösse hat wieder näherungsweise eine Chiquadrat-Verteilung. Man spricht vom *Chiquadrat-Test für Kontingenztafeln* oder genauer für Unabhängigkeit in Kontingenztafeln.
Die Anzahl Freiheitsgrade folgt der Formel $\nu = $ (Anzahl Klassen) $- 1 - $ (Anzahl geschätzte Stör-Parameter). Dabei ist zu beachten, dass $\hat{\pi}_{r.}$ festgelegt ist, wenn $\hat{\pi}_{1.}, \hat{\pi}_{2.}, \ldots, \hat{\pi}_{r-1.}$ bestimmt sind; es werden also nur $r - 1$ Parameter $\pi_{h.}$ „unabhängig" geschätzt, und ebenso $s - 1$ Parameter $\pi_{.k}$. So ergibt sich $\nu = rs - 1 - (r - 1) - (s - 1) = (r - 1)(s - 1)$.
Zusammengefasst:

> Der Chiquadrat-Test für Unabhängigkeit in Kontingenztafeln prüft die Nullhypothese
>
> $$P\langle A = h,\ B = k\rangle = P\langle A = h\rangle \cdot P\langle B = k\rangle$$
>
> mit Hilfe der entsprechenden „Chiquadrat-Statistik" T (s.o., vergleiche 10.1.h), die unter den Nullhypothese näherungsweise eine χ^2_ν-Verteilung mit $\nu = (r - 1)(s - 1)$ Freiheitsgraden hat.

e   ▷ Im *Beispiel der Umfrage* zeigt Tabelle 10.3.e die berechneten erwarteten Werte $e_{hk} = N_{h.}\,N_{.k}/n$ und die standardisierten Abweichungen $D_{hk} = (N_{hk} - e_{hk})/\sqrt{e_{hk}}$.
Die Quadratsumme $T = \sum D_{hk}^2$ wird 125.0. Die massgebende Anzahl Freiheitsgrade ist $(4 - 1)(5 - 1) = 12$, und der entsprechende kritische Wert 21.03. Die Nullhypothese wird abgelehnt. Die Antworten zur Beeinträchtigung durch Umweltschadstoffe haben also etwas mit Schulbildung zu tun.
Wenn man die Tabelle der beobachteten Werte d_{hk} genauer studiert, sieht man, dass höher Gebildete sich stärker beeinträchtigt fühlen, wobei vor allem die Antwort „überhaupt nicht beeinträchtigt" im Vergleich zu den weniger Gebildeten zu selten anzutreffen ist.

Tabelle 10.3.e Erwartete Anzahlen e_{hk} und standardisierte Abweichungen d_{hk} im Beispiel der Umfrage

h	e_{hk}, $k=$ 1	2	3	4	5	h	d_{hk}, $k=$ 1	2	3	4	5
1	166.3	374.4	196.3	116.7	85.3	1	3.54	3.08	-1.95	-3.49	-4.36
2	113.0	254.4	133.4	79.3	57.9	2	-2.64	-0.59	1.09	1.54	1.45
3	53.3	120.0	62.9	37.4	27.3	3	-2.10	-3.20	1.39	3.04	3.95
4	22.3	50.2	26.3	15.7	11.4	4	-0.49	-2.15	0.71	1.35	2.53

Bei den Schlüssen, die man daraus zieht, ist Vorsicht am Platze. Es ist nicht anzunehmen, dass einige stärker beeinträchtigt sind, *weil* sie gebildet sind, oder dass sie gebildeter sind, *weil* sie durch Schadstoffe beeinträchtigt werden. Statistisch erwiesene „Zusammenhänge" bedeuten noch keine (direkte) Ursache-Wirkungs-Beziehung (vergleiche 3.4)! Eine naheliegende Vermutung besagt, dass die Gebildeteren Umweltprobleme wichtiger nehmen – oder mindestens, dass sie vorsichtiger sind mit der Verneinung von Umweltproblemen. ◁

f * Im Beispiel sind beide Merkmale, Beeinträchtigung und Bildung, eigentlich geordnet. Wir haben hier die natürliche Ordnung nicht zur Analyse benützt. Man könnte dies tun, indem man eine *Rangkorrelation* (3.3) berechnet (wobei man für den Test die vielen Bindungen berücksichtigen muss); dadurch könnte man einen entsprechenden Zusammenhang mit grösserer Wahrscheinlichkeit (Macht) entdecken. Dies ist aber in der Auswertung von Umfragen leider nicht sehr üblich.

g * Die Frage der Stör-Parameter $\pi_{h\cdot}$ und $\pi_{\cdot k}$ kann man auch etwas anders betrachten. Die Randverteilungen, die uns nicht interessieren, werden erfasst von den Rand-Häufigkeiten $N_{h\cdot}$ und $N_{\cdot k}$. Wir können daher die Verteilung der Teststatistik T, gegeben die Randsummen, untersuchen und den kritischen Bereich so festlegen, dass seine bedingte Wahrscheinlichkeit gleich $\alpha = 5\%$ wird unter der Nullhypothese der Unabhängigkeit. Es zeigt sich, dass diese bedingte Verteilung nicht von den wahren $\pi_{h\cdot}$ und $\pi_{\cdot k}$ abhängt, also allein durch die Randsummen bestimmt wird.

h In vielen Beispielen sind die Randsummen des einen „Merkmals" in Wirklichkeit keine Zufallsvariable, sondern im Voraus festgelegte Grössen. Wenn man beispielsweise den Schädlingsbefall (B) auf verschiedenen Apfelsorten (A), den Heilungserfolg für verschiedene Therapien, die Krankheitsanfälligkeit für verschiedene Lärmzonen usw. vergleichen will, dann wird man in jeder entsprechenden Gruppe ($A = h$, Apfelsorte, Therapie, ...) eine vorherbestimmte Anzahl n_h^* von Beobachtungen machen (n_h^* Äpfel, Patienten, ...). Die oben angegebene Verteilung der Teststatistik gilt trotzdem.

Die Frage kann jetzt anders formuliert werden: Ist die Verteilung des Merkmals B die gleiche für alle Gruppen $A = h$? Die Nullhypothese heisst also, dass die Verteilungen von B für die verschiedenen Gruppen $A = h$ gleich seien. Bei zufälligen Anzahlen in diesen Gruppen müssen wir so formulieren: Die bedingten Verteilungen von B, gegeben $A=h$, geschrieben als $P\langle B=k \mid A=h\rangle$, sind alle gleich – nämlich alle gleich der Randverteilung von B, $P\langle B=k\rangle$. Also gilt:

Der Chiquadrat-Test auf Unabhängigkeit in Kontingenztafeln kann auch für den *Vergleich mehrerer Verteilungen oder Stichproben* benützt werden.

Wenn B nur zwei Werte kennt, ist seine Verteilung für die Gruppe $A = h$ durch $\pi_{1|h} = P\langle B=1 \mid A=h \rangle$ gegeben. In diesem Fall überprüft man also die *Gleichheit mehrerer Wahrscheinlichkeiten.*

Wenn umgekehrt A nur zwei Werte hat, entspricht die Fragestellung dem *Vergleich zweier „unabhängiger" Stichproben* von nominalen Daten analog zur Frage für stetige Daten, die in 8.8 behandelt wurde.

i * Gibt es auch einen Vergleich zwischen gepaarten (oder verbundenen) Stichproben? Wenn beispielsweise ein nominales Merkmal vor und nach einer Behandlung an den gleichen Beobachtungseinheiten bestimmt wird, dann ist anzunehmen, dass die Ergebnisse *nicht* unabhängig sind. Zunächst muss die Kontingenztafel quadratisch sein, da ja das Merkmal vorher und nachher die gleichen möglichen Werte aufweist. In der Diagonalen stehen die Anzahlen N_{hh} der Einheiten, die vorher wie nachher Ausprägung h zeigen. Solche wird es in den meisten Anwendungen „zu viele" haben – mehr als unter Unabhängigkeit erwartet würden.

Die interessantere Frage ist dann, ob sich die Verteilung des Merkmals durch die Behandlung verändert hat. Die Verteilung bleibt gleich, wenn sich „im wesentlichen gleich viele" von Zustand h nach Zustand k verändern wie umgekehrt, wenn also die „Übergangs-Wahrscheinlichkeiten" π_{hk} von h nach k mit den umgekehrten, π_{kh}, übereinstimmen. (* Es gibt auch kompliziertere Konstellationen von Übergangs-Wahrscheinlichkeiten, die zu einer gleich bleibenden Verteilung führen.)

Wie überprüft man diese Nullhypothese der *Symmetrie*? Wenn die Nullhypothese gilt, dann sollten symmetrisch liegende Anzahlen in der Kontingenztafel etwa gleich sein, genauer: nur soweit abweichen, wie dies unter einer Binomialverteilung mit $\pi = 1/2$ zu erwarten ist. Man kann die Abweichungen $N_{hk} - N_{kh}$ für alle möglichen Paare von Zellen – es gibt $m(m-1)/2$ davon in einer $m \times m$-Tafel – wieder zu einer Chiquadrat-Testgrösse zusammenfassen,

$$T = \sum_{h=1}^{m} \sum_{k \neq h,\, k=1}^{m} \frac{\left(N_{hk} - (N_{hk} + N_{kh})/2\right)^2}{(N_{hk} + N_{kh})/2} = \sum_{h < k} \frac{(N_{hk} - N_{kh})^2}{N_{hk} + N_{kh}}$$

T ist näherungsweise chiquadrat-verteilt mit $m(m-1)/2$ Freiheitsgraden. Der Test wird nach Bowker benannt.

j Die kleinste Kontingenztafel, mit $r = s = 2$, bezeichnet man auch als *Vierfeldertafel*. Mit dem vorhergehenden Test prüft man hier die *Unabhängigkeit von zwei binären Zufallsvariablen* oder die *Gleichheit zweier Wahrscheinlichkeiten*.
Die Formel für die Teststatistik lässt sich umformen zu

$$T = \frac{n(N_{11}N_{22} - N_{12}N_{21})^2}{N_{1.}N_{2.}N_{.1}N_{.2}} .$$

Die Anzahl Freiheitsgrade ist $(2-1)(2-1) = 1$. Diese Eins drückt den Umstand aus, dass man, bei festgelegten Randsummen $N_{1.}, N_{2.}, N_{.1}, N_{.2}$, nur noch eine einzige Zahl „frei wählen" kann – beispielsweise N_{11} – und dadurch die anderen N_{hk} alle festgelegt sind.

k Die Teststatistik T ist eine monotone Funktion von N_{11}; beide Grössen führen deshalb zum gleichen Test. Die Verteilung von N_{11} ist bestimmt, wenn die Randsummen festgelegt sind; man nennt sie die *hypergeometrische* Verteilung. Sie bestimmt den kritischen Wert für N_{11} (oder für T) oder den P-Wert. Der Test, der sich so ergibt, heisst der *exakte Test von Fisher*.

l   *   Die Verteilung lässt sich mit kombinatorischen Überlegungen leicht herleiten. Wenn aus einem Sack, der $n_{1\cdot}$ (unterscheidbare) weisse und $n_{2\cdot} = n - n_{1\cdot}$ schwarze Kugeln enthält, $n_{\cdot 1}$ zufällig ausgewählt werden, so gibt es $\binom{n}{n_{\cdot 1}}$ Möglichkeiten dafür. Die Anzahl Fälle, in denen n_{11} weisse Kugeln und $n_{21} = n_{\cdot 1} - n_{11}$ schwarze gezogen werden, ist gleich $\binom{n_{1\cdot}}{n_{11}}\binom{n_{2\cdot}}{n_{21}}$, die entsprechende Wahrscheinlichkeit deshalb

$$P\langle N_{11} = n_{11}\rangle = \frac{\binom{n_{1\cdot}}{n_{11}}\binom{n_{2\cdot}}{n_{21}}}{\binom{n}{n_{\cdot 1}}} = \frac{n_{1\cdot}!}{n_{11}!n_{12}!} \cdot \frac{n_{2\cdot}!}{n_{21}!n_{22}!} \Big/ \frac{n!}{n_{\cdot 1}!n_{\cdot 2}!} = \frac{n_{1\cdot}!n_{2\cdot}!n_{\cdot 1}!n_{\cdot 2}!}{n!n_{11}!n_{12}!n_{21}!n_{22}!}\,.$$

m   *   Nach Yates (1981) verbessert sich die Näherung durch die Chiquadrat-Verteilung, wenn die Teststatistik „korrigiert" wird zu $T = n(|N_{11}N_{22} - N_{12}N_{21}| - n/2)^2 / (N_{1\cdot}N_{2\cdot}N_{\cdot 1}N_{\cdot 2})$.

*   Der Test auf *Symmetrie* (10.3.i) fällt in einer Vierfeldertafel ebenfalls besonders einfach aus. Es gibt ja nur ein Paar von Zellen der Tafel zu vergleichen, nämlich die Anzahl Veränderungen N_{12} von 1 nach 2 mit der Anzahl N_{21}. Am einfachsten vergleicht man N_{12} mit einer Binomialverteilung $\mathcal{B}\langle N_{12} + N_{21}, \pi = 1/2\rangle$. Dieser Test – genau genommen die genäherte Form, die sich aus dem allgemeinen Test auf Symmetrie ergibt – wird nach *McNemar* benannt.

10.4   Die häufigsten Fehler beim Chiquadrat-Test

a   Bei der Anwendung der verschiedenen Varianten von Chiquadrat-Tests, einschliesslich der exakten Tests in den Spezialfällen des Prüfens einer Wahrscheinlichkeit (8.2, 10.1.p) und des Tests von Fisher, treten in der Praxis immer wieder ähnliche Fehler auf (nach F. Hampel):
1. Fehler: Der Chiquadrat-Test wird fälschlicherweise nicht mit den ursprünglich beobachteten Anzahlen, sondern mit irgendwie *standardisierten* oder sonstwie umgerechneten Zahlen, z. B. Prozentzahlen, durchgeführt.
▷   *Beispiel*: In 3 Wochen vor irgendwelchen Unfallschutzmassnahmen wurden durchschnittlich 12 Unfälle, in 1 Woche danach $X = 8$ Unfälle beobachtet. Es wäre falsch, zu testen, ob 12:8 mit 1:1 verträglich ist (Hypothese $X \sim \mathcal{B}\langle 20, 1/2\rangle$), sondern es muss getestet werden, ob 36:8 mit 3:1 verträglich ist (Test von $X \sim \mathcal{B}\langle 44, 1/4\rangle$). ◁

b   *2. Fehler*: Der Chiquadrat-Test wird auf irgendwie *korrelierte* (nicht unabhängige) *Daten* angewandt. Eine der Grundvoraussetzungen des Chiquadrat-Tests ist die, dass die Beobachtungen voneinander unabhängig (und identisch verteilt) sind; dass also jede Beobachtung dieselbe Chance hat, in eine bestimmte Klasse zu fallen, unabhängig davon, wie die vorangegangenen Beobachtungen ausgefallen sind. Wenn man die Daten in ihrer zeitlichen Reihenfolge betrachtet, so stellt sich jedoch unter Umständen heraus, dass während eines Zeitabschnittes gewisse Klassen gegenüber ihrer mittleren Wahrscheinlichkeit bevorzugt werden (und zwar stärker, als bei Unabhängigkeit rein zufällig zu erwarten wäre), und während eines anderen Zeitabschnittes treten wieder andere Klassen zu häufig auf.
Der Chiquadrat-Test führt dann oft zur Ablehnung der Nullhypothese, was einen Fehler 3. Art (8.6.i) im Sinne der Diskussion in Abschnitt 8.6 darstellt.

c   *3. Fehler*: Die Daten werden in der Kontingenztafel *falsch aufgeschlüsselt*. Wenn z. B. ein Ereignis in 2 von 10 und ein andermal in 5 von 18 Versuchen auftrat, so werden fälschlicherweise die Zahlen 2, 10, 5, 18 in die Vierfeldertafel gesetzt (mit den sinnlosen Randsummen 12 und 23) statt der Zahlen 2, 8, 5, 13.

d   *4. Fehler*: Beim Chiquadrat-Anpassungstest sind besonders in den *Randklassen* diverse Fehler
möglich. Einmal müssen die Randklassen mit zu kleinen *Erwartungswerten*, aber nicht die mit
zu wenigen *Beobachtungen*, zusammengefasst werden. Die Freiheitsgrade müssen (natürlich
wieder unter Berücksichtigung der Anzahl geschätzter Parameter) nach der Zusammenfassung
neu gezählt werden. Wenn z. B. beim Testen einer diskreten Verteilung die Klassen aus den
Werten 0, 1, 2, 3 und ≥ 4 gebildet werden (5 Klassen!), so müssen für die letzte Klasse
sämtliche Wahrscheinlichkeiten von $P\langle 4 \rangle$ an aufwärts summiert werden, auch wenn es keine
Beobachtungen > 4 gibt; der zusätzliche „Schwanz" $(P\langle 5 \rangle + P\langle 6 \rangle + \ldots)$ wird fälschlich gerne
weggelassen.

11 Überprüfung von Voraussetzungen

11.1 Problemstellung

a Etliche statistische Verfahren setzen voraus, dass die Beobachtungen X_i einer Normalverteilung folgen. Wir haben z- und t-Tests besprochen, und dort gesehen, dass es jeweils *nicht-parametrische Verfahren* gibt, die diese Voraussetzung nicht benötigen und deshalb vorgezogen werden sollten. In den wichtigen statistischen Methoden der klassischen Varianzanalyse und Regression (siehe Kap. 12 und 13) wird die gleiche Voraussetzung gemacht, und es bestehen keine ebenso allgemeine nicht-parametrische Verfahren. Es gibt zwar *robuste Methoden*, die auch dann noch sehr gut funktionieren, wenn die Voraussetzung der Normalverteilung nur näherungsweise gilt; sie sind aber nur in wenigen Statistik-Programmpaketen enthalten.

b Es muss nicht die Normalverteilung sein, die vorausgesetzt wird. Als Modell dient ja oft auch eine andere Verteilungsfamilie, und wir setzen jeweils noch anderes voraus, beispielsweise *gleiche Varianz* für alle Beobachtungen und die *Unabhängigkeit der Beobachtungen* für die verschiedenen Beobachtungs-Einheiten (Unabhängigkeit der Versuche).

c Wenn man schon Verfahren benützt, die auf solchen Annahmen beruhen, dann ist es sicher angezeigt, im Sinne einer *Kontrolle* festzustellen, ob die Daten den Voraussetzungen wenigstens *nicht widersprechen*. Sollte sich ein Widerspruch ergeben, dann ist die Verwendung der Verfahren nicht angebracht – oder zumindest eine sehr vorsichtige Interpretation der Ergebnisse notwendig.
Die Idee der Überprüfung ist die: *Man hat zunächst gute Gründe, die Annahmen als richtig zu betrachten, und will sich mit der Überprüfung vor Fehlinterpretationen schützen.*
Ausserdem ist es oft auch von direktem Interesse, Abweichungen von einem Modell zu entdecken, um genauere Vorstellungen von der Wirklichkeit zu entwickeln.

d Ein einzelner *grober Fehler* in den Daten, der durch eine falsche Messung oder einen Fehler bei der Übertragung der Originaldaten in den Computer entstanden ist, kann beispielsweise die Ergebnisse vollständig verändern und die zu ziehenden Schlüsse in ihr Gegenteil verkehren. Es wird also ein Teil der Überprüfung von Voraussetzungen sein, *einflussreiche Beobachtungen* zu suchen, deren Vorhandensein die Ergebnisse extrem stark beeinflussen. Meistens, aber in komplizierteren Modellen nicht immer, deuten extrem einflussreiche Beobachtungen auf eine Verletzung der Voraussetzung der Normalverteilung hin. Man kann überprüfen, ob die extremsten Beobachtungen so extrem ausgefallen sind, dass sie mit dem Modell nicht als verträglich gelten können; man spricht dann von *Ausreissern*. Es lohnt sich in jedem Fall, sich von der Richtigkeit der einflussreichsten Beobachtungen speziell zu überzeugen.

11.2   Quantil-Quantil-Diagramme

a   Wie gut eine Stichprobe von Beobachtungen mit einer angenommenen Verteilung übereinstimmt,
lässt sich zunächst grafisch veranschaulichen. Eine naheliegende, einfache Art ist der Vergleich
eines Histogramms mit einer an die Daten angepassten Verteilung, wie er in Bild 6.5.i für das
Beispiel der Kükengewichte und die Normalverteilung vorgelegt ist.

b   Eine raffiniertere, wichtige und verbreitete Darstellungsart beruht auf dem Begriff der Quantile.
Zur Erinnerung (Bild 11.2.b): Wenn eine Verteilung gegeben ist, zum Beispiel durch ihre
kumulative Verteilungsfunktion F, dann gehört zu jedem Wert p mit $0 < p < 1$ ein Quantil
q_p, bestimmt durch $F\langle q_p \rangle = p$. (Für diskrete Verteilungen muss man genauer sagen: $F\langle x \rangle \le p$
für $x < q_p$ und $F\langle x \rangle \ge p$ für $x \ge q_p$, und q_p ist in diesem Fall nicht eindeutig, wenn p
gerade „auf eine Treppenstufe zu liegen kommt". Man wählt dann das arithmetische Mittel der
möglichen Werte.)

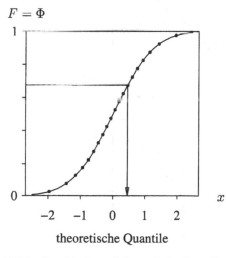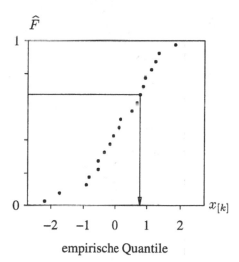

Bild 11.2.b   Empirische und theoretische Quantile

Analog sind die empirischen Quantile definiert als Quantile für die empirische Verteilungsfunktion (2.3.f). Die empirischen Quantile zu den Werten

$$p_k = (k - 1/2)/n\,, \quad k = 1, 2, \ldots, n$$

sind gerade die geordneten Beobachtungen $X_{[1]}, X_{[2]}, \ldots, X_{[n]}$.

c   Wenn ein gegebenes F wirklich die kumulative Verteilungsfunktion der X_i ist, dann müssen
die empirischen Quantile ungefähr mit den zu F gehörenden theoretischen Quantilen q_{p_k}
übereinstimmen, $X_{[k]} \approx q_{p_k}$. Trägt man die beobachteten Werte $x_{[k]}$ gegen die q_{p_k} in einem
Streudiagramm auf, so sollten die Punkte ungefähr auf der 45^0-Geraden durch den Nullpunkt
liegen.
Ein solches Streudiagramm heisst *Quantil-Quantil-Diagramm* oder *Q-Q-plot*. Wenn F die
Normalverteilung darstellt, sagt man auch Normalverteilungs-Diagramm oder *normal plot*.
(Manche sagen dafür Wahrscheinlichkeits-Diagramm, was suggeriert, dass Wahrscheinlichkeit
immer Normalverteilung bedeute.)

d ▷ *Beispiel*: Es wurden 20 *Zufallszahlen* mit einer Standard-Normalverteilung auf dem Computer erzeugt. Die geordneten Werte sind:

$$-2.18, \ -1.73, \ -0.90, \ -0.82, \ -0.54, \ -0.54, \ -0.35, \ -0.17, \ -0.05, \ 0.14$$
$$0.19, \ 0.55, \ 0.70, \ 0.80, \ 0.89, \ 0.95, \ 1.13, \ 1.25, \ 1.36, \ 1.85$$

Diese Werte stellen wir den Quantilen $q_{2.5\%}^{(\Phi)}, q_{7.5\%}^{(\Phi)}, q_{12.5\%}^{(\Phi)}, \ldots, q_{97.5\%}^{(\Phi)}$ der Standard-Normalverteilung gegenüber, nämlich

$$-1.96, \ -1.44, \ -1.15, \ -0.93, \ -0.76, \ -0.60, \ -0.45, \ -0.32, \ -0.19, \ -0.06,$$
$$0.06, \ 0.19, \ 0.32, \ 0.45, \ 0.60, \ 0.76, \ 0.93, \ 1.15, \ 1.44, \ 1.96.$$

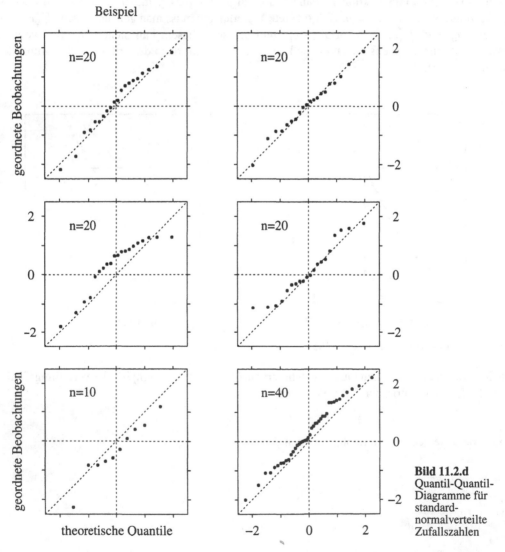

Bild 11.2.d
Quantil-Quantil-Diagramme für standard-normalverteilte Zufallszahlen

Bild 11.2.d zeigt links oben das Streudiagramm. Man sieht, dass gewisse Abweichungen von der idealen Geraden auftreten, obwohl die Voraussetzung der Normalverteilung sicher erfüllt ist. Um für die möglichen zufälligen Abweichungen ein gewisses Gefühl zu vermitteln, wurde das Gleiche noch fünf mal wiederholt, teilweise mit anderen Stichprobenumfängen. ◁

e   Was geschieht, wenn die Beobachtungen nicht der angenommenen Verteilung entstammen?
    Dann werden wir grössere Abweichungen zu erwarten haben.

> Besonders einfach ist das Ergebnis, wenn die Daten statt der Standard-Normalverteilung
> einer anderen Normalverteilung folgen, $X_i \sim \mathcal{N}\langle\mu, \sigma^2\rangle$. Dann sind ja die standardisierten,
> geordneten Grössen $Z_{[k]} = (X_{[k]} - \mu)/\sigma$ etwa gleich den Quantilen der Standard-Nor-
> malverteilung, $Z_{[k]} \approx q_{p_k}^{(\Phi)}$. Also gilt $X_{[k]} \approx \mu + \sigma q_{p_k}^{(\Phi)}$. Das ist die Gleichung einer
> Geraden mit Achsenabschnitt μ und Steigung σ. Wenn also die geordneten Werte $X_{[k]}$ einer
> normalverteilten Stichprobe gegen die Quantile einer Standard-Normalverteilung aufgetragen
> werden, entsteht ungefähr eine Gerade, was auch immer die wahren Parameterwerte μ und σ
> sind.
>
> Man kann also mit dem Streudiagramm von $x_{[k]}$ gegen $q_{p_k}^{(\Phi)}$, dem Normalverteilungs-
> Diagramm, prüfen, *ob eine Normalverteilung vorliegt*, ohne dass man die Parameter kennt.

▷   Bild 11.2.e zeigt dieses Diagramm für das *Beispiel* der *Kükengewichte* (2.4.a, 6.5.i). Es ergibt
    sich im Wesentlichen das gleiche Bild wie vorher, da das Plot-Programm die Skala für die $x_{[k]}$-
    Werte so anpasst, dass die Punkte das Streudiagramm ausfüllen.   ◁

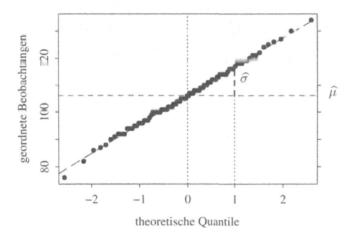

Bild 11.2.e
Quantil-Quantil-Diagramm
für das Beispiel der Küken

f * ▷ Man kann von Auge eine Gerade an die Punkte anpassen und erhält so für den Achsenabschnitt
         etwa 106 und für die Steigung 10.5; also schätzt man $\widehat{\mu} = 106$ und $\widehat{\sigma} = 10.5$.   ◁

g   Was geschieht nun bei Beobachtungen, die *keiner Normalverteilung* entsprechen? Bild 11.2.g
    zeigt drei typische Situationen. Die jeweils 60 Beobachtungen wurden mit Zufallszahlen nach
    entsprechenden Modellen erzeugt.
    Die Arten der Abweichungen sind in dieser Situation normalerweise nicht klar zu unterschei-
    den; das Bild zeigt relativ gut unterscheidbare Beispiele, die aus mehreren Simulationen aus-
    gesucht wurden! *Um die Verteilungsform einer Zufallsvariablen zu erfassen, braucht es grosse
    Stichproben!*

h   Was ist zu tun, wenn die Verteilung *schief* ist? *Transformationen* können helfen. Man vergleicht
    also z. B. zwei Gruppen aufgrund der Werte der $\log\langle Y_{k,i}\rangle$ statt aufgrund der $Y_{k,i}$. In den
    meisten Fragestellungen ist das ebenso angebracht.

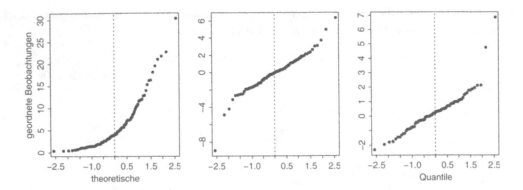

Bild 11.2.g Quantil-Quantil-Diagramme mit Abweichungen. Links: Eine schiefe Verteilung führt zu einer nach oben gebogenen Kurve. Mitte: Eine langschwänzige Verteilung führt zu einer (umgekehrt) S-förmigen Kurve. Rechts: Ausreisser werden zu isolierten Punkten in der rechten oberen oder der linken unteren Ecke.

i Was ist zu tun, wenn sich *Ausreisser* zeigen oder wenn die Verteilung *langschwänzig* ist?

● Man kann die extremsten Beobachtungen weglassen, bis die Langschwänzigkeit verschwindet oder zu viele (z. B. mehr als 5%) eliminiert werden. Resultate, die man mit den übriggebliebenen Beobachtungen erhält, sind aber mit grosser Vorsicht zu benützen. Bei Tests und Vertrauensintervallen stimmt die Irrtums-Wahrscheinlichkeit nicht mehr. Die weggelassenen Beobachtungen soll man auf ihre Richtigkeit speziell überprüfen, und auf alle Fälle sind sie im Bericht zu erwähnen.

● Nicht-parametrische oder robuste Methoden verwenden. Das sollte man nach Möglichkeit sowieso tun (11.1.a).

● Eine langschwänzige Verteilung als Modell wählen (logistische oder t-Verteilung) mit den entsprechenden Schätzungen, Tests und Vertrauensintervallen, die man mit dem Prinzip der Maximalen Likelihood (7.4) gewinnen kann.

11.3 Anpassungstests

a Die Überprüfung von Voraussetzungen mit grafischen Mitteln überlässt die Entscheidung, wann eine Abweichung als zu gross betrachtet werden soll, den Anwendern und Anwenderinnen. Es liegt nahe, solche Entscheidungen mit dem Konzept des statistischen Tests „objektiv" zu machen. Wenn mit einem solchen Verfahren die Nullhypothese überprüft wird, dass Beobachtungen einer bestimmten Verteilung oder einem Verteilungstyp folgen, spricht man von einem *Anpassungstest*. Der bekannteste unter ihnen, der Chiquadrat-Anpassungstest, wurde bereits in 10.2 vorgestellt.

b Ein weiterer oft erwähnter Anpassungstest ist der Test von *Kolmogorov-Smirnov*, der meist mit dem Etikett nicht-parametrisch oder verteilungsfrei versehen wird. Als Teststatistik verwendet er die grösste Abweichung der empirischen kumulativen Verteilungsfunktion von der theoretischen, $T = \max_x \{ |\widehat{F}\langle x \rangle - F \langle x \rangle | \}$. Er ist für mathematische Statistiker sehr interessant (die Verteilung von T muss mit anspruchsvollen, aber lehrreichen Methoden hergeleitet werden), aber für die Praxis nicht von grosser Bedeutung, da er gegen die interessanten – weil gefährlichen – Abweichungen von der Nullhypothese nur geringe Macht besitzt (vergleiche 11.4.c).

c   Speziell für die *Normalverteilung* gibt es zwei Tests, die sich nicht an der gesamten Dichte oder
Verteilungsfunktion orientieren, sondern nur zwei Aspekte der Form der Verteilung überprüfen,
die *Schiefe* und die *Langschwänzigkeit* (siehe 2.6.f). Damit ist eigentlich schon alles gesagt.

$H_0:$ $X_i \sim \mathcal{N}\langle \mu, \sigma^2 \rangle,$ μ, σ unbekannt.

$H_A:$ $X_i \sim \mathcal{F}$ mit

$\quad\quad H_A^{(S)}:$ Schiefe $\mathcal{E}\left\langle (X_i - \mathcal{E}\langle X_i \rangle)^3 \right\rangle / (\text{var}\langle X_i \rangle)^{3/2} \neq 0;$

$\quad\quad H_A^{(K)}:$ Kurtosis $\mathcal{E}\left\langle (X_i - \mathcal{E}\langle X_i \rangle)^4 \right\rangle / (\text{var}\langle X_i \rangle)^2 - 3 > 0.$

$U:$ $T^{(S)} = \frac{1}{n}\sum_i(X_i - \overline{X})^3 / \left(\frac{1}{n}\sum_i(X_i - \overline{X})^2\right)^{3/2}$

$\quad\quad T^{(K)} = \frac{1}{n}\sum_i(X_i - \overline{X})^4 / \left(\frac{1}{n}\sum_i(X_i - \overline{X})^2\right)^2$

$\mathcal{F}_0\langle U \rangle:$ kompliziert.

$K:$ siehe Pearson, E.S. and Hartley H.O., 1970, Biometrika Tables for Statisticians I,
Cambridge Univ. Press, London.

d   Wenn grobe Fehler passieren oder die Verteilung langschwänzig ist, treten vermehrt allzu
extreme Werte, sogenannte *Ausreisser* auf. Man kann die extremste Beobachtung, geeignet
standardisiert, auch direkt als Teststatistik verwenden, z. B.

$$T = \max_i \langle |X_i - M| \rangle / \text{MAD}\langle X_1, X_2, \ldots, X_n \rangle,$$

wobei $M = \widehat{\text{med}}\langle X_1, X_2, \ldots, X_n \rangle$ und $\text{MAD} = \widehat{\text{med}}\langle |X_1 - M|, |X_2 - M|, \ldots, |X_n - M| \rangle$ ist
(vgl. 2.3.l). Damit erhält man einen sogenannten *Ausreisser-Test*. Allerdings sind die kritischen
Werte für diese spezielle Teststatistik nirgends tabelliert. Es bleibt zur Zeit nur die Simulation.

e * In gleicher Weise wird als Teststatistik oft das sogenannte maximale studentisierte Residuum
$T = \max_i \langle |X_i - \overline{X}| \rangle / S$ verwendet, wobei S die empirische Standardabweichung ist. Dieser Test
kann aber versagen, wenn mehr als 9.4% der Beobachtungen Ausreisser sind, also bereits bei einem
Ausreisser unter zehn Beobachtungen. Noch schlimmer ist der sogenannte maximale studentisierte
Bereich $T = (\max_i \langle X_i \rangle - \min_i \langle X_i \rangle) / S$; er entdeckt extreme Ausreisser nur, wenn sie weniger
als 4.3% der Beobachtungen ausmachen.

11.4   Bedeutung von Tests zur Prüfung von Voraussetzungen

a   Die Anwendung von Tests ist für diese Problemstellung eigentlich nicht angebracht, denn *man
versucht, die Nullhypothese zu beweisen.* Das ist bekanntlich nicht möglich; wir können eine
Nullhypothese nur verwerfen oder beibehalten. Es kann gut sein, dass die Voraussetzung, die
überprüft werden soll, verletzt ist, und dass trotzdem kein signifikantes Testergebnis entsteht
(Fehler 2. Art). Wenn man allerdings einen Test anwendet, der gegenüber einer bestimmten
Art von Abweichungen gute Macht entwickelt, und wenn der Stichprobenumfang gross genug
ist, kann man bei einem nicht-signifikanten Testergebnis recht beruhigt sein: dann sind grosse
Abweichungen in dieser Richtung auszuschliessen.

b * Man könnte versuchen, mit einem geeigneten Test zu zeigen, dass die Abweichung, gemessen durch
irgendein bestimmtes Mass δ, nicht grösser als δ_0 sein kann. Dazu braucht man ein Modell, das δ
als Parameter enthält. Dann kann man die einseitige Nullhypothese $\delta \geq \delta_0$ zu verwerfen versuchen.
Aber ein solches Modell müsste seinerseits neue Voraussetzungen enthalten ...

c   Man soll natürlich Tests verwenden, die möglichst grosse Macht gegen die *gefährlichen* Abweichungen vom Modell entwickeln. Bei vielen statistischen Methoden besteht die grösste Gefahr darin, dass *langschwänzige Verteilungen* anstelle der Normalverteilung treten – konkreter
gesagt, dass in den Daten *Ausreisser* auftreten.
Diesen Aspekt prüfen der Test für Langschwänzigkeit und die Ausreissertests besonders gut.
Der Chiquadrat-Anpassungstest ist dafür nicht sehr geeignet – wenn schon, dann müssen die
Klassen so gebildet werden, dass die extremen Klassen kleine Erwartungswerte von ≈ 1
erhalten (vergleiche 10.1.o).

d   Die Idee war, Voraussetzungen, für deren Annahme man gute Gründe hat, im Sinne einer
Vorsichtsmassnahme zu überprüfen. Dieses Prinzip wird aber oft pervertiert zur Regel: „Falls ein
Anpassungstest die Nullhypothese der Normalverteilung nicht verwirft, wende man den z- oder
t-Test an, sonst den nicht-parametrischen Test". Ein solches Verfahren kann Unsinn produzieren,
wie man sich anhand der vorhergehenden Diskussion überlegen kann. Eine richtige Regel wurde
in 8.6.h formuliert: Man soll „immer" das nicht-parametrische Verfahren dem Normalvertei-
lungs-Verfahren vorziehen, wenn ein solches existiert.

e   Die Gefahr der formellen Anpassungstests liegt also darin, dass sie wegen zu geringer Macht
auch gefährliche Abweichungen von den Voraussetzungen nicht sicher entdecken. Umgekehrt
ist klar, dass kaum je ein Modell so genau sein wird, dass man es nicht mit einer genügend
grossen Datenmenge widerlegen könnte (vgl. 10.2.f, 8.11.b).

11.5   Unabhängigkeit

a   In den Modellen, die wir in den früheren Kapiteln jeweils zugrundegelegt haben, kam fast immer
die Annahme der Unabhängigkeit vor. Sie erscheint in der Praxis oft gerechtfertigt, wenn es
keinen plausiblen Mechanismus gibt, wie eine Beobachtung eine andere „beeinflussen" könnte
(vgl. 4.6.d).

b   Leider ist die Annahme recht oft falsch.
▷ *Beispiel*. Der Chemiker Gosset, der unter dem Pseudonym Student im ersten Drittel des
vergangenen Jahrhunderts wichtige statistische Arbeiten veröffentlichte und den t-Test erfand,
versuchte, unabhängige Messungen des Stickstoffgehalts von reiner *Asparaginsäure* zu erhalten,
indem er unter gleichen Bedingungen auf immer gleiche Art vorging. Bild 11.5.b.(i) zeigt das
Resultat von 132 gemessenen Werte.
Offensichtlich ist hier so etwas wie ein zeitlicher Trend der Messungen nach oben festzustellen.
Man hat auch den Eindruck, kürzere Schwankungen zu sehen. Bild 11.5.b.(ii) zeigt, wie es etwa
aussehen sollte; es sind die gleichen Beobachtungen in „zufälliger" Reihenfolge aufgetragen.
(Wenn die Reihenfolge entsprechend dem Modell der rein zufälligen Permutation gewählt wird,
ergibt sich als Konsequenz dieses Modells, dass die so erhaltenen Beobachtungen keine „echten"
Trends oder Schwankungen mehr zeigen *können*.)   ◁

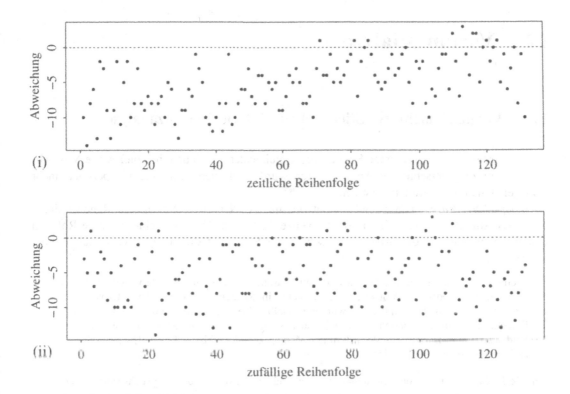

Bild 11.5.b   Die Daten von Student (Abweichungen vom wahren Stickstoffgehalt in Asparaginsäure) in zeitlicher Reihenfolge (i) und zufällig permutiert (ii)

c   Ein solches *Streudiagramm der Werte gegen die zeitliche Reihenfolge* der Beobachtungen ist ein nützliches Hilfsmittel zur Überprüfung der Unabhängigkeit. Man kann die Werte auch gegen andere „verdächtige" Grössen wie die geografische Lage auftragen, oder gegen andere für die gleichen Beobachtungseinheiten gemessene Grössen (z. B. Versuchsbedingungen). Wir kommen in 13.8.v darauf zurück.

d *   Es gibt auch wieder formale Tests zur Überprüfung dieser Annahme. Der „*Run-Test*" beispielsweise zählt, wie oft das Vorzeichen von $X_i - \bar{X}$ wechselt. Ist diese Zahl zu klein, dann deutet das auf einen (positiven) Zusammenhang zwischen aufeinander folgenden Beobachtungen hin.
Ein weiterer Test beruht auf einer Schätzung der Auto-Korrelation $\mathrm{corr}\langle X_i, X_{i+1}\rangle$, siehe 16.2.c. Er wird häufig im Zusammenhang mit der Regressions-Rechnung angewandt und ist unter dem Namen *Durbin-Watson-Test* bekannt.

e   Ist die Annahme der Unabhängigkeit verletzt, so *sind die Konsequenzen für die Irrtums-Wahrscheinlichkeit von Tests und die Vertrauenskoeffizienten von Vertrauensintervallen oft verheerend.*

Wenn die Abhängigkeiten mit einem Wahrscheinlichkeits-Modell angemessen beschrieben werden können, sind korrekte Angaben möglich, siehe 16.9. Sonst ist guter Rat teuer.

12 Varianzanalyse

12.1 Vergleich mehrerer Stichproben, einfache Varianzanalyse

a In 8.8 wurden zwei unabhängige Stichproben miteinander verglichen, beispielsweise Mastochsen, die auf zwei verschiedene Arten gefüttert wurden. Oft werden in einem Experiment mehr als zwei Behandlungsarten untersucht.

▷ *Beispiel Nervenzellen.* Während der Entwicklung des Nervensystems und bei Regenerationsprozessen spielt das Auswachsen von Nervenzellfortsätzen (Neuriten) eine wichtige Rolle. In einem Versuch wurde die Wirkung verschiedener Stoffe auf diesen Prozess in Zellkulturen untersucht.

* Kleine Hirnstückchen (Explantate) wurden auf Gläschen in einer Kulturschale verteilt. Aus diesen Explantaten wandern Nervenzellen vorzugsweise in Richtung auf ein anderes Explantat aus. Zwischen benachbarten Explantaten wurden deshalb Felder abgegrenzt, in denen u.a. der längere Fortsatz jeder ausgewanderten Nervenzelle nach 4 Tagen in Kultur ausgemessen wurde. Für jedes Feld wurde als Mass für das Wachstum der Median gebildet (Tabelle 12.1.a; Quelle: S. Magyar, Doktorarbeit 1993, ETH Zürich).

Tabelle 12.1.a Mediane von Neuritenlängen über „Felder" für verschiedene Versuchsbedingungen

	Mediane																
1	22.5	20.9	35.6	11.6	18.1	33.8	28.6	36.7	16.3	17.8							
2	8.6	43.0	19.3	25.5	26.1	24.4	32.0	16.5	17.5	19.2	8.6	27.5	14.9	23.1	25.8	15.9	27.2	6.8
	8.6	11.1	9.2														
3	23.1	23.9	16.3	26.9	25.5	31.5	8.0	28.4	14.3	31.2	29.8	19.9	10.0	21.2	28.4	7.3	8.5	14.6
4	16.3	30.9	21.2	9.4	45.3	27.6	29.9	15.2	13.2	15.1	26.7	25.2	24.5	19.2	6.4	21.0	
5	27.6	11.2	10.6	10.7	17.1	8.0	14.9	21.8	28.7	9.7	12.7	6.1	13.6	11.3	10.3	46.1	9.4

Unterscheiden sich Felder, die aus verschieden behandelten Kulturen stammen? ◁

b Die Frage nach den Einflüssen der unterschiedlichen Behandlungen kann man zunächst untersuchen, indem man jede Gruppe durch einen *Zwei-Stichproben-Test* (8.8) mit jeder anderen vergleicht. Die Resultate für einen bestimmten Test kann man in einer symmetrischen Matrix von P-Werten zusammenfassen, wie sie Tabelle 12.1.b für den U-Test von Wilcoxon, Mann und Whitney im Beispiel zeigt.

Gekerbte Kisten-Diagramme (*notched box plots*, siehe 8.8.m) erlauben es, grafisch festzuhalten, welche Paare von Gruppen sich gemäss dem entsprechenden genäherten Test signifikant unterscheiden: Es sind jene, deren Kerben in Bild 12.1.b sich nicht überschneiden.

▷ Die beiden Arten der Auswertung führen im Beispiel zum Ergebnis, dass sich Gruppe 5 von gewissen anderen knapp bis stark signifikant unterscheidet. Die beiden Verfahren sind sich aber nicht einig, welche Unterschiede signifikant seien – es sind eben verschiedene Verfahren. ◁

Tabelle 12.1.b   P-Werte für paarweise Vergleiche von je 2 Gruppen

Behandlung	1	2	3	4	5
1	–				
2	0.093	–			
3	0.166	0.677	–		
4	0.258	0.753	0.534	–	
5	0.004	0.116	0.055	0.022	–

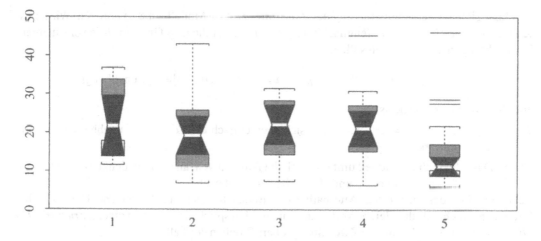

Bild 12.1.b   Gekerbte Kisten-Diagramme für das Beispiel der Nervenzellen

c   Gegen eine solche Vielzahl von Paarvergleichen müssen allerdings von der Grundidee des Signifikanztests her schwer wiegende Bedenken angemeldet werden. Wenn man beispielsweise 7 Gruppen miteinander vergleicht, so ergeben sich $7 \cdot 6/2 = 21$ Paarvergleichs-Tests. Wir wollen eine einfache theoretische Überlegung machen, wie die Resultate dieser Tests aussehen können. Wegen der Irrtums-Wahrscheinlichkeit von 5% ist es anschaulich klar, dass unter 21 Tests häufig ein „Fehlschluss erster Art" auftritt – ab und zu sogar zwei oder mehrere. Genauer: Nehmen wir an, dass in Wirklichkeit alle Gruppen gleich seien, dass also für alle Paarvergleiche die Nullhypothese gelte. Sei $Z_\ell = 1$, falls der ℓte Test ein signifikantes Resultat zeigt, und $Z_\ell = 0$ sonst. Es ist $P\langle Z_\ell = 1\rangle = 0.05$, wenn man auf dem 5%-Niveau testet. Könnte man Unabhängigkeit der Test-Resultate voraussetzen, dann könnte man jetzt folgern, dass die Anzahl $Z = \sum_{\ell=1}^{21} Z_\ell$ der „statistisch signifikanten" Test-Resultate eine Binomialverteilung $\mathcal{B}\langle 21, 0.05\rangle$ zeigt. Die Annahme der Unabhängigkeit ist aber verletzt.

*   Wenn nämlich Gruppe h gegenüber Gruppe k zufällig, d. h. trotz Gültigkeit der Nullhypothese, einen „signifikanten" Unterschied zeigt, bedeutet dies, dass Gruppe h oder k oder beide zufällig eine relativ grosse Abweichung vom (gemeinsamen) Erwartungswert zeigen. Damit ist auch die bedingte Wahrscheinlichkeit eines „signifikanten" Unterschieds zwischen Gruppe h und einer dritten Gruppe erhöht.

Trotz Abhängigkeit gilt $\mathcal{E}\langle Z\rangle = \sum_{\ell=1}^{21} \mathcal{E}\langle Z_\ell\rangle = 21 \cdot 0.05 \approx 1$. Wenn mit Irrtums-Wahrscheinlichkeit $\alpha = 5\%$ getestet wird, ist also zu erwarten, dass einer der 21 Tests ein signifikantes Ergebnis zeigt, auch wenn alle 7 Gruppen genau dem gleichen Modell gehorchen.

> *Die Nullhypothese* „alle Gruppen gehorchen dem gleichen Modell" würde also viel *zu oft verworfen*, wenn man schliessen wollte nach der Regel: „Die Nullhypothese wird verworfen, wenn der *extremste* Unterschied auf dem Niveau $\alpha = 5\%$ signifikant ist".

d Wie kann man das vermeiden? – Eine konsequente Antwort heisst: Wir dürfen nur *eine* Frage stellen, die wir mit *einem* Test beantworten. Die sinnvolle Frage lautet: „Gibt es überhaupt Unterschiede zwischen den Gruppen?" oder anders gesagt: „Unterscheidet sich wenigstens *eine* der Gruppen von *einer* andern?" Die entsprechende Nullhypothese haben wir gerade vorher formuliert: „Alle Gruppen folgen dem gleichen Modell."

e Das lässt sich als Verallgemeinerung des Zwei-Stichproben-Modells (8.8.c) notieren. Wir befassen uns mit der *Zielgrösse* Y (englisch *target variable*), für die in g Gruppen h jeweils mehrere Beobachtungen Y_{hi} vorliegen sollen,

$$Y_{hi} \sim \mathcal{F}_h \qquad i = 1, 2, \ldots, n_h; \quad h = 1, 2, \ldots, g, \quad \text{alle } Y_{hi} \text{ unabhängig,}$$

und die Nullhypothese heisst

$H_0:$ $\mathcal{F}_1 = \mathcal{F}_2 = \ldots = \mathcal{F}_g$. Sie liesse sich auch einfach als „$Y_{hi} \sim \mathcal{F}$, unabhängig, für alle h, i" schreiben.

$H_A:$ Das allgemeinere Modell umfasst auch die Alternativen, an die man denkt, beispielsweise $\mathcal{F}_1 \neq \mathcal{F}_2$, wobei sich $\mathcal{F}_1$ und $\mathcal{F}_2$ in der *Lage* unterscheiden.

Beachten Sie, dass unter der Alternative die Beobachtungen, im Unterschied zur Zufalls-Stichprobe, nicht alle die gleiche Verteilung haben. Man spricht deshalb von einer *„strukturierten Stichprobe"*. (Das ist bereits im Zwei-Stichproben-Problem der Fall.)

f Gesucht ist eine *Teststatistik*, die extreme Werte annimmt, wenn sich die Gruppen in ihrer Lage unterscheiden. Es ist naheliegend, die *Gruppenmittelwerte*

$$\overline{Y}_{h\cdot} = \frac{1}{n_h} \sum\nolimits_{i=1}^{n_h} Y_{hi}$$

zu betrachten. Wenn sie sich stark unterscheiden, ist die Nullhypothese wohl falsch. Wir bilden deshalb ein Streuungsmass für die Gruppenmittelwerte, das wir „*Mittleres Quadrat* der Gruppen" nennen,

$$\mathrm{MS}_G = \frac{1}{g-1} \sum\nolimits_{h=1}^{g} n_h (\overline{Y}_{h\cdot} - \overline{Y}_{\cdot\cdot})^2 \,,$$

wobei $\overline{Y}_{\cdot\cdot} = \sum_{h,i} Y_{hi}/n$ und g die Anzahl Gruppen ist. Wann diese Streuung „zu gross" ist, hängt von der Streuung der Beobachtungen innerhalb der Gruppen ab, die durch das „Mittlere Quadrat des Fehlers"

$$\mathrm{MS}_E = \frac{1}{n-g} \sum\nolimits_{h,i} (Y_{hi} - \overline{Y}_{h\cdot})^2$$

gemessen wird. Diese Grösse stellt die geeignete Verrechnung der Varianzen innerhalb der Gruppen dar und ist die beste Schätzung der theoretischen Varianz σ^2 der Beobachtungen Y_{hi}. Die geeignete Teststatistik für unsere Nullhypothese wird dann

$$T = \mathrm{MS}_G / \mathrm{MS}_E \,.$$

g Es ist üblich, die Terme, die zu T führen, in einer Art Rechenschema zusammenzustellen, das *Varianzanalyse-Tabelle* genannt wird (Tabelle 12.1.g). Auch wenn der Computer die Rechnungen übernimmt, bleibt dieses Schema wichtig, da die einzelnen Teile eine tiefere Bedeutung haben, und da es sich auf kompliziertere Modelle verallgemeinern lässt.

Tabelle 12.1.g Varianzanalyse-Tabelle für eine einfache Varianzanalyse

Quelle	Freiheitsgrade	Quadratsumme	Mittleres Quadrat	Teststat.
Gruppen	$DF_G = g - 1$	$SS_G = \sum_h n_h (\overline{Y}_{h\cdot} - \overline{Y}_{\cdot\cdot})^2$	$MS_G = SS_G/DF_G$	$T = MS_G/MS_E$
Fehler	$DF_E = n - g$	$SS_E = \sum_{h,i} (Y_{hi} - \overline{Y}_{h\cdot})^2$	$MS_E = SS_E/DF_E$	
Total	$DF_T = n - 1$	$SS_Y = \sum_{h,i} (Y_{hi} - \overline{Y}_{\cdot\cdot})^2$	–	

h Die Zeilen des Schemas enthalten als zweite mathematische Grösse eine „*Quadratsumme*". Man kann leicht zeigen, dass sich die beiden Terme SS_G und SS_E, die in der Teststatistik vorkommen, zu einer „totalen Quadratsumme" SS_Y der Werte der Zielgrösse ergänzen, die die quadrierten Abweichungen vom Mittelwert über alle Beobachtungen zusammenzählt. Da die Quadratsummen mit der Varianz zu tun haben, kann man davon sprechen, dass im Schema die totale „*Varianz*" in zwei Teile zerlegt wird, von denen der eine die „Varianz" zwischen den Gruppen, die andere jene innerhalb der Gruppen misst. Davon kommt der Name *Varianzanalyse*. Der Anteil der totalen Quadratsumme, der durch die Gruppen „erklärt" wird,

$$R^2 = SS_G/SS_Y \,,$$

kann als „dimensionsloses" Mass für die Stärke des Einflusses der Behandlung angesehen werden und wird *Bestimmtheitsmass* genannt. Der Wert von R^2 muss zwischen 0 und 1 liegen und wird oft als Prozentzahl ausgedrückt.
Varianzen entstehen eigentlich erst, wenn man die Quadratsummen durch die Zahlen dividiert, die in der Spalte „*Freiheitsgrade*" aufgeführt sind. Das führt zu den „Mittleren Quadraten". Wie erwähnt, schätzt MS_E die Varianz σ^2 der Beobachtungen. Man kann zeigen, dass unter der Nullhypothese auch MS_G eine erwartungstreue Schätzung für σ^2 ist. Die Teststatistik T vergleicht diese beiden Schätzungen.

i $\mathcal{F}_0\langle U \rangle$: Die *Verteilung von* T hängt nur von der Anzahl der Freiheitsgrade DF_G und DF_E ab. Wenn die Fehler E_{hi} normalverteilt sind, $E_{hi} \sim \mathcal{N}\langle 0, \sigma^2 \rangle$ (oder $Y_{hi} \sim \mathcal{N}\langle \mu_h, \sigma^2 \rangle$) und die Nullhypothese $\mu_h = \mu$ gilt, dann hat T eine sogenannte *F-Verteilung* mit DF_G und DF_E Freiheitsgraden, und der Test heisst dementsprechend der *F-Test der einfachen Varianzanalyse*. Tabellen mit kritischen Werten sind verbreitet; da heute die Computer-Programme in P-Werte umrechnen, werden sie überflüssig.

j ▷ Tabelle 12.1.j zeigt die Varianzanalyse-Tabelle, wie sie von einem Computer-Programm ausgegeben wird, für das *Beispiel der Nervenzellen*. Der Wert der Teststatistik und der entsprechende P-Wert werden auf der Zeile der Behandlung angefügt. Der P-Wert von 0.2 sagt, dass ein Effekt der Behandlung nicht nachgewiesen ist. Die formal signifikanten Paarvergleiche in Tabelle 12.1.b stehen also auf wackeligem Grund. ◁

Tabelle 12.1.j   Varianzanalyse-Tabelle für das Beispiel der Nervenzellen

	Freiheitsgr. Df	*Quadratsumme* Sum of Sq	*Mittleres Qu.* Mean Sq	*„F-Wert"* T F Value	*P-Wert* Pr(F)
Behandlung	4	520.69	130.173	1.508	0.208
Fehler	77	6645.15	86.301		
Total	81	7165.84			

k   Die Teststatistik reagiert, wie man leicht überlegt, stark auf grobe Fehler und ist daher *nicht robust* und oft ungeeignet. Ein Ausweg ist leicht zu finden, indem man, wie beim U-Test, zuerst zu Rängen übergeht und dann die Testgrösse T bildet. In diesem Fall sind etliche der benötigten Grössen konstant – z. B. das Mittel aller Ränge – und man kann die Formel vereinfachen. Der Test heisst *Kruskal-Wallis-Test* und wird in Nachschlagewerken genauer beschrieben. Für zwei Gruppen erhält man den Wilcoxon-Mann-Whitney- oder U-Test (8.8.i) zurück. In vielen Statistik-Programmen sucht man deshalb vergebens nach dem Letzteren; man muss „Kruskal-Wallis" wählen und die Anzahl Gruppen auf 2 setzen.

▷   Im Beispiel erreicht dieser Test einen P-Wert von 0.12; die Schlussfolgerung bleibt also, dass keine Effekte der Behandlung nachzuweisen seien.   ◁

l   Soll der F-Test oder der Kruskal-Wallis-Test verwendet werden? Diese Frage kann analog zum Fall von zwei Stichproben (8.6.h) zugunsten des nichtparametrischen Tests beantwortet werden. Ein F-Test ist akzeptabel, wenn die Voraussetzungen der Normalverteilung und der gleichen Varianzen in den Gruppen geprüft worden sind, siehe Abschnitte 11.2 und 13.8.

12.2   Multiple Vergleiche, multiple Tests

a   Die beiden besprochenen Tests der einfachen Varianzanalyse beantworten die Frage, ob zwischen g Gruppen irgendwelche Unterschiede nachgewiesen werden können, oder ob die Nullhypothese, dass alle Beobachtungen der gleichen Verteilung entsprechen, mit den Daten verträglich sei. Im letzteren Fall erübrigen sich weitere Analysen – zumindest läuft jede Interpretation von Unterschieden Gefahr, etwas rein Zufälliges als systematisch zu bezeichnen; in besonderen Fällen sind solche Spekulationen dennoch wertvoll.

Wenn sich ein signifikantes Testresultat ergeben hat, stellt sich sofort die Frage, ob jede Gruppe sich von jeder anderen unterscheidet, oder ob nur einige der $g(g - 1)/2$ möglichen Unterschiede wirklich nachweisbar sind. Damit sind wir wieder bei den vielen Paarvergleichen (12.1.b) angelangt. Man spricht in der Varianzanalyse vom Problem der *multiplen Vergleiche* oder *multiplen Kontraste*. Methoden, die dieses Problem lösen, werden in den Lehrbüchern über Varianzanalyse beschrieben. Hier sollen lediglich einige grundsätzliche Überlegungen folgen.

b   Das Problem, dass unter vielen Tests einige signifikante Resultate aufgrund eines Irrtums 1. Art zu erwarten sind (12.1.c), stellt sich auch allgemeiner und wird Problem des *multiplen Testens* genannt. In einer medizinischen Studie soll beispielsweise die Wirkung eines neuen Medikamentes in 3 Dosierungsstufen (Placebo, tief, hoch) auf 4 Variable (2 Blutdruckwerte, Blutzucker, Gerinnungszeit) zu 5 Zeitpunkten (vor Abgabe der Spritze, 10 Min., 30 Min., 1 Std., 3 Std. nachher) untersucht werden. Das ergibt mindestens $4 \cdot 3 \cdot (5 - 1) = 48$ sinnvolle Vergleiche.

c   *   Auf dieses allgemeine Problem gibt es eine allgemeine Antwort, die als *Regel von Bonferroni* bekannt ist: Wenn insgesamt m Tests durchgeführt werden sollen, so senkt man das Niveau α für jeden einzelnen Test auf $\alpha_0/m = 5\%/m$. Wenn ein Test auf diesem Niveau signifikant ist, kann die entsprechende Nullhypothese verworfen werden.

Eine Begründung für diese Regel ist leicht zu geben: Wenn alle Nullhypothesen gelten, ist die Wahrscheinlichkeit eines Fehlers 1. Art – nämlich der Schlussfolgerung, mindestens eine Nullhypothese sei falsch – gleich

$$P\langle\text{mind. ein Test signifikant}\rangle = P\left\langle \bigcup_{\ell=1}^{m}\{\ell\text{-ter Test ist signifikant}\}\right\rangle$$

$$\leq \sum_{\ell=1}^{m} P\langle\ell\text{-ter Test ist signifikant}\rangle = \sum_{\ell=1}^{m}\alpha_0/m = \alpha_0 = 5\%\ .$$

Beachten Sie, dass hier keine Unabhängigkeit der einzelnen Tests vorausgesetzt wurde; diese ist in den oben geschilderten Fällen nicht erfüllt.

d   *   Für den Fall, dass eine Nullhypothese nach dieser Regel verworfen wird, sagt eine *Verfeinerung von Holm*, dass die Regel für die verbleibenden Tests wieder angewandt werden darf: Die restlichen Tests werden mit dem Niveau $\alpha = \alpha_0/(m-1)$ durchgeführt. Wenn P-Werte für die einzelnen Tests bestimmt wurden, ist dies besonders einfach. Den kleinsten P-Wert vergleicht man mit α_0/m. Ist er kleiner, so vergleicht man den zweitkleinsten mit $\alpha_0/(m-1)$, und so weiter.

e   *   Um eine solche Regel zu begründen, braucht man einige Begriffe. Es seien also mehrere Nullhypothesen $H_0^{(\ell)}$ zu prüfen – ein *multiples Testproblem*. Bisher haben wir untersucht, was geschieht, wenn die *globale Nullhypothese* gilt, die sagt, dass alle einzelnen Nullhypothesen erfüllt seien.

Ein *multipler Test* ist eine Vorschrift, die für jede Nullhypothese $H_0^{(\ell)}$ angibt, ob sie beizubehalten oder abzulehnen ist. Der zugehörige *globale Test* lehnt die globale Nullhypothese ab, wenn der multiple Test mindestens eine Nullhypothese $H_0^{(\ell)}$ verwirft. Sein Niveau heisst das *globale Niveau* des multiplen Tests.

Interessanter und realistischer als die globale Nullhypothese ist aber die Annahme, dass einige Nullhypothesen $\ell_1, \ell_2, ..., \ell_m$ erfüllt und die anderen verletzt seien. Für jede solche Annahme kann man die Wahrscheinlichkeit bestimmen, dass ein multipler Test mindestens eine dieser Nullhypothesen verwirft. Das Maximum über alle diese Wahrscheinlichkeiten bildet das *multiple Niveau* des multiplen Tests. Es liegt im Allgemeinen höher als das globale Niveau. Die Regeln von Bonferroni und von Holm halten aber sowohl das globale wie auch das multiple vorgegebene Niveau ein.

f   *   Ist die Zahl m der Tests gross, so wird das Niveau α_0/m nach Bonferroni klein, und das führt zu kleiner Macht des einzelnen Tests. Es ist daher unvorteilhaft, plausible, interessante Alternativen mit beliebigen weiteren in einen Topf zu werfen und auf diesen Topf die Bonferroni-Regel anzuwenden. Unnötige Tests verwässern die Suppe. Man soll sich daher die Fragestellung möglichst genau überlegen. Beim Vergleich von mehreren Gruppen kann dies heissen:

• Geht es darum, aus g Substanzen die „beste" oder die „erfolgversprechendste" auszuwählen? Das wäre ein Problem der Entscheidungstheorie, bekannt unter dem Namen *Auswahl-Problem* oder *selection problem*.

• Werden $g - 1$ Gruppen gegen eine „Kontroll-Gruppe" verglichen? Dann ist die Bonferroni-Methode vielleicht gut genug, da nur $g - 1$ statt $g(g-1)/2$ Tests durchgeführt werden, das zu benützende Niveau für die Einzeltests also $5\%/(g - 1)$ beträgt.

• Will man eigentlich nur eine Substanz mit der Kontrolle vergleichen und hat die anderen Gruppen mitgemessen, weil es mit wenig Zusatzaufwand verbunden war? Dann ist die Irrtums-Wahrscheinlichkeit nur für den einen Vergleich wichtig, und man testet auf dem gewöhnlichen Niveau $\alpha = 5\%$.

• Man kann auch andere, spezielle Vergleiche im Voraus als die zu prüfenden bezeichnen. Beispielsweise kann man testen, ob die fünfte Behandlung sich vom Mittelwert der ersten vier signifikant unterscheide, ohne vorauszusetzen, dass diese vier gleiche Erwartungswerte haben. Man spricht allgemein von der Prüfung eines linearen *Kontrastes*.

g Das Problem wird also vermieden, indem man sich auf *eine* Frage beschränkt, die getestet werden soll, oder auf einige wenige, und eine der allgemeinen Regeln für multiples Testen oder der speziellen Regeln für multiple Kontraste beachtet. Die Fragen sollen vor Durchführung des Versuchs oder der Beobachtungen festgelegt sein. Wird dies nicht eingehalten, so stehen die „statistisch gesicherten" Aussagen auf unsicherem Grund, und man darf streng genommen nicht von einer statistischen Überprüfung von Hypothesen oder beispielsweise einem statistisch gesicherten Effekt einer Behandlung sprechen. Beim Nachweis der Wirksamkeit neuer Medikamente müssen die Regeln von Gesetzes wegen eingehalten werden. Eine solche Auswertung von Ergebnissen einer Studie heisst *konfirmatorische Analyse*.

h Andererseits wäre es unsinnig, die Daten, die man oft unter grossen Mühen gewinnt, nicht nach allen möglichen Gesichtspunkten hin anzusehen und auch nach Überraschungen abzuklopfen. Man spricht von einer *explorativen Analyse*. Graphische Darstellungen eignen sich dafür besonders gut.
Die Versuchung ist gross, einen Unterschied zwischen irgendwelchen Gruppen, auf die man bei informellen Analysen stösst, mit einem geeigneten Test als „statistisch gesichert" nachzuweisen. Damit treibt man aber das Problem des multiplen Testens zum Extrem: Man weiss nicht einmal, auf wie viele mögliche „Effekte" man ebenfalls reagiert hätte, wenn sie sich in den Daten gezeigt hätten, oder anders gesagt, von wie vielen allfälligen Tests der durchgeführte das möglicherweise extremste Ergebnis zeigt. Formelle Tests sind deshalb in der explorativen Analyse von untergeordneter Bedeutung.
Zur genaueren Beurteilung eines interessanten angedeuteten Phänomens, das aber möglicherweise „rein zufällig" in den Daten aufscheint, ist es dennoch sinnvoll, P-Werte zu berechnen und Kerben in Kisten zu zeichnen, sofern man sich bewusst bleibt (und ins Manuskript schreibt), dass *eine Interpretation als Test-Ergebnis nicht erlaubt* ist. Ein formell signifikantes Ergebnis – manchmal auch ein nicht signifikantes – beinhaltet eine Hypothese, die gegebenenfalls in einer weiteren Studie nach den oben erwähnten Regeln der Kunst überprüft werden kann.

12.3 Mehrere verbundene Stichproben

a Die einfache Varianzanalyse verallgemeinert den Vergleich von zwei unabhängigen Stichproben auf mehrere Gruppen. Die entsprechende Verallgemeinerung der gepaarten auf *mehrere verbundene Stichproben* zeigt sich am folgenden Beispiel.

b ▷ *Beispiel saure Böden.* Um den Einfluss von Bäumen auf die lokale Verteilung der Boden-Übersäuerung zu untersuchen, wurden Paare von benachbarten Baumstämmen in einem Wald ausgewählt und durch gerade Linien verbunden. In gleichmässigem Abstand wurde auf diesen Linien jeweils an 7 Orten oder Positionen der pH-Wert einer Bodenprobe gemessen. Es wird vermutet, dass die Proben in Stammnähe saurer sind als die übrigen, da durch den Regen Schadstoffe dem Stamm nach heruntergespült werden. Die Frage lautet, ob sich die Positionen 1 bis 7 auf den Verbindungslinien systematisch unterscheiden. (Der Einfachheit halber beachten wir nicht, dass beide Enden einer Linie die gleiche Bedeutung haben, nämlich Stammnähe.) ◁

c Diese Frage scheint sich durch eine einfache Varianzanalyse beantworten zu lassen. Nun sind aber die pH-Werte Y_{1k} und Y_{2k} für die Positionen 1 und 2 auf der gleichen Verbindungslinie k nicht unabhängig, sondern verbunden. Es ist nämlich anzunehmen, dass mittlere Säurewerte in der Umgebung der verschiedenen Baumpaare ungleich sind.

d Eine *grafische Darstellung* (Bild 12.3.d) zeigt solche Unterschiede zwischen Baumpaaren und andererseits, dass der Boden bei den Stämmen wirklich saurer erscheint: Auf allen vier Linien tritt der niedrigste Wert am Anfang oder am Ende auf.

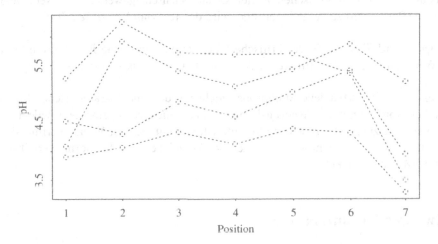

Bild 12.3.d Werte des pH und Position zwischen den Bäumen im Beispiel der sauren Böden. Die Werte für ein Baumpaar sind jeweils verbunden.

e ▷ Diese Beobachtung führt zu einer Idee, wie man den vermuteten Effekt statistisch *testen* kann. Wir betrachten die Rangfolgen der pH-Werte für jedes Baumpaar. Wenn Effekte der Position vorhanden sind, werden sich diese Reihenfolgen gleichen, auch wenn der „Umgebungswert" bei den einzelnen Baumpaaren verschieden ist. Die Rangfolgen für das Beispiel (Tabelle 12.3.e) sind ähnlich. Könnte sich eine solche Ähnlichkeit unter der Nullhypothese, dass die Position keinen Einfluss hat, auch rein zufällig ergeben? ◁

Tabelle 12.3.e   Daten und Ränge im Beispiel saure Böden

Posi-tion h	\multicolumn 1		2		3		4		Rang-summe S_h
	$Y_{.1}$	$R_{.1}$	$Y_{.2}$	$R_{.2}$	$Y_{.3}$	$R_{.3}$	$Y_{.4}$	$R_{.4}$	
1	4.09	1	3.90	2	5.27	2	4.53	3	8
2	5.91	7	4.07	3	6.26	7	4.30	2	19
3	5.40	4	4.34	6	5.72	6	4.86	5	21
4	5.14	2	4.13	4	5.68	4	4.61	4	14
5	5.43	5	4.39	7	5.70	5	5.03	6	23
6	5.86	6	4.32	5	5.36	3	5.40	7	21
7	5.21	3	3.29	1	3.50	1	3.94	1	6

Ähnliche Reihenfolgen führen dazu, dass sich die Zeilensummen S_h der Ränge stark unterscheiden, während sie sich bei unähnlichen Reihenfolgen ausgleichen. Diese Unterschiede können durch die Quadratsumme $U = \sum_h (S_h - \bar{S})^2$ erfasst werden. Das arithmetische Mittel $\bar{S}$ ist für bei a Behandlungen und b Blöcken immer $b(a+1)/2$, unabhängig von den Daten. Standardisiert man die Teststatistik noch mit einer geeigneten Konstanten, $T = U \cdot 12 / \big(ba(a+1)\big)$, so folgt sie näherungsweise einer Chiquadrat-Verteilung mit $a-1$ Freiheitsgraden.

Dieser nichtparametrische Test für mehrere verbundene Stichproben ist unter dem Namen *Friedman-Test* oder *Rang-Varianzanalyse* bekannt.

Für Details und Tabellen mit kritischen Werten sei auf Nachschlagewerke verwiesen. Wenn nur zwei Gruppen (Positionen) zu vergleichen sind, wird der Test zum *Vorzeichen-Test*.

f ▷ Im *Beispiel* wird $T = 14.8$. Der kritische Wert der χ^2_6-Verteilung ist 12.6; ein exakterer kritischer Wert beträgt 11.6. Der Effekt der Position ist also statistisch gesichert. ◁

g Üblicherweise werden verbundene Stichproben nicht mit dem nichtparametrischen Friedman-Test verglichen, sondern mit der *Zweiweg-Varianzanalyse*, die eine allgemeinere Bedeutung hat. Wenn ihre Voraussetzungen (normalverteilte Zufallsfehler mit gleicher Varianz) erfüllt sind, hat diese wesentlich grössere Macht – wie ja auch der Vorzeichen-Test für normalverteilte Daten ungenügende Macht entwickelt.

12.4 Zweiweg-Varianzanalyse

a ▷ *Beispiel Kartoffelertrag.* Sir Ronald A. *Fisher,* der das Gebiet der Varianzanalyse (und anderes) begründet und entwickelt hat, wirkte in der landwirtschaftlichen Versuchanstalt in Rothamstead, England. In einem Versuch zur Ertragssteigerung von Kartoffeln wurde der Einfluss von *zwei Behandlungsfaktoren,* die Zugabe von Ammonium- und Kalium-Sulphat in je vier Stufen (0, 1, 2, 4), untersucht. Bild 12.4.a zeigt die Daten. (Quelle: T. Eden and R. A. Fisher, Studies in Crop Variation. VI. Experiments on the Response of the Potato to Potash and Nitrogen, J. Agricultural Science, 19, 201-213, 1929; zugänglich über Bennett, 1971-74. Hier wird der Einfachheit halber nur einer von vier Blöcken untersucht.) ◁

| | | Kalium-Sulphat K | | | |
		1	2	3	4
	1	404	308	356	439
Ammonium-	2	318	434	402	422
Sulphat N	3	456	544	484	504
	4	468	534	500	562

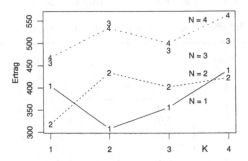

Bild 12.4.a Kartoffelerträge im Beispiel

b   Als *Modell*, das Gesetzmässigkeiten von zufälligen Phänomenen trennen soll, kann man sich
     denken, dass die einzelne Beobachtung Y_{hk} – der Ertrag für Stufe h des einen und Stufe k
     des andern Düngers, eine zufällige Abweichung E_{hk} von einem Idealwert μ_{hk} enthält,

$$Y_{hk} = \mu_{hk} + E_{hk} \; ,$$

und dass der Idealwert durch die beiden *Faktoren* A und B bestimmt wird. Genauer soll sich
der Idealwert aus einem „durchschnittlichen Idealwert" μ, einem *Effekt* der *Stufe* (oder der
Ausprägung oder des *Niveaus*) h des einen Faktors (A) und einem Effekt der Stufe k des
andern Faktors (B) zusammensetzen, und zwar sollen sich diese Grössen *addieren*,

$$\mu_{hk} = \mu + \alpha_h + \beta_k \; .$$

Um genauer festzulegen, was diese Teile bedeuten, verlangt man, dass

$$\sum_h \alpha_h = 0 \quad \text{und} \quad \sum_k \beta_k = 0 \; .$$

Ohne solche „Nebenbedingungen" wären die Parameter μ, α_h, β_k nicht festgelegt, sogar wenn
die Idealwerte μ_{hk} bekannt wären – sie wären „nicht *identifizierbar*". Man könnte ja zu jedem
α_h eine Konstante hinzuzählen und die gleiche Zahl von μ wegzählen und erhielte die gleichen
Idealwerte μ_{hk}.

c   Im Modell und im Beispiel des Kartoffelertrags haben die beiden Faktoren eine gleichrangige
     Bedeutung. Das *Beispiel der sauren Böden* kann man ebenfalls als Zweiweg-Varianzanalyse,
     mit den Faktoren Position (A) und Baumpaar (B) auffassen. Allerdings ist hier (und in
     vielen analogen Anwendungen) der „*Behandlungs-Faktor*" *(treatment factor)* A (Position)
     von Interesse, während der „*Block-Faktor*" B (Baumpaar) als notwendige „Korrektur" für
     die natürliche Heterogenität der Bedingungen eingeführt wird. Die *Blöcke* sollen dabei in
     Bezug auf andere Merkmale, die die Zielgrösse Y beeinflussen könnten, möglichst homogen
     sein, damit allfällige Unterschiede *innerhalb* des Blockes möglichst ausschliesslich auf den
     Effekt der verschiedenen Behandlungen, also der verschiedenen Ausprägungen von A,
     zurückzuführen sind. Man spricht von einem *Block-Versuch (block design)*.

Bei der Planung solcher Versuche achte man auf randomisierte Zuordnungen, siehe 14.2.o.

d   Wie schätzt man die Parameter μ, α_h, β_k? Gemäss dem Modell (12.4.b) kann das Mittel $\overline{Y}_{h\cdot}$
     für eine bestimmte Stufe h des Faktors A über die Werte Y_{hk} für alle Stufen k des Faktors B
     geschrieben werden als

$$\overline{Y}_{h\cdot} = \frac{1}{b} \sum_{k=1}^{b} (\mu + \alpha_h + \beta_k + E_{hk}) = \mu + \alpha_h + \frac{1}{b} \sum_{k=1}^{b} E_{hk} \; .$$

da $\sum_k \beta_k = 0$ ist. Ebenso ist $\overline{Y}_{\cdot k} = \mu + \beta_k + \frac{1}{a} \sum_{h=1}^{a} E_{hk}$. und $\overline{Y}_{\cdot\cdot} = \mu + \frac{1}{ab} \sum_{h,k} E_{hk}$. Es
liegt deshalb nahe, μ durch $\overline{Y}_{\cdot\cdot}$, $\mu + \alpha_h$ durch $\overline{Y}_{h\cdot}$ und $\mu + \beta_k$ durch $\overline{Y}_{\cdot k}$ zu schätzen, also

$$\widehat{\mu} = \overline{Y}_{\cdot\cdot} \, , \qquad \widehat{\alpha}_h = \overline{Y}_{h\cdot} - \overline{Y}_{\cdot\cdot} \, , \qquad \widehat{\beta}_k = \overline{Y}_{\cdot k} - \overline{Y}_{\cdot\cdot} \; .$$

e Diese Schätzungen bestimmen für jede Kombination der Stufen h und k der Faktoren einen geschätzten oder „*angepassten*" Wert (*fitted value* oder *fit*) der Zielgrösse, $\widehat{y}_{hk} = \widehat{\mu} + \widehat{\alpha}_h + \widehat{\beta}_k$. Die Abweichung des tatsächlich beobachteten Wertes von diesem Modellwert,

$$R_{hk} = Y_{hk} - \widehat{y}_{hk} \, ,$$

wird *Residuum* (Mehrzahl: Residuen, englisch *residual*) genannt.

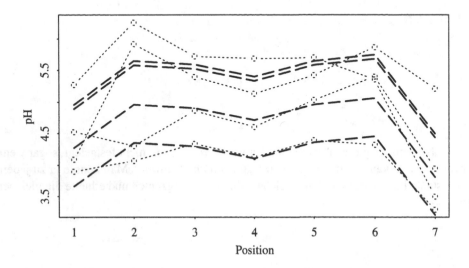

Bild 12.4.f Beobachtungen ($\cdots \cdot\!\!\cdot\; \cdots$) und der angepassten Werte ($---$) für das Beispiel saure Böden

f Die grafische Darstellung 12.3.d lässt sich durch die angepassten Werte ergänzen (Bild 12.4.f). Die entsprechenden Linienzüge sind parallel, da wir dies mit der Formel $Y_{hk} = \mu + \alpha_h + \beta_k$ ins Modell gesteckt haben: Die Differenz zwischen dem ersten und dem zweiten Punkt der Linienzüge beispielsweise ist $\widehat{\alpha}_1 - \widehat{\alpha}_2$, unabhängig vom Baumpaar k. Dies ist natürlich eine Annahme, die nicht „richtig" sein muss. Wir kommen auf diesen Punkt gleich zurück.

g Hat Faktor A (oder B) wirklich einen Einfluss auf die Zielgrösse? Unterscheiden sich die Positionen im Beispiel der sauren Böden in ihrem pH-Wert überhaupt voneinander? Als Grundlage für einen statistischen Test kann man eine *Varianzanalyse-Tabelle* aufstellen, die eine Erweiterung der früheren Tabelle um eine Zeile für den Faktor B darstellt (Tabelle 12.4.g).

Tabelle 12.4.g Varianzanalyse-Tabelle für die Zweiweg-Varianzanalyse ohne Wiederholungen

Quelle	Freiheits-grade	Quadrat-summe	Mittleres Quadrat	Test-statistik
Faktor A	DF_A	SS_A	MS_A	MS_A/MS_E
Faktor B	DF_B	SS_B	MS_B	MS_B/MS_E
Fehler	DF_E	SS_E	MS_E	
Total	DF_T	SS_Y		

Die *Quadratsummen* sind definiert als

$$SS_A = \sum_{h,i} \widehat{\alpha}_h^2 = b \sum_h \widehat{\alpha}_h^2 \,, \quad SS_B = a \sum_k \widehat{\beta}_k^2 \,, \quad SS_E = \sum_{h,i} R_{hk}^2 \,.$$

Für die Nullhypothese $H_0 : \alpha_1 = 0, \alpha_2 = 0, \dots$, dass die Effekte des Faktors A alle null seien, bildet das Verhältnis der Quadratsummen SS_A/SS_E oder der Mittleren Quadrate

$$T = \frac{MS_A}{MS_E} = \frac{SS_A/DF_A}{SS_E/DF_E} \,,$$

eine natürliche Testgrösse. Dabei ist die Anzahl Freiheitsgrade der Residuen $DF_E = (a-1)(b-1)$ und $DF_A = a-1$ ist. Falls die Fehler unabhängig und normalverteilt sind mit gleicher Varianz σ^2, $E_{hk} \sim \mathcal{N}\langle 0, \sigma^2 \rangle$, hat T unter der Nullhypothese wieder eine F-Verteilung, mit DF_A und DF_E Freiheitsgraden – unabhängig davon, ob Effekte des Faktors B vorhanden sind oder nicht. Ebenso kann man testen, ob Faktor B Effekte zeigt.

h ▷ Aus Tabelle 12.4.h liest man ab, dass im *Beispiel des Kartoffelertrags* das Ammonium-Sulfat (N) zu Unterschieden führt, während solche für das Kalium-Sulfat nicht nachgewiesen werden können (P-Wert 0.2). ◁

Tabelle 12.4.h   Varianzanalyse-Tabellen für die Beispiele Kartoffelertrag und saure Böden

	\multicolumn{5}{c}{Kartoffelertrag}					\multicolumn{5}{c}{pH-Wert}
	DF	SS	MS	F	Pr(F)		DF	SS	MS	F	Pr(F)
N	3	59793	19931	10.84	0.0024	Position	6	5.10	0.851	3.81	0.01263
K	3	10579	3526	1.92	0.1973	Block	3	7.74	2.578	11.54	0.00019
Resid.	9	16552	1839			Residuals	18	4.02	0.224		
Total	15	86924				Total	27	16.86			

▷ Im *Beispiel der sauren Böden* ist (wie beim Friedman-Test) der Einfluss der Position signifikant (P-Wert 0.01). Offensichtlich ist auch der Effekt des Block-Faktors Baumpaar gesichert – wie dies dem Eindruck aus der grafischen Darstellung 12.3.d entspricht. ◁

i Die Linienzüge in Bild 12.4.f, die die Beobachtungen verbinden, sind selbstverständlich nicht genau parallel, da ja Zufall mit im Spiel ist. Man kann im Sinne der Überprüfung von Voraussetzungen die Frage stellen, ob die Abweichungen selbst noch ein systematisches Muster zeigen oder ob sie als „wilde", d. h. unabhängige, zufällige „Fehler" auftreten.

j ▷ *Beispiel Elritzen.* Die Schädlichkeit von Cyanid-Verunreinigungen im Wasser wurde untersucht, indem für vier Konzentrationsstufen (0.16, 0.8, 4 und 20 mg/l) bei zwei Wassertemperaturen (15 und 25 °C) die Überlebenszeiten für jeweils drei Elritzen gemessen wurden (Quelle: Linder und Berchtold, 1982a, S. 64). Bild 12.4.j zeigt die Mediane über die jeweils drei Fische und veranschaulicht deren Abhängigkeit von den beiden Faktoren.
Es zeigt sich deutlich, dass die Fische bei den beiden Temperaturen nach ähnlichem Muster reagieren, aber ein *additives Modell passt nicht*, da die Linienzüge nach rechts zusammenlaufen. In diesem Fall kann eine einfache Transformation Abhilfe schaffen. Bildet man den Kehrwert der Überlebenszeit, so erhält man eine Art Sterberate, für die das additive Modell recht gut passt (vergleiche 12.4.l). ◁

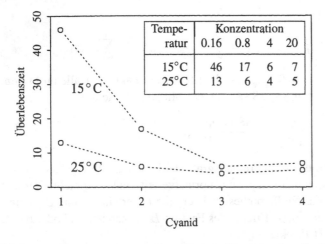

Bild 12.4.j
Überlebenszeiten von Elritzen
in Abhängigkeit von der
Cyanid-Konzentration bei
zwei Wassertemperaturen

k   Bisher wurde angenommen, dass für jede Kombination $[h, k]$ von einer Stufe des Faktors A mit
einer Stufe des Faktors B nur eine Beobachtung Y_{hk} gemacht wird oder, wie im Beispiel, die
Beobachtungen pro Kombination zu einer Zahl, hier dem Median, zusammengefasst werden. Im
einfachsten Modell mit *mehreren Beobachtungen pro Kombination* $[h, k]$ kommt zum bisherigen
Modell nur ein weiterer Index hinzu,

$$Y_{hki} = \mu_{hk} + E_{hki} .$$

Die Beobachtungen zur gleichen Kombination $[h, k]$ nennt man *Replikate* oder *Wiederholungen*.

1   ▷ *Beispiel Elritzen.* In Bild 12.4.l (i) sind die einzelnen Beobachtungen pro Kombination,
zusammen mit den angepassten Werten, eingezeichnet. Man kann sehen, dass in den meisten
Fällen alle drei Punkte einer Kombination entweder oberhalb oder alle unterhalb des angepassten
Wertes liegen. Das deutet nochmals darauf hin, dass die Erwartungswerte μ_{hk} nicht der
additiven Formel $\mu + \alpha_h + \beta_k$ folgen. (Ausserdem ist die Streuung der Beobachtungen für die
niedrigste Cyanid-Stufe und die niedrige Wassertemperatur offenbar grösser als für die anderen
Kombinationen.) ◁

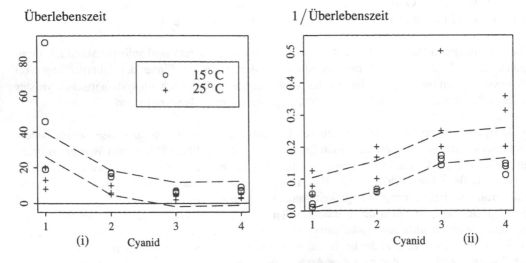

Bild 12.4.l Einzelwerte und angepasste Werte im Beispiel der Elritzen

m   Wenn das additive Modell nicht gilt, spricht man allgemein von *Wechselwirkungen* oder
    Interaktionen: Man kann das so interpretieren, dass die $h$te Stufe des Faktors A und die
    $k$te Stufe des Faktors B nicht jede für sich wirken, sondern auch die Wirkung der andern
    „beeinflussen". Im Modell werden die Wechselwirkungen durch einen zusätzlichen Term
    beschrieben,

$$\mu_{hk} = \mu + \alpha_h + \beta_k + \gamma_{hk} \ .$$

(Meist wird statt γ_{hk} in recht „unmathematischer" Notation $(\alpha\beta)_{hk}$ geschrieben.)
Im Beispiel ist diese Redeweise allerdings fragwürdig und die Komplikation im Modell
unnötig, da die „Beeinflussung" verschwindet, wenn man die Zielgrösse transformiert (Bild
12.4.l(ii); die angepassten Werte wurden ohne den offensichtlichsten Ausreisser berechnet).
Nicht immer lassen sich aber Wechselwirkungen durch Transformation aus der Welt schaffen!

n   Die Frage, ob solche Wechselwirkungen vorliegen, lässt sich nur prüfen, wenn pro Kombination
    der Faktorstufen mehr als eine Beobachtung vorliegt. Dann kann das Testergebnis aus einer
    nochmals erweiterten Varianzanalyse-Tabelle nach dem üblichen Schema herausgelesen werden
    (siehe Lehrbücher).

o   *Scheinbare Wechselwirkungen* kommen zustande, wenn Messfehler innerhalb der gleichen
    Kombination $[h, k]$ nicht unabhängig sind, sondern positiv korreliert. Wenn beispielsweise alle
    Messungen für eine Kombination nacheinander ausgeführt werden, unterscheiden sie sich oft
    weniger voneinander als wenn sie in grossen zeitlichen Abständen erfolgen. Solche Messungen
    sind keine „echten Wiederholungen" eines Versuchs. Ähnliche Situationen können auftreten,
    wenn Versuchsflächen nahe beieinanderliegen.
    Aus unechten Wiederholungen bildet man Mittelwerte oder Mediane und analysiert sie wie im
    vorhergehenden Fall. Oder, besser, man vermeidet sie durch gute Versuchsplanung (14.2.o).

12.5   Zufällige Effekte, Varianz-Komponenten

a   Zur Überwachung von Lebensmitteln müssen Schadstoff-Konzentrationen gemessen werden. Es
    zeigt sich, dass verschiedene Labors trotz gleicher Vorschriften und sorgfältiger Durchführung
    zu Werten kommen, die sich nicht nur durch rein zufällige Mess-Ungenauigkeiten unterscheiden.
    Um diesen Effekt quantitativ zu erfassen, werden sogenannte *Ringversuche* durchgeführt.

Tabelle 12.5.b   Doppelbestimmungen von Sr-89 in Milch

Labor	Sr-89-Werte		Labor	Sr-89-Werte		Labor	Sr-89-Werte	
1	62.40	73.20	9	49.03	58.65	17	63.42	59.36
2	48.20	75.30	10	70.96	68.77	18	54.02	53.65
3	60.90	60.80	11	47.44	54.74	19	71.11	74.47
4	46.44	47.67	12	43.91	45.18	20	53.97	54.33
5	53.64	55.59	13	57.59	56.63	21	59.76	57.51
6	50.73	47.20	14	52.25	53.96	22	61.05	58.91
7	56.76	55.90	15	55.68	51.86	23	83.69	73.23
8	38.00	40.57	16	88.63	73.75	24	53.21	47.20

b ▷ *Beispiel.* Tabelle 12.5.b und Bild 12.5.b zeigen die Resultate eines *Ringversuchs* zur Bestimmung der Konzentration des radioaktiven Isotops *Sr-89 in Milch* – das Thema wurde nach dem Reaktorunfall von Tschernobyl brennend aktuell. In 24 Labors in West-Deutschland wurden je zwei Bestimmungen dieser Grösse durchgeführt für eine künstlich verseuchte Milch (Quelle: G. Haase, D. Tait und A. Wiechen: „Ergebnisse der Ringanalyse zur Sr-89/Sr-90-Bestimmung in Milch im Jahr 1991". Kieler Milchwirtschaftliche Forschungsberichte 43, 1991, S. 53-62). In dieser Situation ist sogar der „wahre Wert" bekannt; er beträgt 57.7 Bq/l.
Bild 12.5.b zeigt, dass zwei Messungen innerhalb des gleichen Labors in der Regel viel ähnlicher sind als solche aus verschiedenen Labors. ◁

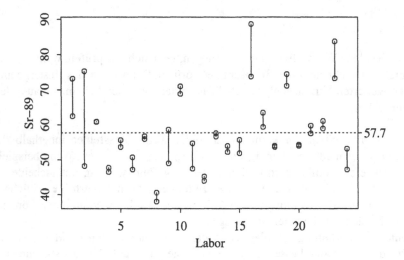

Bild 12.5.b Sr-89-Werte für die 24 Labors im Beispiel des Ringversuchs

c Die Frage, ob es systematische Unterschiede zwischen Labors gebe, beantworten der *F-Test* oder der nichtparametrische *Kruskal-Wallis-Test* der einfachen Varianzanalyse.
In gleicher Weise können Früchte des gleichen Baumes mit solchen von verschiedenen Bäumen oder benachbarte Versuchsflächen mit weit auseinanderliegenden verglichen werden.

d Solche Unterschiede zwischen Labors (oder Bäumen, Orten, ...) führen zu einem grundlegenden Problem: Jeder Messwert soll ja mit einer *Genauigkeitsangabe* versehen werden. Ein Labor, das mehrere Messungen für die gleiche Probe macht, könnte den Mittelwert als Schätzung und das übliche Vertrauensintervall der Form $\overline{Y} \pm c \cdot S/\sqrt{n}$ mit $c \approx 2$ für die Genauigkeit angeben.
Das Intervall gibt aber nur an, wo der „erwartete Messwert" für das eine Labor liegt. Dieser Wert enthält eine labor-spezifische Abweichung vom „wahren" Wert der Konzentration, über den man Auskunft möchte. Der wahre Wert wird deshalb zu oft ausserhalb des Vertrauensintervalls liegen, das Intervall ist zu kurz.
(Das oben erwähnte Problem der scheinbaren Wechselwirkungen (12.4.o) ist ein Ausdruck dieses Grundproblems in einem komplizierteren Zusammenhang.)
Wie kann man eine richtige Genauigkeitsaussage erhalten?

e   Wir brauchen ein *Modell* für eine Messung „irgendeines" Labors. Den „systematischen" Fehler
    dieses Labors kann man als Zufallsvariable modellieren. Die Messung Y setzt sich zusammen
    aus der wahren Konzentration μ, dem „zufälligen systematischen" Fehler A des Labors und
    dem zufälligen Messfehler E; für mehrere Messungen Y_{hi} mehrerer Labors (h) erhält man

$$Y_{hi} = \mu + A_h + E_{hi} \,.$$

    Das früher besprochene Modell der einfachen Varianzanalyse (12.1.e) kann man in Analogie
    zum Zweiweg-Modell 12.4.b schreiben als $Y_{hi} = \mu_h + E_{hi} = \mu + \alpha_h + E_{hi}$. Der Unterschied
    zur vorhergehenden Gleichung besteht darin, dass der „*Effekt*" A_h hier *zufällig*, eine Zufalls-
    variable, ist, während er früher eine Zahl α_h, also *fest* war. Die Zufallsvariablen A_h und E_{hi}
    sollen alle unabhängig sein.
    Wie früher fordert man $\mathcal{E}\langle E_{hi}\rangle = 0$, und analog $\mathcal{E}\langle A_h\rangle = 0$. Die Varianzen von E_{hi} und
    A_h sollen σ_E^2 und σ_A^2 heissen (und nicht von h und i abhängen). Das vollständige Modell hat
    dann drei Parameter, μ, σ_E^2 und σ_A^2. Es gilt $\mathrm{var}\langle Y_{hi}\rangle = \sigma_A^2 + \sigma_E^2$; deshalb heissen σ_A^2 und
    σ_E^2 auch die *Varianzkomponenten*. Für die Verteilungen der Zufallsvariablen A_h und E_{hi} ist die
    einfachste Annahme wie immer die Normalität.

f * Wenn σ_E und σ_A bekannt sind, lässt sich zu jedem Messwert eine Genauigkeit angeben. Einem
     einzelnen Messwert y entspricht das Vertrauensintervall $y \pm 1.96\sqrt{\sigma_A^2 + \sigma_E^2}$ für den wahren Wert
     μ. ($y \pm c$ bezeichnet das Intervall zwischen $y - c$ und $y + c$.)
     Auch mit einem Mittelwert $\bar{y}$ aus n Messungen eines einzigen Labors kann man ein Vertrauensin-
     tervall bekommen. Da

$$\mathrm{var}\langle \overline{Y}\rangle = \mathrm{var}\left\langle \mu + A + \frac{1}{n}\sum E_i \right\rangle$$
$$= \mathrm{var}\langle A\rangle + \mathrm{var}\left\langle \frac{1}{n}\sum E_i \right\rangle = \sigma_A^2 + \frac{1}{n}\sigma_E^2$$

     gilt, ist $\bar{y} \pm 1.96\sqrt{\sigma_A^2 + \sigma_E^2/n}$ das Vertrauensintervall.

g * Wenn man mehrere Beobachtungen ($n_h \geq 2$) für mehrere Gruppen (Labors) hat, kann man die
     Parameter μ, σ_E^2 und σ_A^2 *schätzen*. Das Mittlere Quadrat der Fehler MS_E aus der Einweg-Vari-
     anzanalyse (12.1.g) ergibt eine Schätzung für σ_E^2. Bei gleichen n_h ist das arithmetische Mittel $\overline{Y}..$
     die naheliegende Schätzung für μ. Die vorhergehende Gleichung für $\mathrm{var}\langle \overline{Y}\rangle = \mathrm{var}\langle \overline{Y}_{h\cdot}\rangle$ macht
     plausibel, dass man $\sigma_A^2 + \sigma_E^2/n$ durch $\sum_h (\overline{Y}_{h\cdot} - \overline{Y}..)^2 / (g - 1)$ schätzen soll.
     Eine solche Schätzung auf der Basis von Quadratsummen ist nicht robust. Für Ringversuche im Le-
     bensmittelbereich sind robuste Schätzungen in Gebrauch (Schweizerisches Lebensmittelhandbuch,
     Kap. 60A). Bild 12.5.b deutet an, dass die Differenzen der beiden Bestimmungen eines Labors nicht
     normalverteilt sein könnten (mit gleicher Standardabweichung); dann wären es auch die Einzelwer-
     te nicht.

h * Im Bereich der Lebensmittel-Kontrolle werden die Schätzungen dafür gebraucht, Regeln zur Da-
     tenkontrolle aufzustellen. Wenn zwei Messungen der gleichen Konzentration zu weit voneinander
     entfernt liegen, muss nochmals gemessen werden. Die Differenz zwischen zwei Messungen aus
     dem gleichen Labor hat, wenn $E_{hi} \sim \mathcal{N}\langle 0, \sigma_E^2\rangle$ gilt, die Verteilung $\mathcal{N}\langle 0, 2\sigma_E^2\rangle$. Ihr Absolutbetrag
     wird also nur mit Wahrscheinlichkeit 5% grösser als etwa $2\sqrt{2} \cdot \widehat{\sigma}_E$. Diese kritische Grösse wird
     Wiederholbarkeit genannt. Für die Differenz zweier Messungen aus verschiedenen Labors wird die
     kritische Grenze *Vergleichbarkeit* genannt. Sie ist grösser, nämlich $2\sqrt{2(\widehat{\sigma_E^2} + \widehat{\sigma_A^2})}$.

12.6 Ausblick

a   Im Rahmen dieser kurzen Einführung wurden die einfachsten Modelle – einfache Varianzanalyse mit festen oder zufälligen Effekten und Zweiweg-Varianzanalyse mit und ohne Wechselwirkung – dargestellt. Mit den gleichen Grundgedanken ist es möglich, Modelle für kompliziertere Studien ähnlicher Art aufzustellen.

b   Untersucht man die Abhängigkeit einer Zielgrösse von Faktoren A, B, C, ..., indem man für jede mögliche Kombination der einzelnen Stufen der Faktoren eine Messung oder Beobachtung durchführt, dann wird dies ein *vollständiger faktorieller Versuchsplan* genannt und die *faktorielle Varianzanalyse* liefert die Auswertung.

c   Die einfache Varianzanalyse mit zufälligen Effekten kann man so fortführen, dass mehrere „Hierarchiestufen" eingeführt werden: Man untersucht neben der Variabilität von Äpfeln des gleichen Baumes und von Äpfeln verschiedener Bäume des gleichen Obstgartens auch die Variabilität zwischen verschiedenen Obstgärten der gleichen Region und schliesslich jene zwischen Regionen. So kommt man zur *hierarchischen Varianzanalyse*.

d   Schliesslich kann man Faktoren mit zufälligen und festen Effekten im gleichen Modell berücksichtigen und kommt zu den *gemischten Modellen* (vgl. 13.11.l).

e   Bei der Zweiweg-Varianzanalyse haben wir angenommen, dass für jede Kombination $[h, k]$ der Stufen der Faktoren eine Beobachtung vorliegt. Man kann auch mit weniger Beobachtungen auskommen und die Hauptfrage des Einflusses der beiden Faktoren trotzdem beantworten (wenn auch mit weniger Macht). Die *unvollständigen Versuchspläne* sagen, wie dies in optimaler Weise gemacht werden soll (14.3.g). Wenn aufgrund von Missgeschicken nicht alle Kombinationen $[h, k]$ ein Resultat Y_{hk} ergeben – das weitverbreitete praktische Problem der *fehlenden Werte (missing values)* – dann führt das zu etwas komplizierteren Auswertungen, die mit der Methodik der multiplen Regression behandelt werden können (vergleiche 13.6.d).

f   Wir werden auf einige allgemeine Gesichtspunkte zur Versuchsplanung zurückkommen und dort auch weitere Modelle der Varianzanalyse erwähnen (Kap. 14).

g   Im vorhergehenden Kapitel wurden Verfahren zur Überprüfung von Voraussetzungen dargestellt, die auf die Annahmen über die Fehler E_{hk} in der Varianzanalyse angewendet werden sollen, indem man die Residuen (12.4.e) genauer betrachtet. Auf diese *Residuenanalyse* kommen wir im Rahmen der Regression genauer zu sprechen.

Literatur

a   Kurze Darstellungen der Auswertung von einfachen Modellen der Varianzanalyse im ähnlichen Umfang wie das vorliegende Kapitel enthalten die Nachschlagewerke von Hartung und Elpelt (1997, Kap. XI) und Sachs (2004, Kap. 7).

b   Angewandte Bücher über Varianzanalyse enthalten immer auch Allgemeineres zur Versuchsplanung, die im übernächsten Kapitel zur Sprache kommt. Besonders zu erwähnen ist das klassische Werk von Box, Hunter and Hunter (2005) und das Buch von Daniel (1976).

c   Ein spezielles Buch, das auf anschauliche, unübliche Art in bekannte und unbekannte Methoden einführt und dabei die explorative Analyse betont, schrieben Hoaglin, Mosteller and Tukey (1991).

d   Das klassische, mathematisch orientierte Buch stammt von Scheffé (1959). Die Varianzanalyse mit festen Effekten ist mathematisch gesehen ein Spezialfall der linearen Regression, die im nächsten Kapitel dargestellt wird. Deshalb wird eine theoretische Behandlung oft als Kapitel in mathematisch orientierten Büchern über Regression präsentiert.

13 Regression

13.1 Das Modell der einfachen linearen Regression

a In der beschreibenden Statistik wurde unter dem Stichwort Regression (3.5) die Situation betrachtet, in der eine *Zielgrösse* (englisch *target variable*) Y als ungenau beobachtete Funktion einer *Ausgangsgrösse* oder *Ausgangs-Variablen* X ausgedrückt wird, $y_i \approx h\langle x_i \rangle$.

▷ *Beispiel Sprengungen.* Beim Bau eines Strassentunnels zur Unterfahrung einer Ortschaft muss gesprengt werden. Die Erschütterung der Häuser darf dabei einen bestimmten Wert nicht überschreiten. Man misst daher für mehrere Sprengungen i die Erschütterung Y_i im Keller eines gefährdeten Hauses. Diese wird, bei konstanter Sprengladung, primär von der Distanz x_i zum Sprengort abhängen – aber auch zufälligen Schwankungen und Messfehlern unterliegen. Bild 13.1.a illustriert diesen Zusammenhang in der Skala der Messungen und mit logarithmischer Achsen-Einteilung. ◁

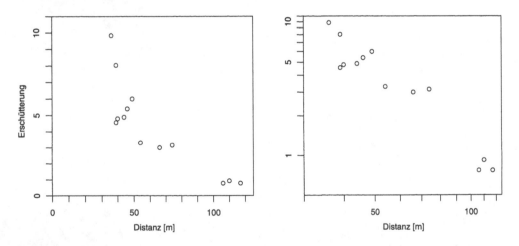

Bild 13.1.a Abhängigkeit der Erschütterung von der Distanz im Beispiel der Sprengungen bei konstanter Ladung. Links: Ursprüngliche Messungen; rechts: logarithmische Achsen-Einteilung.

Ein einfaches *Wahrscheinlichkeitsmodell* für eine solche Situation lautet

$$Y_i = h\langle x_i \rangle + E_i .$$

Der erste Teil, $h\langle x_i \rangle$, drückt eine deterministische Abhängigkeit zwischen x_i und Y_i aus, und E_i ist der Term für die als zufällig aufgefasste Abweichung, der „*Fehlerterm*.
Wenn h, die *Regressions-Funktion* dabei nur teilweise bekannt ist, so ergibt sich das grundlegende Problem der statistischen Regression, aus Beobachtungen $[x_1, y_1], [x_2, y_2], \ldots, [x_n, y_n]$ Rückschlüsse auf h zu ziehen.

b *Sprechweise.* Die „x-Variable" bezeichnen wir hier als *Ausgangsgrösse* oder *Ausgangs-Variable*.
Im Englischen wird oft von „explanatory variable" gesprochen, und die Übersetzung „erklärende
Variable" wurde auch in früheren Auflagen dieses Buches durchwegs gebraucht. Der Ausdruck
suggeriert aber, dass die Ausgangsgrösse eine ursächliche Wirkung auf die Zielgrösse hat, und
das ist in vielen Anwendungen fraglich bis falsch. Der ebenfalls gebräuchliche Name „unabhängige Variable" steht mit dem Begriff der (stochastischen) Unabhängigkeit auf Kriegsfuss: Es geht
ja einerseits gerade darum, die Abhängigkeit zwischen X und Y zu erfassen, ohne eine ursächliche Richtung vorauszusetzen, und andererseits wird der Ausdruck noch missverständlicher,
wenn wir später mehr als eine Ausgangsgrösse betrachten (13.7.b).

c Sehr nützlich ist die Annahme, dass h einer bekannten Formel folgt, in der lediglich eine oder
ein paar Konstanten vorkommen, die nicht bekannt sind. Über diese wollen wir dann aus den
Daten etwas erfahren.

Im grundlegenden Fall bildet h eine Geradengleichung

$$h\langle x \rangle = \alpha + \beta x$$

bestimmt durch die beiden Grössen α, den *Achsenabschnitt*, und β, die *Steigung* der Geraden.
Man nennt α und β die *Koeffizienten* des Modells.
Speziell kann auch erzwungen werden, dass die Gerade durch den Nullpunkt geht, indem
$\alpha = 0$ gesetzt (oder weggelassen) wird. Dann drückt die Formel *Proportionalität* zwischen
der Ziel- und der Ausgangsgrösse aus.
Die Abweichungen E_i sollen (wie in der Varianzanalyse) alle der gleichen Normalverteilung
folgen,

$$E_i \sim \mathcal{N}\langle 0, \sigma^2 \rangle \,,$$

und unabhängig sein. Für Y_i gilt deshalb $Y_i \sim \mathcal{N}\langle \alpha + \beta x_i, \sigma^2 \rangle$.
Das Modell der einfachen linearen Regression mit den Annahmen über die Verteilung der
Fehler legt eine parametrische Familie fest mit den *Parametern* α, β und σ; wenn diese drei
Grössen gegeben sind, ist dadurch die Verteilung der Zufallsgrössen Y_i bestimmt. Sie haben,
im Unterschied zur Zufalls-Stichprobe, nicht die gleiche Verteilung; man kann (wie in der
Varianzanalyse, siehe 12.1.e) von einer „*strukturierten Stichprobe*" sprechen.

---

d ▷ Im *Beispiel der Sprengungen* ist aus physikalischen Gründen plausibel, dass die Erschütte-
rung umgekehrt proportional zur quadrierten Distanz ist – oder zu einer niedrigeren Potenz der
Distanz. Also ist $h\langle x \rangle = \gamma x^\beta$ mit $\beta = -2$ oder eventuell $\beta > -2$.
Durch Transformation der beiden Grössen kann man hier ein lineares Regressionsmodell
erhalten. Es sei Y_i jetzt der Logarithmus ($\log_{10}$) der Erschütterung und x_i der Logarithmus der
Distanz. Dann entspricht $Y_i = \alpha + \beta x_i + E_i$ (mit $\alpha = \log_{10}\langle \gamma \rangle$) der genannten physikalischen
Überlegung.
Bild 13.1.d veranschaulicht das Modell der linearen Regression mit den Parameter-Werten
$\alpha = 4$, $\beta = -2$ und $\sigma = 0.1$. Die Wahrscheinlichkeiten, mit denen bestimmte Werte für
die Y-Variable erwartet werden, sind mit den Wahrscheinlichkeitsdichten dargestellt. ◁

e Die Werte x_i der Ausgangsgrösse werden als fest vorgegeben betrachtet. Im Beispiel ändert sich
die Distanz durch die Bauarbeiten systematisch. In anderen Anwendungen wird die Ausgangsgrösse als Versuchsbedingung für jede Beobachtung auf einen bestimmten Wert festgelegt.

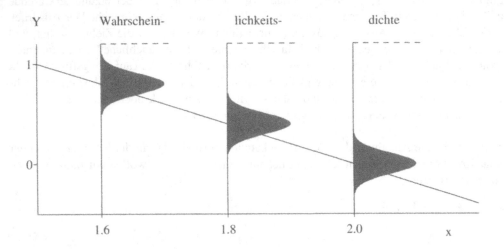

Bild 13.1.d Veranschaulichung des Wahrscheinlichkeitsmodells $Y_i = 4 - 2x_i + E_i$ für drei Beobachtungen Y_1, Y_2 und Y_3 zu den x-Werten $x_1 = 1.6$, $x_2 = 1.8$ und $x_3 = 2$

In vielen natur- und sozialwissenschaftlichen Untersuchungen, in denen man nach der Abhängigkeit einer Zielgrösse von einer Ausgangsgrösse fragt, ist es dagegen nicht möglich, die Ausgangs-Variable zu kontrollieren; der *Wert* x_i wird ebenso *zufällig* sein wie der Wert y_i der Zielgrösse. Dennoch ist es sinnvoll, die statistischen Methoden zu benützen, die für vorgegebene, nicht zufällige x_i hergeleitet werden; eine Begründung folgt später (13.6.b).

13.2   Schätzung der Parameter

a   In der beschreibenden Statistik wurde bereits eine Methode zur Bestimmung der am besten passenden Geraden, also zur Bestimmung der plausibelsten Werte für die Parameter α und β eingeführt (3.5.h). Die *Schätzmethode der Kleinsten Quadrate* ergibt, mit den Bezeichnungen $\widehat{\alpha}$, $\widehat{\beta}$ als Schätzungen der Parameter geschrieben,

$$\widehat{\beta} = \frac{\sum_i (Y_i - \overline{Y})(x_i - \bar{x})}{\sum_i (x_i - \bar{x})^2}, \qquad \widehat{\alpha} = \overline{Y} - \widehat{\beta}\,\bar{x}.$$

b   *   Eine solide Begründung für die Forderung nach „Kleinsten Quadraten" liefert das Prinzip der *Maximalen Likelihood*. Wir nehmen ja $E_i \sim \mathcal{N}\langle 0, \sigma^2 \rangle$ an. Daraus folgt, dass die Wahrscheinlichkeitsdichte für eine einzelne Beobachtung, wenn $[\alpha^*, \beta^*]$ die wahren Parameter sind, gleich

$$f\langle y_i \rangle = c \cdot \exp\left\langle \frac{-\left(y_i - (\alpha^* + \beta^* x_i)\right)^2}{2\sigma^2} \right\rangle = c \cdot \exp\left\langle \frac{-r_i \langle \alpha^*, \beta^* \rangle^2}{2\sigma^2} \right\rangle$$

ist. (Dabei ist $r_i \langle \alpha^*, \beta^* \rangle = y_i - (\alpha^* + \beta^* x_i)$, analog zu 3.5.h.) Die gemeinsame Dichte für alle

Beobachtungen ist das Produkt all dieser Ausdrücke, für $i = 1, 2, \ldots, n$. Logarithmiert man dies, so erhält man

$$\sum_i \left(log_e\langle c\rangle - r_i\langle \alpha^*, \beta^*\rangle^2/(2\sigma^2) \right) = n\, log_e\langle c\rangle - \frac{1}{2\sigma^2} \sum_i r_i\langle \alpha^*, \beta^*\rangle^2 \ .$$

Da $n\, log_e\langle c\rangle$ und σ^2 nicht von α^* oder β^* abhängen, kann man sie zur Maximierung weglassen. Maximierung von $-\sum_i r_i^2\langle \alpha^*, \beta^*\rangle$ bedeutet die Suche nach „Kleinsten Quadraten".

c   Wie soll $\sigma^2 = \text{var}\langle E_i\rangle$ geschätzt werden? Die zufälligen Fehler $E_i = Y_i - (\alpha + \beta x_i)$ können ja nicht beobachtet werden, da α und β unbekannt sind; sonst könnte man deren empirische Varianz berechnen. Bekannt sind wenigstens, nachdem α und β schon geschätzt wurde, als „Näherungswerte" für die E_i, die *Residuen*

$$R_i = Y_i - (\widehat{\alpha} + \widehat{\beta}x_i) \ ,$$

die Differenzen zwischen den Beobachtungen und den *angepassten Werten* (englisch *fitted values*)

$$\widehat{y}_i = \widehat{\alpha} + \widehat{\beta}x_i \ .$$

Deren empirische Varianz ist $\frac{1}{n-1}\sum_i(R_i - \bar{R})^2$. Man kann nachrechnen, dass immer $\bar{R} = 0$ ist, denn so wurde $\widehat{\alpha}$ eingerichtet. Der Nenner $n - 1$ sollte die empirische Varianz erwartungstreu machen (7.3.1). Rechnungen zeigen, dass wir im vorliegenden Fall durch $n - 2$ teilen müssen, um dies zu erreichen; es ist deshalb

$$\widehat{\sigma}^2 = \frac{1}{n - 2} \sum_i R_i^2$$

die gebräuchliche, erwartungstreue Schätzung von σ^2.

d   Nun können wir *Eigenschaften dieser Schätzungen* bestimmen. Ist $\widehat{\beta}$ erwartungstreu? Die folgende Rechnung zeigt, dass dies der Fall ist, und dass $\widehat{\beta}$ normalverteilt ist, genauer

$$\widehat{\beta} \sim \mathcal{N}\langle \beta, \sigma^2/\text{SS}_X\rangle \ , \quad \text{SS}_X = \sum_i(x_i - \bar{x})^2 \ .$$

SS_X wird als „Quadratsumme von X" bezeichnet.

*   Zur Abkürzung schreiben wir $\widetilde{x}_i = (x_i - \bar{x})/\text{SS}_X$. Es gilt $\sum_i \widetilde{x}_i = 0$ und deshalb

$$\widehat{\beta} = \sum_i \widetilde{x}_i(Y_i - \bar{Y}) = \sum_i \widetilde{x}_i Y_i - \bar{Y}\sum_i \widetilde{x}_i = \sum_i \widetilde{x}_i Y_i \ .$$

Mit Hilfe der allgemeinen Regeln $\mathcal{E}\langle a + bY\rangle = a + b\mathcal{E}\langle Y\rangle$ (6.11.d) und $\mathcal{E}\langle X_h + X_i\rangle = \mathcal{E}\langle X_h\rangle + \mathcal{E}\langle X_i\rangle$ (6.11.e) erhält man

$$\mathcal{E}\langle \widehat{\beta}\rangle = \sum_i \widetilde{x}_i \mathcal{E}\langle Y_i\rangle = \sum_i \widetilde{x}_i(\alpha + \beta x_i) = \alpha \sum_i \widetilde{x}_i + \beta \sum_i \widetilde{x}_i x_i \ .$$

Wegen $\sum_i \widetilde{x}_i = 0$ fällt der erste Term weg, und

$$\sum_i \widetilde{x}_i x_i = \sum_i \widetilde{x}_i(x_i - \bar{x}) = \sum_i(x_i - \bar{x})^2/\text{SS}_X = 1 \ .$$

Daraus folgt die Erwartungstreue von $\widehat{\beta}$, $\mathcal{E}\langle \widehat{\beta}\rangle = \beta$.

e * Die *Varianz von* $\widehat{\beta}$ ergibt sich ebenfalls aus den entsprechenden allgemeinen Regeln für die lineare Transformation, $\mathrm{var}\langle a+bX\rangle = b^2\,\mathrm{var}\langle X\rangle$, und für die Summe von unabhängigen Zufallsvariablen, $\mathrm{var}\langle X+Y\rangle = \mathrm{var}\langle X\rangle + \mathrm{var}\langle Y\rangle$,

$$\mathrm{var}\langle\widehat{\beta}\rangle = \mathrm{var}\left\langle \sum_i \widetilde{x}_i Y_i \right\rangle = \sum_i \widetilde{x}_i^2\,\mathrm{var}\langle Y_i\rangle = \sigma^2 \sum_i (x_i - \bar{x})^2 \Big/ \mathrm{SS}_X^2 = \sigma^2/\mathrm{SS}_X \ .$$

Nun sind Erwartungswert und Varianz von $\widehat{\beta}$ bekannt. Wir können auch genauer nach der Verteilung von $\widehat{\beta}$ fragen. Da $\widehat{\beta} = \sum_i \widetilde{x}_i Y_i$ eine Summe von Vielfachen (eine Linearkombination) von normalverteilten Zufallsvariablen Y_i ist, ist es selbst normalverteilt. Gesamthaft ergibt sich also $\widehat{\beta} \sim \mathcal{N}\langle \beta, \sigma^2/\mathrm{SS}_X\rangle$.

f   Der Parameter α, der Achsenabschnitt, ist meistens weniger von Interesse. Um seine Verteilung herzuleiten, verwenden wir einen Trick, der auch später nützlich sein wird: Wir schreiben das Regressionsmodell etwas anders,

$$Y_i = \gamma + \beta(x_i - \bar{x}) + E_i = (\gamma - \beta\bar{x}) + \beta x_i + E_i \ .$$

Diese Schreibweise ändert das Modell nicht – es besteht immer noch aus einer allgemeinen Geradengleichung und einem „Fehlerterm" – nur die „Parametrisierung" ist jetzt anders. Aus $[\gamma, \beta]$ lässt sich das frühere Parameterpaar sofort ausrechnen: Der Vergleich der letzten Gleichung mit dem ursprünglichen Modell zeigt $\gamma = \alpha + \beta\bar{x}$. Ebenso hängen natürlich die Schätzungen zusammen,

$$\widehat{\gamma} = \widehat{\alpha} + \widehat{\beta}\,\bar{x} = \overline{Y} \ ;$$

die zweite Gleichheit erhält man aus 13.2.a.

g   Die Verteilung von $\widehat{\gamma}$ ist $\widehat{\gamma} \sim \mathcal{N}\langle\gamma, \sigma^2/n\rangle$.

  * Das ist einfach herzuleiten:

$$\mathcal{E}\langle\widehat{\gamma}\rangle = \frac{1}{n}\sum_i \mathcal{E}\langle Y_i\rangle = \gamma + \beta\frac{1}{n}\sum_i (x_i - \bar{x}) = \gamma,$$

$$\mathrm{var}\langle\widehat{\gamma}\rangle = \mathrm{var}\left\langle \frac{1}{n}\sum_i Y_i \right\rangle = \frac{1}{n^2}\sum_i \mathrm{var}\langle Y_i\rangle = \frac{\sigma^2}{n},$$

da $\mathrm{var}\langle Y_i\rangle = \mathrm{var}\langle\alpha + \beta x_i + E_i\rangle = \mathrm{var}\langle E_i\rangle$ ist. Da $\widehat{\gamma}$, wie $\widehat{\beta}$, eine Linearkombination der normalverteilten Y_i ist, ist es selbst normalverteilt.

h * Wie sieht die gemeinsame Verteilung von $\widehat{\gamma}$ und $\widehat{\beta}$ aus? Man kann zeigen, dass $\mathrm{cov}\langle\widehat{\gamma}, \widehat{\beta}\rangle = 0$ ist. Zum Beweis formen wir zunächst $\widehat{\beta}$ und $\widehat{\gamma}$ um. Ausgehend von 13.2.d wird

$$\widehat{\beta} = \sum_i \widetilde{x}_i Y_i = \alpha \sum_i \widetilde{x}_i + \beta \sum_i \widetilde{x}_i x_i + \sum_i \widetilde{x}_i E_i = \alpha \cdot 0 + \beta \cdot 1 + \sum_i \widetilde{x}_i E_i$$

$$\widehat{\gamma} = \overline{Y} = \gamma + \frac{1}{n}\beta \sum_i (x_i - \bar{x}) + \frac{1}{n}\sum_i E_i = \gamma + \frac{1}{n}\sum_i E_i \ .$$

Daraus ergibt sich

$$\mathrm{cov}\left\langle \widehat{\beta}, \widehat{\gamma}\right\rangle = \mathcal{E}\left\langle (\widehat{\beta} - \beta)(\widehat{\gamma} - \gamma)\right\rangle = \mathcal{E}\left\langle \left(\sum_i \widetilde{x}_i E_i\right)\left(\frac{1}{n}\sum_i E_i\right)\right\rangle$$

$$= \frac{1}{n}\left(\sum_i \widetilde{x}_i \mathcal{E}\left\langle E_i^2\right\rangle + \sum_i \widetilde{x}_i \sum_{j\neq i} \mathcal{E}\langle E_i E_j\rangle\right) \ ,$$

und dies ist gleich null, da $\mathcal{E}\langle E_i\rangle = \sigma^2$, $\mathcal{E}\langle E_i E_j\rangle = 0$ für $j \neq i$ und $\sum_i \widetilde{x}_i = 0$.

i * Jetzt ist auch die Verteilung von $\widehat{\alpha} = \widehat{\gamma} - \widehat{\beta}\,\bar{x}$ einfach zu bestimmen: Es ist die Normalverteilung mit $\mathcal{E}\langle\widehat{\alpha}\rangle = \mathcal{E}\langle\widehat{\gamma}\rangle - \bar{x}\mathcal{E}\langle\widehat{\beta}\rangle = \gamma - \bar{x}\beta = \alpha$ und

$$\mathrm{var}\langle\widehat{\alpha}\rangle = \mathrm{var}\left\langle (\widehat{\gamma} - \widehat{\beta}\bar{x}) \right\rangle = \mathrm{var}\langle\widehat{\gamma}\rangle - 2\bar{x}\,\mathrm{cov}\langle\widehat{\gamma}, \widehat{\beta}\rangle + \bar{x}^2\mathrm{var}\langle\widehat{\beta}\rangle = \sigma^2\left(\tfrac{1}{n} + \bar{x}^2/\mathrm{SS}_X\right) .$$

j Zusammenfassend kann festgehalten werden, dass $\widehat{\alpha}$ und $\widehat{\beta}$ erwartungstreu und normalverteilt sind mit den oben angegebenen Varianzen.

k * Wie ist $\widehat{\sigma}^2$ verteilt? Es ist $(n-2)\widehat{\sigma}^2/\sigma^2$ Chiquadrat-verteilt mit $n-2$ Freiheitsgraden und unabhängig von $\widehat{\alpha}$ und $\widehat{\beta}$. Auf eine Herleitung wollen wir verzichten.

13.3 Tests und Vertrauensintervalle für die Koeffizienten

a Oft ist die Frage interessant, *ob die Grösse X einen Einfluss auf Y habe*. Im Modell würde die entsprechende Nullhypothese, dass kein Einfluss vorhanden sei, bedeuten, dass $\beta = 0$ sei – dann ist nämlich die Verteilung von Y_i die gleiche für alle i, egal wie gross der zugehörige Wert x_i der Ausgangsgrösse ist.
Im *Beispiel der Sprengungen* wurde erwähnt, dass $\beta = -2$ eine physikalisch plausible Hypothese ist (13.1.d). Allgemein soll deshalb eine Hypothese der Form $\beta = \beta_0$ getestet werden.

b Ausgehend vom Resultat über die Verteilung von $\widehat{\beta}$ ist es einfach, ein *Test*-Rezept für die Nullhypothese $\beta = \beta_0$ anzugeben. Als Testgrösse verwendet man wie so oft die Schätzung des Parameters. Wenn σ^2 als bekannt angenommen wird, kann man die standardisierte Testgrösse $(\widehat{\beta} - \beta_0)/\left(\sigma/\sqrt{\mathrm{SS}_X}\right)$ mit der Standard-Normalverteilung vergleichen. (Es war $\mathrm{SS}_X = \sum_i (x_i - \bar{x})^2$.) Im Normalfall muss σ als Störparameter geschätzt werden, und die Testgrösse

$$T^{(\beta)} = (\widehat{\beta} - \beta_0)/\mathrm{se}^{(\widehat{\beta})}, \quad \mathrm{se}^{(\widehat{\beta})} = \widehat{\sigma}/\sqrt{\mathrm{SS}_X}$$

hat eine t-Verteilung. Die Anzahl Freiheitsgrade ist gleich dem Nenner im Ausdruck für $\widehat{\sigma}^2$, nämlich $n-2$. (Es werden die beiden Parameter α und β geschätzt.) Die Grösse $\mathrm{se}^{(\widehat{\beta})}$ heisst (geschätzter) *Standardfehler* (standard error) von $\widehat{\beta}$.
Das gleiche Vorgehen kann man für den Achsenabschnitt α anwenden. Es ist $T^{(\alpha)} = (\widehat{\alpha} - \alpha_0)/\mathrm{se}^{(\widehat{\alpha})}$ mit $\mathrm{se}^{(\widehat{\alpha})2} = \widehat{\sigma}^2\left(\tfrac{1}{n} + \bar{x}^2/\mathrm{SS}_X\right)$ (siehe 13.2.i) ebenfalls t_{n-2}-verteilt.

c ▷ Im *Beispiel der Sprengungen* wurden die Erschütterungen für 13 Sprengungen gemessen.

Distanz	49	46	44	74	36	39	40	39	117	110	106	54	66
Ersch.	5.99	5.39	4.88	3.14	9.83	8.03	4.79	4.55	0.77	0.92	0.77	3.29	2.99

Die mit $\log_{10}$ transformierten Daten führen zu $\bar{x} = 1.761$, $\mathrm{SS}_X = 0.4122$, $\mathrm{SS}_Y = \sum_i (y_i - \bar{y})^2 = 1.669$, $\sum_i (x_i - \bar{x})(y_i - \bar{y}) = -0.7929$, $\widehat{\beta} = -0.7929/0.4122 = -1.9235$, $\mathrm{SS}_E = \mathrm{SS}_Y - \widehat{\beta}^2\mathrm{SS}_X = 0.1442$, $\widehat{\sigma} = \sqrt{\mathrm{SS}_E/(n-2)} = 0.1145$, $\mathrm{se}^{(\widehat{\beta})} = \widehat{\sigma}/\sqrt{\mathrm{SS}_X} = 0.1783$ und schliesslich zum Wert der Teststatistik $t = (\widehat{\beta} - \beta_0)/\mathrm{se}^{(\widehat{\beta})} = (-1.924 + 2)/0.1783 = 0.429$. Der zugehörige kritische Wert der t-Verteilung bei 11 Freiheitsgraden ist 2.20 (der Wert für einen einseitigen Test ist 1.8). Also wird die Nullhypothese nicht verworfen; aufgrund der 13 Beobachtungen bleibt die Nullhypothese plausibel.

d ▷ Einen Computer-Output für das *Bespiel der Sprengungen* zeigt Tabelle 13.3.d. Für den Test der Nullhypothese $\beta = 0$ (und für $\alpha = 0$) sind der Wert der Teststatistik $T^{(\beta)}$ ($T^{(\alpha)}$) und der zugehörige P-Wert angegeben. Für die Nullhypothese $\beta = \beta_0 = -2$ findet man die benötigten Grössen $\widehat{\beta}$ und $\mathrm{se}^{(\hat{\beta})}$ in der Zeile „slope". ◁

Tabelle 13.3.d Computer-Output für das Beispiel der Sprengungen

Regression Analysis – Linear model: Y = a+bX

Dependent variable: log10(ersch)			Independent variable: log10(dist)	
Parameter	Estimate	Standard Error	T Value	*(P-* Prob. *Wert)* Level
Intercept	$\widehat{\alpha} = 3.8996$	$\mathrm{se}^{(\alpha)} = 0.3156$	$T^{(\alpha)} = 12.36$	0
Slope	$\widehat{\beta} = -1.9235$	$\mathrm{se}^{(\beta)} = 0.1783$	$T^{(\beta)} = -10.79$	0

R-squared = 0.9136 = $r_{XY}^2 = R^2$
Std.dev. of Error = $\widehat{\sigma} = 0.1145$ on $n - 2 = 11$ degrees of freedom
F-statistic: 116.4 on 1 and 11 degrees of freedom, the p-value is 3.448e-07

e Im Tabellenfuss wird das sogenannte *Bestimmtheitsmass* R^2 *(R squared)* angegeben. In der einfachen Regression ist das die quadrierte (Produktmomenten-) *Korrelation* r_{XY} (siehe 3.2.c), die ja die „Stärke" des linearen Zusammenhangs zwischen X und Y misst.

f Die folgende Überlegung zeigt die Bedeutung des Namens „Bestimmtheitsmass" und liefert einen Zusammenhang zur Varianzanalyse (12.1.h): Es gilt

$$\sum_i R_i^2 = \sum_i (Y_i - \widehat{\alpha} - \widehat{\beta} x_i)^2 = \sum_i (Y_i - \overline{Y} - \widehat{\beta}(x_i - \bar{x}))^2$$
$$= \sum_i (Y_i - \overline{Y})^2 - 2\widehat{\beta}\sum_i (Y_i - \overline{Y})(x_i - \bar{x}) + \widehat{\beta}^2 \sum_i (x_i - \bar{x})^2.$$

Weil $\sum_i (Y_i - \overline{Y})(x_i - \bar{x}) = \widehat{\beta}\sum_i (x_i - \bar{x})^2$ ist, erhält man daraus

$$\sum_i R_i^2 = \sum_i (Y_i - \overline{Y})^2 - \widehat{\beta}^2 \sum_i (x_i - \bar{x})^2 .$$

Die Terme in dieser Gleichung haben Namen: Sie heissen *Quadratsumme (sum of squares)* der *Fehler (errors)* oder Residuen, SS_E, Quadratsumme von Y oder *totale* Quadratsumme, SS_Y, und Quadratsumme der *Regression* $\mathrm{SS}_R = \widehat{\beta}^2 \mathrm{SS}_X$. Die Gleichung kann also auch geschrieben werden als
$$\mathrm{SS}_Y = \mathrm{SS}_R + \mathrm{SS}_E .$$

Wie in der Varianzanalyse setzt sich die totale Quadratsumme SS_Y zusammen aus der Quadratsumme SS_R des Modells und der Quadratsumme SS_E des des Fehlerterms.
Zwischen diesen Quadratsummen, der Korrelation und der geschätzten Steigung zeigen sich einfache algebraische Beziehungen,

$$r_{XY} = \frac{s_{XY}}{\mathrm{sd}_X \mathrm{sd}_Y} = \frac{\sum_i (x_i - \bar{x})(Y_i - \overline{Y})}{\sqrt{\mathrm{SS}_X \mathrm{SS}_Y}} = \widehat{\beta}\sqrt{\mathrm{SS}_X/\mathrm{SS}_Y}, \qquad r_{XY}^2 = \frac{\mathrm{SS}_R}{\mathrm{SS}_Y} .$$

Das Bestimmtheitsmass ist demnach gleich dem Verhältnis der Quadratsumme der Regression zur Quadratsumme von Y, also dem Anteil der „Streuung" der Y-Werte, der durch die Regression „erklärt" oder „dem Zufall entzogen" wird. Der Rest, $\mathrm{SS}_E/\mathrm{SS}_Y$, verbleibt als zufällig.

(* Falls kein Achsenabschnitt α im Modell vorhanden ist, gibt es zwei verschiedene, weniger aussagekräftige Varianten dieser Überlegung.)

g   Der Test für Hypothesen der Art $\beta = \beta_0$ (13.3.b) liefert als *Vertrauensintervall* (wie in 9.3.c)

$$\widehat{\beta} \pm c \cdot \mathrm{se}^{(\widehat{\beta})} , \qquad \mathrm{se}^{(\widehat{\beta})} = \widehat{\sigma}/\sqrt{\mathrm{SS}_X} , \qquad \mathrm{SS}_X = \sum_i (x_i - \bar{x})^2 ,$$

wobei c das 97.5%-Quantil der t-Verteilung mit $n-2$ Freiheitsgraden ist. Analoges gilt für α, wie man aus 13.3.b oder 13.4.b ersieht.

Man beachte, dass das Vertrauensintervall kürzer wird, wenn die Streuung SS_X der x-Werte steigt. Das ist anschaulich einleuchtend: Je breiter die x-Werte streuen, desto genauer ist die Steigung der Regressionsgeraden bestimmt.

▷   Im Beispiel erhält man $\widehat{\beta} \pm c \cdot \mathrm{se}^{(\widehat{\beta})} = -1.9235 \pm 2.201 \cdot 0.1783 = -1.9235 \pm 0.3924$, also das Intervall von -2.32 bis -1.53. Der Wert -2 liegt klar in diesem Intervall, was nochmals zeigt, dass das Modell mit Steigung -2 sehr gut mit den Daten verträglich ist. ◁

13.4 Vertrauens- und Vorhersage-Bereiche

a   ▷   Im *Beispiel der Sprengungen* kann man fragen, wie gross die Erschütterung sein wird, wenn die Distanz zur Sprengstelle 50 m beträgt. Zunächst fragen wir nach dem Erwartungswert der Erschütterung bei 50 m Distanz. ◁

Allgemein interessiert man sich oft für den *Funktionswert* $h\langle x_0 \rangle$ an einer bestimmten Stelle x_0. Kann man dafür ein *Vertrauensintervall* erhalten?

Laut Modell ist $h\langle x_0 \rangle = \alpha + \beta x_0$. Wir wollen die Hypothese $h\langle x_0 \rangle = \eta_0$ („eta") testen. Üblicherweise legt eine Hypothese einen bestimmten Wert für einen *Parameter* des Modells fest. Das „Rezept" lässt sich aber ohne weiteres auf eine aus den ursprünglichen Parametern abgeleitete Grösse übertragen, wie wir jetzt gleich sehen.

b   Als Testgrösse für die genannte Hypothese verwenden wir wie üblich die Schätzung

$$\widehat{\eta}_0 = \widehat{\alpha} + \widehat{\beta} x_0 .$$

Erwartungswert und Varianz von $\widehat{\eta}_0$ sind nicht schwierig zu bestimmen.

*   Es ist $\mathcal{E}\langle \widehat{\eta}_0 \rangle = \mathcal{E}\langle \widehat{\alpha} \rangle + \mathcal{E}\langle \widehat{\beta} \rangle x_0 = \alpha + \beta x_0 = \eta_0$. Um die Varianz zu bestimmen, schreiben wir $\widehat{\eta}_0 = \widehat{\gamma} + \widehat{\beta}(x_0 - \bar{x})$ mit $\widehat{\gamma} = \widehat{\alpha} + \widehat{\beta}\bar{x} = \overline{Y}$ und erhalten, da $\mathrm{cov}\langle \overline{Y}, \widehat{\beta} \rangle = 0$ ist,

$$\mathrm{var}\langle \widehat{\eta}_0 \rangle = \mathrm{var}\langle \widehat{\gamma} \rangle + \mathrm{var}\langle \widehat{\beta} \rangle (x_0 - \bar{x})^2 = \frac{\sigma^2}{n} + \frac{\sigma^2 (x_0 - \bar{x})^2}{\mathrm{SS}_X} = \sigma^2 \left(\frac{1}{n} + \frac{(x_0 - \bar{x})^2}{\mathrm{SS}_X} \right) .$$

Bei unbekanntem σ^2 bildet man die Testgrösse

$$T = \frac{\widehat{\eta}_0 - \eta_0}{\mathrm{se}^{(\hat{y}_0)}} \,, \qquad \mathrm{se}^{(\hat{y}_0)} = \widehat{\sigma}\sqrt{\frac{1}{n} + \frac{(x_0 - \bar{x})^2}{\mathrm{SS}_X}} \,,$$

die unter der Nullhypothese eine t-Verteilung mit $n - 2$ Freiheitsgraden hat. Das Vertrauensintervall für $\eta_0 = h\langle x_0\rangle$ ergibt sich daraus wie üblich als

$$(\widehat{\alpha} + \widehat{\beta}x_0) \pm c \cdot \mathrm{se}^{(\hat{y}_0)}$$

mit dem geeigneten Quantil c der t-Verteilung. Als Spezialfall erscheint das Vertrauensintervall für den Achsenabschnitt α, wenn man hier $x_0 = 0$ setzt.

c Der Ausdruck für das Vertrauensintervall gilt für beliebiges x_0, und es ist naheliegend, die Grenzen des Intervalls als Funktionen von x_0 aufzuzeichnen (Bild 13.4.c, innere Kurven). Das ergibt ein „Band", das für $x_0 = \bar{x}$ am schmalsten ist und gegen beide Seiten langsam breiter wird. In der Mitte des Bandes liegt die geschätzte Gerade (fitted line) $\widehat{\alpha} + \widehat{\beta}x$. Aus diesem Bild lässt sich für einen beliebigen x-Wert x_0 das *Vertrauensintervall für den Funktionswert* $h\langle x_0\rangle$ ablesen.

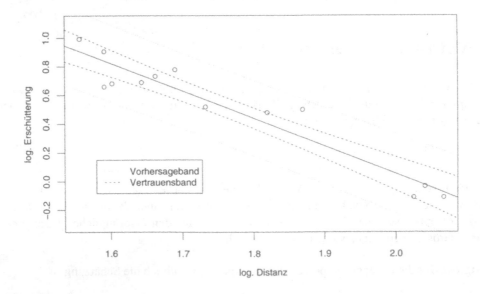

Bild 13.4.c Vertrauensband ($\cdots\cdots$) für den Funktionswert $h\langle x\rangle$ und Vorhersageband ($---$) für eine weitere Beobachtung im Beispiel der Sprengungen

d Das betrachtete „Vertrauensband" gibt an, wo die *idealen Funktionswerte* $h\langle x\rangle$, also die Erwartungswerte von Y bei gegebenen x, liegen. Die Frage, in welchem Bereich *künftige Beobachtungen* zu liegen kommen, ist damit nicht beantwortet. Sie ist aber oft interessanter als die Frage nach dem idealen Funktionswert; man möchte beispielsweise wissen, in welchem Bereich der zu messende Wert der Erschütterung bei 30 m Distanz liegen wird. Dieser muss schliesslich unter dem festgelegten Grenzwert liegen!

Eine solche Angabe ist eine Aussage über eine *Zufallsvariable* und ist prinzipiell zu unterscheiden von einem Vertrauensintervall, das über einen *Parameter*, also eine feste, aber unbekannte Zahl, etwas aussagt. Entsprechend der Fragestellung nennen wir den jetzt gesuchten Bereich *Vorhersage-Intervall* oder *Prognose-Intervall*.

Es ist klar, dass dieses Intervall breiter ist als das Vertrauensintervall für den Erwartungswert, da ja noch die Zufallsabweichung der Beobachtung berücksichtigt werden muss. Das Ergebnis ist in Bild 13.4.c auch eingezeichnet.

e * Herleitung: Die Zufallsvariable Y_0 sei also der Wert der Zielgrösse bei einer Beobachtung mit Ausgangsgrösse x_0. Da die wahre Gerade unbekannt ist, untersuchen wir die Abweichung der Beobachtung von der geschätzten Geraden,

$$R_0 = Y_0 - (\widehat{\alpha} + \widehat{\beta} x_0) = \big(Y_0 - (\alpha + \beta x_0)\big) - \big((\widehat{\alpha} + \widehat{\beta} x_0) - (\alpha + \beta x_0)\big) .$$

Die Ausdrücke in den grossen Klammern sind normalverteilte Zufallsvariable, und sie sind unabhängig, weil die erste nur vom „zukünftigen" Y_0, die zweite nur von den Beobachtungen $Y_1, \ldots, Y_n$ abhängt, die zur geschätzten Geraden führten. Beide haben Erwartungswert 0; die Varianzen addieren sich zu

$$\mathrm{var}\langle R_0 \rangle = \sigma^2 + \sigma^2 \left(\frac{1}{n} + \frac{(x_0 - \bar{x})^2}{\mathrm{SS}_X} \right) = \sigma^2 \left(1 + \frac{1}{n} + \frac{(x_0 - \bar{x})^2}{\mathrm{SS}_X} \right) .$$

Daraus ergibt sich das Vorhersage-Intervall

$$\widehat{\alpha} + \widehat{\beta} x_0 \pm c \widehat{\sigma} \sqrt{1 + \tfrac{1}{n} + (x_0 - \bar{x})^2 / \mathrm{SS}_X} .$$

f Die Interpretation dieses „Vorhersage-Bandes" ist nicht ganz einfach: Es gilt nach der Herleitung, dass

$$P\big\langle V_0^* \langle x_0 \rangle \le Y_0 \le V_1^* \langle x_0 \rangle \big\rangle = 0.95$$

ist, wobei $V_0^* \langle x_0 \rangle$ die untere und $V_1^* \langle x_0 \rangle$ die obere Grenze des Vorhersage-Intervalls ist. Wenn wir aber eine Aussage für mehr als eine zukünftige Beobachtung machen wollen, dann ist die Anzahl der Beobachtungen im Vorhersage-Band *nicht* etwa binomialverteilt mit $\pi = 0.95$. Die Ereignisse, dass die einzelnen zukünftigen Beobachtungen ins Band fallen, sind nämlich nicht unabhängig; sie hängen über die zufälligen Grenzen V_0 und V_1 voneinander ab. Wenn beispielsweise die Schätzung $\widehat{\sigma}$ zufälligerweise merklich zu klein herauskam, bleibt für alle zukünftigen Beobachtungen das Band zu schmal, und es werden zu viele Beobachtungen ausserhalb des Bandes liegen.

Eine Lösung des Problems ist unter dem Stichwort *Toleranz-Intervall* beispielsweise in Hartung et al. (2002, §IV.1.3.3) nachzulesen.

g * Der Vollständigkeit halber sei noch ein weiteres Band mit der gleichen, hyperbolischen Form erwähnt, das in der einfachen Regression manchmal angegeben wird. Man kann zunächst einen Test für eine gemeinsame Hypothese über α und β, $H_0 : \alpha = \alpha_0$ und $\beta = \beta_0$, angeben und daraus einen *Vertrauensbereich für das Wertepaar* $[\alpha, \beta]$ erhalten. Es ergibt sich eine Ellipse in der $[\alpha, \beta]$-Ebene. Jedem Punkt in dieser Ellipse entspricht eine Gerade in der $[x, y]$-Ebene. Wenn man sich alle plausiblen Geraden eingezeichnet denkt, verlaufen sie in einem Band mit hyperbolischen Begrenzungslinien, den sogenannten *Hüllkurven* oder ' *Enveloppen* der Menge der *plausiblen Geraden*.

13.5 Multiple lineare Regression

a   Die Abhängigkeit einer Zielgrösse von einer Ausgangsgrösse kann in einem einfachen Streudiagramm dargestellt werden. Oft wird dadurch das Wesentliche des Zusammenhangs sofort sichtbar. Die ganze Methodik der einfachen Regression wird dann nur zur Festlegung einer nachvoll-
ziehbaren, rechnerischen Anpassung einer Geraden und vor allem zur Erfassung der Genauigkeit
von Schätzungen und Vorhersagen gebraucht – in Grenzfällen auch zur Beurteilung, ob der Einfluss von X auf Y „signifikant" sei.

Wenn der Zusammenhang zwischen einer Zielgrösse und *mehreren Ausgangsgrössen*
$X^{(1)}, X^{(2)}, \ldots, X^{(m)}$ erfasst werden soll, reichen grafische Mittel nicht mehr aus. Das Modell der Regression lässt sich aber ohne weiteres verallgemeinern zu

$$Y_i = h\left\langle x_i^{(1)}, x_i^{(2)}, \ldots, x_i^{(m)} \right\rangle + E_i \ .$$

Über die zufälligen Fehler E_i macht man die gleichen Annahmen wie früher. Für h ist die
einfachste Form wieder die lineare,

$$h\left\langle x_i^{(1)}, x_i^{(2)}, \ldots, x_i^{(m)} \right\rangle = \alpha + \beta_1 x_i^{(1)} + \beta_2 x_i^{(2)} + \ldots + \beta_m x_i^{(m)} \ .$$

Sie führt zum Modell der *multiplen linearen Regression*. Die Parameter sind die *Koeffizienten*
α und $\beta_1, \beta_2, \ldots, \beta_m$ und die Varianz σ^2 der zufälligen Abweichungen E_i. In speziellen
Situationen kann der Achsenabschnitt α wieder wegfallen.

b   ▷ *Beispiel basische Böden.* In Indien behindern basische Böden, also tiefe Säurewerte oder
hohe pH-Werte, Pflanzen beim Wachstum. Es werden daher Baumarten gesucht, die eine hohe
Toleranz gegen solche Umweltbedingungen haben. In einem Freilandversuch wurden auf einem
Feld mit grossen lokalen Schwankungen des pH-Wertes 128 Bäume gepflanzt und ihre Höhe
nach 3 Jahren gemessen. Bild 13.5.b zeigt die Ergebnisse mit den zugehörigen pH-Werten
$X^{(1)}$ des Bodens zu Beginn des Versuchs. Zusätzlich wurde eine Variable $X^{(2)}$ gemessen, die
einen etwas anderen Aspekt der „Basizität" erfasst (der Logarithmus der sogenannten sodium
adsorption ratio, SAR).

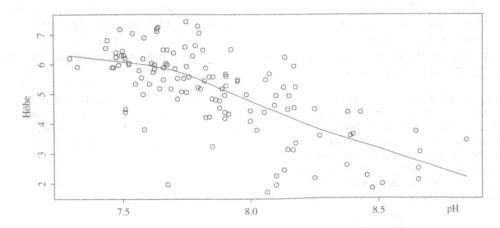

Bild 13.5.b   Baumhöhe in Abhängigkeit vom pH für das Beispiel der basischen Böden

Das multiple lineare Regressionsmodell lautet hier (es ist $m = 2$)

$$Y_i = \alpha + \beta_1 x_i^{(1)} + \beta_2 x_i^{(2)} + E_i . \quad \lhd$$

c   Die übliche *Schätzung* der Koeffizienten α und β_j erfolgt wie in der einfachen Regression über die *Methode der Kleinsten Quadrate*. Ihre Verteilung ist mit Hilfe von Linearer Algebra nicht schwierig zu bestimmen. Wir sparen die Herleitungen auf später (15.1.n), wenn die nützlichen Begriffe eingeführt sind, und besprechen die daraus abzuleitenden Tests direkt anhand der Resultate. – Auch die Streuung σ^2 wird auf die gleiche Weise wie vorher behandelt.

d   Eine *Computer-Ausgabe* (Tabelle 13.5.d) enthält die Schätzungen der Koeffizienten in der Spalte „Value", die geschätzte Standardabweichung des Fehlers *(error standard deviation)* und die nötigen Angaben für Tests. (Von den 128 Bäumen starben 5. Die Ergebnisse beruhen auf den verbleibenden 123.)

Tabelle 13.5.d   Programm-Ausgabe für das Beispiel der basischen Böden

Coefficients:	Value	Std. Error	t value	Pr($>$ |t|)
(Intercept)	19.7645	2.6339	7.5039	0.0000
pH	-1.7530	0.3484	-5.0309	0.0000
l3AR	-1.2903	0.2429	-5.3128	0.0000

Error standard deviation: 0.9108 on 120 degrees of freedom
Multiple R-Squared: 0.5787
F-statistic: 82.43 on 2 and 120 d.f., p-value: 0.0000

e   Die Grösse „Multiple R-Squared" ist das Quadrat der sogenannten *multiplen Korrelation*, der Korrelation zwischen den Beobachtungen Y_i und den *angepassten Werten (fitted values)*

$$\widehat{y}_i = \widehat{\alpha} + \widehat{\beta}_1 x_i^{(1)} + \widehat{\beta}_2 x_i^{(2)} + \ldots + \widehat{\beta}_m x_i^{(m)} .$$

Die quadrierte multiple Korrelation wird wieder *Bestimmtheitsmass* genannt, da sie wie in der einfachen Regression den „erklärten" Anteil der Streuung der Y-Werte misst, $R^2 = 1 - \mathrm{SS}_E/\mathrm{SS}_Y$ (mit $\mathrm{SS}_E = \sum_i R_i^2$ und $\mathrm{SS}_Y = \sum_i (Y_i - \overline{Y})^2$, vergleiche 13.3.f).

f   Bevor wir P-Werte interpretieren können, sollten wir überlegen, welche Fragen zu stellen sind! Im Beispiel könnten wir fragen (wenn es nicht so eindeutig wäre), ob die Basizität die Höhe der Bäume überhaupt beeinflusst. Allgemein: Beeinflusst die *Gesamtheit der Ausgangs-Variablen* die Zielgrösse? Den entsprechenden Test findet man in der untersten Zeile der Tabelle. Es wird (wie in der Varianzanalyse) eine Testgrösse gebildet, die eine F-Verteilung hat.

*   Die Testgrösse bildet wieder das Verhältnis der „mittleren Quadrate" (vergleiche 12.1.f) $T = \mathrm{MS}_R/\mathrm{MS}_E$. Die Anzahl Freiheitsgrade für die Regression ist gleich der Anzahl der Ausgangs-Variablen und deshalb $\mathrm{MS}_R = \mathrm{SS}_R/m$. Falls ein Achsenabschnitt α vorhanden ist, werden $p = m+1$ Koeffizienten geschätzt, andernfalls $p = m$. Den Residuen bleiben $n-p$ Freiheitsgrade, und $\mathrm{MS}_E = \mathrm{SS}_E/(n-p)$. Die F-Verteilung hat dementsprechend m und $n-p$ Freiheitsgrade.

Tabelle 13.5.g Varianzanalyse-Tabelle im Beispiel der Baumhöhen

	Df	Sum of Sq	Mean Sq	F Value	Pr(F)
Regression	$m = 2$	$SS_R = 136.772$	68.386	$T = 82.43$	0.0000
Residuals	$n-p = 120$	$SS_E = 99.554$	0.830		*P-Wert*
Total	$n-1 = 122$	$SS_Y = 236.326$			

g * Etliche Programme zeigen die Aufteilung $SS_Y = SS_R + SS_E$ in einer sogenannten Varianzanalyse-Tabelle (Tabelle 13.5.g), analog zu 12.1.g. Eine weitere Unterteilung von SS_R in die Beiträge der einzelnen Ausgangs-Variablen ist nur klar interpretierbar, wenn diese (formal) unkorreliert sind.

h Die Frage nach dem *Einfluss der einzelnen Variablen* $X^{(j)}$ muss man genau stellen. Tabelle 13.5.d enthält für jede Ausgangs-Variable $X^{(j)}$ eine Zeile mit dem Wert einer t-Teststatistik (t value) und dem entsprechenden P-Wert. Diese prüfen, ob die Variable $X^{(j)}$ aus dem Modell weggelassen werden kann, also ob die Nullhypothese $\beta_j = 0$ mit den Daten verträglich ist.

▷ Im Beispiel sind die P-Werte für beide Ausgangsgrössen $= 0$; es wird also sowohl $\beta_1 = 0$ als auch $\beta_2 = 0$ abgelehnt. Die zweite Art der Erfassung der Basizität erfasst demnach einen Teil der Variabilität von Y, der durch den pH-Wert nicht erklärt wird. ◁

i Es ist eher irreführend, in diesem Zusammenhang von „Einfluss" zu reden, da dieser Ausdruck nach Ursache und Wirkung tönt. Im Beispiel ist es zwar unplausibel, aber nicht ausgeschlossen, dass die Basizität in Wirklichkeit *keinen ursächlichen Einfluss* auf die Baumhöhe hat, sondern dass es einen anderen Bodenfaktor gibt, der die Baumhöhe direkt beeinflusst und der mit der Basizität gleichsinnig variiert – sie vielleicht sogar ebenfalls verursacht.

Die Regressionsrechnung kann also nur *statistische Zusammenhänge* zeigen; für Kausalzusammenhänge kann sie nur Hinweise liefern (vergleiche 3.4 und 13.7).

j * Die Grösse eines Koeffizienten β_j sagt aus, wie stark sich die Zielgrösse ändert, wenn man $X^{(j)}$ um eine Einheit ändert und alle andern x-Werte gleich lässt. Man ist versucht, auf solche Weise zum Beispiel die Wirkung einer Zinssatz-Änderung auf die Arbeitslosen-Quote abzuschätzen. Oft ist es aber gar nicht möglich, ein $X^{(j)}$ zu verändern, ohne dass sich die anderen X-Variablen verändern, und die „mechanische" Deutung der Koeffizienten führt zu falschen Schlüssen.

k * Einige Programme geben für jede Ausgangs-Variable noch den sogenannten *standardisierten Koeffizienten* an. Es ist der Koeffizient, den man erhalten würde, wenn man alle Ausgangs-Variablen und die Zielgrösse auf Mittelwert 0 und Varianz 1 standardisieren und das Modell mit den neuen Grössen anpassen würde. In einer einfachen Regression ist die so standardisierte Steigung gleich der Korrelation. In der multiplen Regression misst ein solcher standardisierter Koeffizient ebenfalls in einem gewissen Sinn die *Stärke des Einflusses* der entsprechenden Variablen auf die Zielgrösse, unabhängig von den Masseinheiten oder Streuungen der Variablen. Er gibt an, um wie viele Standardabweichungen sich die Zielgrösse ändert, wenn sich die Ausgangs-Variable um eine Standardabweichung vergrössert.

13.6 Vielfalt der Modelle der multiplen linearen Regression

a Die Ausgangs-Variablen $X^{(1)}$ und $X^{(2)}$ sind im Beispiel beobachtete Werte von kontinuierlichen Messgrössen wie die Zielvariable. Das braucht allgemein nicht so zu sein.

> *Im Modell der multiplen Regression werden keine Annahmen über die Ausgangs-Variablen gemacht.* Sie müssen von keinem bestimmten Datentyp sein und schon gar nicht einer bestimmten Verteilung folgen. Sie sind ja nicht einmal als Zufallsvariable eingesetzt. Das führt, zusammen mit den Möglichkeiten von Variablen-Transformationen, zu einer erstaunlichen Flexibilität des multiplen linearen Regressionsmodells, die wir jetzt mit einigen typischen Situationen ausloten werden.

b * ▷ Im Beispiel sind die Bodenwerte wohl ebenso zufällig wie die Baumhöhen. Für die Analyse können wir trotzdem tun, als ob die Basizität vorgegeben wäre. Eine formale Begründung besteht darin, dass die Verteilungen gemäss Modell als bedingte Verteilungen, gegeben die $x_i^{(j)}$-Werte, aufgefasst werden. ◁

c Eine Ausgangs-Variable kann *binär* sein, also nur die Werte 0 und 1 annehmen. Ist sie die einzige Ausgangs-Variable, dann wird das Modell zu $Y_i = \alpha + E_i$ für $x_i = 0$ und $Y_i = \alpha + \beta + E_i$ für $x_i = 1$. Ersetzt man α durch μ_1 und $\alpha + \beta$ durch μ_2, dann erhält man das Modell der zwei unabhängigen Stichproben aus dem Kapitel über Tests (8.8.c).

Früher wurden die Beobachtungen mit zwei Indices versehen; es war Y_{hi} die $i$te Beobachtung der $h$ten Gruppe ($h = 1$ oder 2) und $Y_{hi} \sim \mathcal{N}\langle\mu_h, \sigma^2\rangle$. Es sei nun $x_{hi} = 0$, falls $h = 1$, und $x_{hi} = 1$ für $h = 2$. Dann ist $Y_{hi} \sim \mathcal{N}\langle\alpha + \beta x_{hi}, \sigma^2\rangle$. Wenn man durchnummeriert, ergibt sich das Regressionsmodell mit der binären x-Variablen.

d Das Modell der einfachen Varianzanalyse kann man ebenfalls als Regressionsmodell schreiben. Man führt für jede Gruppe eine *„Indikatorvariable"* ein,

$$x_i^{(j)} = \begin{cases} 1 & \text{falls } i\text{-te Beobachtung aus der } j\text{-ten Gruppe} \\ 0 & \text{sonst} \end{cases}$$

Das Modell für mehrere Gruppen j von Beobachtungen mit verschiedenen Erwartungswerten μ_j (aber sonst gleicher Verteilung) kann man schreiben als

$$Y_i = \mu_1 x_i^{(1)} + \mu_2 x_i^{(2)} + \ldots + E_i$$

mit unabhängigen, gleich verteilten E_i. Setzt man $\mu_j = \beta_j$, so steht das multiple Regressionsmodell da, allerdings ohne Achsenabschnitt α. (Eine binäre Variable, die eine Gruppenzugehörigkeit ausdrückt, wird auch als *dummy variable* bezeichnet.)

In ähnlicher Weise kann man auch kompliziertere Modelle der *Varianzanalyse* in Regressionsmodelle verwandeln, und theoretische Erkenntnisse aus der Regressionsrechnung gelten automatisch auch für die Varianzanalyse.

e Der Trick zeigt auch, wie die Einflüsse einer Gruppierung (eines *Faktors* im Sinne der Varianzanalyse) und „gewöhnlichen", kontinuierlichen Ausgangs-Variablen auf die Zielvariable gemeinsam, im gleichen Modell, untersucht werden können. Es kann also beispielsweise der Unterschied eines medizinisch wichtigen Merkmals zwischen Behandlungsgruppen geprüft werden unter gleichzeitiger Berücksichtigung der Altersabhängigkeit und des Zustandes vor der Behandlung. Solche Modelle führen zur sogenannten *Kovarianzanalyse*.

f ▷ Im *Beispiel der Sprengungen* wurde die Messstelle je nach Arbeitsfortschritt verändert. Es ist plausibel, dass die örtlichen Gegebenheiten bei den Messstellen einen Einfluss auf die Erschütterung haben. Wären es nur zwei Stellen, so wäre dies durch eine binäre Ausgangs-Variable auszudrücken. Nun waren es aber vier Stellen, die wie üblich in einer willkürlichen Reihenfolge durchnummeriert wurden. Es ist sinnlos, die so entstehende Variable als Ausgangs-Variable $X^{(j)}$ ins Modell aufzunehmen, da eine *lineare* Abhängigkeit der Erschütterung von der Stellen-Nummer sicher unplausibel ist.

Ein sinnvolles Modell für die gemeinsamen Einflüsse von Stelle, Distanz und Sprengladung entsteht, indem die Formel 13.6.d um die beiden weiteren X-Variablen „log. Distanz" ($X^{(dist)}$) und „log. Ladung" ($X^{(lad)}$) ergänzt wird,

$$Y_i = \alpha + \beta_1 x_i^{(dist)} + \beta_2 x_i^{(lad)} + \gamma_1 x_i^{(1)} + \gamma_2 x_i^{(2)} + \ldots + E_i \ . \ \lhd$$

* Ein technischer Punkt: In diesem Modell lassen sich die Koeffizienten prinzipiell nicht eindeutig bestimmen (vergleiche 12.4.b). Es verändert sich nämlich nichts, wenn man zu allen γ_k eine Konstante dazuzählt und die gleiche Zahl von α abzählt. Man braucht entweder Nebenbedingungen oder man lässt einen Term weg. Eine einfache Lösung besteht darin, $\gamma_1 = 0$ zu setzen oder, anders gesagt, die Variable $X^{(1)}$ nicht ins Modell aufzunehmen.

g ▷ Die numerischen Ergebnisse für einen grösseren Datensatz im Beispiel der Sprengungen zeigt Tabelle 13.6.g.

Tabelle 13.6.g   Ausgabe im Beispiel Sprengungen mit 3 Ausgangs-Variablen

Coefficients:					
	Value	Std. Error	t value	Pr(> |t|)	Signif
(Intercept)	2.51044	0.28215	8.90	0.000	***
log10(dist)	-1.33779	0.14073	-9.51	0.000	***
log10(ladung)	0.69179	0.29666	2.33	0.025	*
St2	0.16430	0.07494	2.19	0.034	*
St3	0.02170	0.06366	0.34	0.735	
St4	0.11080	0.07477	1.48	0.146	

Residual standard error: 0.1468 on 42 degrees of freedom
Multiple R-Squared: 0.8322
F-statistic: 41.66 on 5 and 42 degrees of freedom, the p-value is 3.22e-15

Die t- und P-Werte, die zu den „dummy" Variablen $X^{(2)} = \mathrm{St2}$ bis $X^{(4)} = \mathrm{St4}$ angegeben werden, haben wenig Bedeutung. Bei unserer Wahl von $\gamma_1 = 0$ zeigen sie, ob der Unterschied zwischen der entsprechenden Stelle und Stelle 1 signifikant sei. ◁

h ▷ Um die Idee grafisch veranschaulichen zu können, unterdrücken wir die Ladung als Varia-ble, indem wir nur Beobachtungen mit Ladung 2.6 berücksichtigen. Bild 13.6.h zeigt die Be-obachtungen und das angepasste Modell: Für jede Stelle ergibt sich eine Gerade, und da für die verschiedenen Stellen im Modell die gleiche Steigung bezüglich der Variablen $X^{(dist)}$ voraus-gesetzt wurde, sind die angepassten Geraden parallel. ◁

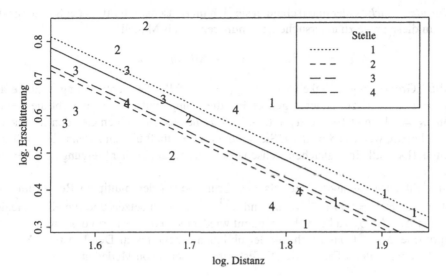

Bild 13.6.h Beobachtungen und geschätzte Geraden im Beispiel der Sprengungen

i   Man wird die Frage stellen, ob die Messstelle überhaupt einen Einfluss auf die Erschütterung habe. „Kein Einfluss" bedeutet, dass die Koeffizienten aller entsprechenden Indikator-Variablen null sind, $\gamma_1 = 0$, $\gamma_2 = 0$, $\gamma_0 = 0$, $\gamma_4 = 0$. Den üblichen Test für diese Hypothese wollen wir allgemeiner aufschreiben.

F-Test zum Vergleich von Modellen. Die Frage sei, ob die q Koeffizienten β_{j_1}, β_{j_2}, ..., β_{j_q} in einem linearen Regressionsmodell gleich null sein könnten.

H_0 : $\beta_{j_1} = 0$ und $\beta_{j_2} = 0$ und ... und $\beta_{j_q} = 0$

U :   Teststatistik:

$$T = \frac{(\text{SS}_E^* - \text{SS}_E)/q}{\text{SS}_E/(n-p)} \; ;$$

SS_E^* ist die Quadratsumme des Fehlers im „kleinen" Modell, die man aus einer Regression mit den verbleibenden $m - q$ X-Variablen erhält, und p die Anzahl Koeffizienten im „grossen" Modell.

K : $T \sim \mathcal{F}_{q,n-p}$, F-Verteilung mit q und $n-p$ Freiheitsgraden.

Der Test heisst F-Test zum Vergleich von Modellen. Allerdings kann nur ein kleineres Modell mit einem grösseren verglichen werden, in dem alle X-Variablen des kleinen wieder vorkommen, also mit einem „umfassenderen" Modell. Der früher besprochene F-Test für das gesamte Modell (13.5.f) ist ein Spezialfall: das „kleine" Modell besteht dort nur aus dem Achsenabschnitt α.

j   Im Modell 13.6.f zeigt sich der Einfluss der Stelle nur durch eine additive Konstante. Der Wechsel von einer Messstelle zu einer anderen „darf" also nur zur Folge haben, dass sich die logarithmierten Erschütterungen um eine Konstante vergrössern oder verkleinern. Es wäre natürlich auch denkbar, dass der Zusammenhang zwischen Erschütterung, Distanz und Ladung sich noch anders unterscheidet.

Eine naheliegende Variante wäre, dass sich die Steigungskoeffizienten β_1 und β_2 für verschiedene Messstellen unterscheiden. Man spricht dann von einer *Wechselwirkung* zwischen Distanz und Stelle oder zwischen Ladung und Stelle. Das ist eine allgemeinere Frage als die folgende einfache, die immer wieder auftaucht.

k   *Sind zwei Geraden gleich?* Oder unterscheiden sie sich im Achsenabschnitt, in der Steigung oder in beidem? Um diese Frage zu untersuchen, formulieren wir als Modell

$$Y_i = \alpha + \beta\, x_i + \Delta\alpha\, g_i + \Delta\beta\, x_i g_i + E_i$$

wobei g_i die „Gruppenzugehörigkeit" angibt: $g_i = 0$, falls die Beobachtung i zur einen Geraden, $g_i = 1$, falls sie zur anderen gehört. Für die Gruppe mit $g_i = 0$ entsteht die Gerade $\alpha + \beta x_i$, für $g_i = 1$ kommt $(\alpha + \Delta\alpha) + (\beta + \Delta\beta)x_i$ heraus. Die beiden Geraden stimmen in der Steigung überein, wenn $\Delta\beta = 0$ ist. Sie stimmen gesamthaft überein, wenn $\Delta\beta = 0$ und $\Delta\alpha = 0$ gelten. (Der Fall eines gleichen Achsenabschnitts bei ungleicher Steigung ist selten von Bedeutung.)

Das Modell sieht zunächst anders aus als das Grundmodell der multiplen Regression. Wir brauchen aber nur $x_i^{(1)} = x_i$, $x_i^{(2)} = g_i$ und $x_i^{(3)} = x_i g_i$ zu setzen und die Koeffizienten β, $\Delta\alpha$, $\Delta\beta$ als β_1, β_2, β_3 zu bezeichnen, damit wieder die vertraute Form dasteht.

Die Nullhypothese $\Delta\beta = 0$ lässt sich mit der üblichen Tabelle testen. Der Test für „$\Delta\alpha = 0$ *und* $\Delta\beta = 0$" ist ein weiterer Fall für den F-Test zum Vergleich von Modellen.

l   Im Regressionsmodell wird über die Ausgangs-Variablen, wie gesagt, nichts vorausgesetzt – auch nicht über Abhängigkeiten untereinander. Es darf beispielsweise $X^{(2)} = (X^{(1)})^2$ sein. Das führt zur quadratischen Regression,

$$Y_i = \alpha + \beta_1 x_i + \beta_2 x_i^2 + E_i \ .$$

In gleicher Weise können auch höhere Potenzen eingeführt werden, was zur *polynomialen Regression* führt.

m   Jetzt ist Verwirrung angesagt! Quadratische und polynomiale Regression werden im Abschnitt zur multiplen *linearen* Regression behandelt! Die vorhergehende Gleichung ist zwar quadratisch in x, aber *linear in den Koeffizienten* α und β_j. Das ermöglicht es, die Theorie anzuwenden, die hier besprochen wurde. Wenn Parameter nicht-linear in der Gleichung erscheinen, wird die Methodik wesentlich anspruchsvoller, siehe 13.11.c.

n   Dieser Abschnitt hat gezeigt, dass das Modell der multiplen linearen Regression viele Situationen beschreiben kann, wenn man die X-Variablen geeignet wählt:

• Transformationen der Ausgangs- und der Ziel-Variablen können aus ursprünglich nicht-linearen Zusammenhängen lineare machen.

• Ein Vergleich von zwei Gruppen lässt sich mit einer zweiwertigen X-Variablen, von mehreren Gruppen mit einem „Block" von dummy Variablen als multiple Regression schreiben. Auf diese Art werden nominale Ausgangs-Variable in ein Regressionsmodell aufgenommen.

• Die Vorstellung von zwei verschiedenen Geraden für zwei Gruppen von Daten kann als ein einziges Modell hingeschrieben werden – das gilt auch für mehrere Gruppen. Auf allgemeinere Wechselwirkungen zwischen erklärenden Variablen kommen wir zurück (13.8.r).

• Die polynomiale Regression ist ein Spezialfall der multiplen linearen (!) Regression.

13.7 Interpretation von Regressionskoeffizienten

a Die multiple Regression wurde eingeführt, um den Einfluss mehrerer erklärender Grössen auf eine Zielgrösse zu erfassen. Ein verlockender, einfacherer Ansatz zum gleichen Ziel besteht darin, für jede erklärende Variable eine einfache Regression durchzuführen. Man erhält so ebenfalls je einen geschätzten Koeffizienten mit Vertrauensintervall. In der Computer-Ausgabe der multiplen Regression stehen die Koeffizienten in einer einzigen Tabelle. Ist das der wesentliche Vorteil? Es zeigt sich im Folgenden, dass der Unterschied der beiden Ansätze – mehrere einfache gegen eine multiple Regressionsanalyse – viel grundlegender ist.

b Es ist im Modell der multiplen Regression erlaubt, dass *Ausgangs-Variable* stark (linear) „*korreliert*" sind – korreliert in Anführungszeichen, da sie ja gar keine Zufallvariable sind. Deshalb führt die gebräuchliche Bezeichnung „unabhänige Variable" statt Ausgangsgrösse immer wieder zu Missverständnissen und wird hier strikt vermieden. Solche Korrelationen erschweren aber die Interpretation der Ergebnisse, wie das folgende Beispiel zeigt.

c ▷ Im Beispiel der basischen Böden beträgt die Korrelation zwischen den beiden Ausgangsgrössen, die ja beide auf ihre Art die Basizität des Bodens messen, 0.70. Wenn die zweite Variable lSAR weggelassen wird, erhöht sich der Betrag des Koeffizienten des pH von 1.75 auf 3.00; lässt man den pH weg, so steigt der Betrag von $\hat{\beta}_2$ von 1.29 auf 2.12, siehe Tabelle 13.7.c. Die beiden Variablen teilen sich im gemeinsamen Modell sozusagen den Effekt der Basizität auf die Zielgrösse Höhe.

Tabelle 13.7.c Ergebnisse der einfachen linearen Regressionen für die beiden Ausgangsgrössen ph und lSAR.

	estimate	std. error	t value	p value
Ergebnisse für pH allein				
(Intercept)	28.723	2.240	12.83	0.00
pH	-3.003	0.284	-10.56	0.00
Ergebnisse für lSAR allein				
(Intercept)	6.534	0.161	40.48	0.00
lSAR	-2.116	0.196	-10.78	0.00

Die *Korrelation zwischen den geschätzten Koeffizienten* im gemeinsamen Modell wird mit -0.68 angegeben; wenn der geschätzte Koeffizient der einen Variablen zufällig zu gross ausfällt, kann das durch eine Verkleinerung des anderen Koeffzienten kompensiert werden. Das führt auch zu *grösserer Variabilität der geschätzten Koeffizienten:* Der Standardfehler des Koeffizienten von pH wächst von 0.284 auf 0.348, für lSAR von 0.196 auf 0.243. ◁

d ▷ Im Beispiel der Sprengungen tritt dieses Problem zunächst nicht auf, da Distanz und Ladung nur schwach korreliert sind. Offenbar waren die verwendeten Ladungen kaum kritisch gross, sonst hätten bei kleinen Distanzen kleinere Ladungen verwendet worden. Wäre der Grenzwert wesentlich kleiner gewesen, so wären viele Sprengungen in dieser Form nicht durchgeführt worden. Wir haben einen solchen Datensatz erzeugt, indem wir alle Beobachtungen weggelassen haben, für die laut dem früheren Modell die geschätzte Erschütterung grösser als 3 geworden wäre (vergleiche Bild13.1.a). Es blieben 43 Beobachtungen von den Messstellen 1 und 3 übrig. Tabelle 13.7.d zeigt die Koeffizienten-Tabellen für das frühere Modell zusammen mit den beiden einfachen Modellen, in denen nur die Distanz oder nur die Ladung berücksichtigt wurden.

Tabelle 13.7.d Ergebnisse für das gemeinsame Modell und zwei einfache Regressionen im modifizierten Beispiel der Sprengungen

	Gemeinsames Modell			
	estimate	std. error	t value	p value
(Intercept)	3.533	0.2744	12.88	0.00
log10(dist)	-2.006	0.1509	-13.30	0.00
log10(ladung)	1.393	0.3065	4.54	0.00
St 3	0.209	0.0561	3.72	2.28e-03

	Ergebnisse für log(dist) allein			
	estimate	std. error	t value	p value
(Intercept)	3.44	0.464	7.43	0.00
log10(dist)	-1.64	0.232	-7.07	0.00

	Ergebnisse für log(ladung) allein			
	estimate	std. error	t value	p value
(Intercept)	0.270	0.418	0.646	0.528
log10(ladung)	-0.218	0.974	-0.224	0.826

Das Modell mit allen drei Ausgangsvariablen sieht ähnlich aus wie das frühere Ergebnis; die Koeffizienten von log(dist) und log(ladung) entsprechen sogar noch genauer den theoretischen Erwartungen von -2 respektive +1 als früher. In der einfachen Regression mit der logarithmierten Distanz als Ausgangsgrösse schwächt sich der Koeffizient wieder ab.

Dagegen verschwindet der Zusammenhang zwischen Erschütterung und Ladung – der geschätzte Koeffizient wird gar negativ – und der entsprechende Standardfehler verdreifacht sich. Im Nachhinein ist das plausibel: Man passt die Ladung ja so an, dass die Erschütterung immer etwa die selbe bleibt, wenn diese ja nicht zunehmen darf! Dass die Erschütterung zur Ladung in Wirklichkeit proportional ist, kann man nur sehen, wenn man gleichzeitig den Einfluss der Distanz im Modell berücksichtigt! ◁

e   Im Beispiel würde also eine klare Ursache der Zielgrösse als einflusslos taxiert und verpasst, wenn man die Einflüsse der Ausgangsgrössen einzeln mit einfachen Regressionen (oder mit einfachen Korrelationen) erfassen wollte. Ebenso kann man Beispiele finden oder konstrieren, in denen ein enger „einfacher Zusammenhang" erscheint, der verschwindet, wenn weitere Ausgangsgrössen hinzukommen. Hätte man im Beispiel der basischen Böden eine weitere Pflanzenart registriert, die auf die Basizität im untersuchten Bereich empfindlich reagiert, so ergäbe sich ein enger statistischer Zusammenhang mit dem Baumwachstum, der aber verschwinden müsste, sobald die Basizität in einem gemeinsamen Modell erscheinen würde. Wenn man also an Ursachen für die Zielgrösse interessiert ist, muss man darauf achten, möglichst alle potentiellen ursächlichen Einflussgrössen ins Modell einzubeziehen.

f   Diese Schwierigkeiten der Interpretation können nicht auftreten, wenn die Ausgangsgrössen unkorreliert oder, genauer ausgedrückt, orthogonal zu einander sind. Dann sind die geschätzten Koeffizienten aus den einfachen Regressionen mit denen aus dem gemeinsamen Modell gleich. Im gemeinsamen Modell wird aber die Varianz der Abweichungen kleiner und damit auch der Standardfehler der Koeffizienten, und man erhält eher signifikante Effekte und kürzere Vertrauensintervalle.

Wenn immer möglich, sollten deswegen korrelierte Ausgangsgrössen durch die *Versuchsplanung* vermieden werden (14.2.g). Wenn nicht möglich, kann die gemeinsame Modellierung zu wesentlich anderen Schlüssen führen als einfache Regressionen oder Korrelationen, und das gemeinsame Modell ist in den allermeisten Fällen den Forschungsfragen angemessener.

g   *   Man kann die Schwierigkeiten allerdings oft auch durch die Änderung der X-Variablen (Regressoren, siehe 13.10.c) vermeiden oder vermindern. Hat man beispielsweise die Temperatur am Vormittag und am Nachmittag gemessen, so werden diese eine hohe Korrelation zeigen. Ersetzt man diese beiden Grössen durch ihren Mittelwert (die Tagestemperatur) und ihre Differenz (die Erwärmung), dann hat man am Modell nichts Wesentliches geändert; man wird die gleichen angepassten Werte, die gleiche Varianz der Abweichungen, das gleiche Bestimmtheitsmass erhalten wie für das erste Modell. Die Korrelation zwischen den beiden neuen Grössen wird aber sehr viel kleiner sein.

h   Das Problem, das wir hier an einer starken Korrelation zwischen zwei Ausgangs-Variablen festgemacht haben, tritt auch allgemeiner auf, und zwar immer dann, wenn eine Ausgangsgrösse sich aus den anderen näherungsweise mit einer linearen Formel ausrechnen lässt. Man spricht von (statistischer) *Kollinearität.* (In der Linearen Algebra bedeutet Kollinearität einen exakten linearen Zusammenhang zwischen verschiedenen Spalten oder Zeilen einer Matrix.)

Man kann einen solchen Zusammenhang leicht finden – mit Regressionsrechnung: Man berechnet das Bestimmtheitsmass für eine Regression mit einem Regressor als Zielvariablen auf alle anderen Terme des Modells. Ist dieses hoch, so besteht ein Kollinearitätsproblem. In guten Programmen wird für jeden Regressor dieses Bestimmtheitsmass R_j^2 angegeben – oder ein dazu äquivalentes Mass mit Namen *variance inflation factor*, VIF, oder *Toleranzwert* Ist R_j^2 nahe bei 1, VIF viel grösser als 1, oder der Toleranzwert klein, dann ist Vorsicht geboten.

i   ▷ Im *Beispiel* der basischen Böden kann man sich damit zufrieden geben, eine Gleichung zu haben, aus der man zu gegebenen Basizitäts-Werten die zu erwartende Baumhöhe bestimmen kann. Das bildet dann eine Grundlage für die Entscheidung, was auf einem bestimmten Gelände mit bekannten Basizitätswerten angepflanzt werden soll. ◁

Für eine solche *Vorhersage* muss man keine Auskunft über Ursache und Wirkung haben; irgendein „statistischer" Zusammenhang genügt (sofern die Beziehungen zwischen den Variablen gleich bleiben). Man kann sogar auf eine ursächliche Grösse aus deren Wirkung zurückschliessen. „Vorhersage" ist dafür allerdings ein schlecht gewählter Ausdruck.

Vorhersagen sind nur dann einigermassen zuverlässig, wenn die $X^{(j)}$-Werte für die vorherzusagende Situation im Bereich der $x_i^{(j)}$-Werte der Regressionsrechnung liegen (im Sinne der gemeinsamen „Verteilung" der $x_i^{(j)}$). Diesen Fall nennt man auch statistische *Interpolation*. Der andere Fall, die *Extrapolation*, ist gefährlich. Sie kann allenfalls gewagt werden, wenn ein theoretisch fundiertes Modell der Regressionsgleichung zugrunde liegt.

13.8 Residuen-Analyse

a Die besprochenen Schätz- und Testmethoden setzen voraus, dass die *Modellannahmen* gelten. Für die *Fehler* wurde $E_i \sim \mathcal{N}\langle 0, \sigma^2 \rangle$ angenommen, was man auch aufspalten kann in

(a) Die E_i sind unabhängig.

(b) Ihr Erwartungswert ist $\mathcal{E}\langle E_i \rangle = 0$.

(c) Sie haben alle die gleiche Varianz $\mathrm{var}\langle E_i \rangle = \sigma^2$.

(d) Sie sind normalverteilt.

Für die Regressionsfunktion wurde *Linearität* vorausgesetzt. Wenn die Annahme verletzt ist, gilt für die Abweichungen Annahme (b) nicht.

b Diese *Voraussetzungen zu überprüfen*, ist meistens wesentlich. Oft geht es darum, allfällige Abweichungen zu entdecken und daraus ein *Modell zu entwickeln*, das besser zu den Daten passt. Man spricht von *explorativer Datenanalyse*. In der *konfirmatorischen Datenanalyse* stehen, im Gegensatz dazu, die Korrektheit von P-Werten und Vertrauenskoeffizienten im Vordergrund, die „das richtige" Modell mit allen darin enthaltenen Annahmen voraussetzen.

Die Überprüfung der Annahmen bedient sich stark grafischer Darstellungen der Residuen; das Thema heisst *Residuen-Analyse*. Da viele Lehrbücher über Regression diese Methoden knapp oder unsystematisch darstellen, sind die folgenden Ausführungen recht umfassend.

c *Form der Residuen-Verteilung.* Die Annahme (d) der Normalverteilung kann man mit einem Quantil-Quantil-Diagramm oder *Normalverteilungs-Diagramm (normal plot)* überprüfen, siehe 11.2. Allerdings kennen wir die Fehler E_i nicht, und es bleibt uns nicht viel anderes übrig, als sie durch die Residuen R_i zu ersetzen. Beachten Sie, dass ein Diagramm für die Y_i sinnlos ist, da sie ja verschiedene Erwartungswerte haben.

▷ Bild 13.8.c zeigt die Normalverteilungs-Diagramme für das Beispiel der basischen Böden einerseits und für eine Analyse des Beispiels der Sprengungen mit nicht logarithmierten Ziel- und Ausgangsgrössen andererseits. ◁

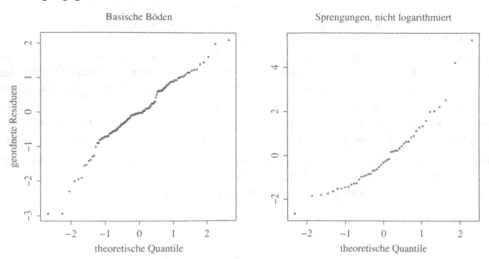

Bild 13.8.c Normalverteilungs-Diagramme für die beiden Beispiele

d * Falls die Fehler normalverteilt sind, so sind es die Residuen von einer Kleinste-Quadrate-Schätzung ebenfalls. Aber sie haben nicht die gleiche theoretische Varianz, auch wenn die Fehler dies erfüllen; $\mathrm{var}\langle R_i\rangle$ hängt von $[x_i^{(1)}, x_i^{(2)}, \ldots]$ ab. Man kann $\mathrm{var}\langle R_i\rangle$ berechnen und die *Residuen* entsprechend *standardisieren*, um mit ihnen das Normalverteilung-Diagramm zu zeichnen. Oft ist der Unterschied der Varianzen $\mathrm{var}\langle R_i\rangle$ klein, sodass man unstandardisierte Residuen für die Analyse verwenden kann.

e Was tun, wenn die Residuen Abweichungen von der Normalverteilung zeigen?

• *Ausreisser* sollen auf die Richtigkeit der Daten überprüft werden. Findet man keine genügenden Gründe, an der Richtigkeit der Werte zu zweifeln, dann wird man zunächst mit den weiteren Methoden der Residuen-Analyse nach Erklärungen für die „ungewöhnlichen" Beobachtungen suchen (siehe 13.9.a).

f • Wenn sich eine *schiefe Verteilung* zeigt, soll man (gemäss 11.2.h) *transformieren*. Allerdings kann man weder die Fehler E_i noch die Residuen R_i direkt verändern, sondern nur die Zielgrösse Y_i. Wir betrachten also eine transformierte Grösse $\widetilde{Y}_i = g\langle Y_i\rangle$, beispielsweise $\widetilde{Y}_i = \log_{10}\langle Y_i\rangle$, als Zielgrösse.

Das einfache lineare Regressionsmodell für $\widetilde{Y}_i$ lautet $\widetilde{Y}_i = \widetilde{\alpha} + \widetilde{\beta} x_i + \widetilde{E}_i$. Durch die Transformation wird nicht nur die Zielgrösse verändert, sondern auch die lineare Regressionsfunktion zwischen Y und X, $Y_i \approx \alpha + \beta x_i$ zu $\widetilde{Y}_i \approx \widetilde{\alpha} + \widetilde{\beta} x_i$, also $Y_i \approx g^{-1}\langle \widetilde{\alpha} + \widetilde{\beta} x_i\rangle$; das lässt sich nicht als lineare Funktion schreiben. In gewissen Anwendungen kann das unakzeptabel sein. Wenn es aber keine theoretischen Gründe für den linearen Zusammenhang zwischen X und Y gibt, so ist meist ein solcher zwischen X – allenfalls auch transformiert – und $\widetilde{Y}$ ebenso plausibel.

Wenn die Zielgrösse logarithmiert wird, so ist es oft sinnvoll, auch die Ausgangsgrösse(n) zu logarithmieren, denn $\widetilde{Y}_i \approx \widetilde{\alpha} + \widetilde{\beta}\log_{10}\langle x_i\rangle$ ist gleichbedeutend mit einem *Potenzgesetz*, $Y_i \approx \alpha \cdot x_i^{\widetilde{\beta}}$, und das ist oft ein plausibles Modell. Falls $\widetilde{\beta} = 1$ ist, sind die untransformierten Grössen (bis auf Zufallsfehler) *proportional* zueinander.

g ▷ Das Normalverteilungs-Diagramm für die nicht logarithmierten Sprengungsdaten (13.8.c) zeigt deutlich eine schiefe Residuen-Verteilung. In diesem Beispiel führten theoretische Überlegungen bereits auf die Logarithmus-Transformation – auch für die Ausgangsgrössen Distanz und Ladung. ◁

▷ Im *Beispiel der basischen Böden* wird eine leicht auf die seltenere Seite schiefe Verteilung sichtbar. In einem solchen Fall kann eine Transformation mit einer Potenz- oder Expontialfunktion helfen. Wir kommen darauf zurück. ◁

h * Zeigt der normal plot eine einigermassen symmetrische Verteilung, die aber *langschwänzig* ist (11.2.i), dann nützen Transformationen normalerweise nichts. Die Kleinste-Quadrate-Methoden sind dann nicht optimal, und P-Werte und Vertrauensintervalle sind allenfalls noch näherungsweise korrekt. *Robuste Methoden* (siehe 13.11.b) sind in diesem Fall deutlich besser als Kleinste Quadrate; sie liefern effizientere Schätzungen und mächtigere Tests. Gleiches gilt, wenn sich einzelne *Ausreisser* zeigen; der Fall einer Normalverteilung mit Ausreissern ist ein Spezialfall einer langschwänzigen Verteilung.

Die Diskussion, wie weit die folgenden Methoden sich auf Residuen einer robusten Regressions-Analyse übertragen lassen, ist nicht abgeschlossen. Der Autor ist überzeugt, dass sie in weiten Teilen direkt anwendbar sind.

i *Gleiche Varianzen.* Eine zweite Annahme postuliert *gleiche Varianzen* der Fehler (Punkt (c) in 13.8.a). Um sie zu überprüfen, überlegt man sich, mit welchen Grössen die Varianz allenfalls zusammenhängen könnte, und trägt die Residuen in einem Streudiagramm gegen diese Grössen auf.

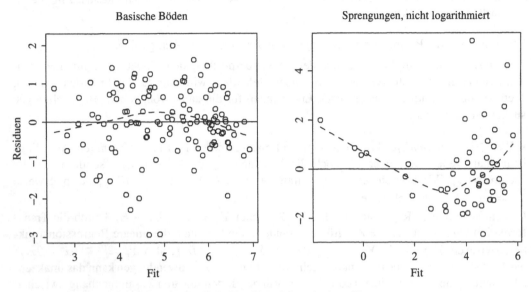

Bild 13.8.i Tukey-Anscombe plot für die beiden Beispiele, mit einer Glättung

Die häufigste Abweichung von der Annahme besteht darin, dass mit zunehmendem Wert der Zielgrösse auch deren Streuung zunimmt. Eine solche Erscheinung zeigt sich in einem Streudiagramm der Residuen gegen die angepassten Werte *(fitted values)* $\widehat{y}_i = \widehat{\alpha} + \widehat{\beta}_1 x_i^{(1)} + \widehat{\beta}_2 x_i^{(2)} + \ldots + \widehat{\beta}_m x^{(m)}$ (13.2.c). Das Diagramm heisst *Tukey-Anscombe plot.* (Ein Diagramm der Residuen gegen die Y_i-Werte zeigt irreführende Muster.)

▷ Im *Beispiel* der untransformierten Sprengungsdaten nimmt die Streuung der Residuen tatsächlich gegen rechts deutlich zu. Bei den basischen Böden ist allenfalls eine leichte umgekehrte Tendenz auszumachen, die aber gut im Rahmen von Zufallsschwankungen auftreten kann. ◁

j *Passende Regressionsfunktion.*
▷ Im Bild ◁ sieht man für das Beispiel der Sprengungen ausserdem eine klare, gebogene Struktur des „Trends". Dies macht deutlich, dass die Regressionsfunktion nicht die richtige Form hat (und damit Voraussetzung (b) in 13.8.a verletzt ist). Da sich diese Form ja ändert, wenn die Zielgrösse transformiert wird, kann man versuchen, mit einer solchen Veränderung zu einer passenden Form zu gelangen.

k * Um den „Trend" grafisch festzuhalten, kann man eine *„Glättung"* (englisch *a smooth* oder *a smoother,* einen „Glätter") einzeichnen. Beispielsweise kann man zu jedem Wert x_0 der horizontalen Achse das Intervall von $x_0 - b$ bis $x_0 + b$ mit vorgegebenem b bilden. Für alle Punkte mit x-Koordinate in diesem Intervall betrachtet man die y-Koordinaten, bildet den Median (oder den Mittelwert) und zeichnet ihn als Funktionswert für x_0 ein. Durch Verschiebung von x_0 entsteht eine mehr oder weniger glatte Kurve, die man *gleitenden Median* (respektive gleitendes Mittel, englisch *running median* respektive *mean)* nennt. Je grösser b gewählt wird, desto glatter wird die Kurve.
Im Bild ist ein raffinierterer Glätter mit Namen „lowess" oder „loess" eingezeichnet.

1   ▷ Im *Beispiel der Sprengungen* haben wir nun drei klare Hinweise auf Abweichungen vom
    Modell, die alle eventuell durch eine Transformation der Zielgrösse zu beseitigen sind: eine
    schiefe Verteilung, zunehmende Streuung und nach unten gebogener „Trend". Sie verschwinden,
    wenn die Zielgrösse logarithmiert wird. ◁

    ▷ Im *Beispiel der basischen Böden* gibt es schwache Hinweise, die alle auf eine Transformation
    „in die andere Richtung" (eine konvexe Transformation) hindeuten. Erfahrung und Probieren
    führte in diesem Fall zu $\widetilde{Y} = Y^2$. ◁

    Ein Glücksfall, dass alle Abweichungen mit der gleichen Transformation beseitigt werden
    können! – Dieser Glücksfall tritt erstaunlich häufig ein. (Wenn Sie gerne philosophieren, können
    Sie sich nach dem Grund dieser empirischen Erscheinung fragen, die allerdings wohl kaum je
    mit einer empirischen Untersuchung quantitativ erfasst wurde.)

*   ▷ Die Transformation $\widetilde{Y} = Y^2$ ist allerdings selten nützlich. Sie ist natürlich auch nicht die
    einzig richtige, sondern eine einfache, die zum Ziel führt. Man kann versuchen, plausibel zu
    machen, weshalb eine solche Transformation in diesem Beispiel eine Bedeutung hat: Vielleicht
    ist die quadrierte Baumhöhe etwa proportional zur Blattfläche. ◁

m   Als nützlich erweisen sich sehr oft die Logarithmus-Transformation für Konzentrationen
    und Beträge, die Wurzeltransformation für Zähldaten und die sogenannte Arcus-Sinus-
    Transformation $\widetilde{y} = \arcsin \sqrt{y}$ für Anteile (Prozentzahlen/100). Diese Transformationen
    haben von J. W. Tukey den Namen *first aid transformations* erhalten und *sollten für solche
    Daten immer angewendet werden*, wenn es keine Gegengründe gibt – und zwar auch für
    Ausgangs-Variable.

n   Im Tukey-Anscombe-Diagramm können sich Abweichungen von der angenommenen Form
    der Regressionsfunktion und von der Voraussetzung der gleichen Varianzen zeigen. Ähnliches
    kann auch zu Tage treten, wenn horizontal statt $\widehat{Y}$ eine *Ausgangs-Variable* $X^{(j)}$ abgetragen
    wird.

o   Wenn es sich zeigt, dass die Varianz von $X^{(j)}$ abhängt, dann gibt eine verfeinerte Methode, die
    man unter dem Stichwort *gewichtete Regression* in den Lehrbüchern findet, korrekte Ergebnisse.

*   Die Varianzen $\sigma_i^2 = \text{var}\langle E_i \rangle$ können nun also verschieden sein. Wären sie bekannt, so wäre es
    sicher sinnvoll, Beobachtungen mit kleinerem σ_i in der Regressionsrechnung grösseres Gewicht
    zu geben. Konkret würde man statt der gewöhnlichen Quadratsumme SS_E eine gewichtete Version
    davon, $\sum_i w_i R_i^2$, minimieren. Die Gewichte w_i sollten für steigende σ_i fallen. Optimal ist $w_i = 1/\sigma_i^2$ gemäss dem Prinzip der maximalen Likelihood. Es ist nicht schwierig, die entsprechende
    Schätzung der Koeffizienten anzugeben und ihre Verteilung auszurechnen.

p   * Nun kennt man σ_i sozusagen nie. Es genügt aber, die relativen Genauigkeiten oder Streuungen
    zu kennen, also $\text{var}\langle E_i \rangle = \sigma^2 v_i$ anzunehmen, wobei man v_i kennt und nur σ aus den Daten
    bestimmen muss. Man minimiert dann $\sum_i R_i^2/v_i$.
    In unserem Zusammenhang haben wir angenommen, dass sich in einem Streudiagramm der
    Residuen gegen ein $X^{(j)}$ zeigt, dass die Streuung von dieser Grösse abhängt. Dann kann man
    versuchen, eine Funktion v anzugeben, die diese Abhängigkeit beschreibt, für die also $\text{var}\langle E_i \rangle \approx \sigma^2 v\langle x_i^{(j)} \rangle$ angenommen werden kann. Dann wendet man gewichtete Regression an mit den
    Gewichten $w_i = 1/v\langle x_i^{(j)} \rangle$.

q Eine Abweichung der Form der Regressionsfunktion kann sich im Streudiagramm der Residuen gegen $X^{(j)}$ in gleicher Weise als „gebogener Trend" zeigen wie im Tukey-Anscombe-Diagramm. *Transformation der Ausgangs-Variablen* Sie kann oft durch Transformation von $X^{(j)}$ zum Verschwinden gebracht werden. (Häufig wird man eine solche Abweichung bereits im Tukey-Anscombe-Diagramm gesehen haben. Vielleicht musste man aber auf eine Transformation der Zielgrösse verzichten, weil sonst die vorhandene Symmetrie und Gleichheit der Varianzen der Residuen zerstört worden wäre.)

Wenn keine Transformation von $X^{(j)}$ zum Ziel führt, kann ein zusätzlicher Term $X^{(j)2}$ helfen. Eine einfache lineare Regression wird dann zu einer quadratischen (siehe 13.6.l).

r Im Modell wird als Nächstes vorausgesetzt, dass die *Effekte* von zwei Ausgangs-Variablen sich *addieren*. Diese Annahme soll ebenfalls grafisch überprüft werden. Dazu braucht es ein dreidimensionales Streudiagramm von $x_i^{(j)}, x_i^{(k)}$ und den Residuen R_i. Etliche Programme erlauben es, einen dreidimensionalen Eindruck auf einem zweidimensionalen Bildschirm durch Echtzeit-Rotation zu gewinnen.

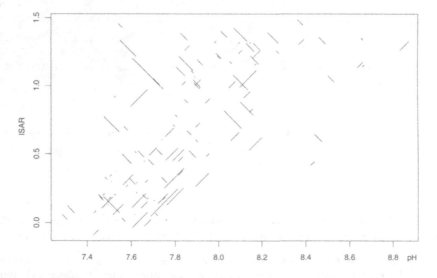

Bild 13.8.r Residuen in Abhängigkeit von zwei Ausgangs-Variablen

Auf dem Papier ist der dreidimensionale Eindruck schwieriger zu erreichen. Bild 13.8.r zeigt eine spezielle Art der Darstellung. Darin wird die das $i$te Residuum durch ein strichförmiges Symbol dargestellt, das am Ort $[x_i, y_i]$ platziert wird. Die Länge des Striches ist proportional zum Absolutbetrag des Residuums und die Steigung von $+1$ oder -1 gibt das Vorzeichen wieder.

Wenn in diesem Diagramm Gebiete sichtbar werden, in denen die meisten Striche in der einen Richtung verlaufen, deutet dies eine sogenannte *Wechselwirkung* an. Die wohl einfachste Form einer Wechselwirkung wird durch einen zusätzlichen Term $+\beta_{m+1} x_i^{(m+1)}$ mit $x_i^{(m+1)} = x_i^{(j)} x_i^{(k)}$ im Modell ausgedrückt.

Eine andere grafische Darstellung mit dem gleichen Zweck wäre ein Coplot (3.6.h) mit den Residuen und der einen Ausgangsgrösse als inneren und der anderen Ausgangs-Variablen als äusseren Zeichenvariablen.

s   *   In den letzten beiden Absätzen wurde überprüft, ob die Regressionsfunktion geeignet ist oder sich in den Residuen noch „Strukturen" zeigen; anders gesagt, ob $\mathcal{E}\langle E_i \rangle = 0$ (Annahme (b) in 13.8.a) gilt. Eine weitere Überprüfungsmöglichkeit ergibt sich, wenn für die gleichen X-Werte $[x_i^{(1)}, x_i^{(2)}, \ldots, x_i^{(m)}]$ mehrere Beobachtungen $Y_{i1}, Y_{i2}, \ldots, Y_{in_i}$ gemacht werden. (Normalerweise würden wir die Y-Werte durchnummerieren und hätten mehrere gleiche X-Werte-Kombinationen, vergleiche 13.6.c. Der unübliche zweite Index von Y_{ih} vereinfacht die folgende Überlegung.) Dann kann man die Varianz σ^2 der Fehler statt wie üblich auch nur aus der Streuung innerhalb dieser Gruppen schätzen, nämlich durch

$$\widehat{\widehat{\sigma}}^2 = \frac{1}{n-g} \sum_{i=1}^{g} \sum_{h=1}^{n_i} (Y_{ih} - \overline{Y}_{i\cdot})^2 = \frac{1}{n-g} \, SS_{\text{rep}} \, ,$$

wobei $\overline{Y}_{i\cdot}$ das Mittel über die n_i Beobachtungen zu den X-Werten $[x_i^{(1)}, x_i^{(2)}, \ldots, x_i^{(m)}]$ und g die Anzahl solcher Beobachtungs-Gruppen ist, während SS_{rep} die „Quadratsumme der Replikate" oder Wiederholungen bezeichnet.

Falls das Modell stimmt, sollte diese Schätzung der Fehler-Varianz ungefähr gleich der üblichen Schätzung $\widehat{\sigma}^2$ sein, nur weniger genau. Andernfalls ist $\widehat{\sigma}^2$ grösser. Man kann mit Hilfe dieses Gedankens die Eignung der Regressionsfunktion oder, umgekehrt gesagt, den *lack of fit* prüfen.

Es ist sogar ein formaler Test möglich – gegen den allerdings die gleichen Bedenken wie gegen alle Anpassungstests angefügt werden müssen (11.4.a). Es hat

$$T = \frac{(SS_E - SS_{\text{rep}})/(g - p)}{SS_{\text{rep}}/(n - g)}$$

unter der Nullhypothese eine F-Verteilung mit $g - p$ und $n - g$ Freiheitsgraden. (Falls $g < p$ ist, sind die Parameter nicht schätzbar; für $g = p$ ist $T = 1$.) Der Test vergleicht das umfassendere Modell der einfachen Varianzanalyse, die durch die g Gruppen festgelegt ist, mit dem „sparsameren" linearen Modell, das überprüft werden soll (13.6.i).

t   *   Wenn keine Gruppen von Beobachtungen mit gleichen X-Werten vorhanden sind, können Paare von „benachbarten" X-Kombinationen $[x_i^{(1)}, x_i^{(2)}, \ldots, x_i^{(m)}]$ und $[x_h^{(1)}, x_h^{(2)}, \ldots, x_h^{(m)}]$ gesucht werden. Die quadrierten Differenzen $(R_i - R_h)^2$ der entsprechenden Residuen sollte im Mittel etwa $2\widehat{\sigma}^2$ betragen. Man kann dies grafisch überprüfen, indem man $(R_i - R_h)^2$ gegenüber einem geeigneten Distanzmass $d\left\langle x_i^{(1)}, x_i^{(2)}, \ldots, x_i^{(m)}, x_h^{(1)}, x_h^{(2)}, \ldots, x_h^{(m)} \right\rangle$ in einem Streudiagramm aufträgt, vergleiche Daniel and Wood (1980, Abschnitt 7.10).

u   Die letzte Voraussetzung, die zu überprüfen bleibt, ist die *Unabhängigkeit* der zufälligen Fehler. Wenn die Beobachtungen eine natürliche, insbesondere eine zeitliche Reihenfolge einhalten, soll man die Residuen R_i in dieser Reihenfolge auftragen, vergleiche 11.5. (Entsprechende Tests sollten der Tatsache Rechnung tragen, dass die Residuen auch dann korreliert sind, wenn die Fehler unabhängig sind.)

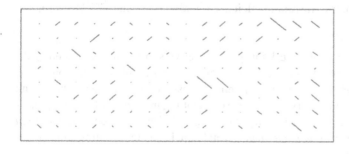

Bild 13.8.v
Residuen und räumliche
Anordnung der Beobachtungen
im Beispiel der basischen Böden

v   *   Oft ist jede Beobachtung mit einem *Ort* verbunden, und es ist plausibel, dass die Beobachtungen an benachbarten Orten ähnlicher sind als für weit entfernte Orte.

        ▷ Solche räumliche Korrelationen zeigen sich im *Beispiel* der *basischen Böden*. Die Bäume wurden in einem regelmässigen Gitter gepflanzt. Für die Gitterpunkte sind in Bild 13.8.v die Residuen dargestellt wie in Bild 13.8.r. ◁

w   Wenn Korrelationen – zeitliche, räumliche oder andere – vorliegen, dann sind die *P-Werte* der üblichen Tests häufig *grob falsch*. Methoden, die Korrelationen berücksichtigen, laufen unter der Bezeichnung *Verallgemeinerte Kleinste Quadrate*.

13.9   Einflussreiche Beobachtungen

a   *Ausreisser* treten in vielen Anwendungen aus verschiedenen Gründen auf (vergleiche 13.8.e). Die Residuen-Analysen können auf ein geeigneteres Regressionsmodell führen, und dadurch können auch Ausreisser verschwinden. – Die Antwort auf die Frage, ob eine Beobachtung ein Ausreisser sei, hängt also vom Modell ab!

b   Soweit Ausreisser als solche stehen bleiben, stellt sich die Frage, wie stark sie die *Analyse beeinflussen*. Weshalb ist das wichtig? Wenn es sich um fehlerhafte Beobachtungen handelt, wird die Analyse verfälscht. Wenn es korrekte Beobachtungen sind und sie die Ergebnisse stark prägen, ist es nützlich, dies zu wissen. Man wird dann als Interpretation die Möglichkeit bedenken, dass die Ausreisser aus irgendeinem Grund nicht zur gleichen Grundgesamtheit gehören, und dass das an die übrigen Beobachtungen angepasste Modell die „typischen" Zusammenhänge in sinnvoller Weise wiedergibt. (Die Ausreisser selbst sind schon zu den interessantesten Ergebnissen einer Untersuchung geworden!)

c   Der *Effekt eines Ausreissers* auf die Resultate kann einfach untersucht werden, indem die Analyse ohne die fragliche Beobachtung wiederholt wird. Auf dieser Idee beruhen die „(influence) *diagnostics*", die von etlichen Programmen als grosse Tabellen geliefert werden: Die Veränderung aller möglichen Resultatgrössen (Schätzwerte, Teststatistiken) beim Weglassen der $i$ten Beobachtung werden für alle i angegeben. (Dazu muss nicht etwa die Analyse n mal wiederholt werden; es sind starke rechnerische Vereinfachungen möglich, sodass der zusätzliche Rechenaufwand unbedeutend wird.)

      Es ist nützlich, diese diagnostics zu studieren. Leider zeigen sie aber oft nicht, was passieren würde, wenn man zwei oder mehrere Ausreisser gleichzeitig weglässt – die Effekte verhalten sich nicht additiv.

d   Ein wesentlicher Teil dieser grossen Tabellen kann glücklicherweise mit einer einzigen grafischen Darstellung erfasst werden. Etliche dieser Veränderungen sind nämlich Funktionen von zwei Grössen, dem $i$ten Residuum R_i einerseits und einer Grösse h_i andererseits. Die zweite Grösse misst auf bestimmte Weise, wie „untypisch" die Beobachtung in Bezug auf die Ausgangs-Variablen ist. Es gilt $0 \leq h_i \leq 1$. Die Grösse h_i wird englisch *leverage* oder *hat diagonal* genannt. Man könnte sie auf deutsch mit *Hebelarm* bezeichnen. Eine Beobachtung mit einem grossen h_i nennt man *Hebelpunkt*.

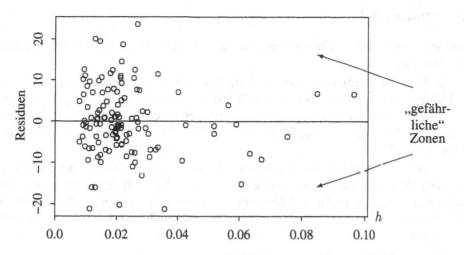

Bild 13.9.d Diagramm für einflussreiche Beobachtungen für das Beispiel der basischen Böden

Die (Beträge der) diagnostics sind jeweils grösser für grössere $|R_i|$ und grössere h_i. Wenn deshalb die Residuen in einem Streudiagramm gegen die h_i aufgetragen werden, dann sind die „gefährlichen" Beobachtungen rechts oben und unten zu finden (Bild 13.9.d). Es gibt allerdings keine eindeutigen Grenzen, die festlegen, wo die „Gefährlichkeit" beginnt.

▷ Im Beispiel sind die beiden Beobachtungen rechts, mit den grössten h_i-Werten, beachtenswert, und es könnte sich lohnen, die Analyse versuchsweise ohne sie zu wiederholen. ◁

e * Die h_i sind für die einfache Regression gleich $(1/n) + (x_i - \bar{x})^2 / SS_X$, also eine einfache Funktion des quadrierten Abstandes vom Schwerpunkt $\bar{x}$. In der multiplen Regression ist es eine Funktion der sogenannten Mahalanobis-Distanz, die in der Multivariaten Statistik besprochen wird (15.4.b).

f * Der Einfluss einzelner Beobachtungen auf einen einzelnen Regressionskoeffizienten β_j zeigt sich in einem speziellen Streudiagramm, das *added variable plot* oder *partial regression leverage plot* genannt wird. (Das erste könnte man als „Diagramm für eine zusätzliche Variable" übersetzen.) Es zeigt die Residuen einer Regressions-Analyse ohne die entsprechende Ausgangs-Variable $X^{(j)}$, aufgetragen gegen „korrigierte" Werte von $X^{(j)}$. Diese Werte erhält man als Residuen in einer Regression von $x^{(j)}$ (als „Zielvariable") auf die übrigen Ausgangs-Variablen – mit der Bildung solcher Residuen schaltet man die „indirekten Einflüsse" von $x^{(j)}$ auf Y aus, vergleiche 13.5.i. Wenn man in diesem Streudiagramm eine Gerade (mit Kleinsten Quadraten) anpasst, so hat sie genau die Steigung $\widehat{\beta}_j$, die auch bei der Schätzung aller Koeffizienten im gesamten Modell herauskommt. Das Diagramm zeigt, wie diese „Steigung" zustandekommt, also insbesondere, welche Beobachtungen einen starken Einfluss auf sie ausüben.

13.10 Modellwahl

a Von der wissenschaftlichen *Fragestellung* her gibt es verschiedene Arten, die Regressions-Analyse einzusetzen:

1. Im „Idealfall" ist bereits klar, dass die Zielgrösse von den gegebenen Ausgangs-Variablen linear abhängt. Man interessiert sich für eine klassische, konfirmatorische Fragestellung betreffend die Koeffizienten der Ausgangs-Variablen: Ein Test einer Nullhypothese (z. B. $\beta_j = 0$), eine Punkt- oder Intervallschätzung für einen oder mehrere Parameter oder allenfalls Vorhersage-Intervalle (13.2-13.6).

2. Im anderen Extremfall dient die Studie dazu, Zusammenhänge zwischen der Zielgrösse und den Ausgangs-Variablen überhaupt erst zu erforschen – der Inbegriff der *explorativen* Fragestellung. Man weiss nicht, *ob und in welcher Form die Ausgangs-Variablen die Zielvariable beeinflussen.* Oft hat man dann für eine recht grosse Zahl potenzieller Einflussgrössen „vorsorglich" Daten erhoben.

3. Manchmal liegt die Fragestellung dazwischen:
- Man ist eigentlich nur am Einfluss einer einzigen Ausgangs-Variablen interessiert, aber unter Berücksichtigung der Effekte von anderen Ausgangs-Variablen (um indirekte Einflüsse zu vermeiden). Beispiel: Wirkung eines Medikamentes auf ein Krankheitssymptom unter Berücksichtigung des Alters, des Geschlechts und von Kenngrössen der Krankheitsgeschichte.
- Man weiss einiges aus früheren Studien und aus theoretischen Überlegungen und will zusätzliche Erkenntnisse gewinnen.

In 2. und 3. stellt sich – in unterschiedlichem Ausmass – die Frage der Modellwahl: *Welche Ausgangs-Variablen sollen in welcher Form in der Modell-Gleichung der linearen Regression erscheinen?*

b ▷ Als *Beispiel* soll eine Studie zur Abnützung eines *Strassenbelags* dienen (Tabelle 13.10.b). Es wurde bereits von Cuthbert Daniel zur Präsentation dieser Methodik, die von ihm massgeblich entwickelt wurde, benützt. ◁

Tabelle 13.10.b Daten des Beispiels Strassenbelag. Y: Abnützung, V: Viskosität, A: % Asphalt, B: % Asphalt in der Basis, F: % Feinteile, Z: % Zwischenräume, S: Versuchs-Serie.

	Y	V	A	B	F	Z	S
1	6.75	2.8	4.68	4.87	8.4	4.92	0
2	13.00	1.4	5.19	4.50	6.5	4.56	0
3	14.75	1.4	4.82	4.73	7.9	5.32	0
4	12.60	3.3	4.85	4.76	8.3	4.87	0
5	8.25	1.7	4.86	4.95	8.4	3.78	0
6	10.67	2.9	5.16	4.45	7.4	4.40	0
7	7.28	3.7	4.82	5.05	6.8	4.87	0
8	12.67	1.7	4.86	4.70	8.6	4.83	0
9	12.58	0.9	4.78	4.84	6.7	4.87	0
10	20.60	0.7	5.16	4.76	7.7	4.03	0
11	3.58	6.0	4.57	4.82	7.4	5.45	0
12	7.00	4.3	4.61	4.65	6.7	4.85	0
13	26.20	0.6	5.07	5.10	7.5	4.26	0
14	11.67	1.8	4.66	5.09	8.2	5.14	0
15	7.67	6.0	5.42	4.41	5.8	3.72	0
16	12.25	4.4	5.01	4.74	7.1	4.71	0

	Y	V	A	B	F	Z	S
17	0.76	88	4.97	4.66	6.5	4.62	1
18	1.35	62	5.01	4.72	8.0	4.98	1
19	1.44	50	4.96	4.90	6.8	4.32	1
20	1.60	58	5.20	4.70	8.2	5.09	1
21	1.10	90	4.80	4.60	6.6	5.97	1
22	0.85	66	4.98	4.69	6.4	4.65	1
23	1.20	140	5.35	4.76	7.3	5.12	1
24	0.56	240	5.04	4.80	7.8	5.94	1
25	0.72	420	4.80	4.80	7.4	5.92	1
26	0.47	500	4.83	4.60	6.7	5.47	1
27	0.33	180	4.66	4.72	7.2	4.60	1
28	0.26	270	4.67	4.50	6.3	5.04	1
29	0.76	170	4.72	4.70	6.8	5.08	1
30	0.80	98	5.00	5.07	7.2	4.33	1
31	2.00	35	4.70	4.80	7.7	5.71	1

c   Erinnern Sie sich, dass die $X^{(j)}$ in der Modellgleichung $Y_i = \beta_0 + \beta_1 x_i^{(1)} + \beta_2 x_i^{(2)} + \ldots +$
    $\beta_m x_i^{(m)} + E_i$ nicht unbedingt die *ursprünglich* beobachteten oder gemessenen Grössen sein
    müssen; es können transformierte Grössen (z. B. $x^{(j)} = \log_{10}\langle u^{(j)}\rangle$) sein oder Funktionen von
    mehrereren ursprünglichen Grössen (z. B. $x^{(j)} = u^{(k)} \cdot u^{(\ell)}$). Auch die Zielgrösse Y kann
    durch geeignete Transformation oder Standardisierung aus einer oder mehreren ursprünglich
    gemessenen Variablen gewonnen werden.

> Zur Unterscheidung wollen wir hier klare Begriffe einführen:
> * Die ursprünglich gemessenen oder beobachteten Ausgangsgrössen bezeichnen wir mit $U^{(\ell)}$.
> * Die daraus durch Transformationen und Umrechnungen ermittelten Grössen, die linear in
>   die Modellgleichung eingehen sollen, wollen wir *Regressoren* nennen. Dies schliesst nominale
>   Ausgangsgrössen (Faktoren) ein.
> * Zu den Regressoren können weitere *Terme* des Regressionsmodells kommen, insbesondere
>   Wechselwirkungsterme und quadrierte Regressoren.
> * Die Variablen, die im mathematischen Modell stehen, sind die *X-Variablen* $X^{(j)}$. Sie können
>   gleich sein mit mit Regressoren, mit dummy Variablen für Faktoren oder aus Regressoren
>   ausgerechnet sein.

Die *Modell-Zielgrösse* Y im kann ebenfalls eine transformierte Version der ursprünglichen
Zielgrösse V sein oder sogar aus mehreren ursprünglichen Variablen entstehen, beispielsweise
durch Bildung eines Verhältnisses.

d   ▷   Im *Beispiel* zeigt ein Streudiagramm (Bild 13.10.d (i)) der Zielgrösse gegen die wichtigste
        Ausgangs-Variable, die Viskosität des Belags, dass diese beiden Grössen logarithmiert werden
        müssen, um einen linearen Zusammenhang zu erhalten. Die logarithmierte Viskosität ist also ein
        Regressor.   ◁

e   Ist ein bestimmter *einzelner Term* im Modell nötig? nützlich? überflüssig? – Die Beantwortung
    dieser Frage ist ein *Grundbaustein für die Modellwahl*.
    Als Hypothesen-Prüfung haben wir diese Frage schon gelöst: Die Nullhypothese $\beta_j = 0$ prüft
    der t-Test. Für eine nominale Variable gibt der F-Test (13.6.i) Auskunft über ihren Einfluss.
    Diese Antwort tönt aber besser, als sie ist, denn es ergibt sich das Problem des *multiplen*
    Testens (12.1.c), da bei der Suche nach einem geeigneten Modell meistens einige bis viele
    Entscheidungen dieser Art getroffen werden. Dazu kommt ein weiteres, kleineres Problem: Man
    müsste die Voraussetzungen der Normalverteilung und der Unabhängigkeit der Fehler prüfen,
    wenn man die P-Werte der t-Tests zum Nennwert nehmen wollte.

> Man kann also nicht behaupten, dass ein Term mit signifikantem Test-Wert einen „statistisch
> gesicherten" Einfluss auf die Zielgrösse habe.

Statt die Tests für strikte statistische Schlüsse zu verwenden, begnügen wir uns damit, die P-
Werte der Tests zu benützen, um die *relative* Wichtigkeit der Terme anzugeben, insbesondere um
den „wichtigsten" oder den „unwichtigsten" zu ermitteln.

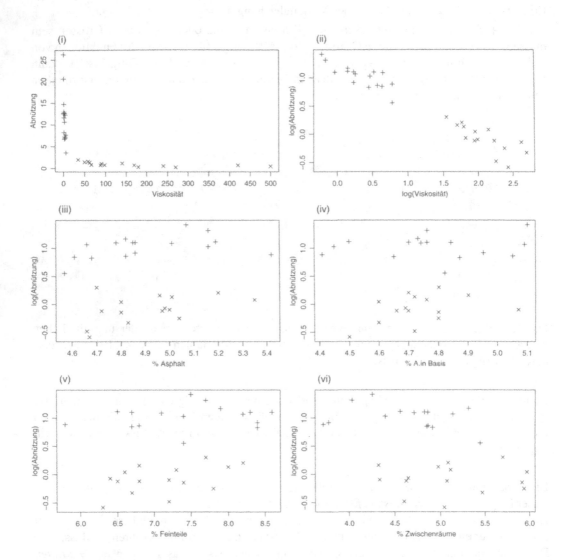

Bild 13.10.d Zielgrösse und Regressoren im Beispiel des Strassenbelags. i Ursprüngliche Zielgrösse Abnützung gegen Viskosität; (ii) beide Grössen logarithmiert; (iii)-(vi) transformierte Zielgrösse gegen übrige Ausgangsgrössen; die beiden Versuchsserien sind durch verschiedene Symbole markiert.

f   Mit diesem Grundbaustein können nun Strategien der Modellwahl formuliert werden:

• *Schrittweise rückwärts.* Man geht vom „vollen" Modell aus, in dem alle in Frage kommenden Regressoren (und eventuell weitere Terme) enthalten sind. Das ist nur möglich, wenn ihre Zahl kleiner ist als die Zahl der Beobachtungen – sie sollte bedeutend kleiner sein. Nun kann man schrittweise den „unwichtigsten" wegnehmen, solange er unwichtig genug erscheint. Wo die entsprechende Grenze der „Wichtigkeit", also des P-Wertes liegen soll, ist kaum generell festzulegen. Die Schranke 0.05 für den P-Wert ist wegen der genannten Probleme nicht sinnvoller als andere (niedrigere) Werte.

g ▷ Im *Beispiel des Strassenbelags* zeigt sich (Tabelle 13.10.g), dass die Variable „Feinteile" (F) in der Gleichung mit allen möglichen Ausgangs-Variablen am ehesten weggelassen werden kann. Im zweiten Schritt folgt B, der Anteil des Asphalts in der Basis, und dann die Versuchsserie S. Nun zeigen alle Variablen P-Werte unter 3%. (den Achsenabschnitt Int. wegzulassen, wäre unsinnig, auch wenn sein P-Wert über der gewählten Grenze liegen sollte.) ◁

Tabelle 13.10.g Ergebnisse der Rückwärts-Verfahrens im Beispiel des Strassenbelags. Int.: Achsenabschnitt $\widehat{\alpha}$, V.l: $\log_{10}\langle V \rangle$.

Var.	Koeff.	se	t-Wert	P-Wert	Var.	Koeff.	se	t-Wert	P-Wert
		Alle Variablen					nach dem 1. Eliminationsschritt		
Int.	−2.51	1.07	−2.4	0.0273	Int.	−2.56	1.05	−2.4	0.0221
V.l	−0.513	0.0731	−7	0.	V.l	−0.522	0.0703	−7.4	0.
A	0.498	0.115	4.3	0.0002	A	0.502	0.114	4.4	0.0002
B	0.101	0.142	0.71	0.483	B	0.129	0.13	0.99	0.331
F	0.0189	0.0342	0.55	0.587	Z	0.146	0.045	3.2	0.0034
Z	0.138	0.0479	2.9	0.0084	S	−0.263	0.126	−2.1	0.0468
S	−0.269	0.128	−2.1	0.0462					
	nach dem 2. Eliminationsschritt					nach dem 3. Eliminationsschritt			
Int.	−1.74	0.647	−2.7	0.0123	Int.	−1.57	0.67	−2.3	0.0266
V.l	−0.548	0.0655	−8.4	0.	V.l	−0.661	0.0259	−25	0.
A	0.465	0.107	4.3	0.0002	A	0.433	0.11	3.9	0.0005
Z	0.144	0.0449	3.2	0.0036	Z	0.146	0.0469	3.1	0.0043
S	−0.222	0.119	−1.9	0.0726					

* Der Einfluss der Versuchsserie (S) ist formal knapp nicht signifikant. Ein näherer Blick auf die Daten zeigt, dass diese Variable eng mit der wichtigsten Ausgangs-Variablen V.l zusammenhängt – ein miserabler Versuchsplan! Entsprechend gross ist die Auswirkung des Weglassens von S auf den Koeffizienten von V.l, verglichen mit dessen Standardfehler!

h • *Schrittweise vorwärts.* Analog zum schrittweisen Rückwärts-Verfahren kann man vom „leeren" Modell (kein Term ausser dem Achsenabschnitt) zu immer grösseren kommen, indem man schrittweise einen zusätzlichen Regressor hinzunimmt, und zwar denjenigen, der (von den verbleibenden) am „wichtigsten" ist. Dieses Verfahren hatte in den Anfangszeiten der multiplen Regression eine grundlegende Bedeutung, da es einen minimalen Rechenaufwand erfordert.
• Beide Verfahren können kombiniert werden, indem in jedem Schritt des Rückwärts-Verfahrens auch geprüft wird, ob ein bereits weggelassener Term wieder ins Modell aufgenommen werden soll – oder umgekehrt beim Vorwärtsverfahren.

i • *„Alle Gleichungen" (all subsets).* Gehen wir wie beim Rückwärts-Verfahren von einem festen Satz von m Termen aus! Mit diesen Termen lassen sich prinzipiell 2^m lineare Modell-Gleichungen bilden; man kann für jeden wählen, ob er im Modell erscheinen soll oder nicht. Der Computer kann alle möglichen Modelle an die Daten anpassen und nach einem geeigneten Kriterium das beste oder die paar besten suchen. (Intelligente Algorithmen vermeiden es, alle Modelle durchzurechnen.)

j Als *Kriterien* können die folgenden Grössen verwendet werden:

1. Das „Bestimmtheitsmass" R^2 oder die multiple Korrelation R,

2. der Wert der Teststatistik für das gesamte Modell (F-Test),

3. der P-Wert, der zur F-Teststatistik gehört,

4. die geschätzte Varianz $\widehat{\sigma}^2$ der Fehler (oder die Standardabweichung $\widehat{\sigma}$).

Um die Kriterien zu vergleichen, müssen wir die Anzahl der Koeffizienten im Modell beachten. Es sei p die Anzahl Koeffizienten im vollen Modell und p' die Zahl im jeweils betrachteten Modell.

Für eine feste Anzahl p' von Koeffizienten im Modell führen alle diese (und auch die unten aufgeführten) Kriterien zum gleichen besten Modell (da jedes sich aus jedem andern – für festes p' – über eine monotone Funktion ausrechnen lässt).

k Wenn Modelle mit verschieden Koeffizienten verglichen werden sollen, sind die genannten Kriterien teilweise ungeeignet. Das Bestimmtheitsmass R^2 wird beispielsweise nie zunehmen, wenn eine X-Variable aus der Modellgleichung gestrichen wird.

* Es misst ja im grösseren Modell die maximale quadrierte Korrelation zwischen Y und einer geschätzten Regressionsfunktion $\widehat{\alpha} + \widehat{\beta}_{j_1} x^{(j_1)} + \ldots + \widehat{\beta}_{j_m} x^{(j_{m'})}$. Die Variable $x^{(j_{m'})}$ weglassen heisst $\beta_{j_{m'}} = 0$ setzen. Das Maximum unter dieser Nebenbedingung kann nicht grösser sein als ohne die Bedingung.

Trotzdem ist ein grösseres Modell ja nicht unbedingt besser als ein kleineres. Es sind deshalb Kriterien vorgeschlagen worden, die automatisch auch unter Modellen mit verschieden vielen Koeffizienten eine sinnvolle Wahl der besten vornehmen:

5. Korrigiertes Bestimmtheitsmass R^2 (*adjusted* R^2): $R_{\mathrm{adj}}^2 = 1 - \frac{n-1}{n-p'}(1 - R^2)$

6. C_p von Mallows: $C_{p'} := \mathrm{SS}_E / \widehat{\sigma}_p^2 + 2p' - n = (n - p')(\mathrm{MS}_E / \widehat{\sigma}_p^2 - 1) + p'$. ($\widehat{\sigma}_p$ ist die Schätzung von σ im vollen Modell.) Dieses Kriterium minimiert in gewisser Weise den Vorhersagefehler.

7. Das Informations-Kriterium AIC von Akaike (und Varianten davon). Es ist AIC $\approx C_p$.

Diese Kriterien zeichnen jeweils ein Modell als das beste aus. Oft sind sie sich nicht einig in Bezug auf die Anzahl Koeffizienten. Innerhalb der Modelle mit gleicher Anzahl führen sie zur gleichen Ordnung wie die erste Liste, sind sich also auch untereinander einig.

Häufig, aber nicht immer, ist jedes dieser „besten" auch unter den Modellen zu finden, die die schrittweisen Verfahren liefern.

l ▷ Für das *Beispiel des Strassenbelags* zeigt Bild 13.10.1 die C_p-Werte für die 16 besten der $2^6 = 64$ möglichen Gleichungen, aufgetragen gegen die „Länge" p der Gleichung. ◁
Die beste Gleichung ist jene, die im Rückwärts-Verfahren nach zwei Eliminationsschritten erreicht wurde. Im Sinne des C_p-Kriteriums lohnt es sich also, die Versuchsserie (S) in die Gleichung aufzunehmen, obwohl sie formal nicht signifikant ist. Die zweit- und drittbeste Gleichung enthält zusätzlich B respektive F, und erst die viertbeste ist jene, die im Rückwärts-Verfahren auserkoren wurde. Für die Vorhersage scheint es sich zu lohnen, auch eher unbedeutende Variable zu berücksichtigen.

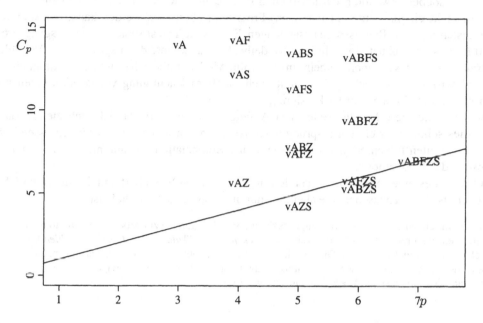

Bild 13.10.1 C_p-Werte im Beispiel des Strassenbelags. Die Buchstaben bezeichnen die Ausgangs-Variablen in der Gleichung; v steht für $\log_{10}\langle V\rangle$.

m   Das „beste" Modell ist aber noch lange nicht das „richtige" oder das „wahre" Modell! Wenn man Daten aufgrund eines bestimmten Modells simuliert, werden (je nach Streuung der Fehler, Anzahl Beobachtungen, Grösse der Modell-Koeffizienten und „Verteilung" der X-Variablen, genannt „design") mehr oder weniger oft andere Modelle als „beste" ausgelesen. Deshalb soll man immer *mehrere Modelle in Betracht ziehen*, die von den Kriterien als „gut" – nicht viel schlechter als das „beste" – bewertet werden. Wie viel schlechter? Leider gibt die Statistik darauf keine Antwort. (Eine kleine Hilfe ist der Test für einzelne Koeffizienten, siehe oben.) Unter den „guten" Modellen soll mit Hilfe von *Plausibilitäts-Überlegungen und Fachwissen* ein geeignetes (oder wenige geeignete) ausgewählt werden. Insbesondere sollte der Vergleich zwischen verschieden grossen Modellen nicht „automatisiert" werden.
Bei gewissen Problemstellungen – nämlich wenn Vorhersagen im Sinne von 13.4.d das Ziel sind – ist die „richtige" Auswahl unter den Modellen, die die Daten gut beschreiben, unwichtig; wesentlich ist nur, *ein* gutes Modell zu haben.
Nochmals: Explorative Datenanalyse findet nicht das richtige Modell, sondern einige Modelle, die den Daten gut entsprechen. Sie findet allgemeiner nicht „die Wahrheit", sondern Hinweise auf Zusammenhänge, die es wert sind, genauer untersucht zu werden.

n   *   Hohe Korrelationskoeffizienten zwischen X-Variablen oder allgemeinere Formen von *Kollinearität* führen, wie bereits erwähnt, zwar zu Problemen mit der Interpretation, sind aber von der Theorie her zugelassen (siehe 13.7.h). Im Rückwärts- und Vorwärts-Verfahren ist es in solchen Fällen häufig vom Zufall abhängig, welche der beteiligten Variablen als Erste weggelassen respektive aufgenommen wird. Wenn alle Gleichungen untersucht werden, gibt es in diesem Fall jeweils Gruppen von ähnlich geeigneten.

o Neben den soeben erwähnten Unsicherheiten gibt es einen weiteren Grund, weshalb die Modellwahl nicht einem (heute existierenden) Programm überlassen werden kann. Wir sind von einem festen Satz von Regressoren ausgegangen. Bereits die Transformation von Ausgangsgrössen zu Regressoren bildet einen Teil der Modellwahl. Man könnte die ursprünglichen Variablen und transformierte Versionen gemeinsam ins volle Modell einbeziehen und eine automatische Auswahl wirken lassen. Schliesslich steht auch die Berücksichtigung von quadratischen und Wechselwirkungs-Termen zur Diskussion.

Wollte man alle diese Möglichkeiten von Anfang an in das volle Modell einbeziehen, dann würde dies schon bei wenigen ursprünglichen Ausgangs-Variablen zu einer übergrossen Zahl von Koeffizienten führen. Sinnvoll ist deshalb eine Kombination von automatischer Variablen-Auslese und „Handbetrieb".

Dazu braucht es eine „*Strategie*", die allerdings noch selten formuliert und diskutiert wird. Sie wird eher als Kunst angesehen, die allenfalls durch Beispiele zu vermitteln ist.

p * Eher peinlich berührt es, zu erwähnen, dass die meisten Programme zur Modellwahl mit nominalen Variablen, also mit den in 13.6.e erwähnten *Blöcken von Indikator- oder dummy-Variablen* bisher nicht richtig umgehen können. Die einzelnen Indikator-Variablen werden als unzusammenhängend behandelt. Die „beste" Modell-Gleichung enthält daher oft eine oder einige, aber nicht alle Indikator-Variablen eines Blocks – ein unsinniges Ergebnis.

13.11 Allgemeinere Modelle für stetige Zielgrössen

a Das Modell der multiplen linearen Regression ist in mancher Hinsicht das einfachste, das eine Abhängigkeit einer Zielgrösse von mehreren Ausgangs-Variablen darstellt. In diesem und im nächsten Abschnitt sollen stichwortartig die bekannteren anderen Regressionsmodelle aufgeführt werden, um den Einstieg in die Spezialliteratur zu erleichtern.

b *Verteilung der Fehler.* Wenn man im linearen Regressionsmodell für die zufälligen Fehler nicht eine Normalverteilung, sondern irgendeine andere Verteilungsfamilie voraussetzt, führt die Maximierung der Likelihood nicht mehr zu Kleinsten Quadraten. Einige oft verwendete Familien werden durch die Verallgemeinerten Linearen Modelle abgedeckt; sie werden im nächsten Abschnitt behandelt (13.12.h). Andere Familien führen zu sogenannten *M-Schätzungen* (vergleiche 7.5.c) oder Huber-Typ-Schätzern, die bei geeigneter Wahl eine beschränkte *Robustheit* gegenüber Ausreissern aufweisen. Um gute Robustheit zu erreichen, braucht man allerdings andere Methoden, die unter dem Namen „Methoden mit *hohem Bruchpunkt*" (high breakdown point regression) oder „mit beschränktem Einfluss" (bounded influence regression) bekannt sind. *Literatur:* Maronna, Martin and Yohai (2006), Rousseeuw and Leroy (1987), Venables and Ripley (1997), Kap. 8.3-8.4.

c *Nicht-lineare Regression.*
▷ In der Enzym-Kinetik wird untersucht, welche Menge Enzym (Y) an „Bindungsstellen" im Gewebe gebunden werden – in Abhängigkeit von der Konzentration x in der zugefügten Lösung. Eine alte Formel, die diese Abhängigkeit im einfachsten Fall gut beschreibt, lautet

$$Y_i = \frac{\theta_1}{(\theta_2/x_i)^{\theta_3} + 1} + E_i \,.$$

(Der Parameter θ_1 bedeutet die „Kapazität", die Menge adsorbierten Enzyms bei grosser Konzentration; θ_2 und θ_3 bestimmen die Form der „Sättigungskurve".) Diese Formel lässt sich mit keinen Transformationen in eine Form bringen, die linear in den Koeffizienten wäre.   ◁

Allgemein formuliert sei die Regressionsfunktion h bis auf einige Konstanten $\theta_1, \ldots, \theta_p$ bekannt,

$$Y_i = h\langle x_i^{(1)}, x_i^{(2)}, \ldots, x_i^{(m)}; \theta_1, \theta_2, \ldots, \theta_p \rangle + E_i \ .$$

Die Parameter $\theta_1, \ldots \theta_p$ aus Daten zu bestimmen, ist die Aufgabe der *nicht-linearen Regression*. Meistens wird für den zufälligen Fehler wieder $E_i \sim \mathcal{N}\langle 0, \sigma^2 \rangle$, unabhängig, angenommen, und für die Schätzung der Parameter $\theta_1, \ldots, \theta_p$ die Methode der Kleinsten Quadrate angewandt. Die Theorie, die korrekte Interpretation von Ergebnissen und selbst die Berechnung von Parametern werden wesentlich anspruchsvoller als für die multiple lineare Regression. Auch hier sind robuste Varianten möglich.

Literatur: Bates and Watts (1988), Chambers and Hastie (1992), Kap. 10, Venables and Ripley (1997), Kap. 9.

d   *   *Systemanalyse.* Die Funktion h kann im Prinzip von den Ausgangs-Variablen x und den Parametern $\theta_1, \ldots \theta_p$ in beliebig komplizierter Weise abhängen. Man kann beispielsweise in der Atmosphärenphysik die Wolken- und Gewitterbildung oder Transportphänomene, in der Chemie Reaktionen und in der Ökologie die Entwicklung von Ökosystemen mit Hilfe von Differentialgleichungen beschreiben. Diese Gleichungen können Konstanten θ_k enthalten, die nicht oder ungenügend bekannt sind. Wenn man Anfangsbedingungen $x^{(j)}$ und eine Endgrösse Y messen kann, so kann man mit Hilfe der nicht-linearen Regression die Konstanten θ_k als Parameter des Modells schätzen. Zur Berechnung eines Funktionswertes $h\langle x_i^{(1)}, x_i^{(2)}, \ldots, x_i^{(m)}; \theta_1, \theta_2, \ldots \theta_p \rangle$ für bestimmte, mögliche Parameterwerte θ_j muss jeweils die Lösung des Differentialgleichungs-Systems bestimmt werden. In der Regel ist dies nur numerisch möglich. Oft werden die Werte Y_i der Zielgrösse für verschiedene Zeitpunkte t_i bei einer einzigen Durchführung des Prozesses gemessen. Dann ist die Zeit die erste und oft die einzige X-Variable. Bei mehreren Prozess-Abläufen können Anfangsbedingungen und andere Charakterisierungen der Umstände hinzu kommen. Trotz aller Besonderheiten und Schwierigkeiten bildet die Bestimmung der unbekannten Konstanten eine Fragestellung der nichtlinearen Regression. Mit solchen Aufgaben befasst sich die Systemanalyse.

e   *Glättung.* In all diesen Modellen ist die Regressionsfunktion h bis auf einige Konstanten bekannt. In vielen Fällen weiss man eigentlich nichts über die Funktion, ausser dass sie nicht „allzu wild" sein kann, dass also h in irgendeinem festzulegenden Sinn *glatt* ist. Eine (allzu) einfache Methode, zu einer mehr oder weniger glatten geschätzten Funktion $\hat{h}$ aufgrund der Daten zu gelangen, wurde in 13.8.k beschrieben. Es gibt viele *Glättungsverfahren* oder *smoother.* Die Methodik wird oft als *nicht-parametrische Regression* bezeichnet – ein eher missglückter Begriff, da zwar die Funktion h nicht durch wenige Parameter festgelegt ist, wohl aber für die Verteilung der Fehler oft die Normalverteilung vorausgesetzt wird. (Man kann sogar die ganze Funktion $h\langle x \rangle$ als „unendlich-dimensionalen Parameter" auffassen. Dann müsste man von „superparametrischer Regression" sprechen.)

Literatur: Hastie and Tibshirani (1990), Kap. 1; Chambers and Hastie (1992), Kap. 8.

f   *Allgemeine additive Modelle.* Im Prinzip kann man auch für mehrere Ausgangs-Variable nicht-parametrische Regressionsmethoden entwickeln. Allerdings machen heuristische Überlegungen und Erfahrung rasch klar, dass solche Methoden nur dann zu sinnvollen Resultaten führen können, wenn sehr viele Beobachtungen vorliegen oder die zufälligen Fehler klein sind. Je mehr Daten, desto weniger Annahmen sind nötig – und umgekehrt.

Eine sinnvolle Einschränkung liegt oft in der Annahme, dass die Effekte auf die Zielgrösse sich additiv verhalten. Sie führt auf ein allgemeines additives Modell *(general additive model, GAM)* mit $h\langle x^{(1)}, \ldots, x^{(m)} \rangle = h_1\langle x^{(1)} \rangle + h_2\langle x^{(2)} \rangle + \ldots + h_m\langle x^{(m)} \rangle$. Wenn zusätzlich noch eine geeignete Transformation der Zielgrösse aus den Daten geschätzt wird, heissen die Methoden ACE und AVAS.

Literatur: Hastie and Tibshirani (1990); Chambers and Hastie (1992), Kap. 7; Venables and Ripley (1997), Kap. 11.1.+3.

g * *Projection Pursuit Regression.* Statt der einzelnen Ausgangs-Variablen kann je eine Linearkombination als Argument der glatten Funktionen eingesetzt werden,

$$h\langle x^{(1)}, \ldots, x^{(m)} \rangle = h_1 \left\langle \sum_{j=0}^{m} \alpha_j^{(1)} x^{(j)} \right\rangle + h_2 \left\langle \sum_{j=0}^{m} \alpha_j^{(2)} x^{(j)} \right\rangle + \ldots.$$

Die Methodik der Projection Pursuit Regression schätzt sowohl die α_j als auch die Funktionen h_k aus den Daten, die dementsprechend zahlreich sein müssen.

Literatur: Venables and Ripley (1997), Kap. 11.2.

h * *Neuronale Netze.* Als Variante davon kann man für die h_k eine feste Funktion $\widetilde{h}$, beispielsweise die logistische, wählen, und erhält die Terme

$$z^{(k)} = \widetilde{h} \left\langle \sum_{j=0}^{m} \alpha_j^{(k)} x^{(j)} \right\rangle$$

(wobei $x^{(0)} = 1$ ist). Aus diesen bildet man wieder eine Linearkombination und wendet, um konsistent zu bleiben, auch darauf die Funktion $\widetilde{h}$ an. So ergibt sich

$$h\langle x^{(1)}, \ldots, x^{(m)} \rangle = \gamma_0 + \gamma_1 \widetilde{h} \left\langle \sum_k \beta_k z^{(k)} \right\rangle.$$

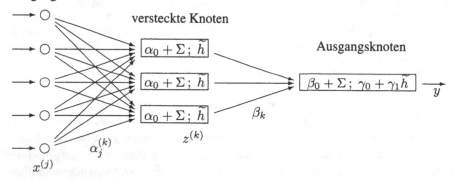

Bild 13.11.h Schema eines Neuronalen Netzes mit einer „versteckten Schicht" von Knoten

Dieses statistische Modell beschreibt das gebräuchlichste in der Klasse der „neuronalen Netze", die sich an einem einfachen biologischen Modell der Funktion des Gehirns orientieren: Die Eingangszellen im Bild 13.11.h erhalten die Eingangssignale $X^{(j)}$, und das Augangssignal sollte Y sein. Das wird über dazwischengeschaltete „Nervenzellen" oder Knoten in der „versteckten Schicht" *(hidden layer)* bewerkstelligt; jede Zelle k empfängt die Signale $X^{(j)}$ der Eingangszellen mit verschiedenen Dämpfungen $\alpha_j^{(k)}$ und schickt die Summe, transformiert mit der nicht-linearen Funktion $\widetilde{h}$, weiter an die Ausgangszelle. Diese verarbeitet die Signale auf gleiche Weise zum geschätzten Ausgangssignal $\widehat{y}$. – Es können mehrere Ausgangszellen für mehrere Ausgangssignale angesetzt werden, und kompliziertere Netze können mehrere Schichten von versteckten Knoten enthalten.

Literatur: Ripley (1996).

i   *Überlebens- oder Ausfallzeiten.* Wenn die Heilung von Patienten oder der Ausfall von Geräten untersucht wird, so kann man auch die Zeit bis zu diesem Ereignis messen. Beobachtungen dieser Art heissen *Überlebenszeiten* (englisch *survival* oder *failure time data*). Das bekannteste Modell zur Untersuchung der Abhängigkeit einer solchen Grösse von Ausgangs-Variablen heisst *Cox-Regression* und ist das bekannteste Beispiel eines *proportional hazards* Modells.

Bei solchen Studien kann man meistens einige Überlebenszeiten nicht bis zu ihrem Ende abwarten; man muss *zensierte Daten* in Kauf nehmen (2.7.c). Die Regressionsmethoden für Überlebenszeiten können solche unvollständige Daten auswerten.

Literatur: Crowder, Kimber, Smith and Sweeting (1991), Collet (1994), Kalbfleisch and Prentice (2002).

j   *   *Fehlerbehaftete Ausgangs-Variable.* Die Ausgangs-Variablen erscheinen in all diesen Modellen nicht als Zufallsvariable, obwohl sie oft ebenso zufällig sind wie die Zielgrösse. Wir haben weiter oben argumentiert (13.6.b), dass es für die Analyse richtig sei, die x-Werte so oder so als fest anzunehmen.

Eine andere Problemstellung geht davon aus, dass Ausgangs-Variablen nicht genau gemessen werden können: Man stellt sich im Fall der einfachen Regression zwei „latente" Variable u und v vor, die deterministisch zusammenhängen – im einfachsten Fall linear, $v = \tilde{\alpha} + \tilde{\beta} u$. Sie können aber nicht exakt beobachtet werden, sondern nur mit zufälligen Fehlern, also $X_i = u_i + D_i$, $Y_i = v_i + E_i = \tilde{\alpha} + \tilde{\beta} u_i + E_i$. Die Fehler D_i sollen ebenso wie die Messfehler E_i normal-verteilt sein, $D_i \sim \mathcal{N}\langle 0, \sigma_D^2 \rangle$, $E_i \sim \mathcal{N}\langle 0, \sigma^2 \rangle$ – und unabhängig. (Für $\sigma_D^2 = 0$ erscheint das Modell der einfachen linearen Regression.) Oft möchte man eine Aussage über die Koeffizienten $\tilde{\beta}$ und eventuell α machen. Methoden für diese Regression mit fehlerbehafteten Ausgangs-Variablen findet man in spezialisierten Büchern unter den Namen *errors-in-variables regression* und *structural* oder *functional relationship*. Wenn die Variablen so skaliert werden, dass beide gleiche Genauigkeit haben ($\sigma_D = \sigma$), dann liefert die orthogonale Regression (3.5.l) die richtige Schätzung (vergleiche auch 15.5.b).

Wenn man allerdings Y „vorhersagen" oder interpolieren will, so macht dies meistens nur für gegebene X-Werte Sinn, nicht für gegebene u-Werte, da man diese ja nicht beobachten kann. Dann ist die gewöhnliche Regressionsrechnung angebracht. Wenn nur die Frage interessiert, ob ein Einfluss von u auf Y (oder v) vorhanden sei, so stellt sich heraus, dass $\tilde{\beta} = 0$ zur Folge hat, dass auch die Steigung im Regressionsmodell von Y auf X null ist, und man kann den Test der gewöhnlichen Regressionsrechnung anwenden.

Literatur: Wetherill (1986) gibt eine knappe, kritische Darstellung.

k   „*Ausgleichs-Geraden*" werden oft verwendet, um eine Messmethode zu *eichen* oder um aus dem Resultat einer (billigen) Messmethode das Resultat einer anderen (teuren) zu „schätzen".

Für die Bestimmung des Zusammenhangs geht man meist von bekannten „wahren" Werten x_i (oder Werten der präzisen, teuren Messmethode) aus und bestimmt dazu die Werte Y_i der zu untersuchenden Methode. Es wird beispielsweise für chemische Lösungen mit bekannter Konzentration jeweils die Absorption von Licht bei einer bestimmten Wellenlänge gemessen. In der Anwendung der Eich-Geraden (oder -Kurve) ist umgekehrt der Wert Y der fraglichen Messmethode vorgegeben, und man will den zugehörigen wahren Wert x schätzen. Im Beispiel will man aus der Absorption die Konzentration der Lösung ausrechnen. Man verwendet die Regressions-Beziehung also in der „falschen" Richtung. Daraus ergeben sich Probleme. Ihre Behandlung findet man auch unter dem Titel *inverse Regression* oder *calibration*.

Literatur: Fuller (1987), Brown (1993).

l * *Zufällige Koeffizienten, gemischte Modelle.* Im Varianzkomponenten-Modell (12.5) wurde die Idee von zufälligen Effekten vorgestellt. Wenn für Patienten festgestellt wird, wie stark sie auf verschiedene Konzentrationen eines Medikamentes reagieren, so kann ein Modell sinnvoll sein, das die Reaktion eines Patienten (Y) als einfache lineare Regression auf die Dosis (x) beschreibt. Steigung und Achsenabschnitt für die Regressionsgerade des $i$ten Patienten kann man als Zufalls-variable modellieren. Das ergibt ein Modell

$$Y_{ih} = \mu + A_i + B_i\,x_{ih} + E_{ih}$$

mit *zufälligen Koeffizienten* A_i und B_i.

Vergleicht man in dieser Situation die Wirkung zweier Medikamente, dann kommt noch ein fester Effekt für einen allfälligen systematischen Unterschied hinzu, zu schreiben als $+\gamma\tilde{x}_i$, wobei $\tilde{x}_i$ die Indikatorvariable für das eine der beiden Medikamente ist (vergleiche 13.6.d).

Modelle können also sowohl feste als auch zufällige Koeffizienten enthalten. Die Ausgangs-Variablen können Faktoren im Sinne der Varianzanalyse oder geordnete, oft kontinuierliche Variable im Sinne der Regression sein. So entstehen die sogenannten *gemischten* oder *allgemeinen linearen Modelle* oder *mixed* respektive *general linear models*.

m *Multivariate Regression.* In den vorhergehenden Abschnitten wurde das Modell der *multiplen* linearen Regression behandelt. Irrtümlicherweise wird dafür ab und zu der Ausdruck *multivariate Regression* verwendet, der sich, richtig verwendet, auf Modelle bezieht, in denen gleichzeitig mehrere Zielgrössen $Y_i^{(1)}, Y_i^{(2)}, \ldots$ in ihrer Abhängigkeit von (den gleichen) Ausgangs-Variablen $x_i^{(1)}, x_i^{(2)}, \ldots$ beschrieben werden. Dies ist eine Problemstellung der multivariaten Statistik (siehe 15.6.e).

13.12   Verallgemeinerte lineare Modelle

a *Logistische Regression.* In toxikologischen Untersuchungen wird festgestellt, ob eine Maus bei einer bestimmten Giftkonzentration überlebt oder stirbt. In der Medizin denken wir lieber an den entgegengesetzten Fall: Wird ein Patient bei einer bestimmten Konzentration eines Medikaments in einer vorgegebenen Zeit gesund oder nicht?

Die *Zielgrösse* ist hier nicht mehr eine kontinuierliche, sondern eine *binäre* Variable (oder 0-1-Variable), die das Auftreten eines bestimmten Ergebnisses angibt. Es wird die Abhängigkeit dieses Ereignisses von einer oder mehreren erklärenden Variablen gesucht. Solche Situationen treten in vielen Gebieten auf: Ausfall von Geräten, Vorhandensein eines bestimmten Merkmals bei Lebewesen oder eines Fehlers an einem Produkt, Zugehörigkeit zu einer von zwei Gruppen (vergleiche 15.6) usw.

b Ein Wahrscheinlichkeitsmodell für diese Situation trägt dem Umstand Rechnung, dass bei gegebener (mittlerer) Konzentration eines Giftes nicht jede Maus stirbt. Gesucht ist ein Modell für die Wahrscheinlichkeit, dass das Ereignis eintritt, also für $P\langle Y_i = 1\rangle$, in Abhängigkeit von der Konzentration oder, allgemein, von den Werten $x_i^{(1)}, \ldots, x_i^{(m)}$ der Ausgangs-Variablen. Der einfachste Vorschlag, $P\langle Y_i = 1\rangle = \alpha + \beta_i x_i^{(1)} + \beta_2 x_i^{(2)} + \ldots$ würde zu Wahrscheinlichkeitswerten ausserhalb des Intervalls von 0 bis 1 führen. Um dies zu vermeiden, transformiert man die Wahrscheinlichkeit, meistens mit der *„logit"-Transformation* $p \mapsto log_e\langle p/(1-p)\rangle$. So erhält man das Modell der logistischen Regression,

$$log_e\left\langle \frac{P\langle Y_i = 1\rangle}{1 - P\langle Y_i = 1\rangle} \right\rangle = h\langle x_i^{(1)}, \ldots, x_i^{(m)}\rangle = \alpha + \beta_1 x_i^{(1)} + \beta_2 x_i^{(2)} + \ldots + \beta_m x^{(m)} .$$

Die Y_i sollen unabhängig sein.

Literatur: Cox (1989) behandelt die logistische Regression auf ansprechende Weise. Meist genügt aber ein Kapitel aus einem allgemeineren Lehrbuch.

c * Die logistische Regression lässt sich auf den Fall einer kategoriellen oder nominalen Zielgrösse mit mehr als zwei Kategorien verallgemeinern. Die Methode läuft unter dem Namen *multinomiale Regression.*
Wenn die Zielgrösse geordnet ist, dann ist eine andere Verallgemeinerung angebracht, die man unter dem Stichwort *kumulative Logits* findet.

d *Poisson-Regression.* Wovon hängen die Aufenthaltsorte von Seesternen ab? Um diese Frage zu untersuchen, wird man auf dem Meeresboden Flächen abgrenzen, für jede die Umweltvariablen $x^{(1)}, \ldots x^{(m)}$ aufnehmen, und die Seesterne zählen. Die *Zielgrösse* Y_i ist eine *Anzahl,* für die man als einfachstes Modell annehmen kann, dass sie poissonverteilt ist (falls man direkte gegenseitige Beeinflussung vernachlässigen kann). Der Parameter λ_i soll wieder in transformierter Form linear von den Ausgangs-Variablen abhängen,

$$Y_i \sim \mathcal{P}\langle \lambda_i \rangle\,, \qquad log_c\langle \lambda_i \rangle = \alpha + \beta_1 x_i^{(1)} + \beta_2 x_i^{(2)} + \ldots + \beta_m x_i^{(m)}\,.$$

So lautet das Modell der Poisson-Regression.

e *Log-lineare Modelle.* Auf ein ähnliches Modell führt die Analyse von *nominalen Zielgrössen,* beispielsweise die Untersuchung der Abhängigkeit der gewählten Partei von der gesellschaftlichen Klasse der Wählenden und eventuell von weiteren ihrer Merkmale. Solche Daten werden in (zweidimensionalen) *Kontingenztafeln* zusammengestellt. In 10.3.d wurde der Chiquadrat-Test auf Unabhängigkeit vorgestellt. Die Frage, ob die gewählte Partei mit der gesellschaftlichen Klasse überhaupt zusammenhänge, kann damit beantwortet werden.
Zu einer genaueren Analyse führen die sogenannten log-linearen Modelle. Sie erlauben es, die Abhängigkeit einer nominalen Zielgrösse von ebenfalls nominalen oder auch von stetigen Ausgangs-Variablen ebenso detailliert zu untersuchen, wie es bei stetigen Zielgrössen durch die multiple lineare Regression möglich ist. Beispielsweise kann man fragen, ob ein direkter Einfluss einer Ausgangs-Variablen, unter Ausschluss der indirekten Einflüsse von anderen Ausgangs-Variablen, auf die Zielgrösse vorhanden sei – anders gesagt: ob die bedingte gemeinsame Verteilung der Zielgrösse und der fraglichen Ausgangs-Variablen, gegeben alle anderen Ausgangs-Variablen, Unabhängigkeit zeige.
Solche genaueren Fragestellungen bilden eine wertvolle, oft unerlässliche Ergänzung der blossen Tests auf Unabhängigkeit in zweidimensionalen Kontingenztafeln, wie sie in der Auswertung von Umfragen üblich sind – genauso, wie die einfache Varianzanalyse und die einfache Regression nicht genügen, wenn mehrere Ausgangs-Variable zur Verfügung stehen.
Literatur: Ein empfehlenswertes Buch zum Thema schrieb Agresti (2002).

f * Der Formulierung der log-linearen Modelle geht ein grundlegender Kniff voraus, der Verwirrung stiften kann.
   ▷ Gehen wir vom *Beispiel der Umfrage zu Umweltschadstoffen* (10.1.c) aus! Wir führen eine Art Hilfsmodell ein, in dem die Anzahl Personen N_{hk} mit Antwort h und Schulbildungsklasse k die Zielgrösse bildet. Sowohl die Schulbildung als auch die eigentliche Zielvariable, die Antwort, gelten darin als Ausgangs-Variable. (Der Übergang von nominalen Beobachtungen zu Zähldaten ist grundlegend für ihre Analyse, siehe 10.1.f.) ◁

Das Modell lautet

$$N_{hk} \sim \mathcal{P}\langle \lambda_{hk} \rangle , \quad log_e\langle \lambda_{hk} \rangle = \mu + \alpha_h + \beta_k + \gamma_{hk} .$$

Es steht zum Modell der Poisson-Regression in der gleichen Beziehung wie die Varianzanalyse zur Regression.

g   *   Die Anpassung solcher Modelle liefert Ergebnisse, die analog zur Varianzanalyse dargestellt werden. Ihre *Interpretation* unterscheidet sich aber in einem wesentlichen Aspekt: Während in der Zweiweg-Varianzanalyse die Haupteffekte von primärem Interesse sind, spiegeln die entsprechenden Grössen α_h und β_k lediglich die Randtotale einer zweidimensionalen Kontingenztafel wider, also im Beispiel einerseits die Verteilung der Antwortenden auf die Schulbildungs-Klassen und andererseits die Häufigkeiten der verschiedenen Antwortmöglichkeiten. Die Abhängigkeit zwischen beiden Grössen kommt in den Wechselwirkungen γ_{hk} zum Ausdruck.

Dass die ursprüngliche Zielgrösse und die Ausgans-Variable(n) in diesem Modell gleich behandelt werden, kann als Vorteil angesehen werden. Erst bei mehreren Ausgangs-Variablen zeigt sich der Unterschied. Interessant sind dann jeweils die Wechselwirkungen der Zielgrösse mit den Ausgangs-Variablen – auch jene höherer Ordnung.

h   *Verallgemeinerte Lineare Modelle.* Die log-linearen Modelle, die logistische und die Poisson-Regression sind Beispiele einer grossen Klasse von Modellen, den *verallgemeinerten linearen Modellen (generalized linear models*, GLM, zu unterscheiden vom allgemeinen linearen Modell oder *general linear model*, siehe 13.11.l, das manchmal ebenfalls als GLM bezeichnet wird). Sie sagen, dass der Erwartungswert der Zielgrösse Y monoton von einer linearen Funktion der Ausgangs-Variablen $x^{(1)}, \ldots, x^{(m)}$ abhängt,

$$\mathcal{E}\langle Y_i \rangle = \widetilde{g}\Big\langle \alpha + \beta_1 x_i^{(1)} + \beta_2 x_i^{(2)} + \ldots + \beta_m x_i^{(m)} \Big\rangle .$$

Die Varianz von Y muss ausserdem in der Form $\text{var}\langle Y \rangle = \phi \, v\langle \mathcal{E}\langle Y \rangle\rangle$ vom Erwartungswert abhängen, wobei ϕ ein zusätzlicher Parameter und v eine gegebene Funktion ist. Drittens muss die Dichte von Y, gegeben die x-Werte, von einer bestimmten Form sein.

Obwohl diese Voraussetzungen recht kompliziert erscheinen, sind sie in wichtigen Fällen erfüllt. Neben den erwähnten Beispielen passt auch das Modell der multiplen linearen Regression mit normalverteilten Fehlern in diese allgemeine Form: Man setzt $\widetilde{g}\langle x \rangle = x$, $v\langle \mu \rangle = 1$ und $\phi = \sigma^2$. Die in technischen Anwendungen nützlichen Gamma- und Exponential-Verteilungen sind ebenfalls abgedeckt (nicht aber die Weibull-Verteilung).

Es zeigt sich, dass man mit der allgemeinen Form recht weitgehende theoretische Resultate, allgemeine Überlegungen zur Modellwahl und -Überprüfung und einheitliche Berechnungsmethoden erhalten kann. Deshalb werden sie in den Statistikprogrammen oft durch eine einzige Prozedur abgedeckt.

Literatur: Das klassische Werk über Theorie und Anwendung dieser Modelle stammt von McCullagh and Nelder (1989). Eine kurze anwendungsorientierte Beschreibung findet man in Kap. 6 von Chambers and Hastie (1992).

Literatur

a   Kurze Einführungen in die Regression in deutscher Sprache gibt es etliche, u.a.

• Linder und Berchtold (1982a, Kap. 3) führen auf einfachem Niveau in die Methoden ein.

• Vincze (1984) beschreibt in Band 2 auf 90 Seiten die lineare Regression recht theoretisch.

b   Die Literatur zum Thema Regression ist umfangreich, besonders im englischen Sprachbereich.

• Weisberg (2005) betont die explorative Suche nach einem geeigneten Modell – eine empfehlenswerte Einführung in die Praxis der Regressionsanalyse mit vielen Beispielen.

• Draper and Smith (1998): Ein klassisches Einführungsbuch, das der Überprüfung der Voraussetzungen die nötige Beachtung schenkt, in neuer Auflage.

• Daniel and Wood (1980): Empfehlenswertes, anwendungsorientiertes Buch, das zur Entwicklung der explorativen Datenanalyse beigetragen hat und deshalb zu den Klassikern gehört.

• Chambers and Hastie (1992) und Venables and Ripley (1997) stellen eine Art Manuals dar, die vor den Hinweisen zur Durchführung von Analysen mit dem Programmpaket S auch jeweils eine knappe Einführung in die behandelten Modelle geben. Neben der linearen Regression und der Varianzanalyse werden viele respektive alle der in den letzten beiden Abschnitten erwähnten Modelle behandelt.

c   *Spezielle Hinweise*

• Wetherill (1986) behandelt einige spezielle Probleme der multiplen linearen Regression ausführlicher, insbesondere die *Kollinearität*.

14 Versuchsplanung

14.1 Einleitung

a In der Varianzanalyse und der Regression wurden stochastische Modelle behandelt, die eine Zielgrösse Y als eine Funktion von Ausgangs-Variablen – quantitativen Variablen oder Faktoren – darstellen, die mit „zufälligen Abweichungen" überlagert ist. Für Studien, die eine solche Abhängigkeit untersuchen sollen, ist eine sorgfältige Planung wesentlich für den Erfolg. Wenn sie unterbleibt, stellt es sich oft heraus, dass trotz aller Mühe der Versuchsdurchführung oder Beobachtungs-Kampagne die Daten für die Beantwortung der gestellten Fragen unbrauchbar sind. In jedem Fall kann gründliche Planung die Präzision der Aussagen – oft wesentlich – verbessern.

b Die *Versuchsplanung* im engeren Sinn (englisch *design of experiments*) geht davon aus, dass die wichtigen Ausgangs-Variablen unter der Kontrolle der Forschenden stehen. Sie gibt an, zu welchen Kombinationen von Werten der Ausgangs-Variablen der Wert der Zielgrösse gemessen oder beobachtet werden soll. Das Ziel besteht meistens darin, bei vorgegebenem Modell mit möglichst wenigen Messungen möglichst präzise Schätzungen oder möglichst mächtige Tests für die Parameter (Effekte, Regressionskoeffizienten) zu erhalten. Abschnitt 14.3 enthält einige kurze Hinweise auf dieses weitläufige Thema.

Hier ist uns die nun folgende Diskussion einiger allgemeiner Gesichtspunkte der Versuchsplanung im weiteren Sinne wichtiger.

14.2 Allgemeine Überlegungen

a ▷ Im *Beispiel* der *sauren Böden* (12.3.b) stand die Frage am Anfang, ob der Boden in der Nähe von Baumstämmen, als Folge des Abflusses von (saurem) Regenwasser dem Stamm entlang, saurer sei als anderswo. Als Ausgangs-Variable für den Säuregehalt ist also nur die Nähe eines Baumstammes von Interesse. Man könnte eine Stichprobe von „stammnahen" mit einer von „stammfernen" Bodenproben vergleichen. Im Beispiel wurden auch mittlere Distanzen erfasst. Andererseits wird der Säurewert auch ohne Bäume räumlich variieren, weil der Boden nicht homogen ist. Es kann nützlich sein, auch die Boden-Zusammensetzung quantitativ zu erfassen. ◁

b Allgemein hängt die Zielgrösse von vielen Ausgangs-Variablen ab, von denen eine oder einige direkt mit einer Hauptfrage der geplanten Studie zusammenhängen und andere mit vernünftigem Aufwand ebenfalls feststellbar oder sogar kontrollierbar sind. Wir wollen die ersteren *primäre* und die Letzteren *sekundäre Variable* nennen. („Variable" können hier und im Folgenden Ausgangs-Variable im Sinne der Regression oder Faktoren der Varianzanalyse sein.) Weitere Variable entziehen sich unserem Zugriff. Ihr Einfluss auf die Zielvariable bildet im Modell einen Teil des zufälligen Fehlers. (Man kann behaupten, dass der „zufällige Fehler" identisch sei mit der Gesamtheit der Einflüsse aller nicht erfassten Ausgangs-Variablen.)

In der Varianzanalyse werden oft die Ausdrücke *Prüf-Faktor* und *Stör-Faktor* in ähnlichem Sinne wie hier primäre und sekundäre Variable verwendet.

c   Die primären und sekundären Variablen sind bei *Versuchen* meistens (in einem vernünftigen Bereich) beliebig wählbar: Man kann Temperatur und Feuchtigkeit in der Klimakammer oder in einem chemischen Reaktor einstellen, auf einem Feld eine bestimmte Weizensorte pflanzen und eine bestimmte Düngersorte und -menge ausbringen, eine Gewebekultur einer bestimmten Menge von Schadstoffen aussetzen, usw. Die folgende Diskussion bezieht sich vorwiegend auf solche kontrollierbare Variable.

Im Gegensatz zu diesen *kontrollierten* Variablen können weitere Grössen erst bei der Versuchsdurchführung erfasst werden. Wir sprechen von den *unkontrollierten* Ausgangs-Variablen. In der Varianzanalyse spricht man in ähnlichem Sinn von *Kovariablen*, wenn sie kontinuierlich sind.

d   Eine spezielle Art von „Versuchen" bilden die *klinischen Studien* zum Vergleich von medizinischen Behandlungen. Es ist wichtig, dass die Behandlungsart für die einzelnen Patientinnen und Patienten in der Studie durch den Versuchsplan festgelegt werden kann. Das ist aus ethischen Gründen nur möglich für Personen, für die die Behandlungen ähnlichen Erfolg versprechen – und die ihr Einverständnis zur Teilnahme geben.

Die primäre Ausgangs-Variable ist hier die Behandlung, die sekundären charakterisieren Alter, Geschlecht, Grad oder genauer Typ der Erkrankung usw. Die sekundären können über die Auswahl der Patienten beeinflusst werden. Da man diese aber nicht unnötig einschränken will lässt man die sekundäre Variablen unkontrolliert, berücksichtigt sie aber in der Auswertung.

e   Bei *Beobachtungen* von natürlichen Abläufen sind die Variablen nicht direkt einstellbar. Dies kann zu Schwierigkeiten in der Interpretation der Ergebnisse führen. Manchmal können immerhin indirekt ungefähre Werte für wichtige Ausgangs-Variable erreicht werden durch geeignete Wahl der Untersuchungsgebiete, Personengruppen, Zeitabschnitte oder ähnlichem.

In *Stichproben-Erhebungen* wählt man solche Untersuchungs-Objekte nach einem genauen Plan aus. Wir kommen in Kapitel 17 darauf zurück.

f   Wie soll man die Versuchsbedingungen oder Untersuchungs-Objekte *wählen*, damit die primären Fragestellungen möglichst präzise beantwortet werden können?

• Wenn eine einzelne primäre Variable X einen kontinuierlichen geordneten Wertebereich hat (eine Konzentration, Grösse, Temperatur, ...), dann ist man in der Wahl der Werte x_i entsprechend frei. Um den *Steigungskoeffizienten* einer linearen Beziehung zur Zielgrösse möglichst genau zu bestimmen, sollten gemäss der Formel für die Varianz der geschätzten Steigung (13.2.e) zwei möglichst weit auseinanderliegende x-Werte gewählt werden, für die möglichst viele y-Werte bestimmt werden (gleich viele für beide x-Werte). Allerdings ist meistens die Linearität nur näherungsweise richtig und wird desto ungenauer, je grösser der Bereich der x-Werte wird. Auch praktisch sind den möglichen oder interessierenden Werten von X Grenzen gesetzt. Innerhalb dieser Grenzen sollten die x_i etwa gleichmässig verteilt werden, um eine gute Genauigkeit der geschätzten Steigung zu erreichen und gleichzeitig eine Abweichung von der Linearität (oder einer anderen angenommenen Form der Abhängigkeit) feststellen zu können.

• Ist X ein Faktor, so ist es klar, dass für alle seine möglichen Werte gleich viele y-Werte erhoben werden sollen.

g • Wenn mehrere primäre Variable zu untersuchen sind, dann sollen sie möglichst „unabhängig" sein. Genauer: Obwohl die primären Variablen nicht als Zufallsvariable im Modell erscheinen, kann man empirische Korrelationen zwischen ihnen ausrechnen. Man wählt, soweit möglich, die Versuchsbedingungen so, dass diese Korrelationen null werden. Man sagt dann, die Variablen seien *orthogonal*.

• Handelt es sich um Faktoren, so führt diese Idee zu sogenannten *ausgewogenen* Plänen (englisch *balanced designs*): Im einfachsten Fall sollen für jede Kombination von Stufen der einzelnen Faktoren die gleiche Anzahl Beobachtungen gemacht werden. (Ein weiterer ausgewogener Plan folgt in 14.3.h.)

h Nützt es etwas, die *sekundären Variablen* zu erfassen? - Ja, aus zwei Gründen: Sowohl die Genauigkeit als auch die Interpretierbarkeit der Resultate verbessern sich!
Zum ersten Punkt: In einem Modell, das nur die primären Ausgangs-Variablen enthält, ist die Streuung (die Varianz σ^2) der „zufälligen Fehler" grösser, da sie die Einflüsse der sekundären Variablen zusätzlich umfasst. Die meisten Testgrössen vergleichen eine „mittlere Quadratsumme" mit einer Schätzung $\hat{\sigma}^2$ dieser Streuung, und die Länge der Vertrauensintervalle enthalten $\hat{\sigma}$ als Faktor. Es ist also plausibel, dass *Tests mächtiger* und *Vertrauensintervalle kürzer* werden, wenn sekundäre (auch unkontrollierte) Variable mit spürbarem Einfluss ins Modell aufgenommen werden und dadurch $\hat{\sigma}$ abnimmt. – Bezieht man allerdings Variable ein, die keinen Einfluss auf die Zielgrösse haben, dann führt dies in geringem Masse zum gegenteiligen Effekt: Man verliert Freiheitsgrade zur Schätzung von σ^2. Wenn nur wenige Freiheitsgrade bleiben, wird die Schätzung ungenau (und deshalb das kritische Quantil der t-Verteilung gross).

i Eine andere Art, die Streuung des zufälligen Fehlers zu reduzieren, ist die *Blockbildung*.
▷ Im Beispiel der sauren Böden wurden Baumpaare als „Blöcke" betrachtet. Der Blockeffekt β_k im Modell (12.4.b, 12.4.c) „erklärt" die grossräumigen Unterschiede des mittleren pH-Wertes zwischen den Orten, an denen die Baumpaare stehen – wie diese Unterschiede auch entstehen mögen. Er steht also für viele mögliche „sekundäre" und eventuell nicht einmal erfassbare Variable. ◁
In vielen Anwendungen gibt es Untersuchungseinheiten, die zur Blockbildung geeignet sind: Altersgruppen von Patienten, Schulklassen, Ställe, Äcker, die sich unterteilen lassen, Würfe von Versuchstieren usw.

j Der zweite Grund, sekundäre Variable zu beachten, ist noch bedeutsamer. Wenn Variable mit wesentlichem Einfluss auf die Zielgrösse unberücksichtigt bleiben, ist die *Interpretation der Resultate* für die primären Variablen in Frage gestellt.

▷ Im Beispiel wurde gefragt, ob der Stamm-Abfluss zu sauren Böden in Stammnähe führe. Wir haben festgestellt, dass der Boden in Stammnähe wirklich signifikant saurer ist. Aber über die *Ursache* sagt dies nichts Sicheres aus. Theoretisch ist denkbar, dass der Aufbau des Bodens, der nicht erfasst wurde, kleinräumig variiert und an gewissen Stellen das Baumwachstum begünstigt *und* saurere Verhältnisse verursacht. (Bereits in 3.4 wurde betont, dass eine Korrelation keine Kausalität beweist.)

k ▷ Soweit der Aufbau des Oberbodens erfasst und in Form von sekundären Ausgangs-Variablen ins Modell einbezogen wird, kann ein solcher *„indirekter Effekt"* der Stammnähe auf den Säurewert bei der Interpretation ausgeschlossen werden. ◁

Allgemein bezieht man unkontrollierte Ausgangsgrössen, soweit man sie erfasst hat, ins Modell ein, um indirekte Effekte auf die Zielgrösse auszuschliessen.

l   Die Schwierigkeit mit indirekten Einflüssen kann nur auftreten, wenn die primäre Variable mit sekundären zusammenhängt. Wenn in der multiplen Regression zwei Ausgangs-Variable *orthogonal* sind (14.2.g), dann kann der Einfluss der ersten nicht durch die zweite verursacht sein (und umgekehrt). Dasselbe gilt bei *ausgewogenem Versuchsplan* für die Faktoren einer Varianzanalyse. Wenn die zweite Variable oder der zweite Faktor weggelassen werden, ändert sich die Schätzung des Koeffizienten der ersten Variablen oder der Effekte des ersten Faktors nicht. Allerdings wird die Streuung des Fehlerterms grösser, die Tests geben weniger Signifikanz (höhere P-Werte) und die Vertrauensintervalle werden länger, wie vorher erläutert wurde.

m   Als Konsequenz all dieser Überlegungen wird man versuchen, die *sekundären Variablen konstant* zu halten. In *Feldversuchen* ist dies nur beschränkt möglich. *Laborversuche* sind dazu geeigneter. Wenn man im Labor 20 gleiche Töpfe bereitstellt und bei der Hälfte einen Schadstoff zufügt, dann wird man signifikante Unterschiede im Pflanzenwachstum zwischen den Töpfen mit und ohne Schadstoffe als Wirkung des Schadstoffs interpretieren. Allerdings ist oft unklar, ob sich die Natur im Labor ähnlich verhält wie „auf dem Feld".
Wenn eine Variable konstant gehalten, beispielsweise die Temperatur auf 25° geregelt wird, dann stellt sich jedoch die Frage, ob die Schlüsse, die sich aus der Studie ergeben, für andere Bedingungen auch gelten. Einen Ausweg aus diesem Dilemma bietet wieder die *Blockbildung*. Möglichst kleine Streuung im Block führt zu möglichst präzisen Aussagen, möglichst grosse Unterschiede zwischen Blöcken lassen die *Verallgemeinerung* der Aussagen zu.

n   Allzu oft hat die *zeitliche Reihenfolge* der Messungen oder Beobachtungen einen Einfluss auf die Zielgrösse. Wenn der Messvorgang selbst nicht sehr einfach ist, gibt es anfängliche Lerneffekte, Einflüsse von Eichungen oder Alterung eines Geräts oder eines Lösungsmittels. Es können auch die atmosphärischen Bedingungen eine Rolle spielen. Dies führt zu zeitlichen Trends und Korrelationen zwischen den „zufälligen Fehlern" des Modells.
Die Reihenfolge ist eine sekundäre Variable, die sozusagen immer vorhanden ist, und die mindestens bei der Überprüfung von Voraussetzungen immer eine Rolle spielen sollte (11.5). Um Schwierigkeiten zu vermeiden, kann sie von vornherein zur Blockbildung benützt werden.

o   Interpretations-Schwierigkeiten können und sollen wenn immer möglich auch durch *Randomisierung* vermieden werden: Wenn die Liste aller Versuchsbedingungen (Kombinationen der Werte der Faktoren und Ausgangs-Variablen) erstellt ist, wählt man mit Hilfe von Zufallszahlen aus, welche Bedingung zuerst, welche als zweite, dritte usw. realisiert werden soll. Dadurch wird die zeitliche Reihenfolge unabhängig von allen Ausgangs-Grössen und kann daher nicht zu Fehlinterpretationen führen (14.2.n). Die gleiche Überlegung betrifft auch die Zuordnung von Versuchsbedingungen zu Untersuchungseinheiten (Individuen, Parzellen, Einzelstücken, ...).

p Es ist nützlich, mehrere Messungen oder Beobachtungen für die gleichen Versuchsbedingungen durchzuführen. Man nennt solche *Wiederholungen* auch *Replikate*. Sie führen, wie jede Erhöhung der Anzahl Beobachtungen, zu einer grösseren Genauigkeit der Aussagen. Zudem ermöglichen sie eine genauere Prüfung des Modells. Man kann aus den Replikaten eine Schätzung der Streuung der zufälligen Fehler gewinnen. Sie dient in der Regression zur Beurteilung der Vollständigkeit des Modells (13.8.s). In der Varianzanalyse erlaubt sie es, das Vorhandensein von Wechselwirkungen zu testen (12.4.n).

Wenn man es sich leisten kann, die Beobachtungszahl zu erhöhen, werden allerdings andere Gesichtspunkte oft dazu führen, dass Beobachtungen für weitere Versuchsbedingungen statt für Wiederholungen geplant werden. Die Versuchung ist gross, noch einen weiteren Faktor in die Studie einzubeziehen. Viele Studien scheitern an einer *zu umfangreichen Fragestellung bei zu kleiner Beobachtungszahl*. Mangels Genauigkeit kann dann gar keine Einzelfrage schlüssig beantwortet werden.

q Wenn von Wiederholungen die Rede ist, muss sogleich eine Warnung angefügt werden: Wenn die Versuchsbedingungen einmal eingestellt werden und dann die Zielgrösse mehrmals gemessen wird, muss man davon ausgehen, dass die entsprechenden Zufallsfehler nicht unabhängig sind (12.4.o), unter anderem wegen dem oben besprochenen Einfluss der zeitlichen Reihenfolge (14.2.n). Solche *Schein-Wiederholungen* für Tests und Vertrauensintervalle wie echte Wiederholungen zu behandeln, ist unzulässig. Testgrössen vergleichen eine Quadratsumme, die den zu prüfenden Effekten entspricht, mit einer Quadratsumme für einen zufälligen Fehler. Wenn die Fehler nicht unabhängig sind, wird ihre Quadratsumme meistens zu klein, und die Effekte werden zu häufig als signifikant bezeichnet.

Schein-Replikate sind immerhin besser als nichts. Zur Analyse wird man ihren Mittelwert berechnen und dadurch für jede Versuchsbedingung *einen* Wert der Zielgrösse erhalten, der genauer ist als die Einzelwerte. Die Quadratsumme der Fehler wird in der nachfolgenden Varianzanalyse nach 12.4.g ausgerechnet.

Garantiert „echte", unabhängige Replikate erhält man durch zufällige Auswahl der Reihenfolge wie oben; irgendwo in dieser Abfolge erscheint jede Versuchsbedingung zum ersten, zum zweiten Mal und allenfalls noch häufiger.

r Um interpretierbare Tests zu erhalten, muss man sich gut überlegen, gegen welche Zufallsstreuung sich ein zu prüfender Effekt abheben muss, was also „der *richtige Fehlerterm*" ist.

▷ Als *Beispiel* sei ein Versuch erwähnt, in dem verschiedene Sorten von *Spinat* auf Unterschiede im Geschmack getestet werden sollten – eine Frage der *Sensorik*. Um die Variabilität richtig zu erfassen, wurde jede Sorte Spinat an mehreren Orten gekauft. Dann wurde jede Sorte in einem Topf gekocht und schliesslich von mehreren Prüfern probiert. Die Varianzanalyse (mit den Faktoren Sorte und Prüfer) ergab signifikante Unterschiede. – Wo liegt der Fehler?

Da für jede Sorte nur ein Topf gekocht wurde, hat man nur gezeigt, dass sich die Streuung zwischen Töpfen von der Reststreuung (gemäss 12.4.g) abhebt. Diese kann von den Spinatsorten, aber auch von ungleichen Kochbedingungen und Topfeigenschaften abhängen. Man kann also mit diesem Datensatz einen Unterschied zwischen Sorten nicht schlüssig nachweisen. ◁

Allgemein führen *Mischproben* dazu, dass eine Streuungs-Komponente für die Analyse verlorengeht.

s Zusammenfassend seien nochmals die Stichworte aufgezählt, die bei der Versuchsplanung
allgemein beachtet werden sollen:

• Die *Haupt-Fragestellung* legt die Zielvariable sowie die primären Ausgangs-Variablen und
deren massgeblichen Wertebereich fest.

• Es sollen möglichst viele Variable erfasst werden, die ebenfalls einen Einfluss auf die
Zielgrösse haben können.

• Diese sekundären Variablen sollen wenn möglich konstant gehalten oder zur *Blockbildung*
verwendet werden. Ist dies nicht möglich, so sollen sie trotzdem im Modell berücksichtigt
werden.

• Alle Ausgangs-Variablen sollen möglichst unkorreliert (orthogonal) sein und die Faktoren
ausgewogen.

• Die Zuordnung von Versuchsbedingungen zu Untersuchungseinheiten, insbesondere die
zeitliche Reihenfolge der Einzelversuche, soll durch Zufallszahlen bestimmt werden (*randomisierte Zuordnung*).

• *Replikate* sind nützlich. Wenn sie unabhängig gewonnen werden, ermöglichen sie eine
zusätzliche Überprüfung des Modells.

14.3 Versuchspläne

a Wenn die Variablen oder Faktoren, die die Zielgrösse beeinflussen, feststehen, wie soll man
dann die Versuchsbedingungen, also die Kombinationen Werte der Variablen oder der Niveaus
der Faktoren wählen, um mit möglichst wenigen Einzelversuchen diese Einflüsse zu erfassen?
Die Liste dieser Versuchsbedingungen wird *Versuchsplan* oder *design* genannt, und Antwort auf
die Frage gibt die Theorie der Versuchspläne oder des design of experiments.

b Eine einfache Antwort lautet so: Es wird angenommen, dass nur Faktoren mit zwei Niveaus
(ja oder nein, vorhanden oder nicht, alte oder neue Methode, ...) und geordnete Ausgangs-
Variable zu untersuchen sind. Letztere verwandelt man ebenfalls in zweiwertige Faktoren,
indem man einen „tiefen" und einen „hohen" Wert wählt. Nun besteht der Versuchsplan
aus allen Kombinationen der Niveaus; das ergibt bei k Faktoren 2^k Versuchsbedingungen.
Dieser spezielle faktorielle Versuchsplan (12.6.b) wird einfach 2^k-*Plan* genannt. Es gibt für die
Auswertung der Ergebnisse nützliche spezielle Methoden und sogar spezielle Notationen.

c Um beispielsweise 5 Faktoren zu untersuchen, genügen also 32 Einzelversuche. Man kann nicht
nur die Haupteffekte, sondern für $k > 2$ auch die Wechselwirkungen (bis zur Ordnung $k - 2$)
prüfen – allerdings wie immer nur, wenn die zufälligen Fehler genügend klein sind im Verhältnis
zu bedeutsamen Effekten für die Zielgrösse.

d Ein Haupteffekt für eine geordnete Ausgangs-Variable bedeutet hier, dass die Zielgrösse für
den tiefen und den hohen Wert der Ausgangs-Variablen merklich verschieden ausfällt. Für
eine geordnete Variable kommt es aber auch oft vor, dass eine Zielgrösse in einem mittleren,
„optimalen" Bereich hoch ist, für tiefe und hohe Werte der Ausgangs-Variablen aber abfällt, oder

umgekehrt. Wenn nur zwei Werte untersucht werden, kann man einen solchen Zusammenhang verpassen.

In industriellen Anwendungen sind solche Abhängigkeiten oft naheliegend. Man will Kombinationen von Ausgangsgrössen (Temperatur, Gemisch der Ausgangsstoffe, ...) ermitteln, für die eine Eigenschaft des Produktes (Ausbeute, Preis, Widerstandsfähigkeit, Umweltbelastung, ...) optimal wird. Hier sind also 2^k-Pläne ungeeignet; man wird im mittleren Bereich zwischen „tief" und „hoch" weitere Einzelversuche starten. Solche Pläne werden *Versuchspläne zweiter Ordnung second order designs* genannt.

e   Um den Bereich des Optimums zu finden, kann es trotz dem eben Gesagen sinnvoll sein, zunächst mit einem 2^k-design groben Effekte zu schätzen, und daraus die Richtung des steilsten Anstiegs zu bestimmen. In dieser Richtung wird dann mit weiteren Einzelversuchen ein Optimum gesucht. Jetzt kann man hoffen, mit einem second-order design das „globale" Optimum zu finden. Ein solches Vorgehen ist eine Art der *response surface exploration* und ein Beispiel von *sequenzieller Versuchsplanung*.

f   Wenn k Faktoren zu untersuchen sind, die auch mehr als zwei Werte haben können, bildet der *vollständige faktorielle Versuchsplan*, der alle Kombinationen der Versuchsbedingungen enthält, auch allgemein eine naheliegende Lösung. Schon bei drei Faktoren mit je 5 Werten benötigt man aber 125 Beobachtungen, und das ist oft mehr, als man sich leisten kann.

Unter der Annahme, dass es keine (oder nur kleine) Wechselwirkungen gebe, kann man auch mit weniger Daten noch Haupteffekte der Faktoren schätzen und prüfen. Solche Versuchspläne werden *unvollständig* genannt. Auch solche Pläne sollten ausgewogen sein. Diese Forderung führt zu sogenannten *fraktionellen* Plänen (fractional designs).

g   Im letzten Abschnitt wurde die Nützlichkeit von Versuchs-*Blöcken* betont. Die Blockeinteilung kann oft als (sekundärer) Faktor angesehen und wie die übrigen Faktoren behandelt werden. Im einfachsten Fall kann man einen entsprechenden vollständigen Versuchsplan benützen. Dazu müssen alle Kombinationen der Faktoren in jedem Versuchsblock realisiert werden können.

h   Oft ist dies nicht möglich, beispielsweise aus Platzgründen, und man muss zu einem unvollständigen Plan übergehen. Die geeigneten Anordnungen sind unter dem Namen *ausgewogene unvollständige Block-Versuchspläne* (balanced incomplete block designs, BIB) bekannt. Zwei einfache Beispiele sind in Bild 14.3.h angegeben.

Bild 14.3.h Zwei ausgewogene unvollständige Block-Versuchspläne

i Von der Idee, in jedem Block alle Kombinationen zu realisieren, muss man manchmal auch aus
   anderen Gründen abweichen. Misst man beispielsweise die Gedächtnisleistung für verschiedene
   Test-Aufgaben, dann bildet jede Versuchsperson für die Analyse einen Block. Wenn nun die
   Wirkung einer medizinischen Behandlung auf die Leistung untersucht wird, so kann oft nicht
   die gleiche Person verschiedenen Behandlungen ausgesetzt werden. Die Personen werden also
   in Behandlungsgruppen eingeteilt.
   Die Analyse solcher Daten darf nicht nach dem Schema der faktoriellen Versuchspläne erfolgen, da die natürliche Streuung der Gedächtnisleistung zwischen Personen berücksichtigt werden
   muss. Diese wird als *Zufallseffekt* (siehe 12.5) ins Modell aufgenommen, was zu einem gemischten Modell (*mixed model*) mit *festen und zufälligen Effekten* (13.11.l) führt. Die richtige Methodik findet man unter dem Begriff *repeated measures* in der medizinisch, psychologisch oder
   soziologisch ausgerichteten Literatur, beispielsweise Winer (1991). (Der deutsche Ausdruck *Ver-
   laufskurven* ist zu eng gefasst.)
   In der Landwirtschaft muss die Bodenbearbeitung oft für ein ganzes Feld einheitlich erfolgen,
   während die Bepflanzung zwischen kleinen Untereinheiten variieren kann. Für den Vergleich
   von Bearbeitungsarten ergeben sich die gleichen Probleme wie vorher für Personengruppen. Hier
   heisst das Stichwort *split plot designs*.

14.4   Eine Checkliste

a In den meisten wissenschaftlichen Studien, die mit empirischen Daten zu tun haben, treten
   ähnliche Arbeitsabläufe und oft auch ähnliche Schwierigkeiten auf. Die folgende Aufzählung
   enthält viel Selbstverständliches. Die Erfahrung zeigt, dass es sich dennoch lohnt, die Punkte
   bewusst durchzugehen.

b *Problemstellung.* Das Wesentliche an jeder Studie ist natürlich die wissenschaftliche Fragestellung. Das Ideal einer möglichst bedeutsamen Frage steht oft der Realität gegenüber, dass
   eine solche nicht direkt und umfassend mit einer empirischen Studie untersucht werden kann.
   Kompromisse sind nötig. Es sollte aber nicht passieren, dass Versuche und Beobachtungen
   durchgeführt werden, ohne dass *präzise Fragen und Hypothesen* vorliegen. Das notwendige
   Studium der Fachliteratur lohnt sich; es erspart viel überflüssige praktische Arbeit.

c *Vorversuche.* Eigene Erfahrung mit dem Beobachtungsgegenstand und mit Mess- und Beobach-
   tungstechniken sind wichtig.

d *Planung.* Die Fragestellung muss im Zusammenhang mit der Art der beobachtbaren Daten
   so präzisiert werden, dass mögliche stochastische Modelle (z. B. Varianzanalyse- und Regressionsmodelle) formuliert werden können. Wie müssten die Daten aussehen, damit die zu
   untersuchende Hypothese als bestätigt oder widerlegt gelten kann? Es lohnt sich, diese Frage
   konkret durchzuspielen.
   Jetzt kommen die Gesichtspunkte der vorhergehenden Abschnitte zum Zug. Im Zusammenhang
   mit dem Aufwand wird die Anzahl der Versuche oder Beobachtungen und ein Versuchsplan
   festgelegt. Als ein Ergebnis der Planung sollte die Auswertung der Daten in Bezug auf die
   hauptsächlichen Fragen klar sein. Natürlich muss auch die eigentliche Datengewinnung gut
   geplant werden.

e Eigentlich sollte hier stehen, dass mit statistischen Mitteln der erforderliche *Stichprobenumfang* ausgerechnet werden muss, was bei den meisten Versuchsplänen auf die Frage nach Wiederholungen hinausläuft. Dazu braucht man immer eine Angabe über zufällige Streuungen und die Grösse von zu erwartenden oder für wesentlich erklärten Effekten (vergleiche 8.9.e). Wenn beides aus der Literatur oder früheren Versuchen vorhanden ist, kann der nötige Stichprobenumfang ausgerechnet werden. *Vorversuche* können dazu verhelfen, eine Grössenordnung zufälliger Streuungen abzuschätzen. Meistens ist aber der Aufwand für eine einigermassen genaue Schätzung der Streuung unverhältnismässig gross, und man lässt es bleiben.

Sind Streuungen und als wesentlich erklärte Effekte gegeben, so kann daraus die erforderliche Zahl der Beobachtungen bestimmt werden, die nötig ist, damit die Effekte mit hoher Wahrscheinlichkeit wenigstens als signifikant von null verschieden erkannt werden können. Diese Rechnungen werden hier nicht ausgeführt. Es gibt Programme, die sie für viele gebräuchliche Versuchspläne durchführen.

f Oft ist die Anzahl Beobachtungen vom möglichen Aufwand her bestimmt. Dann lohnt es sich, die Erfolgschancen der ganzen Studie abzuschätzen, indem man die Macht der vorgesehenen Tests für die Hauptfragen bestimmt. Da die Art der Auswertung schon festgelegt wurde, kann man die Macht durch Simulation bestimmen: Man simuliert Datensätze, wie sie nach dem Modell herauskommen sollten, wenn die vorgegebenen Effekte vorhanden sind, und zählt, wie oft der vorgesehene Test dann Signifikanz zeigt. Allerdings gibt das ein optimistisches Bild: In der Realität werden einige Daten fehlen, das Modell wird nicht genau stimmen, usw.

Oft führen diese Überlegungen zur Einsicht, dass der erwünschte Fragenkatalog eingeschränkt werden muss. Einige Fragen, die aus der Liste der primären Zielsetzung gestrichen werden müssen, können eventuell auf eine sekundäre Liste geschrieben werden, auf die die Studie wenigstens die Rechnungen Hinweise geben kann.

g *Projektbeschreibung..* Als Ergebnis der Planung sollte ein Projektbeschreibung verfasst oder präzisiert werden.

h *Daten.* Wie die Versuche oder Beobachtungs-Kampagnen durchgeführt werden, ist natürlich von Fall zu Fall verschieden. Mit Vorversuchen und Instruktionen soll sichergestellt werden, dass die Qualität der Daten von Anfang an hoch ist. Die Mess- oder Beobachtungsmethoden sollten nur im Notfall und nur in genau dokumentierter Weise im Laufe der Hauptphase geändert werden.

Es ist wichtig, dass ein *Journal* geführt wird, in dem der Ablauf der Daten-Gewinnung dokumentiert und Besonderheiten und Unvorhergesehenes notiert werden, damit unerwartete Abweichungen in den Daten eventuell erklärt werden können.

Gleichzeitig soll mit der Daten-Erfassung, -Kontrolle und -Speicherung auf dem Rechner begonnen werden. Es ist auch sehr nützlich, wenn spätestens in dieser Phase Zeit eingeplant wird, um die statistischen Methoden und das Programmsystem genauer zu studieren.

i *Daten-Bereinigung.* Die Daten auf Plausibilität hin zu prüfen und mit grafischen Darstellungen zu veranschaulichen, erspart viel Mühe bei der Auswertung. Diese vertiefte Daten-Kontrolle kann parallel zur Daten-Erfassung zwar angefangen, aber nicht abgeschlossen werden.

j *Auswertung, Interpretation.* Die Methodik, mit der die Daten im Hinblick auf die Haupt-Fragestellung ausgewertet werden, sollte zwar bereits klar sein. Dennoch beanspruchen die sorgfältige Überprüfung von Voraussetzungen und notwendige Modell-Anpassungen einige Zeit. Schliesslich tauchen oft im Laufe der Analysen neue Fragen und Hypothesen auf, die im Sinne der explorativen Analyse genauer untersucht werden können.

Die Interpretation der Ergebnisse im fachlichen Zusammenhang kann eindeutig sein – besonders, wenn die Studie sorgfältig geplant wurde (siehe oben). Es können aber auch mehrere Interpretationen und mehrere Modelle mit den Daten verträglich sein. Die Schlüsse müssen klar formuliert und, soweit möglich, deutlich mit den einzelnen Ergebnissen der Datenanalyse begründet werden, denn Aussenstehende wissen weniger über die spezielle Fragestellung und wollen weniger gedankliche Arbeit hineinstecken.

k *Bericht.* Damit sind wir beim Berichte-Schreiben angelangt, das viele als den mühsamsten Teil einer Studie empfinden. Es ist aber klar, dass die Nützlichkeit der Forschung durch die Lesbarkeit der Berichte und die Verständlichkeit von Vorträgen begrenzt ist.

Es gibt nützliche Anleitungen zur Abfassung von Berichten. Zwei Punkte seien hier erwähnt:

• Für wen ist der Bericht hauptsächlich gedacht? Der Hauptteil sollte für das vorgesehene Publikum ohne Mühe verständlich sein. Oft müssen zwecks Dokumentation zusätzliche Details festgehalten werden, die in Anhänge oder in einem speziellen Bericht versorgt werden können.

• Die Leserinnen und Leser sind sich an gewisse Formen gewöhnt. In vielen wissenschaftlichen Zeitschriften gibt es beispielsweise in jedem Artikel die Abschnitte „Einleitung", „Material und Methoden", „Ergebnisse" und „Diskussion". Leider führt das gerade dann zu Schwierigkeiten, wenn unübliche statistische Methoden verwendet werden. Sie müssen gemäss Schema unter „Material und Methoden" beschrieben werden, getrennt von den „Ergebnissen", und das erschwert die Verständlichkeit. Abgesehen von solchen Nachteilen erleichtert eine einheitliche Form die Kommunikation.

l Sie wissen einiges über Statistik, wenn Sie dieses Buch bis hierher durchgearbeitet haben. Vielfach lohnt es sich dennoch, einen statistischen *Beratungsdienst* beizuziehen, besonders bei der *Planung* und während der *Auswertung und Interpretation.* Bei Studien mit anspruchsvoller statistischer Methodik sollte jemand mit guter statistischer Ausbildung dauernd mitarbeiten und den Bericht mitverfassen.

m *Abschluss.* Es lohnt sich, die gemachten Erfahrungen mit allen Beteiligten zu sammeln und zu besprechen. Auch Feiern tut gut! (Dafür haben Sie wohl keine Checkliste nötig!)

Literatur

a   Die Nachschlagewerke und alle Bücher über Varianzanalyse enthalten kürzere oder längere Abschnitte über Versuchspläne und meistens auch allgemeinere Bemerkungen zur Versuchsplanung. Eine Einführung in deutscher Sprache bildet der erste Teil von Rasch, Guiard und Nürnberg (1992).

b   Federer (1972, 1991) ist ein Einführungsbuch in die Statistik, das die Planung von Studien verschiedener Art ins Zentrum rückt.
Ausführliche Werke über Versuchsplanung mit Schwergewicht auf Plänen der Varianzanalyse sind vor allem im englischen Sprachraum zu finden: Ein klassisches Buch, das auf technologische Anwendungen ausgerichtet ist, stammt von Box et al. (2005), vergleiche auch Box and Draper (1987). Ein umfassendes Werk ist Mead (1988), das im letzten Kapitel einige allgemeine Gesichtspunkte zusammenfasst.

c   Etliche Bücher behandeln die Versuchsplanung im Hinblick auf ein spezielles Anwendungsgebiet. Es sei Haaland (1989) erwähnt, der Anwendungen in der Biotechnologie auf moderne und gut lesbare Art präsentiert.

d   Einen systematischen Überblick über Versuchspläne bietet Petersen (1994).

e   Einige wenige Bücher diskutieren weitere Gesichtspunkte, die mit der Praxis statistischer Anwendungen und Beratungen verbunden sind, sich aber in keine mathematischen Begriffe fassen lassen. Empfehlenswerte Lektüre in diesem Sektor bilden Boen and Zahn (1982) und Chatfield (2004).

15 Multivariate Statistik

15.1 Mehrdimensionale Zufallsvariable

a In vielen wissenschaftlichen Fragestellungen sind mehrere Grössen, die für die gleiche Beobachtungseinheit erfasst werden, von gleichrangigem Interesse: Bei Insektenlarven werden die Längen mehrerer Gliedmassen ausgemessen, bei Patienten sind unterer und oberer Blutdruck, die Konzentration mehrerer Substanzen im Blut oder andere messbare Grössen wichtig, Hagelwolken können durch ihre Lebensdauer, ihre maximale Radar-Reflektivität, die am Boden gemessene Energie des Hagels u.a.m. erfasst werden, bei einer chemischen Reaktion sind die Konzentrationen mehrerer Agenzien beteiligt, usw.

b Wir haben im Kapitel 3 einige Methoden kennengelernt, mit denen solche „mehrdimensionale Daten" dargestellt werden können. Dem entsprach in der Wahrscheinlichkeitsrechnung der Begriff der *gemeinsamen Verteilung* von mehreren Zufallsvariablen (4.5, 6.8). Dieses Kapitel gibt einen kurzen Ausblick auf das Gebiet der *multivariaten Statistik,* die sich neben den in 3.6 beschreibenden Methoden mit Wahrscheinlichkeitsmodellen befasst. Ausgehend vom Modell der multivariaten Normalverteilung werden unter anderem Fragestellungen behandelt, wie sie für einfache stetige Zufallsvariable gelöst wurden: *Schätzung* von Parametern und Kennzahlen und *Prüfung* von Unterschieden zwischen zwei Stichproben. Die klassische multivariate Statistik befasst sich auch mit den Verallgemeinerungen der *Varianzanalyse* und der *Regression* auf mehrdimensionale Zielgrössen.

Zu diesen Problemstellungen kommen zwei neue hinzu: Die Betrachtung mehrerer Zufallsgrössen kann einfacher und anschaulicher werden, wenn man die Anzahl dieser Grössen reduzieren kann (Stichworte *Dimensions-Reduktion*, Hauptkomponenten- und Faktor-Analyse). Zudem wird das Problem der automatischen *Klassifikation* von irgendwelchen Objekten oder Personen aufgrund ihrer Merkmale vorgestellt.

Die grundlegenden Überlegungen und Begriffe finden auch für Zeitreihen und räumliche Modelle (Kap. 16) sowie für die elegante Behandlung der multiplen Regression Anwendung. Es lohnt sich daher, etwas trockene Theorie zu betreiben, die zum Verständnis vieler Gebiete der Statistik Wesentliches beiträgt.

c Die gemeinsame Betrachtung von m Zufallsvariablen $X^{(1)}, X^{(2)}, \ldots, X^{(m)}$ wird durchsichtiger, wenn wir diese zu einem *„zufälligen Vektor"* zusammenfassen. Es ist üblich, die Elemente übereinander zu schreiben,

$$\underline{X} = \begin{bmatrix} X^{(1)} \\ X^{(2)} \\ \vdots \\ X^{(m)} \end{bmatrix},$$

also Spaltenvektoren zu verwenden. Drucktechnisch platzsparender sind Zeilenvektoren, und deshalb schreibt man oft den transponierten Vektor hin, $\underline{X} = [X^{(1)}, \ldots, X^{(m)}]^T$; T steht für transponiert.

d ▷ Als *Beispiel* werden uns durch dieses Kapitel ein Satz von Messungen von Länge und Breite von Blütenblättern – genauer von Sepalblättern – von *Iris*-Pflanzen begleiten (vergleiche 3.6.h). Zunächst denken wir an *eine* Blüte. Für die plausiblen möglichen Wertepaare für Länge und Breite überlegen wir uns ein Modell für ihre Wahrscheinlichkeiten und legen damit die gemeinsame Verteilung von Länge $X^{(1)}$ und Breite $X^{(2)}$ fest. ◁

e Die wichtigsten *Kennzahlen* für Verteilungen von Zufallsvariablen sind Erwartungswert und Varianz; sie erfüllen einfache Gesetzmässigkeiten. Diese Regeln übertragen sich auf Erwartungswerte und die sogenannte Kovarianz-Matrix von Zufallsvektoren, wie gleich gezeigt wird. Der *Erwartungswert* eines Zufallsvektors ist einfach festgelegt als

$$\mathcal{E}\langle \underline{X}\rangle = \left[\mathcal{E}\langle X^{(1)}\rangle, \mathcal{E}\langle X^{(2)}\rangle, \dots, \mathcal{E}\langle X^{(m)}\rangle\right]^T$$

und wird oft als $\underline{\mu} = [\mu^{(1)}, \mu^{(2)}, \dots, \mu^{(m)}]^T$ abgekürzt.

Die Varianzen könnte man ebenso zu einem Vektor zusammenfassen, aber dieser wäre für die Theorie kaum nützlich. Wichtige Resultate erhält man hingegen für die „*Varianz-Kovarianz-Matrix*" oder einfach „*Kovarianz-Matrix*", in der Varianzen und Kovarianzen (5.6.k)

$$\text{var}\langle \underline{X}\rangle = \begin{bmatrix} \text{var}\langle X^{(1)}\rangle & \text{cov}\langle X^{(1)}, X^{(2)}\rangle & \dots & \text{cov}\langle X^{(1)}, X^{(m)}\rangle \\ \text{cov}\langle X^{(2)}, X^{(1)}\rangle & \text{var}\langle X^{(2)}\rangle & \dots & \text{cov}\langle X^{(2)}, X^{(m)}\rangle \\ \vdots & \vdots & \ddots & \vdots \\ \text{cov}\langle X^{(m)}, X^{(1)}\rangle & \text{cov}\langle X^{(m)}, X^{(2)}\rangle & \dots & \text{var}\langle X^{(m)}\rangle \end{bmatrix}$$

Diese Matrix wird oft auch mit Σ oder $\Sigma\langle \underline{X}\rangle$ bezeichnet (ein grosses Sigma, das durch den vertikalen Strich vom Summenzeichen unterscheidbar gemacht wird). Da $\text{cov}\langle X^{(j)}, X^{(k)}\rangle = \text{cov}\langle X^{(k)}, X^{(j)}\rangle$ gilt, ist Σ *symmetrisch*.

▷ Im Iris-Beispiel wird Σ eine 2×2-Matrix, die neben den Varianzen von Länge und Breite deren Kovarianz enthält. (Diese beiden Grössen sind ja wohl korreliert!) ◁

f Die Schreibweise mit Vektoren und Matrizen kann mathematisch weniger versierte Leserinnen und Leser, die mit der linearen Algebra wenig vertraut sind, zunächst erschrecken. Hier müssen Sie sich nur erinnern, wie Matrizen multipliziert werden. Später brauchen wir noch den Begriff der inversen Matrix.

Dass die lineare Algebra in der multivariaten Statistik zu entscheidenden Vereinfachungen führt, lässt sich bereits anhand eines einfachen Zusammenhangs erahnen: Für einfache Zufallsvariable gilt $\text{var}\langle X\rangle = \mathcal{E}\langle (X - \mu)^2\rangle$. Wie verallgemeinert sich das für Zufallsvektoren? Kovarianzen sind definiert als

$$\text{cov}\langle X^{(j)}, X^{(k)}\rangle = \mathcal{E}\left\langle \left(X^{(j)} - \mu^{(j)}\right)\left(X^{(k)} - \mu^{(k)}\right)\right\rangle .$$

Setzt man in dieser Formel $j = k$, so erhält man $\text{var}\langle X^{(j)}\rangle$. Also gibt

$$[\text{var}\langle \underline{X}\rangle]_{jk} = \mathcal{E}\left\langle (\underline{X} - \underline{\mu})^{(j)} (\underline{X} - \underline{\mu})^{(k)}\right\rangle$$

für alle j und k. Das kann man als Gleichung zwischen Matrizen schreiben:

$$\text{var}\langle \underline{X}\rangle = \mathcal{E}\left\langle (\underline{X} - \underline{\mu})(\underline{X} - \underline{\mu})^T\right\rangle .$$

$(\underline{X} - \mu$ ist ein Spaltenvektor und deshalb $(\underline{X} - \mu)(\underline{X} - \mu)^T$ eine $m \times m$-Matrix!) Diese Formel sieht kaum komplizierter aus als diejenige für eindimensionale Zufallsvariable.

g   Nützlich waren auch die Regeln für die *lineare Transformation* von Zufallsvariablen, $\mathcal{E}\langle a + bX\rangle = a + b\,\mathcal{E}\langle X\rangle$, $\mathrm{var}\langle a + bX\rangle = b^2\mathrm{var}\langle X\rangle$. Eine lineare Transformation eines Vektors $\underline{x}$ wird durch einen Vektor $\underline{a}$ und eine Matrix B bestimmt, $\underline{x} \mapsto \underline{a} + B\underline{x}$. Eine solche Transformation lässt sich auch auf Zufallsvektoren anwenden: $\underline{Y} = \underline{a} + B\underline{X}$ ist der Zufallsvektor, bestehend aus den Zufallsvariablen $Y^{(j)} = a^{(j)} + \sum_k B_{jk}X^{(k)}$.

h   ▷ Im *Iris-Beispiel* kann die Form der Blätter, im Sinne des Verhältnisses von Breite zu Länge, eine bedeutungsvolle Grösse sein. Wenn wir zu Logarithmen übergehen, also $X^{(1)} = \log_{10}\langle\text{Länge}\rangle$ und $X^{(2)} = \log_{10}\langle\text{Breite}\rangle$ setzen, dann wird dieses Verhältnis, ebenfalls logarithmiert, zur Differenz $Y^{(1)} = X^{(2)} - X^{(1)}$. Zudem kann die Fläche interessieren. Ihr Logarithmus ist von der Form $Y^{(2)} = a + X^{(1)} + X^{(2)}$, wobei die Konstante a einen weiteren Aspekt der „typische Form" der Blätter charakterisiert (vergleiche 3.6.h). Der neue Zufallsvektor $\underline{Y}$ entsteht aus $\underline{X}$ durch

$$\underline{Y} = \begin{bmatrix} 0 \\ a \end{bmatrix} + \begin{bmatrix} -1 & 1 \\ 1 & 1 \end{bmatrix} \underline{X}\,.$$

Wenn wir nur an der Fläche $Y^{(2)}$ interessiert sind, dann sieht die Gleichung so aus:

$$Y^{(2)} = a + \underline{b}^T\underline{X}\,, \qquad \underline{b} = \begin{bmatrix} 1 \\ 1 \end{bmatrix}\,.$$

◁

Die neue Grösse Y allein kann als $\underline{Y} = \underline{a} + B\underline{X}$ ausgedrückt werden – die „Vektoren" $\underline{Y}$ und $\underline{a}$ sind jetzt eindimensional, also eine gewöhnliche Zufallsvariable und eine Zahl, und B wird zu einem Zeilenvektor. Man schreibt besser $Y = a + \underline{b}^T\underline{X}$.

i   Die Kennzahlen für $\underline{Y}$ lassen sich einfach aus jenen für $\underline{X}$ berechnen: Die Regel für Zufallsvariable $\mathcal{E}\langle Y^{(j)}\rangle = a^{(j)} + \sum_k B_{jk}\mathcal{E}\langle X^{(k)}\rangle$ führt direkt zu

$$\mathcal{E}\langle\underline{Y}\rangle = \mathcal{E}\langle\underline{a} + B\underline{X}\rangle = \underline{a} + B\,\mathcal{E}\langle\underline{X}\rangle\,.$$

Wie sich die Kovarianz-Matrix bei dieser Transformation verändert, kann man herleiten, indem ein allgemeines Element $\mathrm{cov}\langle Y^{(j)}, Y^{(k)}\rangle$ ausgerechnet wird. Viel eleganter ist die Verwendung der vorhergehenden Resultate. Wir schreiben der Übersicht halber $\mu = \mathcal{E}\langle\underline{X}\rangle$. Aus $\mathrm{var}\langle\underline{Y}\rangle = \mathcal{E}\langle(\underline{Y} - \mathcal{E}\langle\underline{Y}\rangle)(\underline{Y} - \mathcal{E}\langle\underline{Y}\rangle)^T\rangle$ und

$$\underline{Y} - \mathcal{E}\langle\underline{Y}\rangle = \underline{a} + B\underline{X} - (\underline{a} + B\mu) = B(\underline{X} - \mu)$$

erhält man

$$\mathrm{var}\langle\underline{Y}\rangle = \mathcal{E}\left\langle(B(\underline{X} - \mu))(B(\underline{X} - \mu))^T\right\rangle = \mathcal{E}\left\langle B(\underline{X} - \mu)(\underline{X} - \mu)^T B^T\right\rangle$$
$$= B\,\mathcal{E}\left\langle(\underline{X} - \mu)(\underline{X} - \mu)^T\right\rangle\,B^T = B\,\mathrm{var}\langle\underline{X}\rangle B^T\,.$$

> Kurz und bündig:
>
> $$\text{var}\langle \underline{a} + B\underline{X} \rangle = B \cdot \text{var}\langle \underline{X} \rangle \cdot B^T \,.$$
>
> Das gilt auch für eindimensionale Y,
>
> $$\text{var}\langle a + \underline{b}^T \underline{X} \rangle = \underline{b}^T \mathbf{\Sigma}\, \underline{b} \,,$$
>
> ein Resultat, das oft nützlich ist.

j Im eindimensionalen Fall hat sich schliesslich der Begriff der *standardisierten Zufallsvariablen* als nützlich erwiesen. Aus einem Zufallsvektor $\underline{X}$ mit $\mathcal{E}\langle \underline{X} \rangle = \underline{\mu}$ und $\text{var}\langle \underline{X} \rangle = \mathbf{\Sigma}$ wollen wir jetzt durch lineare Transformation einen Zufallsvektor $\underline{Z}$ mit $\mathcal{E}\langle \underline{Z} \rangle = \underline{0}$ und $\text{var}\langle \underline{Z} \rangle = I$ erhalten. Die *Einheitsmatrix* I (die Matrix mit Einsen in der Diagonalen und sonst lauter Nullen) ist ja sicher die einfachste sinnvolle Kovarianz-Matrix: Die Komponenten $Z^{(j)}$ von $\underline{Z}$ sind dann selbst standardisierte Zufallsvariable (da ihr Erwartungswert null ist), und sie sind unkorreliert. Es ist leicht, $\mathcal{E}\langle \underline{Z} \rangle = \underline{0}$ zu erreichen: $\underline{X} - \underline{\mu}$ erfüllt dies. Für die zweite Forderung brauchen wir ein Resultat der linearen Algebra: Es ist jede Kovarianz-Matrix $\mathbf{\Sigma}$ symmetrisch und sogenannt positiv semidefinit. Für jede solche Matrix lässt sich eine Matrix $\widetilde{B}$ finden, so dass $\widetilde{B}\widetilde{B}^T = \mathbf{\Sigma}$ – es gibt sogar unendlich viele. (Die sogenannte *Cholesky-Zerlegung* liefert eine davon in Form einer Dreiecksmatrix.) Jetzt setzen wir $B = \widetilde{B}^{-1}$ und probieren! Es wird für

$$\underline{Z} = B(\underline{X} - \underline{\mu}) = -B\underline{\mu} + B\underline{X}$$
$$\mathcal{E}\langle \underline{Z} \rangle = B(\mathcal{E}\langle \underline{X} \rangle - \underline{\mu}) = \underline{0}$$
$$\text{var}\langle \underline{Z} \rangle = B\mathbf{\Sigma}B^T = \widetilde{B}^{-1}\widetilde{B}\widetilde{B}^T(\widetilde{B}^{-1})^T = I \,.$$

Das Ziel ist also erreicht! (Allerdings wurde stillschweigend vorausgesetzt, dass $\widetilde{B}$ invertierbar, also nicht singulär sei, was gleichbedeutend ist mit der Forderung, $\mathbf{\Sigma}$ dürfe nicht singulär sein.)

k Werden zwei Zufallsvektoren zusammengezählt, dann addieren sich ihre Erwartungswerte,

$$\mathcal{E}\langle \underline{X}_1 + \underline{X}_2 \rangle = \mathcal{E}\langle \underline{X}_1 \rangle + \mathcal{E}\langle \underline{X}_2 \rangle \,.$$

Zwei Zufallsvektoren sind *unabhängig*, Zufallsvektor!unabhängige Z.en wenn jede Komponente $X_1^{(j)}$ des ersten von jeder Komponente $X_2^{(k)}$ unabhängig ist. Es sind dann alle Kovarianzen $\text{cov}\langle X_1^{(j)}, X_2^{(k)} \rangle = 0$. Zählt man unabhängige Zufallsvektoren zusammen, dann addieren sich auch ihre Kovarianz-Matrizen,

$$\text{var}\langle \underline{X}_1 + \underline{X}_2 \rangle = \text{var}\langle \underline{X}_1 \rangle + \text{var}\langle \underline{X}_2 \rangle \,.$$

Die beiden Resultate ergeben sich aus den Formeln für einfache Zufallsvariable, die man auf die einzelnen Elemente der Vektor- respektive Matrix-Gleichung anwenden kann.

l * In der *multiplen linearen Regression*, deren mathematischen Behandlung wir in 13.5 weggelassen haben, erweisen sich Matrizen und Zufallsvektoren ebenfalls als sehr nützlich. Das Modell war $Y_i = \alpha + \beta_1 x_i^{(1)} + \beta_2 x_i^{(2)} + \ldots + \beta_m x_i^{(m)} + E_i$. Die Y_i und die E_i fassen wir zu Zufalls-Vektoren $\underline{Y} = [Y_1, \ldots, Y_n]^T$ und $\underline{E}$ zusammen. Die Koeffizienten β_j bilden einen Vektor $\widetilde{\beta}$, und die Werte der erklärenden Variablen $x_i^{(j)}$ werden zu einer Matrix,

$$\underline{\widetilde{\beta}} = \begin{bmatrix} \beta_1 \\ \beta_2 \\ \vdots \\ \beta_m \end{bmatrix} \quad \text{und} \quad \widetilde{X} = \begin{bmatrix} x_1^{(1)} & x_1^{(2)} & \cdots & x_1^{(m)} \\ x_2^{(1)} & x_2^{(2)} & \cdots & x_2^{(m)} \\ & & \vdots & \\ x_n^{(1)} & x_n^{(2)} & \cdots & x_n^{(m)} \end{bmatrix} .$$

Schliesslich brauchen wir noch den Vektor $\underline{1}$, der aus lauter Einsen besteht: $\underline{1} = [1, 1, \ldots, 1]^T$.
Jetzt lässt sich das Regressionsmodell einfach hinschreiben: $\underline{Y} = \alpha\underline{1} + \widetilde{X}\underline{\widetilde{\beta}} + \underline{E}$.

Es geht noch etwas einfacher: Wir erweitern $\widetilde{X}$ um eine Kolonne von Einsen, $X = [\,\underline{1}\ \widetilde{X}\,]$, und $\underline{\widetilde{\beta}}$
um das Element α, das man besser als β_0 bezeichnet, $\underline{\beta} = [\beta_0, \beta_1, \ldots, \beta_m]^T$. (Sofern im Modell
kein Achsenabschnitt vorhanden ist, sei $X = \widetilde{X}$ und $\underline{\beta} = \underline{\widetilde{\beta}}$.) Jetzt gilt

$$\underline{Y} = X\underline{\beta} + \underline{E} .$$

Die Matrix X wird *Design-Matrix* genannt.

m   *   Auf das Modell folgt die *Schätzung*. Nach dem Prinzip der *Kleinsten Quadrate* soll die Summe der
quadrierten Residuen minimiert werden. Die *Residuen*, die zu einem Parameter-Vektor $\underline{\beta}^*$ gehören,
sind $\underline{R} = \underline{Y} - \widetilde{X}\underline{\beta}^*$. (Wenn $\underline{\beta}^* = \underline{\beta}$ ist, sind die R_i gerade die Zufalls-Fehler E_i.) Die Summe
der Quadrate $\sum_i R_i^2$ kann man schreiben als $Q\langle\underline{\beta}^*\rangle = \sum_i R_i^2 = \underline{R}^T\underline{R}$.
Um das Minimum zu finden, bestimmt man die Ableitungen und setzt sie null. Es ist

$$\partial Q\langle\underline{\beta}\rangle / \partial\beta_j = \sum_i \partial R_i^2 / \partial\beta_j = 2\sum_i R_i \partial R_i / \partial\beta_j$$

$$\partial R_i / \partial\beta_j = \partial\left(Y_i - (\beta_0 + \textstyle\sum_j \beta_j x_i^{(j)})\right) / \partial\beta_j = -x_i^{(j)} ,$$

also $\partial Q\langle\underline{\beta}\rangle / \partial\beta_j = \sum_i R_i x_i^{(j)} = (X^T\underline{R})_j$. – Die Ableitungen (für $j = 0, 1, \ldots, m$) sollen
gleich 0 sein. Das heisst:

$$X^T\underline{R} = X^T(\underline{Y} - X\underline{\widehat{\beta}}) = \underline{0} , \qquad X^T X\underline{\widehat{\beta}} = X^T\underline{Y} .$$

Die letzte Gleichung hat einen Namen: Sie heisst „die *Normal-Gleichungen*" – es sind ja $m + 1$
Gleichungen, in eine Vektoren-Gleichung verpackt.
Links steht eine quadratische, symmetrische Matrix, $C = X^T X$, multipliziert mit dem gesuchten
Vektor $\underline{\widehat{\beta}}$, rechts ein Vektor, $X^T\underline{Y}$. Bei der Auflösung dieser Gleichung macht sich die lineare
Algebra erstmals richtig bezahlt: Wir multiplizieren die Gleichung von links mit der Inversen von
C und erhalten

$$\underline{\widehat{\beta}} = C^{-1}X^T\underline{Y} = (X^T X)^{-1}X^T\underline{Y} .$$

(Dazu muss vorausgesetzt werden, dass C invertierbar ist. Sonst ist die Lösung des Problems
der Kleinsten Quadrate nicht eindeutig, und man muss mit komplizierteren Methoden – mit
verallgemeinerten Inversen – dahintergehen.)

n   *   Dass $\underline{Y}$ ein *zufälliger* Vektor ist, wird bedeutsam, wenn wir nun die *Verteilung der Schätzung*
$\underline{\widehat{\beta}}$ untersuchen. Der Erwartungswert von $\underline{Y}$ ist $\mathcal{E}\langle\underline{Y}\rangle = X\underline{\beta}$ und die Kovarianz-Matrix wird
$\mathrm{var}\langle\underline{Y}\rangle = \sigma^2 I$. Aus den vorhergehenden Formeln folgt, dass

$$\mathcal{E}\langle\underline{\widehat{\beta}}\rangle = C^{-1}X^T\mathcal{E}\langle\underline{Y}\rangle = C^{-1}X^T X\underline{\beta} = \underline{\beta}$$

ist, da $C = X^T X$ gilt. $\underline{\widehat{\beta}}$ ist also erwartungstreu. Die Kovarianz-Matrix wird

$$\mathrm{var}\langle\underline{\widehat{\beta}}\rangle = C^{-1}X^T \cdot \sigma^2 I(C^{-1}X^T)^T$$
$$= \sigma^2 C^{-1}X^T X(C^{-1})^T = \sigma^2(X^T X)^{-1} .$$

Die Verteilung von $\widehat{\underline{\beta}}$ ist eine mehrdimensionale Normalverteilung, wie sie im übernächsten Abschnitt (15.3) behandelt wird. Man schreibt $\widehat{\underline{\beta}} \sim \mathcal{N}_p \langle \underline{\beta}, \sigma^2 (\boldsymbol{X}^T \boldsymbol{X})^{-1} \rangle$. ($p = m + 1$ ist die Dimension von $\underline{\beta}$.)

Die Verteilung von $\widehat{\underline{\beta}}$ wird gebraucht, um Tests über die Koeffizienten β_j zu entwickeln. Um einen einzelnen Koeffizienten zu testen (ob er bespielsweise null sein könnte), braucht man die Varianz des geschätzten Wertes $\widehat{\beta}_j$. Sie ist gleich dem j ten Diagonalelement der Kovarianz-Matrix. Daraus lässt sich wie schon im einfachsten Ein-Stichproben-Problem und wie in der einfachen Regression ein Test und ein Vertrauensintervall ableiten. So gelangt man zu den Tests, die in der multiplen Regression besprochen wurden (13.5.d).

15.2 Schätzung von Erwartungswert und Kovarianz-Matrix

a Wie sollen Erwartungswert und Kovarianz-Matrix aus einer Stichprobe geschätzt werden? Eine Stichprobe von Zufallsvektoren besteht aus n „Beobachtungen" von je m Zahlen $x_i^{(1)}, x_i^{(2)}, \ldots,$ $x_i^{(m)}$, den Werten der m Variablen für die i te Beobachtungseinheit.

▷ Tabelle 15.2.a zeigt als *Beispiel* Messungen von Länge und Breite von Blütenblättern von 50 Exemplaren der Art *Iris* setosa. ◁

Tabelle 15.2.a Länge und Breite von Blütenblättern von 50 Pflanzen der Art Iris setosa

L.	B.	L.	B.	L.	B.	L.	B.	L.	B.	L.	B.	L.	B.	L.	B.	L.	B.	L.	B.
51	35	54	37	54	34	48	31	50	35	49	30	48	34	51	37	54	34	45	23
47	32	48	30	46	36	52	41	44	32	46	31	43	30	51	33	55	42	50	35
50	36	58	40	48	34	49	31	51	38	54	39	57	44	50	30	50	32	48	30
46	34	54	39	50	34	55	35	51	38	50	34	51	35	52	35	49	36	46	32
44	29	57	38	52	34	44	30	53	37	49	31	51	38	47	32	51	34	50	33

Die Tabelle stellt eine zweispaltige Matrix dar; allgemein erhält man eine *Datenmatrix*

$$
x = \begin{bmatrix}
x_1^{(1)} & x_1^{(2)} & \ldots & x_1^{(m)} \\
x_2^{(1)} & x_2^{(2)} & \ldots & x_2^{(m)} \\
\vdots & \vdots & & \vdots \\
x_n^{(1)} & x_n^{(2)} & \ldots & x_n^{(m)}
\end{bmatrix} .
$$

Ein entsprechendes Wahrscheinlichkeitsmodell, ein Modell für eine multivariate *Stichprobe*, besteht also aus einer ganzen Matrix $\boldsymbol{X}$ von Zufallsvariablen, bildet eine „*Zufallsmatrix*". (Eine einzelne Beobachtung entspricht einer Zeile, während sie vorher als Spaltenvektor $\underline{X}_i$ geschrieben wurde.) „Zufalls-Stichprobe" bedeutet, dass die Zufallsvektoren $\underline{X}_i$ voneinander unabhängig und gleich verteilt sind; wir schreiben für ihren Erwartungswert und ihre Varianz

$$
\mathcal{E}\langle \underline{X}_i \rangle = \underline{\mu}, \quad \mathrm{var}\langle \underline{X}_i \rangle = \mathbf{\Sigma} .
$$

b Da Erwartungswert und Kovarianz-Matrix eines Zufallsvektors ja aus einfachen Erwartungswerten, Varianzen und Kovarianzen von Zufallsvariablen bestehen, ist klar, wie sie am direkte-
sten geschätzt werden können:

Der Erwartungswert μ wird geschätzt durch das *arithmetische Mittel*

$$\widehat{\mu} = \underline{\overline{X}} = \left[\overline{X}^{(1)}, \overline{X}^{(2)}, \dots, \overline{X}^{(m)} \right]^{T} = \tfrac{1}{n} \sum_{i} \underline{X}_i \, .$$

Eine einzelne Kovarianz wird, analog zur Varianz, geschätzt durch

$$\frac{1}{n-1} \sum_{i} \left(X_i^{(j)} \quad \overline{X}^{(j)} \right) \left(X_i^{(k)} - \overline{X}^{(k)} \right)$$

für $j \neq k$ (3.2.c). Für $j = k$ schätzt diese Formel die Varianz (2.3.j).

Nun kann die Schätzung der Kovarianz-Matrix zusammengefasst werden mit

$$\widehat{\Sigma} = \frac{1}{n-1} \sum_{i} (\underline{X}_i - \underline{\overline{X}}) (\underline{X}_i - \underline{\overline{X}})^{T} \, .$$

(Beachten Sie, dass $\underline{X}_i$ und $\underline{\overline{X}}$ Spaltenvektoren sind, deshalb ist jedes $(\underline{X}_i - \underline{\overline{X}})(\underline{X}_i - \underline{\overline{X}})^{T}$
eine $m \times m$-Matrix!) Die Matrix $\widehat{\Sigma}$ heisst *empirische Kovarianz-Matrix* (siehe 3.6.g).

c ▷ Im *Beispiel* der *Iris-Blüten* führt dies für die logarithmierten Grössen zu

$$\widehat{\underline{\mu}} = \left[\begin{array}{c} 0.698 \\ 0.532 \end{array} \right], \quad \widehat{\Sigma} = \left[\begin{array}{cc} 0.000937 & 0.001094 \\ 0.001094 & 0.002395 \end{array} \right] \, .$$

Gehen wir einen Schritt weiter und fragen nach einer *standardisierten Stichprobe*, analog
zur standardisierten Zufallsvariablen (15.1.j)! Die Zerlegung von $\widehat{\Sigma}$ in $\widehat{B}^{-1}(\widehat{B}^{-1})^{T}$ (nach
Cholesky) führt zu

$$\widehat{B} = \left[\begin{array}{cc} 32.7 & 0 \\ -34.9 & 29.9 \end{array} \right] \, .$$

Die Werte $\underline{z}_i = \widehat{B} \left(\underline{x}_i - \widehat{\underline{\mu}} \right)$ haben als arithmetisches Mittel den Vektor $\underline{0}$ und als empirische
Kovarianz-Matrix die Einheitsmatrix I. Bild 15.2.c zeigt ein Streudiagramm der ursprünglichen
und der standardisierten Variablen. Da $\widehat{B}$ eine untere Dreiecksmatrix ist – die Cholesky-
Zerlegung liefert immer eine solche – ist die erste neue Koordinate $z_i^{(1)}$ die standardisierte
ursprüngliche Koordinate $x_i^{(1)}$, $z_i^{(1)} = (x_i^{(1)} - \bar{x}^{(1)}) \big/ \sqrt{\widehat{\Sigma}_{11}}$. ◁

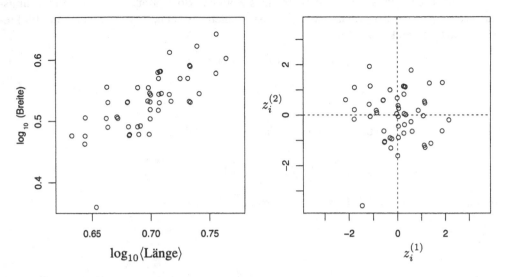

Bild 15.2.c Streudiagramm der Länge und Breite der Iris-Blüten und ihrer standardisierten Koordinaten

15.3 Die mehrdimensionale Normalverteilung

a Für stetige Zufallsvariable bildet die Normalverteilung das meistverwendete Modell – unter anderem, weil die mathematische Theorie für diese Verteilung schöne, einfache Resultate liefert. In der multivariaten Statistik spielt das entsprechende Modell der multivariaten Normalverteilung sogar eine noch viel zentralere Rolle, da andere Modelle jeweils nur in sehr speziellen Anwendungen plausibel sind.

b Wie in 6.5 legen wir zunächst fest, was eine *Standard-Normalverteilung* sein soll: Der Zufallsvektor $\underline{Z}$ ist standard-normalverteilt, wenn die Komponenten $Z^{(j)}$ standard-normalverteilt und unabhängig sind. Z ist also ein standardisierter Zufallsvektor (siehe 15.1.j); es gilt $\mathcal{E}\langle\underline{Z}\rangle = 0$ und $\text{var}\langle\underline{Z}\rangle = \boldsymbol{I}$.

Da sich die Wahrscheinlichkeitsdichten $\varphi\langle z^{(j)}\rangle$ bei Unabhängigkeit multiplizieren, wird die Dichte

$$f^{(\underline{Z})}\langle\underline{z}\rangle = \varphi\langle z^{(1)}\rangle\,\varphi\langle z^{(2)}\rangle\cdot\ldots\cdot\varphi\langle z^{(m)}\rangle$$
$$= \tfrac{1}{(\sqrt{2\pi})^m}\exp\left\langle -\tfrac{1}{2}\left(z^{(1)2} + z^{(2)2} + \ldots + z^{(m)2}\right)\right\rangle .$$

In der inneren Klammer steht die quadrierte Länge (Norm, Betrag) des Vektors $\underline{z}$, $\|\underline{z}\|^2 = \sum_{j=1}^m z^{(j)2}$. Man kann schreiben

$$f^{(\underline{Z})}\langle\underline{z}\rangle = (2\pi)^{-m/2}\exp\left\langle -\tfrac{1}{2}\|\underline{z}\|^2\right\rangle .$$

Die Dichte ist also für ein zweidimensionales $\underline{Z}$ konstant auf jedem Kreis (siehe Bild 6.9.b) und für $m = 3$ auf jeder Kugel.

c * Der quadrierte Betrag von $\underline{Z}$, $U = \|\underline{Z}\|^2 = \sum_j (Z^{(j)})^2$, ist eine Zufallsvariable, die ebenfalls eine wichtige Rolle spielt. Ihre Verteilung trägt den Namen χ^2–Verteilung („Chi-Quadrat-Verteilung") mit m Freiheitsgraden (6.10.g).

d Um zu einer als Modell brauchbaren Familie von Verteilungen zu gelangen, wenden wir (wie im eindimensionalen Fall, 6.5.e) eine lineare Transformation auf $\underline{Z}$ an, $\underline{X} = \underline{\mu} + B\underline{Z}$. Erwartungswert und Kovarianz-Matrix von $\underline{X}$ sind $\mathcal{E}\langle\underline{X}\rangle = \underline{\mu}$ und $\mathrm{var}\langle\underline{X}\rangle = B\,B^T$ (15.1.i).

Die Dichte der Verteilung von $\underline{X}$ ist dann

$$f^{(\underline{X})}\langle\underline{x}\rangle = c \cdot \exp\left\langle -\tfrac{1}{2}(\underline{x} - \underline{\mu})^T \underline{\Sigma}^{-1}(\underline{x} - \underline{\mu})\right\rangle$$

mit $\underline{\Sigma} = BB^T$ und $c^{-2} = (2\pi)^m \det\langle\underline{\Sigma}\rangle$ (falls B invertierbar ist; sonst gibt es keine Dichte).

e * Die Herleitung dieser Formel beruht auf den Regeln für Variablentransformation in mehrdimensionalen Integralen: Wenn $\underline{x} = g\langle\underline{z}\rangle$ ist, dann kann man schreiben

$$\int_A f\langle\underline{x}\rangle d\underline{x} = \int_{g^{-1}\langle A\rangle} f\langle g\langle\underline{z}\rangle\rangle \det\left\langle\frac{\partial\underline{x}}{\partial\underline{z}}\right\rangle d\underline{z}\,,$$

wobei $\partial\underline{x}/\partial\underline{z}$ die Matrix der partiellen Ableitungen $\partial x^{(j)}/\partial z^{(k)}$ und $g^{-1}\langle A\rangle$ das Urbild der Bildmenge A, also $g^{-1}\langle A\rangle = \{\underline{z} \mid g\langle\underline{z}\rangle \in A\}$, ist.
In der Wahrscheinlichkeitsrechnung ist f die Wahrscheinlichkeitsdichte $f^{(\underline{X})}$ von $\underline{X}$ und das Integral ist $P\langle\underline{X} \in A\rangle$. Wenn $\underline{Z}$ eine Dichte $f^{(\underline{Z})}$ hat, dann lässt sich $P\langle\underline{X} \in A\rangle$ auch ausdrücken als $P\left\langle\underline{Z} \in g^{-1}\langle A\rangle\right\rangle = \int_{g^{-1}\langle A\rangle} f^{(\underline{Z})}\langle\underline{z}\rangle d\underline{z}$. Durch Vergleich des letzten Ausdruckes mit der rechten Seite der obigen Gleichung erhält man (da Gleichheit für beliebige A gelten muss)

$$f^{(\underline{Z})}\langle\underline{z}\rangle = f^{(\underline{X})}\langle g\langle\underline{z}\rangle\rangle \det\left\langle\frac{\partial g\langle\underline{z}\rangle}{\partial\underline{z}}\right\rangle$$

und umgekehrt

$$f^{(\underline{X})}\langle\underline{x}\rangle = f^{(\underline{Z})}\langle\underline{z}\rangle \Big/ \det\left\langle\frac{\partial g\langle\underline{z}\rangle}{\partial\underline{z}}\right\rangle \qquad \text{mit } \underline{z} = g^{-1}\langle\underline{x}\rangle\,.$$

Das ist die allgemeine Formel für Dichten von transformierten Zufallsvektoren. Setzt man $g\langle\underline{z}\rangle = \underline{\mu} + B\underline{z}$, und beachtet, dass $\det\langle\underline{\Sigma}\rangle = \det\langle B\rangle \det\langle B^T\rangle = (\det\langle B\rangle)^2$ ist, dann erhält man das obige Resultat.

f Die Verteilung von $\underline{X}$ ist also durch den Erwartungswert $\underline{\mu}$ und die Kovarianz-Matrix $\underline{\Sigma}$ bestimmt. (Verschiedene B mit dem gleichen $\underline{\Sigma} = BB^T$ führen zur gleichen Verteilung.) Diese Verteilung nennt man m-dimensionale Normalverteilung und schreibt

$$\underline{X} \sim \mathcal{N}_m\langle\underline{\mu}, \underline{\Sigma}\rangle\,.$$

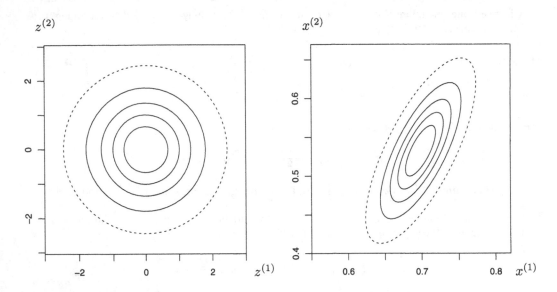

Bild 15.3.g „Höhenlinien" gleicher Wahrscheinlichkeitsdichte für einen standard-normalverteilten und einen allgemein normalverteilten Zufallsvektor

g Für die Vorstellung und für grafische Veranschaulichungen im zweidimensionalen Fall ist es nützlich festzustellen, dass die Linien gleicher Dichte die Form von konzentrischen Ellipsen haben; aus $f^{\langle X \rangle}\langle \underline{x} \rangle = d$ folgt

$$(\underline{x} - \underline{\mu})^T \Sigma^{-1} (\underline{x} - \underline{\mu}) = u$$

mit $c \exp\langle -u/2 \rangle = d$. Diese Ellipsen entsprechen den kreisförmigen „Höhenlinien" der Standard-Normalverteilung von $\underline{Z}$.

▷ Bild 15.3.g zeigt solche Linien auf 20%, 40%, 60% und 80% der „Gipfelhöhe" für $\underline{\mu} = [0.698, 0.532]^T$ und $\Sigma_{11} = 0.000937$, $\Sigma_{12} = 0.001094$, $\Sigma_{22} = 0.002395$, was den geschätzten Momenten im Beispiel der Iris-Blüten (15.2.c) entspricht. Zusätzlich ist die Höhenlinie punktiert eingezeichnet, die 95% der Wahrscheinlichkeit einschliesst. ◁

Aus einem standard-normalverteilten Zufallsvektor $\underline{Z}$ haben wir einen allgemein normalverteilten $\underline{X}$ gemacht. Zu jedem $\underline{X}$ kann man umgekehrt (falls Σ invertierbar ist) ein standardnormalverteiltes $\underline{Z}$ erhalten (15.1.j).

15.4 Statistik der Normalverteilung

a   Die naheliegendsten *Schätzungen* der Parameter μ und Σ, die ja mit dem Erwartungswert und der Kovarianz-Matrix zusammenfallen, sind das arithmetische Mittel $\overline{X}$ und die
empirische Kovarianz-Matrix $\widehat{\Sigma}$. Sie sind optimal, wenn die Normalverteilung exakt gilt – wie
im eindimensionalen Fall.

Andererseits reagieren sie sehr empfindlich auf grobe Fehler, und es gibt in der Literatur robuste
Schätzungen, die allerdings noch kaum in Programm-Paketen anzutreffen sind.

b   *   Wie entdeckt man *Ausreisser*? Wenn nur zwei Variable studiert werden, braucht man bloss
das Streudiagramm anzuschauen. In Bild 15.2.c muss die extreme Beobachtung unten links als
Ausreisser taxiert werden.

In höheren Dimensionen reicht das Anschauen von Streudiagrammen – auch einer Streudiagramm-
Matrix (3.6.d) – nicht immer aus, und man muss ein rechnerisches Hilfsmittel beiziehen. Allgemein
kann man eine Beobachtung x_i als Ausreisser bezüglich eines Modells definieren, wenn dessen
Wahrscheinlichkeitsdichte bei x_i sehr klein ist. Für die Normalverteilung ist dies der Fall, wenn
$u_i = (x_i - \mu)^T \Sigma^{-1} (x_i - \mu)$ gross ist. Diese Grösse trägt auch den Namen Mahalanobis-Radius
oder *Mahalanobis-Distanz* vom Zentrum μ.

Die entsprechende Zufallsvariable U_i ist nach 15.3.c χ^2_m-verteilt, wenn $\underline{X}_i \sim \mathcal{N}_m \langle \mu, \Sigma \rangle$ gilt. Ist
nämlich $\underline{Z}_i = B(x_i - \mu)$ eine Standardisierung von $\underline{X}_i$, so ist $\underline{Z}_i$ standard-normalverteilt und
$U_i = \|Z_i\|^2$.

Man kann also das Modell überprüfen, indem man die u_i-Werte aus den Beobachtungen berechnet
und mit der χ^2_m-Verteilung vergleicht, beispielsweise mit einem Quantil-Quantil-Diagramm (11.2).
(Dazu wird man die unbekannten μ und Σ schätzen; die χ^2_m-Verteilung gilt dann nur noch
näherungsweise.) Mit diesen Überlegungen kann auch ein formaler Ausreisser-Test konstruiert
werden.

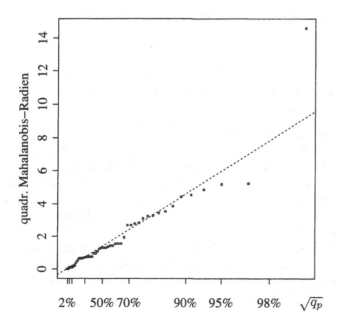

Bild 15.4.b
Q-Q-Diagramm der
Mahalanobis-Radien
für das Beispiel der
Iris-Blüten

▷ Bild 15.4.b zeigt das Q-Q-Diagramm für das *Iris-Beispiel*. Beide Achsen wurden wurzel-transformiert, so dass die Mahalanobis-Radien den Wurzeln aus Quantilen der Chiquadrat-Verteilung gegenübergestellt werden. Der oberste Punkt fällt deutlich aus dem Rahmen. Er entspricht dem erwähnten Ausreisser. ◁

c Die *Verteilung* von $\overline{X}$ ist einfach herzuleiten. Wie im eindimensionalen Fall ist $\overline{X}$ wieder normalverteilt. Nach den behandelten Regeln für Erwartungswert und Kovarianz-Matrix (15.1.i) gilt

$$\mathcal{E}\langle \overline{X} \rangle = \mathcal{E}\langle \underline{X}_i \rangle = \underline{\mu} \qquad \text{var}\langle \overline{X} \rangle = \tfrac{1}{n}\text{var}\langle \underline{X}_i \rangle = \tfrac{1}{n}\mathbf{\Sigma} ,$$

also $\overline{X} \sim \mathcal{N}_m\langle \underline{\mu}, \mathbf{\Sigma}/n \rangle$.

Die Verteilung von $\widehat{\mathbf{\Sigma}}$ ist kompliziert. Sie heisst *Wishart-Verteilung*. Es zeigt sich, dass $\widehat{\mathbf{\Sigma}}$ erwartungstreu ist für $\mathbf{\Sigma}$.

d Aus diesen Verteilungen kann man *Tests* und *Vertrauensbereiche* für $\underline{\mu}$ und $\mathbf{\Sigma}$ oder Teile davon herleiten.

Ein einfacher und wichtiger Test prüft die Frage, ob zwei Zufallsvariable unabhängig seien. Wenn Normalverteilung angenommen wird, ist Unabhängigkeit gleichbedeutend mit *„Korrelation null"*. Als Teststatistik dient die geschätzte Korrelation $\widehat{\rho}_{jk} = \widehat{\mathbf{\Sigma}}_{jk}\big/\sqrt{\widehat{\mathbf{\Sigma}}_{jj}\,\widehat{\mathbf{\Sigma}}_{kk}}$ (siehe 3.2.c).

Es ist $T = \widehat{\rho}_{jk}\sqrt{n-2}\big/\sqrt{1-\widehat{\rho}_{jk}^2}$ t-verteilt mit $n-2$ Freiheitsgraden, wenn die Nullhypothese gilt.

Die Berechnung von Vertrauensintervallen wird einfacher, wenn man den Parameter ρ transformiert („z-Transformation"): Es sei

$$\zeta = \tfrac{1}{2} \log_e \left\langle \frac{1+\rho}{1-\rho} \right\rangle = 1.1513 \log_{10} \left\langle \frac{1+\rho}{1-\rho} \right\rangle .$$

Die entsprechend transformierte geschätzte Grösse ist näherungsweise normalverteilt mit konstanter Varianz,

$$\widehat{\zeta} \approx\sim \mathcal{N}\langle \zeta, 1/(n-3) \rangle .$$

Das führt zum Vertrauensintervall $[\, \widehat{\zeta} - 1.96/\sqrt{n-3},\ \widehat{\zeta} + 1.96/\sqrt{n-3} \,]$. Das Intervall für ρ erhält man durch Rücktransformation dieser Grenzen mittels der Formel $\rho = (\alpha - 1)/(\alpha + 1)$ mit $\alpha = \exp\langle 2\zeta \rangle$. Es ist oft deutlich asymmetrisch bezüglich $\widehat{\rho}$.

e ▷ Im *Beispiel* der *Iris-Blüten* wird $\widehat{\rho} = 0.001094/\sqrt{0.000937 \cdot 0.002395} = 0.730$, $\widehat{\zeta} = 0.929$. Das Vertrauensintervall für ζ wird $[0.643,\ 1.214]$. Aus den zugehörigen α-Werten 3.62 und 11.34 resultieren für die Korrelation zwischen Länge und Breite der Blütenblätter die Grenzen 0.567 und 0.838, also ein bezüglich $\widehat{\rho} = 0.730$ unsymmetrisches Intervall. Dass die Korrelation nicht null sein kann, schliesst man daraus, dass null nicht in diesem Intervall liegt – oder aus dem direkten Test (es wird $T = 0.730 \cdot \sqrt{48}/\sqrt{1 - 0.730^2} = 7.4$ mit P-Wert 0.000). All diese Werte sind jedoch mit Vorsicht zu geniessen, da die Voraussetzung der Normalverteilung wegen des Ausreissers kaum als erfüllt betrachtet werden kann. Ein ebenfalls mit Vorsicht zu geniessender naheliegender Ausweg besteht darin, dass der Ausreisser weggelassen und die Rechnungen wiederholt werden. Es ergibt sich $\widehat{\rho} = 0.000952/\sqrt{0.000913 \cdot 0.001826} = 0.737$ und ein Vertrauensintervall von $[0.576, 0.844]$. ◁

15.5 Hauptkomponenten

a Der Umgang mit zwei Variablen, also die multivariate Statistik für $m = 2$, wird unterstützt durch die Anschaulichkeit von Streudiagrammen, und in drei Dimensionen hilft die räumliche Vorstellungskraft. Für höhere Dimensionen versagen solche Veranschaulichungen, und man ist darauf angewiesen, zu beweisen oder heuristisch klarzumachen, dass wichtige Eigenschaften auch da noch gelten.

Ein umgekehrter Weg besteht darin, aus „hochdimensionalen" Problemen „niedrigdimensionale" zu machen. Entsprechende Methoden lassen sich wieder nur dann veranschaulichen, wenn sie auf die Situation angewandt werden, dass ein drei- oder zweidimensionales Problem in ein zwei- oder eindimensionales verwandelt werden soll – was eigentlich nicht nötig ist.

b Wir wollen also zweidimensionale Daten in sinnvoller Weise in eindimensionale verwandeln. Bild 15.5.b veranschaulicht die Idee der *Hauptkomponenten-Analyse*. Die „Streuung" in den Daten soll durch Projektion der Datenpunkte auf eine geeignete Richtung so gut wie möglich wiedergegeben werden. Präzisieren wir dies so, dass die Varianz der projizierten Punkte möglichst gross sein soll!

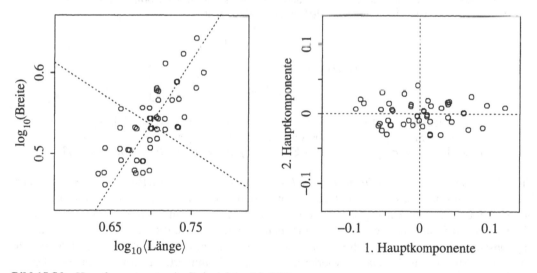

Bild 15.5.b Hauptkomponenten im Beispiel der Iris-Blüten

Wir haben diskutiert, wie die „Streuung" der Daten durch Ellipsen dargestellt werden kann, und es ist plausibel (und kann mit linearer Algebra bewiesen werden), dass die Richtung der längeren Hauptachse die Varianz der projizierten Daten maximiert.

Die kürzere Hauptachse der Ellipse, die auf der längeren senkrecht steht, gibt übrigens die Richtung mit der kleinsten Varianz an. (* Das bedeutet, dass die längere Hauptachse mit der Geraden zusammenfällt, die durch orthogonale Regression (3.5.l) bestimmt wird.) Die beiden Hauptachsen-Richtungen können als neues Koordinatensystem aufgefasst werden. Sie werden auch als *Faktoren* bezeichnet – Letzteres als Anleihe aus der allgemeineren Methode der *Faktor-Analyse*, siehe unten (15.5.j).

c Die Umrechnung vom ursprünglichen Koordinatensystem der Merkmale $X^{(j)}$ in Hauptkomponenten-Koordinaten erfolgt durch die lineare Transformation

$$\underline{Z} = B(\underline{X} - \underline{\mu})$$

mit einer bestimmten Matrix B im Modell oder $\underline{Z}_i = \widehat{B}(\underline{X}_i - \widehat{\mu})$ für die Daten mit
Schätzwerten für $\underline{\mu}$ und B.
Die lineare Algebra verrät, wie man B bestimmen muss – und hier kommt man in mehr
als 2 Dimensionen ohne sie nicht aus! Man braucht die sogenannte *Eigenwert-Eigenvektor-
Zerlegung*. Die Matrizen B und $\widehat{B}$ sind orthogonal; sie bestehen aus den Eigenvektoren von Σ
respektive $\widehat{\Sigma}$. Diese werden jeweils so angeordnet, dass $Z^{(1)}$ die grösste Varianz hat, $Z^{(2)}$ die
zweitgrösste, usw.($\underline{Z}$ ist hier keine vollständig standardisierte Zufallsvariable; die Komponenten
$Z^{(1)}$ und $Z^{(2)}$ haben zwar Erwartungswert 0 und sind unkorreliert, sie haben aber verschiedene
Varianzen.)

d * Für eine skizzenhafte Herleitung formulieren wir als Problem, eine *orthogonale* Transformation zu
      finden, die die Ellipse in Hauptachsenlage bringt. Orthogonale Transformationen lassen Abstände
      von Punkten und Formen von Ellipsen und irgendwelchen anderen Gebilden unverändert. Ihre
      Transformationsmatrizen heissen ebenfalls orthogonal und erfüllen $BB^T = I$. Hauptachsenlage
      der Ellipsen bedeutet, dass die Σ-Matrix diagonal ist. Wir suchen also ein orthogonales B, so dass
      $\underline{Z} = B(\underline{X} - \underline{\mu})$ eine Diagonalmatrix als Kovarianz-Matrix hat,

$$\text{var}\langle\underline{Z}\rangle = B\Sigma B^T = D = \begin{bmatrix} \lambda_1 & 0 & \ldots & 0 \\ 0 & \lambda_2 & \ldots & 0 \\ . & \vdots & \ddots & \\ 0 & 0 & \ldots & \lambda_m \end{bmatrix}.$$

   Die lineare Algebra sagt, dass eine solche Matrix immer existiert, wenn Σ invertierbar (und
   symmetrisch) ist. Sie ist gleich der transponierten Matrix der Eigenvektoren, da aus den beiden
   obigen Gleichungen $\Sigma B^T = B^T D$, also $\Sigma \underline{b}_j = \lambda_j \underline{b}_j$ gilt, wobei $\underline{b}_j$ die $j$te Spalte von B^T ist.

e Ziel der Übung war die *Dimensions-Reduktion* (vergleiche 3.6.n). Ein zwei-dimensionaler
   Datensatz kann auf die erste Hauptachse projiziert werden. Man beschränkt sich also auf die
   neue Variable $Z^{(1)}$ und „vergisst" die übrigen $Z^{(k)}$. Ebenso kann man sich in einem höherdimensionalen Raum auf die p Hauptkomponenten beschränken, die den längsten Achsen des
   angepassten Ellipsoids entsprechen, also den p Richtungen, die zusammen einen maximalen
   Anteil der „Streuung in den Daten" wiedergeben. Präzise formuliert, transformiert man die Daten
   in Hauptkomponenten-Koordinaten und lässt jene weg (setzt jene null), die den $m - p$ kleinsten
   Eigenwerten λ_j entsprechen.
   Wie gross man p wählen soll, ist vom Zweck der Analyse abhängig. In einer Streudiagramm-
   Matrix (3.6.d) der Hauptkomponenten Z beginnt man links oben mit der Betrachtung und hört
   auf, wenn keine interessante Struktur mehr in den einzelnen Diagrammen erkennbar ist.

f In Analogie zur Regression kann man ein Modell formulieren, das die „systematische Struk-
   tur" in den Daten trennt von als zufällig interpretierten Abweichungen: Die wesentlichen p
   Komponenten von $\underline{Z}$ seien mit $\underline{S} = [Z^{(1)}, Z^{(2)}, ..., Z^{(p)}]^T$ bezeichnet, der Rest mit $\underline{S}^* =$
   $[Z^{(p+1)}, ..., Z^{(m)}]^T$. Man kann die Modellgleichung in 15.5.c nach X auflösen und schreiben

$$\underline{X} = \underline{\mu} + B^{-1}\underline{Z} = \underline{\mu} + A\underline{S} + A^*\underline{S}^* = \underline{\mu} + A\underline{S} + \underline{E},$$

wobei A die ersten p Spalten von B^{-1} umfasst und A^* die übrigen. Der Vektor $\underline{E}$ bezeichnet nun die zufälligen Abweichungen.

Wenn wieder mehrere Beobachtungen $\underline{X}_i$ zeilenweise zu einer Datenmatrix X zusammengefasst werden, lautet das Modell

$$X = \underline{1}\,\underline{\mu}^T + S A^T + E \;.$$

g   Dieses Modell eignet sich von der Struktur her für viele Anwendungen, in denen eine Anzahl p von Komponenten sich in Bezug auf $m > p$ Messgrössen linear überlagern. Beispielsweise liefern p chemische Substanzen ihnen eigene (optische oder chromatographische) Spektren $\underline{a}_k = [a_k^{(1)}, ..., a_k^{(m)}]$, erfasst bei m Wellenlängen oder Laufzeiten. Bei einer Mischung ohne chemische Reaktion überlagern sich die Spektren linear (nach dem Gesetz von Lambert und Beer). Das Spektrum der $i$ten Mischung ist also bis auf Messfehler gleich $S_{i1}\underline{a}_1 + S_{i2}\underline{a}_2 + ... + S_{ip}\underline{a}_p$, wobei die S_{ik} die Anteile der Substanz k am $i$ten Gemisch bedeuten. Die gemessenen Spektren X folgen also dem genannten Modell mit $\underline{\mu} = \underline{0}$. Die Spektren $\underline{a}_k$ der Substanzen bilden die Spalten der Matrix A.

Da Spektren und Anteile nicht negativ sein können, muss $S_{ij} \geq 0$ und $A_{jk} \geq 0$ für alle i, j und k gelten.

In gleicher Weise überlagern sich

• Luftfremdstoffe, die aus p Quellen mit immer gleichem „Quellenprofil" $\underline{a}_k$ stammen. Ihr Beitrag S_{ik} zu einer Schadstoffmessung $\underline{X}_i$ ist abhängig von ihrer Aktivität und dem Transport von der Quelle zum Messort zum $i$ten Messzeitpunkt.

• chemische Elemente in Felsen, die aus mehreren Grundgesteinen zusammengesetzt sind,

• Spurenelemente in Quellwasser, das verschiedene Gesteinsschichten durchlaufen hat.

Das Modell eignet sich für die Beschreibung von *linearen Mischungen linear mxing*. Das Modell erlaubt es dann, die Anteile S_{ik} der Quellen am $i$ten Gemisch und allenfalls auch gleichzeitig die Quellenprofile $\underline{a}_k$ zu bestimmen, was man als „lineare Entmischung" *linear unmxing* bezeichnen kann.

h   *   Wenn die Quellenprofile (Spektren) $\underline{a}_k$ alle bekannt sind, können die Beiträge S_{ik} für jede Beobachtung i separat mit Hilfe der Regression geschätzt werden.

Interessanter ist der Fall, in dem aus einem Datensatz sowohl die Quellenprofile als auch die Beiträge geschätzt werden müssen. Dies lässt sich mit einer Kombination von statistischen Methoden, anwendungsspezifischen Besonderheiten und Fachwissen oft gut erreichen.

i   *   Die Hauptschwierigkeit liegt dabei in der Tatsache, dass S und A im Modell nicht eindeutig – also nicht identifizierbar – sind: Für jede invertierbare Matrix T können S und A durch $\widetilde{S} = ST$ und $\widetilde{A} = A(T^{-1})^T$ ersetzt werden, ohne dass sich die Daten X ändern.

Mit statistischen Mitteln kann man deshalb zunächst nur die „fehlerkorrigierten Beobachtungen" $\widetilde{X} = S A^T = \widetilde{S}\widetilde{A}^T$ schätzen. Falls $E_{ij} \sim \mathcal{N}\langle 0, \sigma^2\rangle$ mit gleichen Varianzen, unabhängig, angenommen wird, liefert die Hauptkomponenten-Analyse die beste Schätzung von $\widetilde{X}$. Die geeignete Zerlegung in $S \cdot A^T$ muss den Ungleichungen $S_{ij} \geq 0$ und $A_{kj} \geq 0$ genügen und im übrigen durch Fachwissen bestimmt werden.

Literatur: Weitere Ausführung zur Methodik findet man in der Literatur unter den Namen *linear mixing model* und *mass balance*; als Startpunkt eignet sich Renner (1993). Grundlagen finden sich auch in den Büchern über Chemometrie.

j * Ein Modell mit der gleichen Struktur (15.5.f), aber ohne die Nebenbedingungen der linearen Mischung, ist in der Psychologie unter dem Namen *Faktor-Analyse* schon lange bekannt. In der ursprünglichen Anwendung ist X_{ij} die Punktezahl, die Proband i bei der $j$ten Test-Aufgabe erzielt. Sie wird aufgefasst als Ergebnis einer Überlagerung $S_{i1}A_{1j} + S_{i2}A_{j2}$ ($+ \ldots + S_{ip}A_{jp}$) von Faktoren, die beispielsweise als seine mathematische Intelligenz S_{i1} und seine sprachliche Intelligenz S_{i2} (und eventuell weiterer „Dimensionen" der Intelligenz) interpretiert werden, bis auf eine zufällige Abweichung E_{ij}.

Die „*Faktoren*" $S_{.k}$ sind allerdings nicht beobachtbar; sie können nur über die beobachteten Grössen $X_i^{(j)}$ erschlossen werden. Solche Zufallsvariable werden *latente Variable* genannt.

In der Faktor-Analyse werden die S_{ij} üblicherweise ebenfalls als Zufallsvariable aufgefasst. Ausserdem sind spezielle Verfahren zur Bestimmung der geeigneten Zerlegung $\widetilde{X} = SA^T$ vorgeschlagen worden. Da diese theoretisch schwach begründet sind, hat der Name Faktor-Analyse in Statistiker-Kreisen teilweise einen schlechten Klang.

Die Grundidee, viele Variable, die menschliches Verhalten oder gesellschaftliche Realitäten u.a.m. beschreiben, mit diesem Modell auf wenige zugrunde liegende Faktoren zurückgeführt werden können, ist beliebt und führt in der Psychologie und in den Gesellschaftswissenschaften zu zahlreichen Anwendungen der Faktoranalyse.

Literatur: Eine Einführung in diese Methodik enthält Kapitel 14 von Bortz (2005). Bekannte Bücher sind Harman (1960, 1976) und Lawley and Maxwell (1963, 1967).

15.6   Diskriminanz-Analyse

a Bei der Bestimmung der biologischen Art einer Pflanze können Messungen helfen. Länge und Breite von Blütenblättern wurden im *Beispiel* nicht nur für *Iris* setosa, sondern auch für je 50 Exemplare von Iris versicolor und Iris virginica gemessen (Tabelle 15.6.a, vergleiche 3.1.g). Wenn sich diese Masszahlen für die verschiedenen Arten klar unterscheiden, ist es möglich, mit Hilfe einfacher Messungen die Art einer Pflanze routinemässig zu bestimmen.

Ebenso kann man hoffen, Krankheiten aufgrund von Blutwerten diagnostizieren zu können, oder automatisch handgeschriebene Ziffern zu erkennen.

Tabelle 15.6.a   Länge und Breite von Blütenblättern von je 50 Pflanzen der Arten Iris versicolor und Iris virginica (multipliziert mit 10)

Iris versicolor										Iris virginica									
L.	B.	L.	B.	L.	B.	L.	B.	L.	B.	L.	B.	L.	B.	L.	B.	L.	B.	L.	B.
70	32	50	20	59	32	55	24	55	26	63	33	65	32	69	32	74	28	67	31
64	32	59	30	61	28	55	24	61	30	58	27	64	27	56	28	79	38	69	31
69	31	60	22	63	25	58	27	58	26	71	30	68	30	77	28	64	28	58	27
55	23	61	29	61	28	60	27	50	23	63	29	57	25	63	27	63	28	68	32
65	28	56	29	64	29	54	30	56	27	65	30	58	28	67	33	61	26	67	33
57	28	67	31	66	30	60	34	57	30	76	30	64	32	72	32	77	30	67	30
63	33	56	30	68	28	67	31	57	29	49	25	65	30	62	28	63	34	63	25
49	24	58	27	67	30	63	23	62	29	73	29	77	38	61	30	64	31	65	30
66	29	62	22	60	29	56	30	51	25	67	25	77	26	64	28	60	30	62	34
52	27	56	25	57	26	55	25	57	28	72	36	60	22	72	30	69	31	59	30

b *Zwei-Stichproben-Test.* ▷ Zunächst können wir im Beispiel der Iris untersuchen, ob sich die Arten bezüglich der Grössen ihrer Blütenblätter überhaupt unterscheiden. Bild 15.6.b macht klar, dass zwischen Iris setosa einerseits und den andern beiden Arten andererseits klare Unterschiede für Länge und Breite ergeben, während dies für Iris versicolor und virginica kaum der Fall zu sein scheint. ◁

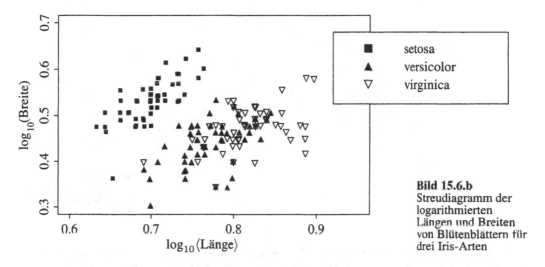

Bild 15.6.b
Streudiagramm der logarithmierten Längen und Breiten von Blütenblättern für drei Iris-Arten

Man kann fragen, ob sich diese beiden Arten nicht doch nachweisbar unterscheiden, ob also die *Nullhypothese, dass beide dem gleichen Modell folgen,* abgelehnt werden muss oder nicht. Wenn wir die Länge oder die Breite allein berücksichtigen, können zwei einfache Zwei-Stichproben-Tests (8.8) durchgeführt werden. Wir ziehen aber einen einzigen Test vor, der die Frage prüft, ob die *gemeinsame* Verteilung beider (aller) gemessenen Merkmale für die beiden Gruppen die gleiche sein könnte.

c Der klassische Test für dieses *multivariate Zwei-Stichproben-Problem* ist der *multivariate t-Test* oder T^2-Test von Hotelling. Er beruht auf der Annahme der mehrdimensionalen Normalverteilung und prüft, ob Unterschiede zwischen den Erwartungswerten bestehen.

* Die Teststatistik (genannt Hotelling's T^2) ist

$$U = \frac{n_1 n_2}{n} \, (\overline{\underline{Y}}_2 - \overline{\underline{Y}}_1)^T \widehat{\Sigma}^{-1} (\overline{\underline{Y}}_2 - \overline{\underline{Y}}_1) \,,$$

wobei $\overline{\underline{Y}}_k$ der Vektor der Mittelwerte über die Gruppe k $(= 1, 2)$ ist. Die Grösse

$$T = \frac{n - m - 1}{(n - 2)m} \, U$$

hat eine $F-$Verteilung mit m und $n - m - 1$ Freiheitsgraden.

▷ Im Beispiel wird für die Frage, ob die Erwartungswerte für Iris versicolor und Iris virginica sich unterscheiden, $U = 13.8$, $T = 6.8$ und der P-Wert 0.0017. Die beiden Arten unterscheiden sich also signifikant. ◁

d ▷ Im Beispiel zeigt nicht nur der multivariate Test einen gesicherten Unterschied, sondern auch ein Zwei-Stichproben-Test für die Länge allein. Das muss aber nicht so sein: Bild 15.6.d zeigt zwei Gruppen, die sich aufgrund der gemeinsamen Verteilung unterscheiden, obwohl sie für keine einzelne Variable einen signifikanten Unterschied zeigen. (Es sind die Daten für Iris versicolor und Iris virginica nach einer linearen Transformation dargestellt.) ◁

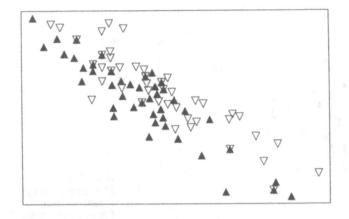

Bild 15.6.d
Streudiagramm von
Merkmalen für zwei
Arten

e * Wie aus dem einfachen Zwei-Stichproben-Test die gewöhnliche Varianzanalyse und die Regression entwickelt werden können, so gibt es eine *multivariate Varianzanalyse* und eine *multivariate Regression*. In diesen Gebieten wird die gemeinsame Abhängigkeit mehrerer Zielgrössen $Y^{(1)}$, $Y^{(2)}$, ..., $Y^{(m)}$ von erklärenden Variablen $X^{(1)}, X^{(2)}, \ldots, X^{(p)}$ untersucht.

Obwohl in vielen Studien mehrere Grössen als Zielvariable behandelt werden, genügt es oft, jede für sich mit der gewöhnlichen Varianzanalyse oder multiplen Regression zu analysieren. Die multivariaten Analysen liefern zusätzlich die Korrelationen zwischen Residuen und Tests für Nullhypothesen, die sich auf mehrere Zielgrössen beziehen.

f Eingangs haben wir gefragt, ob Pflanzen aufgrund von Grössen-Messungen der richtigen Art zugeordnet werden können. Diese Frage ist mit dem Test auf signifikante Unterschiede (der Erwartungswerte) nicht beantwortet. Die Arten Iris versicolor und Iris virginica lassen sich offensichtlich aufgrund der Blütenblätter nicht klassifizieren, obwohl sich die Erwartungswerte signifikant unterscheiden. Immerhin kann Iris setosa von den andern beiden Arten klar getrennt werden (Bild 15.6.b); man kann von Auge eine gerade Trennungslinie ziehen. Wie soll eine solche Trennung allgemein, auch in weniger eindeutigen Fällen und bei mehr als zwei Merkmalen, erfolgen? Diese Frage ist das zentrale Thema der *Diskriminanz-Analyse*.

g Bild 15.6.g (i) stellt ein einfaches Modell für zwei Gruppen dar.

Eine Beobachtung $[Y_i^{(1)}, Y_i^{(2)}]^T$ folgt, je nach Gruppenzugehörigkeit ($x_i = 1$ oder $x_i = 2$), einer der beiden Normalverteilungen, die unterschiedliche Lage $\underline{\mu}_1$ respektive $\underline{\mu}_2$, aber gleiche Kovarianz-Matrix $\mathbf{\Sigma} = I$ haben,

$$\underline{Y}_i \sim \mathcal{N}\langle \underline{\mu}_k, I \rangle \quad \text{falls } x_i = k .$$

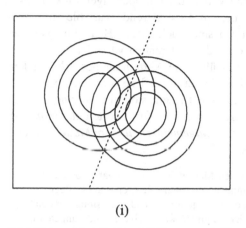

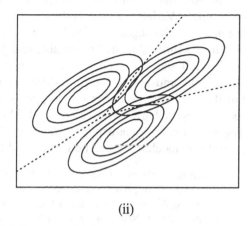

(i)   (ii)

Bild 15.6.g Modelle für (i) 2 Gruppen mit $\Sigma = I$ und (ii) 3 Gruppen mit allgemeiner Kovarianz-Matrix

Das *Klassifikationsproblem* besteht darin, bei unbekannter Gruppenzugehörigkeit x_i aus den Merkmalswerten $\underline{Y}_i$ die Zugehörigkeit zu schätzen. Entsprechend dem Modell können Beobachtungen der ersten Gruppe auch nahe beim Erwartungswert der zweiten auftreten, wobei die Wahrscheinlichkeit dafür vom Abstand $\|\mu_2 - \mu_1\|$ der Erwartungswerte abhängt. Eine korrekte Zuordnung ist offenbar nicht mit Sicherheit möglich; jede Regel wird zu Fehl-Klassifikationen führen.
Die naheliegende *Trennungsregel* besteht darin, eine Beobachtung $\underline{Y}$ der Gruppe k mit dem näherliegenden Zentrum μ_k zuzuordnen. Die Trennungslinie zwischen den Gebieten gleicher Zuordnung ist die Mittelsenkrechte der Verbindungslinie der Zentren. Sie bildet die Linie, auf der die Dichten der beiden Verteilungen gleich sind.

h   Die Linie gleicher Dichten kann auch allgemeiner als Trennungslinie zwischen Gebieten gleicher Gruppen-Zuordnung dienen. Bild 15.6.g (ii) zeigt ein Modell für drei Gruppen mit gleicher Kovarianz-Matrix. Die Trennungslinien sind in diesem Fall wieder Geraden, aber nicht mehr die Mittelsenkrechten. Genauere Herleitungen und Formeln findet man unter dem Stichwort *lineare Diskriminanz-Analyse* in den Büchern über multivariate Statistik.
Bei Normalverteilungen mit ungleichen Kovarianz-Matrizen entstehen Kurven zweiten Grades. Man spricht von *quadratischer Diskriminanz-Analyse*. Für höhere Dimensionen (mehr als zwei Merkmale) werden Trennungslinien zu Hyperebenen respektive zu Hyperflächen.

i   In der Praxis sind die Verteilungen für die einzelnen Gruppen natürlich zunächst unbekannt. Datensätze, für die die Gruppenzugehörigkeit mit anderen Mitteln festgestellt wurde, dienen dazu, die Verteilungen zu schätzen. Sie werden als *Trainings-Daten* bezeichnet. Wenn Normalverteilung vorausgesetzt wird, müssen nur die Parameter geschätzt werden. Bei genügend grossen Trainings-Datensätzen kann auch direkt eine Dichte für jede Gruppe geschätzt werden.

j Wenn nur zwei Gruppen vorliegen, ist das Klassifikationsproblem eigentlich ein Problem
der *logistischen Regression* (vergleiche 13.12.b). Man will ja die Gruppenzugehörigkeit, also
eine binäre Variable x, mit Hilfe von Merkmalen, die wir als erklärende Variable auffassen
können, „vorhersagen". Die bisherigen Bezeichnungen sind nach dieser Betrachtungsweise
genau verkehrt; x_i ist die Zielvariable und $\underline{Y}_i$ der Vektor der erklärenden Variablen.

Im Modell der logistischen Regression wurde nichts über die Verteilung der erklärenden
Variablen vorausgesetzt. Sie ist deshalb der linearen Diskriminanz-Analyse vorzuziehen.

Für den Fall von mehr als zwei Gruppen kommt man zu einer Regression mit einer nominalen
(oder kategorialen) Zielvariablen. Solche Modelle werden unter den Stichworten *multinomiale
Regression* und *log-lineare Modelle* oder, allgemeiner, *verallgemeinerte lineare Modelle* in der
Literatur behandelt (vergleiche 13.12.e und 13.12.h).

k * Im Grunde geht es bei der Klassifikation darum, aus den Merkmalen als „Eingabegrössen" die
Gruppenzugehörigkeit als „Ausgabegrösse" zu bestimmen. Für solche Probleme sind allgemein
neuronale Netze geeignet. Hier ist die Ausgabegrösse im Gegensatz zu „Regressions-Version"
der neuronalen Netze, siehe 13.11.h, zweiwertig oder nominal, was kleinere Änderungen im
Ausgabeknoten bedingt. Sofern grosse Mengen an Trainingsdaten vorhanden sind, führt dieser
Ansatz oft mit kleinerem spezifischem Programmieraufwand zu besseren Resultaten als die hier
skizzierten Methoden. Allerdings entziehen sich die gefundenen Regeln weitgehend der fachlichen
Interpretation, da sie in einer Vielzahl von Parametern mit kompliziertem Zusammenspiel versteckt
sind.

Die neuronalen Netze sind die bekanntesten von vielen neueren, flexiblen Methoden, die vor allem
dann nützlich werden, wenn grosse Datensätze für die Entwicklung der Klassifikationsregeln zur
Verfügung stehen.

l *Literatur:* Das Buch von Ripley (1996) gibt einen sehr guten Überblick über die Vielzahl der
Methoden zur Klassifikation und ihren statistischen Hintergrund.

Literatur

a Einführungen in die multivariate Statistik auf deutsch findet man unter anderem in Hartung und
Elpelt (1997) und Linder und Berchtold (1982b). Ein gut lesbares, anschauliches Buch über die
einfacheren Problemstellungen schrieben Flury und Riedwyl (1983).

b Klassische Werke über das Gebiet sind Anderson (2003), Mardia, Kent and Bibby (1979), Press
(1972) und Seber (1984).

Stärker anwendungsorientierte Bücher umfassen Arnold (1981), Krzanowski (2000) und Morrison (1989). Das Buch von Gnanadesikan (1997) ist gut lesbar und betont beschreibende, explorative Methoden.

Zur Diskriminanz-Analyse – oder Klassifikation, Mustererkennung – seien neben dem sehr guten
Buch von Ripley (1996), das einen anwendungsorientierten Überblick vor allem über neuere
Methoden gibt, die traditionelleren Werke von Lachenbruch (1975) und McLachlan (1992)
erwähnt.

16 Zeitreihen

16.1 Fragestellungen

a Viele interessante Erscheinungen dieser Welt sind mit einem zeitlichen Ablauf verbunden. Empirische Studien solcher Phänomene gehen von Daten aus, die in einer zeitlichen Abfolge gemessen oder beobachtet werden. Beispiele sind Niederschlag, Sonnenflecken-Aktivität (Bild 16.1.a), Schadstoff-Konzentration an einem bestimmten Ort, chemische Reaktionen, Grösse einer biologischen Population, Blutdruck, Häufigkeit einer ansteckenden Krankheit, Produkte-Qualität, Bestellungseingang, Wechselkurse, Erwerbslosenzahl, Anzahl Fahrgäste, usw. (siehe auch 3.7).

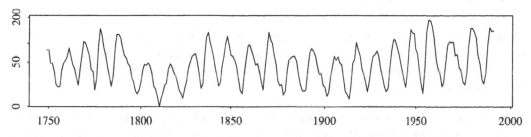

Bild 16.1.a Sonnenfleckenaktivität in den Jahren 1749 bis 1991 in Arosa (jährliche Mittelwerte, logarithmiert)

b All diese Grössen beschreiben *Prozesse*, die in der Zeit ablaufen. Es stellt sich die Aufgabe, solche Abläufe mit Wahrscheinlichkeitsmodellen zu erfassen. Allgemein sprechen wir von *stochastischen Prozessen*. In 5.9 wurden einfache Wahrscheinlichkeitsmodelle für die Vererbung eines Gens über Generationen und für die Entwicklung einer Epidemie erwähnt und ebenfalls als stochastische Prozesse bezeichnet.
Üblicherweise werden Prozesse durch Beobachtungen in immer *gleichen zeitlichen Abständen* erfasst. Dann genügt es, Wahrscheinlichkeitsmodelle für solche Beobachtungen zu entwickeln. Das wird wesentlich einfacher, als Modelle für den Prozess zu beliebigen Zeitpunkten präzise hinzuschreiben. (* Letzteres führt zur sogenannten stochastischen Integration.) Die *„Theorie der Zeitreihen"* handelt also von Beobachtungen zu diskreten Zeitpunkten, fast immer mit gleichen Abständen. Wie in vielen anderen Gebieten der Statistik wurde der Fall einer normalverteilten Messgrösse am gründlichsten erforscht.

c Die *Ziele* einer Analyse von Zeitreihen können verschieden gesteckt sein:

1. Formulierung eines *Modells*, das zu einem tieferen *Verständnis* des Prozesses führt;

2. *Schätzung von Parametern* in einem bekannten Modell;

3. *Beschreibung* der Daten in einer Weise, die auf Muster von zeitlichen Schwankungen und damit allenfalls auf geeignete Modelle Rückschlüsse erlaubt (3.7);

4. *Vorhersage* künftiger Beobachtungen; dazu sind Modelle (siehe 1.) sehr nützlich;

5. Untersuchung einer „Ziel-Zeitreihe" in Abhängigkeit von „erklärenden Zeitreihen", also *Regression zwischen Zeitreihen*, zwecks Vertiefung des Verständnisses oder genauerer Vorhersage von künftigen Beobachtungen der Zielgrösse.

Die Methodik der Zeitreihen-Analyse, die solche Fragen untersucht, lässt sich auf ein paar Seiten nicht skizzieren. Wir müssen uns in diesem Kapitel auf einige Grundvorstellungen und Hinweise beschränken, die für eine angemessene Analyse von Daten nicht ausreichen.

d   Um Modelle für Zeitreihen zu formulieren, brauchen wir eine *Notation*: Der Beobachtung oder Messung zum Zeitpunkt t entspricht eine Zufallsvariable, die wir mit $X^{(t)}$ bezeichnen wollen. Da die zeitlichen Abstände gleich sind, können wir für t die ganzen Zahlen wählen und annehmen, dass die Beobachtungen bei $t = 1$ beginnen. (Oft wird auch $t = 0$ als Anfangszeitpunkt gewählt.)

16.2   Auto-Korrelation

a   Die üblichen Modelle für Zeitreihen sind geeignet, Erscheinungen zu beschreiben, die „im Prinzip immer dieselben" bleiben, die also sogenannt *stationär* sind. Die Sonnenflecken verdeutlichen als Beispiel, was gemeint ist: Obwohl ihre Aktivität mehr oder weniger zyklisch schwankt, bleibt die Erscheinung im Grunde gleich.

b   Im Modell drückt sich Stationarität zunächst so aus, dass die $X^{(t)}$ alle die gleiche Verteilung haben. Sie sind aber nicht unabhängig: Wenn bekannt ist, dass die Sonnenflecken-Aktivität im ersten Jahr, $X^{(1)}$ einen hohen Wert hat, dann wird $X^{(2)}$ wahrscheinlich ebenfalls überdurchschnittlich ausfallen; die bedingte Verteilung von $X^{(2)}$, gegeben $X^{(1)} = x_1$, hängt von x_1 ab. Das macht den Unterschied zwischen Zeitreihen und Stichproben von unabhängigen Beobachtungen aus.

Wesentlich für ein Modell ist deshalb auch die Festlegung der *gemeinsamen* Verteilung von zwei und auch von mehreren der Zufallsvariablen $X^{(1)}, X^{(2)}, \dots$. Die Annahme der Stationarität sagt, dass diese gemeinsame Verteilung nur vom zeitlichen Abstand der Beobachtungen abhängt; insbesondere ist die Verteilung von $[X^{(t)}, X^{(t+h)}]$ gleich für alle t; sie hängt also nur vom zeitlichen Abstand (englisch *lag*) h ab.

c   Als Kennzahl dieser gemeinsamen Verteilung ist ebenfalls die Kovarianz $\operatorname{cov}\langle X^{(t)}, X^{(t+h)}\rangle$ nicht von t, sondern nur von h abhängig; sie heisst *Auto-Kovarianz* und wird mit γ_h bezeichnet. Die Vorsilbe „auto" besagt, dass die Kovarianz einer Grösse mit *sich selber*, gemessen zu einem anderen Zeitpunkt, angegeben wird. Es ist naheliegend, mit γ_0 die Varianz $\operatorname{var}\langle X^{(t)}\rangle$ von $X^{(t)}$ zu bezeichnen. Der Auto-Kovarianz γ_h entspricht die *Auto-Korrelation*

$$\rho_h = \frac{\operatorname{cov}\langle X^{(t)}, X^{(t+h)}\rangle}{\sqrt{\operatorname{var}\langle X^{(t)}\rangle}\,\sqrt{\operatorname{var}\langle X^{(t+h)}\rangle}} = \frac{\gamma_h}{\gamma_0}$$

(da $\operatorname{var}\langle X^{(t+h)}\rangle = \operatorname{var}\langle X^{(t)}\rangle = \gamma_0$ ist).

d   *   Bei der Entwicklung von Modellen spielt zudem die *partielle Auto-Korrelation* eine Rolle. Man betrachtet die bedingte (gemeinsame) Verteilung von $X^{(t)}$ und $X^{(t+2)}$, gegeben den Zwischenwert x_{t+1} von $X^{(t+1)}$, und bestimmt für sie die Korrelation. Allgemeiner wird die Korrelation von $X^{(t)}$ und $X^{(t+h)}$, gegeben die Zwischenwerte $x_{t+1}, \ldots, x_{t+h-1}$ partielle Auto-Korrelation zur Verschiebung h genannt.

16.3   ARMA-Modelle

a   Das wohl einfachste Modell, das eine Abhängigkeit der Beobachtung $X^{(t)}$ von der vorhergehenden ausdrückt, lautet

$$X^{(t)} = \varphi_0 + \varphi_1 X^{(t-1)} + E^{(t)} \; ;$$

die gegenwärtige Beobachtung ist eine lineare Funktion der letzten, bis auf *eine zufällige Abweichung* $E^{(t)}$. In Analogie zur einfachen Regression heisst dieses Modell *Auto-Regression*. Die Annahmen über die sogenannten *Innovationen* $E^{(t)}$ lauten wie früher: $E^{(t)} \sim \mathcal{N}\langle 0, \sigma_E^2 \rangle$, unabhängig (13.1.c). Hier müssen wir anfügen, dass $E^{(t)}$ unabhängig sein soll von den vorhergehenden Grössen $X^{(t-1)}, X^{(t-2)}, \ldots$ (die ja ebenfalls zufällig sind).

b   Wenn das Modell *stationär* sein soll, erhält man durch bilden der Erwartungswerte in der Modellgleichung $\mathcal{E}\langle X^{(t)} \rangle = \mu = \varphi_0 + \varphi_1 \mu + 0$ und daraus

$$(X^{(t)} - \mu) = \varphi_1 (X^{(t-1)} - \mu) + E^{(t)} \; .$$

(Um die Schreibweise zu vereinfachen, wird in stationären Zeitreihen-Modellen oft $\mathcal{E}\langle X^{(t)} \rangle = 0$ vorausgesetzt. Dann wird $X^{(t)} = \varphi_1 X^{(t-1)} + E^{(t)}$.)
Da auch die Varianz konstant sein soll, muss $\sigma_X^2 = \varphi_1^2 \sigma_X^2 + \sigma_E^2$ gelten, also $\sigma_X^2 = \sigma_E^2 / (1 - \varphi_1^2)$. Das kann nur sein, wenn $|\varphi_1| < 1$ ist.

c   Eine naheliegende Verallgemeinerung führt zu

$$(X^{(t)} - \mu) = \varphi_1 (X^{(t-1)} - \mu) + \varphi_2 (X^{(t-2)} - \mu) + \ldots, + \varphi_p (X^{(t-p)} - \mu) + E^{(t)} \; ,$$

dem *auto-regressiven Modell der Ordnung* p, kurz AR$\langle p \rangle$. Die Stationarität führt zu Bedingungen für die $\varphi_1, \varphi_2, \ldots, \varphi_p$, die ohne zusätzliche Theorie schwierig aufzuschreiben sind.

d   *   Eine weitere Klasse von einfachen Modellen entspricht der Vorstellung, dass die Beobachtungen durch Bildung von *gleitenden Mittelwerten* aus unabhängigen, gleichverteilten $E^{(t)}$ entstehen:

$$(X^{(t)} - \mu) = E^{(t)} + \alpha_1 E^{(t-1)} + \ldots, + \alpha_q E^{(t-q)} \; .$$

Man spricht von einem *moving average*-Modell, kurz MA$\langle q \rangle$.
Kombiniert man AR- mit MA-Modellen, so erhält man sogenannte *ARMA-Modelle*. Sie wurden von Box, Jenkins and Reinsel (1994, 1. Auflage 1969) als grundlegende und flexible Klasse von stationären Modellen eingeführt.

e Für ökonomische Zeitreihen wie Wechsel- und Aktienkurse haben sich die ARMA-Modelle als zu wenig flexibel erwiesen. Man hat vor allem beobachtet, dass es „ruhige" und „hektische" Perioden gibt, die sich dadurch beschreiben lassen, dass die Störungen $E^{(t)}$ wenig oder stark streuen. Modelle mit zeitlich veränderlichen Varianzen σ_t, die von vergangenen Werten der Zeitreihe abhängen, laufen unter den Namen ARCH, GARCH, CHARMA und sind Beispiele von nichtlinearen Prozessen.
Literatur: Schlittgen und Streitberg (2001), Kap. 8.2; Gourieroux (1997).

16.4 Statistik von Zeitreihen

a Entsprechend der verwendeten Notation $X^{(1)}, X^{(2)}, \ldots$ kann‚man Zeitreihen-Modelle als spezielle multivariate Verteilungen ansehen. Die Statistik soll nun diese Modelle mit Daten in Verbindung bringen. Das kann aber meistens nicht mit den Methoden der multivariaten Statistik geschehen, da für die „Merkmale" $X^{(1)}, X^{(2)}, \ldots$ im Normalfall nur je eine Beobachtung vorliegt: Es gibt nur eine Sonnenflecken-Aktivität im Jahre „1" (1760), und Analoges gilt für die meisten in 16.1.a erwähnten Situationen. Statistik mit einer Beobachtung? Hoffnungslos!

b Nein! Die Auto-Kovarianz γ_1 kann beispielsweise geschätzt werden durch

$$\widehat{\gamma}_1 = \frac{1}{n-2} \sum_{t=1}^{n-1} (X^{(t)} - \overline{X})(X^{(t+1)} - \overline{X}) \,,$$

wobei $\overline{X} = \frac{1}{n} \sum_{t=1}^{n} X^{(t)}$ ist. Da die Auto-Kovarianz nicht von t abhängt, können wir die $n-1$ Paare $[X^{(t)}, X^{(t+1)}]$ als Basis für die Schätzung nehmen. Es ist plausibel, dass $\widehat{\gamma}_1$ für immer längere Zeitreihen $(n \to \infty)$ immer genauer gleich dem „wahren" Wert γ_1 wird (vorausgesetzt, dass die Daten einem Modell entsprechen, für das die gemeinsame Verteilung von $X^{(t)}$ und $X^{(t+1)}$ von t unabhängig ist). Es funktioniert also ein Gesetz der Grossen Zahl (vergleiche 5.8). Allgemein braucht es die Annahme der Stationarität (oder etwas Ähnliches, genannt *Ergodizität*), damit aus einer einzigen beobachteten Zeitreihe Rückschlüsse auf ein Modell gezogen werden können.

c Die Schätzung von anderen Kennzahlen wie Erwartungswert und Varianz von $X^{(t)}$ und weiteren Auto-Kovarianzen kann, wie die Schätzung von γ_1, auf naheliegende Art erfolgen. Aus solchen Grössen kann man auf die *Parameter* von Modellen zurückschliessen. Andererseits ist, wie in vielen anderen Gebieten, die Maximum-Likelihood-Methode zur Schätzung von Parametern auch für Zeitreihen-Modelle meistens sehr geeignet.

d Die *Verteilungen von Schätzungen* sind selten analytisch zu berechnen. Für die Theorie bedient man sich asymptotischer Näherungen. In der Praxis kann man *Simulation* anwenden; allerdings ist die Erzeugung von „Muster-Zeitreihen" mit Hilfe von Zufallszahlen oft selbst ein schwieriges Problem. Aus den Verteilungen von Schätzungen lassen sich wie üblich Tests und Vertrauensintervalle ableiten.

e Ein noch komplexeres Thema ist die *Wahl eines Modells* aufgrund von Daten. Etliche Überlegungen dazu leiten sich aus der Methodik der Modellwahl in der Regression her, die in 13.8 vorgestellt wurde.

16.5   Vorhersage

a   Die Zukunft vorhersagen zu können, ist wohl einer der ältesten Träume der Menschheit. Dieser Traum kann dort verwirklicht werden, wo Prozesse nach einem bekannten Schema ablaufen. Ein stochastisches Modell erlaubt eine Vorhersage, die die tatsächliche Entwicklung bis auf eine mehr oder weniger grosse zufällige Abweichung erfasst.

b   Was kann über die zukünftigen Werte $X^{(t+1)}, X^{(t+2)}, \ldots$ einer Zeitreihe gesagt werden, wenn die Werte $x_1, x_2, \ldots, x_t$ bis zur Gegenwart t bekannt sind? Die Antwort ist im Prinzip einfach: Alles, was wir über $X^{(t+k)}$ wissen, drückt die *bedingte Verteilung* von $X^{(t+k)}$, gegeben $X^{(1)} = x_1, X^{(2)} = x_2, \ldots, X^{(t)} = x_t$, aus.

Besonders einfach ist diese Verteilung bei den auto-regressiven Modellen: Das AR$\langle 1 \rangle$-Modell mit $\mu = 0$ lautet $X^{(t+1)} = \varphi_1 X^{(t)} + E^{(t+1)}$, mit $E^{(t+1)} \sim \mathcal{N}(0, \sigma_E^2)$ unabhängig von $X^{(t)}$. Die bedingte Verteilung von $X^{(t+1)}$, gegeben $X^{(t)} = x_t$, ist gleich $\mathcal{N}\langle \varphi_1 x_t, \sigma_E^2 \rangle$.

c   Wenn wir uns auf einen bestimmten Wert für die Vorhersage von $X^{(t+1)}$ festlegen müssen, ist der naheliegendste Wert sicher $\varphi_1 x_t$. Allgemein ist meist der Erwartungswert der bedingten Verteilung ein guter Vorhersagewert. Wir können schreiben

$$\widehat{X}^{(t+k)} = \mathcal{E}\langle X^{(t+k)} \mid X^{(1)} = x_1, \ldots, X^{(t)} = x_t \rangle .$$

Der „Hut" auf der linken Seite deutet an, dass $X^{(t+k)}$ geschätzt wird. Beachten Sie, dass das Wort Schätzung eigentlich für Parameter gedacht ist. Es ist daher besser, von *Vorhersage*(wert) oder *Prognose*(wert) zu sprechen (vergleiche 13.4.d).

d   Wie bei Schätzungen von Parametern ist für jede Vorhersage eine *Genauigkeits-Angabe* wesentlich. Analog zu den Vertrauensintervallen suchen wir ein Intervall, in dem der künftige Wert mit einer vorgegebenen Wahrscheinlichkeit von beispielsweise 95% liegt. Die erwähnte bedingte Verteilung legt ein plausibles Intervall meist in eindeutiger Weise fest. Im AR$\langle 1 \rangle$-Modell ist es $[\varphi_1 x_t - 1.96\sigma_E, \varphi_1 x_t + 1.96\sigma_E]$, wenn die Parameter als exakt bekannt angenommen werden. Bei geschätzten Parametern wird es, wie in der Regression, länger. Ein solches Intervall wird *Vorhersage-Intervall* genannt.

e   Im AR$\langle 1 \rangle$-Modell basiert die Vorhersage nur auf dem letzten Wert x_t (und den Parametern μ, φ_1 und σ_E); die früheren Werte spielen keine Rolle. Dies ist eine Konsequenz der *Markov-Eigenschaft* (vergleiche 5.9.e). Im AR$\langle p \rangle$-Modell sind die letzten p Werte von Bedeutung.
Anders in MA-Modellen: Schon im MA$\langle 1 \rangle$-Modell hängt die bedingte Verteilung von $X^{(t+1)}$, gegeben $x_1, \ldots, x_t$, von allen diesen Werten ab. Es zeigt sich, dass der Erwartungswert der bedingten Verteilung, also der beste Vorhersagewert, gleich

$$(\widehat{X}^{(t+1)} - \mu) = \alpha_1(x_t - \mu) + \alpha_1^2(x_{t-1} - \mu) + \alpha_1^3(x_{t-2} - \mu) + \ldots$$

ist. (Für die Anwendung muss man μ durch die Schätzung $\widehat{\mu} = \overline{X}$ ersetzen.) Das ist eine gewichtete Summe über alle vergangenen Werte, mit Gewichten, die exponenziell abnehmen (von der Gegenwart t in die Vergangenheit gesehen). Eine solche Regel ist plausibel und wird auch oft angewandt, ohne dass genauere Untersuchungen zum Modell vorgenommen wurden.

f Interessant wird Prognose vor allem, wo sich Vorgänge in der Zeit systematisch verändern, wo sie also *nicht stationär* sind, sondern einen *Trend* aufweisen. Oft ist es dann sinnvoll, eine geeignete Form des Trends (beispielsweise einen linearen Trend $\alpha + \beta t$) anzunehmen, aus den Daten zu schätzen und von der Zeitreihe abzuziehen, um auf den Rest die vorhergehenden Überlegungen anzuwenden. Eine andere Möglichkeit besteht darin, die *Zuwächse*

$$D^{(t)} = X^{(t)} - X^{(t-1)}$$

als Zeitreihe zu betrachten und zu untersuchen, ob sie einem (stationären) ARMA-Modell folgt. Falls dies zutrifft, sagt man, die Zeitreihe $X^{(t)}$ folge einem *ARIMA-Modell*. (Das „I" steht für *i*ntegriert, was die Umkehrung der Differenzenbildung anzeigen soll.)

16.6 Zustandsraum-Modelle

a Eine sehr nützliche Klasse von Modellen geht von der Vorstellung einer Variablen $X^{(t)}$ aus, die den zugrundeliegenden Prozess auf einfache Art beschreiben liesse, aber leider nicht beobachtbar ist.

▷ Im Beispiel der Sonnenflecken kann man sich eine „wahre" Sonnen-Aktivität vorstellen. Was wir beobachten, ist eine Funktion dieses „wahren" Zustandes, überlagert von einem Messfehler – im Beispiel die auf der Erde beobachtete Sonnenflecken-Aktivität. ◁

In der Theorie der Daten-Übertragung entspricht dies der Vorstellung eines *Signals*, das von *Rauschen* (*noise*) überlagert wird. Das Modell wird also mit Hilfe einer Zufallsvariablen formuliert, für die keine Beobachtungen möglich sind. Solche Grössen werden „*latente Variable*" genannt. (Die Faktoren in der Faktor-Analyse, siehe 15.5.j, sind ebenfalls latente Variable.)

b Der wohl einfachste Fall eines entsprechenden Modells entsteht, wenn die $X^{(t)}$ einen AR⟨1⟩-Prozess bilden, also $(X^{(t)} - \mu) = \varphi_1(X^{(t-1)} - \mu) + E^{(t)}$, und die beobachtbare Grösse $Y^{(t)}$ bis auf einen Messfehler mit X übereinstimmt,

$$Y^{(t)} = X^{(t)} + \widetilde{E}^{(t)} .$$

c * In allgemeiner Form sind die $X^{(t)}$ und $Y^{(t)}$ Vektoren: Der *Zustand* des Prozesses wird durch $\underline{X}^{(t)} = [X^{(t,1)}, X^{(t,2)}, \ldots, X^{(t,p)}]^T$ modelliert, und man beobachtet mehrere Grössen $\underline{Y}^{(t)} = [Y^{(t,1)}, Y^{(t,2)}, \ldots, Y^{(t,m)}]^T$. Die Entwicklung des Zustandsvektors wird durch die sogenannte *Zustands-Gleichung* beschrieben. Es bietet sich die Gleichung

$$\underline{X}^{(t)} = \Phi \underline{X}^{(t-1)} + \underline{E}^{(t)}$$

an – die „Vektor-Version" eines AR⟨1⟩-Modells. Die *Beobachtungs-Gleichung* verknüpft den Zustand mit den beobachtbaren Grössen. Setzen wir wieder lineare Abhängigkeiten voraus:

$$\underline{Y}^{(t)} = B \underline{X}^{(t)} + \underline{\widetilde{E}}^{(t)} .$$

Die Zufallsfehler $\underline{E}^{(t)}$ und $\underline{\widetilde{E}}^{(t)}$ sollen wie üblich normalverteilt und voneinander unabhängig sein. (Die Komponenten $X^{(t,j)}$ und $X^{(t,k)}$ können korreliert sein, ebenso für $\underline{\widetilde{E}}^{(t)}$.)

d * Das Modell lässt sich auf viele Arten verallgemeinern:

- AR$\langle p \rangle$ statt AR$\langle 1 \rangle$ für die Zustands-Gleichung. Durch einen formalen Trick kann man diesen Fall auf den AR$\langle 1 \rangle$-Fall zurückführen: Ein AR$\langle 2 \rangle$-Modell mit $\mu = 0$ für eine einfache Variable X, $X^{(t)} = \varphi_1 X^{(t-1)} + \varphi_2 X^{(t-2)} + E^{(t)}$, schreibt man als

$$\begin{bmatrix} X^{(t)} \\ X^{(t-1)} \end{bmatrix} = \begin{bmatrix} \varphi_1 & \varphi_2 \\ 1 & 0 \end{bmatrix} \begin{bmatrix} X^{(t-1)} \\ X^{(t-2)} \end{bmatrix} + \begin{bmatrix} E^{(t)} \\ 0 \end{bmatrix} .$$

Für den Vektor $\widetilde{\underline{X}}^{(t)} = \begin{bmatrix} X^{(t)}, X^{(t-1)} \end{bmatrix}^T$ gilt dann also ein AR$\langle 1 \rangle$-Modell.

- Es muss keine Stationarität vorausgesetzt werden.
- Die Matrizen B und Φ können von der Zeit abhängen.
- Man kann die beiden linearen Gleichungen durch kompliziertere Funktionen ersetzen.

16.7 Spektralanalyse

a Der Blutdruck, der den Herzrhytmus widerspiegelt, ist „im Wesentlichen" eine *periodische Funktion* der Zeit. Man kann eine solche Funktion als Summe von Cosinus-Schwingungen schreiben,

$$(x_t - \mu) = \sum_k u_k \cos\langle 2\pi\nu_k t + v_k \rangle .$$

Jede Schwingung ist durch die *Frequenz* ν_k, die *Phase* v_k und die *Amplitude* u_k bestimmt. Nach der Theorie der Fourier-Analyse lässt sich *jede* periodische Funktion als unendliche Summe von Cosinus-Schwingungen mit den Frequenzen $\nu_k = k/T$ schreiben, wobei T die Länge der Periode bezeichnet.
Die gleiche Theorie sagt auch, dass man jede Zahlenreihe $x_1, x_2, \ldots, x_n$ als Summe solcher Schwingungen auffassen kann:

$$(x_t - \bar{x}) = \sum_{k=1}^{n/2} u\langle k/n \rangle \cos\left\langle 2\pi(k/n)t + v\langle k/n \rangle \right\rangle$$

(für gerades n). Wenn eine Zahlenreihe einer periodischen Funktion entspricht – wie beispielsweise eine Messreihe des Blutdrucks – dann wird die Amplitude u, die dieser Periode (der Frequenz des Herzrhythmus) entspricht, gross sein. Es lohnt sich deshalb, für jede Frequenz ν festzustellen, in wie weit eine harmonische Schwingung mit dieser Frequenz „in den Daten versteckt ist", genauer: Man kann $u\langle\nu\rangle$ und $v\langle\nu\rangle$ so bestimmen, dass die Reihe x_t möglichst gut mit $u\langle\nu\rangle \cos\left\langle 2\pi\nu + v\langle\nu\rangle \right\rangle$ übereinstimmt (im Sinne der Kleinsten Quadrate). Diese Idee bildet den Grundstein zur *Spektral-* oder *Frequenzanalyse*.

b * Am elegantesten erhält man die geeigneten Konstanten durch die sogenannte *Fourier-Transformation*. Sie ordnet den Werten ν komplexe Zahlen zu, nämlich

$$\widetilde{x}\langle\nu\rangle = \tfrac{1}{n} \sum_{t=1}^{n} x_t \left(\cos\langle 2\pi\nu t\rangle + i \sin\langle 2\pi\nu t\rangle\right) .$$

Es gilt $u\langle\nu\rangle = |\widetilde{x}\langle\nu\rangle|$ und $v\langle\nu\rangle = \arctan\left\langle \text{Im}\left\langle \widetilde{x}\langle\nu\rangle \right\rangle / \text{Re}\left\langle \widetilde{x}\langle\nu\rangle \right\rangle \right\rangle$. – Die *rasche Fourier-Transformation (fast fourier transform, FFT)* erlaubt für die sogenannten *Fourier-Frequenzen* $\nu_k = k/n$, $k = 1, 2, \ldots, n$, eine sehr effiziente Berechnung.

c Die quadrierte Amplitude $u\langle\nu\rangle^2$ der „versteckten Schwingung" mit Frequenz ν, aufgefasst als Funktion von ν, heisst *Periodogramm*. Zur Darstellung sollte man die Funktionswerte logarithmieren.

$10\log_{10}\langle u^2\rangle$

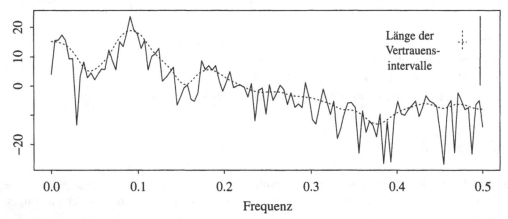

Bild 16.7.c Geschätztes Spektrum im Beispiel der Sonnenflecken

▷ Für die Sonnenflecken sieht man im entsprechenden Bild (16.7.c) eine Spitze (englisch *peak*) bei der Frequenz $\nu = 0.091$, die einer Periodenlänge von $1/\nu = 11$ Jahren entspricht; sie entspricht der „Schwingung", die in Bild 16.1.a ins Auge springt. Im übrigen sieht das Periodogramm recht rauh aus. Es ist sinnvoll und üblich, eine Glättung zu verwenden, um die wesentlichen Aspekte des Periodogramms besser sichtbar zu machen. ◁

d Das Periodogramm kann also zur Beschreibung einer Reihe von beobachteten Werten x_t im Sinne der beschreibenden Statistik verwendet werden.
Wenn die x_t als Beobachtungen einer (zufälligen) Zeitreihe $X^{(1)}, X^{(2)}, \ldots, X^{(n)}$ aufgefasst werden, so wird diese Beschreibung zu einer zufälligen Funktion, und man kann nach ihrer Verteilung fragen. Einfache genäherte Antworten erhält man für lange Zeitreihen ($n \to \infty$). Der Erwartungswert des Periodogramm-Wertes $U\langle\nu\rangle^2$ ist näherungsweise gleich einer Funktion $\sigma^2\langle\nu\rangle$, die *Spektrum* (genauer: Spektraldichte) genannt wird. (Sie hängt über eine weitere Fourier-Transformation mit der Auto-Kovarianz-Funktion γ_h zusammen.)

e * Die Varianz der Periodogramm-Werte lässt sich für $n \to \infty$ ebenfalls berechnen. Daraus ergeben sich genäherte Vertrauensintervalle für die entsprechenden Werte des Spektrums. Für die logarithmierten Werte ist ihre Länge unabhängig von der Frequenz und vom Periododgramm-Wert. Sie kann in der grafischen Darstellung einfach angegeben werden (Bild 16.7.c).

f Das Spektrum charakterisiert ein stationäres Zeitreihenmodell und kann deshalb als Grundlage für Modellwahl, Parameterschätzungen und andere statistische Analysen dienen. Um es zu schätzen, kann man das Periodogramm verwenden, da es ja dafür näherungsweise erwartungstreu ist. Für endlich lange Reihen schleichen sich aber unerwünschte Artefakte ein, die die Interpretation des Periodogramms erschweren. Es gibt daher wesentlich *bessere Schätzungen* für das Spektrum – beispielsweise die gezeigte Glättung.

16.8   Räumliche Korrelation

a   In einer Studie des Baumwachstums in einer Baumschule (13.5.b) sind benachbarte Bäume
ähnlicher als weiter entfernte; sie sind *korreliert*. Das ist erklärbar durch Bodenqualitäten,
die sich ebenso verhalten. (Im Beispiel blieb auch eine Korrelation zwischen Residuen, also
zwischen Baumhöhen nach Abzug des Einflusses des Boden-Säurewertes, siehe 13.8.v.) Wenn
wir nur eine Reihe von Bäumen betrachten, also einen eindimensionalen Raum, dann können
formal die Methoden der Zeitreihen verwendet werden. Die *räumliche Statistik* stellt eine
Verallgemeinerung von Methoden und Modellen der Zeitreihen und stochastischen Prozesse
auf zwei- und dreidimensionale „Zeiten"-Räume dar. Der Raum kann im Folgenden also ein-,
zwei- oder dreidimensional sein.

b   Messungen in gleichen zeitlichen Abständen werden im Raum zu Messungen an den Eckpunkten
eines Gitters (oder in den Quadrätchen respektive Würfeln). In der *Bildanalyse* wird beispielsweise für jeden Bildpunkt (jedes *pixel*) ein Grauwert (und eventuell eine Farbe) gemessen. Es
würde hier zu weit führen, Modelle für diese räumlichen „*Felder*" vorzustellen.

c   Zur Erfassung der *räumlichen Korrelation* dient eine Methodik, die auch geeignet ist, wenn die
Messungen an unregelmässigen Orten aufgenommen wurden. Die Methodik, die im Folgenden
kurz dargestellt wird, wurde im Zusammenhang mit der Suche nach Bodenschätzen entwickelt
und läuft deshalb auch unter dem Namen *Geostatistik*. Sie bildet einen der rentabelsten Zweige
der Statistik!

d   Wir brauchen zunächst *Bezeichnungen*: Den Ort eines Messpunktes notieren wir als Vektor $\underline{s}$, die Messung entspricht der Zufallsvariablen X. Eine „Stichprobe" schreiben wir als
$[\underline{s}_1, X_1], [\underline{s}_2, X_2], \ldots, [\underline{s}_n, X_n]$ auf.
Wenn positive räumliche Korrelation vorliegt, sind die Differenzen $X_h - X_i$ betragsmässig im
Allgemeinen kleiner für kleinere Distanzen $d_{hi} = \|\underline{s}_h - \underline{s}_i\|$ als für grosse. Ob dies so ist, lässt
sich aus einem Streudiagramm dieser beiden Grössen, in dem jedem Paar von Beobachtungen
ein Punkt entspricht, ablesen.

e   Da ein solches Diagramm $n(n - 1)/2$ Punkte enthält, ist ein gewöhnliches Streudiagramm
nur für kleine n geeignet. Üblicherweise wird eine Zusammenfassung davon gezeichnet: Man
mittelt alle $(X_h - X_i)^2$, für die d_{hi} in eine vorgegebene Klasse fällt, und dividiert durch 2.
Diese Darstellung heisst *Semi-Variogramm*. („Semi" bezieht sich auf die Division durch 2, deren
Grund bald klar wird.)
▷ Im *Beispiel* der *basischen Böden* zeigten sich für Residuen benachbarter Bäume Korrelationen, siehe 13.8.v. Bild 16.8.e zeigt das entsprechende Semi-Variogramm.   ◁

f   Die Form dieses Diagrammes lässt Rückschlüsse auf ein Modell zu. Für *Modelle* spielt wie
bei den Zeitreihen die Annahme der *Stationarität* eine wichtige Rolle (vergleiche 16.2.a): Die
Verteilung von X soll nicht von $\underline{s}$ abhängen, und die gemeinsame Verteilung von X_h und X_i
soll nur von der Differenz $\underline{s}_h - \underline{s}_i$ abhängen. Wenn die Richtung des Differenzvektors $\underline{s}_h - \underline{s}_i$
keine Rolle spielt, spricht man von einem *isotropen* Modell.

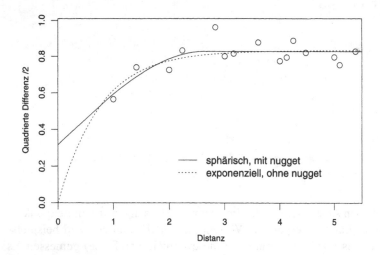

Bild 16.8.e
Semi-Variogramm der Residuen im Regressions-Modell für das Beispiel der basischen Böden. Zwei übliche parametrische Kurven wurden an die Punkte angepasst und sind eingezeichnet.

g Dem Semi-Variogramm der Daten entspricht in der üblichen Art ein „theoretisches" Semi-Variogramm des Modells. Es gibt die (halbe) Varianz einer Differenz, $\mathrm{var}\langle X_h - X_i \rangle$ als Funktion von $\underline{d}_{hi} = \underline{s}_h - \underline{s}_i$ (oder, in isotropen Modellen, von $d_{hi} = \|\underline{s}_h - \underline{s}_i\|$) an.
Für stationäre Modelle ist diese Funktion beschränkt (durch $\sigma^2 = \mathrm{var}\langle X \rangle$) und hängt auf einfache Art mit der *Kovarianz-Funktion* zusammen,

$$\tfrac{1}{2}\mathrm{var}\langle X_h - X_i \rangle = \tfrac{1}{2}\left(\mathrm{var}\langle X_h \rangle + \mathrm{var}\langle X_i \rangle - 2\mathrm{cov}\langle X_h, X_i \rangle\right) = \sigma^2 - \mathrm{cov}\langle X_h, X_i \rangle$$

Das erklärt den Faktor $1/2$ und zeigt, dass das Semi-Variogramm die räumliche Korrelation ebensogut zeigt wie die Darstellung der Kovarianz als Funktion der Differenz $\underline{s}_h - \underline{s}_i$, wie sie in Zeitreihen üblich ist (wo $\underline{s}$ durch die – eindimensionale – Zeit t ersetzt ersetzt wird). Das Semi-Variogramm lässt sich aber auch für gewisse nicht-stationäre Modelle angeben. (Es ist denkbar, dass es in Zukunft deshalb auch für Zeitreihen Anwendung finden wird.)

h Sinnvolle *Modelle* nehmen üblicherweise an, dass die Korrelation zwischen Messwerten an verschiedenen Orten mit deren Distanz abnimmt. Das bedeutet, dass das Semi-Variogramm monoton steigt. In Bild 16.8.e sind zwei einfache Kurven an die Daten angepasst worden.

* Die Formeln lauten

$$\tfrac{1}{2}\mathrm{var}\langle X_h - X_i \rangle = \gamma \left(1 - e^{-d_{hi}/\beta}\right) \qquad \text{resp.}$$

$$\tfrac{1}{2}\mathrm{var}\langle X_h - X_i \rangle = \begin{cases} \nu + (\gamma - \nu)\left(1.5 d_{hi}/\beta - 0.5(d_{hi}/\beta)^3\right) & \text{für } d_{hi} < \beta \\ \gamma & \text{für } d_{hi} \geq \beta \end{cases}.$$

Die erste Formel wird als exponenzielles, die zweite als „sphärisches" Modell bezeichnet. Bei der zweiten wurde ein Achsenabschnitt ν eingeführt, was auch für die erste möglich wäre.

Der angedeutete Grenzwert für unendliche Distanz (γ in den Formeln) heisst *sill* und ist gleich der geschätzten Varianz $\hat{\sigma}^2$ von X. Die zweite Kurve hat am anderen Ende einen Achsenabschnitt $\hat{\nu} \neq 0$. Das bedeutet, dass die Differenz von zwei Messungen X_i und X_h auch dann nicht (fast) null ist, wenn man zweimal (fast) am gleichen Ort gemessen hat. Ein solcher Effekt ist oft zu erwarten, da einerseits ein Messinstrument mit einem nicht vernachlässigbaren Messfehler im Spiel sein kann und andererseits eine natürliche „lokale Heterogenität" gerade

in Untersuchungen von Bodenproben festgestellt werden kann. In Proben, die der Goldsuche
dienen, hat der Effekt mit den erträumten Goldklumpen (nuggets) zu tun. Deshalb heisst er
verheissungsvoll *nugget effect*. (Heute mag dieses Wort eher kulinarische Erwartungen wecken.)

i   Das Ziel der Geostatistik ist nicht ein schönes Modell, sondern die Bestimmung von Erzvorkom-
    men oder ähnlichem: Man möchte gerne den Gehalt X für einen Ort $\underline{s}$ bestimmen, an dem nicht
    gemessen wurde. Das entspricht einer *Interpolation* oder *„Vorhersage"* im Sinne der Regression
    (13.4.a).
    Eine naheliegende Art, wie ein solcher Wert (zunächst ohne Genauigkeits-Angabe) geschätzt
    werden kann, ist die Bildung eines gewichteten Mittelwerts $\widehat{X} = \sum_i w_i X_i / \sum_i w_i$ der
    gemessenen Vorkommen X_i, wobei die Gewichte w_i mit der Distanz $\|\underline{s}_i - \underline{s}\|$ abnehmen.
    Bei starker Korrelation zwischen benachbarten Werten erhalten die benachbarten Messpunkte
    ein dominierendes Gewicht; bei schwachen Korrelationen werden auch weiter weg liegende
    Messungen zur Schätzung herangezogen.
    Für ein gegebenes Modell lässt sich eine optimale Schätzmethode theoretisch ausrechnen. Wenn
    die Daten X_i gemeinsam normalverteilt sind, sind gewichtete Mittelwerte optimal, und man
    kann die optimale Gewichtsfunktion $w\langle d \rangle$ aus dem Semi-Variogramm ausrechnen. Die Methode
    ist unter dem Namen *kriging* bekannt.

i   *   Verallgemeinerungen dieser Methoden zeigen, wie das gesamte Erzvorkommen (der gesamte
        Schadstoff- oder Düngergehalt usw.) $\int X\langle \underline{s} \rangle d\underline{s}$ über ein Gebiet geschätzt wird, und behandeln
        auch nicht-stationäre Modelle.

k   *Literatur*: Ausführliche Darstellungen der gesamten räumlichen Modellierung und Statistik
    (einschliesslich Punkt-Prozesse, siehe 6.2.g) geben Ripley (1988) und Cressie (1993).
    Die vorgehend ansatzweise beschriebene Auswertung räumlicher Messungen beschreiben Web-
    ster and Oliver (1990) und Journel and Huijbregts (1978). Eine Einführung ist in Stoyan (1993,
    Kap. 10.6) zu finden. Der Klassiker Matheron (1965) ist schwer verständlich.

16.9   Regression mit Zeitreihen

a   Im Kapitel über Regression wurde vorausgesetzt, dass die Zufallsfehler E_i unabhängig seien.
    Überprüft wurde diese Annahme durch grafische Darstellung der Residuen in ihrer zeitlichen
    Reihenfolge oder geografischen Anordnung oder durch Tests gegen verschiedene Arten von
    Korrelationen. Wenn Abhängigkeiten angenommen werden müssen oder festgestellt werden,
    liegt es nahe, für die Zufallsfehler ein Modell zu formulieren – beispielsweise ein autoregressives
    Modell oder eine bestimmte Form für ein Variogramm.

b   Wenn die Abhängigkeiten gegeben wären, so würde die Methode der *Verallgemeinerten Klein-
    sten Quadrate* optimale Schätzungen und deren Verteilung angeben. Um die Methode zu skizzie-
    ren, brauchen wir die Matrix-Schreibweise der Regreesion, wie sie in 15.1.1 eingeführt wurde.
    Es sei die Kovarianz-Matrix des Vektors $\underline{E}$ der Abweichungen E_i gegeben bis auf einen Faktor,
    $\mathrm{var}\langle \underline{E} \rangle = \sigma^2 C$. Einige Spezialfälle sind:

    • Alle Fehler haben gleiche Varianzen. Dann besteht die Diagonale von C aus Einsen, und C
      ist die Korrelations-Matrix.

- Die E_i (besser $E^{(t)}$) bilden einen AR$\langle 1 \rangle$-Prozess. Dann ist

$$
C = \begin{bmatrix}
1 & \rho & \rho^2 & \cdots & \rho^n \\
\rho & 1 & \rho & \cdots & \rho^{n-1} \\
\vdots & & & \ddots & \vdots \\
\rho^n & \rho^{n-1} & \rho^{n-2} & \cdots & 1
\end{bmatrix} \; .
$$

- Die Fehler sind unkorreliert, haben aber verschiedene Varianzen. Dann ist C diagonal, und es entsteht das Problem der Gewichteten Kleinsten Quadrate (vergleiche 13.8.o).

c Die Lösung des Regressionsproblems mit gegebener Matrix C ist mit etwas Matrix-Algebra einfach herzuleiten, indem man es auf das Problem mit unabhängigen, gleich verteilten Fehlern zurückführt.

* Es sei A eine Matrix mit $AA^T = C$ (z. B. die Cholesky-Zerlegung von C). Wir multiplizieren die Regressionsgleichung in Matrix-Schreibweise (15.1.m) von links mit A^{-1},

$$
A^{-1}\underline{Y} = A^{-1}X\underline{\beta} + A^{-1}\underline{E}
$$

und benennen die Terme um, $\widetilde{Y} = \widetilde{X}\beta + \widetilde{E}$. Für $\widetilde{\underline{E}} = A^{-1}\underline{E}$ erhalten wir

$$
\mathrm{var}\langle \widetilde{\underline{E}} \rangle = A^{-1}\sigma^2 C A^{-T} = \sigma^2 A^{-1} A A^T A^{-T} = \sigma^2 I \; ,
$$

also die Annahme, die zu gewöhnlichen Kleinsten Quadraten führt. Wenn C gegeben ist, kann man daraus A, A^{-1}, $\widetilde{Y}$ und $\widetilde{X}$ ausrechnen und $\underline{\widehat{\beta}}$ mit der üblichen Methode bestimmen.

d Das ist eine elegante Lösung. Wenn wir aber über Schätzungen, Tests und Vertrauensintervalle hinausdenken, muss als Warnung gesagt werden, dass das $i$te Residuum $\widetilde{R}_i = \widetilde{Y}_i - \sum_j \widetilde{X}_{ij}\widehat{\beta}_j$ nicht mehr viel mit der $i$ten ursprünglichen Beobachtung zu tun hat. Für eine Residuen-Analyse sind die $R_i = Y_i - \sum_j X_{ij}\widehat{\beta}_j$ von grösserer Bedeutung. Die ganze Überprüfung von Modell-Annahmen müsste aber neu diskutiert werden.

e * In der Regel sind die Korrelationen zwischen den Fehlern respektive die Matrix C nicht genau bekannt. Man geht dann so vor:

1. Man bestimmt $\widehat{\beta}^{(0)}$ mit Gewöhnlichen Kleinsten Quadraten, und daraus Residuen $R_i^{(0)}$.

2. Man schätzt Parameter für ein Modell der Abhängigkeiten der E_i aufgrund der Residuen $R_i^{(0)}$. (Allenfalls *entwickelt* man sogar ein Modell mit diesen Residuen.)

3. Man bestimmt C aus diesem geschätzten Modell und schätzt $\underline{\beta}$ neu mit entsprechenden Verallgemeinerten Kleinsten Quadraten.

4. Eventuell wiederholt man Schritt 2 mit neuen Residuen, gefolgt von Schritt 3.

Andererseits führt das Prinzip der Maximalen Likelihood, wie fast immer, zu einer Lösung, die noch besser ist als dieses Vorgehen, wenn das angenommene Modell für die Residuen stimmt.

f Was passiert, wenn man trotz korrelierter Beobachtungen Gewöhnliche Kleinste Quadrate verwendet? Die Schätzung von $\underline{\beta}$ bleibt erwartungstreu, aber sie ist weniger genau als die Schätzung mit Verallgemeinerten Kleinsten Quadraten – falls die „wahre" Matrix C benützt wird.
Die entscheidende Schwierigkeit liegt darin, dass die *Varianzen der Kleinste-Quadrate-Schätzung mit der üblichen Methodik zu klein angegeben werden*.

g   *   Es ist nicht schwierig, die Varianzen richtig anzugeben. Aus $\widehat{\beta} = (X^T X)^{-1} X^T Y$ (15.1.m) und
var$\langle AY \rangle = A$ var$\langle Y \rangle A^T$ (15.1.i) ergibt sich wie in 15.1.n

$$\text{var}\langle \widehat{\beta} \rangle = \sigma^2 (X^T X)^{-1} X^T C X (X^T X)^{-1}.$$

Oft wird deshalb ein Modell für die Abhängigkeiten der Zufalls-Fehler nur dazu verwendet, die
Genauigkeit der Gewöhnlichen Kleinste-Quadrate-Schätzung richtig anzugeben.

h   Wenn die Zielgrösse Y einer Regression eine Zeitreihe ist, dann ist es naheliegend, als mögliche
Terme in einer Regressionsgleichung nicht nur gleichzeitig gemessene Werte von erklärenden
Variablen heranzuziehen, sondern auch solche aus der (nahen) Vergangenheit.
Im Falle einer einzigen erklärenden Variablen kann man ein Modell der Form

$$Y^{(t)} = \alpha + \beta_0 x^{(t)} + \beta_1 x^{(t-1)} + \ldots + E^{(t)}$$

aufstellen. In der Signal-Übertragung nennt man x den Input, Y den Output, und die Koeffizienten β_j bilden die *Transfer-Funktion*. Auf solchen Modellen baut unter anderem die Steuerung
von Prozessen auf, die in Box et al. (1994) behandelt wird.

Literatur

a   Die Literatur über Zeitreihen setzt meistens gutes mathematisches Verständnis voraus. Das liegt
daran, dass ohne mathematische Werkzeuge wichtige Methoden der Zeitreihen-Analyse nicht
begründet werden können. Eine zentrale Rolle spielt dabei die Fourier-Analyse, die zwar jeweils
eingeführt wird, die aber für mathematisch Ungeübte sicher schwer zu verdauen ist.

b   Chatfield (1996) und Diggle (1990) führen auf gut verständliche Weise und mit geringen mathe-
matischen Ansprüchen in das Gebiet ein. Shumway (2006) gibt einen sehr guten, umfassenden
Überblick über angewandte Methoden für Modelle (im Zeitbereich) und Spektralanalyse, dar-
gestellt an zahlreichen Beispielen. Auf mathematische Herleitungen wird weitgehend verzichtet.
Die mathematischen Resultate sind dementsprechend recht konzentriert dargestellt. Besonderes
Gewicht wird auf Regressions-Fragestellungen gelegt.
Eine Einführung in Theorie und Anwendung in deutscher Sprache stammt von Schlittgen und
Streitberg (2001); leider kommt die Regression zwischen Zeitreihen zu kurz.

c   Box et al. (1994) legten in der ersten Auflage, 1969, den Grundstein für eine daten-orientierte
Zeitreihen-Analyse. Die Klasse der ARMA- und ARIMA-Modelle, erweitert durch Terme für
Trends und Saison-Effekte, bilden die Grundlage für Rückschlüsse auf Parameter, Modell-
Entwicklung und vor allem für eine Vorhersage mit Genauigkeits-Angabe. Die Beispiele zeigen
die Anwendungen in Ingenieur-Problemen, Ökonomie und Betriebswirtschaft. Ein Kapitel ist der
Steuerung von Prozessen aufgrund von stochastischen Modellen gewidmet.

Priestley (1981) (2 Bände) ist ein Handbuch, das einen grossen Teil der bekannten Theorie
abdeckt. Weitere mathematisch orientierte Bücher sind Brillinger (2001), Anderson (1994)
Anderson (1976) und Brockwell and Davis (1991).

17   Stichproben-Erhebungen

17.1   Einleitung

a   Im täglichen Sprachgebrauch steht das Wort *Statistik* meistens im Zusammenhang mit Zahlen zum Zustand der Wirtschaft, zur Entwicklung eines Betriebs, zu Meinungen, Gesundheit, Umwelt-Belastungen oder anderen gesellschaftlichen Fragen. Solche Zahlen zu erhalten und richtig zu verarbeiten ist die Aufgabe eines wichtigen Teils des Fachgebiets Statistik, der bisher in diesem Text nur am Rande erwähnt wurde, des Gebietes der Stichproben-Erhebungen. Es interessieren Fragen wie:

* Welcher Anteil der Bevölkerung leidet unter Armut?
* Wie gross ist der mittlere Arbeitsvorrat in den Unternehmen der Maschinenbau-Industrie?
* Wie stark sind die Mietzinsen für Wohnungen im letzten Jahr gestiegen?
* Wie viele pflegebedürftige AIDS-Kranke sind in fünf Jahren zu erwarten?
* Wie wird die Abstimmung über das Stimmrecht für Ausländer ausgehen?
* Worauf achten die Käuferinnen und Käufer bei der Auswahl eines Fernsehgeräts?
* Wie gross ist die Schädigung des Waldes?
* In welchen Gebieten ist der Grenzwert der Ozon-Konzentration überschritten?

Mit solchen Fragen befassen sich die statistischen Ämter, Markforschungs-Institute, die Soziologie, Umweltwissenschaften, Forstwirtschaft und andere Stellen und Wissenschaftsgebiete.

b   Diese Fragen betreffen jeweils eine *Grundgesamtheit* oder *Population* von Einheiten wie Personen, Betriebe oder Bäume, die als *Elemente* bezeichnet werden. Für sie wird gefragt nach

* dem *Anteil* der Elemente mit einer bestimmten Eigenschaft,
* dem *Mittelwert* – oder auch der ganzen Verteilung – einer quantitativen Grösse oder
* dem *Total*, der Summe einer solchen Grösse über alle Elemente der Grundgesamtheit.

c   Die genaueste und einfachste Antwort erhält man, wenn man für alle Elemente der Grundgesamtheit die interessierende Grösse feststellt, also eine *Vollerhebung* durchführt. Das ist aber nur für kleine Grundgesamtheiten mit vernünftigem Aufwand möglich – und glücklicherweise gar nicht nötig. Die Theorie der Stichproben-Erhebungen zeigt, dass beispielsweise der Anteil der Befürwortenden einer Abstimmungsvorlage schon genau genug bestimmt werden kann, wenn ein paar hundert oder höchstens ein paar tausend Stimmberechtigte befragt werden – sofern diese geeignet ausgewählt werden. Dabei spielt es kaum eine Rolle, ob 10 000 oder 10 Millionen abstimmen werden.

d   Neben den Grundfragen nach einem Anteil, einem Mittelwert und einem Total interessieren in vielen Studien Vergleiche zwischen verschiedenen Regionen, gesellschaftlichen Klassen, Baumarten oder anderen Kategorien. Allgemeiner werden oft mehrere interessierende Zielgrössen untersucht, und man ist an *Zusammenhängen* mit möglichen erklärenden Variablen ebenso interessiert wie an einem Mittelwert für die Grundgesamtheit.

e   In vielen Fällen müssen zur Erhebung der Daten Personen befragt werden. Es geht also um die
Auswertung von Umfragen.
Obwohl in solchen Studien die Organisation der Datenerhebung und die Zusammenstellung des
Fragebogens primär den Erfolg bestimmen, wollen wir diese Probleme erst nach der Einführung
der grundlegenden Methodik behandeln.

17.2   Einfache Zufalls-Stichprobe

a   Wenn Einkommens-Verhältnisse untersucht werden sollen, ist der Gedanke naheliegend, auf
Steuererklärungen abzustellen. Das *steuerbare* Einkommen und Vermögen von allen Steuer-
pflichtigen ist elektronisch verfügbar, und Mittelwerte sind bekannt. Aufgrund der möglichen
Abzüge, die je nach Verhältnissen der Steuerpflichtigen (und in der Schweiz je nach Kanton)
recht verschieden ausfallen können, sind aber diese Angaben nicht das, woran die Soziologie
interessiert ist.
Das *reale* Einkommen lässt sich – soweit überhaupt möglich – ermitteln, wenn entweder die
Steuererklärungen genauer analysiert oder die Steuerpflichtigen befragt werden, oder beides.
Das kann nicht für alle Steuerpflichtigen durchgeführt werden. Deshalb muss man eine Auswahl
treffen, für die das reale Einkommen möglichst genau ermittelt wird.

b   Allgemein interessieren wir uns für eine Grösse Y in einer Grundgesamtheit $\mathcal{U}$ von u Einheiten.
Die Elemente denken wir uns durchnummeriert, y_k sei der Wert von Y für das $k$te Element.
Wir wollen uns auf die Schätzung des arithmetischen Mittels $\bar{y}_{\mathcal{U}} = \frac{1}{u}\sum_{k=1}^{u} y_k$ konzentrieren.
Das Total lässt sich aus dem Mittel $\bar{y}_{\mathcal{U}}$ ja sofort bestimmen, wenn die Grösse u der Grundge-
samtheit bekannt ist. Ein Anteil schliesslich lässt sich schreiben als arithmetisches Mittel von
0-1- (oder Indikator-) Variablen (siehe 5.1.b).

c   Dazu ziehen wir aus der Grundgesamtheit eine *Stichprobe* S vom Umfang n, beispielsweise mit
Hilfe von Zufallszahlen. Dabei soll jede (ganze) Zahl zwischen 1 und u gleich wahrscheinlich
sein. Zudem soll „ohne Zurücklegen" gezogen werden, beispielsweise so: Wenn die im $i$ten Zug
bestimmte Zahl bereits unter den ersten $i-1$ gezogenen Zahlen $K_1, K_2, \ldots K_{i-1}$ auftritt, wird
sie durch eine neue Zufallszahl ersetzt.
Für die Stichprobe $S = [K_1, K_2, \ldots, K_n]$ werden jetzt die Y-Werte $y_{K_1}, y_{K_2}, \ldots, y_{K_n}$
bestimmt. Aus ihnen wollen wir eine Schätzung des unbekannten $\bar{y}_{\mathcal{U}}$ erhalten.

d   Wo spielt hier der Zufall eine Rolle? Bei der Ziehung der Stichprobe wurde er ausdrücklich hin-
eingesteckt. Ob man die Werte y_k als zufällig betrachten will? Darüber kann man diskutieren.
Die klassische Theorie der Stichproben-Erhebungen *nimmt die y_k als feste* (aber unbekannte)
Zahlen an. Dies hat den grossen Vorteil, dass kein Modell für Y gebraucht wird. *Der Zufall
„sitzt" also nur bei der Ziehung der Stichprobe.* Der Wert für die erste Einheit in der Stichprobe ist nur deshalb zufällig, weil nicht bestimmt ist, welche Einheit der Grundgesamtheit als
erste „die Ehre hat", in die Stichprobe aufgenommen zu werden.

e * Wenn wir $X_i = Y_{K_i}$ schreiben, wird der Zusammenhang zu früheren Betrachtungen deutlich; es
ergibt sich die Stichprobe $[X_1, X_2, \ldots, X_n]$. Waren die X_i früher unabhängig, so ist dies jetzt
nicht mehr genau der Fall: Wenn $K_1 = 5$ und deshalb $X_1 = y_5$ ist und y_5 nur einmal in der
Grundgesamtheit vorkommt, dann ist $P\langle X_2 = y_5 | X_1 = y_5 \rangle = 0$ verschieden von $P\langle X_2 = y_5 \rangle$
(vergleiche 5.1.n).
Vergessen Sie für eine Weile diese Art, den $i$ten Wert in der Stichprobe als Zufallsvariable X_i zu
betrachten, und denken Sie an feste y_k. Was zufällig ist, ist die Auswahl $S = [K_1, K_2, \ldots, K_n]$.

f   Bei der oben beschriebenen Auswahl der Stichprobe ergibt sich für jede Auswahl der n Zahlen die gleiche Wahrscheinlichkeit,

$$P\big\langle \{K_1, K_2, \ldots, K_n\} = \{k_1, k_2, \ldots, k_h\} \big\rangle = 1/\binom{u}{n} = \frac{n!(u-n)!}{u!} \, .$$

Eine wichtige Rolle spielt die Wahrscheinlichkeit, dass eine bestimmte Einheit k in der Stichprobe auftaucht. Sie ist

$$P\langle k \in \{K_1, K_2, \ldots, K_n\}\rangle = \frac{n}{u} \, ,$$

was sehr plausibel ist und sich natürlich auch aus der vorhergehenden Formel ausrechnen lässt.

g   Kehren wir zum Problem zurück, das Mittel $\bar{y}_{\mathcal{U}}$ zu *schätzen*. Am naheliegendsten ist es, das Stichproben-Mittel

$$T\langle y_{K_1}, y_{K_2}, \ldots, y_{K_n}\rangle = \frac{1}{n}\sum\nolimits_{i=1}^{n} y_{K_i} = \overline{Y}_S$$

dafür zu verwenden.
Der Wert dieser Schätzung hängt von der zufälligen Auswahl der Stichprobe S ab, also ist es eine Zufallsvariable. Wie sieht ihre Verteilung aus? Genau genommen kann die Schätzung nur endlich viele Werte annehmen, nämlich die Mittelwerte der $\binom{u}{n}$ möglichen Stichproben. Die Gesamtheit der möglichen Werte und auch die Wahrscheinlichkeits-Verteilung von $\overline{Y}_S$ ist bestimmt durch die u Werte $\{y_1, y_2, \ldots, y_u\}$ der Grundgesamtheit.

h   Etwas Einfaches lässt sich über den Erwartungswert von $\overline{Y}_S$ aussagen: Es ist

$$\mathcal{E}\langle \overline{Y}_S\rangle = \frac{1}{n}\sum\nolimits_{i=1}^{n} \mathcal{E}\langle y_{K_i}\rangle = \frac{1}{n}\cdot n\mathcal{E}\langle y_{K_1}\rangle \, ,$$

da alle y_{K_i} gleich verteilt sind (wenn auch nicht ganz unabhängig!). Weiter ist

$$\mathcal{E}\langle \overline{Y}_S\rangle = \mathcal{E}\langle y_{K_1}\rangle = \sum\nolimits_{k=1}^{u} y_k P\langle y_{K_1} = y_k\rangle = \sum\nolimits_{k=1}^{u} y_k/u = \bar{y}_{\mathcal{U}} \, ,$$

falls alle y_k verschieden sind. (Sonst wird die Rechnung komplizierter, aber das Resultat bleibt gleich.) Also ist $\overline{Y}_S$ erwartungstreu für die gesuchte Grösse $\bar{y}_{\mathcal{U}}$.
Die Rechnung für die *Varianz* folgt ähnlichen Überlegungen und liefert

$$\mathrm{var}\langle \overline{Y}_S\rangle = \left(1 - \frac{n}{u}\right)\sigma^2/n, \quad \text{mit} \quad \sigma^2 = \frac{1}{u-1}\sum\nolimits_{k=1}^{u}(y_k - \bar{y}_{\mathcal{U}})^2 \, .$$

Wenn die Grundgesamtheit viel grösser ist als die Stichprobe (u viel grösser als n), dann kann man die sogenannte *Endlichkeitskorrektur* – den Faktor $(1 - n/u)$ – vernachlässigen, und die Formel vereinfacht sich zur üblichen Varianz eines arithmetischen Mittels, $\mathrm{var}\langle \overline{Y}_S\rangle = \sigma^2/n$.

i   *   Ein zweiter Weg zum Erwartungswert, der in der Theorie der Stichproben weiter führt, geht so: Man schreibt $\overline{Y}_S = \frac{1}{n}\sum_{k=1}^{u} y_k \mathrm{Ind}\langle k; S\rangle$ mit Hilfe der Indikatorfunktion Ind. (Es ist $\mathrm{Ind}\langle k; S\rangle = 1$, falls $k \in S$, sonst $= 0$.) Es gilt

$$\mathcal{E}\langle \overline{Y}_S\rangle = \frac{1}{n}\sum\nolimits_{k=1}^{u} y_k \mathcal{E}\langle \mathrm{Ind}\langle k; S\rangle\rangle = \frac{1}{n}\sum\nolimits_{k=1}^{u} y_k P\langle k \in S\rangle = \frac{1}{n}\sum\nolimits_{k=1}^{u} y_k(n/u) = \bar{y}_{\mathcal{U}} \, .$$

j   *   Für die Varianz findet man

$$\mathrm{var}\left\langle \frac{1}{n}\sum i1ny_{K_i}\right\rangle = \frac{1}{n^2}\left(n\,\mathrm{var}\langle y_{K_1}\rangle + n(n-1)\,\mathrm{cov}\langle y_{K_1}, y_{K_2}\rangle\right)$$

$$\mathrm{cov}\langle y_{K_1}, y_{K_2}\rangle = \sum_{k\neq\ell}(y_k - \bar{y}_{\mathcal{U}})(y_\ell - \bar{y}_{\mathcal{U}})\Big/\big(u(u-1)\big)$$

$$= \left(\sum_k\sum_\ell (y_k - \bar{y}_{\mathcal{U}})(y_\ell - \bar{y}_{\mathcal{U}}) - \sum_k (y_k - \bar{y}_{\mathcal{U}})^2\right)\Big/\big(u(u-1)\big)$$

$$= \big(0 - u\,\mathrm{var}\langle y_{K_1}\rangle\big)\Big/\big(u(u-1)\big)$$

Die Varianz der y_{K_i} – genauer: die theoretische Varianz ihrer diskreten Verteilung – ist

$$\mathrm{var}\langle y_{K_1}\rangle = \sum_{k=1}^{u}(y_k - \bar{y}_{\mathcal{U}})^2/u = \frac{u-1}{u}\sigma^2\,.$$

Setzt man diese Resultate in die erste Formel ein, so erhält man

$$\mathrm{var}\langle \overline{Y}_S\rangle = \frac{1}{n}\left(1 - \frac{n-1}{u-1}\right)\mathrm{var}\langle y_{K_1}\rangle = \frac{1}{n}\frac{u-n}{u-1}\frac{u-1}{u}\sigma^2 = \left(1 - \frac{n}{u}\right)\sigma^2/n\,.$$

k   Aus den Formeln für die Varianz von $\overline{Y}_S$ lässt sich auf die übliche Weise ein *Vertrauensintervall* für $\bar{y}_{\mathcal{U}}$ gewinnen. Es hat die Form $\overline{Y}_S \pm q^{(t)}\widehat{\sigma}$ oder, ausführlicher,

$$\overline{Y}_S - q^{(t)}\widehat{\sigma}/\sqrt{n} \leq \bar{y}_{\mathcal{U}} \leq \overline{Y}_S + q^{(t)}\widehat{\sigma}/\sqrt{n}\,,$$

wobei $\widehat{\sigma}$ die übliche Schätzung der Standardabweichung σ ist (5.3.b) und $q^{(t)}$ das 97,5% Quantil der $t-$Verteilung mit $n-1$ Freiheitsgraden.
Näherungsweise richtig ist der Vertrauenskoeffizient (das Niveau) dieses Intervalls allerdings nur, wenn die „Verteilung" der y_k nicht allzu schief oder langschwänzig und n nicht zu klein ist. Sonst – oder auch allgemein – ist die Methodik des bootstrap (9.4) vorzuziehen.

l   *   Zu einer Rechfertigung des angegebenen Vertrauensintervalls muss man sich zunächst grundsätzliche Gedanken machen. Vertrauensintervalle beziehen sich auf einen Parameter in einem parametrischen Modell. Das Modell, das hier behandelt wird, braucht zu seiner Festlegung alle Werte y_k der Grundgesamtheit. Wenn man von einer parametrischen Familie reden möchte, wären also u Parameter festzulegen. Neben dem „Haupt-Parameter" $\mu = \bar{y}_{\mathcal{U}}$ und dem „ersten Stör-Parameter" σ^2 sind also noch viele weitere Stör-Parameter im Spiel. Glücklicherweise hat $T = (\bar{y}_s - \bar{y}_{\mathcal{U}})\sqrt{n}/\widehat{\sigma}$ näherungsweise eine Verteilung, die von diesen weiteren Stör-Parametern nicht abhängt, nämlich eine $t-$Verteilung. Dies gilt allerdings nur unter den erwähnten Bedingungen.

m   Die Formel 17.2.h für die Genauigkeit des Stichproben-Mittels lässt sich auch umkehren, um aus Anforderungen an die Genauigkeit (Varianz) die *benötigte Stichproben-Grösse* auszurechnen (vergleiche 9.3.m). Ohne Berücksichtigung der Endlichkeits-Korrektur ergibt sich

$$n_0 = \sigma^2/\,\mathrm{var}\langle \bar{y}_s\rangle\,,$$

mit Korrektur $n = n_0/(1 + n_0/u)$. Man braucht eine Angabe über die Streuung der y_k–Werte (σ^2), die allenfalls aus einer Vorstudie eruiert werden muss.

n Die *Schätzung eines Anteils*, beispielsweise der Ja-Stimmen in einer Abstimmung, ist noch eine kurze Betrachtung wert. Wie oben vorgeschlagen (17.2.b) setzen wir $y_i = 1$ für befürwortende Stimmende und $y_i = 0$ für ablehnende. Dann ist $\pi = \bar{y}_\mathcal{U}$ die gesuchte Grösse, und $\hat{\pi} = \overline{Y}_S$ ihre Schätzung. Würde die Stichprobe mit Zurücklegen gezogen, so wäre die Situation der Binomialverteilung (5.1.h) gegeben, also

$$n\hat{\pi} \sim \mathcal{B}\langle n, \pi \rangle \, ,$$

und man könnte entsprechende Tests und Vertrauensintervalle anwenden. Dies ist für grosse Grundgesamtheiten ($u \gg n$) in Ordnung, da die Wahrscheinlichkeit, das gleiche Element zufälligerweise zweimal zu ziehen, vernachlässigbar ist. Wenn beispielsweise $u = 10000$ Stimmberechtigte abstimmen und in einer Zufalls-Stichprobe von $n = 200$ Personen 120 Befürwortende gefunden werden, dann wird das Vertrauensintervall nach 9.3.e gleich $120/200 \pm 1.96\sqrt{(120/200)(80/200)/200} = 0.6 \pm 0.068$. Man kann also bei 5% Irrtums-Wahrscheinlichkeit sicher sein, dass die Vorlage angenommen wird. Dabei kommt es auf die Gesamtzahl der Stimmenden nicht an, solange sie wesentlich grösser als 200 ist; die Aussage gilt auch bei einer Million Stimmenden.

17.3 Geschichtete Stichproben

a Bei den Einkommens-Verhältnissen ist nicht nur ein Gesamt-Mittelwert interessant, sondern auch Aussagen für bestimmte Kategorien wie Lohnempfänger(innen), Selbstständig-Erwerbende, Rentner(innen) und Arbeitslose.

Einfach und eindeutig auszuscheiden sind aufgrund von Angaben, die für alle Steuerpflichtigen vorliegen, die Rentner(innen), sofern man sie als jene definiert, die die offizielle Altersgrenze zum Bezug der staatlichen Altersvorsorge überschritten haben.

b Allgemein gebe es in der Grundgesamtheit m Kategorien $\mathcal{C}_1, \mathcal{C}_2, \ldots, \mathcal{C}_m$, die wir hier *Schichten* nennen wollen. Es sei leicht feststellbar, welche Schicht welche Elemente enthält und damit auch, wie viele Elemente sie umfasst. Dann liegt es nahe, aus jeder Schicht separat eine Stichprobe zu ziehen; man spricht von einer *geschichteten Stichprobe*.
Eine solche Stichprobe erlaubt es, für jede Schicht den Mittelwert zu schätzen. Sofern die Mittelwerte merklich verschieden sind, lässt sich zudem gegenüber der einfachen Stichprobe eine höhere Genauigkeit für die Schätzung des Gesamtmittels $\bar{y}_\mathcal{U}$ erzielen.

c Für die Wahl der Stichprobenumfänge in den einzelnen Schichten $\mathcal{C}_h$ liegt eine proportionale Aufteilung nahe: Wenn ν_h den Anteil der Schicht $\mathcal{C}_h$ in der Grundgesamtheit bezeichnet, werden aus ihr $\nu_h \cdot n$ Elemente gezogen. Zur Schätzung des Gesamtmittels $\bar{y}_\mathcal{U}$ verwendet man wie vorher das Stichproben-Mittel $\overline{Y}_S$, das sich als gewichtetes Mittel der Mittelwerte $\overline{Y}_h$ der „*Unterstichproben*" schreiben lässt,

$$\overline{Y}_S = \sum_h \nu_h \overline{Y}_h \, .$$

Die Varianz wird

$$\mathrm{var}\langle \overline{Y}_S \rangle = \sum_h \nu_h^2 \mathrm{var}\langle \overline{Y}_h \rangle = \sum_h \nu_h^2 \left(1 - \frac{n\nu_h}{u\nu_h} \right) \sigma_h^2 = \left(1 - \frac{n}{u} \right) \sum_h \nu_h^2 \sigma_h^2 \, ,$$

wobei σ_h^2 die Varianz in Schicht h ist (analog zu 17.2.h).

d * Als Billig-Version einer geschichteten Stichprobe kann die *Quoten-Stichprobe* gelten: Befrager und Befragerinnen werden beauftragt, vorgegebene Anzahlen von Personen bestimmten Alters und Geschlechts zu befragen, wobei die Auswahl ihnen überlassen bleibt. Sie werden pro ausgefüllten Fragebogen bezahlt.

Dass hier offensichtlich mit groben systematischen Fehlern gerechnet werden muss, mag das folgende Beispiel zeigen: Der Schreibende hat das Privileg, seine Arbeitszeit recht frei wählen zu können und zudem ein Haus mit Garten zu besitzen. Er wurde an einem Freitag-Vormittag über den Gartenzaun von einer „Quotenjägerin" gefragt, ob er Zeit hätte für ein kurzes Interview zum Thema Zeitungslesen. Welche Rückschlüsse auf die Lesegewohnheiten der Männer mittleren Alters (mit Bart?) wurden wohl gezogen?

e * Wenn die Varianzen σ_h^2 in den Schichten verschieden sind, kann man zusätzliche Genauigkeit gewinnen, wenn man in Schichten mit grösserer Varianz mehr Elemente für die Stichprobe wählt. Die *optimale Aufteilung* eines vorgegebenen Gesamtumfanges n führt nach Neyman und Tschuprow zu den Umfängen $n \cdot \nu_h \sigma_h / \sum_h \nu_h \sigma_h$ für die Teil-Stichproben.

17.4 Weitere Stichproben-Pläne

a In einer einfachen Stichprobe von Steuerpflichtigen sind die Adressen geografisch weit verstreut. Es wäre oft viel billiger, jeweils auch gleich ein paar Nachbarn zu befragen, als jedes Mal eine neue Adresse aufzusuchen.

Aber Achtung! *Bei einer willkürlichen Auswahl der Stichprobe lassen sich keine gesicherten Angaben über die Gesamtheit machen und insbesondere keine Genauigkeiten ausrechnen.*

Für solche Angaben braucht es aber nicht unbedingt eine einfache (oder geschichtete) Stichprobe, sondern lediglich eine nach irgendeinem *bekannten Zufallsgesetz* erzeugte Auswahl. Es muss zu jeder möglichen Auswahl $s = [k_1, k_2, \ldots, k_n]$ die Wahrscheinlichkeit $P\langle S = s \rangle$, dass gerade sie realisiert wird, bekannt sein.

b Um das Ziel, an einem Ort jeweils mehrerer Interviews durchführen zu können, auf „kontrollierte" Weise zu erreichen, geht man so vor: Man teilt die Grundgesamtheit in Gruppen oder „Klumpen" (englisch *cluster*) von bekannter, aber eventuell ungleicher Grösse ein. Dann wählt man eine bestimmte Anzahl Gruppen zufällig aus und untersucht alle ihre Einheiten – oder in jedem Grüppchen eine zufällige Stichprobe. Die gesamte Auswahl nennt man dann *Klumpen-Stichprobe* (englisch cluster sample).

Um die gleiche Genauigkeit wie mit einer einfachen Stichprobe zu erreichen, muss der Umfang der Klumpen-Stichprobe grösser sein; je nach Kosten für den Ortswechsel lohnt sich das.

c Zufalls-Stichproben setzen im Allgemeinen voraus, dass eine Liste der Grundgesamtheit vorliegt, aus der nach gewissen Regeln ausgewählt werden kann. Wenn dies nicht der Fall ist – wie beispielsweise für die Bäume im Wald – so muss ein massgeschneiderter Mechanismus zur Zufalls-Auswahl, ein *spezieller Stichprobenplan*, ausgearbeitet werden.

Wesentlich ist, dass jedes Element der Grundgesamtheit in der Stichprobe erscheinen kann, und dass die Wahrscheinlichkeit $\pi_k = P\langle k \in S \rangle$, dass dies geschieht, für jedes Element berechnet werden kann. Dann wird $\bar{y}_\mathcal{U}$ durch den sogenannten *Horvitz-Thompson-Schätzer*

$$T = \frac{1}{u} \sum_{i=1}^{n} y_{K_i} / \pi_{K_i}$$

geschätzt. (T ist die einzige lineare Schätzung, die für beliebige y_k erwartungstreu ist.)

d * Für Genauigkeitsangaben braucht man ausser den π_k noch für jedes Paar $[k, \ell]$ $(k \neq \ell)$ von Elementen die Wahrscheinlichkeit $\widetilde{\pi}_{k\ell} = P\langle k \in S$ und $\ell \in S\rangle$, dass beide in der Stichprobe landen. Es wird

$$u^2 \text{var}\langle T \rangle = \sum_{k=1}^{u} \left(\frac{1}{\pi_k} - 1 \right) y_k^2 + 2 \sum_{k=1}^{u} \sum_{\ell=1}^{k-1} \left(\frac{\widetilde{\pi}_{k\ell}}{\pi_k \pi_\ell} - 1 \right) y_k y_\ell \,.$$

Wie kann diese Grösse aus den Daten geschätzt werden? Die möglichen Antworten hängen von weiteren Besonderheiten des Stichproben-Planes ab und führen zu komplizierten Rechnungen. Die Methoden des Bootstrap oder Jackknife (9.4) können hier von grossem Nutzen sein, sind aber oft nur mit Anpassungen brauchbar.

e Wie wichtig die zufällige Auswahl der Stichprobe ist, zeigt das folgende historische *Beispiel*, das Sie in den meisten Büchern über Stichproben-Verfahren finden werden:
▷ Die amerikanischen *Präsidentschafts-Wahlen* haben wohl schon immer so viel Interesse auf sich gezogen, dass Versuche unternommen wurden, ihr Ergebnis vorauszusagen. In den zwanziger und dreissiger Jahren war dabei eine Zeitschrift mit Namen „Literary Digest" recht erfolgreich – bis zu den Wahlen von 1936. In dieser Wahl trat ein republikanischer Herausforderer mit Namen Landon gegen den amtierenden Roosevelt an. Die Zeitschrift führte die wohl grösste Umfrage der Geschichte durch: Sie versandte etwa 10 Millionen Fragebogen. Aufgrund dieser Umfrage sagte sie einen klaren Sieg von Landon mit 60% Wähleranteil voraus. Das Resultat: 62% – für Roosevelt!!
Wieso ein solcher Missgriff? Die Zeitschrift hatte für ihre Umfrage unter anderem auf Listen von Telefon-Abonnenten und Autobesitzern zurückgegriffen. Diese waren in den dreissiger Jahren sicher die Wohlhabenderen, und damit jene, die eher für den republikanischen Herausforderer stimmten! Ein klassisches Beispiel einer *nicht-repräsentativen Stichprobe!*

Es ist einfach nachzurechnen, dass eine Umfrage bei 100 zufällig ausgewählten Wählenden fast sicher zu einem genaueren Resultat geführt hätte: Die Wahrscheinlichkeit, dass eine binomial verteilte Zufallsvariable mit $n = 100$ und $\pi = 0.62$ (vergleiche 17.2.n) den Wert $x = 40$ oder weniger erreicht, beträgt 0.00004! (Allerdings ist dies vielleicht der unwichtigere von zwei Gründen; der andere folgt in 17.6.h). (Zur Ehrenrettung des Literary Digest sei angefügt, dass das Problem durchaus erkannt worden war und Korrekturen angebracht wurden, aber offenbar ungenügende. (Genaueres dazu: M. C. Bryson, 1976, „The Literary Digest poll: making of a statistical myth", The American Statistician 30, 184-185.) ◁

Den Begriff *Repräsentativität* haben wir hier im Sinne von „kein systematischer Fehler" oder Erwartungstreue gebraucht. Oft wird darunter zusätzlich eine genügende Genauigkeit verstanden, ohne dass festgelegt wird, was genügend bedeutet.

f * Für eine interessierende Zielgrösse ist häufig nicht ein absoluter Wert wichtig, sondern ihre Veränderung gegenüber früher. Es ist einleuchtend, dass eine Veränderung genauer gemessen werden kann, wenn wieder die gleichen Elemente der Grundgesamtheit untersucht werden, da dann die Streuung der Ausgangswerte wegfällt (vergleiche Blockbildung in der Varianzanalyse, 12.4.c, 14.2.i). Dies führt zu *permanenten Stichproben*, im Fachjargon *Panel* genannt.
Es lauern aber einige grundlegende Gefahren:

• Die Grundgesamtheit kann sich verändern, indem Elemente verschwinden und andere neu hinzukommen, beispielsweise durch Änderung des Wohnsitzes, des Alters, Gründung und Auflösung von Firmen, Wachstum und Fällen bei Bäumen. Dass dies zu groben Verfälschungen führen kann, zeigt sich bei Lohn-Veränderungen: Der mittlere Lohn kann auch dann sinken, wenn alle Angestellten einen höheren Lohn beziehen als im Vorjahr – soweit sie schon da waren.

- Die Bereitschaft, sich regelmässig befragen zu lassen, kann niedrig sein und wird noch stärker mit der Einstellung zum Untersuchungsgegenstand und mit äusseren (Lebens-) Umständen zu tun haben als bei einmaliger Befragung (17.6.g).

Um solchen Problemen zu begegnen, können sogenannte *rotierende* Panels oder kombinierte Untersuchungen verwendet werden.

17.5   Weitere Schätzmethoden

a Bei der Frage nach dem realen Einkommen (17.2.a) haben wir das steuerbare Einkommen, für das gar keine aufwändige Stichproben-Erhebung nötig gewesen wäre, als zu ungenau verworfen. Dennoch kann man es ausnützen, um die Genauigkeit des aus der Stichprobe erhaltenen Mittelwertes zu erhöhen: Wir können aus der Stichprobe ausrechnen, um welchen Prozentsatz das reale Einkommen das steuerbare übersteigt, und diese Korrektur auf das bekannte mittlere steuerbare Einkommen der Grundgesamtheit anwenden, um zu einer Schätzung des mittleren realen Einkommens zu gelangen.

b Allgemein sei X eine zu Y ungefähr proportionale Grösse, für die der Mittelwert der Grundgesamtheit $\bar{x}_{\mathcal{U}}$ bekannt ist. Die Schätzung

$$T = \frac{\bar{x}_{\mathcal{U}}}{\bar{x}_S}\,\overline{Y}_S$$

heisst *Quotienten-Schätzer* für $\bar{y}_{\mathcal{U}}$. Sie ist genauer als $\overline{Y}_S$, falls x und Y wirklich wenigstens in grober Näherung proportional sind.

Allgemeiner kann man Zusammenhänge zwischen Y und Ausgangs-Variablen x, deren Gesamtmittelwert man kennt, ausnützen, indem man sogenannte *Regressions-Schätzer* verwenden.

c Der Grundgedanke des Quotienten-Schätzers lässt sich auf eine Situation anwenden, in der die X-Variable die Zugehörigkeit zu einer Teilpopulation ist. Nehmen wir an, dass die Anteile der Schichten in der Grundgesamtheit bekannt seien. Es sei aber keine geschichtete Stichprobe gezogen worden (beispielsweise weil es keine Listen gibt, in denen die Schichtzugehörigkeit der Elemente aufgeführt ist). Es bezeichne S_h die Elemente der Schicht h in der Stichprobe. Die Anzahlen N_h dieser Elemente sind natürlich nicht genau gleich $\nu_h \times n$. Das geschätzte Gesamtmittel lässt sich bezüglich dieser Abweichungen korrigieren. Ein Schätzwert ist

$$T = \sum \nu_h \overline{Y}_h, \qquad \overline{Y}_h = \frac{1}{N_h} \sum_{K \in S_h} y_K .$$

Diese Schätzmethode wird als *Nach-Schichtung* bezeichnet. Sie liefert ein genaueres Ergebnis als das einfache Stichproben-Mittel, wenn die (Populations-) Mittelwerte der Schichten merklich verschieden sind.

17.6 Auswertung von Umfragen

a In den bisherigen Überlegungen stand die Schätzung eines Mittelwertes über die Grundgesamtheit im Vordergrund. In Meinungsumfragen sind aber selten quantitative Grössen von Interesse, sondern nominale (kategorielle) Daten, die oft geordnet sind (beispielsweise „gar nicht" bis „sehr" einverstanden). Viele Überlegungen sind im Prinzip auch für solche Daten gültig. Für „ja/nein" - Antworten, also binäre Variable, sind sie formell direkt anwendbar, da nie Voraussetzungen über eine Verteilung gemacht wurden (siehe 17.2.b). Eine nominale Grösse lässt sich bekanntlich durch mehrere binäre Grössen (Indikatorvariable) ersetzen (siehe 13.6.d).
Es gibt aber einige Gesichtspunkte, die für Umfragen besondere Bedeutung haben.

b Es sind bei solchen Studien meistens mehrere bis viele Beurteilungen als Zielgrössen zu untersuchen. Neben der Verteilung der Antworten sind auch *Zusammenhänge* zwischen den Antworten auf verschiedene Fragen (Korrelationen) von Interesse.
Zusätzlich werden bei Umfragen unter Personen jeweils Alter und Geschlecht, Wohnort und soziologische Kenngrössen erhoben. Bei Umfragen unter Betrieben wird die Branche, die Grösse, die Rechtsform und Ähnliches festgehalten. Zusammenhänge der Zielgrössen mit diesen erklärenden Variablen sind oft das Hauptziel einer Studie; in anderen Fällen können sie zur „Korrektur" der Ergebnisse im Sinne der Regressions-Schätzung (17.5.b) dienen.

c Zur *Analyse solcher Abhängigkeiten* sind Verallgemeinerte Lineare Modelle (GLM, 13.12.h) angemessen, vor allem logistische und multinomiale Regression und Regression für geordnete Zielgrössen sowie log-lineare Modelle (13.12.e).
Leider ist es noch allzu üblich, nur einfache Zusammenhänge zwischen je zwei Variablen zu betrachten, und zwar in Form einer *Kreuztabelle* oder *Kontingenztafel* (10.3.b). Es werden dicke Stösse Papier mit diesen Tabellen bedruckt. Eine solche Analyse ist genauso ungenügend wie die mehrfache Verwendung der einfachen statt einer multiplen Regression für eine quantitative Zielgrösse; gemeinsame und indirekte Wirkungen von erklärenden Grössen auf die Zielvariable können nicht erfasst werden.

d * Die Verwendung von Regressionsmethoden und nur schon die Durchführung eines *Chiquadrat-Tests* für Unabhängigkeit in einer Kontingenztafel sprengt eigentlich den Rahmen der Stichproben-Theorie, denn in einer endlichen Grundgesamtheit macht beispielsweise die Nullhypothese der Unabhängigkeit zweier Grössen keinen präzisen Sinn; es ist ja sicher die formale Korrelation, die man erhalten würde, wenn man alle Werte der Population in die Formel für die empirische Korrelation einsetzen würde, nicht exakt gleich null.
Es ist naheliegend, wieder zum früheren Schema überzugehen, in dem die Beobachtungen einer Grösse in der Stichprobe (genähert) unabhängige „Realisierungen" einer Zufallsvariablen sind. In der Stichproben-Theorie werden solche Vorstellungen als *Super-Populations-Modelle* bezeichnet. Sie erlauben es, das folgende Problem anzupacken, vor dem man kaum genug warnen kann.

e Die Programme analysieren Daten aus Stichproben-Erhebungen geduldig auf die gleiche Art wie solche aus geplanten Versuchen oder Beobachtungs-Studien, ohne die „Korrelationen" zwischen Beobachtungen zu beachten, die durch den Stichproben-Plan entstehen. Für die meisten Analyse-Methoden wird ja irgendwo *Unabhängigkeit* von Beobachtungen oder zufälligen Abweichungen gefordert, wie sie nur für eine einfache Stichprobe erfüllt sind. Wenn solche Voraussetzungen verletzt sind, bleiben die geschätzten Werte normalerweise brauchbar, aber *Genauigkeitsangaben*, also P-Werte und Vertrauensintervalle, werden *falsch*.

Wie in den vorhergehenden Abschnitten bei den Schätzungen des Mittelwertes $\bar{y}_u$ besondere Methoden zur Angabe von deren Varianz studiert werden mussten, sind auch für Teststatistiken in Kontingenztafeln oder für Schätzungen von Standard-Fehlern von Koeffizienten in Modellen besondere Methoden nötig, die den gewählten Stichproben-Plan berücksichtigen.

f   Wenn *Zusammenhänge* zwischen Variablen statt Verteilung und Mittelwerte einzelner Grössen im Vordergrund stehen, sind die *Anforderungen an die Stichprobe* weniger kritisch. Als Beispiel diene der Zusammenhang von realem Einkommen (Zielgrösse) und steuerbarem Einkommen (erklärende Grösse). Wesentlich ist, dass für alle Bereiche von steuerbaren Einkommen die zugehörigen realen Einkommen genügend genau (in einer Stichprobe) erfasst werden. Ob diese Bereiche in den richtigen Proportionen vertreten sind, ist für das Studium des Zusammenhanges unwesentlich. (Analog dazu wurde in der Regression auch früher nichts über die Verteilung der x-Werte vorausgesetzt.)
Verfälschungen können sich allerdings ergeben, wenn es andere wesentliche Einflussgrössen auf die Zielvariable gibt, die nicht in das Modell für den Zusammenhang aufgenommen wurden. Wenn die Stichprobe in Bezug auf solche Grössen nicht repräsentativ ist, so werden die untersuchten Abhängigkeiten verfälscht. Im Beispiel wäre dies der Fall, wenn die Selbststän-digerwerbenden untervertreten sind, da der Zusammenhang zwischen realem und steuerbarem Einkommen für sie ein anderer sein wird als für die Lohnabhängigen. Wenn die entsprechende binäre Variable ins Regressionsmodell aufgenommen wird (oder der Zusammenhang in beiden Schichten separat beschrieben wird), ist das Problem wieder behoben. Es bleiben Fälle gefähr-lich, in denen nicht erfasste Einflussgrössen in der Stichprobe schlecht repräsentiert sind.

g   Ein schwieriges Problem ganz anderer Art sind die *Antwort-Ausfälle* (englisch *nonresponses*), also jene Personen oder Betriebe in der Stichprobe, die die Umfrage nicht beantworten, da sie nicht erreicht werden können, zur Beantwortung nicht fähig sind, keine Zeit haben oder die Teilnahme verweigern. Sie verkleinern nicht nur die Stichprobe, sondern stellen auch ihre *Repräsentativität* in Frage, indem sie zu *systematischen Fehlern* führen. Meistens haben die Gründe der Antwort-Ausfälle mit dem Untersuchungsgegenstand einen Zusammenhang: Bei einer politischen Meinungsumfrage beispielsweise liegt die Vermutung nahe, dass die Verweigernden auf der einen Seite des Meinungsspektrums überproportional vertreten sind.

h   ▷ Im *Beispiel* der *Wahl von Roosevelt* (17.4.e) liegt in den Antwort-Ausfällen vermutlich der Hauptgrund für das Fiasko der Prognose. Von den 10 Millionen Fragebogen kamen nämlich nur 23% zurück! Das waren wohl eher solche, die mit der Politik Roosevelts unzufrieden waren und deshalb die Mühe der Rücksendung auf sich nahmen.   ◁

i   Die fehlenden Elemente der Stichprobe führen also zu einem systematischen Fehler unbekannter Grösse. Eine hohe *Antwortquote* ist deshalb ein sehr wichtiges Ziel – wichtiger als eine grosse Stichprobe! Es lohnt sich, nach einem misslungenen Versuch mehrmals nachzuhaken, um doch noch zu einer Beantwortung zu kommen.

j   *   Man kann zudem versuchen, den systematischen Fehler abzuschätzen, indem man die Personen, die erst mit zusätzlichen Anstrengungen reagieren, mit jenen vergleicht, die sofort antworteten; die verbleibenden „Ausfälle" würden wohl in die gleiche Richtung abweichen, noch stärker als die „Nachzügler".
Eine Nach-Schichtung (17.5.c) erlaubt es, für die einzelnen Schichten unterschiedliche Korrekturen für fehlende Daten anzubringen.
Ausführlicheres ist in Cochran (1977), Kapitel 13, zu finden.

17.7 Eine Checkliste zur Planung, Durchführung und Auswertung

a Eine „Checkliste" für eine Studie mit Stichproben-Erhebung kann in die Abschnitte Planung, Durchführung und Auswertung unterteilt werden. Zuerst die *Planung*:

b *Ziele festlegen:* Interessierende Grösse(n), Zusammenhänge, Entwicklungen sollen möglichst konkret und mit Prioritäten und gewünschten Genauigkeiten aufgelistet werden.

c *Grundgesamtheit* und *Bezugseinheit* präzisieren. Soll beispielsweise ein Mittelwert geschätzt werden für alle Personen oder alle Haushalte (mit oder ohne Heime und Anstalten)? Sollen die Waldschäden pro Hektare oder pro Baum geschätzt werden?

d Präzisierung der *Zielgrössen*. Was heisst Einkommen? Mit oder ohne Quellensteuer, Personal-versicherungs-Beiträge, Benützung des Geschäftsautos, ...? In vielen Situationen ist auch der *Zeitpunkt* wichtig, zu dem eine Grösse erhoben wird, da sie beispielsweise saisonalen Schwankungen unterliegt.

e *Stichproben-Rahmen* und Stichproben-Einheit: Wie erreicht man die Population? Idealerweise verfügt man über eine vollständige Liste aller Elemente. Es kann aber auch sein, dass man beispielsweise über Haushalte (Telefon-Nummern) auf Personen zugehen oder über eine Auswahl von Punkten auf der Landkarte die zu untersuchenden Bäume bestimmen muss.

f Verfügbarkeit von Informationen, die für die Grundgesamtheit bekannt sind, und die mit der gewünschten Information zusammenhängen. Gibt es *Schichten*, die für eine geschichtete Stichprobe (17.3) oder wenigstens für eine Nach-Schichtung (17.5.c) geeignet sind? Gibt es Grössen, die sich für *Regressions-Schätzungen* eignen (17.5.b)?

g *Erhebungsmethode.* In vielen Erhebungen steht die Befragung von Leuten im Mittelpunkt. Sie kann auf mehrere Arten erfolgen. Tabelle 17.7.g zählt einige Vor- und Nachteile auf.

Tabelle 17.7.g Drei Erhebungsmethoden mit Vor- und Nachteilen

Methode	Vorteile	Nachteile
face-à-face Interview	Hohe Antwortquote; man kann Bilder, Texte,... zeigen; Erklärungen möglich	Kosten, Befragungsdauer; Einfluss der Befragenden
Computerunterstützte Telefon-Interviews	Schnelligkeit, Kosten; Kontrolle der Befragenden	Personen ohne Telefon nicht erfasst; nur einfache Fragen
Schriftl. Befragung per Post	Kosten; erlaubt Nachdenken	Lange Erhebungsdauer; meistens niedrige Antw.quote; Fragen müssen sehr gut verständlich sein

In anderen Gebieten kann die Messmethode verschieden aufwändig und präzise gewählt werden. Die Waldschäden können durch genaue Blatt- und Nadelverlust-Erfassung, durch „Bonitierung" (visueller Vergleich der Baumkrone mit Standard-Bildern durch Experten) oder durch Infrarot-Luftaufnahmen bestimmt werden.

h   Aus Zugangs-Möglichkeiten ergeben sich *Stichprobenpläne*, also Auswahl-Verfahren, für die die nötigen Wahrscheinlichkeiten π_k und $\tilde{\pi}_{k\ell}$ berechenbar sind. Daraus soll für die gewählte Erhebungsmethode und gewünschte Genauigkeit ein kostengünstiger Plan gewählt werden.

i   Die Kunst der Planung einer Erhebung besteht darin, die richtigen Kompromisse zu finden:

• Je grösser die Stichprobe, desto weniger präzise oder detaillierte Information kann für jede Einheit gewonnen werden (nicht nur wegen begrenzter Kosten, sondern auch wegen der Schwierigkeit, grosse Erhebungen einheitlich durchzuführen).

• Je länger der Fragebogen, desto eher sind Ausfälle (Verweigerung, Überforderung) zu erwarten.

• Eine kleine Stichprobe mit grosser Antwortquote ist einer grossen mit kleinem Rücklauf im Allgemeinen vorzuziehen (vergleiche 17.6.h).

Selbstverständlich gibt es *Typen von Problemstellungen*, für die sinnvollerweise immer wieder das gleiche Verfahren gewählt wird, beispielsweise politische Meinungsumfragen, Erhebungen in Betrieben, Schätzung des Holzbestandes oder des erwarteten Ernteertrages.

j   *Planung der Auswertung.* Es soll sichergestellt werden, dass die Auswertenden die nötige statistische Methodik und ihre Interpretation beherrschen und dass geeignete Hard- und Software zur Verfügung steht.

k   Mit den bisherigen Überlegungen soll eine *Projektbeschreibung* abgefasst werden, die sicherstellt, dass lohnende und klare Ziele bestehen und dass die Finanzierung möglich, der zeitliche Rahmen realistisch und die kompetente Auswertung sichergestellt ist.

l   Nun folgt die Phase der *Durchführung* der Erhebung, die im allgemeinen umfangreiche Vorarbeiten nötig macht.

m   *Ausarbeitung des Fragebogens.* Die Verständlichkeit, Präzision und „Neutralität" der Fragen ist für den Gesamterfolg der Studie von entscheidender Bedeutung. Es kann bei ausführlicheren Fragebögen nützlich sein, Kontrollfragen einzufügen, anhand derer die Glaubwürdigkeit überprüft werden kann. Ein plumpes Beispiel besteht darin, zuerst nach dem Geburtsjahr und später nach dem Alter zu fragen.
Es ist wichtig, dass der Fragebogen ausprobiert wird – in der letzten Runde (Pilot-Erhebung) mit Personen, wie sie in der eigentlichen Erhebung befragt werden.

n   *Planung der Datenerfassung.* Ein geeignet gestalteter Fragebogen erleichtert die Datenerfassung und vermeidet dadurch Übertragungsfehler. Dieser Gesichtspunkt darf aber die Klarheit des Fragebogens für die Antwortenden nicht beeinträchtigen.

o   *Ziehung der Stichprobe.* Die Bereitstellung und Bereinigung von Listen der Elemente der Grundgesamtheit, aus denen eine Zufallsauswahl getroffen werden soll, erfordert oft viel Arbeit. Wenn von der Auswahlvorschrift „aus pragmatischen Gründen" abgewichen wird, kann dies verheerende systematische Fehler zur Folge haben.
Da mit Ausfällen zu rechnen ist, muss die gezogene Stichprobe grösser sein als der Umfang, der sich aus der gewünschten Genauigkeit ergibt.

p *Schulung der Befragenden* (ausser bei schriftlichen Umfragen). Die Schwierigkeit besteht darin, dass die Befragten zur möglichst genauen Beantwortung motiviert, aber in ihren Antworten nicht beeinflusst werden sollen. Es muss ihnen also das Ziel der Untersuchung erklärt werden, aber die Hypothesen, die überprüft werden sollen, dürfen nicht durchscheinen.

q Die *Durchführung* der Erhebung muss überwacht werden. Fehlerhafte Daten, frühzeitig erkannt, können noch korrigiert werden. Eine laufende Kontrolle und *Übertragung der Daten* auf den Rechner ist deshalb sehr nützlich.
Wie in allen empirischen wissenschaftlichen Studien sollten in einem *Journal* ohne festes Schema Besonderheiten notiert werden.
Die Durchführung einer Erhebung, die Schulung der Befragenden und eventuell andere Vor-bereitungsarbeiten liegen sinnvollerweise oft in den Händen eines spezialisierten Instituts für Meinungs- und Markt-Forschung.

r *Plausibilisierung.* Vor der Auswertung müssen die Daten auf Widersprüche und unplausible Werte (-kombinationen) hin überprüft werden.
▷ Ein amüsantes Beispiel wurde von Coale und Stephan (1962, The Case of the Indians and The Teen-Age Widows", J. American Statistical Association 57, 338-347) in der *amerikanischen Volkszählung* von 1950 gefunden: Es gab dort 3145 Wittwer, die 14- bis 15-jährig waren. Eine Detektiv-Arbeit führte dazu, den Fehler über einen „Indizienbeweis" zu finden: Es mussten bei den Lochkarten, die damals für die Datenerfassung verwendet wurden, ab und zu einige Spalten verschoben getippt worden sein. In gewissen Spezialfällen führte das zu Daten, die zwar einzeln alle möglich waren, die aber zu völlig unwahrscheinlichen Kombinationen führten. Die jungen Wittwer waren in Wirklichkeit Haushalt-Vorstände mittleren Alters. Natürlich hatten schon vorher viele unmögliche Werte zu Korrekturen geführt. Fazit: Es ist wichtig, Daten auf unmögliche Werte und Werte-Kombinationen hin zu überprüfen und entsprechende Korrekturen vorzunehmen. Nützlich ist es, die Häufigkeit solcher Korrekturen aufzuzeichnen, da sie über die Qualität der so korrigierten Daten etwas aussagt: Ist sie hoch, so werden im korrigierten Datensatz viele Werte zwar möglich, aber dennoch falsch sein. ◁

s Üblich und oft nützlich, aber auch gefährlich ist es, *fehlende Antworten* auf einzelne Fragen mit geeigneten Verfahren durch plausible Werte zu ersetzen, um die nachherige Auswertung mit einfachen Methoden zu erlauben. Die Verfahren heissen *Imputations-Methoden*.

t Für die *Auswertung, Interpretation* und *Berichterstattung* können die Bemerkungen im Kapitel Versuchsplanung (14.4.i, 14.4.k) sinngemäss angefügt werden. Die Ergebnisse sind in Umfrage-Studien oft für ein breiteres Publikum von Interesse; bei der Berichterstattung sind deshalb Gesichtspunkte der Politik und der Medien zu berücksichtigen.

u Dass wir hier für die Auswertung nur einen kurzen Verweis auf eine andere Stelle geben, ist symptomatisch. Bei der Durchführung von Erhebungen dominieren organisatorische und Fachgebiets-Aspekte wohl noch stärker als bei naturwissenschaftlichen Versuchen. Deshalb beschäftigt beispielsweise ein statistisches Amt viele Ökonomen, Mediziner und Verkehrs-Ingenieure, aber nur wenige mathematisch ausgebildete Statistiker. Das ist gerechtfertigt, wenn man bedenkt, dass genaue Begriffe und Abgrenzungen, gute Fragebögen und gutes Management in der Durchführung der Erhebung für das Entstehen brauchbarer Daten unabdingbar sind. Bei der heutigen Gewichtsverteilung kommt aber neben der Wahl des geeignetsten Stichproben-Plans meistens die tiefergehende Analyse zu kurz (17.6.c).

v *Literatur.* Wesentlich ausführlicher diskutiert Bortz (1984) dieser Schritte.

Literatur

a   In der Literatur über Stichproben-Erhebungen ist eine *Notation* gebräuchlich, die von der sonst üblichen Schreibweise abweicht: Mit grossen Buchstaben werden die „Populationsgrössen" bezeichnet. Zur Vereinfachung wird oft die Stichprobe als $y_1, ..., y_n$ geschrieben. Damit ist nicht etwa gemeint, dass die ersten n Einheiten ausgewählt werden sollen – das wäre ja alles andere als eine Zufallsauswahl! Was hier als u, $\bar{y}_\mathcal{U}$, n, $\overline{Y}_S$ und $\sum_i y_{K_i}$ notiert wurde, heisst meistens N, $\overline{Y}$, n, $\bar{y}$ und $\sum_i y_i$.

b   Einen Abriss der Theorie der Stichproben und eine Diskussion von praktischen Aspekten findet man in Hartung et al. (2002), Kapitel V.1-3. Das klassische Buch, das die Grundlagen gut darstellt, stammt von Cochran (1977). Neuere empfehlenswerte Darstellungen bilden Dalenius (1985) und Grosbras (1987). Eine ausführliche Darstellung auf deutsch schrieb Leiner (1994).

18 Ausblick

18.1 Bedeutung von Wahrscheinlichkeit-Modellen

a *Was ist erreicht?* Dieser Text sollte Ihnen die Grundbegriffe der Statistik vertraut machen und einen groben Überblick über die gebräuchlichen Modelle und Methoden vermitteln. Dazu haben wir zunächst die *Wahrscheinlichkeitsrechnung* soweit als nötig eingeführt. Eine zentrale Stellung nahm der Begriff des *parametrischen Modells* ein. Aussagen über Parameter zu machen, wurde zur Grundaufgabe der Statistik erklärt, und mit den Begriffen *Schätzung, Test und Vertrauensintervall* gelöst. In den späteren Kapiteln kamen einige weitere Aufgaben hinzu, die ebenso bedeutend sind: *Vorhersage, explorative Modell-Entwicklung, Planung von Versuchen* und Stichproben-Erhebungen. Aufbauend auf diesen Kenntnissen sollte es Ihnen möglich sein, statistische Auswertungen so durchzuführen, dass Sie brauchbare Schlüsse aus Daten ziehen können, die gemäss den gängigen Anforderungen auch als korrekt gelten. Allerdings wird dazu oft noch weitergehende Lektüre von spezialisierten Statistik-Büchern nötig sein.

b Die schliessende Statistik und damit auch der grösste Teil der in den späteren Kapiteln besprochenen Methoden beruhen auf *Wahrscheinlichkeitsmodellen.*
In den Wissenschaften ist der Modell-Begriff weit verbreitet und dient dem Verständnis der grundlegenden Zusammenhänge zwischen quantitativen Grössen. Man kann die Aussage versuchsweise sogar umkehren: Erst wenn ein Modell für eine Erscheinung vorliegt, sprechen wir davon, dass wir sie „verstanden" haben. Die Modelle erlauben es, Fakten zu ordnen und Vorhersagen für neue Situationen zu machen – und dabei hin und wieder Überraschungen zu erleben, die zeigen, dass das Modell falsch war. Es gibt wohl kein Modell, das nicht an seine Grenzen der Gültigkeit stösst. Modelle sind etwas für unser Denken, nicht für die Wirklichkeit. (Gemäss philosophischen Überlegungen ist das Denken und die Wirklichkeit allerdings kaum zu unterscheiden.)

c Stochastische Modelle bilden zunächst eine Antwort auf die Tatsache, dass deterministische Modelle die zu beschreibenden Zustände und Vorgänge fast nie exakt zu erfassen vermögen. Indem sie Abweichungen von solchen deterministischen Formeln ausdrücklich zulassen und als „Zufall" mit dem Wahrscheinlichkeitsbegriff in die Beschreibung integrieren, verleiten stochastische Modelle zur Hoffnung, dass sie auch „wirklich stimmen" können. Dies beflügelt die Suche nach „dem richtigen" Modell.

d Die Verfahren, die bei dieser Suche helfen, werden unter dem Namen *explorative Modell-Entwicklung* zusammengefasst (13.10.a). Sie bilden eher einen Werkzeugkasten als eine wissenschaftliche Methodik. Wenn die Werkzeuge von kreativen Forscherinnen und Forschern eingesetzt und mit Fachkenntnissen kombiniert werden, kann wertvolle neue Erkenntnis entstehen.
Die Hoffnung auf „das richtige" Modell ist aber verfehlt. Normalerweise *passen mehrere Modelle* ähnlich gut zu den Daten, die eine Erscheinung beschreiben – gerade weil Abweichungen von einem deterministischen Verhalten zugelassen und durch Zufallsvariable beschrieben werden.

e Angewandte Probleme rufen oft nach pragmatischen Ansätzen. Schiesst das Modell-Denken nicht über das Ziel hinaus? Wir werden gleich noch diskutieren, dass viel Fortschritt ohne Modelldenken erzielt wird (18.2.i), dass aber auch dann noch solches denken weiterführen kann.

18.2   Grosse Datensätze, beschreibende Modelle

a   Die Frage, ob ein Wahrscheinlichkeitsmodell zu vorliegenden Daten passe, kann mit statistischen Tests beantwortet werden. (Die statistische Unsicherheit des Fehlers erster Art – ein richtiges Modell abzulehnen – ist unvermeidbar.) Für kleine Datensätze gibt es oft mehrere plausible Modelle, die in diesem Sinne passen. Dagegen ist es einleuchtend, dass für grosse Datensätze die Situation nicht besser ist als bei deterministischen Modellen: Nach den Gesetzen der Grossen Zahl verschwinden ja die Ungenauigkeiten, die durch die zufälligen Abweichungen zustande kommen, für grosse Datensätze immer mehr. Es lassen sich schliesslich immer irgendwelche Abweichungen von einem gegebenen Modell finden (8.11.b).

b   Grosse Datensätze werden über automatische Messgeräte immer zahlreicher produziert: Für Wetter und Schadstoffe, Erfassung von Produktions-Abläufen, Bewegungen auf Kunden-Konti bei Versicherungen und Banken, Nachrichten-Übermittlung und Verkehrsabläufe ist es einfach, viele parallele Messreihen mit fast beliebig kurzen Zeitabständen zu erfassen. Die Hoffnung, ein passendes Modell für die Abhängigkeiten innerhalb und zwischen diesen Zeitreihen zu finden, für das keine signifikanten Abweichungen mehr gefunden werden, ist fehl am Platz. (Mit Modellen, die mit steigendem Datenumfang auch ebenso schnell komplizierter werden, könnte man das „Scheitern" immer weiter hinausschieben!)

c   *Das Ziel heisst dann also, ein beschreibendes Modell zu finden*, das wesentliche Strukturen der Daten beschreibt, und beispielsweise der Vorhersage oder der räumlichen Interpolation dient.

d   Diese Änderung der Grundhaltung hat Folgen:
   • Den klassischen Begriffen Test und Vertrauensintervall wird die Grundlage entzogen, wenn klar ist, dass das Modell kleine systematische Abweichungen zu den zufälligen schlägt.
   • Vorhersage-Intervalle und Ähnliches kann man weiterhin ausrechnen, aber auf die nominellen Vertrauenskoeffizienten kann man sich nicht verlassen.

e   Der erste Punkt ist meistens nicht von grosser *praktischer* Bedeutung, da der „zufällige Fehler" in der Bestimmung eines Parameters wegen der Grösse des Datensatzes unbedeutend wird und andererseits seine Bedeutung als Parameter eines *systematisch* falschen Modells eher begrenzt ist.

f   *   Die Bedeutung von Parametern kann teilweise „gerettet" werden, indem man sie als Funktionale auffasst (vergleiche 5.3.i): Man will beispielsweise die erste Autokorrelation bestimmen, ohne irgendein spezielles Zeitreihenmodell zu postulieren.

g   Im Blick auf *Vorhersage-Intervalle* kommt uns eine neue Möglichkeit zuhilfe, die grosse Datensätze bieten: Den richtigen Vertrauenskoeffizienten kann man aus einer langen Zeitreihe direkt simulieren: Man berechnet aus einem Anfangsabschnitt ein Vorhersage-Intervall und stellt fest, ob die Beobachtung in der vorliegenden Zeitreihe im Intervall lag. Dies wiederholt man für einen um eine Zeiteinheit verschobenen „Anfangsabschnitt" und eine verschobene vorhergesagte Beobachtung. Wenn die Zeitreihe lang genug ist, kann man aus der Häufigkeit des Erfolgs (Beobachtung liegt in Vorhersage-Intervall) den Vertrauenskoeffizienten schätzen.

h Das Vorgehen lässt sich auch allgemeiner anwenden:

• Ein erstes Beispiel bilden die sogenannten studentisierten *Residuen* in der Regression: Ein solches Residuum ist definiert als die Abweichung der Beobachtung Y_i von einem angepassten („vorhergesagten") Wert $\widetilde{Y}_i$, der aus der Anpassung des Regressionsmodells ohne die Beobachtung Y_i bestimmt wird.

• In der Diskriminanz-Analyse sind die *Fehlklassifikationsraten* wichtige Masse des Erfolgs. Man fragt beispielsweise, welcher Anteil der Gruppe 1 aufgrund der Klassifikationsregel einer andern Gruppe zugeteilt wird. Wenn man dies auf die direkteste Art aus dem Datensatz bestimmt, der für die Entwicklung der Regel benützt wurde, so erhält man ein zu optimistisches Mass: In zukünftigen Beobachtungen werden mehr Fehlklassifikationen auftreten, auch wenn sie dem gleichen Wahrscheinlichkeitsmodell folgen wie die bisherigen. Die Regel passt sich ja an die vorliegenden Daten an. Eine realistischere Schätzung der Fehlerrate für künftige Beobachtungen erhält man wieder, indem man reihum eine Beobachtung weglässt, die Klassifikationsregel aus den übriggebliebenen bestimmt und feststellt, ob diese Regel die weggelassene Beobachtung richtig zuteilen würde.

• Ähnliche Ideen können auf viele Modelle übertragen werden. Sie laufen unter dem Sammelnamen *Kreuz-Validierung*.

• Damit verwandt ist die Idee, in der Modell-Entwicklung eine Überanpassung an die Daten unter Kontrolle zu halten, indem man zunächst nur einen (zufällig ausgewählten) Teil der Daten zur Entwicklung benützt (Trainingsdaten) und den Rest zur Überprüfung des gefunden Modells aufspart (Testdaten).

i Nicht nur automatisch erfasste Messreihen, sondern auch elektronisch gespeicherte Bilder; Prozesse und „Spektren" (Funktionen) verschiedenster Herkunft sorgen für neue Aufgabenstellungen der Datenanalyse.
Stichworte sind:

• Erkennen von Signalen auf verrauschten Übertragungskanälen,

• Erkennen von Herzkrankheiten aus dem Elektro-Kardiagramm,

• Charakterisierung von Erdbeben und Atomtests aus Seismogrammen,

• Bestimmung von chemischen Substanzen aus Gaschromatogrammen, Absorptions-, Massen- und anderen Spektren,

• Wiederherstellung eines durch Übertragungs-Ungenauigkeiten „verrauschten" Bildes (image restauration),

• Sprach- und Schrifterkennung, Identifikation von Unterschriften, „biometrische" Identifikation von Personen,

• Erkennen von Oberflächen-Beschaffenheit, landwirtschaftlichen Kulturen, Waldschäden, militärischen Objekten auf Luft- und Satellitenbildern,

• Analyse von Bildern zur Steuerung von Robotern.

Die Liste liesse sich natürlich fortsetzen.
Viele dieser Probleme lassen sich dem Thema *Muster-Erkennung (pattern recognition)* zuordnen. Sie bilden im Prinzip Aufgaben für die Diskriminanz-Analyse. Sie werden aber selten mit den in Abschnitt 15.6 besprochenen Methoden gelöst. Die klassische lineare und die logistische Diskriminanzanalyse sind für kleine Datensätze geeignet, für grosse jedoch zu wenig flexibel. Die Ingenieure, die mit den neuen Aufgabenstellungen konfrontiert waren und sind, suchen nach

pragmatischen Lösungen und denken dabei selten an stochastische Modelle. Der Erfolg zeigt sich direkt und besteht nicht aus einer „richtigen" Theorie. Andererseits können die wenigen Stochastikerinnen und Stochastiker, die sich mit solchen Problemen bisher befassen, neue Ansätze vorschlagen, die auf stochastischen Modellen beruhen, und die oft zu Fortschritten führen. Ein prominentes Beispiel einer sochen Entwicklung sind die neuronalen Netze, siehe 13.11.h.

18.3   Die Statistik und ihre Anwendungen

a   Die *Statistik* spielt in vielen Wissenschaften eine kontrollierende Rolle:

• Von vielen Studierenden und Forschenden wird sie als lästiger Hemmschuh empfunden, der kreative und lustvolle Forschung behindert. Das Berichteschreiben ist schon mühsam genug, weshalb muss man sich auch noch mit der „Dekoration" der Resultate mit P-Werten oder „Signifikanz-Sternchen" abmühen? Statistiker sind dann wie Revisoren, die einem auf die Finger klopfen, wenn etwas nicht nach den Regeln der Buchhaltung lief. Mit der Zeit lernt man, wie man ungeschoren davonkommt.

• Am besten etabliert ist die Rolle der Statistiker als Kontrolleure im Bereich der *klinischen Prüfung* von Medikamenten, wo sie an allen Studien durchgehend beteiligt sind.

• Statistische Regeln finden auch ihren Eingang in die wachsende Flut von Normen im technischen Bereich, allerdings leider oft ohne Mithilfe von Leuten, die über ein vertieftes Verständnis von Stochastik verfügen.

b   Diese Rollen der Statistik stehen einem prositiven Gebrauch, in dem die kreative Anwendung ihrer Methoden zu neuen Erkenntnissen führen kann, oft im Wege.
Wichtiger und befriedigender als die unanfechtbar korrekte Anwendung der Methoden der schliessenden Statistik ist deshalb die Möglichkeit, auf der Suche nach neuer Erkenntnis Sachgebiets-spezifisches Denken mit stochastischen Modellen zu kombinieren und in dieser Form mit experimentellen oder beobachteten Daten in Verbindung zu bringen.

• In der pharmazeutischen Industrie werden statistische Verfahren benützt, um aus der Vielzahl möglicher Wirkstoffe die erfolgversprechenden zu ermitteln.

• Ökosysteme sind derart komplex, dass meistens nur mit Hilfe stochastischer Modelle und statistischer Werkzeuge aus den grossen Datensätzen Erkenntnisse gewonnen werden können.

• Prozesse in Biologie, Mikro-Epidemiologie, Psychologie und in der Ökonomie sind eigentlich nur über stochastische Modelle der Theoriebildung zugänglich. Da diese Modelle oft nicht genügend gut mit Daten überprüft werden können, sind sie allerdings manchmal mehr gefährlich als nützlich.

• Im vorhergehenden Abschnitt haben wir von technischen Aufgaben gesprochen, in denen Regeln verlangt werden, wie automatisch aus Daten Schlüsse gezogen werden sollen. Die Entwicklung von stochastischen Modellen als Grundlage für solche Regeln kann zu besseren Resultaten führen als pragmatische Ideen.

Nachwort

Wenn Sie nach dem Studium des Buches auf diese Seite stossen, hoffe ich, dass Sie Ihren Zugang zur angewandten Statistik mit seiner Hilfe gefunden haben. Sie können jetzt auch besser abschätzen, ob Ihnen der Stil entsprochen hat. Wenn Sie andere Einführungsbücher zur Hand nehmen, werden Sie ein paar Unterschiede feststellen. Einige sind beabsichtigt. Folgende Gedanken haben mich beim Schreiben geleitet:

• Der Stoff sollte für ein heterogenes Publikum so dargestellt werden, dass der Zugang auf der intuitiven Ebene möglich ist, aber andererseits die mathematischen Formulierungen ebenfalls vorhanden sind. Die Erfahrung zeigt, dass viele Naturwissenschaftler und Techniker eine solche Kombination wünschen.

• Der *Aufbau* folgt der üblichen grossen Linie von der beschreibenden Statistik über Wahrscheinlichkeitsrechnung und schliessende Statistik zu weiteren Anwendungen. In einem klassischen mathematischen Aufbau würden zunächst Begriffe definiert und Sätze bewiesen; hier müsste dann direkt mit der Wahrscheinlichkeitsrechnung begonnen werden. Nachher könnten in Anwendungen von steigender Schwierigkeit die Methoden der beschreibenden und der schliessenden Statistik zusammen behandelt werden.
In diesem Text steht die beschreibende Statistik am Anfang, da sie neben ihrer eigenen Nützlichkeit die Motivation für Wahrscheinlichkeits-Modelle liefert: Man will zufällige Abweichungen von systematischen unterscheiden können.

• Im folgenden Teil über Wahrscheinlichkeitsrechnung ist mir der Gedanke wichtig, dass hier ein *Modell* für Erscheinungen in der realen Welt entwickelt wird. Dieses Modell will die Idee des Zufalls beschreiben. Der Zusammenhang zwischen Modell und Wirklichkeit beruht aber, wie bei Modellen aus anderen Wissensgebieten, auf intuitiver Interpretation und im günstigen Fall auf der Möglichkeit, theoretische Vorhersagen zu erhalten, die sich empirisch mehr oder weniger bestätigen.

• Die Wahrscheinlichkeitsrechnung bildet für viele einen Stolperstein, da mit anspruchsvollen und abstrakten mathematischen Konzepten operiert werden muss. Viele Einführungen, die sich an mathematisch wenig Interessierte richten, begnügen sich im Wesentlichen mit der Aufzählung einiger gebräuchlicher Verteilungen und gehen wohl insgeheim von der Hoffnung aus, dass ein intuitives Verständnis sich irgendwie von allein ergibt. Hier wird dieser Teil recht ausführlich gehalten.

• Um die Hürde der Wahrscheinlichkeitsrechnung niedrig zu halten, werden die Zufallszahlen nicht nur als Hilfsmittel für Simulationen, sondern als „Musterexperimente" eingeführt, die zur Veranschaulichung des Modellgedankens dienen sollen. Damit soll die Stochastik für die Leserinnen und Leser zu einer Art experimenteller Wissenschaft werden. Es ist so besser möglich, zu einem intuitiven Verständnis zu kommen, ohne die theoretischen Abschnitte dieses Teils durchzuarbeiten.

• Die Grundbegriffe der schliessenden Statistik werden wie üblich anhand der einfachsten statistischen Fragestellungen dargestellt. Der Begriff des statistischen Tests nimmt breiten Raum ein – obwohl er in den Anwendungen allzu häufig von zweifelhaftem Wert ist. Er zeigt aber, wie im Prinzip die Verbindung zwischen Wahrscheinlichkeits-Modellen und Daten hergestellt wird: Mit Hilfe einer Entscheidungs-Regel, die angibt, wann Daten mit einem Wahrscheinlichkeits-Modell als „verträglich" gelten sollen. Die Regel muss durch Konvention festgelegt werden und lässt keine sicher richtigen Entscheidungen zu (von Spezialfällen abgesehen).

• Die Vertrauensintervalle werden dargestellt als die Menge aller Parameterwerte, die mit den Daten verträglich sind im Sinne eines Tests. Dieser Gedanke ist sehr naheliegend und natürlich. Oft werden die Vertrauensintervalle vor dem Begriff des statistischen Tests als „Intervall-Schätzung" eingeführt. Die Erklärungen bleiben meistens unverständlich, mindestens bei der ersten Lektüre, und ein Verständnis für Fälle, die nicht zur üblichen „Plus-Minus-Regel" führen, scheint kaum erreichbar zu sein.

• Im letzten Teil werden für die grösseren Gebiete der Angewandten Statistik jeweils die wichtigsten Fragestellungen und Begriffe sowie einfachere Verfahren kurz dargestellt. Als Ziel sollen Leserinnen und Leser die statistischen Probleme, die sie in ihrer Praxis antreffen, einem Gebiet der Statistik zuordnen können und eine Einstiegshilfe in entsprechende weiterführende Bücher erhalten. Ich hoffe, dass ein solcher Überblick, auch wenn er notwendigerweise oberflächlich bleibt, für viele eine Orientierungshilfe sein kann.

• Es war nicht die Absicht, ein Nachschlagewerk zu schaffen. In den Details sind daher Lücken auszumachen. Zudem sind auch persönliche Präferenzen und Gewichtungen unverkennbar. In der Darstellung der Grundgedanken der Angewandten Statistik habe ich mich dagegen um Vollständigkeit bemüht...

• ... mit einer Ausnahme: Die Statistik, die auf dem Satz von Bayes beruht und deshalb *Bayes'sche Statistik* heisst, wurde nur kurz gestreift. In diesem Ansatz werden die Grundbegriffe der schliessenden Statistik anders festgelegt. Er findet in vielen Gebieten (wissenschaftlichen und geografischen) verbreitete Anwendung und liefert für gewisse komplexe Probleme das nötige formale Rüstzeug.
Die hier präsentierten Methoden beruhen auf dem sogenannten frequentistischen Ansatz. Beide Ansätze parallel zu entwickeln, müsste zu zusätzlichen Schwierigkeiten und Verwirrungen führen.

Die Statistik gilt vielen als mühsam und undurchsichtig. Ich hoffe, dass diese Arbeit möglichst vielen Interessierten und „zum Interesse Angehaltenen" den Zugang zu diesem vielfältigen und faszinierenden Gebiet erleichtert.

Werner Stahel

A Anhang: Kurzfassung des wichtigsten Stoffes

Im Folgenden werden die ersten drei Teile dieses Textes stichwortartig zusammengefasst. Viele Begriffe sind einfacher zu behalten, wenn sie mit einem Bild verbunden werden. Deshalb wird auf geeignete Bilder ausdrücklich verwiesen.

A.1 Beschreibende Statistik

a Die *Aufgabe* der Beschreibenden Statistik ist es, das „Wesentliche" von gemessenen oder beobachteten Grössen mit grafischen Darstellungen oder mit Kennzahlen zu zeigen. Was wesentlich ist, hängt von der Problemstellung und vom Verwendungszweck ab.

b *Datensorten* (2.7). Man kann qualitative und quantitative, geordnete und ungeordnete, stetige und diskrete Daten unterscheiden. Am wichtigsten sind Messdaten (stetig, Differenzen oder Quotienten sind als Unterschiede interpretierbar) und Zähldaten (die Zahlen 0, 1, 2, ... sind möglich). Bei nominalen (oder kategoriellen) Daten treten endlich viele Werte auf, die keine interpretierbare Ordnung zeigen.

c *Grafische Darstellung* (2.1). Die anschaulichste Darstellung bildet das Histogramm [BILD 2.1.a]. Die kumulative Verteilungsfunktion $\widehat{F}$ [BILD 2.2.d] zeigt die Bedeutung von Rängen und Quantilen.
Zum Vergleich mehrerer Stichproben eignen sich Kisten-Diagramme (box plots) [BILD 2.5.d].

d *Kennzahlen einer Stichprobe von quantitativen Daten* (2.3). Als Hilfsgrössen dienen die geordnete Stichprobe, mit der die Ränge zusammenhängen. Von den α-Quantilen

$$\widehat{q}_\alpha = \widehat{F}^{-1}\langle\alpha\rangle$$

haben der Median $\widehat{q}_{50\%}$ und die Quartile $\widehat{q}_{25\%}$, $\widehat{q}_{75\%}$ eine grössere Bedeutung.
Die bedeutendsten Lagemasse sind das arithmetische Mittel und der Median; dieser wird durch Ausreisser wenig beeinflusst, ist also robust.
Aus der empirischen Varianz

$$\widehat{\mathrm{var}} = \frac{1}{n-1}\sum(x_i - \bar{x})^2$$

erhält man die Standardabweichung sd $= \sqrt{\widehat{\mathrm{var}}}$, die das üblichste Mass der Streuung ist. Die Quartilsdifferenz $\widehat{q}_{75\%} - \widehat{q}_{25\%}$ misst die Streuung auf robuste Weise.

e *Zwei zusammenhängende quantitative Grössen* (3.1-3.4). Die einfachste Darstellung liefert das
Streudiagramm [BILD 3.1.g].
Die Stärke des linearen Zusammenhangs wird durch die Produktmomenten-Korrelation

$$r_{XY} = \frac{\frac{1}{n-1}\sum_i (x_i - \bar{x})(y_i - \bar{y})}{\mathrm{sd}_X\,\mathrm{sd}_Y}$$

gemessen [BILD 3.2.h], ein monotoner Zusammenhang durch die Rang-Korrelation.
Selbst eine grosse und statistisch gesicherte Korrelation bedeutet keinen Kausalzusammenhang!

f *Regression* (3.5). Die Regressions-Gerade bestimmt zu jedem möglichen Wert der erklärenden
Variablen X einen "best-passenden" Wert der Zielgrösse Y [BILD 3.5.f].

g *Grafische Darstellungen allgemein* (3.6-3.8). Mehrere Variable lassen sich darstellen durch
einen Coplot [BILD 3.6.h], eine Streudiagramm-Matrix [BILD 3.6.d], durch ein Streudiagramm
mit Symbolen, Sternen etc. oder durch speziell entwickelte Grafiken.
Es lohnt sich, grafische Darstellungen so zu gestalten, dass
• Wichtiges ohne Mühe erfasst werden kann,
• Fehlinterpretationen vermieden werden,
• je nach Anwendung: möglichst wenig Unwichtiges erscheint (Präsentation), die Aufmerksamkeit geweckt wird (Zeitungsgrafik), auch unerwartete Strukturen sichtbar werden können (explorative Statistik) oder möglichst viel Information enthalten ist (Dokumentation)

A.2 Wahrscheinlichkeitsrechnung

a *Ereignisse* (4.2.b-4.2.c). Die Grundbegriffe der Mengenlehre werden mit neuen Wörtern be-
zeichnet: Der Wahrscheinlichkeitsraum (Grundmenge) Ω besteht aus Elementarereignissen (Ele-
menten) ω und enthält Ereignisse (Teilmengen) $A,\ B,\ C, \ldots$. Für diese bildet man:
• Vereinigung $A \cup B$: A oder B tritt ein, oder beide;
• Durchschnitt $A \cap B$: A und B treten ein; es bedeutet $A \cap B = \emptyset$, dass A und B sich
ausschliessen (elementfremd sind, einen leeren Durchschnitt haben);
• Gegenereignis (Komplement) A^c: A tritt nicht ein.
Venn-Diagramme helfen, diese Begriffe zu veranschaulichen [BILD 4.2.b].

b *Wahrscheinlichkeit* (4.2.f-4.2.h). Wahrscheinlichkeiten sollen als *Modell* für relative Häufigkei-
ten von Ereignissen dienen.
Grundeigenschaften (Axiome): $0 \leq P\langle A\rangle \leq 1$, $P\langle \Omega\rangle = 1$, und $P\langle A \cup B\rangle = P\langle A\rangle + P\langle B\rangle$,
falls $A \cap B = \emptyset$.
Weitere grundlegende Eigenschaften:
• $P\langle \emptyset\rangle = 0$;
• Wahrscheinlichkeit des Gegenereignisses: $P\langle A^c\rangle = 1 - P\langle A\rangle$;
• Allgemeiner Additionssatz:

$$P\langle A \cup B\rangle = P\langle A\rangle + P\langle B\rangle - P\langle A \cap B\rangle\,.$$

c *Unabhängigkeit* (4.6). Ereignisse A und B sind unabhängig, wenn $P\langle A \cap B \rangle = P\langle A \rangle \cdot P\langle B \rangle$. Meist wird Unabhängigkeit aus der Sachlage heraus postuliert, z. B. bei „unabhängigen" Wiederholungen eines Experiments, bei denen die *Zufallseffekte* der verschiedenen Wiederholungen „nichts miteinander zu tun haben".

d *Bedingte Wahrscheinlichkeit* (4.7). Die bedingte Wahrscheinlichkeit von B, gegeben, dass A eingetreten ist, misst [BILD 4.7.c]

$$P\langle B|A \rangle = \frac{P\langle A \cap B \rangle}{P\langle A \rangle} \qquad \text{(falls } P\langle A \rangle \neq 0) .$$

Allgemeiner Multiplikationssatz:

$$P\langle A \cap B \rangle = P\langle A \rangle \cdot P\langle B|A \rangle \quad (= P\langle B \rangle \cdot P\langle A|B \rangle)$$

Aus Additions- und Multiplikationssatz folgen der Satz von der totalen Wahrscheinlichkeit und das Theorem von Bayes. Aussagen mit bedingten Wahrscheinlichkeiten lassen sich in Baumdiagrammen veranschaulichen [BILD 4.7.f].
A und B sind unabhängig, falls $P\langle B|A \rangle = P\langle B \rangle$ (und damit $P\langle A|B \rangle = P\langle A \rangle$).

e *Zufallsvariable, Verteilung* (4.3, 6.2). Eine Zufallsvariable ist eine (noch nicht beobachtete) Grösse, deren Wert vom Zufall abhängt (z. B. zufallsbeeinflusste Zählungen, fehlerbehaftete Messungen). Der Wertebereich einer Zufallsvariablen kann diskret (z. B. die nichtnegativen ganzen Zahlen 0, 1, 2, ...) oder stetig (z. B. alle reellen Zahlen) sein.
Die kumulative Verteilungsfunktion

$$F\langle x \rangle = P\langle X \leq x \rangle$$

legt die Verteilung (Wahrscheinlichkeitsverteilung) der Zufallsvariablen X fest.
Für diskrete Zufallsvariable sind meistens nur die ganzzahligen Werte $0, 1, 2, \ldots$ möglich. Die Verteilung wird am einfachsten durch die Wahrscheinlichkeiten $P\langle X = 0 \rangle$, $P\langle X = 1 \rangle, \ldots)$ angegeben [BILD 4.3.g]. Die kumulative Verteilungsfunktion

$$F\langle x \rangle = \sum_{k \leq x} P\langle X = k \rangle$$

ist eine „Treppenfunktion" [BILD 5.3.c].
Die Verteilung einer stetigen Zufallsvariablen wird am anschaulichsten durch die Dichte (Wahrscheinlichkeitsdichte, Dichtefunktion)

$$f\langle x \rangle = \lim_{\Delta x \to 0} \frac{P\langle x \leq X \leq x + \Delta x \rangle}{\Delta x} = F'\langle x \rangle$$

beschrieben [BILD 6.2.m]. Die Verteilungsfunktion $F\langle x \rangle = \int_{-\infty}^{x} f\langle y \rangle dy$ ist stetig [BILD 6.2.b]. Die Wahrscheinlichkeit, einen Wert in einem Intervall zu erhalten, ist

$$P\langle a < X \leq b \rangle = F\langle b \rangle - F\langle a \rangle .$$

Die Wahrscheinlichkeit einer beliebigen Menge A ist $P\langle A \rangle = \sum_{k \in A} P\langle X = k \rangle$ beziehungsweise $= \int_A f\langle x \rangle dx$.

f *Zufallszahlen, uniforme Verteilung* (4.4). Die uniforme Verteilung (auf dem Einheitsintervall) ist gegeben durch $f\langle x \rangle = 1$, $F\langle x \rangle = x$ für $0 \leq x \leq 1$.
Computerprogramme liefern Zahlen, die dem Modell der uniformen Verteilung (fast) genau entsprechen; man kann daraus Zahlen erhalten, die einer anderen Verteilung (fast) genau entsprechen [BILD 6.2.j]. („Fast" heisst: für grössere Anzahlen von Zufallszahlen tendenziell immer genauer.)
Zufallszahlen dienen zur Veranschaulichung der Modelle und zur Berechnung von Wahrscheinlichkeiten und Verteilungen durch Simulation.

g *Kennzahlen* (5.3). Die „theoretischen" Kennzahlen einer Zufallsvariablen oder ihrer Verteilung entsprechen je einer „empirischen" Kennzahl einer Stichprobe.
• Der Erwartungswert

$$\mathcal{E}\langle X \rangle = \sum_i x_i \cdot P\langle X = x_i \rangle \quad \text{beziehungsweise} \quad = \int_{-\infty}^{\infty} x \cdot f\langle x \rangle dx$$

für diskrete beziehungsweise stetige Zufallsvariable entspricht dem Schwerpunkt einer Massenverteilung;
• Der Median med$\langle X \rangle$, gegeben durch $F\langle \text{med} \rangle = 1/2$, teilt den Bereich der möglichen Werte in zwei gleich wahrscheinliche Teile.
• Die Varianz

$$\text{var}\langle X \rangle = \sigma_X^2 = \mathcal{E}\langle (X - \mathcal{E}\langle X \rangle)^2 \rangle$$
$$= \sum_i (x_i - \mathcal{E}\langle X \rangle)^2 \cdot P\langle X = x_i \rangle \quad \text{bzw.} \quad = \int_{-\infty}^{\infty} (x - \mathcal{E}\langle X \rangle)^2 f\langle x \rangle dx$$

entspricht dem Trägheitsmoment bezüglich des Schwerpunkts.
• Die Standardabweichung ist $\sigma_X = \sqrt{\text{var}\langle X \rangle}$. Anschauliche Deutung: Im Bereich $\mathcal{E}\langle X \rangle \pm \sigma_X$ liegen bei den meisten gebräuchlichen Verteilungen rund 2/3 der Wahrscheinlichkeit.

h *Verteilungsfamilien* (5.4.a). Eine Formel für eine Verteilung, in der ein oder mehrere *Parameter* offen bleiben, legt eine Verteilungsfamilie fest.

i *Binomialverteilung* (5.1.d-5.1.h). Sei X die Anzahl „Erfolge" bei n unabhängigen Wiederholungen eines Experiments mit Erfolgswahrscheinlichkeit π. Dann ist X binomialverteilt mit Versuchszahl n und Parameter π, $X \sim B\langle n, \pi \rangle$ [BILD 5.1.g].
Die Verteilung ist gegeben durch

$$P\langle X = k \rangle = \binom{n}{k} \pi^k (1 - \pi)^{n-k}$$

für $k = 0, 1, \ldots, n$ ($n \geq 1$, $0 < \pi < 1$). Dabei ist $\binom{n}{k} = \frac{n!}{k!(n-k)!}$ der Binomialkoeffizient („n über k", „n tief k"), der die Anzahl Möglichkeiten, aus n Elementen k auszuwählen (Kombinationen ohne Wiederholung) angibt, und $n! = 1 \cdot 2 \cdot \ldots \cdot n$ („n Fakultät") ist die Anzahl möglicher Reihenfolgen von n Elementen (Permutationen); es bedeutet $0! = 1$.
Es ist $\mathcal{E}\langle X \rangle = n\pi$ und var$\langle X \rangle = n\pi(1 - \pi)$, also $\sigma_X = \sqrt{n\pi(1 - \pi)}$.

j *Poisson-Verteilung* (5.2). Die Poissonverteilung wird vor allem gebraucht als Modell für die Anzahl von (sogenannt seltenen) „Ereignissen" (Unfällen, Defekten an einer Maschine, Läuten des Telefons, ...). Man schreibt $X \sim P\langle\lambda\rangle$ [BILD 5.2.c]. Die Wahrscheinlichkeiten sind

$$P\langle X{=}k\rangle = \frac{\lambda^k}{k!}e^{-\lambda} \quad \text{für } k = 0, 1, 2, \ldots \quad (\lambda > 0)$$

Es ist $\mathcal{E}\langle X\rangle = \lambda$ und $\text{var}\langle X\rangle = \lambda$, also $\sigma_X = \sqrt{\lambda}$.

k *Multinomiale Verteilung* (5.5). Es seien $S^{(1)}$, $S^{(2)}$, ..., $S^{(m)}$ die Anzahlen von Beobachtungen, die in Klassen $C^{(1)}$, $C^{(2)}$, ..., $C^{(m)}$ fallen. Wenn die Beobachtungen unabhängig und die Wahrscheinlichkeiten $P\langle\text{Beob}_i \in C^{(j)}\rangle = \pi_j$ sind, ist die gemeinsame Verteilung der $S^{(j)}$ die multinomiale Verteilung. Sie ist gegeben durch

$$P\langle S^{(1)} = s_1, S^{(2)} = s_2, \ldots\rangle = \frac{n!}{(s_1!s_2!\ldots s_m!)}\,\pi_1^{s_1}\pi_2^{s_2}\ldots\pi_m^{s_m}.$$

l *Normalverteilung* (6.5). Die Normalverteilung (Gauss'sche Glockenkurve) ist das gebräuchlichste Modell für stetige Beobachtungen oder Messungen.
Die Dichte einer Normalverteilung $\mathcal{N}\langle\mu, \sigma^2\rangle$ mit Erwartungswert μ und Varianz σ^2 ist

$$f\langle x\rangle = \tfrac{1}{\sqrt{2\pi}\,\sigma}\,\exp\left\langle -\tfrac{1}{2}\left(\frac{x-\mu}{\sigma}\right)^2\right\rangle.$$

Sie ist symmetrisch mit einem Maximum bei μ und Wendepunkten bei $\mu \pm \sigma$. $F\langle x\rangle$ lässt sich nicht in geschlossener Form ausdrücken.
Wahrscheinlichkeiten einiger Intervalle [BILD 6.5.g]:
$(\mu{-}\sigma,\ \mu{+}\sigma)$: ca. 2/3; $(\mu{-}2\sigma,\ \mu{+}2\sigma)$: ca. 95%; $(\mu{-}3\sigma,\ \mu{+}3\sigma) \approx 1$.
Standard-Normalverteilung: $\mathcal{N}\langle 0, 1\rangle$.
Lognormal-Verteilung. X ist log-normalverteilt, wenn $\log\langle X\rangle$ normalverteilt ist [BILD 6.7.a]. Die Lognormal-Verteilung ist ein geeignetes Modell für Messgrössen, die nicht negativ sein können: Beträge, Konzentrationen, Gewichte, ...

m *Exponentialverteilung* (6.2.e, 6.2.m). Das einfachste Modell für die Zeitdauer bis zu einem „(seltenen) Ereignis" (für eine Verweil-, Funktions-, Lebensdauer, Überlebenszeit) ist die Exponentialverteilung [BILD 6.2.m], gegeben durch die Dichte

$$f\langle x\rangle = \lambda \exp\langle -\lambda x\rangle$$

n *Gemeinsame Verteilung, unabhängige Zufallsvariable, Zufalls-Stichprobe* (4.5, 4.6.d, 5.7, 6.8). Die gemeinsame Verteilung von zwei Zufallsvariablen X, Y lässt sich beschreiben durch eine Wahrscheinlichkeitsfunktion $P\langle X = x, Y = y\rangle$ [BILD 4.5.b] beziehungsweise eine zweidimensionale Dichte $f\langle x, y\rangle$ (mit $P\langle A\rangle = \int\int_A f\langle x, y\rangle\,dx\,dy$) [BILD 6.9.b] (oder durch eine zweidimensionale kumulative Verteilungsfunktion $F\langle x, y\rangle = P\langle X \le x, Y \le y\rangle$).
Zwei Zufallsvariable X und Y heissen *unabhängig*, falls (für alle x, y) gilt

$$P\langle X{=}x,\ Y{=}y\rangle = P\langle X{=}x\rangle \cdot P\langle Y{=}y\rangle \quad \text{bzw. } f\langle x, y\rangle = f^{(X)}\langle x\rangle \cdot f^{(Y)}\langle y\rangle.$$

(Dabei ist $f^{(X)}$ die Dichte der Rand-Verteilung von X.) [BILD 6.9.b]
Unabhängige Zufallsvariable $X_1, X_2, \ldots, X_n$ mit gleicher Verteilung bilden ein geeignetes
Modell für unter gleichen Bedingungen wiederholte Messungen oder Beobachtungen, das
Modell der (einfachen) Zufalls-Stichprobe.

o   *Korrelation* (6.9.c-6.9.d). Die Korrelation zwischen zwei Zufallsvariablen X und Y misst die
Stärke des linearen Zusammenhangs,

$$\rho\langle X, Y\rangle = \frac{\text{cov}\langle X, Y\rangle}{\sigma_X \sigma_Y}, \qquad \text{cov}\langle Y, X\rangle = \mathcal{E}\langle (X - \mathcal{E}\langle X\rangle)\,(Y - \mathcal{E}\langle Y\rangle)\rangle .$$

p   *Funktionen von Zufallsvariablen* (6.10). Aus der Verteilung einer Zufallsvariablen X lässt sich
die Verteilung jeder Funktion $Y = g\langle X\rangle$ bestimmen [BILD 6.4.f].
Aus der gemeinsamen Verteilung von X und Y lässt sich die Verteilung der Summe $Z = X + Y$
berechnen, z. B. durch Summieren der Wahrscheinlichkeiten aller Paare $[x, y]$, die zur gleichen
Summe z führen. Für diskrete Zufallsvariable ist [BILD 5.6.c]

$$P\langle Z = z\rangle = \sum_{x+y=z} P\langle X = x,\ Y = y\rangle .$$

Für stetige Zufallsvariable gilt ein analoges Resultat für die Dichten.
Ebenso lässt sich im Prinzip die Verteilung einer beliebigen Funktion $g\langle X, Y\rangle$ von zwei oder
mehreren Zufallsvariablen berechnen. Meistens geht das nicht in geschlossener Form; man
braucht numerische Integration, Simulation oder Näherungsformeln.
Linearkombinationen $a + b_1 X_1 + b_2 X_2$ von unabhängigen normalverteilten (oder gemeinsam normalverteilten) Zufallsvariablen sind wieder normalverteilt. Summen von unabhängigen
Poisson-verteilten Zufallsvariablen sind poissonverteilt. Für die Binomialverteilung gilt das Gleiche, wenn der Parameter π für die Summanden gleich ist.

q   *Regeln für Momente* (6.4.m-6.4.p, 5.6.n, 6.10).   (X, Y seien Zufallsvariable, a, b Konstante).

$$\mathcal{E}\langle a + bX\rangle = a + b\mathcal{E}\langle X\rangle$$

$$\mathcal{E}\langle X + Y\rangle = \mathcal{E}\langle X\rangle + \mathcal{E}\langle Y\rangle \quad \text{(stets)}$$

$$\mathcal{E}\langle X \cdot Y\rangle = \mathcal{E}\langle X\rangle \cdot \mathcal{E}\langle Y\rangle, \quad \text{falls } X,\ Y \text{ unabhängig (oder zumindest unkorreliert)}$$

$$\text{var}\langle a + bX\rangle = b^2 \text{var}\langle X\rangle$$

$$\text{var}\langle X + Y\rangle = \text{var}\langle X\rangle + \text{var}\langle Y\rangle, \quad \text{falls } X,\ Y \text{ unabhängig (oder unkorreliert)},$$

$$= \text{var}\langle X\rangle + \text{var}\langle Y\rangle + 2\,\text{cov}\langle X, Y\rangle, \quad \text{sonst}$$

$$\text{var}\langle X - Y\rangle = \text{var}\langle X\rangle + \text{var}\langle Y\rangle - 2\,\text{cov}\langle X, Y\rangle .$$

Varianz und Standardabweichung des arithmetischen Mittels einer Zufalls-Stichprobe sind

$$\text{var}\langle \overline{X}_n\rangle = \text{var}\langle X_i\rangle / n = \sigma^2/n ; \qquad \sigma_{\overline{X}} = \sigma/\sqrt{n} .$$

Zu einer Zufallsvariablen X ist

$$Z = \frac{X - \mathcal{E}\langle X\rangle}{\sigma_X}$$

die zugehörige standardisierte Zufallsvariable mit $\mathcal{E}\langle Z\rangle = 0$ und $\text{var}\langle Z\rangle = 1$.

r *Grenzwertsätze* (5.8, 6.12). Gesetz der grossen Zahl: Das arithmetische Mittel $\bar{X}_n$ strebt bei wachsender Zahl n von Beobachtungen gegen den Erwartungswert [BILD 6.12.a]. Speziell: Die relative Häufigkeit des Eintreffens eines Ereignisses strebt gegen die Wahrscheinlichkeit des Ereignisses[BILD 6.12.b].

Zentraler Grenzwertsatz: Die Verteilung des standardisierten arithmetischen Mittels (und anderer geeignet standardisierter Funktionen einer Stichprobe) strebt gegen die Standard-Normalverteilung. Damit hängt die Hypothese der Elementarfehler zusammen: Ist ein Messfehler die Summe vieler kleiner, unabhängiger Elementarfehler, so ist er ungefähr normalverteilt. (Ein Produkt vieler „kleiner Effekte" führt zur Lognormal-Verteilung.)

A.3   Schliessende Statistik

a *Schätzung* (7.2). Eine Schätzung (genauer: Punktschätzung) versucht, auf Grund von Beobachtungen möglichst nahe an die unbekannten Parameter einer angenommenen Verteilungsfamilie heranzukommen.

Eine Schätzung benützt man jeweils als Ersatz für den unbekannten Parameter, z. B. beim grafischen Vergleich eines Modells mit Daten [BILD 6.5.i].

Schätzungen eines Parameters θ werden mit $\hat{\theta}$ bezeichnet ($\hat{}$ über dem Parameter, z. B. $\hat{\mu}$).

b *Zwei allgemeine Schätzmethoden* (7.4, 7.2.f). Die *Maximum-Likelihood-Schätzung* bestimmt den Parameterwert, der die Wahrscheinlichkeit (bzw. Wahrscheinlichkeitsdichte) der beobachteten Werte maximiert [BILD 7.4.a]. Dieses Prinzip hat in der Statistik eine zentrale Bedeutung, da es sehr allgemein verwendbar ist und in der Regel optimale Schätzungen liefert – zumindest näherungsweise für grosse Stichproben.

Die Momenten-Methode setzt den Erwartungswert gleich dem arithmetischen Mittel der Beobachtungen, bei zwei unbekannten Parametern zudem die theoretische gleich der empirischen Varianz und bei mehreren Parametern auch höhere theoretische Momente gleich den empirischen.

c *Eigenschaften von Schätzungen* (7.3). Eine Schätzung T eines Parameters θ heisst
  • erwartungstreu (biasfrei), falls $\mathcal{E}\langle T \rangle = \theta$,
  • effizient, falls $\mathrm{var}\langle T \rangle$ (im Vergleich zu anderen Schätzungen) minimal ist.

d *Statistischer Test* (Kap. 8, speziell 8.4). Ein Test ist eine Regel, die angibt, wann beobachtete Daten mit einem gewissen Modell, genannt Nullhypothese H_0, als „verträglich" gelten. H_0 kann eine einzelne Verteilung sein. Oft wird eine solche bestimmt, indem man in einer Verteilungsfamilie einen Parameterwert festlegt. Es können aber auch (Stör-) Parameter beliebig bleiben, und man kann eine ganze Verteilungsfamilie als Nullhypothese festlegen.

Man betrachtet jeweils eine Funktion T der Beobachtungen $X_1, X_2, \ldots, X_n$, die Teststatistik (selber eine Zufallsvariable, 8.3). Die Regel heisst dann: H_0 ist mit den Daten nicht verträglich, wenn der Wert von T in den Verwerfungsbereich (kritischen Bereich) K fällt. Um H_0 nur kontrolliert selten fälschlich zu verwerfen, gibt man eine kleine Irrtumswahrscheinlichkeit α (das Niveau des Tests) vor und bestimmt im Wertebereich von T den Verwerfungsbereich K so, dass unter H_0 $P\langle T \in K \rangle = \alpha$ gilt [BILD 8.4.a]. In den Naturwissenschaften wird üblicherweise $\alpha = 5\%$ gewählt.

Nun führt man die Beobachtungen durch und berechnet den Wert t von T. Liegt er in K, so schliesst man, wie gesagt, dass das Modell H_0 und die Beobachtungen nicht verträglich seien; „H_0 wird verworfen", „H_0 ist statistisch widerlegt"; liegt er nicht in K, so ist H_0 mit den Daten im Rahmen der zufälligen Fehler verträglich; H_0 *darf* beibehalten werden, kann aber auch ohne weiteres falsch sein. Die Redeweise „H_0 wird angenommen" ist irreführend; „H_0 ist bewiesen" ist falsch.

Die Nullhypothese lässt sich also nie beweisen, sondern nur widerlegen. Man weist einen Effekt nach, indem man die Nullhypothese „kein Effekt" widerlegt, und folgt damit der Idee des *Widerspruchsbeweises*.

e   *P-Wert* (8.3.h, 8.7). Der P-Wert ist das grösste Niveau, auf dem ein Test gerade noch signifikant wäre [BILD 8.3.c]. Er ist ein Mass für die *Verträglichkeit* der Daten mit der Nullhypothese. Er gibt aber *nicht* die Wahrscheinlichkeit einer Hypothese an! (So etwas gibt's nicht!) Der P-Wert ist eine Art standardisierte Teststatistik, eine Zufallsvariable mit uniformer Verteilung unter H_0. Die Nullhypothese wird verworfen, wenn der P-Wert $< \alpha = 5\%$ ausfällt.

f   *Fehlentscheidungen, Macht* (8.1, 8.9). Fälschliche Verwerfung von H_0 heisst auch *Fehler 1. Art*; fälschliche Beibehaltung heisst *Fehler 2. Art* (8.1.m, 8.1.n). Ein Fehler 1. Art kann nur eintreten, wenn das Modell H_0 „richtig ist"; seine Wahrscheinlichkeit ist dann gleich dem Niveau α des Tests. Ein Fehler 2. Art kann nur eintreten, wenn H_0 „falsch ist"; unter Annahme einer bestimmten Alternativ-Hypothese kann man die Macht (oder Gütefunktion) $1 - P_A$(Fehler 2. Art) des Tests berechnen (8.9) [BILD 8.9.c]. Die Macht soll möglichst gross sein; man erreicht dies durch geeignete Wahl der Teststatistik.

g   *Interpretation von Test-Ergebnissen* (8.6). Wenn H_0 verworfen wird, darf nicht unbedingt geschlossen werden, dass eine der formulierten Alternativen gilt; es können auch andere systematische Abweichungen von der Nullhypothese vorliegen. Die Interpretation ist umso sicherer, je spezifischer der Test nur auf die Abweichungen reagiert, die einer Alternativ-Hypothese entsprechen, oder anders gesagt, je weniger „Voraussetzungen der Test benötigt".

h   *Vertrauensintervall* (Kap. 9). Eine Intervallschätzung oder ein Vertrauensintervall (Konfidenz-intervall, allgemeiner Vertrauens- oder Konfidenzbereich) ist ein Intervall, dessen Endpunkte aus den Beobachtungen bestimmt werden. Es überdeckt mit vorgebbarer Wahrscheinlichkeit $1 - \alpha$ den wahren Parameterwert.

Ein Vertrauensintervall mit „Vertrauenskoeffizient" $1 - \alpha$ besteht aus allen Parameterwerten, die bei einem entsprechenden Test auf dem Niveau α nicht verworfen würden, die also im Sinne dieses Tests mit den Daten verträglich sind [BILD 9.1.b].

i   *Statistik der Binomialverteilung* (7.2.c, 8.2, 9.1.b). Das Modell sei $X \sim \mathcal{B}\langle n, \pi \rangle$. n ist in der Regel bekannt. π wird durch die relative Häufigkeit geschätzt: $\widehat{\pi} = X/n$.

Ein Test von $H_0 : \pi = \pi_0$ Da nur *eine* zufällige Zahl X beobachtet wird, bildet diese die Teststatistik. Ein *Diagramms* [BILD 8.2.f] liefert den Annahmebereich für alle π_0 und ausgewählte n. In der anderen Richtung kann für jede beobachtete relative Häufigkeit x/n das Vertrauensintervall für π abgelesen werden.

Der wichtigste Spezialfall ist der Test von $\pi = \frac{1}{2}$ (Vorzeichentest, 8.2.e).

j   *Statistik der Poisson-Verteilung* (7.2.b, 9.1.e). Es sei $X \sim \mathcal{P}\langle\lambda\rangle$. Die Methoden sind denen für die Binomialverteilung ähnlich. Die Schätzung für λ ist $\widehat{\lambda} = X$.
Weil für die Poisson-Verteilung $\sigma^2 = \lambda$ gilt, und weil Zähldaten oft in erster und einfachster Näherung als Poisson-verteilt betrachtet werden können, folgt die wichtige Faustregel: Die geschätzte Standardabweichung einer beobachteten Anzahl X ist in erster Näherung $\sqrt{X}$, und ein ungefähres 95%-Vertrauensintervall für den Erwartungswert liegt zwischen $X \pm 2\sqrt{X}$ (für genügend grosses X).
Die genaue Betrachtung führt dagegen zu einem Vertrauensintervall, das nicht um $\widehat{\lambda} = X$ symmetrisch liegt [BILD 9.1.e].

k   *Eine Stichprobe* (7.2.d, 7.3.l, 8.5, 9.3.c). $X_1, \ldots, X_n$ seien unabhängige, normalverteilte Messungen derselben Grösse μ mit Varianz σ^2, d. h. $X_i \sim \mathcal{N}\langle\mu, \sigma^2\rangle$.
Die Schätzungen für $\mu = \mathcal{E}\langle X_i\rangle$ und $\sigma^2 = \mathrm{var}\langle X_i\rangle$ lauten $\widehat{\mu} = \overline{X} = \frac{1}{n}\sum X_i$ (arithmetisches Mittel) und $\widehat{\sigma}^2 = \frac{1}{n-1}\sum(X_i - \overline{X})^2$ (empirische Varianz). Damit wird die Schätzung für die Varianz des arithmetischen Mittels $\widehat{\sigma}^2/n$ und für die Standardabweichung des Mittels („Standardfehler") $\widehat{\sigma}/\sqrt{n}$.
Eine Nullhypothese $H_0 : \mu = \mu_0$ (z. B. $\mu=0$) wird mit dem *Rangsummen-Test* von Wilcoxon geprüft, der auch bei nicht normalverteilten Daten anwendbar ist. Der häufig verwendete t-Test setzt eine genäherte Normalverteilung voraus.
Das zweiseitige *Vertrauensintervall* für μ, das sich aus dem $t-$ Test ergibt, hat die Form $\overline{X} \pm c \cdot \widehat{\sigma}/\sqrt{n}$ [BILD 9.5.d]. Die Konstante c ist das 97.5%-Quantil der t-Verteilung mit $n - 1$ Freiheitsgraden. Für $1-\alpha = 95\%$ und $n \geq 20$ ist c etwa gleich 2.

l   Ein einfacher Test für den Median $F^{-1}\langle\frac{1}{2}\rangle$ der Verteilung, der auch für nichtnormale Verteilungen gilt, ist der *Vorzeichentest* (8.2.e, 8.5.l): Es wird gezählt, wieviele Beobachtungen grösser als μ_0 sind. Wenn $\mathrm{med}\langle X_i\rangle = \mu_0$ gilt, ist diese Zahl binomialverteilt mit $\pi = \frac{1}{2}$, und man kann den Test für den Parameter der Binomialverteilung verwenden. Für näherungsweise normalverteilte Daten ist der Vorzeichentest weniger trennscharf (mächtig) als der Rangsummen- und der t-Test.

m   *Zwei Stichproben* (8.8). Es seien $Y_{1,1}, \ldots, Y_{1,n_1}$ und $Y_{2,1}, \ldots Y_{2,n_2}$ zwei Stichproben unabhängiger Messungen.
Der Rangtest, der die Nullhypothese „$Y_{1,j}$ und $Y_{2,j}$ haben die gleiche Verteilung" prüft, ist der *Wilcoxon-Mann-Whitney-Test* oder U-Test (8.8.i). Er setzt keine Normalverteilung voraus.
Schätzung und Vertrauensintervall für die Differenz $\mu_2 - \mu_1$ der Erwartungswerte beruhen auf Schätzungen $\widehat{\mu}_1$, $\widehat{\mu}_2$ und folgen den Überlegungen für eine einzige Stichprobe.
Bei verbundenen Stichproben (8.5.b) bilden die $Y_{1,i}$ und $Y_{2,i}$ Paare, und man betrachtet die Differenzen $Y_{2,i} - Y_{1,i}$ mit den Methoden für eine Stichprobe.

Literaturverzeichnis

Agresti, A. (2002). *Categorical Data Analysis*, 2nd edn, Wiley, N.Y.

Altman, D. G. (1991). *Practical Statistics for Medical Research*, Chapman and Hall, London.

Anderson, O. D. (1976). *Time Series Analysis and Forecasting: The Box-Jenkins Approach*, Butterworths, London; Boston.

Anderson, T. W. (1994). *The Statistical Analysis of Time Series*, Wiley, N.Y.

Anderson, T. W. (2003). *An Introduction to Multivariate Statistical Methods*, 3rd edn, Wiley, Hoboken, NJ.

Arnold, S. F. (1981). *The Theory of Linear Models and Multivariate Analysis*, Wiley, N.Y.

Bärlocher, F. (1999). *Biostatistik. Praktische Einführung in Konzepte und Methoden*, Thieme, Stuttgart.

Bates, D. M. and Watts, D. G. (1988). *Nonlinear Regression Analysis and its Applications*, Wiley, N.Y.

Bennett, J. H. (ed.) (1971-74). *Collected Papers of R. A. Fisher. 5 Volumes*, Univ. Adelaide, Australia.

Blum, G., Holst, L. and Sandell, D. (1994). *Problems and Snapshots from the World of Probability*, Springer, N.Y.

Boen, J. R. and Zahn, D. A. (1982). *The Human Side of Statistical Consulting*, Wadsworth, Belmont, Cal.

Bortz, J. (1984). *Lehrbuch der empirischen Forschung für Sozialwissenschaftler*, Springer, Berlin.

Bortz, J. (2005). *Statistik für Sozialwissenschaftler*, 6. Aufl., Springer, Berlin.

Box, G. E. P. and Draper, N. R. (1987). *Empirical Model-Building and Response Surfaces*, Wiley, N.Y.

Box, G. E. P., Hunter, W. G. and Hunter, J. S. (2005). *Statistics for Experimenters*, 2nd edn, Wiley, Hoboken, N.J.

Box, G. E. P., Jenkins, G. M. and Reinsel, G. C. (1994). *Time Series Analysis, Forecasting and Control*, 3rd edn, Prentice Hall, Englewood Cliffs.

Brillinger, D. R. (2001). *Time Series: Data Analysis and Theory*, 2nd edn, Soc. for Industrial and Applied Mathematics, Philadelphia.

Brockwell, P. J. and Davis, R. A. (1991). *Time Series : Theory and Methods*, Springer, N.Y.

Brown, P. J. (1993). *Measurement, Regression, and Calibration*, Clarendon Press, Oxford, UK.

Chambers, J. M. and Hastie, T. J. (1992). *Statistical Models in S*, Wadsworth & Brooks/Cole, Pacific Grove, Cal.

Chambers, J. M., Cleveland, W. S., Kleiner, B. and Tukey, P. A. (1983). *Graphical Methods for Data Analysis*, Wadsworth International Group, Belmont Cal., Duxbury Press, Boston.

Chatfield, C. (1996). *The Analysis of Time Series. An Introduction*, 5th edn, Chapman and Hall, London.

Chatfield, C. (2004). *Problem Solving: A Statistician's Guide*, 6th edn, Chapman and Hall, London.

Chung, K. L. (1985). *Elementare Wahrscheinlichkeitstheorie und stochastische Prozesse*, 2. Aufl., Springer, Berlin.

Cleveland, W. S. (1993). *Visualizing Data*, Hobart Press, Summit, New Jersey.

Cleveland, W. S. (1994). *The Elements of Graphing Data*, 2nd edn, Hobart Press, Summit, New Jersey.

Cochran, W. G. (1977). *Sampling Techniques*, 3rd edn, Wiley, N.Y.

Collet, D. (1994). *Modelling Survival Data in Medical Research*, Chapman and Hall, London.

Cox, D. R. (1989). *Analysis of Binary Data*, 2nd edn, Chapman and Hall, London.

Cressie, N. (1993). *Statistics for Spatial Data*, 2nd edn, Wiley, N.Y.

Crowder, M. J., Kimber, A. C., Smith, R. L. and Sweeting, T. J. (1991). *Statistical Analysis of Reliability Data*, Chapman and Hall.

Dalenius, T. (1985). *Elements of Survey Sampling*, 3rd edn, Sarec, Wiley, Stockholm.

Daniel, C. (1976). *Applications of Statistics to Industrial Experimentation*, Wiley, N.Y.

Daniel, C. and Wood, F. S. (1980). *Fitting Equations to Data*, 2nd edn, Wiley, N.Y.

Davison, A. C. and Hinkley, D. V. (1997). *Bootstrap Methods and their Application*, Cambridge Univ. Press.

Dewdney, A. K. (1993). *200% of Nothing*, Wiley, N.Y.

Diggle, P. J. (1990). *Time Series; A Biostatistical Introduction*, Oxford University Press, N.Y.

Dinges, H. und Rost, H. (1982). *Prinzipien der Stochastik*, Teubner, Stuttgart.

Draper, N. and Smith, H. (1998). *Applied Regression Analysis*, 3rd edn, Wiley, N.Y.

Efron, B. and Tibshirani, R. J. (1993). *An Introduction to the Bootstrap*, Chapman and Hall, London.

Eigen, M. und Winkler, R. (1975). *Das Spiel*, R. Piper & Co., München.

Elpelt, B. und Hartung, J. (2004). *Grundkurs Statistik. Lehr- und Übungsbuch der angewandten Statistik*, 3. Aufl., Oldenbourg, München.

Fahrmeir, L., Künstler, R., Pigeot, I. und Tutz, G. (1997). *Statistik; Der Weg zur Datenanalyse*, Springer-Verlag.

Federer, W. T. (1972, 1991). *Statistics and Society: Data Collection and Interpretation*, 2nd edn, Marcel Dekker, N.Y.

Feller, W. (1968/71). *An Introduction to Probability Theory and Its Applications*, Vol.I/II, 3rd edn, Wiley, N.Y.

Fisher, R. A. (1925-62). *Collected Papers*, siehe Bennet, 1971-74.

Flury, B. und Riedwyl, H. (1983). *Angewandte multivariate Statistik*, Gustav Fischer, Stuttgart.

Fuller, W. A. (1987). *Measurement Error Models*, Wiley, N.Y.

Gaenssler, P. und Stute, W. (1977). *Wahrscheinlichkeitstheorie*, Springer, Berlin.

Gnanadesikan, R. (1997). *Methods for Statistical Data Analysis of Multivariate Observations*, 2nd edn, Wiley, N.Y.

Gourieroux, C. (1997). *ARCH models and financial applications*, Springer, N.Y.

Grosbras, J.-M. (1987). *Méthodes Statistiques des Sondages*, Economica, Paris.

Haaland, P. D. (1989). *Experimental Design in Biotechnology*, Marcel Dekker, N.Y.

Hampel, F. R., Ronchetti, E. M., Rousseeuw, P. J. and Stahel, W. A. (1986). *Robust Statistics: The Approach Based on Influence Functions*, Wiley, N.Y.

Harman, H. H. (1960, 1976). *Modern Factor Analysis*, 3rd edn, University of Chicago Press, Chicago.

Hartung, J. und Elpelt, B. (1997). *Multivariate Statistik: Lehr- und Handbuch der angewandten Statistik*, 6. Aufl., Oldenbourg, München.

Hartung, J., Elpelt, B. und Klösener, K. (2002). *Statistik. Lehr- und Handbuch der angewandten Statistik*, 13. Aufl., Oldenbourg, München.

Hastie, T. J. and Tibshirani, R. J. (1990). *Generalized Additive Models*, Chapman and Hall, London.

Hoaglin, D. C., Mosteller, F. and Tukey, J. W. (eds) (1991). *Fundamentals of Exploratory Analysis of Variance*, Wiley, N.Y.

Huber, P. J. (1981). *Robust Statistics*, Wiley, N.Y.

Johnson, N. L. and Kotz, S. (1994). *Continuous Univariate Distributions – 1*, 2nd edn, Houghton Mifflin, Boston.

Johnson, N. L. and Kotz, S. (2000). *Continuous Multivariate Distributions*, 2nd edn, Wiley, N.Y.

Johnson, N. L., Kotz, S. and Kemp, A. W. (2005). *Univariate Discrete Distributions*, 3rd edn, Wiley, N.Y.

Journel, A. and Huijbregts, C. (1978). *Mining Geostatistics*, Academic Press, London.

Kalbfleisch, J. and Prentice, R. L. (2002). *The Statistical Analysis of Failure Time Data*, 2nd edn, Wiley, N.Y.

Kinder, H., Osius, G. und Timm, J. (1982). *Statistik für Biologen und Mediziner*, Vieweg, Braunschweig.

Krämer, W. (1997). *So lügt man mit Statistik*, 7. Aufl., Campus Verlag, Frankfurt.

Kreyszig, E. (1975). *Statistische Methoden und ihre Anwendungen*, 7. Aufl., Vandenhoeck & Ruprecht, Göttingen.

Krickeberg, K. und Ziezold, H. (1995). *Stochastische Methoden*, 4. Aufl., Springer, Berlin.

Krzanowski, W. J. (2000). *Principles of Multivariate Analysis; A User's Perspective*, 2nd edn, Oxford University Press, Oxford, UK.

Křížnecký, J. (ed.) (1965). *Gregor Johann Mendel, 1822-1884. Texte und Quellen zu seinem Wirken und Leben*, Johann Ambrosius Barth-Verlag, Leipzig.

Lachenbruch, P. A. (1975). *Discriminant Analysis*, Hafner Press/Macmillan, N.Y.

Lawley, D. N. and Maxwell, A. E. (1963, 1967). *Factor Analysis as a Statistical Method*, Butterworths, London.

Lehmann, E. L. (1986). *Testing Statistical Hypotheses*, 2nd edn, Wiley, N.Y.

Lehn, J. und Wegmann, H. (2006). *Einführung in die Statistik*, 5. Aufl., Teubner, Stuttgart.

Leiner, B. (1994). *Stichprobentheorie: Grundlagen, Theorie und Technik*, 3. Aufl., Oldenbourg, München.

Limpert, E., Stahel, W. A. and Abbt, M. (2001). Log-normal distributions across the sciences: Keys and clues, *BioScience* **51**: 341–352.

Linder, A. und Berchtold, W. (1979). *Elementare statistische Methoden*, Birkhäuser, Basel, Schweiz.

Linder, A. und Berchtold, W. (1982a). *Statistische Methoden II: Varianzanalyse und Regressionsrechnung*, Birkhäuser, Basel.

Linder, A. und Berchtold, W. (1982b). *Statistische Methoden III: Multivariate Verfahren*, Birkhäuser, Basel.

Lorenz, R. J. (1996). *Grundbegriffe der Biometrie*, 4. Aufl., Gustav Fischer, Stuttgart.

Mardia, K. V., Kent, J. T. and Bibby, J. M. (1979). *Multivariate Analysis*, Academic Press, London.

Maronna, R. A., Martin, R. D. and Yohai, V. J. (2006). *Robust Statistics, Theory and Methods*, Wiley, Chichester, England.

Mathar, R. und Pfeifer, D. (1990). *Stochastik für Informatiker*, Teubner, Stuttgart.

Matheron, G. (1965). *Les variables régionalisées et leur estimation*, Masson, Paris.

McCullagh, P. and Nelder, J. A. (1989). *Generalized Linear Models*, 2nd edn, Chapman and Hall, London.

McLachlan, G. J. (1992). *Discriminant Analysis and Statistical Pattern Recognition*, Wiley, N.Y.

McNeil, D. (1996). *Epidemiological Research Methods*, Wiley, N.Y.

Mead, R. (1988). *The design of experiments*, Cambridge University Press, Cambridge.

Monod, J. (1971). *Zufall und Notwendigkeit. Philosophische Fragen der modernen Biologie*, Piper, München.

Morrison, D. F. (1989). *Multivariate Statistical Methods*, 3rd edn, McGraw-Hill.

Ord, J. K. (1972). *Families of Frequency Distributions*, Griffin, London.

Patel, J. K., Kapadia, C. H. and Owen, D. B. (1976). *Handbook of Statistical Distributions*, Marcel Dekker, N.Y.

Petersen, R. G. (1994). *Agricultural Field Experiments. Design and Analysis*, Marcel Dekker, N.Y.

Pfanzagl, J. (1991). *Allgemeine Methodenlehre der Statistik*, Sammlung Göschen, de Gruyter, Berlin.

Pflug, G. (1986). *Stochastische Modelle in der Informatik*, Teubner, Stuttgart.

Press, S. J. (1972). *Applied Multivariate Analysis*, Holt, Rinehart, Winston, N.Y.

Priestley, M. B. (1981). *Spectral Analysis and Time Series*, Vol.1, 2, Academic Press, London.

Rasch, D., Guiard, V. und Nürnberg, G. (1992). *Statistische Versuchsplanung: Einführung in die Methoden und Anwendung des Dialogsystems CADEMO*, Gustav Fischer, Stuttgart.

Renner, R. M. (1993). The resolution of a compositional data set into mixtures of fixed source compositions, *Applied Statistics — Journal of the Royal Statistical Society C* **42**: 615–631.

Ripley, B. D. (1988). *Statistical Inference for Spatial Processes*, Cambridge Univ. Press, Cambridge, UK.

Ripley, B. D. (1996). *Pattern Recognition and Neural Networks*, Cambridge Univ. Press, Cambridge, UK.

Rousseeuw, P. J. and Leroy, A. M. (1987). *Robust Regression & Outlier Detection*, Wiley, N.Y.

Rüegg, A. (1994). *Wahrscheinlichkeitsrechnung und Statistik. Eine Einführung für Ingenieure*, 2. Aufl., Oldenbourg, München.

Sachs, L. (2004). *Angewandte Statistik*, 11. Aufl., Springer, Berlin.

Scheffé, H. (1959). *The Analysis of Variance*, Wiley, N.Y.

Schlittgen, R. (2003). *Einführung in die Statistik. Analyse und Modellierung von Daten*, 10. Aufl., Oldenbourg, München.

Schlittgen, R. und Streitberg, B. H. J. (2001). *Zeitreihenanalyse*, 9. Aufl., Oldenbourg, München.

Seber, G. A. F. (1984). *Multivariate Observations*, Wiley, N.Y.

Shumway, R. H. (2006). *Applied Statistical Time Series Analysis*, 2nd edn, Prentice-Hall, Englewood Cliffs, N.J.

Siegel, S. (1997). *Nichtparametrische statistische Methoden*, 4. Aufl., Klotz, Eschborn b. Frankfurt a.M.

Spiegel, M. E. (2003). *Statistik*, Schaum-Reihe, McGraw-Hill Europe, London.

Staudte, R. G. and Sheather, S. J. (1990). *Robust Estimation and Testing*, Wiley, N.Y.

Stirzaker, D. (1994). *Elementary Probability*, Cambridge University Press, Cambridge, UK.

Stoyan, D. (1993). *Stochastik für Ingenieure und Naturwissenschaftler: eine Einführung in die Wahrscheinlichkeitstheorie und die mathematische Statistik*, Akademie Verlag, Berlin.

Timischl, W. (2000). *Biostatistik; Eine Einführung für Biologen und Mediziner*, 2. Aufl., Springer, Wien.

Tuckwell, H. C. (1988). *Elementary Applications of Probability Theory*, Chapman and Hall, London.

Tufte, E. R. (1983). *The Visual Display of Quantitative Information*, Graphics Press, Cheshire.

Tufte, E. R. (1990). *Envisioning Information*, Graphics Press, Cheshire.

Tufte, E. R. (1997). *Visual Explanations. Images and Quantities, Evidence and Narrative*, Graphics Press, Cheshire.

van der Waerden, B. L. (1971). *Mathematische Statistik*, 3. Aufl., Springer, Berlin.

Velleman, P. F. and Hoaglin, D. C. (1981). *Applications, Basics, and Computing of Exploratory Data Analysis "ABC of EDA"*, Duxbury Press, Boston, Massachusetts.

Venables, W. N. and Ripley, B. D. (1997). *Modern Applied Statistics with S-Plus*, 2nd edn, Springer, Berlin.

Vincze, I. (1984). *Mathematische Statistik mit industriellen Anwendungen*, Band1, 2, 2. Aufl., Bibliograhisches Institut, Mannheim.

Weber, H. (1992). *Einführung in die Wahrscheinlichkeitsrechnung und Statistik für Ingenieure*, 3. Aufl., Teubner, Stuttgart.

Webster, R. and Oliver, M. A. (1990). *Statistical Methods in Soil and Land Resource Survey*, Oxford University Press, Oxford, UK.

Weisberg, S. (2005). *Applied Linear Regression*, 3rd edn, Wiley, N.Y.

Wetherill, G. (1986). *Regression Analysis with Applications*, Chapmann and Hall, London.

Winer, B. J. (1991). *Statistical Principles in Experimental Design*, 3rd edn, McGraw-Hill, N.Y.

Witting, H. (1985). *Mathematische Statistik, 1: Parametrische Verfahren bei festem Stichprobenumfang*, Teubner, Stuttgart.

Yates, F. (1981). *Sampling Methods for Censuses and Surveys*, 4th edn, Charles Griffin, London.

Sachwortverzeichnis

Oft verwendete Symbole

( ) : $(a + b)c$, Klammern für Rechenoperationen, 8 d

{ } : {rot, blau}, Klammern für Mengen, 7 d

[ ] : $[x, y]$, Klammern für Vektoren und Matrizen, 8 d

$\langle \rangle$: $f\langle x \rangle$, Klammern für Argumente einer Funktion, 8 d

| : $A_k = \{\omega | X\langle\omega\rangle = k\}$, Spezifikation einer Menge, 70 d

| : $P\langle B|A\rangle$, bedingte Wahrscheinlichkeit, 83 c

$\widehat{}$: $\widehat{\mu}$, Schätzung, 174 h

__ : $\underline{a}$, Vektor, 337 e

$\cap$: $A \cap B$, Durchschnitt (gemeinsamer Teil) zweier Ereignisse: A und B treffen ein, 65 d

$\cup$: $A \cup B$, Vereinigung zweier Ereignisse: A oder B trifft ein, oder beide, 65 d

$\sim$: $X \sim \mathcal{B}\langle n, \pi \rangle$, verteilt gemäss, 97 f

$\pm$: $\mu \pm \sigma$, Intervall $(\mu - \sigma, \mu + \sigma)$, 141 g

$^\times\!/$: $\mu^* \,^\times\!/\, \sigma^*$, Intervall $(\mu^*/\sigma^*, \mu^* \cdot \sigma^*)$, 145 e

α : Signifikanz-Niveau eines Tests, 188 g

α, β, β_j : $h\langle x \rangle = \alpha + \beta x$, Parameter der linearen Regression, 284 c, 293 a

α_h, β_k : $\mu_{hk} = \mu + \alpha_h + \beta_k$, Effekte (in Varianzanalyse und log-linearen Modellen), 274 b, 323 f

β : Wahrscheinlichkeit des Fehlers 2. Art, 217 a

λ : $\mathcal{P}\langle\lambda\rangle$, $\mathcal{E}xp\langle\lambda\rangle$, Parameter der Poisson-Verteilung resp. der Exponential-Verteilung, 101 c, 129 e

μ : $\mu = \mathcal{E}\langle X \rangle$, Erwartungswert, 118 d

$\underline{\mu}$: $\underline{\mu} = \mathcal{E}\langle\underline{X}\rangle$, Erwartungswert eines Zufallsvektors, 337 e

ν : $\chi^2\langle\nu\rangle$, Anzahl Freiheitsgrade, 147 d

π : $\mathcal{B}\langle n, \pi \rangle$, Parameter der Binomial-Verteilung, Wahrscheinlichkeit eines „Erfolgs", 96 b, 97 f

ρ_{12} : Korrelation von Zufallsvariablen, 153 c

σ : Standardabweichung, 105 b

$\sum_i$: $\sum_i x_i$, Summe $x_1 + x_2 + \ldots + x_n$, 17 b

$\boldsymbol{\Sigma}$: $\boldsymbol{\Sigma} = \text{var}\langle\underline{X}\rangle$, Kovarianz-Matrix, 337 e

θ : $\mathcal{F}\langle\theta\rangle$, Parameter einer Verteilungsfamilie, 108 a

ϕ, Φ : $\phi\langle z \rangle$, $\Phi\langle-1.96\rangle = 0.025$, Dichte und kumulative Veteilungsfunktion der Standard-Normalverteilung, 139 b

χ^2 : $T \sim \chi^2\langle\nu\rangle$, Chiquadrat-Verteilung, 146 d

ω : Elementarereignis, 64 b

A : $A = \{$r, g$\}$, Ereignis, 64 b

$\underline{a}$: Transformations-Vektor, 338 g

B : Transformations-Matrix, 338 g

$\mathcal{B}$: $\mathcal{B}\langle n, \pi \rangle$, Binomial-Verteilung, 97 f

^{c} : A^c, Gegenereignis: A trifft nicht ein, 65 d

$\mathcal{E}$: $\mathcal{E}\langle X \rangle$, Erwartungswert, 104 a, 132 c

E : E_i, Fehlerterm in der Regression und Varianzanalyse, 283 a

exp : $\exp\langle-\frac{1}{2}z^2\rangle$, Exponential-Funktion, 139 b

$\mathcal{E}xp$: $\mathcal{E}xp\langle\lambda\rangle$, Exponential-Verteilung, 129 e

F : $F\langle x \rangle$, kumulative Verteilungsfunktion, 15 d, 105 b

g : $g\langle X \rangle$, Transformation von Daten oder Zufallsvariablen, 30 g, 134 a

h : $h\langle x \rangle$, Regressions-Funktion, 45 d, 283 a

h : $h\langle x \rangle$, Abgangsrate, *hazard rate*, 151 i

I : Einheitsmatrix, 339 j

log : $log_e\langle x \rangle$, natürlicher Logarithmus, 126 b

m : $x^{(1)}, \ldots, x^{(m)}$, Dimension einer multivariaten Beobachtung oder eines Zufallsvektors, 48 a, 336 c

max : $\max_i\langle x_i \rangle = \max\langle x_1, x_2, \ldots \rangle$, grösste der Zahlen $x_1, x_2, \ldots$; oft: $\max\langle a, b \rangle$: grössere von zwei Zahlen, 20 m

min : , kleinste Zahl, analog zu max, 20 m

n : $x_1, x_2, \ldots, x_n$, Stichprobenumfang, 15 a

$\mathcal{N}$: $\mathcal{N}\langle\mu, \sigma^2\rangle$, Normalverteilung, 140 e

$\binom{n}{x}$: Binomialkoeffizient, 97 e

P : $P\langle A \rangle$, Wahrscheinlichkeit, 66 f

$\mathcal{P}$: $\mathcal{P}\langle\lambda\rangle$, Poisson-Verteilung, 101 c

P_0 : $P_0\langle X \geq c \rangle$, Wahrscheinlichkeiten unter der Nullhypothese, 192 c

p_x : Wahrscheinlichkeit für $X = x$, 71 f

q_α : Quantil, 18 f, 105 b

r_{XY} : Korrelation, empirische, 39 c

R^2 : Bestimmtheitsmass, 268 h, 289 e

r_i, R_i, R_{hk} : Residuum, 45 f, 275 e, 286 c

S : $S = X_1 + X_2$, Summe von Zufallsvariablen, 113 c

S : $S\langle x \rangle$, Verweilfunktion, Überlebensfunktion, *survivor function*, 129 f

$s\mathcal{N}$: Standard-Normalverteilung, 139 b

s_{XY} : Kovarianz, 39 c

T : standardisierte Teststatistik, 196 c, 199 e

U : unstandardisierte Teststatistik, 195 b

v_0, v_1 : Grenzen des Vertrauensintervalls, 225 e

X : Ausgangs-Variable in der Regression, 44 a

X : Zufallsvariable, 71 f

$\mathbf{X}$: Datenmatrix, 48 a, 341 a

$\mathbf{X}$: Design-Matrix, 340 l

$\underline{X}$: Zufallsvektor, 336 c

$\bar{x}, \bar{X}$: arithmetisches Mittel von Daten respektive Zufallsvariablen, 17 b, 118 d

Tabellen-Verzeichnis
Wichtige Tabellen:

Ein Vademecum der Spieltheorie

Mehlmann, Alexander

Strategische Spiele für Einsteiger

Eine verspielt-formale Einführung in Methoden,
Modelle und Anwendungen der Spieltheorie
2007. XVI, 251 S. Mit 85 Abb. Br. EUR 19,90   ISBN 978-3-8348-0174-6

Inhalt: Einleitung oder Alles ist Spiel - Nullsummenspiele oder vom
berechtigten Verfolgungswahn - Strategische Spiele oder Erkenne dich
selbst - Extensive Spiele oder Information und Verhalten - Evolutionäre
Spiele oder Von Mutanten und Automaten - Wiederholungen oder Die Kunst
es nochmals zu spielen - Differentialspiele oder Vom Spielen gegen die
Zeit - Kooperative Spiele oder Vom Teilen und Herrschen - Strategische
Akzente oder Dogmen der spieltheoretischen Scholastik

Im Spannungsfeld von Philosophie, Politologie, Literatur, Ökonomie und
Biologie hat sich die Spieltheorie zu einem der erfolgreichsten Werkzeuge
der Mathematik entwickelt. Die "Strategischen Spiele für Einsteiger"
zeichnen in beispielhaften Mustern das breite Anwendungsspektrum
der Theorie interaktiver Entscheidungen nach. Ein unterhaltsamer Einstieg
in die Spieltheorie, der sowohl den mathematischen Grundlagen wie auch
den kulturellen Aspekten strategischer Konfliktsituationen Tribut zollt.
Ein eigener Abschnitt ist den in herkömmlichen Lehrbüchern eher
stiefmütterlich behandelten Differentialspielen gewidmet.

vieweg

Abraham-Lincoln-Straße 46
65189 Wiesbaden
Fax 0611.7878-400
www.vieweg.de

Stand 1. Juni 2007. Änderungen vorbehalten.
Erhältlich im Buchhandel oder im Verlag.